HANS REICHENBACH
Gesammelte Werke
in 9 Bänden

Band 5
**Philosophische Grundlagen der Quantenmechanik
und Wahrscheinlichkeit**

HANS REICHENBACH
Gesammelte Werke in 9 Bänden

Band 1
Der Aufstieg der wissenschaftlichen Philosophie

Band 2
Philosophie der Raum-Zeit-Lehre

Band 3
Die philosophische Bedeutung der Relativitätstheorie

Band 4
Erfahrung und Prognose

Band 5
Philosophische Grundlagen der Quantenmechanik und
Wahrscheinlichkeit

Band 6
Grundzüge der symbolischen Logik

Band 7
Wahrscheinlichkeitslehre

Band 8
Kausalität und Zeitrichtung

Band 9
Wissenschaft und logischer Empirismus

HANS REICHENBACH

Gesammelte Werke
in 9 Bänden

Herausgegeben von
Andreas Kamlah und Maria Reichenbach

Band 5

Philosophische Grundlagen der Quantenmechanik und Wahrscheinlichkeit

Mit Erläuterungen von Andreas Kamlah

Springer Fachmedien Wiesbaden GmbH

Philosophische Grundlagen der Quantenmechanik
© Birkhäuser, Basel 1949
Über die erkenntnistheoretische Problemlage und den Gebrauch einer dreiwertigen Logik in der Quantenmechanik
Zeitschrift für Naturforschung, 6a, 1951
Das Raumproblem in der Quantenmechanik
Erstveröffentlichung
Der Begriff der Wahrscheinlichkeit für die mathematische Darstellung der Wirklichkeit
© Barth, Leipzig 1916
Die physikalischen Voraussetzungen der Wahrscheinlichkeitsrechnung
Die Naturwissenschaften, 8, 1920
Philosophische Kritik der Wahrscheinlichkeitsrechnung
Die Naturwissenschaften, 8, 1920
Die logischen Grundlagen des Wahrscheinlichkeitsbegriffs
Erkenntnis, 3, 1933
A conversation between Bertrand Russell and David Hume
The Journal of Philosophy, 46, 1949

Alle Rechte vorbehalten

© Springer Fachmedien Wiesbaden 1989
Ursprünglich erschienen bei Friedr. Vieweg & Sohn Verlagsgesellschaft mbH, Braunschweig in 1989
Softcover reprint of the hardcover 1st edition 1989

Das Werk einschließlich aller seiner Teile ist urheberrechtlich geschützt. Jede Verwertung außerhalb der engen Grenzen des Urheberrechtsgesetzes ist ohne Zustimmung des Verlags unzulässig und strafbar. Das gilt insbesondere für Vervielfältigungen, Übersetzungen, Mikroverfilmungen und die Einspeicherung und Verarbeitung in elektronischen Systemen.

Umschlagentwurf: Peter Morys, Wolfenbüttel
Satz: Friedr. Vieweg & Sohn, Wiesbaden
Druck und buchbinderische Verarbeitung: W. Langelüddecke, Braunschweig

ISBN 978-3-663-12136-7   ISBN 978-3-663-12135-0 (eBook)
DOI 10.1007/978-3-663-12135-0

Inhaltsverzeichnis

Vorbemerkungen zum fünften Band — 1

Philosophische Grundlagen der Quantenmechanik — 3

Erster Teil. Allgemeine Betrachtungen

§ 1. Kausalgesetze und Wahrscheinlichkeitsgesetze — 11
§ 2. Die Wahrscheinlichkeitsverteilungen — 15
§ 3. Das Unbestimmtheitsprinzip — 19
§ 4. Die Störung des Objekts durch die Beobachtung — 25
§ 5. Die Bestimmung unbeobachteter Objekte — 29
§ 6. Wellen und Korpuskeln — 32
§ 7. Analyse eines Interferenzexperiments — 36
§ 8. Erschöpfende und einschränkende Interpretationen — 45

Zweiter Teil. Mathematische Grundzüge der Quantenmechanik

§ 9. Entwicklung einer Funktion in eine Reihe von orthogonalen Funktionen — 59
§ 10. Geometrische Interpretation im Funktionenraum — 66
§ 11. Umkehrung und Hintereinanderschaltung von Transformationen — 71
§ 12. Funktionen mehrerer Variablen und der Konfigurationsraum — 77
§ 13. Ableitung der Schröndingergleichung aus dem de-Broglie-Prinzip — 79
§ 14. Operatoren, Eigenfunktionen und Eigenwerte physikalischer Größen — 86
§ 15. Die Vertauschungsregel — 89
§ 16. Operatormatrizen — 92
§ 17. Bestimmung der Wahrscheinlichkeitsverteilungen — 94
§ 18. Zeitabhängigkeit der ψ-Funktion — 99
§ 19. Transformation auf andere Zustandsfunktionen — 104
§ 20. Bestimmung der ψ-Funktion aus Beobachtungen — 105
§ 21. Mathematische Theorie der Messung — 109
§ 22. Die Wahrscheinlichkeitsregeln und die Störung durch die Messung — 115
§ 23. Vom Wesen der Wahrscheinlichkeit und statistischer Mengen in der Quantenmechanik — 119

Dritter Teil. Interpretationen

§ 24. Vergleich der klassischen und der quantenmechanischen Statistik — 125
§ 25. Die Korpuskelinterpretation — 131

§ 26. Die Unmöglichkeit einer Kettenstruktur 136
§ 27. Die Welleninterpretation 143
§ 28. Beobachtungssprache und quantenmechanische Sprache 150
§ 29. Interpretation mit Hilfe einer einschränkenden
Sinnesdefintion 154
§ 30. Interpretation mit Hilfe einer dreiwertigen Logik 159
§ 31. Die Regeln der zweiwertigen Logik 162
§ 32. Die Regeln der dreiwertigen Logik 164
§ 33. Unterdrückung kausaler Anomalien mit Hilfe einer
dreiwertigen Logik 174
§ 34. Unbestimmtheiten in der Beobachtungssprache 182
§ 35. Die Begrenzung der Meßbarkeit 184
§ 36. Verschränkte Systeme 185
§ 37. Schlußbetrachtungen 194

Korrekturen zum Text von Philosophische Grundlagen der
Quantenmechanik 195

**Über die erkenntnistheoretische Problemlage und den Gebrauch
einer dreiwertigen Logik in der Quantenmechanik** 197

Das Raumproblem in der neuen Quantenmechanik 209

**Der Begriff der Wahrscheinlichkeit für die mathematische
Darstellung der Wirklichkeit** 225

Erstes Kapitel: Das Problem 1[1] 229[2]

**Zweites Kapitel: Analyse spezieller Wahrscheinlichkeits-
probleme** 15 243

I. Die Wahrscheinlichkeitsmaschine 15 243
II. Die Glücksspiele 26 254
III. Das Theorem der zusammengesetzten Wahrscheinlichkeit 32 260
IV. Die Fehlertheorie 36 264

Drittes Kapitel: Deduktion des Wahrscheinlichkeitsprinzips 47 275

**Viertes Kapitel: Die Stellung der Wahrscheinlichkeits-
urteile zur Wirklichkeit** 65 293
Literatur 78 306

**Die physikalischen Voraussetzungen der
Wahrscheinlichkeitsrechnung** 309

I. Von der Anwendung der Wahrscheinlichkeitsgesetze auf
die Dinge der Wirklichkeit 309
II. Das Axiom der Anwendbarkeit der Wahrscheinlichkeitssätze: die Hypothese der Wahrscheinlichkeitsfunktion 311

[1] Seitenzahl der deutschen Erstausgabe
[2] Seitenzahl in diesem Band

III. Die Stetigkeit der Wahrscheinlichkeitsfunktion und die
physikalischen Grundlagen einiger Glücksspiele   315
IV. Die Ausdehnung der Hypothese der Wahrscheinlichkeits-
funktion auf die Kombination mehrerer — voneinander
unabhängiger — Ereignisse   317
V. Die Wahrscheinlichkeitsfunktion in der Theorie der
Messungsfehler (Gaußsche Fehlerfunktion)   323
Nachtrag   324

Philosophische Kritik der Wahrscheinlichkeitsrechnung   327
I. Gesetzlichkeit und Kausalität   327
II. Das Gesetz der Wahrscheinlichkeit in der Form der
Hypothese von der Wahrscheinlichkeitsfunktion enthält
keinen Widerspruch zum Kausalgesetz   329
III. Das Prinzip der gesetzmäßigen Verteilung als notwendige
Voraussetzung physikalischer Erkenntnis   332
IV. Die Parallelität von Kausalgesetzen und Wahrscheinlichkeits-
gesetzen und die Unmöglichkeit ihrer empirischen
Nachprüfung   337

Die logischen Grundlagen des Wahrscheinlichkeitsbegriffs   401   341

**Eine Unterhaltung zwischen Bertrand Russell und
David Hume**   367

**Erläuterungen, Bemerkungen und Verweise zu den Schriften
dieses Bandes**
von Andreas Kamlah

Vorbemerkung   371
Erläuterungen zum gesamten Band; Hans Reichenbachs
lebenslange Reflexion über Beschreibungssysteme   373
Erläuterungen zu § 5—6: Gleichwertige Beschreibungen,
Normalsysteme, Phänomene und Interphänomene   386
Erläuterungen zu § 6—8: Bilder und Beschreibungen der
Mikrowelt, Wellenbild und Teilchenbild, einschränkende
und ausschöpfende Interpretation der Quantenmechanik   392
Erläuterungen zu den §§ 24—26   398
Erläuterungen zu § 29: Interpretation mit Hilfe einer
einschränkenden Sinnesdefinition   401
Erläuterungen zu § 30: Interpretation mit Hilfe einer
dreiwertigen Logik   402
Erläuterungen zu § 32: Die Regeln der dreiwertigen Logik   409

A. Die Bedeutung von „unbestimmt" für komplexe Aussagen   409
B. Die Vektordarstellung der dreiwertigen Logik   411
C. Der Zusammenhang von Hans Reichenbachs dreiwertiger
Quantenlogik mit der der Birkhoff-v. Neumannschen
Tradition   419

Erläuterungen zu § 33: „Unterdrückung kausaler Anomalien
mit Hilfe einer dreiwertigen Logik"   426
Zusammenfassende Würdigung von Reichenbachs logischer
Analyse der Quantenmechanik   429
Erläuterungen zu den Schriften dieses Bandes über
Wahrscheinlichkeit   431

A. Die Entstehung der Dissertation   431
B. Das Wahrscheinlichkeitsprinzip   435
C. Der Grundgedanke der Spielraumtheorie von J. v. Kries   436
D. J. v. Kries' Theorie der Zufallsmechanismen   439
E. Der Einfluß von v. Kries' Spielraumtheorie auf
   Reichenbach   441
F. Das spätere Schicksal des „Wahrscheinlichkeitsprinzips" (Zu
   „Die logischen Grundlagen des Wahrscheinlichkeitsbegriffs"
   und „Eine Unterhaltung zwischen Bertrand Russell und
   David Hume")   443

Erläuterungen zu dem Aufsatz: Das Raumproblem in der
neuen Quantenmechanik   447

Literaturverzeichnis   455
A. Schriften Hans Reichenbachs   455
B. Literatur der übrigen Autoren   458

**Seitenzahlvergleich der Ausgaben der in diesem Band enthaltenen
Schriften**   464

Register   468

VIII

Vorbemerkung zum fünften Band

Dieser Band enthält Hans Reichenbachs wichtigste Schriften zur Philosophie der Quantenmechanik und einige kleinere Schriften zur Wahrscheinlichkeitslehre. Damit bildet er thematisch keine Einheit. Die Schriften zum Thema Wahrscheinlichkeit wären besser im Band 7 *Wahrscheinlichkeitslehre* erschienen. Aber die Herausgeber müssen auch darauf achten, daß die einzelnen Bände der Ausgabe etwa gleichen Umfang haben, und aus diesem Grunde werden die kleineren Schriften zur Wahrscheinlichkeit hierher verlagert.

Das Buch *Philosophische Grundlagen der Quantenmechanik* erschien 1944 zuerst in englischer Sprache und 1949 in deutscher Übersetzung (üb. von Maria Reichenbach) im Birkhäuser Verlag. Der Text dieser Ausgabe wurde in photomechanischer Reproduktion in diesen Band mit aufgenommen.

Im engen Zusammenhang mit diesem Buch steht Reichenbachs letzte Veröffentlichung in deutscher Sprache: „Über die erkenntnistheoretische Problemlage und den Gebrauch einer dreiwertigen Logik in der Quantenmechanik" (1951d). Dieser Aufsatz wurde in die Ausgabe aufgenommen, weil er sich relativ wenig inhaltlich mit dem Buch überschneidet und es in wesentlichen Punkten ergänzt. Andere Schriften wie „Les fondements logiques de la théorie des quanta" (1954b) reproduzieren wichtige Teile des Buches und fanden daher in der Gesamtausgabe keine Berücksichtigung. Eine englische Übersetzung davon findet sich in den *Selected Writings* (1979) Bd. 2 und ist damit ebenfalls leicht zugänglich.

Reichenbachs Aufsätze zur Wahrscheinlichkeitslehre haben zum großen Teil im gleichnamigen Buch Aufnahme gefunden oder sind spätere Referate daraus. Eine Ausnahme bilden sicherlich die Dissertation *Der Begriff der Wahrscheinlichkeit für die mathematische Darstellung der Wirklichkeit* (1916) und die beiden Aufsätze „Die physikalischen Voraussetzungen der Wahrscheinlichkeitsrechnung" (1920b) und „Philosophische Kritik der Wahrscheinlichkeitsrechnung" (1920c), die diese noch einmal kürzer und prägnanter zusammenfassen. Da diese 20 bis 15 Jahre vor der Wahrscheinlichkeitslehre verfaßten Schriften einen von ihr deutlich verschiedenen gedanklichen Ansatz zeigen und aufschlußreich für Reichenbachs Entwicklung sind, finden sie in der Gesamtausgabe wohl zu Recht ihren Platz.

Der Inhalt des Aufsatzes „Die logischen Grundlagen des Wahrscheinlichkeitsbegriffs" ist nun zwar — von wichtigen Nuancen abgesehen — vollständig in der Wahrscheinlichkeitslehre wiederzufinden, doch schien er uns für die Entwicklung des Denkens Reichenbachs so wichtig zu sein, daß er hier noch einmal abgedruckt worden ist. Er kennzeichnet eine Art von Wendepunkt in Reichenbachs Philosophie, seine „Lösung des Induktionsproblems". Erst danach hat Reichenbach sich mit innerer Überzeugung zum logischen Empirismus bekannt.

Dem Erscheinen der *Wahrscheinlichkeitslehre* folgten natürlich verschiedene Ausein-andersetzungen mit den Kritikern von Reichenbachs Begründung der Wahrschein-lichkeit und der Induktion. Unter diesen ist die mit Bertrand Russell vielleicht die bemerkenswerteste. Russell widmete Reichenbachs Theorie in *Human Knowledge* (1948) einen ganzen Abschnitt. Reaktionen darauf sind der in den *Selected Writings* abgedruckte Brief an Russell und der hübsche „Dialog im Himmel", der hier ein-fach nicht fehlen durfte. Die *Selected Writings* enthalten dann noch zwei weitere Aufsätze, Reichenbachs Kritik an Poppers *Logik der Forschung* (1935e) und seine Replik auf Frau H. Geiringer (1939b), der Vertreterin von R. v. Mises.

Außer den genannten sieben publizierten Schriften ist in diesem Band zum ersten Male auch ein bislang nicht veröffentlichter, 1927 geschriebener Aufsatz von Reichen-bach aufgenommen worden, der, wenn man ihn richtig liest, einen Schlüssel zum Verständnis von Reichenbachs Philosophie liefert: „Das Raumproblem in der neuen Quantenmechanik".

Wie bei den anderen Bänden tragen reproduzierte Seiten die Seitenzahl der Ausgabe, die der Reproduktion zugrunde lag. Das erleichtert das Auffinden von zitierten Stellen im Text. Daneben findet sich die fortlaufende Seitenzahl am unteren Rande, sofern beide Seitenzahlen verschieden sind. Die Seitenzahlen der englischen Originaltexte oder Übersetzungen findet der Leser in Tabellen am Ende des Bandes. Eckige Klammer [...] kennzeichnen grundsätzlich Hinzufügungen der Herausgeber.

Am Ende des Bandes in den Erläuterungen finden sich nähere Angaben über den Stellenwert der Schriften dieses Bandes in Reichenbachs philosophischer Entwick-lung und über ihre Wirkung auf die neuere Wissenschaftstheorie nebst einem Lite-raturverzeichnis, auf welches sich die Literaturangaben in den Erläuterungen, in manchen Fußnoten zu den Texten und auch hier im Vorwort beziehen. Daran schließt sich ein Register an.

Die Herausgeber danken allen denen, die ihnen bei diesem Band geholfen haben, Herrn A. A. Weis vom Verlag Vieweg, Herrn OStR. W. Moess, Herrn D. Thürnau und den Schreibkräften Frau J. Bojara und Frau M. Dreblow. Sie danken dem Wolfgang-Pauli-Comité am CERN in Genf für die Genehmigung, aus einem Brief Paulis an Reichenbach zu zitieren (dieser Bd. S. 388). Sie danken der Hillman Library an der University of Pittsburgh für die Überlassung von Material aus dem Nachlaß Hans Reichenbachs. Es handelt sich um das Manuskript „Das Raumproblem in der neuen Quantenmechanik" (HR-039-11-27) und um weitere Briefe und Aufzeichnungen, aus denen in den Erläuterungen zitiert oder auf die Bezug genommen wurde (unter Verwendung der Chiffre HR und der Nummer des entsprechenden Manuskripts im Nachlaß, auf S. 399: „Zur Störung des Objekts durch die Beobachtung in der Quantenmechanik" HR-039-11-10, S. 432 und 448: Autobiographische Skizzen, S. 433: Studienbücher HR-041-07-06, S. 434: Staatsexamensarbeit HR-018-09-01, S. 447: allgemeiner Überblick über den Nachlaß).

Maria Reichenbach
Andreas Kamlah

Pacific Palisades und Osnabrück

2

PHILOSOPHISCHE GRUNDLAGEN DER QUANTENMECHANIK

VON

HANS REICHENBACH

PROFESSOR DER PHILOSOPHIE AN DER UNIVERSITÄT VON
KALIFORNIEN IN LOS ANGELES

INS DEUTSCHE ÜBERSETZT VON

MARIA REICHENBACH

VORWORT
ZUR DEUTSCHEN AUSGABE

Durch die Initiative des Verlages Birkhäuser ist es möglich geworden, mein Buch einem deutschsprachigen Leserkreis zugänglich zu machen. Die Übersetzung des in englischer Sprache niedergeschriebenen Textes wurde von meiner Frau, MARIA REICHENBACH, nach sorgfältiger Diskussion der zu wählenden Terminologie ausgeführt.

Es schien mir im allgemeinen nicht notwendig, nennenswerte Änderungen des Textes vorzunehmen. Doch sind am Ende des § 36 einige Betrachtungen hinzugefügt worden, die sich nicht in der englischen Ausgabe befinden und die auf kritische Bemerkungen zurückgehen, für welche ich Herrn Professor W. PAULI in Zürich zu großem Dank verpflichtet bin.

Los Angeles, Juni 1949.   HANS REICHENBACH

VORWORT
ZUR ENGLISCHEN AUSGABE

Zwei große gedankliche Schöpfungen haben der modernen Physik ihre heutige Gestalt gegeben: die Relativitätstheorie und die Quantentheorie. Die erste ist im großen und ganzen die Entdeckung *eines* Mannes gewesen, denn das Werk ALBERT EINSTEINS steht einzig da, trotz aller Beiträge anderer Wissenschaftler, wie z. B. der Arbeiten von HENDRIK ANTON LORENTZ, die sehr nahe an die Grundlagen der speziellen Relativität herankamen, oder der vierdimensionalen Deutung von HERMANN MINKOWSKI, welche der Theorie ihre geometrische Form gab. Anders ist es mit der Quantentheorie, die aus der Zusammenarbeit mehrerer Wissenschaftler hervorgegangen ist, von denen jeder einen wesentlichen Teil beigetragen, aber in seiner Arbeit auch von den Ergebnissen der anderen Gebrauch gemacht hat.

Die Notwendigkeit einer solchen Zusammenarbeit scheint tief im Gegenstand der Quantentheorie verwurzelt zu sein. Erstens war die Entwicklung dieser Theorie wesentlich abhängig von Beobachtungsresultaten und der Genauigkeit der erhaltenen Zahlenwerte. Ohne die Hilfe einer Legion von Experimentalphysikern, die Spektrallinien photographierten oder das Verhalten elementarer Massenteilchen mit Hilfe von komplizierten Instrumenten beobachteten, wäre es, selbst nachdem ihre Grundlagen bekannt waren, unmöglich gewesen, die Quantentheorie durchzuführen. Zweitens sind diese Grundlagen in ihrer logischen Form von denen der Relativitätstheorie sehr verschieden, denn sie sind nie in die Form eines einheitlichen Prinzips gebracht worden, nicht einmal, nachdem die Theorie vollständig ausgearbeitet war. Sie setzen sich vielmehr aus mehreren Prinzipien zusammen, die uns trotz ihrer mathematischen Eleganz nicht auf den ersten Blick überzeugen, wie es z. B. für das Prinzip der Relativität der Fall ist. Schließlich weichen sie auch viel weiter von den Prinzipien der klassischen Physik ab, als die Relativitätstheorie es je in ihrer Kritik von Raum und Zeit getan hat; abgesehen von einem Übergang von Kausalgesetzen zu Wahrscheinlichkeitsgesetzen bedeuten sie eine philosophische Neuorientierung hinsichtlich der Existenz unbeobachteter Objekte, ja sogar der Grundlagen der Logik, und reichen bis an die tiefsten Wurzeln der Erkenntnistheorie heran.

Wir können vier Phasen in der Entwicklung der theoretischen Form der Quantenphysik unterscheiden. Die erste Phase ist mit den Namen MAX PLANCK, ALBERT EINSTEIN und NILS BOHR verknüpft. Nach PLANCKS Einführung der Quanten im Jahre 1900 kam EINSTEINS Ausdehnung des Quantenbegriffs auf die Strahlung in der Form der Annahme einer Nadelstrahlung (1905). Den entscheidenden Schritt machte jedoch BOHR mit seiner Anwendung der Quantenidee auf die Deutung der Atomstruktur (1913), die eine neue Welt physikalischer Entdeckungen eröffnete.

Die zweite Phase, die 1925 begann, stellt das Werk einer jüngeren Generation dar, die in der Physik von PLANCK, EINSTEIN und BOHR erzogen worden war und dort anfing, wo die ältere Generation aufgehört hatte. Es ist erstaunlich, daß sich im Anfang dieser Phase, welche zur Quantenmechanik führte, niemand genau im klaren war, was dieses Unternehmen wirklich bedeutete. LOUIS DE BROGLIE führte Wellen ein, die die Teilchen begleiteten; ERWIN SCHRÖDINGER, der sich von mathematischen Analogien mit der Wellenoptik leiten ließ, entdeckte die beiden fundamentalen Differentialgleichungen der Quantenmechanik; MAX BORN, WERNER HEISENBERG, PASCUAL JORDAN und, unabhängig davon, PAUL A. M. DIRAC konstruierten die Matrizenmechanik, die jeder Wellendeutung zu spotten schien. Diese Periode stellt einen überraschenden Triumph mathematischer Technik dar, welche, meisterhaft angewandt und mehr durch physikalischen Instinkt als durch logische Prinzipien geleitet, den Pfad zur Entdeckung einer Theorie zeigte, die in der Lage war, alle Beobachtungsdaten einheitlich wiederzugeben. All dies geschah in sehr kurzer Zeit; schon im Jahre 1926 hatte die mathematische Struktur der neuen Theorie eine festumrissene Form angenommen.

Die dritte Phase folgte unmittelbar darauf; sie bestand in der physikalischen Deutung der erhaltenen Resultate. SCHRÖDINGER zeigte die Identität der Wellenmechanik und der Matrizenmechanik; BORN erkannte die Wahrscheinlichkeitsinterpretation der Wellen; HEISENBERG sah, daß der mathematische Mechanismus der Theorie eine nicht zu überwindende Ungewißheit von Voraussagen und eine Störung des Objekts durch die Messung in sich schließt. Hier griff nun BOHR wieder in das Werk der jüngeren Generation ein und zeigte, daß die durch die Theorie gelieferte Naturbeschreibung eine spezifische Zweideutigkeit offenließ, der er den Namen Komplementaritätsprinzip gab.

Die vierte Phase dauert bis auf den heutigen Tag und ist mit Untersuchungen angefüllt, welche die bisher erhaltenen Ergebnisse in immer größerem

Ausmaße anwenden und auf neue experimentelle Resultate ausdehnen. Diese Erweiterungen sind mit mathematischen Verfeinerungen verbunden, unter welchen die Anpassung der mathematischen Methode an die Forderungen der Relativität besonders im Vordergrund steht. Wir wollen aber hier von diesen Problemen absehen, da wir es uns zur Aufgabe gemacht haben, die logischen Grundlagen der Theorie aufzuzeigen.

In der Phase der physikalischen Deutung wurde auch die Neuartigkeit der logischen Form der Quantenmechanik erkannt. Es war in dieser neuen Theorie etwas geschehen, was im Widerspruch mit allen traditionellen Begriffen von Erkenntnis und Wirklichkeit stand. Trotzdem war es nicht einfach, das, was sich ereignet hatte, zu *formulieren*, d. h. der Theorie eine philosophische Deutung zu geben. Auf Grund der physikalischen Deutung wurde von den Physikern eine Philosophie zum allgemeinen Gebrauch entwickelt, die von der Beziehung zwischen Subjekt und Objekt sprach, oder von Bildern der Wirklichkeit, die vage und unbefriedigend bleiben müssen, oder vom Operationalismus, der zufrieden ist, wenn richtige Beobachtungsvoraussagen gemacht werden und jede Deutung als unnötigen Ballast über Bord wirft. Solche Vorstellungen können recht brauchbar dazu sein, die rein technische Arbeit des Physikers fortzuführen; aber es kommt uns vor, als ob der Physiker sich mit dieser Philosophie immer ein bißchen geniert habe, wenn er den Versuch machte, sich wirklich darüber bewußt zu werden, was er eigentlich tat. Er merkte dann nämlich, daß er sozusagen über die dünne Eisschicht eines nur leicht gefrorenen Sees lief, und wurde sich darüber klar, daß er jeden Augenblick einbrechen konnte.

Dieses Gefühl der Unsicherheit hat den Verfasser veranlaßt, nach einer philosophischen Deutung der Grundlagen der Quantenmechanik zu suchen. Wohl wissend, daß die Philosophie nicht versuchen soll, physikalische Ergebnisse zu entdecken, hat er doch geglaubt, daß eine logische Analyse der Physik möglich ist, die sich nicht mit verschwommenen Begriffen und zweifelhaften Ausreden zufrieden gibt. Die Philosophie der Physik sollte so sauber und klar sein wie die Physik selbst. Sie sollte sich weder in Gedankengebilde einer spekulativen Philosophie versteigen, die im Zeitalter des Empirismus unmodern erscheinen muß, noch die operationale Form des Empirismus benutzen, um Problemen der Logik der Interpretationen aus dem Wege zu gehen. Von diesen Gedanken ausgehend, hat der Verfasser in dem vorliegenden Buch versucht, eine philosophische Interpretation der Quantenphysik zu entwickeln, die frei von Metaphysik ist und uns trotzdem erlaubt, die quantenmechanischen Ergebnisse als Aussagen über eine atomare Welt anzusehen, die ebenso wirklich ist wie die gewöhnliche physikalische Welt.

Es ist kaum nötig, zu betonen, daß diese philosophische Analyse von tiefster Bewunderung des großen Werkes der Physiker getragen ist und sich nicht anmaßt, in die Methoden der physikalischen Forschung einzugreifen. Was mit diesem Buche beabsichtigt ist, ist nur eine Klärung von Begriffen, und man darf daher in der vorliegenden Darstellung keinerlei Beitrag zur Lösung physikalischer Probleme erwarten. Während die Aufgabe der Physik darin besteht, die physikalische Welt zu analysieren, besteht die Aufgabe der Philosophie in einer Analyse unseres Wissens von der physikalischen Welt. Unser Buch möchte in diesem Sinne philosophisch sein.

Die Einteilung des Buches ist so geplant, daß der erste Teil die allgemeinen Gedanken darstellt, auf welche die Quantenmechanik begründet ist; dieser Teil gibt daher einen Überblick über unsere philosophische Interpretation und faßt ihre Resultate zusammen. Die Darstellung setzt weder mathematische Kenntnisse noch eine Bekanntschaft mit den Methoden der Quantenphysik voraus. Im zweiten Teil geben wir die mathematischen Methoden der Quantenmechanik im Umriß wieder; dieser Teil ist so geschrieben, daß die Kenntnis der Differentialrechnung den Leser in die Lage versetzen sollte, die Darstellung zu verstehen. Da wir heute eine Anzahl ausgezeichneter Textbücher über die Quantenmechanik besitzen, könnte dieser Teil überflüssig erscheinen; wir fügen ihn aber ein, um den Weg zu den mathematischen Grundlagen der Quantenmechanik für alle diejenigen abzukürzen, welche keine Zeit zum gründlichen Studium des Gegenstandes haben oder in einem kurzen Rückblick sich noch einmal der Methoden vergewissern möchten, die sie in vielen Einzelproblemen angewandt haben. Unsere Darstellung macht selbstverständlich keinerlei Anspruch auf Vollständigkeit. Der dritte Teil handelt von den verschiedenen Interpretationen der Quantenmechanik, und wir machen hier sowohl von den philosophischen Ideen des ersten Teils als auch von den mathematischen Formulierungen des zweiten Teils Gebrauch. Wir diskutieren darin die Eigenschaften der verschiedenen Interpretationen und konstruieren mit Hilfe einer dreiwertigen Logik eine Interpretation, die uns als die adäquate logische Form der Quantenmechanik erscheint.

Ich bin Dr. VALENTIN BARGMANN vom Institute of Advanced Studies in Princeton zu großem Dank für seinen Rat in mathematischen und physikalischen Fragen verpflichtet; zahlreiche Verbesserungen, besonders im zweiten Teil, wurden auf seine Anregung hin gemacht. Ich danke auch Dr. NORMAN C. DALKEY von der University of California at Los Angeles und Dr. ERNEST H. HUTTEN, früher in Los Angeles, jetzt an der Universität von Chicago, für die Gelegenheit, mit ihnen Fragen logischer Natur zu diskutieren, und für ihre Hilfe in Angelegenheiten des Stils und der Terminologie. Schließlich danke ich auch den Mitarbeitern der University of California Press für ihre Sorgfalt und Rücksichtnahme bei der Herausgabe des Buches und für die Freizügigkeit, mit der sie meinen Wünschen hinsichtlich gewisser Abweichungen von der traditionellen Interpunktion entgegengekommen sind.

Die in diesem Buch entwickelten Gedanken, einschließlich des in § 32 eingeführten Systems einer dreiwertigen Logik, sind vom Verfasser auf dem Unity-of-Science-Kongreß an der Universität Chicago am 5. September 1941 vorgetragen worden.

Department of Philosophy,   HANS REICHENBACH
University of California,
Los Angeles, Juni 1942.

INHALT

Erster Teil. Allgemeine Betrachtungen

§ 1. Kausalgesetze und Wahrscheinlichkeitsgesetze 11
§ 2. Die Wahrscheinlichkeitsverteilungen 15
§ 3. Das Unbestimmtheitsprinzip 19
§ 4. Die Störung des Objekts durch die Beobachtung 25
§ 5. Die Bestimmung unbeobachteter Objekte 29
§ 6. Wellen und Korpuskeln 32
§ 7. Analyse eines Interferenzexperiments 36
§ 8. Erschöpfende und einschränkende Interpretationen 45

Zweiter Teil. Mathematische Grundzüge der Quantenmechanik

§ 9. Entwicklung einer Funktion in eine Reihe von orthogonalen Funktionen 59
§ 10. Geometrische Interpretation im Funktionenraum 66
§ 11. Umkehrung und Hintereinanderschaltung von Transformationen 71
§ 12. Funktionen mehrerer Variablen und der Konfigurationsraum . . 77
§ 13. Ableitung der Schrödingergleichung aus dem de-Broglie-Prinzip 79
§ 14. Operatoren, Eigenfunktionen und Eigenwerte physikalischer Größen 86
§ 15. Die Vertauschungsregel 89
§ 16. Operatormatrizen 92
§ 17. Bestimmung der Wahrscheinlichkeitsverteilungen 94
§ 18. Zeitabhängigkeit der ψ-Funktion 99
§ 19. Transformation auf andere Zustandsfunktionen 104
§ 20. Bestimmung der ψ-Funktion aus Beobachtungen 105
§ 21. Mathematische Theorie der Messung 109
§ 22. Die Wahrscheinlichkeitsregeln und die Störung durch die Messung 115
§ 23. Vom Wesen der Wahrscheinlichkeit und statistischer Mengen in der Quantenmechanik 119

Dritter Teil. Interpretationen

§ 24. Vergleich der klassischen und der quantenmechanischen Statistik 125
§ 25. Die Korpuskelinterpretation 131
§ 26. Die Unmöglichkeit einer Kettenstruktur 136
§ 27. Die Welleninterpretation 143
§ 28. Beobachtungssprache und quantenmechanische Sprache 150

§ 29. Interpretation mit Hilfe einer einschränkenden Sinnesdefinition . . 154
§ 30. Interpretation mit Hilfe einer dreiwertigen Logik 159
§ 31. Die Regeln der zweiwertigen Logik 162
§ 32. Die Regeln der dreiwertigen Logik. 164
§ 33. Unterdrückung kausaler Anomalien mit Hilfe einer dreiwertigen Logik 174
§ 34. Unbestimmtheiten in der Beobachtungssprache 182
§ 35. Die Begrenzung der Meßbarkeit. 184
§ 36. Verschränkte Systeme. 185
§ 37. Schlußbetrachtungen 194
Sachregister 195

ERSTER TEIL

Allgemeine Betrachtungen

§ 1. Kausalgesetze und Wahrscheinlichkeitsgesetze

Im Mittelpunkt der philosophischen Diskussion der Quantenmechanik stehen zwei grundsätzliche Fragen: die erste betrifft den Übergang von Kausalgesetzen zu Wahrscheinlichkeitsgesetzen, die zweite die Interpretation unbeobachteter Objekte. Wir wollen mit der Diskussion der ersten Frage beginnen und die zweite in späteren Abschnitten analysieren.

Die Frage, ob man Kausalgesetze durch statistische Gesetze ersetzen könne, taucht in der Geschichte der Physik schon lange vor der Formulierung der Quantentheorie auf. Seit der großen Entdeckung BOLTZMANNS, die zeigte, daß der zweite Wärmesatz ein statistisches und kein kausales Gesetz ist, ist wiederholt die Auffassung geäußert worden, daß alle anderen physikalischen Gesetze ein ähnliches Schicksal treffen könne. Die Idee des Determinismus, daß für elementare Naturerscheinungen strenge Kausalgesetze gelten, wurde als eine Extrapolation erkannt, die man aus der kausalen Regelmäßigkeit der Welt im Großen erschlossen hatte. Die Gültigkeit dieser Extrapolation war in Frage gestellt, sobald es sich herausstellte, daß Regelmäßigkeit im Makrokosmos mit Unregelmäßigkeit im Mikrokosmos sehr wohl vereinbar ist, da das Gesetz der großen Zahlen den Wahrscheinlichkeitscharakter elementarer Erscheinungen in die praktische Sicherheit statistischer Gesetze verwandelt. Beobachtungen in der Welt im Großen werden so lange niemals einen Beweis für die Kausalität atomarer Geschehnisse liefern, als nur Wirkungen einer großen Anzahl von Atomteilchen in Betracht gezogen werden. Dies war das Resultat einer unvoreingenommenen philosophischen Analyse der Boltzmannschen Physik[1].

---

[1] Es ist kaum möglich, festzustellen, wer als erster diesen philosophischen Gedanken formuliert hat. Wir haben keine veröffentlichten Äußerungen BOLTZMANNS, die darauf schließen lassen, daß er an die Möglichkeit dachte, das Kausalprinzip aufzugeben. Der Gedanke wurde in dem Jahrzehnt, das der Formulierung der Quantenmechanik voraufging, oft diskutiert. Wohl der erste, der die dargestellte Kritik klar ausgedrückt hat, war F. EXNER in seinem Buch *Vorlesungen über die physikalischen Grundlagen der Naturwissenschaften* (Wien 1919): «Aber vergessen wir nicht, daß sich uns das Kausalitätsprinzip und das Kausalitätsbedürfnis ausschließlich durch die Erfahrung an makroskopischen Vorgängen aufgedrängt hat und daß eine Übertragung desselben auf mikrokosmische Erscheinungen, also die Voraussetzung, daß jedes Einzelereignis streng kausal bedingt sei, keine auf Erfahrung basierte Berechtigung mehr hat» (Seite 691). Auf EXNER hat sich auch E. SCHRÖDINGER bezogen, als er in seiner Antrittsvorlesung in Zürich 1922 ähnliche Gedanken äußerte, die er in den «*Naturwissenschaften*» 7, 9 (1929), veröffentlicht hat.

Damit war eine Entscheidung dieser Frage aufgeschoben, bis es möglich wurde, makrokosmische Wirkungen einzelner atomarer Erscheinungen zu beobachten. Doch sogar mit Hilfe derartiger Beobachtungen ist die Frage nicht einfach zu beantworten, sondern sie erfordert eine tiefgehende logische Analyse.

Wenn wir von strengen Kausalgesetzen sprechen, setzen wir immer voraus, daß sie für idealisierte physikalische Zustände gelten, und wir wissen, daß diese in Wirklichkeit nie genau mit den Bedingungen übereinstimmen, die wir für die Gesetze angenommen haben. Diese Diskrepanz ist oft als unwesentlich angesehen worden. Man hat sie für eine Folge der Unvollkommenheit des Experimentators gehalten und geglaubt, diese Abweichung in der Formulierung des Kausalgesetzes als einer Natureigenschaft vernachlässigen zu können. Eine solche Auffassung versperrt jedoch den Weg zu einer Lösung des Kausalproblems, denn Aussagen über die physikalische Welt haben nur insofern eine Bedeutung, als verifizierbare Resultate damit verbunden sind, mit anderen Worten: Eine Aussage über strenge Kausalität muß in Aussagen über beobachtbare Beziehungen zu übersetzen sein, wenn sie eine brauchbare Bedeutung haben soll. Wenn wir diesem Prinzip gerecht werden wollen, können wir die Kausalbehauptung folgendermaßen interpretieren.

Wenn wir physikalische Zustände mit Bezug auf Beobachtungsdaten charakterisieren, d. h. mit Bezug auf solche Beobachtungen, wie sie wirklich gemacht werden, wissen wir, daß wir Wahrscheinlichkeitsbeziehungen zwischen diesen Zuständen aufstellen können. Kennen wir z. B. die Neigung eines Gewehrlaufes, die Pulverladung und das Gewicht der Kugel, dann können wir den Einschlagspunkt mit einer gewissen Wahrscheinlichkeit voraussagen. Bezeichnen wir die so definierten Anfangsbedingungen mit A, mit B eine Beschreibung des Einschlagspunktes, dann haben wir eine Wahrscheinlichkeitsimplikation

$$A \underset{p}{\Rightarrow} B \tag{1}$$

die besagt, daß, wenn A gegeben ist, B mit einer bestimmten Wahrscheinlichkeit p eintreten wird. Von dieser empirisch verifizierbaren Beziehung gehen wir zu einer idealen Beziehung über, indem wir die idealen Zustände A' und B' annehmen und eine logische Implikation

$$A' \supset B' \tag{2}$$

zwischen ihnen aufstellen, die ein Gesetz der Mechanik darstellt. Da wir jedoch wissen, daß wir aus dem Beobachtungszustande A nur mit einiger Wahrscheinlichkeit auf die Existenz des Idealzustandes A' schließen dürfen und daß außerdem nur eine Wahrscheinlichkeitsrelation zwischen B und B' besteht, können wir die logische Implikation (2) nicht benutzen. Ihre physikalische Bedeutung erhält sie nur durch die Tatsache, daß sie in allen Fällen, wo sie auf beobachtbare Erscheinungen anwendbar ist, durch die Wahrscheinlichkeitsimplikation (1) ersetzt werden kann. Was heißt also die Behauptung, daß wir mit Sicherheit zukünftige Zustände voraussagen könnten, wenn wir die dazugehörigen Anfangsbedingungen wüßten? Nur wenn man eine Limesbetrachtung einführt, hat eine solche Aussage einen Sinn. Statt die Anfangsbedingungen des Schusses nur mit Hilfe der obenerwähnten drei Parameter, nämlich der Neigung des Gewehrlaufes, der Pulverladung und des Gewichtes der Kugel, zu charakterisieren, können wir weitere Parameter in Betracht ziehen, wie z. B. den Widerstand der Luft, die Umdrehung der Erde usw. Im Zusammenhang mit einer solchen Verallgemeinerung wird sich der vorausgesagte Wert ändern; aber wir wissen, daß mit solch einer genaueren Charakterisierung sich auch die Wahrscheinlichkeit der Voraussage erhöht. Aus derartigen Erfahrungen haben wir geschlossen, daß wir durch Einführung weiterer Parameter in die Analyse physikalischer Zustände die Wahrscheinlichkeit p dem Wert 1 beliebig annähern können. Wenn das Kausalitätsprinzip eine physikalische Bedeutung haben soll, dann müssen wir es in dieser Form aussprechen. Die Behauptung, daß die Natur durch strenge Kausalgesetze regiert werde, heißt, daß wir die Zukunft mit einer bestimmten Wahrscheinlichkeit voraussagen und diese Wahrscheinlichkeit der Gewißheit beliebig annähern können, wenn wir die betrachteten Erscheinungen hinreichend genau analysieren.

Mit dieser Formulierung wird dem Kausalprinzip der apriorische Charakter genommen, der ihm in vielen philosophischen Systemen zugesprochen wird. Wenn die Kausalität als ein Limes von Wahrscheinlichkeitsimplikationen aufgefaßt wird, dann ist es deutlich, daß dieses Prinzip nur im Sinne einer empirischen Hypothese behauptet werden kann. Es zwingen uns keine logischen Gründe, zu sagen, daß die Wahrscheinlichkeit von Voraussagen durch Einführung von mehr und mehr Parametern der Gewißheit beliebig nahegebracht werden kann. Schon bevor die Quantenmechanik zur Behauptung einer Grenze der Voraussagbarkeit überging, ist die Möglichkeit einer solchen Grenze erkannt worden[1].

Man hat eingewendet, daß wir nur eine endliche Anzahl von Parametern kennen können und daß wir deshalb die Möglichkeit offenlassen müssen, später neue Parameter zu entdecken, die zu besseren Voraussagen führen. Obgleich wir natürlich kein Mittel haben, eine solche Möglichkeit mit Gewißheit auszuschließen, müssen wir doch antworten, daß starke indirekte Beweise gegen eine solche Annahme sprechen können und daß solche Beweise schließlich als gültig anerkannt würden, wenn wiederholte Versuche, das Gegenteil zu beweisen, fehlschlagen. Viele physikalische Gesetze, wie z. B. das Gesetz von der Erhaltung der Energie, sind daraus erwachsen, daß wiederholte Versuche, das Gegenteil zu beweisen, gescheitert sind. Eine Verneinung der Existenz von Kausalgesetzen wird immer nur auf einem induktiven Schluß beruhen. Die Vertreter einer Kritik des Kausalitätsglaubens werden nicht in den Fehler ihrer Gegner verfallen, ihre Behauptungen durch ein apriorisches Prinzip zu begründen.

Die quantenmechanische Kritik der Kausalität muß deshalb als die logische Fortsetzung einer Entwicklungslinie erkannt werden, die mit der Einführung statistischer Gesetze in die Physik auf dem Gebiete der kinetischen Theorie der Gase begann und in der empiristischen Analyse des Kausalbegriffs fortgeführt

---

[1] Vgl. die Arbeit des Autors, *Die Kausalstruktur der Welt*, Ber. Bayr. Akad., Math. Kl. (München 1925), S. 138, und seinen Artikel *Die Kausalbehauptung uud die Möglichkeit ihrer empirischen Nachprüfung*, geschrieben 1923 und veröffentlicht in «*Erkenntnis*» 3, 32 (1932).

wurde. Die spezielle Form, in die dieses Ergebnis jedoch mit HEISENBERGS Prinzip der Unbestimmtheit gekleidet worden ist, ist von der Kritik, wie wir sie bisher entwickelt haben, verschieden.

In der voraufgehenden Analyse haben wir die Möglichkeit angenommen, die unabhängigen Parameter physikalischer Geschehnisse beliebig genau messen, oder, besser gesagt, die *gleichzeitigen Werte* dieser Parameter beliebig genau bestimmen zu können. Der Zusammenbruch der Kausalität besteht dann darin, daß diese Werte die Werte von ihnen abhängiger Größen, einschließlich der Werte derselben Parameter zu einer späteren Zeit, nicht streng bestimmen. Unsere Analyse enthält daher eine Annahme über die Messung gleichzeitiger Werte unabhängiger Parameter. HEISENBERG hat gezeigt, daß diese Annahme falsch ist.

Die Gesetze der klassischen Physik sind durchweg *zeitlich gerichtete Gesetze*, d. h. Gesetze, die etwas über die Abhängigkeit von Größen zu verschiedenen Zeiten aussagen und auf diese Weise Kausalketten aufstellen, die sich nach der Zeitrichtung hin ausdehnen. Wenn gleichzeitige Werte verschiedener Ereignisse als voneinander abhängig angesehen werden, dann wird diese Abhängigkeit immer als das Ergebnis zeitlich gerichteter Gesetze aufgefaßt. Dadurch ist die Kopplung verschiedener Meßangaben physikalischer Zustände auf den Einfluß derselben physikalischen Ursache, die auf die Instrumente wirkt, reduziert. Wenn z. B. die Barometer in den verschiedenen Zimmern eines Hauses immer dasselbe anzeigen, dann erklären wir diese Übereinstimmung als eine Folge der Wirkung gleicher Luftmassen auf das Instrument, d. h. als eine Folge der Wirkung einer gemeinsamen Ursache. Es ist aber auch möglich, die Existenz von *Querschnittsgesetzen* anzunehmen, welche gleichzeitige Werte physikalischer Größen, die nicht auf Wirkungen gemeinsamer Ursachen zurückgeführt werden können, direkt verbinden. HEISENBERG hat ein solches Querschnittsgesetz in seiner Unbestimmtheitsrelation aufgestellt.

Dieses Querschnittsgesetz hat die Form einer *Meßbarkeitsbegrenzung* und besagt, daß die gleichzeitigen Werte unabhängiger Parameter nicht beliebig genau gemessen werden können. Wir können nur die eine Hälfte aller Parameter bis zu dem gewünschten Genauigkeitsgrad messen, während die andere ungenau bestimmt bleiben muß. Wir finden hier eine Kopplung gleichzeitiger meßbarer Werte insofern, als größere Genauigkeit in der Bestimmung der einen Hälfte eine Ungenauigkeit in der Bestimmung der anderen Hälfte mit sich bringt, und umgekehrt. Dieses Gesetz macht aber die eine Hälfte der Parameter nicht zu einer Funktion der anderen Hälfte, sondern wenn die eine Hälfte bekannt ist, dann bleibt die andere völlig unbekannt, sofern sie nicht gemessen wird. Wir wissen jedoch, daß die Genauigkeit dieser Messung begrenzt ist.

Dieses Querschnittsgesetz führt zu einer spezifischen Form der Kausalitätskritik. Wenn die Werte unabhängiger Parameter ungenau bekannt sind, dann können wir nicht erwarten, strenge Voraussagen zukünftiger Beobachtungen aufzustellen. Die Idee, daß Kausalgesetze, welche die Resultate zukünftiger Beobachtungen genau bestimmen, «hinter» diesen statistischen Gesetzen stehen, muß dann für immer eine nichtverifizierbare Behauptung bleiben, denn die Verifizierbarkeit wird durch ein Naturgesetz, nämlich das obenerwähnte

Querschnittsgesetz, ausgeschlossen. Wenn man die Verifizierbarkeitstheorie des Sinnes annimmt, die jetzt allgemein für die Interpretation der Physik akzeptiert wird, muß die Aussage, daß es Kausalgesetze gibt, als physikalisch sinnlos angesehen werden. Sie ist eine leere Behauptung, die nicht in Beziehungen zwischen beobachtbaren Tatsachen umgewandelt werden kann.

Es bleibt nur ein Weg übrig, eine physikalisch sinnvolle Kausalbehauptung aufzustellen. Wenn Aussagen über Kausalbeziehungen zwischen den exakten Werten gewisser Größen nicht verifizierbar sind, dann können wir wenigstens versuchen, sie in der Form von *Konventionen* oder *Definitionen* einzuführen, d. h. beliebige Kausalbeziehungen zwischen den strengen Werten herzustellen. Dies bedeutet, daß wir versuchen können, den ungemessenen oder nicht genau gemessenen Größen definitorische Werte derart beizulegen, daß die beobachteten Resultate als kausale Folgen der Werte erscheinen, die wir durch unsere Annahme eingeführt haben. Wenn dies möglich wäre, dann könnten die eingeführten Kausalbeziehungen nicht für eine Verbesserung von Voraussagen benutzt werden, sondern wären nur aufstellbar, nachdem Beobachtungen gemacht worden sind, d. h. im Sinne einer Kausalkonstruktion *post hoc*. Aber selbst wenn wir einer solchen Methode folgen wollen, müssen wir die Frage beantworten, ob es möglich ist, eine solche *Kausalergänzung für die beobachteten Tatsachen durch die Interpolation unbeobachteter Werte* ohne Widerspruch durchzuführen. Wenn auch die Interpolation auf Konventionen beruht, so ist die Antwort auf die letztgenannte Frage doch keine Angelegenheit der Konvention, sondern hängt von der Struktur der physikalischen Welt ab. Darum führt HEISENBERGS Unbestimmtheitsprinzip zu einer Revision der Kausalbehauptung. Wenn diese Behauptung physikalisch sinnvoll sein soll, dann muß sie als eine Aussage über die Möglichkeit einer Kausalergänzung der beobachtbaren Welt aufgestellt werden.

Mit diesen Überlegungen ist der Plan der folgenden Untersuchung klar. Zunächst werden wir HEISENBERGS Prinzip erklären, indem wir zeigen, daß es ein Querschnittsgesetz ist, und die Gründe diskutieren, warum man es als durch empirische Beweise gut begründet ansehen muß. Dann werden wir uns der Frage der Interpolation unbeobachteter Werte durch Definitionen zuwenden. Wir werden zeigen, daß die obenerwähnte Frage negativ zu beantworten ist, da die Beziehungen der Quantenmechanik so konstruiert sind, daß sie eine Kausalergänzung durch Interpolation nicht zulassen. Mit diesen Resultaten wird bewiesen, daß das Kausalitätsprinzip in keiner Weise mit der Physik der Quanta vereinbar ist. Kausaler Determinismus gilt weder in der Form einer verifizierbaren Behauptung noch in der Form einer Konvention, die eine mögliche Interpolation unbeobachteter Werte zwischen verifizierbare Tatsachen bestimmt.

§ 2. Die Wahrscheinlichkeitsverteilungen

Wir wollen jetzt mit Hilfe eines Beispiels aus der klassischen Mechanik die Struktur von Kausalgesetzen genauer analysieren und dann sehen, wie sich diese Struktur verändert, wenn wir Wahrscheinlichkeitsbetrachtungen einführen.

In der klassischen Physik ist der physikalische Zustand eines freien Massenteilchens, das keine Rotation ausführt oder dessen Rotation wir vernachlässigen können, bestimmt, wenn wir den *Ort q*, die *Geschwindigkeit v* und die *Masse m* des Teilchens kennen. Die Werte q und v müssen natürlich zusammengehörige Werte sein, d. h. sie müssen zur gleichen Zeit beobachtet werden. Die Angabe der Werte von Masse und Geschwindigkeit kann durch die Angabe einer einzigen Größe, des Impulses $p = m v$, ersetzt werden. Damit sind die zukünftigen Zustände des Massenteilchens bestimmt, wenn es nicht anderen Kräften ausgesetzt ist. Die Geschwindigkeit, und damit der Impuls, bleiben konstant, und der Ort q kann für jede Zeit t berechnet werden. Wenn äußere Kräfte dazwischenkommen, können wir auch die zukünftigen Zustände des Teilchens bestimmen, wenn die Kräfte mathematisch bekannt sind.

Wenn wir die Tatsache beachten, daß p und q nicht genau bestimmt werden können, dann müssen wir strenge Aussagen über p und q durch Wahrscheinlichkeitsaussagen ersetzen. Wir führen dann *Wahrscheinlichkeitsverteilungen* ein,

$$d(q) \quad \text{und} \quad d(p) \tag{1}$$

die jedem Wert q und jedem Wert p eine Wahrscheinlichkeit dafür zuordnen, daß dieser Wert auftritt. Das Symbol $d(\ )$ ist hier in der allgemeinen Bedeutung von *Verteilung* gebraucht; die Ausdrücke $d(p)$ und $d(q)$ stellen daher verschiedene mathematische Funktionen dar. Wie gewöhnlich ist die Wahrscheinlichkeit, die durch die Funktion gegeben ist, nicht einem scharfen Wert q oder p, sondern einem kleinen Intervall dq oder dp zugeordnet, so daß nur die Ausdrücke

$$d(q)\, dq \quad \text{und} \quad d(p)\, dp \tag{2}$$

Wahrscheinlichkeiten darstellen, während die Funktionen (1) Wahrscheinlichkeits*dichten* sind. Dies kann man auch in der Form ausdrücken, daß die Integrale

$$\int_{q_1}^{q_2} d(q)\, dq \quad \text{und} \quad \int_{p_1}^{p_2} d(p)\, dp \tag{3}$$

die Wahrscheinlichkeiten darstellen, einen Wert q zwischen q_1 und q_2 oder einen Wert p zwischen p_1 und p_2 zu finden.

Wahrscheinlichkeitsverteilungen können nur für eine Reihe von Messungen und nicht für eine einzelne Messung aufgestellt werden. Wenn wir von der Genauigkeit einer Messung sprechen, meinen wir damit also, genauer gesagt, die Genauigkeit eines Messungstypus, der für einen gewissen Typus von physikalischem System benutzt wird. In diesem Sinne können wir sagen, daß jede Messung mit der Bestimmung einer Wahrscheinlichkeitsfunktion d endigt. Gewöhnlich ist d eine Gauß-Funktion, d. h. eine glockenförmige Kurve, die einem exponentiellen Gesetz folgt (vgl. Fig. 1); je steiler die Kurve, desto genauer die Messung. In der klassischen Physik machen wir die Annahme, daß jede dieser Kurven beliebig steil gemacht werden kann, wenn wir die Messung hinreichend genau vornehmen. In der Quantenmechanik ist diese Annahme aus folgenden Gründen verworfen worden.

Während die klassische Physik die beiden Kurven $d(q)$ und $d(p)$ als unabhängig voneinander ansieht, führt die Quantenmechanik die Regel ein, daß sie das nicht sind. Dies ist durch das Querschnittsgesetz begründet, das wir in § 1 erwähnt haben. Dieser Gedanke wird durch ein mathematisches Prinzip ausgedrückt, nach welchem beide Kurven $d(q)$ und $d(p)$ zu einer gegebenen Zeit t von einer und derselben mathematischen Funktion $\psi(q)$ ableitbar sind. Diese Ableitung ist so beschaffen, daß daraus eine gewisse logische Verbindung zwischen den Formen der Kurven $d(q)$ und $d(p)$ folgt. Diese Zusammenziehung von zwei Wahrscheinlichkeitsverteilungen in eine Funktion ψ ist eines der grundlegenden Prinzipien der Quantenmechanik. Es hat sich herausgestellt, daß die Abhängigkeit zwischen den Verteilungen, die auf diesem Prinzip beruht, darin besteht, daß die eine Kurve ziemlich flach sein muß, wenn die andere sehr steil ist. Physikalisch gesprochen heißt das, daß die Messungen von p und q nicht unabhängig voneinander gemacht werden können und daß eine Versuchsanordnung, die eine genaue Bestimmung von q zuläßt, jegliche Bestimmung von p ungenau macht, und umgekehrt.

Die Funktion $\psi(q)$ hat den Charakter einer Welle, und zwar einer komplexen Welle, bestimmt durch komplexe Zahlen ψ. Geschichtlich betrachtet, geht die Einführung dieser Welle durch L. DE BROGLIE und SCHRÖDINGER auf den Streit über den Wellen- oder Korpuskelcharakter in der Theorie des Lichtes zurück. Die ψ-Funktion ist das Endprodukt in der Entwicklungsreihe der Wellenbegriffe, die mit HUYGHENS' Wellentheorie des Lichtes beginnt; doch würde HUYGHENS seine Ideen kaum in der Form, die sie heute in BORNS Wahrscheinlichkeitsinterpretation der ψ-Funktion angenommen haben, wiedererkennen. Wir wollen uns mit der physikalischen Natur dieser Welle in späteren Abschnitten beschäftigen und für den Augenblick die ψ-Wellen nur als ein mathematisches Mittel ansehen, Wahrscheinlichkeitsverteilungen zu bestimmen. In anderen Worten, wir wollen unsere Darstellung in diesem Kapitel darauf beschränken, den Weg zu zeigen, wie die Wahrscheinlichkeitsverteilungen $d(q)$ und $d(p)$ von $\psi(q)$ abgeleitet werden können.

Die Ableitung, die wir hier darstellen, ordnet einer Kurve $\psi(q)$ zu einer gegebenen Zeit die Kurven $d(q)$ und $d(p)$ zu; deswegen kommt t in den folgenden Gleichungen nicht vor. Wenn $\psi(q)$ zu einer späteren Zeit eine andere Form haben sollte, würden andere Funktionen $d(q)$ und $d(p)$ in Betracht kommen. Wir haben also im allgemeinen Funktionen $\psi(q, t)$, $d(q, t)$ und $d(p, t)$, lassen aber t aus Bequemlichkeitsgründen weg.

Die Ableitung ist in zwei Regeln ausgedrückt, von denen die erste $d(q)$, die zweite $d(p)$ bestimmt. Wir wollen diese Regeln hier nur für den einfachen Fall freier Teilchen angeben und ihre Anwendung auf kompliziertere mechanische Systeme einem späteren Abschnitt überlassen (§ 17). Wir geben zunächst die Regel für die Bestimmung von $d(q)$.

Regel der quadrierten ψ-Funktion: Die Wahrscheinlichkeit, einen Wert q zu beobachten, ist durch das Quadrat der ψ-Funktion entsprechend der Beziehung

$$d(q) = |\psi(q)|^2 \tag{4}$$

bestimmt.

Die Erklärung der Regel für die Bestimmung von $d(p)$ erfordert einige einleitende mathematische Bemerkungen. Nach FOURIER kann eine beliebig gestaltete Welle als die Überlagerung vieler einzelner Wellen, die die Form von Sinuskurven haben, angesehen werden. Diese Überlegung kennen wir von den Schallwellen her, wo die einzelnen Wellen *Grundton* und *Obertöne*, oder *harmonische*, genannt werden. In der Optik werden die einzelnen Wellen *monochromatisch* genannt und ihre Gesamtheit ist das *Spektrum*. Die einzelne Welle ist durch die Frequenz v oder ihre Wellenlänge λ charakterisiert, und diese beiden Eigenschaften sind durch die Beziehung $v \lambda = w$ verbunden, wobei w die Wellengeschwindigkeit ist. Dazu hat jede einzelne Welle eine Amplitude σ, die nicht vom Orte abhängt, sondern für die ganze einzelne Welle konstant ist. Die allgemeine mathematische Form der Fourier-Entwicklung wird in § 9 erklärt; für den Augenblick ist es nicht nötig, die mathematische Schreibweise einzuführen.

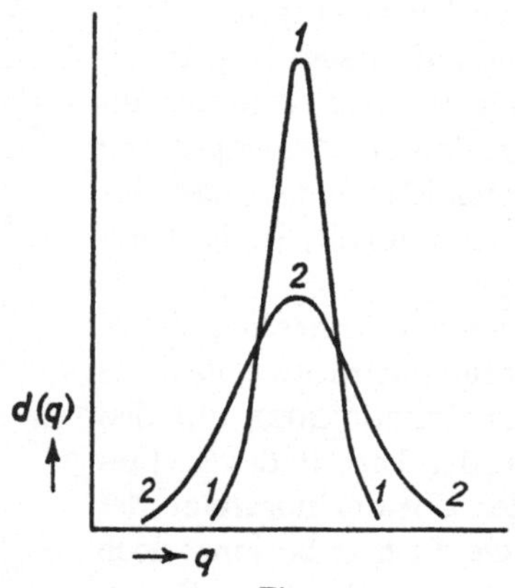

Fig. 1

Kurve *1–1–1* stellt eine genaue Messung von q, Kurve *2–2–2* eine weniger genaue Messung von q dar. Beide Kurven sind Gauß-Verteilungen oder *normale Kurven*.

Die Fourier-Überlagerung kann auf die Welle ψ angewendet werden, obgleich wir diese Welle vorläufig nicht als eine physikalische Größe, sondern nur als ein mathematisches Hilfsmittel ansehen. Falls die Welle ψ aus periodischen Schwingungen besteht, die sich über eine gewisse Zeit hin erstrecken, wie z. B. im Falle der Schallwellen, die durch musikalische Instrumente hervorgebracht werden, dann ist das Spektrum, das durch die Fourier-Entwicklung entsteht, diskret. So haben die einzelnen Wellen musikalischer Instrumente die Wellenlängen λ, $\lambda/2$, $\lambda/3$, $\lambda/4$, ..., wobei λ die Wellenlänge des Grundtons ist und die anderen Werte die harmonischen Töne darstellen. Wenn die Welle ψ nur aus einem einzelnen Anstoß besteht, der sich der q-Achse entlang bewegt, d. h. falls die Funktion ψ nicht periodisch ist, dann ergibt die Fourier-Entwicklung ein kontinuierliches Spektrum, d. h. die Frequenzen der einzelnen Wellen stellen nicht eine diskrete, sondern eine kontinuierliche Menge dar. Wie vorher besitzt jede dieser einzelnen Wellen eine Amplitude σ, die wir $\sigma(\lambda)$ schreiben können, da sie von der Länge λ, aber nicht von q abhängt.

Die Amplituden $\sigma(\lambda)$ sind mit dem Impuls verbunden, aber wir wollen hier nicht den Gedankengang erklären, der zu diesem Ergebnis geführt hat und mit dem die Namen PLANCKS, EINSTEINS und DE BROGLIES für immer verknüpft sind. Wir werden uns in § 13 damit auseinandersetzen und daher für den Augenblick jede Frage, warum diese Verbindung besteht, zurückstellen. Statt dessen wollen wir uns auf die Autorität des Physikers verlassen, der sagt, daß es so ist. Wir sagen also jetzt nur, daß jede Wellenlänge einem Impuls von der Stärke

$$p = \frac{h}{\lambda} \tag{5}$$

zugeordnet ist, wobei h die Plancksche Konstante ist. Die Wahrscheinlichkeit, einen Impuls p zu finden, ist dann mit der Amplitude σ verbunden, die der zugeordneten Welle λ angehört. Dies ist in folgender Regel ausgedrückt[1]).

Regel der spektralen Zerlegung: Die Wahrscheinlichkeit, einen Wert p zu beobachten, ist durch das Quadrat der Amplitude $\sigma(\lambda)$ bestimmt, die in der spektralen Zerlegung von $\psi(q)$ auftritt; diese Zerlegung hat die Form

$$d(p) = \frac{1}{h^3}\,|\sigma(\lambda)|^2 \tag{6}$$

Der Faktor $1/h^3$ ergibt sich aus der Beziehung zwischen p und λ, die wir in (5) ausgedrückt haben[2]).

Die beiden Regeln zeigen deutlich die Beziehung, welche die ψ-Funktion zwischen den zwei Verteilungen herstellt, indem sie beide Verteilungen auf eine gemeinsame Wurzel zurückführt. Später werden wir zeigen, daß diese Art von Verbindung nicht auf den einfachen Fall eines Massenteilchens beschränkt ist und daß die Quantenmechanik der Analyse aller physikalischen Zustände dasselbe logische System zugrunde legt. Für jede physikalische Situation existiert eine ψ-Funktion, und die Wahrscheinlichkeitsverteilungen der in Betracht kommenden Größen sind durch die beiden oben formulierten Regeln bestimmt. Dies ist eines der grundlegenden Prinzipien der Quantenmechanik. Wir wollen jetzt die Konsequenzen dieses Prinzips untersuchen, indem wir wieder zu dem einfachen Fall des Massenteilchens zurückkehren.

§ 3. Das Unbestimmtheitsprinzip

Es läßt sich zeigen, daß die Ableitung der beiden Verteilungen $d(q)$ und $d(p)$ aus der Funktion ψ direkt zu dem Unbestimmtheitsprinzip führt. Betrachten wir ein Teilchen, das sich in gerader Linie bewegt, und nehmen wir an, daß die Funktion ψ, abgesehen von einem gewissen Intervall längs der Linie, praktisch gleich Null sei, dann wird die Funktion $|\psi(q)|^2$, d. h. die Funktion $d(q)$, dieselbe Eigenschaft haben; wir wollen voraussetzen, daß sie eine Gauß-Kurve wie in Fig. 2 sei. Die Form der Kurve bedeutet, daß wir den Ort des Teilchens nicht genau kennen. Mit praktischer Sicherheit liegt er innerhalb des Intervalls, wo die Kurve merklich verschieden von Null ist; aber für einen gegebenen Ort innerhalb dieses Intervalls wissen wir nur mit einer bestimmten Wahrscheinlichkeit, daß das Teilchen sich dort befindet. Unsere Zeichnung veranschaulicht die Situation nur für eine gegebene Zeit t; für eine spätere Zeit,

---

[1]) Der Name «Prinzip der spektralen Zerlegung» wurde von L. DE BROGLIE in *Introduction à l'Etude de la Mécanique ondulatoire* (Paris 1930), S. 151, eingeführt. In seinem späteren Buch *La Mécanique ondulatoire* (Paris 1939), S. 47, gebraucht er auch die Bezeichnung «Bornsches Prinzip», da dieses Prinzip von BORN eingeführt worden ist. Für die Regel der quadrierten ψ-Funktion gebraucht er den Namen «Interferenzprinzip» und in seinem späteren Buch die Bezeichnung «Prinzip der Lokalisation».

[2]) Mathematisch gesprochen, entspricht dieser Faktor einer Dichtefunktion r, wie sie in (22, § 9) eingeführt wird. Die dritte Potenz von h folgt aus unserer Annahme, daß die Wellen dreidimensional seien.

wenn sich das Teilchen nach rechts bewegt hat, erhalten wir eine ähnliche Kurve, die sich aber nach rechts verschoben hat[1]).

Wir wollen nun das Prinzip der spektralen Zerlegung anwenden. Diese Zerlegung soll zwar auf die komplexe Funktion $\psi(q)$ und nicht auf die reelle Funktion $|\psi(q)|^2$ unserer Zeichnung angewendet werden; um aber die mathematischen Beziehungen in dieser Zerlegung zu erfassen, wollen wir sie zuerst auf die reelle Funktion der Zeichnung anwenden. Später können wir die Ergebnisse auf den komplexen Fall übertragen.

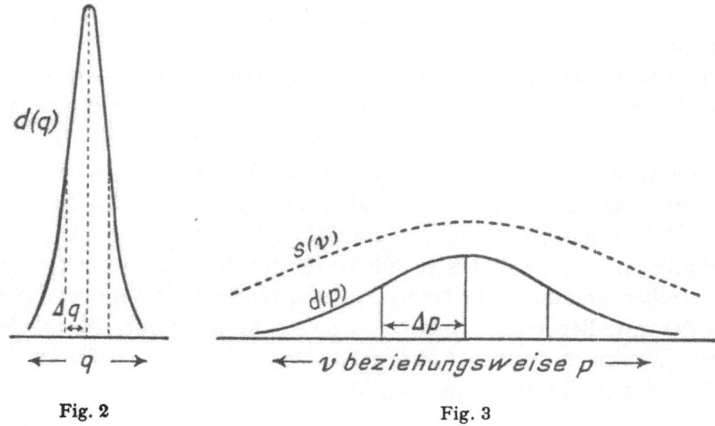

Fig. 2   Fig. 3

Fig. 2. Verteilung des Ortes q in Form einer Gauß-Kurve.

Fig. 3. Die punktierte Linie zeigt die direkte Fourier-Entwicklung der Kurve in Fig. 2. Die ausgezogene Linie ist durch die Fourier-Entwicklung einer ψ-Funktion konstruiert, von der man die Kurve $d(q)$ in Fig. 2 ableiten kann; sie stellt die Verteilung $d(p)$ des Impulses dar, der $d(q)$ zugeordnet ist.

Die Fourier-Entwicklung konstruiert die Kurve der Fig. 2 aus einer unendlichen Reihe einzelner Wellen. Jede dieser einzelnen Wellen ist eine rein harmonische Welle von unendlicher Länge, d. h. ihre Schwingungen haben eine Sinusform und erstrecken sich längs der ganzen unendlichen Linie. Ihre Amplituden sind jedoch verschieden. Die maximale Amplitude ist mit einer gewissen mittleren Frequenz ν_0 verknüpft; für Frequenzen größer oder kleiner als ν_0 ist die Amplitude kleiner, und außerhalb eines gewissen Bereiches auf jeder Seite von ν_0 ist die Amplitude der einzelnen Welle praktisch Null. Wir wollen den Bereich, in dem die Amplituden eine merkliche Größe haben, den praktischen Bereich nennen. Ein Bündel harmonischer Wellen dieser Art wird auch ein Wellenpaket genannt, da die Überlagerung aller dieser harmonischen Wellen ein Paket ergibt, wie Fig. 2 zeigt.

Einer der Lehrsätze der Fourier-Analyse besagt nun, daß der praktische Bereich eines Paketes harmonischer Wellen groß oder klein ist, je nachdem die Kurve in Fig. 2 steil oder flach ist. Wir können das durch eine Zeichnung ver-

---

[1]) Die Kurve verändert auch allmählich ihre Form, aber das ist für die hier durchgeführte Untersuchung unwichtig.

anschaulichen, wenn wir als Abszisse die Frequenzen v und als Ordinaten die entsprechenden Amplituden $s(v)$ der harmonischen Analyse auftragen, so wie wir es für die punktierte Linie in Fig. 3 gemacht haben. Wir wählen die Bezeichnung $s(v)$ für diese Amplituden der Fourier-Entwicklung der reellen Funktion $d(q)$, oder $|\psi(q)|^2$, um sie von den Amplituden $\sigma(v)$ der Fourier-Entwicklung der komplexen Funktion $\psi(q)$ zu unterscheiden. Da wir in unserm Fall angenommen haben, daß die Kurve $d(q)$ eine Gauß-Kurve sei, so ist die Kurve $d(q)$ auch eine Gauß-Kurve, aber von viel flacherer Gestalt[1]), wie die punktierte Linie in Fig. 3 zeigt. Dies macht den obenerwähnten Lehrsatz klar; man kann allgemein beweisen, daß je steiler die Kurve in Fig. 2 ist, desto flacher die Kurve der punktierten Linie in Fig. 3 sein wird, und umgekehrt. Wir haben also eine umgekehrte Verknüpfung zwischen der Gestalt der Originalkurve und der Form der Kurve, die die harmonische Analyse ausdrückt. Wir nennen diese Beziehung das Gesetz der *umgekehrten Verknüpfung für die harmonische Analyse.*

Eine aufschlußreiche Illustration zu diesem Gesetz findet sich in gewissen Problemen der Radioübertragung. Wenn die Welle eines Radiosenders keinen Schall trägt, dann ist sie eine reine Sinuswelle mit scharf definierter Frequenz; wenn sie aber *moduliert* ist, d. h. wenn sich ihre Amplitude entsprechend der Intensität aufgelagerter Schallwellen ändert, dann stellt sie nicht mehr eine scharfe Frequenz, sondern ein Spektrum von Frequenzen dar, das sich innerhalb eines gewissen Bereiches ständig ändert. Dieser Bereich ist mit dem höchsten Ton der Schallfrequenzen gegeben. Infolgedessen fängt ein Empfänger mit einem scharfen Resonanzsystem nur ein schmales Gebiet der übertragenen Wellen auf; höhere Schallfrequenzen gehen verloren, und die übertragene Musik wird in verzerrter Form wiedergegeben. Ist jedoch die Resonanzkurve des Empfängers für eine getreue Wiedergabe von Musik flach genug, dann wird er zwei Radiostationen, die auf nebeneinanderliegenden Wellenlängen senden, nicht sauber trennen. Das Prinzip der umgekehrten Verknüpfung drückt sich hier in der Tatsache aus, daß es unmöglich ist, höchste Tontreue und höchste Selektivität im gleichen Empfänger zu vereinen.

Die Anwendung dieser Überlegungen auf die Bestimmung der Wahrscheinlichkeitsverteilung des Impulses des Teilchens enthält einige Schwierigkeiten, die das Ergebnis jedoch im Prinzip nicht ändern. Wie oben erklärt, muß die spektrale Zerlegung, die die Impulse liefert, nicht auf die Wahrscheinlichkeitskurve $d(q)$ der Fig. 2, sondern auf eine komplexe ψ-Kurve angewandt werden, von der man diese Kurve mit Hilfe der Regel der quadrierten ψ-Funktion ableiten kann. Die komplexen Amplituden $\sigma(v)$ der sich ergebenden harmonischen Wellen müssen dann gemäß der Regel der spektralen Zerlegung quadriert werden. Nur mit Hilfe dieses Umweges über das komplexe Gebiet kommen wir zu der Wahrscheinlichkeitsverteilung $d(p)$ des Impulses, wie sie die ausgezogene

---

[1]) Das Maximum der $s(v)$ ist an der Stelle $v = 0$, und die Kurve ist symmetrisch für positive und negative Frequenzen v. Das ergibt sich aus unserer Annahme, daß die Kurve $d(q)$ eine Gauß-Kurve sei. Für die Kurve $d(p)$ besteht eine solche Beschränkung nicht, weil die Funktion $\psi(q)$ nicht durch $d(q)$ bestimmt, sondern ganz beliebig gelassen ist; das Maximum von $d(p)$ kann daher bei irgendeinem Wert $v = v_0$ oder, entsprechenderweise, bei irgendeinem Wert p liegen.

Linie in Fig. 3 zeigt. Diese Kurve ist auch eine ziemlich flache Gauß-Verteilung wie die punktierte Linie, aber doch nicht ganz so flach. Man kann zeigen, daß das Gesetz der umgekehrten Verknüpfung auch für die beiden Kurven $d(q)$ und $d(p)$ besteht. Wir sprechen deswegen von dem *Gesetz der umgekehrten Verknüpfung der Wahrscheinlichkeitsverteilungen von Ort und Impuls*.

Diese umgekehrte Verknüpfung ist genauer folgendermaßen zu verstehen. Wenn nur die Kurve $d(q)$ gegeben ist, dann ist die Kurve $d(p)$ nicht bestimmt; sie kann verschiedene Formen haben, je nach der Beschaffenheit der Funktion $\psi(q)$, von der $d(q)$ abgeleitet ist. Es gibt aber eine Grenze für die Steilheit von $d(p)$, die durch die ausgezogene Linie in Fig. 3 dargestellt wird. Sollte $d(q)$ von einer anderen Funktion, als für die Zeichnung angenommen worden ist, abgeleitet sein, dann kann die sich ergebende Kurve nur flacher sein. Dieser allgemeine Lehrsatz kann ohne weitere Diskussion des Problems der praktischen Bestimmung der Funktion $\psi(q)$ aufgestellt werden. Wir müssen die Antwort auf die Frage der praktischen Bestimmung, welche den mathematischen Apparat der Quantenmechanik erfordert, auf einen späteren Abschnitt verschieben (§ 20).

Wir haben gesagt, daß die Ergebnisse, die wir für das Massenteilchen erhalten haben, auf alle physikalischen Situationen ausgedehnt werden können. Der Unterschied zwischen q und p wird dann auf allgemeine Situationen als ein Unterschied von *kinematischen* und *dynamischen* Parametern übertragen. Wir sprechen deshalb ganz allgemein von einem *Gesetz der umgekehrten Verknüpfung von kinematischen und dynamischen Parametern*. In der Form dieses Gesetzes drücken wir das Prinzip der Unbestimmtheit aus. Die Allgemeinheit dieses Prinzips folgt aus der Tatsache, daß all unser Wissen, soweit es aus Beobachtungen stammt, für jede physikalische Situation in einer ψ-Funktion zusammengefaßt wird.

Das Gesetz der umgekehrten Verknüpfung kann auf die beiden Parameter Zeit und Energie ausgedehnt werden. Diese Ausdehnung kann man folgendermaßen klarmachen. Eine Zeitmessung ist einer Ortsmessung analog; wenn wir von dem Ort q eines Teilchens sprechen, dann meinen wir den Ort zu einer gegebenen Zeit t, und umgekehrt können wir nach der Zeit t fragen, zu der das Teilchen an einem gegebenen Raumpunkt q ist. Dieser Wert t wird nur mit einer gewissen Wahrscheinlichkeit bestimmbar sein, und wir können daher eine Wahrscheinlichkeitsverteilung $d(t)$ analog $d(q)$ einführen. Ähnlich können wir eine Wahrscheinlichkeitsfunktion $d(H)$ einführen, die die Wahrscheinlichkeit darstellt, daß das Teilchen eine gewisse Energie H haben wird. H ist mit der Frequenz der harmonischen Wellen durch die Plancksche Relation

$$H = h\,\nu \tag{1}$$

verknüpft, welche (5, § 22) entspricht, und die Wahrscheinlichkeit $d(H)$ ist daher durch das Prinzip der spektralen Zerlegung bestimmt. Deswegen sind die beiden Kurven $d(t)$ und $d(H)$ dem Prinzip der umgekehrten Verknüpfung ebenso unterworfen wie die Kurven $d(q)$ und $d(p)$. Wir schließen daher die Zeit in die Kategorie der kinematischen und die Energie in die der dynamischen Parameter ein. Das allgemeine Gesetz der umgekehrten Verknüpfung der kinematischen und dynamischen Parameter schließt also die umgekehrte Verknüpfung von Zeit und Energie ein.

Man kann dieses allgemeine Gesetz etwas anders formulieren, wenn man den Begriff der *mittleren Abweichung*, die auch *Streuung* genannt wird, gebraucht. Wenn q_0 den Mittelwert von q darstellt, d. h. den Wert der Abszisse, für die die Kurve $d(q)$ ihr Maximum erreicht, und wenn Δq die mittlere Abweichung ist, dann wird die Fläche zwischen der Kurve und der Achse der Abszisse durch die Ordinaten $q_0 - \Delta q$ und $q_0 + \Delta q$ (in Fig. 2 angegeben) derart geteilt, daß ungefähr zwei Drittel der ganzen Fläche zwischen diesen zwei Ordinaten liegen. Die Wahrscheinlichkeitstheorie zeigt, daß dieses Verhältnis unabhängig von der Gestalt der Gauß-Kurve besteht. Die Wahrscheinlichkeit, einen Wert q innerhalb des Intervalls $q_0 \pm \Delta q$ zu finden, ist daher annähernd 2/3. Wegen dieser Eigenschaften stellt die Größe Δq einen Maßstab für die Steilheit der Gauß-Kurve dar und wird daher als ein Mittel benutzt, um die Genauigkeit der Messungsverteilung zu charakterisieren. Wenn die mittlere Abweichung klein ist, dann ist die Messung genau; wenn sie groß ist, dann ist die Messung ungenau. In den Figuren 2 und 3 sind die mittleren Abweichungen, die zu den Kurven $d(q)$ und $d(p)$ gehören, auf der Achse abgetragen. Man kann nun zeigen, daß für den Fall derartiger Kurven, die von derselben ψ-Funktion abgeleitet sind, die Beziehung

$$\Delta q \, \Delta p \geqq \frac{h}{4\,\pi} \tag{2}$$

besteht, wobei h die Plancksche Konstante ist. Für Zeit und Energie haben wir die entsprechende Beziehung

$$\Delta t \, \Delta H \geqq \frac{h}{4\,\pi} \tag{3}$$

Die Ungleichungen (2) und (3) stellen die Form dar, in welcher die Unbestimmtheitsbeziehung von HEISENBERG aufgestellt worden ist. (2) drückt die umgekehrte Verknüpfung der Messungen von Ort und Impuls aus; es besagt, daß eine kleine mittlere Abweichung in q eine große mittlere Abweichung in p nach sich zieht, und umgekehrt. (3) steht für die entsprechende Beziehung Δt und ΔH. Diese Beziehungen zeigen zur gleichen Zeit die Bedeutung der Konstanten h. Da h einen sehr kleinen Wert hat, wird die Unbestimmtheit nur in Beobachtungen auf mikroskopischem Gebiet sichtbar sein, aber dort darf die Unbestimmtheit nicht vernachlässigt werden. Der Fall der klassischen Physik entspricht der Annahme, daß $h = 0$ sei.

Beziehung (2) kann in folgender Form interpretiert werden: Wenn der Ort eines Teilchens genau bestimmt ist, dann ist der Impuls nicht scharf bestimmt, und umgekehrt. (3) kann in ähnlicher Weise erklärt werden. Diese Form verdeutlicht, daß das Querschnittsgesetz der umgekehrten Verknüpfung von kinematischen und dynamischen Parametern eine Meßbarkeitsbegrenzung darstellt.

Jetzt sind wir in der Lage, die obenerwähnte Frage über die Rechtmäßigkeit dieses Querschnittsgesetzes zu beantworten. Wenn die grundlegenden Prinzipien der Quantenmechanik korrekt sind, dann muß das Unbestimmtheitsprinzip gelten, da es eine logische Folgerung aus diesen grundlegenden Prinzipien ist. Weiterhin muß es für alle physikalischen Situationen gelten, da man es direkt von den Regeln der quadrierten ψ-Funktion und der spektralen Zerlegung ableiten kann, ohne auf irgendeine spezielle Form der ψ-Funktion zurückzugreifen. Die Frage der Rechtmäßigkeit ist damit auf die Frage der Gültigkeit der Grundprinzipien der Quantenmechanik zurückgeführt. Diese Prinzipien sind natürlich empirisch, und kein Physiker beansprucht absolute Wahrheit für sie; jedoch kann die Wahrheit einer gut fundierten Theorie für sie behauptet werden. Da es eine Frage der Meßbarkeitsbegrenzung ist, daß alle Beziehungen zwischen Beobachtungsdaten auf statistische Beziehungen beschränkt sind, können wir also sagen: *Mit demselben Recht, mit dem der Physiker irgendeines seiner grundlegenden Gesetze aufstellt, kann er eine Begrenzung der Voraussagbarkeit behaupten.* Wir dürfen hinzufügen, daß aus dem Prinzip dieselbe Begrenzung für die Ermittlung vergangener Daten aus gegebenen Beobachtungen folgt, und wir müssen daher von einer *Begrenzung der «Hinterhersagbarkeit»* sprechen.

Man hat öfters gesagt, daß die Quantenmechanik einen mathematischen Beweis der Voraussagbarkeitsbegrenzung enthalte. Eine solche Behauptung kann vernünftigerweise nur in dem Sinne gemeint sein, daß wir hier einen mathematischen Beweis haben, der die Behauptung der Begrenzung aus den grundlegenden Prinzipien der Quantenmechanik ableitet. Das Unbestimmtheitsprinzip ist eine empirische Aussage, und alles, was mathematisch zu seinen Gunsten gesagt werden kann, ist, daß es auf dieselben Beweisgründe gestützt ist, die für die grundlegenden Prinzipien der Quantenmechanik ausschlaggebend sind. Das sind allerdings sehr zwingende Gründe.

Es wird manchmal eingewandt, daß die Gesetze der Quantenmechanik vielleicht nur auf eine gewisse Art von Parametern anwendbar seien, daß in einem späteren Stadium der Wissenschaft andere Parameter gefunden werden könnten, für die die Unbestimmtheitsbeziehung nicht gilt, und daß uns die neuen Parameter in die Lage versetzen würden, strenge Voraussagen zu machen. Durch rein logische Überlegungen kann man eine solche Möglichkeit nicht ausschließen. Es würde dann z. B. möglich sein, eine Messung der neuen Parameter mit einer Messung der kinematischen Parameter derart zu vereinen, daß die Meßresultate der dynamischen Parameter vorausgesagt werden können. Das Gesetz der umgekehrten Verknüpfung zwischen kinematischen und dynamischen Parametern würde dann auch für die alten Parameter so lange gelten, als die neuen nicht benutzt worden sind. Wenn aber die neuen Parameter auf die Auswahl von Typen physikalischer Systeme angewendet würden, dann würde das Gesetz der umgekehrten Verknüpfung nicht mehr innerhalb der so konstruierten Gesamtheiten gelten, und deswegen könnten ihre Werte streng vorausgesagt werden. Das hieße, in anderen Worten, daß wir Typen physikalischer Systeme empirisch definieren könnten, für die die statistischen Beziehungen, welche ihre Parameter bestimmen, nicht in der Form von ψ-Funktionen ausdrückbar wären[1]).

In einem solchen Fall würde die Quantenmechanik als ein statistisches Gebiet der Wissenschaft angesehen werden, das in eine allgemeine Wissenschaft von kausalem Charakter eingegliedert ist. Obgleich wir also keine logischen Gründe dafür anführen können, daß eine solche weitere Entwicklung der Physik ausgeschlossen ist, und obgleich einige hervorragende Physiker an eine derartige Möglichkeit glauben, können wir doch keine empirischen Belege für eine solche Annahme finden. Wenn ein physikalisches Prinzip, das alle bekannten Größen umfaßt, aufgestellt ist, dann erscheint es plausibel, anzunehmen, daß das Prinzip allgemeingültig ist und daß es keine Gattung physikalischer Größen gibt, die sich diesem Prinzip nicht einordnen. Ein solcher induktiver Schluß von *allen bekannten* Größen auf *alle Größen* ist immer als berechtigt angesehen worden. Das Prinzip, alle physikalischen Situationen in der Form von ψ-Funktionen zu beschreiben, steht auf festem Grunde, und obgleich die Quantenmechanik sicherlich noch viele ungelöste Probleme enthält und noch viele Verbesserungen erfahren wird, deutet doch nichts darauf hin, daß das Prinzip der ψ-Funktion jemals aufgegeben werden wird. Da die Unbestimmtheitsbeziehung und die Begrenzung der Voraussagbarkeit direkt aus dem Prinzip der ψ-Funktion folgen, müssen diese Theoreme als in ihren allgemeinen Ansprüchen ebenso gut fundiert wie alle anderen allgemeinen Theoreme der Physik angesehen werden.

§ 4. Die Störung des Objekts durch die Beobachtung

Wir kommen jetzt zu Überlegungen, die die zweite grundsätzliche Frage in der Philosophie der Quantenmechanik betreffen – die Frage nach der Interpretation unbeobachteter Objekte. Diese Frage erhält eine erste Antwort in der Behauptung, daß das Objekt durch die Beobachtung gestört werde. HEISENBERG, der diese Sachlage im Zusammenhang mit seiner Entdeckung des Unbestimmtheitsprinzips erkannt hat, hat sie zur Erklärung dieses Prinzips benutzt und behauptet, daß die Unbestimmtheit aller Messungen eine Folge der Störung durch die Beobachtung sei.

Diese Behauptung hat eine Woge philosophischer Spekulationen ausgelöst. Gewisse Philosophen wie auch Physiker haben HEISENBERGS Aussage als eine physikalische Bestätigung traditioneller philosophischer Ideen aufgefaßt, die den Einfluß des wahrnehmenden Subjekts auf seine Wahrnehmungen betreffen.

---

[1]) Wir gebrauchen den Ausdruck «ausdrückbar in der Form von ψ-Funktionen», um sowohl den reinen wie den gemischten Fall einzuschließen; vgl. § 23. J. VON NEUMANN hat in seinem Buch *Mathematische Grundlagen der Quantenmechanik* einen Beweis geliefert, daß keine «verborgenen Parameter» existieren können. Dieser Beweis beruht aber auf der Annahme, daß die Gesetze der Quantenmechanik, die in der Form von ψ-Funktionen ausgedrückt sind, für alle Arten statistischer Gesamtheiten gelten. Wenn der Indeterminismus der Quantenmechanik kritisiert wird, dann wird diese Annahme gleichfalls in Frage gestellt. Der von-Neumannsche Beweis kann daher den Fall, auf den wir im Text hinweisen, nicht ausschließen. Er zeigt nur, daß die Annahme von verborgenen Parametern nicht mit einer allgemeinen Gültigkeit der Quantenmechanik vereinbar ist.

Dieser Gedanke ist in mannigfachen Formen abgewandelt worden; man hat in HEISENBERGS Prinzip die Behauptung sehen wollen, daß das Ich nicht streng von der Außenwelt getrennt und die Trennungslinie zwischen Subjekt und Objekt nur willkürlich gezogen werden könne; oder daß das Subjekt das Objekt im Akte der Wahrnehmung erschaffe; oder daß das gesehene Objekt nur ein Ding der Erscheinung sei, während das Ding an sich für immer menschlicher Erkenntnis vorenthalten bleibe; oder daß die Dinge der Natur erst gewissen Bedingungen entsprechend umgeformt werden müßten, ehe sie in das menschliche Bewußtsein eintreten können; usw. Wir können nicht zugeben, daß irgendeine dieser Versionen eines philosophischen Mystizismus in der Quantenmechanik eine Grundlage finde. In der Quantenmechanik, wie auf allen anderen Gebieten der Physik, handelt es sich um nichts anderes als um Beziehungen zwischen physikalischen Dingen; und alle Aussagen dieser Theorie können ohne Bezugnahme auf einen Beobachter gemacht werden. Die Störung durch die Beobachtung – sicherlich eine der grundlegenden Tatsachen, die in der Quantenmechanik behauptet werden – ist eine rein physikalische Angelegenheit, die keine Beziehung auf Wirkungen, die von menschlichen Wesen als Beobachtern ausgehen, einschließt.

Dies wird durch folgende Überlegung deutlich gemacht. Wir können die beobachtende Person durch physikalische Instrumente, wie z. B. photoelektrische Zellen usw., ersetzen, welche die Beobachtungen registrieren und als auf Papierstreifen geschriebene Daten wiedergeben. Der Akt der Beobachtung besteht dann darin, die Nummern und Zeichen abzulesen, die auf dem Papier geschrieben vorgefunden werden. Da die Wechselwirkung zwischen dem lesenden Auge und dem Papier ein makrokosmisches Geschehen ist, kann die Störung durch die Beobachtung für diesen Vorgang außer acht gelassen werden. Folglich muß alles, was über die Störung durch die Beobachtung gesagt werden kann, aus den sprachlichen Angaben auf dem Papierstreifen zu erschließen und daher in Form von Beziehungen zwischen physikalischen Instrumenten auszudrücken sein. Die Quantenmechanik sollte nicht zu Versuchen mißbraucht werden, philosophische Spekulationen wiederzubeleben, die nicht auf einem Niveau mit der Klarheit und Genauigkeit der physikalischen Sprache stehen. Die Lösung der philosophischen Probleme der Quantenmechanik kann nur innerhalb einer wissenschaftlichen Philosophie, wie sie in der Analyse der Naturwissenschaft und in der symbolischen Logik entwickelt worden ist, erreicht werden.

Es gab eine ähnliche Zeit in der Diskussion von EINSTEINS Relativitätstheorie, als die Relativität von Zeit und Bewegung der Subjektivität des Beobachters zugeschrieben wurde. Eine spätere Untersuchung hat gezeigt, daß die Abhängigkeit aller Aussagen über Raum und Zeit von dem Bezugssystem in keiner Weise mit dem privaten Charakter der Sinneswahrnehmungen jeder einzelnen Person verbunden ist, sondern die natürliche Folge willkürlicher Definitionen darstellt, die für eine Beschreibung der physikalischen Welt unerläßlich sind. Wir werden sehen, daß für die Probleme der Quantenmechanik eine ähnliche Lösung angegeben werden kann, obgleich die Situation dort noch verwickelter ist als im Fall der Relativitätstheorie. Der Unterschied ist der, daß in der Quantenmechanik zu der Willkürlichkeit der Definitionen noch eine Ungewißheit in der Voraussage beobachtbarer Ergebnisse hinzukommt, ein Umstand, der in der Relativitätstheorie keine Analogie besitzt.

Wir müssen unsere Untersuchung mit einer Revision der Heisenbergschen Behauptung, daß die Ungewißheit von Voraussagen eine Folge der Störung durch die Beobachtung sei, beginnen. Wir glauben nicht, daß die Behauptung in dieser Form richtig ist, obgleich es wahr ist, daß eine Störung durch die Beobachtung besteht und daß ein logischer Zusammenhang zwischen diesem Prinzip und dem Unbestimmtheitsprinzip da ist. Dieser Zusammenhang sollte aber eher umgekehrt formuliert werden, nämlich in der Form, daß das Unbestimmtheitsprinzip eine Behauptung der Störung von Objekten durch die Beobachtung in sich schließt.

Wenn man sagt, daß die Unbestimmtheit von Voraussagen von der Störung durch die Beobachtungsinstrumente herstamme, dann heißt das, daß wir ganz allgemein immer dann mit einer Voraussagbarkeitsbegrenzung zu rechnen haben, wenn eine nicht zu vernachlässigende Störung durch die Beobachtung vorhanden ist. Eine Betrachtung der klassischen Physik zeigt, daß dies nicht stimmt. Es gibt viele Fälle in der klassischen Physik, in denen der Einfluß des Meßinstruments nicht vernachlässigt werden kann, wo es aber trotzdem möglich ist, genaue Voraussagen zu machen. Solche Fälle behandelt man, indem man eine physikalische Theorie aufstellt, die eine Theorie des Meßinstruments einschließt. Wenn wir ein Thermometer in ein Glas Wasser hineinstecken, dann wissen wir, daß sich die Temperatur des Wassers durch die Einführung des Thermometers ändert; deswegen können wir die Angabe des Thermometers nicht mit der Temperatur des Wassers vor der Messung identifizieren, sondern müssen diese Angabe als eine Beobachtung ansehen, von welcher ausgehend wir die ursprüngliche Temperatur des Wassers nur mit Hilfe von logischen Schlüssen bestimmen können. Wir können diese Schlüsse ziehen, wenn wir eine Theorie des Thermometers hinzunehmen.

Warum ist es nicht möglich, diese logische Methode auf den Fall der Quantenmechanik anzuwenden? HEISENBERG hat gezeigt, daß wir für eine genaue Bestimmung des Ortes eines Teilchens Lichtwellen mit einer sehr kurzen Wellenlänge brauchen, d. h. Wellen, die ziemlich große Energiequanten besitzen und die die Geschwindigkeit des Teilchens durch ihren Anprall verändern – was zur Folge hat, daß die Geschwindigkeit nicht in demselben Experiment gemessen werden kann. Wenn wir andererseits die Geschwindigkeit eines Teilchens messen wollen, müssen wir ziemlich lange Wellenlängen benutzen, um die zu messende Geschwindigkeit nicht zu verändern. Dann sind wir aber nicht in der Lage, den Ort des Teilchens genau festzustellen. Man wird einwenden: Wenn die Beobachtung eines Teilchens infolge der notwendigen Beleuchtung einen Zusammenstoß mit einem Lichtstrahl hervorruft, der das Teilchen aus seiner Bahn wirft, warum können wir dann nicht eine Theorie konstruieren, die mit Hilfe von Schlüssen aus den Beobachtungsdaten herausfindet, welches die ursprüngliche Geschwindigkeit des Teilchens war? Dies ist der Punkt, wo HEISENBERGS Querschnittsgesetz eingreift. Dieses Prinzip besagt, daß, welches auch immer die Beobachtungsresultate sein mögen, die entsprechenden Verteilungen von Ort und Impuls von einer ψ-Funktion ableitbar sind und daher umgekehrt verknüpft sein müssen. Eine Ortsmessung verlangt also physikalische Vorgänge solcher Art, daß die Geschwindigkeitsverteilung relativ zu den Beobachtungsdaten dieser Meßvorgänge eine ziemlich flache Kurve ist. Das ist der Grund, warum wir die Geschwindigkeit des Teilchens in dem obenerwähnten Experiment nicht genau bestimmen können. Die Beziehung zwischen der Störung durch die Beobachtung und der Unbestimmtheit muß daher folgendermaßen formuliert werden: Die Störung durch die Beobachtung ist der Grund, warum die Bestimmung der betrachteten physikalischen Größe nicht sofort mit der Messung gegeben ist, sondern logische Schlüsse unter Zuhilfenahme physikalischer Gesetze erfordert. Da diese Schlüsse an den Gebrauch einer ψ-Funktion geknüpft sind, werden sie durch das Unbestimmtheitsprinzip begrenzt, und daher ist es unmöglich, zu einer genauen Bestimmung zu gelangen. Diese Formulierung verdeutlicht, daß die Störung durch die Beobachtung an sich nicht zu der Unbestimmtheit der Beobachtung führt, sondern das nur im Verein mit dem Unbestimmtheitsprinzip tut[1]).

Im Hinblick auf solche Einwände ist HEISENBERGS Prinzip gelegentlich in der folgenden Fassung ausgesprochen worden: Wir haben keine genaue Kenntnis physikalischer Zustände, weil die Beobachtung in einer *nicht voraussagbaren Weise* stört. In dieser Form ist die Aussage richtig; aber dann kann sie nicht länger als eine Begründung des Unbestimmtheitsprinzips aufgefaßt werden. Sie *besagt* dieses Prinzip, aber sie gibt keinen Grund dafür an. Wir erkennen, daß die «Störung in einer nicht voraussagbaren Weise» nur ein Spezialfall eines allgemeinen Querschnittsgesetzes der Natur ist, das die umgekehrte Verknüpfung aller erreichbaren physikalischen Daten besagt. Das Meßinstrument stört, nicht weil es ein von menschlichen Beobachtern benutztes Instrument ist, sondern weil es ein physikalisches Ding wie alle anderen physikalischen Dinge ist. Meßinstrumente machen keine Ausnahme in physikalischen Gesetzen; die allgemeine Begrenzung von Schlüssen, die zu gleichzeitigen Werten von Parametern führen, gilt ebensowohl für den Spezialfall von Schlüssen, die von den Wirkungen von Meßinstrumenten ausgehen. In dieser Form müssen wir das Prinzip der Störung durch die Beobachtung aussprechen.

Dies ist allerdings nur der erste Schritt in unserer Analyse der Störung durch die Beobachtung. Bisher haben wir stillschweigend angenommen, daß wir wissen, was wir mit der Aussage einer Störung des Objekts durch die Beobachtung meinen. Um zu einem tieferen Verständnis der Beziehungen zu gelangen, um die es sich hier handelt, müssen wir für diese Aussage zunächst eine genaue Formulierung entwickeln.

---

[1]) Wir geben später (S. 118) einen mathematischen Beweis dafür, daß die Störung des Objektes durch die Beobachtung nicht das Unbestimmtheitsprinzip in sich schließt. Der Gedanke, daß es nicht die Störung an sich ist, die zu der Unbestimmtheit führt, wurde vom Autor zuerst in *Ziele und Wege der physikalischen Erkenntnis* in *Handbuch der Physik*, Bd. IV (hg. von Geiger-Scheel, Berlin 1929), S. 78, formuliert. Dieselbe Idee ist von E. ZILSEL in «*Erkenntnis*» 5, 59 (1935), ausgeführt worden. Die genaue Formulierung des Unbestimmtheitsprinzips erfordert eine Einschränkung, die in § 30 erklärt wird.

§ 5. Die Bestimmung unbeobachteter Objekte

Wenn man sagt, daß das Objekt durch die Beobachtung gestört werde oder daß das unbeobachtete Objekt von dem beobachteten verschieden sei, dann muß man etwas über das unbeobachtete Objekt wissen; denn sonst hat die Aussage keine Berechtigung. Bevor wir also die besondere Situation in der Quantenmechanik analysieren können, müssen wir ganz allgemein das Problem unserer Kenntnis unbeobachteter Dinge behandeln. Wie sehen die Dinge aus, wenn wir nicht hinsehen? Das ist die Frage, auf die wir eine Antwort finden müssen.

Man hat gelegentlich gesagt, daß dies ein spezifisches Problem der Quantenmechanik sei, während es ein gleiches Problem für die klassische Physik nicht gebe. Das ist jedoch ein Mißverständnis des Problems, denn auch in der klassischen Physik begegnen wir dem Problem des Wesens unbeobachteter Dinge. Erst wenn wir dieses Problem für das klassische Gebiet korrekt behandelt haben, können wir die entsprechende Frage für die Quantenmechanik beantworten. Die logischen Methoden, mit deren Hilfe die Antwort gefunden werden kann, sind in beiden Fällen die gleichen.

Um unsere Untersuchung mit einem Beispiel zu beginnen, wollen wir annehmen, daß wir einen Baum ansehen und uns dann umdrehen. Wie können wir wissen, daß der Baum an seiner Stelle bleibt, wenn wir nicht hinsehen? Die Antwort, daß wir uns einfach wieder umwenden und so verifizieren können, daß der Baum nicht verschwunden ist, würde uns nicht helfen. Was wir auf diese Weise verifizieren, ist nur, daß der Baum immer da ist, wenn wir hinsehen; aber das schließt die Möglichkeit nicht aus, daß er immer verschwindet, wenn wir wegsehen, solange er nur wieder erscheint, wenn wir uns ihm wieder zuwenden. Solch eine Annahme wäre widerspruchslos durchführbar. Wir könnten nämlich annehmen, daß die Beobachtung eine gewisse Veränderung des Objekts verursache, obgleich es *scheint*, daß keine Veränderung vor sich gegangen ist. Wir haben kein Mittel, das Gegenteil dieser Annahme zu beweisen. Um den Einwand auszuschalten, daß eine andere Person den Baum beobachten könne, während wir nicht hinsehen, und so die Aussage bestätigen würde, daß der Baum nicht verschwindet, beschränken wir unsere Annahme auf Fälle, wo niemand den Baum ansieht; damit schreiben wir die Kraft, den Baum zu reproduzieren, der Beobachtung eines jeglichen Menschen zu. Wir müssen noch die Möglichkeit ausschalten, daß wir die Existenz des Baumes aus gewissen Wirkungen erschließen, die man beobachten kann, selbst wenn man den Baum nicht ansieht, wie z. B. aus dem Schatten des Baumes. Zu diesem Zwecke nehmen wir an, daß die Gesetze der Optik sich immer dann ändern, wenn das Objekt nicht beobachtet wird, und daß z. B. ein Schatten da sein kann, ohne daß ein Baum vorhanden ist. Das Argument beweist daher nur, daß eine Annahme, die die Existenz oder das Verschwinden unbeobachteter Objekte betrifft, mit einer Annahme über das Fortbestehen oder eine Änderung der Naturgesetze verbunden sein muß.

Es wäre falsch, zu behaupten, daß es für die Annahme, der Baum verschwinde nicht, wenn wir nicht hinsehen, einen induktiven Beweis gebe oder daß diese

Annahme sehr wahrscheinlich sei. Es gibt keinen solchen induktiven Beweis. Wir können nicht sagen: «Wir haben den unbeobachteten Baum so oft unverändert vorgefunden, daß wir annehmen, es werde immer so bleiben.» Die für diesen induktiven Beweis benutzte Voraussetzung ist nicht wahr, denn tatsächlich haben wir nie einen unbeobachteten Baum gesehen. Wir haben oft gesehen, daß der Baum da war, wenn wir hinsahen; aus dieser Tatsache können wir induktiv schließen, daß der Baum immer wieder da sein wird, wenn wir hinsehen – aber es gibt keinen induktiven Beweis, der von dieser Tatsache zu Behauptungen über den unbeobachteten Baum führt. Darum können wir nicht einmal sagen, daß die unveränderte Existenz des unbeobachteten Objekts wenigstens wahrscheinlich sei.

Wir neigen dazu, solche Überlegungen als «sinnlos» abzutun, weil es uns so klar erscheint, daß der Baum nicht durch die Beobachtung erschaffen wird. Eine solche Antwort trifft aber nicht den Kern des Problems. Die korrekte Antwort erfordert eine tiefere Analyse.

Wir müssen vielmehr sagen, daß es mehr als *eine* wahre Beschreibung unbeobachteter Objekte gibt, daß eine Klasse gleichwertiger Beschreibungen existiert und daß alle diese Beschreibungen mit gleichem Recht benutzt werden können. Die Anzahl dieser Beschreibungen ist nicht begrenzt. So können wir mit Leichtigkeit eine Annahme einführen, derzufolge sich der Baum jedesmal in zwei Bäume spaltet, wenn wir nicht hinsehen. Das ist zulässig, wenn wir zugleich die Optik unbeobachteter Dinge entsprechend ändern, so daß z. B. die beiden Bäume nur *einen* Schatten werfen. Andererseits sehen wir, daß nicht alle Beschreibungen wahr sind. So ist es z. B. falsch, zu sagen, daß es zwei unbeobachtete Bäume gebe *und* daß die gewöhnlichen Gesetze der Optik für sie gelten. Daraus folgt, daß die Behauptungen über unbeobachtete Dinge auf ziemlich komplizierte Weise formuliert werden müssen. Beschreibungen unbeobachteter Dinge müssen in *zulässige* und *unzulässige* Beschreibungen eingeteilt werden; jede zulässige Beschreibung darf wahr, jede unzulässige Beschreibung muß falsch genannt werden. Wenn wir nach allgemeinen Eigenschaften unbeobachteter Dinge fragen, dann dürfen wir nicht versuchen, *die* wahre Beschreibung zu finden, sondern müssen die ganze Klasse zulässiger Beschreibungen ins Auge fassen; denn nur durch Eigenschaften dieser Klasse als einer Ganzheit wird das Wesen unbeobachteter Dinge ausgedrückt.

Im Falle der klassischen Physik enthält diese Klasse eine Beschreibung, die die folgenden beiden Prinzipien befriedigt:

1. *Die Naturgesetze sind die gleichen, ob die Objekte beobachtet werden oder nicht.*
2. *Der Zustand der Objekte ist der gleiche, ob die Objekte beobachtet werden oder nicht.*

Wir wollen dieses Beschreibungssystem das *normale System* nennen. Dieses System halten wir gewöhnlich für das «wahre» System. Wir sehen, daß diese Interpretation inkorrekt ist; aber wir können folgende Aussage machen. Falls eine Beschreibungsklasse ein normales System enthält, ist jede dieser Beschreibungen dem normalen System gleichwertig. Wenn wir nun eine unvernünftige Beschreibung der Klasse betrachten, wie z. B. die Aussage, daß ein Baum sich immer in zwei Bäume spaltet, wenn er nicht beobachtet wird, dann sehen wir, daß diese Anomalien harmlos sind. Sie sind das Ergebnis des Übergangs zu einer anderen Sprache, während die Beschreibung als ganze dasselbe sagt wie das normale System. Darum können wir das normale System als die allein zu brauchende Beschreibung wählen.

Die Konvention über den Gebrauch des Normalsystems wird in der Sprache des täglichen Lebens immer stillschweigend hingenommen, wenn wir von einem induktiven Beweis für oder gegen Veränderungen unbeobachteter Objekte sprechen. Diese Konvention ist z. B. als selbstverständlich vorausgesetzt, wenn wir sagen, daß unser Haus an seinem Platz bleibt, solange wir abwesend sind; und dieselbe Konvention liegt zugrunde, wenn wir sagen, daß das Mädchen nicht in der Kiste des Zauberers ist, während er die Kiste entzweisägt, obwohl wir das Mädchen vorher darin gesehen haben. Der Gebrauch dieser Konvention ist der Grund, warum wir die üblichen Aussagen über unbeobachtete Dinge prüfen können. Dieselbe Konvention wird in der wissenschaftlichen Sprache angewandt, und sie vereinfacht diese Sprache erheblich. Man muß sich natürlich darüber klar sein, daß die Wahl der Sprache den Charakter einer Definition hat und daß die Einfachheit des Normalsystems dieses System nicht wahrer macht als andere. Es handelt sich hier nur um einen Unterschied in bezug auf *deskriptive Einfachheit*[1]), wie sie z. B. für den Fall des Dezimalsystems im Vergleich zum Yardsystem auftritt.

Wenn wir sagen, daß eine Klasse von Beschreibungen ein normales System enthält, dann machen wir über die ganze Klasse eine Aussage. Ein Beispiel aus der Differentialgeometrie möge diese Methode, eine Eigenschaft der Klasse mit Hilfe einer Aussage über die Existenz eines Normalsystems zu beschreiben, veranschaulichen. Krümmungseigenschaften sind mit Hilfe von Koordinatensystemen und deren Eigenschaften ausdrückbar. So kann die Oberfläche der Kugel durch die Aussage charakterisiert werden, daß es nicht möglich ist, auf der Kugel ein orthogonales, geradliniges Koordinatensystem einzuführen, das größere Flächen bedeckt, wobei wir unter geraden Linien die geradesten Linien der Kugel, also Großkreise, verstehen. Nur für eine unendlich kleine Fläche ist das möglich; d. h. für kleine Flächen kann man annähernd orthogonale und geradlinige Koordinaten einführen, wobei der Grad der Annäherung mit der Kleinheit der Fläche wächst. Im Gegensatz dazu kann man für die Ebene ein orthogonales geradliniges System einführen, das die ganze Fläche bedeckt. Es ist aber nicht nötig, dieses «Normalsystem» der Koordinaten für die Ebene zu benutzen, da jede Art gekrümmter Koordinaten ebenso benutzt werden kann. Die Tatsache jedoch, daß ein solches Normalsystem *existiert*, unterscheidet die Klasse möglicher Koordinatensysteme der Ebene von der entsprechenden Klasse, die sich auf eine gekrümmte Oberfläche bezieht.

---

[1]) Vgl. die Darstellung des Verfassers in seinem Buch *Experience and Prediction* (Chicago 1938), § 42. In dieser Darstellung wird die deskriptive Einfachheit von der *induktiven* Einfachheit unterschieden; nur die letztere führt zu Unterschieden, welche Voraussagen von Beobachtungsbefunden betreffen. Die Unterscheidung dieser beiden Arten von Einfachheit ist im Buche des Verfassers *Axiomatik der relativistischen Raum-Zeit-Lehre* (Braunschweig 1924, Verlag Vieweg), S. 9, durchgeführt worden.

Ähnliche Überlegungen lassen sich für EINSTEINS Relativitätstheorie anstellen, welche das klassische Gebiet für die Anwendung der Theorie der Klassen gleichwertiger Beschreibungen darstellt. Jedes Bezugssystem, unter Einschluß von Systemen in verschiedenen Bewegungszuständen, liefert eine vollständige Beschreibung der Raum-Zeit-Verhältnisse, und daher haben wir in der Klasse der Bezugssysteme eine Klasse gleichwertiger Beschreibungen. Wenn die Klasse solcher Systeme eine Beschreibung enthält, für die die Gesetze der speziellen Relativität gelten, dann sagen wir, daß der betrachtete Raum kein «reales» Gravitationsfeld besitze. Das ist wahr, obgleich wir in einer solchen Welt unvernünftige Systeme einführen können, die Pseudogravitationsfelder enthalten; sie sind Pseudogravitationsfelder, weil man sie «wegtransformieren» kann[1]).

§ 6. Wellen und Korpuskeln

Wenn wir uns nun von diesen allgemeinen Überlegungen der Quantenmechanik zuwenden, haben wir zunächst zu erklären, was wir unter beobachtbaren und unbeobachtbaren Geschehnissen verstehen wollen. Gebrauchen wir das Wort «beobachtbar» im streng erkenntnistheoretischen Sinn, dann müssen wir sagen, daß keines der quantenmechanischen Geschehnisse beobachtbar ist; sie sind alle aus makroskopischen Daten erschlossen, welche die einzige Basis darstellen, die der Beobachtung durch die menschlichen Sinnesorgane zugänglich ist. Es gibt aber eine Klasse von Geschehnissen, die so leicht aus makroskopischen Daten erschlossen werden können, daß man sie als beobachtbar im weiteren Sinne ansehen kann. Wir meinen alle diejenigen Geschehnisse, die aus Koinzidenzen bestehen, wie z. B. aus Zusammenstößen zwischen Elektronen oder Elektronen und Protonen usw. Solche Geschehnisse nennen wir *Phänomene*. Die Phänomene sind mit makroskopischen Geschehnissen durch ziemlich kurze Kausalketten verknüpft; darum sagen wir, daß sie direkt mit Hilfe von Instrumenten, wie z. B. einem Geiger-Zähler, einem photographischen Film, einer Wilson-Kammer usw., verifiziert werden können.

Als unbeobachtbar sehen wir alle diejenigen Geschehnisse an, die sich zwischen den Koinzidenzen ereignen, wie z. B. die Bewegung eines Elektrons oder eines Lichtstrahls von seinem Ausgangspunkt bis zu einem Zusammenprall mit anderer Materie. Diese Klasse von Geschehnissen nennen wir *Interphänomene*. Geschehnisse dieser Art werden durch viel kompliziertere Schlußketten eingeführt. Sie werden in der Form einer Interpolation innerhalb der Welt der Phänomene konstruiert, und darum können wir den Unterschied zwischen Phänomenen und Interphänomenen als die quantenmechanische Analogie zu dem Unterschied zwischen beobachtbaren und unbeobachtbaren Dingen ansehen.

Die Bestimmung der Phänomene ist praktisch unzweideutig. Genauer gesagt heißt das, daß wir in den Schlüssen, die von makroskopischen Daten zu

---

[1]) Vgl. die Darstellung des Autors in dem Buch *Philosophie der Raum-Zeit-Lehre* (Berlin 1928), S. 271.

Phänomenen führen, nur die Gesetze der klassischen Physik benutzen. Die Phänomene sind daher in demselben Sinne bestimmbar wie die unbeobachteten Objekte der klassischen Physik. Wenn wir das Problem der unbeobachteten Dinge der klassischen Physik als unwichtig für unsere Zwecke beiseite lassen, können wir die Phänomene als verifizierbare Ereignisse ansehen. Anders ist es mit den Interphänomenen. Man kann die Interphänomene nur im Rahmen der quantenmechanischen Gesetze einführen, und in diesem Zusammenhang führt das Unbestimmtheitsprinzip zu gewissen Zweideutigkeiten, die ihren Ausdruck in der Dualität von Wellen und Korpuskeln finden.

Seit der Zeit NEWTONS und HUYGHENS' ist die Geschichte der Theorie des Lichtes und der Materie von einem dauernden Streit zwischen der Wellen- und der Korpuskelinterpretation erfüllt. Gegen Ende des 19. Jahrhunderts hatte dieser Kampf eine Phase erreicht, in der praktisch alles geklärt zu sein schien. Man glaubte, daß Licht und andere Arten elektromagnetischer Strahlung aus Wellen bestünden, während sich die Materie aus Korpuskeln zusammensetze. Die Einführung und Weiterentwicklung von PLANCKS Quantentheorie versetzte dieser Auffassung jedoch einen sehr ernstlichen Stoß. EINSTEIN zeigte in seiner Theorie der Nadelstrahlung, daß sich Lichtstrahlen in vieler Hinsicht wie Massenteilchen verhalten, und später entwickelten L. DE BROGLIE und SCHRÖDINGER Ideen, nach welchen umgekehrt Massenteilchen von Wellen begleitet werden. Im Anschluß daran wurde die Wellennatur der Elektronen von DAVISSON und GERMER in einem Experiment nachgewiesen, welches in ähnlicher Form mehrere Jahre vorher von M. VON LAUE für Röntgenstrahlen angestellt und zu jener Zeit als ein definitiver Beweis dafür angesehen worden war, daß Röntgenstrahlen nicht aus Massenteilchen bestehen. Mit diesen Ergebnissen schien der Streit zwischen der Wellen- und der Korpuskelauffassung wieder aufzuleben und die Physik von neuem vor dem Dilemma zweier sich widersprechender Auffassungen zu stehen, die beide gleich gut zu beweisen waren. Die eine Art Experiment schien die Welleninterpretation zu erfordern, eine andere die Korpuskelinterpretation. Trotz des scheinbaren inneren Widerspruchs der beiden Interpretationen zeigten die Physiker eine gewisse Geschicklichkeit, manchmal die eine, manchmal die andere anzuwenden, überraschenderweise mit dem glücklichen Ergebnis, daß die Resultate niemals den Tatsachen widersprachen, soweit es sich um verifizierbare Daten handelte.

Ein Versuch, die beiden Interpretationen zu vereinigen, wurde von BORN gemacht, der die Annahme einführte, daß die Wellen nicht Felder einer Art Materie, die sich im Raum ausdehnt, darstellten, sondern daß sie nur ein mathematisches Hilfsmittel seien, das statistische Verhalten von Teilchen auszudrücken. In dieser Auffassung formulieren die Wellen Wahrscheinlichkeiten für Beobachtungen von Teilchen, und diese Interpretation haben wir in § 2 benutzt. Es hat sich jedoch gezeigt, daß nicht einmal diese geniale Kombination der beiden Interpretationen widerspruchslos durchgeführt werden kann; in § 7 werden wir Experimente beschreiben, die sich nicht mit der Bornschen Auffassung decken. Auf der anderen Seite ist aber diese Auffassung insofern in die

Quantenphysik eingegliedert worden, als sie zur definitiven Form der Korpuskelinterpretation gemacht worden ist. Immer wenn wir von Korpuskeln sprechen, nehmen wir an, daß sie von *Wahrscheinlichkeitswellen* gesteuert werden, d. h. von Wahrscheinlichkeitsgesetzen, die in Wellenform ausgedrückt sind. Die Dualität der Interpretationen führt daher auf eine Welleninterpretation, nach der die Materie aus Wellen besteht, und eine Korpuskelinterpretation, nach der die Materie aus Teilchen besteht, die durch Wahrscheinlichkeitswellen gesteuert werden. Was die Wellen betrifft, drückt sich daher der Streit um die beiden Interpretationen in der Frage aus, ob die Wellen *Dingcharakter* oder *Verhaltungscharakter* haben, d. h. ob sie die letzten Objekte in der physikalischen Welt sind oder nur das statistische Verhalten dieser Objekte ausdrücken, wenn diese Objekte durch Atomteilchen dargestellt werden.

Mit seinem *Komplementaritätsprinzip* gab BOHR der Auswertung dieses Sachverhalts eine entscheidende Wendung. Dieses Prinzip besagt, daß sowohl die Wellenauffassung als auch die Korpuskelauffassung benutzt werden kann und daß es nie möglich sein wird, die Wahrheit der einen oder die Falschheit der anderen zu beweisen. Er zeigte, daß diese Ununterscheidbarkeit eine Folge des Unbestimmtheitsprinzips ist, welches mit diesem Ergebnis der Schlüssel zu werden schien, der das Tor öffnete, durch das man dem Dilemma zweier zugleich beweisbarer und einander widersprechender Auffassungen entgehen konnte. Die Widersprüche verschwinden, da man zeigen kann, daß sie sich auf Geschehnisse beschränken, die innerhalb des Unbestimmtheitsrahmens liegen und daher von einer Verifikation ausgeschlossen sind.

Obgleich wir diese Bohr-Heisenberg-Interpretation als letzten Endes korrekt ansehen, erscheint es uns doch, als ob sie bisher nicht in einer Form entwickelt worden sei, die die Gründe und Folgen dieser Interpretation genügend klar herausstellt. In der Form, in der die Interpretation bisher dargestellt worden ist, hinterläßt sie für jeden, der physikalische Theorien als vollständige Beschreibungen der Natur ansehen möchte, ein Gefühl der Unsicherheit. Der Weg zur vollständigen Beschreibung scheint entweder mit strengen Regeln versperrt zu sein, die uns verbieten, bestimmte Fragen zu stellen, oder nur für vage Bilder offenzuliegen, die keinen Anspruch darauf machen können, zulängliche Wiedergaben der Natur zu sein. Wir glauben, daß dieser Zustand nicht so sehr von Fehlern im quantenmechanischen Teil der Interpretation herrührt als vielmehr von einer irrtümlichen Interpretation des entsprechenden Problems der klassischen Physik, ein Problem, das nicht im vollen Ausmaß seiner logischen Komplikationen erkannt worden ist. In den folgenden Überlegungen werden wir versuchen, eine Lösung dieser Probleme zu geben, die den Gedanken von BOHR und HEISENBERG folgt, unserer Ansicht nach aber die unbefriedigenden Teile dieser Auffassung vermeidet.

Für unsere Analyse wollen wir eine Formulierung der Ideen BOHRS und HEISENBERGS benutzen, die von LANDÉ entwickelt worden ist[1]. LANDÉ formuliert die Dualität der beiden Interpretationen durch Wellen und Korpuskeln

---

[1] A. LANDÉ, *Principles of Quantum Mechanics* (Cambridge, England, 1937).

in folgender Weise. Es ist inkorrekt, zu sagen, daß manche Experimente die Welleninterpretation, andere die Korpuskelinterpretation erfordern; eine solche Auffassung, die den Stand der Physik vor der Bohr-Heisenberg-Theorie repräsentiert, ist unzulässig, weil sie die physikalische Theorie widerspruchsvoll machen würde. Statt dessen müssen wir sagen, daß *alle* Experimente mit Hilfe von *beiden* Interpretationen erklärt werden können. Es wird nie möglich sein, ein Experiment zu konstruieren, das mit einer der beiden Interpretationen unvereinbar ist.

Wenn wir diese Formulierung mit unserer Theorie gleichwertiger Beschreibungen vereinen und die oben erklärte Terminologie benutzen, dann können wir LANDÉs Auffassung folgendermaßen darstellen. Angenommen, die Welt der Phänomene sei gegeben, dann können wir die Welt der Interphänomene auf verschiedene Weise einführen. Wir erhalten so eine Klasse gleichwertiger Beschreibungen der Interphänomene, von denen jede gleich wahr ist und die alle zu derselben Welt der Phänomene gehören. In anderen Worten: in der Klasse gleichwertiger Beschreibungen der Welt variieren die Interphänomene mit den Beschreibungen, während die Phänomene die Invarianten der Klasse darstellen. Damit ist die Willkürlichkeit der Beschreibungen aus der Welt der Phänomene ausgeschaltet und auf die Welt der Interphänomene beschränkt. Dort ist sie jedoch harmlos, da wir wissen, daß eine ähnliche Willkürlichkeit von Beschreibungen für unbeobachtete Dinge in der klassischen Physik besteht. Nirgendwo finden wir eine unzweideutige Ergänzung der Beobachtungen; eine Interpolation von unbeobachteten Werten kann nur mit Hilfe einer Klasse gleichwertiger Beschreibungen eingeführt werden.

Von diesem Ergebnis wenden wir uns nun der Frage zu, ob die Klasse gleichwertiger Beschreibungen ein Normalsystem enthalte, d.h. eine Beschreibung, welche die beiden auf S. 30 aufgestellten Prinzipien befriedigt. Nun ist es klar, daß das zweite Prinzip durch alle Beschreibungen verletzt wird, da immer eine Störung des Objekts durch die Beobachtung vorhanden ist. Daher müssen wir unsere Definition des Normalsystems ändern und es auf die Forderung beschränken, daß wenigstens das erste Prinzip befriedigt werde[1]). Die Frage muß deshalb in folgender Form gestellt werden: Gibt es ein Normalsystem im weiteren Sinne, d.h. ein System, das wenigstens das erste Prinzip befriedigt?

---

[1]) Professor W. PAULI hat mich darauf aufmerksam gemacht, daß das zweite Prinzip sogar in der klassischen Physik meistens für die Einführung von Normalsystemen aufgegeben werden muß. Wenn wir ein physikalisches Objekt sehen, dann ist das Eindringen der Lichtstrahlen in die Retina des menschlichen Auges die Tatsache, die die Beobachtung hervorruft. Bei diesem Vorgang wird der Lichtstrahl jedoch absorbiert und so durch die Wechselwirkung mit dem Beobachtungsmittel verändert. Die Behauptung, daß es ein physikalisches Objekt gebe, das durch die Beobachtung ungestört bleibt, ist daher, physikalisch gesprochen, mit Hilfe eines Schlusses abgeleitet, der auf einer Beobachtung beruht, die das zweite Prinzip befriedigt. Nur psychologisch gesprochen stimmt das nicht, denn der Schluß wird automatisch von den Sinnesorganen gezogen; das Auge ist in Stimulussprache geeicht. Das ist der Grund, warum es ratsam erscheint, das Wort «Beobachtung» in der klassischen Physik so zu interpretieren, daß das zweite Prinzip aufrechterhalten werden kann. Es würde ebensogut möglich sein, das zweite Prinzip ebenfalls für die klassische Physik auszuschalten. Das entspricht unserer Ansicht, daß das Aufgeben des zweiten Prinzips in der Quantenmechanik ziemlich unwichtig ist, und daß ein Normalsystem im weiteren Sinne definiert werden kann, welches den Fall einschließt, daß das zweite Prinzip verletzt wird. Nur das erste Prinzip drückt die *conditio sine qua non* des Normalsystems aus.

Man darf nicht glauben, daß die Existenz eines Normalsystems durch philo
sophische Betrachtungen postuliert werden könne. Wir können nicht zugeben,
daß es irgendein *synthetisches Apriori* gibt, und damit ein Prinzip, welches
logisch nicht leer ist, jedoch von jeder physikalischen Theorie befriedigt werden
muß. Die Frage, ob es ein Normalsystem gebe, kann nur durch die Erfahrung
beantwortet werden. Wenn ein solches System existiert, dann enthüllt sich die
Welt der Interphänomene als von recht einfacher Struktur; wenn es kein solches System gibt, dann ist die Welt komplizierter, als wir sie vielleicht gern
haben möchten. Es ist aber unter keinen Umständen erlaubt, eine Antwort auf
die Frage als sinnlos abzulehnen oder die Frage zu umgehen, indem man die
Aufmerksamkeit auf andere Seiten des Problems lenkt. Vielmehr werden die
allgemeinen Eigenschaften der Welt der Interphänomene, wie sie auf der Basis
der Quantenmechanik konstruierbar ist, in der Antwort ausgedrückt, die wir
auf diese Frage geben.

§ 7. Analyse eines Interferenzexperiments

Wir werden jetzt, um eine Antwort auf die Frage zu finden, ob es ein Normalsystem gibt, einige Experimente analysieren, die man als typisch für die
verschiedensten logischen Situationen ansehen kann. Betrachten wir zunächst
(Fig. 4) den Fall einer Blende mit einem Schlitz B, durch welche Lichtstrahlen
oder Elektronen oder andere Massenteilchen hindurchgehen und auf einen
Schirm fallen, so daß ein Interferenzmuster auf dem Schirm entsteht. Wir wissen natürlich, daß wir bei sehr niedriger Strahlungsintensität nicht das ganze
Muster auf einmal erhalten, sondern nur einzelne Lichtblitze an streng lokalisierten Stellen, wie z.B. in C. Diese Lichtblitze könnten durch Geiger-Zähler
verifiziert werden. Wenn wir das Experiment eine gewisse Zeit hindurch fort-
setzen, dann wird die Verteilung der nacheinander auftreffenden Lichtblitze
dem obenerwähnten Interferenzmuster folgen. Diese Summe einzelner Lichtblitze ist es, die uns ein über den Schirm gelegter photographischer Film zeigen
würde.

Die Phänomene dieses Experiments sind durch die einzelnen Lichtblitze auf
der Leinwand gegeben; außerdem haben wir die makroskopischen Objekte, die
aus der Lichtquelle, der Blende und dem Schirm bestehen. Es ist nun die Frage,
was für eine Art Interphänomene wir hier mit Hilfe der Interpolationsmethode
einführen können. Zuerst können wir die Korpuskelinterpretation benutzen[1]
und sagen, daß einzelne Teilchen von der Lichtquelle ausgeschickt werden und
sich geradlinig vorwärtsbewegen, wie Fig. 4 zeigt. Im Punkte B werden die
Teilchen seitliche Stöße erhalten oder anderen Arten von Störungen unterworfen sein, die von den Teilchen ausgehen, die das Material der Blende ausmachen;
dabei werden sie von ihrem Pfad abgelenkt. Die seitlichen Stöße erfolgen derart
nach statistischen Gesetzen, daß einzelne Teile des Schirms häufig, andere

---

[1] Die Methode, dieses Experiment mit Hilfe der Korpuskelinterpretation zu beschreiben, ist
in A. LANDÉ, *Principles of Quantum Mechanics* (Cambridge, England, 1937), § 9, dargestellt.

weniger häufig getroffen werden. Das Interferenzmuster des photographischen Films entspricht daher der Wahrscheinlichkeitsverteilung der Stöße, die in B auf die hindurchgehenden Teilchen ausgeübt werden. Natürlich gibt es auch andere von der Quelle A ausgehende Teilchen; wenn sie aber die Blende an anderen Stellen als in B erreichen, werden sie absorbiert oder reflektiert und erscheinen daher nicht auf dem Schirm.

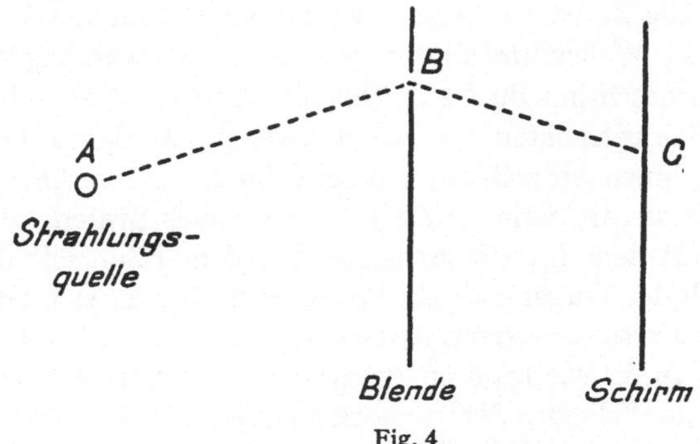

Fig. 4

Beugung der Strahlung durch einen Schlitz B.

In dieser Interpretation haben wir eine gewisse Wahrscheinlichkeit

$$P(A, B) \tag{1}$$

daß ein Teilchen, welches die Quelle A verläßt, in B ankommen wird, und eine Wahrscheinlichkeit

$$P(A . B, C) \tag{2}$$

daß ein Teilchen, welches A verläßt und durch B hindurchgeht, in C ankommen wird. Beide Werte können statistisch bestimmt werden, indem man auf einem A umschließenden Schirm alle Teilchen, die A verlassen, zählt, dann alle Teilchen, die auf dem ursprünglich benutzten Schirm ankommen (die Zahl, die man herausbekommt, bedeutet die Anzahl der Teilchen, die durch den Schlitz B hindurchgehen), und dann alle, die bei C ankommen.

Wir werden sehen, daß wir hier eine Interpretation von *Interphänomenen* vor uns haben, die das erste Prinzip, das für ein Normalsystem erforderlich ist, befriedigt. Die einzelne Abweichung von der klassischen Physik besteht in der Tatsache, daß wir nur ein Wahrscheinlichkeitsgesetz haben, welches den Übergang von B zu C bestimmt, aber diese Ausdehnung des Kausalitätsbegriffs gilt ebenso für die *Phänomene* der Quantenmechanik. Daher sind in dieser Interpretation sowohl Phänomene als auch Interphänomene durch dieselben Gesetze geregelt.

Wollen wir die Welleninterpretation benutzen, dann sagen wir, daß sphärische Wellen A verlassen, von denen nur ein kleiner Teil durch den Schlitz B hindurchgeht und sich dann gegen den Schirm hin ausbreitet. Dieser Teli der Wellen besteht aus verschiedenen Wellenzügen, deren jede ein anderes Zentrum hat. Alle diese Zentren liegen auf Punkten innerhalb des Schlitzes B (Prinzip von HUYGHENS). Die Überlagerung dieser verschiedenen Züge ergibt das Interferenzmuster auf dem Schirm.

Solange wir nur die Ergebnisse betrachten, die wir über eine lange Zeit hin erhalten, z.B. in dem Muster auf einem photographischen Film, bringt diese Erklärung keine Schwierigkeiten mit sich. Sie hat sogar den Vorteil vor der Korpuskelinterpretation, daß sie keine statistischen, sondern nur streng kausale Gesetze benutzt. Die Zahlenwerte der Wahrscheinlichkeiten (1) und (2) erscheinen hier als die Wellenintensitäten, welche die Schwärzung an den verschiedenen Stellen des Films direkt bestimmen. Anders ist es, sobald wir die einzelnen Lichtblitze betrachten, die, wie wir wissen, auf dem Film verifiziert werden können. Nehmen wir z.B. an, daß der Film durch eine Anzahl von Geiger-Zählern ersetzt werde, dann ist die Statistik dieses Systems von Zählern gleichbedeutend mit dem Interferenzmuster auf dem Film, mit dem Zusatz allerdings, daß sich der Vorgang als ein Prozeß enthüllt, der sich aus einzelnen lokalisierten Stößen zusammensetzt. Angesichts dieser Tatsachen führt die Annahme von Wellen zu Schwierigkeiten, die zuerst von EINSTEIN aufgezeigt worden sind. Solange die Welle den Schirm noch nicht erreicht hat, bedeckt sie eine ausgedehnte Oberfläche, d.h. eine Halbkugel mit dem Zentrum in B; wenn sie aber den Schirm erreicht, wird sie nur an einem Punkt, sagen wir in C, einen Lichtblitz hervorrufen und dann automatisch an allen anderen Punkten verschwinden. Die Welle wird sozusagen durch den Lichtblitz in C verschluckt. Dieser Prozeß des Verschwindens der Welle bedeutet eine *kausale Anomalie* insofern, als er den Gesetzen widerspricht, die für beobachtbare Ereignisse aufgestellt worden sind. Wir sehen, daß die Gesetze der Interphänomene in dieser Beschreibung von den Gesetzen der Phänomene verschieden sind. Die angeführte Beschreibung stellt daher kein Normalsystem dar.

Um den unangenehmen Folgen der Welleninterpretation zu entgehen, hat man eine Auffassung vorgeschlagen, nach der es unzulässig sein soll, danach zu fragen, was aus der Welle wird, nachdem ein Lichtblitz auf dem Schirm beobachtet worden ist. Wir werden uns später mit einer Interpretation auseinandersetzen, in welcher ein solches Verbot von Fragen durchgeführt wird. Mit einer solchen Interpretation haben wir dann jedoch die Wellentheorie verlassen. *Innerhalb der Welleninterpretation* kann die Rechtmäßigkeit solcher Fragen nicht geleugnet werden. Die verschiedenen Gründe, die man dafür angeführt hat, solche Fragen auszuschalten, halten einer logischen Prüfung nicht stand. Man hat z.B. gesagt, daß wir innerhalb der Welleninterpretation nicht von Wirkungen sprechen können, die im Raum lokalisiert sind. Aber das ist falsch, denn die Welle selbst wird als eine Funktion des Raumes aufgefaßt, und wenn eine bestimmte Wirkung an einer Stelle auf dem Schirm beobachtet wird, dann ist es völlig korrekt, zu fragen, was für Wirkungen von der Welle an anderen Stellen verursacht werden. Man hat fernerhin gesagt, daß der Lichtblitz auf dem Schirm zu der Korpuskelinterpretation gehöre und daß wir ihn deshalb nicht in die Welleninterpretation einfügen können. Das ist falsch, denn der Lichtblitz auf der Leinwand ist ein verifizierbares Phänomen und ist daher nicht in die

Dualität der Interpretationen eingeschlossen, die sich nur auf die Interphänomene bezieht. Der Lichtblitz gehört weder zur einen noch zur anderen Interpretation, sondern ist eines der verifizierbaren Daten, auf denen beide Interpretationen begründet sind. Wir müssen verlangen, daß jede Interpretation der
Interphänomene mit der gegebenen Gesamtheit der Phänomene vereinbar sei;
und wenn die Welleninterpretation benutzt wird, so muß sie auch eine Aussage
enthalten, die die Umwandlung einer Welle in einen lokalisierten Lichtblitz
betrifft.

Es erscheint verständlich, daß wir im Falle eines derartigen Experiments
die Korpuskelinterpretation vorziehen, da sie keine kausalen Anomalien ent-

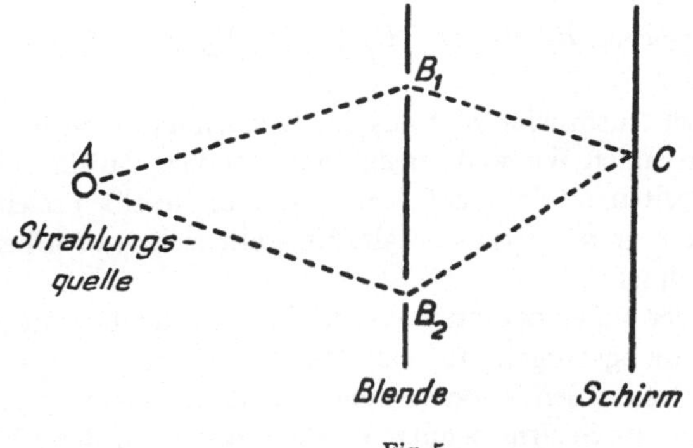

Fig. 5

Beugung der Strahlung durch zwei Schlitze, B_1 und B_2.

hält und daher ein Normalsystem darstellt. Aber die Welleninterpretation ist
so wahr wie die andere. Sie ist in demselben Sinne wahr wie das oben gegebene
Beispiel, in welchem sich der Baum immer in dem Augenblick in zwei Bäume
spaltet, in dem er nicht beobachtet wird. Diese Anomalie braucht uns nicht zu
stören, da wir wissen, daß sie mit Hilfe einer anderen Beschreibung «wegtransformiert» werden kann. Im selben Sinne sollte uns die Anomalie der Wellenbeschreibung nicht stören, da wir wissen, daß sie durch den Gebrauch der
Korpuskelbeschreibung wegtransformiert werden kann. Wenn aber die Welleninterpretation benutzt wird, dann schließt sie das Verschwinden der ganzen
Welle und das Erscheinen des Lichtblitzes an *einem* Punkt als eine Konsequenz
ein, wie entfernt dieser Punkt auch immer von anderen Punkten der Welle sein
mag. Wir müssen den Mut haben, diese Konsequenz hinzuzunehmen, die mit
dieser Interpretation der Interphänomene notwendig verbunden ist.

Wir wollen uns jetzt einem zweiten Experiment zuwenden, das wir in Fig. 5
darstellen. Wir benutzen die gleiche Anordnung wie vorher, mit dem Unterschied, daß die Blende zwei Schlitze hat, B_1 und B_2. Wir wissen, daß wir in diesem Fall auch ein Interferenzmuster auf dem Schirm erhalten, welches jedoch
von dem Muster des ersten Experiments verschieden ist. Wir wollen dieses
Experiment in verschiedenen Interpretationen betrachten.

Zuerst benutzen wir die Korpuskelinterpretation. Wenn wir, wie vorher, niedrige Strahlungsintensitäten annehmen, wissen wir, daß wir einzelne Lichtblitze auf dem Schirm erhalten werden. Wir können dies durch die Annahme erklären, daß einzelne Teilchen die Quelle nacheinander verlassen. Manchmal geht ein Teilchen durch den Schlitz B_1, manchmal durch den Schlitz B_2 hindurch. Manchmal wird es von der Blende absorbiert — all das ist durch die Richtung bestimmt, in welcher das Teilchen A verläßt. Wenn ein Lichtblitz in C stattfindet, sagen wir, daß das Teilchen entweder durch B_1 oder B_2 hindurchgegangen ist.

Die Wahrscheinlichkeit, daß ein Teilchen C erreicht, kann durch die Eliminationsregel, die in der Wahrscheinlichkeitsrechnung abgeleitet wird, gegeben werden:

$$P(A.C) = P(A, B_1)\, P(A.B_1, C) + P(A, B_2)\, P(A.B_2, C) \qquad (3)$$

Die Bedeutung dieser Ausdrücke folgt aus der Erklärung, die in bezug auf (1) und (2) gegeben worden ist. Wir sind geneigt, anzunehmen, daß die Zahlenwerte der Wahrscheinlichkeiten auf der rechten Seite von (3) dieselben seien, die man in Experimenten vom ersten Typus erhält. Es stellt sich jedoch heraus, daß diese Annahme falsch ist.

Das kann folgendermaßen bewiesen werden. Zuerst schließen wir Schlitz B_2 und lassen den Strahlungsvorgang für eine Weile fortdauern. Dann schließen wir Schlitz B_1 und lassen den Vorgang eine gleiche Zeitspanne weitergehen. Wenn wir einen Film als Schirm benutzen, erhalten wir auf diese Weise eine Überlagerung beider Interferenzmuster. Jetzt ergibt sich die Frage: Ist dieses Interferenzmuster dasselbe wie das, welches sich ergeben würde, wenn beide Schlitze gleichzeitig offen wären? Wenn es dasselbe ist, dann können wir annehmen, daß die Werte der sich ergebenden Wahrscheinlichkeiten dieselben sind wie in dem ersten Experiment. Wenn es nicht dasselbe ist, dann müssen sich die Wahrscheinlichkeiten $P(A.B_1, C)$ und $P(A.B_2, C)$ geändert haben.

Es ist wohl bekannt, daß das Experiment zugunsten der zweiten Annahme entscheidet. Wir müssen daher annehmen, daß die Wahrscheinlichkeit, ob ein Teilchen, das durch B_1 hindurchgeht, C erreiche, davon abhängt, ob der Schlitz B_2 offen ist[1]). Dies ist eine kausale Anomalie; sie besagt, daß es eine Wirkung gibt, die in B_2 ihren Ausgangspunkt nimmt und sich nach B_1 ausbreitet, so daß sie die Stöße, die den hindurchgehenden Teilchen in B_1 gegeben werden, beeinflußt. Wir sehen, daß in diesem Falle die Korpuskelinterpretation zu kausalen Anomalien führt[2]).

---

[1]) Man wird leicht einsehen, daß dieser Gedanke ein Spezialfall der Überlegungen ist, die in § 22 angestellt werden und nach denen eine Zwischenmessung einer Größe v die Wahrscheinlichkeit beeinflußt, die von u zu v führt, selbst wenn das Ergebnis der Messung nicht in die Angabe dieser Wahrscheinlichkeit eingeschlossen ist. Schlitz B_2 zu schließen ist gleichbedeutend mit einer Ortsmessung in B_1.

[2]) Weitere Anomalien entstehen, wenn wir den Schirm näher an die Blende heranbringen. Wenn wir den Punkt C auf dem Schirm immer so wählen, daß die Richtung B_1C dieselbe bleibt, dann finden wir, daß die Wahrscheinlichkeit $P(A.B_1, C)$ nicht als konstant angesehen werden kann; d. h. diese Wahrscheinlichkeit ist nicht eine Funktion, die nur von der Richtung abhängt, in welcher das Teilchen B_1 verläßt. Dies läßt sich mit Hilfe von Wellenvorstellungen nachweisen.

Es wäre ein Irrtum, zu sagen, daß die Korpuskelinterpretation wegen dieser Anomalien *falsch* sei. Einige Physiker, die solche Meinungen geäußert haben, haben ihr Urteil mit der Tatsache begründet, daß wir kein Mittel haben, zu wissen, durch welchen der beiden Schlitze das Teilchen hindurchgegangen ist, nachdem der Lichtblitz in C beobachtet worden ist. Diese Behauptung ist natürlich wahr, da eine Beobachtung in B_1 oder B_2 das Experiment stören würde. Wir sind noch nicht einmal in der Lage, die Wahrscheinlichkeit $P(A.C, B_1)$ zu bestimmen, daß das Teilchen, das in C beobachtet worden ist, durch B_1 hindurchgegangen ist. Diese umgekehrte Wahrscheinlichkeit könnte mit Hilfe der Regel von BAYES[1]) in der Form

$$P(A.C, B_1) = \frac{P(A, B_1)\, P(A.B_1, C)}{P(A, C)} \tag{4}$$

bestimmt werden, wenn wir den Wert der Vorwahrscheinlichkeit $P(A.B_1, C)$ kennen würden. Da jedoch diese Wahrscheinlichkeit von dem Wert $P(A.B,C)$, der mit Hilfe eines einzigen Schlitzes erhalten wurde, verschieden ist, kann man sie nicht bestimmen. Eine jede solche Bestimmung würde Beobachtungen des Teilchens in B_1 erfordern und würde daher zu einer Störung des Experiments führen. Wenn wir die Verifizierbarkeitstheorie des Sinnes selbst in der modifizierten Form des Wahrscheinlichkeitssinnes[2]) anwenden, müssen wir daher sagen, daß der Satz «das Teilchen ist durch B_1 hindurchgegangen» sinnlos ist, wenn wir ihn als eine *Aussage über physikalische Tatsachen* ansehen. Es ist jedoch erlaubt, diesen Satz zu gebrauchen, wenn wir ihn als eine *Definition* behandeln. Um die Korpuskelbeschreibung vollständig zu machen, ordnen wir mit Hilfe der Definition jedem Lichtblitz in C einen Weg des Teilchens zu, der entweder durch B_1 oder durch B_2 hindurchgeht; die Wahl dieser Wege ist willkürlich. Selbst wenn wir der Forderung (die in sich selbst nur Definitionscharakter hat) gerecht werden, daß die Wahrscheinlichkeiten $P(A, B_1)$ und $P(A, B_2)$ dieselben sein sollen, wie wir sie in Experimenten mit *einem* Schlitz erhalten haben, wird trotzdem die Wahl der Wege innerhalb weiter Grenzen willkürlich bleiben.

Die hier dargestellte Situation erinnert uns an eine ähnliche, die mit dem Problem der Gleichzeitigkeit zusammenhängt. Wenn ein Lichtsignal, das einen Punkt Q zur Zeit t_1 verläßt, in einem Punkt R reflektiert wird und dann nach Q zur Zeit t_3 zurückkehrt, dann können wir seiner Ankunftszeit in R jeden Zahlenwert zwischen t_1 und t_3 zuordnen. Mit dieser Wahl geben wir eine Definition der Gleichzeitigkeit in den Punkten Q und R. Der Satz «eines der Ereignisse in Q zwischen t_1 und t_3 ist gleichzeitig mit der Ankunft des Lichtsignals in R» ist sinnlos, wenn man ihn als eine empirische Aussage betrachtet, da er nicht verifizierbar ist; er ist jedoch sinnvoll, wenn wir ihn als eine Definition einführen. Im gleichen Sinne können wir den Satz «das Teilchen ist durch B_1 hindurchgegangen» als eine Definition benutzen. In beiden Fällen ist eine solche Definition notwendig, um unsere Beschreibung vollständig zu machen.

---

[1]) Vgl. frgendein Textbuch über Wahrscheinlichkeit oder das Buch des Verfassers *Wahrscheinlichkeitslehre* (Leiden 1935), Formel (6), § 21.
[2]) Vgl. das Buch des Verfassers *Experience and Prediction* (Chicago 1938), § 7.

Es folgt, daß die Korpuskelinterpretation widerspruchslos durchgeführt werden kann und daß sie keine Inkorrektheiten enthält. Ihr einziger Nachteil ist, daß sie zu den oben erklärten Anomalien führt. Der Einfluß von Schlitz B_2 auf die Ereignisse in B_1 ist derart, daß das Prinzip der *Nahwirkung* verletzt wird. Es gibt keine Ausbreitung der Wirkung von B_2 nach B_1; das kann man an der Tatsache sehen, daß Veränderungen im Material der Blende zwischen B_1 und B_2 oder Veränderungen ihrer Form, etwa durch Verbiegen des Metalls zwischen den Schlitzen, keinen Einfluß auf die Wirkung hätten.

Wenn wir für das Experiment eine Interpretation konstruieren wollen, die frei von Anomalien ist, dann müssen wir eine Welleninterpretation benutzen.

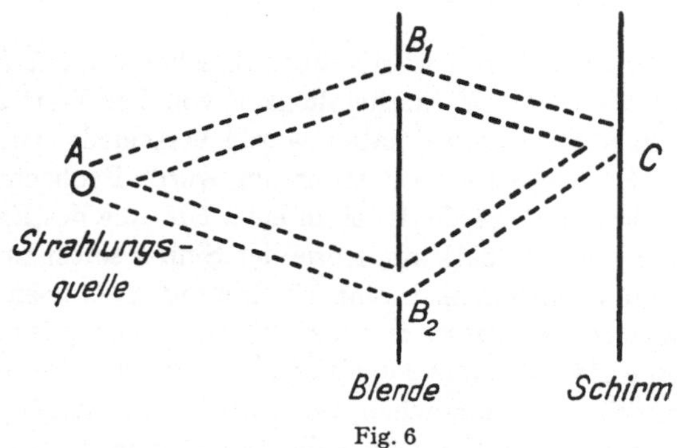

Fig. 6

Das Zweikanalelement, welches die Strahlung darstellt.

Es würde jedoch nicht genügen, eine Interpretation zu wählen, in welcher sich die Welle im offenen Raum ausbreitet; das würde zu den gleichen Anomalien führen, die wir für die Welleninterpretation des ersten Experiments beschrieben haben. Wir müssen eine Welleninterpretation benutzen, nach welcher die Welle auf zwei enge Kanäle beschränkt ist, wie Fig. 6 zeigt. Man kann zeigen, daß jede Veränderung, die an einem Punkt innerhalb des «Zweikanalelements» angreift, eine Veränderung in der Wahrscheinlichkeit $P(A, C)$, daß ein Lichtblitz in C entstehe, hervorrufen würde, während Veränderungen außerhalb diese Wahrscheinlichkeit nicht beeinflussen würden. Wir könnten z. B. den Raum außerhalb der Streifen, die von den punktierten Linien eingefaßt sind, mit absorbierender Masse füllen, ohne $P(A, C)$ zu verändern[1]). Dies kann durch das oben benutzte Prinzip der Überlagerung bewiesen werden; das Interferenzmuster auf dem Schirm kann als die Überlagerung der Schwärzungen angesehen werden, die nacheinander durch Zweikanalelemente, die ihre Kopfenden

---

[1]) Strenggenommen ist das nur annähernd richtig. Der Grad der Annäherung wächst, wenn die gewählten Kanäle in ihren Mittelteilen weiter sind, während die Weiten bei B_1, B_2 und C unverändert bleiben. Der mathematische Lehrsatz, auf den wir uns hier beziehen, besteht in der Behauptung, daß es möglich sei, zwei Wellengruppen einzuführen, die von B_1 und B_2 ausgehen und sich auf dem Schirm derart überlagern, daß nur an einer kleinen Stelle in C eine Intensität übrigbleibt. Unser Zweikanalelement kann als eine vereinfachte Illustration dieser beiden Wellengruppen aufgefaßt werden.

an verschiedenen Punkten C auf dem Schirm haben, hervorgerufen werden. Wir erhalten daher ein Normalsystem für das betrachtete Experiment, wenn wir eine Beschreibung benutzen, in welcher die Interphänomene als Zweikanalwellen betrachtet werden, die sich von A nach verschiedenen Punkten C auf dem Schirm ausbreiten und einander zeitlich folgen.

Wir können hier die Bemerkung anfügen, daß wir für den Fall nur *eines* Schlitzes, d. h. für das Experiment in Fig. 4, auch eine Welleninterpretation haben, welche frei von kausalen Anomalien ist. Wir sprechen hier von einer Einkanalwelle, wie sie EINSTEIN ursprünglich in seiner Nadelstrahlung angenommen hat. Wir haben daher hier zwei Normalsysteme. Der Unterschied zwischen diesen beiden Beschreibungen ist jedoch nicht sehr groß, und wir sprechen daher gewöhnlich nur von der Korpuskelinterpretation. Jede Aussage über Korpuskeln kann deshalb durch eine Aussage über Nadelstrahlung ersetzt werden.

Man hat manchmal gesagt, daß die Unterschiede zwischen der Wellen- und der Korpuskelinterpretation mit einer Alternative verknüpft seien, die sich auf Raum-Zeit- und Kausalbegriffe beziehe. Nach dieser Auffassung befriedigt die Welleninterpretation das Kausalitätsprinzip insofern, als die Wellen durch eine Differentialgleichung, die Schrödinger-Gleichung (vgl. § 13), bestimmt sind; aber die Interpretation erlaubt uns nicht, eine raumzeitliche Beschreibung physikalischer Objekte zu geben. Die Korpuskelinterpretation, auf der anderen Seite, hat die Eigenschaft, die Forderungen einer raumzeitlichen Beschreibung zu erfüllen, aber sie verletzt das Kausalitätsprinzip. Abgesehen von der letzten Behauptung, können wir diese Auffassung nicht als richtig ansehen. Es ist nicht wahr, daß die Wellenbeschreibung die Bedingungen der Kausalität durchaus erfüllt. Sie tut das nur insofern, als das Wellenfeld, das als eine physikalische Realität aufgefaßt wird, sich durch den Raum in einer Form ausbreitet, die in einer Differentialgleichung ausdrückbar ist; in dieser Hinsicht stellt sie eine Nahwirkung dar, zumindest wenn es sich um einzelne freie Teilchen handelt[1]). Wie wir gezeigt haben, gibt es aber andere Punkte, in welchen dieses Prinzip verletzt wird. So ist z. B. das Verschwinden der Welle nach dem Erscheinen des Lichtblitzes auf dem Schirm ein Vorgang, welcher der Schrödinger-Gleichung nicht folgt und daher dem Prinzip der Nahwirkung nicht gehorcht. Außerdem müssen wir sagen, daß eine Welleninterpretation, die die Bedingungen einer Raum-Zeit-Beschreibung nicht erfüllt, *eo ipso* ebensowenig die Forderungen einer normalen Kausalität befriedigen kann. Raum-Zeit-Ordnung ist eng mit kausaler Ordnung verknüpft, wie die Analyse der Relativitätstheorie bewiesen hat[2]). Wenn man sich die Welle nicht in eine raumzeitliche Mannigfaltigkeit eingebettet vorstellen kann, in welcher *jeder* Teil des Wellenprozesses das Prinzip der Nahwirkung befriedigt, dann kann man nicht sagen, daß sie die Forderungen einer normalen Kausalität erfülle.

---

[1]) Für Systeme, die aus mehreren Teilchen bestehen, breiten sich die Wellen nicht in einem dreidimensionalen, sondern in dem n-dimensionalen Konfigurationsraum aus. Aber selbst wenn wir den Konfigurationsraum als einen «realen» Raum betrachten, würden die Wellen die Forderungen normaler Kausalität nicht erfüllen. In einem solchen Raum würde das Verschwinden der Welle nach dem Lichtblitz zu denselben Schwierigkeiten wie im gewöhnlichen Raum führen.

[2]) Vgl. das Buch des Autors, *Philosophie der Raum-Zeit-Lehre* (Berlin 1928), §§ 27, 42.

Unsere Ausführungen haben gezeigt, daß die Probleme, die mit der Quantenmechanik zusammenhängen, nicht auf die Alternative Raum-Zeit gegen Kausalität zurückgeführt werden können. Die Raum-Zeit-Ordnung, die angenommen werden muß, ist immer die gewöhnliche und kann in vielen Fällen durch die üblichen makrokosmischen Methoden gefunden werden. So kann z. B. die Entfernung zwischen den beiden Schlitzen B_1 und B_2 groß genug sein, um mit makrokosmischen Mitteln gemessen zu werden. In beiden Interpretationen handelt es sich um Verletzungen der Forderungen normaler Kausalität. Nur die Art dieser Verletzungen ändert sich mit der Interpretation.

Solche Verletzungen ereignen sich auch in einer dritten Interpretation, die wir jetzt behandeln wollen und die durch eine Kombination der Wellen- und der Korpuskelinterpretation gegeben ist. Dieser Interpretation entsprechend, haben wir ein Wellenfeld, das sich durch den ganzen Raum ausbreitet und das an den Schlitzen B_1 und B_2 in der gewöhnlichen Weise abgelenkt wird. Zusätzlich zu diesem Feld haben wir Korpuskeln, deren Bewegung durch das Feld derartig gesteuert wird, daß die Intensität des Feldes die Wahrscheinlichkeit, ein Korpuskel zu finden, bestimmt. Für ein solches Wellenfeld ist der Ausdruck *Führungsfeld* üblich geworden[1]). Diese Interpretation hat ihre Anomalien in der Existenz eines Feldes, das Gesetzen folgt, die von denen, die für andere Arten von Wellen gelten, verschieden sind; insbesondere besitzt dieses Wellenfeld keine Energie, da man annimmt, daß die Energie in den Teilchen konzentriert sei. Fernerhin ist der Einfluß des Feldes auf die Teilchen von anderen als den gewöhnlichen Gesetzen regiert. Wenn man annimmt, daß sich die Teilchen geradlinig bewegen, dann verletzen diese Gesetze das Prinzip der Nahwirkung, da dann die Wahrscheinlichkeit, daß sich ein Teilchen, welches durch B_1 hindurchgeht, in die Richtung nach C wende, nicht von der Intensität des Feldes in der Nähe von B_1, sondern von seiner Intensität bei C abhängt[2]). Wenn man annimmt, daß sich die Teilchen in Wellenlinien bewegen, stößt man auf andere Anomalien[3]).

Diese Beschreibung ist daher kein Normalsystem, aber sie hat einige Vorteile, die ihre Anwendung in vielen Fällen ratsam machen. Es ist unnötig, anzunehmen, daß die Führungswellen stoßweise, nämlich mit den Teilchen erscheinen und mit dem Lichtblitz in C verschwinden. Man kann annehmen, daß die Wellen fortlaufend weitergehen; ihre Existenz kann jedoch nur in den Augenblicken, wo Teilchen durch sie hindurchgehen, verifiziert werden.

§ 8. Erschöpfende und einschränkende Interpretationen

Die obige Analyse zeigt, daß weder die Korpuskelinterpretation noch die Welleninterpretation ohne kausale Anomalien durchgeführt werden kann.

---

[1]) In der französischen und englischen Sprache wird der Ausdruck *Pilotenwellen* (pilot waves), der von L. DE BROGLIE eingeführt worden ist, benutzt.

[2]) Dies folgt aus ähnlichen Überlegungen, wie sie in Fußnote 2 auf S. 40 angeführt sind.

[3]) Die Anomalien dieser Interpretation sind in L. DE BROGLIES Buch *Introduction à l'Etude de la mécanique ondulatoire* (Paris 1930), Kap. 9, sehr klar dargestellt.

Wenn wir die Teilcheninterpretation benutzen, können wir einige Experimente so erklären, daß die Gesetze für die Phänomene und die Interphänomene dieselben sind; aber dann begegnen wir Anomalien in anderen Fällen. Wenn wir die Welleninterpretation benutzen, dann können wir diese anderen Fälle auf eine Weise erklären, daß die Gesetze für die Phänomene und Interphänomene dieselben sind; aber dann erscheinen Anomalien in der Erklärung der Experimente von der ersten Art. Und schließlich zeigt eine Kombination der beiden in eine Führungsfeldinterpretation andere Anomalien.

In dieser Situation erhebt sich die Frage, ob es eine andere, uns vielleicht unbekannte Interpretation gibt, die frei von kausalen Anomalien ist. Die vorhergehenden Untersuchungen können nicht als ein Beweis angesehen werden, daß keine solche Interpretation existiert. Man kann einen solchen Beweis nicht liefern, indem man eine Interpretation nach der anderen ausprobiert; dann sind wir nämlich niemals sicher, ob es nicht eine bessere Interpretation gibt, die unserer Aufmerksamkeit entgangen ist. Der Beweis muß auf eine allgemeine Theorie über die Beziehungen zwischen quantenmechanischen Größen gegründet sein. Wir geben diesen Beweis in § 26; die Auffassung der Kausalität, die ihm zugrunde liegt und die sogar gewisse mögliche Modifikationen dieses Begriffs einschließt, ist am Ende von § 24 erklärt. Unsere Resultate können folgendermaßen zusammengefaßt werden: Es ist unmöglich, eine Definition der Interphänomene derart zu geben, daß die Forderungen der Kausalität erfüllt werden. *Die Klasse der Beschreibungen der Interphänomene enthält kein normales System.* Dies kann als eine Folge der grundlegenden Prinzipien der Quantenmechanik bewiesen werden. Wir wollen dieses Ergebnis das *Prinzip der Anomalie* nennen.

Zwei verschiedene Auffassungen können angesichts dieses negativen Resultats durchgeführt werden. Die erste führt auf eine *Dualität der Interpretationen.* In der Klasse gleichwertiger Beschreibungen befinden sich zwei, die Korpuskelinterpretation und die Welleninterpretation, welche zweckmäßiger sind als die anderen; da wir kein normales System haben, können wir statt dessen eine dieser beiden Interpretationen als ein Minimalsystem benutzen, d. h. als ein System, für welches die Abweichungen von einem Normalsystem ein Minimum betragen. In dieser Auffassung werden kausale Anomalien zwar nicht vermieden, aber wenigstens auf ein Minimum herabgesetzt.

Die zweite Auffassung ist ein radikaleres Mittel. Da es keine normale Beschreibung der Interphänomene gibt, hat man vorgeschlagen, daß man auf jegliche Beschreibung der Interphänomene verzichten und die Quantenmechanik darauf beschränken soll, Aussagen über Phänomene zu machen – dann werden sich keine Kausalitätsschwierigkeiten ergeben. Die Unmöglichkeit eines Normalsystems wird in dieser Auffassung als ein Grund angesehen, jede Beschreibung der Interphänomene aufzugeben. Wir wollen Auffassungen dieser Art *einschränkende Interpretationen* der Quantenmechanik nennen, da sie die Behauptungen der Quantenmechanik auf Aussagen über Phänomene beschränken. Die Regel, die diese Einschränkung ausdrückt, kann verschiedene Formen annehmen, und daher haben wir mehrere einschränkende Interpretationen.

Interpretationen, die keine Einschränkung haben, wie z. B. die Korpuskelinterpretation und die Welleninterpretation, sollen *erschöpfende Interpretationen* genannt werden, da sie eine vollständige Beschreibung der Interphänomene liefern.

Die Anhänger der einschränkenden Interpretationen haben behauptet, daß eine Beschreibung der Interphänomene unnötig sei; zum Zwecke von Beobachtungsvoraussagen, so meinen sie, genüge es, eine Interpretation zu haben, die sich nur auf Phänomene bezieht. Diese Behauptung ist wahr; aber sie kann nicht als ein Beweis angesehen werden, daß man erschöpfende Beschreibungen aufgeben soll. Vergessen wir nicht, daß keine der beiden Auffassungen als wahr bewiesen werden kann. Diese Auffassungen stellen Willensentscheidungen dar, die sich auf die Form der Physik beziehen, und jede von ihnen ist so berechtigt wie die andere.

Wenn wir von Klassen gleichwertiger Beschreibungen reden, dann kann die Situation folgendermaßen charakterisiert werden. Das System der Phänomene ist für jede Beschreibung der Klasse dasselbe und daher die *Invariante* dieser Klasse. Die Klasse ist von ihrer Invariante abhängig, und soweit bestimmt jede einschränkende Interpretation die ganze Klasse der erschöpfenden Beschreibungen. Diese letzteren Beschreibungen enthüllen jedoch eine Eigentümlichkeit der Natur, von der wir nichts wüßten, wenn wir nur eine einschränkende Beschreibung kennen würden: die Tatsache nämlich, daß keine Interpretation frei von kausalen Anomalien gegeben werden kann. Da dies eine Eigenschaft der Klasse der erschöpfenden Beschreibungen ist, stellt sie zugleich eine unabtrennliche Eigenschaft jeder einschränkenden Interpretation dar. Diese Eigenschaft ist in den einschränkenden Interpretationen durch die Tatsache ausgedrückt, daß sie bestimmte Aussagen ausschließen. Der Grund für diese Regel kann aber nur mit Hilfe einer Aussage über die Eigenschaften der Klasse der erschöpfenden Beschreibungen formuliert werden.

Darum wollen wir uns jetzt einer weiteren Analyse der Klasse der erschöpfenden Interpretationen zuwenden, während wir die Diskussion über die einschränkenden Interpretationen noch verschieben. Wir sagten, daß die beiden Interpretationen mit Hilfe von Korpuskeln und Wellen innerhalb der ersten Klasse eine besondere Stellung insofern einnehmen, als sie Minimalsysteme darstellen. Hier müssen wir eine zweite Aussage hinzufügen, die diesen beiden Interpretationen eine besondere Stellung einräumt und zur gleichen Zeit die unangenehmen Folgen mildert, die sich aus der Abwesenheit eines Normalsystems ergeben.

[1] s. S. 195

Obgleich wir keine erschöpfende Beschreibung haben, die frei von Anomalien ist und für *alle* Interphänomene gilt, können wir doch eine solche Beschreibung für *jedes* Interphänomen konstruieren, indem wir entweder die Wellen- oder die Korpuskelinterpretation benutzen. Diese Tatsache ist es, die wir mit der Redeweise von der *Dualität* der Wellen- und der Korpuskelinterpretation ausdrücken wollen. Wir verstehen darunter, daß *für ein gegebenes Experiment* wenigstens eine der beiden eine normale Beschreibung sein wird und auf diese Weise Interphänomene so definiert, daß sie denselben Gesetzen wie die Phänomene folgen. Erst wenn man sie auf andere Experimente ausdehnt, wird die so gewählte Interpretation zu kausalen Anomalien führen. Wir wollen diese Aussage das *Prinzip der Eliminierbarkeit der kausalen Anomalien* nennen. Der Unterschied zwischen *alle* und *jeder*, den wir benutzt haben, um dieses Prinzip zu formulieren, ist in der symbolischen Logik wohlbekannt. Wenn wir diese grammatikalische Unterscheidung in etwas anderer Form benutzen, können wir sagen: es ist falsch, zu behaupten, daß *alle* Interphänomene den Gesetzen folgen, die für die Phänomene gelten; aber es ist korrekt, zu sagen, daß *jedes* Interphänomen diesen Gesetzen folgt. *Wir haben kein Normalsystem für alle Interphänomene, wohl aber haben wir ein Normalsystem für jedes Interphänomen.*

2
s. S. 195

Wie vorher mag eine Analogie aus der Differentialgeometrie diese Formulierungen illustrieren. Wenn wir auf der Kugel ein System orthogonaler Koordinaten benutzen, wie es z. B. in den Längen- und Breitengraden gegeben ist (ein solches System ist möglich, weil es nicht durchweg aus geradesten Linien besteht, da die Breitengrade keine größten Kreise sind), dann hat dieses System am Nord- und Südpol Singularitäten, d. h. diese Punkte haben keinen definiten Längengrad. Diese Besonderheiten erwachsen aber nur aus dem System der Koordinaten, während sich die Pole selbst geometrisch von keinem anderen Punkt auf der Kugel unterscheiden. Die Singularitäten können daher durch die Einführung eines anderen Koordinatensystems «wegtransformiert» werden. So wird z. B. der Seemann nahe am Pol eine Ortsbezeichnung benutzen, die einen Ort relativ zu einem gewählten Anfangspunkt und zwei rechtwinklig zueinander liegenden Richtungen bestimmt. Man könnte diese Koordinaten sogar so verlängern, daß sie die ganze Kugel bedecken, wenn wenigstens eine Gruppe von Linien nicht aus geradesten Linien bestehend angenommen wird. Dann werden sich aber an anderen Punkten des Systems Singularitäten zeigen. Wir können ein System orthogonaler Koordinaten ohne Singularitäten ein Normalsystem nennen. Dann können wir sagen, daß wir ein Normalsystem für *jedes* sich auf der Kugel erstreckende Gebiet einführen können, aber wir können nicht *ein* Normalsystem für *alle* Gebiete, d. h. für die ganze Kugel, einführen. Auf diese Weise machen wir eine Aussage, die die Klasse möglicher Koordinatensysteme betrifft.

3
s. S. 195

Folgender Unterschied besteht zwischen diesem Fall und dem oben betrachteten, bei welchem es sich um orthogonale geradlinige Koordinaten handelt. Ein Koordinatensystem, das sowohl orthogonal als auch geradlinig ist, ist auf der Kugel nur für unendlich kleine Gebiete möglich; für ausgedehntere Gebiete kann es noch nicht einmal annähernd durchgeführt werden. Wenn wir von Forderung gerader Linien absehen, dann können wir ein System konstruieren, das große Gebiete auf der Kugel bedeckt und streng orthogonal ist. Ein solches System führt aber an zwei Punkten zu Singularitäten. Der Vorteil dieser Auffassung vor der ersten ist, daß wir mit dieser Definition ein Normalsystem für ausgedehnte, und nicht nur für unendlich kleine Gebiete erhalten.

In der Quantenmechanik entspricht die Situation dem zweiten Fall. Die kausalen Anomalien können mit Hilfe einer passenden Beschreibung für «ausgedehnte Gebiete», d. h. für ein ganzes Experiment, vollständig wegtransformiert werden. Sie treten nur für andere Experimente wieder in Erscheinung oder für Fragen, in denen Experimente verschiedener Art miteinander verglichen werden. Für die Antwort auf solche Fragen können wir dann eine neue Beschreibung derart einführen, daß die Anomalien von neuem verschwinden. Der Grund, warum dies immer möglich ist, liegt in der Unbestimmtheitsrelation. Wäre es uns möglich, zu beobachten, daß ein Teilchen in dem Experiment von Fig. 5 durch den Schlitz B_1 hindurchgeht, dann könnten wir keine Wellenbeschreibung einführen und würden daher keine normale Beschreibung des Experiments haben, d. h. keine Beschreibung, die frei von Anomalien ist. Vermöchten wir zu beweisen, daß eine Welle in dem Experiment von Fig. 4 gleichzeitig an verschiedenen Punkten C auf dem Schirm ankommt, so könnten wir andererseits keine Korpuskelinterpretation einführen und hätten daher keine normale Beschreibung dieses Experimentes. Wir sehen, daß das *Prinzip der Eliminierbarkeit von Anomalien durch das Unbestimmtheitsprinzip möglich gemacht wird*, da das letztere Prinzip es unmöglich macht, jemals ein *experimentum crucis* anzustellen, das zwischen Welleninterpretation und Korpuskelinterpretation entscheidet[1]).

Die Wurzel der Dualität von Wellen- und Korpuskelinterpretation ist daher letztlich im Unbestimmtheitsprinzip gegeben; aber dieses Prinzip zeigt uns auch den Ausweg aus dem Dilemma der kausalen Anomalien. Dieses Ergebnis ist von uns durch das Prinzip der Eliminierbarkeit formuliert worden. Wir haben oben von der Geschicklichkeit der Physiker gesprochen, manchmal die Wellen-, manchmal die Korpuskelinterpretation anzuwenden. Jetzt sehen wir, daß wir eine Rechtfertigung für den Wechsel der Interpretationen geben können, die beweist, daß das Übergehen zu einer normalen Interpretation ein legitimes Mittel der physikalischen Analyse ist. Wenn der Physiker angesichts eines besonderen Experiments eine passende Beschreibung einführt, die im Rahmen seiner Fragestellung kausale Anomalien ausschaltet, dann kann er mit dem Seemann verglichen werden, der am Nordpol aufhört, seinen Ort durch Längengrade zu bestimmen und ein von Singularitäten freies Koordinatensystem vorzieht. Ein solches Vorgehen ist zulässig, weil die Natur nicht ein einziges Normalsystem für alle Interphänomene, sondern nur ein besonderes Normalsystem für jedes Interphänomen bestimmt hat.

Wir wollen einige Beispiele betrachten. Wenn wir die Welleninterpretation benutzen, dann taucht die Frage auf, warum die ganze Welle verschwindet, nachdem der Lichtblitz an einem Punkte des Schirmes beobachtet worden ist. Wir beseitigen die kausale Anomalie, die in dieser Beschreibung des Interphänomens erscheint, indem wir die Teilcheninterpretation einführen. Die Welle wird dann in eine Wahrscheinlichkeit transformiert, und statt des Verschwindens einer Welle haben wir die einfache Aussage, daß die Wahrschein-

---

[1]) Man kann übrigens fragen, ob es wirklich in allen Fällen möglich ist, kausale Anomalien mit Hilfe einer passenden Beschreibung auszuschalten. Was man zeigen kann, ist, daß das Prinzip der Eliminierbarkeit wenigstens für einzelne Teilchen oder für Schwärme von Teilchen gilt, die miteinander nicht in Wechselwirkung sind, wie z. B. Elektronenschwärme oder Lichtstrahlen. Für komplizierte Strukturen, die sich aus mehreren Teilchen zusammensetzen, entstehen Schwierigkeiten. Vgl. § 27.

lichkeit $P(A.C_1, C_2)$, in C_2 einen Lichtblitz zu beobachten, nachdem ein Lichtblitz in C_1 beobachtet worden ist, gleich Null ist, obgleich die Wahrscheinlichkeit $P(A, C_2)$, einen Lichtblitz in einem Punkt C_2 auf dem Schirm zu finden, einen gewissen positiven Wert besitzt. Statt der Zusammenziehung einer Welle in einem Punkt haben wir hier die triviale logische Tatsache, daß Wahrscheinlichkeiten relativ sind. Diese Art von Überlegungen haben seinerzeit BORN zur Einführung der statistischen Interpretation der Wellen geführt, die ursprünglich von SCHRÖDINGER als Wellen elektrischer Dichte aufgefaßt worden sind.

Ein anderes Beispiel, in dem die normale Beschreibung mit Hilfe der Teilcheninterpretation gegeben ist, ist in folgender Überlegung enthalten. Die Wahrscheinlichkeit, daß ein Teilchen, welches die Quelle A verläßt, durch irgendeinen der beiden Schlitze hindurchgehe, ist die Summe der Wahrscheinlichkeiten, daß ein Teilchen durch *einen* Schlitz hindurchgehe; wir können das symbolisch ausdrücken:

$$P(A, B_1 \lor B_2) = P(A, B_1) + P(A, B_2) \tag{1}$$

(Das logische Zeichen «$\lor$» heißt «oder».) Diese Beziehung folgt aus den Wahrscheinlichkeitsregeln, da ein Teilchen zu einer bestimmten Zeit nur durch eines der Löcher hindurchgehen kann. Das kann durch Beobachtungen folgendermaßen geprüft werden: Um den Wert des Ausdrucks auf der linken Seite von (1) festzustellen, zählen wir alle Lichtblitze, die auf dem Schirm erscheinen, wenn beide Schlitze offen sind; um die Werte der beiden Ausdrücke auf der rechten Seite von (1) zu bestimmen, zählen wir alle Lichtblitze, die auf dem Schirm erscheinen, wenn der eine oder der andere Schlitz geschlossen ist. Da die so erhaltene Statistik zeigt, daß (1) gilt, muß diese Beziehung auch für die Welleninterpretation gelten. Hier führt jedoch die Erklärung zu kausalen Anomalien. Wir müssen daher annehmen, daß, wann immer eine Welle A in der Richtung auf B_1 verläßt, eine andere Welle existiert, die gleichzeitig in der Richtung nach B_2 läuft, daß aber die Welle, die auf den offenen Schlitz B_1 zugeht, manchmal unter dem Einfluß des geschlossenen Schlitzes B_2 verschwindet (in all den Fällen nämlich, wenn in der Korpuskelinterpretation ein Teilchen nur in der Richtung nach B_2 ausgesandt wird) und somit einer Fernwirkung unterliegt. Der Physiker, der die wohl erwiesene Beziehung (1) erklären möchte, wird daher die Korpuskelinterpretation vorziehen, mit deren Hilfe er die Beziehung ohne die Annahme von Anomalien ableiten kann.

Andererseits gibt es Fragen, die, wenn Anomalien vermieden werden sollen, nur mit Hilfe der Welleninterpretation beantwortet werden können. Wir haben gesehen, daß die Korpuskelinterpretation des Experiments in Fig. 5, § 7, eine Fernwirkung zwischen den beiden Schlitzen B_1 und B_2 nach sich zieht. In der Welleninterpretation ist diese Fernwirkung beseitigt und durch eine Aussage über eine Phasenbeziehung zwischen den Wellen, die in B_1 und B_2 ankommen, ersetzt, eine Beziehung, die sich aus dem gemeinsamen Ursprung der Wellen in der Quelle A ergibt. Wenn der Physiker Fragen dieser Art beantworten will, wird er die Welleninterpretation vorziehen.

4
s. S. 195

Unsere Beispiele zeigen, daß es sogar vorteilhafter ist, nicht von dem Normalsystem für jedes Interphänomen, sondern von dem Normalsystem *für jede Frage*, die Interphänomene betrifft, zu sprechen. Diese Frage ist es nämlich, welche das Normalsystem bestimmt. Hinsichtlich derselben experimentellen Anordnung können verschiedene Fragen gestellt werden, die verschiedene Normalsysteme erfordern. So wird z. B. die Frage, welche die Wahrscheinlichkeitsbeziehung (1) betrifft, mit Bezug auf eine experimentelle Anordnung gestellt, die für andere Fragen eine Welleninterpretation benötigen würde. Wenn wir sagen «für jede Frage», dann meinen wir natürlich, daß die Frage in genügender Weise begrenzt und nicht als eine «und»-Kombination verschiedener Fragen konstruiert ist. Mit dieser Einschränkung können wir den Inhalt des Eliminierbarkeitsprinzips folgendermaßen formulieren: Wir haben kein Normalsystem für alle Fragen, die Interphänomene betreffen, aber wir haben ein Normalsystem für jede solche Frage.

Wir haben oben die Bemerkung gemacht, daß es gerechtfertigt sei, von einer Interpretation zur anderen überzugehen, um kausale Anomalien zu vermeiden. Dieser letztere Zweck ist aber auch die einzige Rechtfertigung für eine solche Umschaltung der Interpretation, und es wäre falsch, andere Gründe dafür vorzubringen. Man liest manchmal, daß Fragen wie «Was wird aus der Welle, nachdem ein Lichtblitz auf dem Schirm beobachtet worden ist?», oder «Warum bewegt sich ein Teilchen, das durch den Schlitz B_1 hindurchgeht, verschieden, je nachdem, ob der Schlitz B_2 offen oder geschlossen ist?», verboten sein sollten, weil sie der betreffenden Interpretation nicht «adäquat» seien. Aber das Wort «adäquat» bedeutet nur, daß die Antwort auf solche Fragen zu kausalen Anomalien führt. Das Bestehen solcher Anomalien macht weder die Frage noch die Antwort unvernünftig. Wenn wir uns dazu entschlossen haben, eine der erschöpfenden Interpretationen zu benutzen, dann sind solche Fragen nicht sinnlos. Wir müssen uns dann nur an die Tatsache gewöhnen, daß für eine gegebene Interpretation immer Fragen vorhanden sind, die nur unter der Annahme von kausalen Anomalien beantwortet werden können. Wenn wir vorziehen, in der Antwort eine Interpretation zu benutzen, die frei von Anomalien ist, dann haben wir guten Grund, das zu tun; wir müssen aber nicht glauben, daß die so konstruierte Antwort *die einzig sinnvolle Antwort* oder *die einzig zulässige Antwort* oder *die einzig wahre Antwort* ist. Der Vorzug einer solchen Interpretation besteht allein darin, daß sie für die betrachteten Interphänomene frei von Anomalien ist; aber weder macht diese Tatsache die Interpretation wahrer als andere, noch ist sie innerhalb einer erschöpfenden Interpretation eine notwendige Bedingung für Sinnhaftigkeit. Urteile dieser Art sind einer Verwechslung von erschöpfenden und einschränkenden Interpretationen zuzuschreiben. Nur für die letztere Art sind die obenerwähnten Fragen sinnlos; aber für eine solche Interpretation ist diejenige vollständige Beschreibung des Experiments, welche frei von Anomalien ist, ebenfalls sinnlos. Im Rahmen einer erschöpfenden Beschreibung dagegen sind wir berechtigt, ebensowohl kausale Anomalien als Fälle normaler Kausalität als vorliegend aufzuführen.

Auf der anderen Seite ist oft der entgegengesetzte Fehler begangen worden. Man hat nämlich die Meinung vertreten, wir hätten überhaupt keine wahre Beschreibung der Interphänomene; nach dieser Auffassung beweist die Dualität der Interpretationen, daß wir nur Bilder von Interphänomenen konstruieren können, die in manchen Zügen korrekt, in anderen inkorrekt sind. Während die früher kritisierte Einstellung als zu dogmatisch erscheint, müssen wir diese zweite Auffassung als zu bescheiden ansehen. Alle zulässigen Beschreibungen sind in allen ihren Einzelheiten gleich wahr, mit Einschluß der Anomalien. Wenn man Beschreibungen der Interphänomene *Bilder* nennen will, dann kann man das tun, um die Möglichkeit der Wahl zu betonen; aber vergessen wir nicht, daß wir es dann auch ein Bild nennen müssen, wenn wir sagen, daß der Baum auf der Straße an seinem Platze bleibt, wenn niemand hinsieht. Wir haben gesehen, daß wir auch in diesem Fall eine Auswahl von Beschreibungen haben und daß die Frage nach dem unbeobachteten Baum erst nach der Einführung der Forderung unveränderter Naturgesetze unzweideutig beantwortet werden kann. Nur die Kombination dieser Forderung mit einer Beschreibung des unbeobachteten Objekts kann empirisch verifiziert werden. Für die Interphänomene der Quantenmechanik ist die Situation die gleiche; eine unzweideutige Aussage, welche sich auf Interphänomene bezieht, kann nur nach Einführung der Forderung unveränderter Naturgesetze gemacht werden, und nur die Kombination einer Beschreibung der Interphänomene mit dieser Forderung kann empirisch verifiziert werden. Sie bestimmt eine Interpretation für jedes Experiment, aber nicht *eine* für alle.

5
s. S. 195

Wenn das Problem der Beschreibung der Interphänomene einmal in dieser Weise formuliert worden ist, dann ist es klar, daß sogar im Makrokosmos keine logische Notwendigkeit für die Existenz eines Normalsystems besteht. Man stelle sich einmal vor, daß wir immer, wenn wir unsern Blick von einem Baum wegwenden und nur seinen Schatten beobachten, zwei gleichgeformte Schatten sehen, während wenn wir den Baum *und* seinen Schatten sehen, nur *ein* Baum und *ein* Schatten vorhanden sind. Wir haben dann die Wahl, entweder zu sagen, daß immer zwei Bäume da sind, wenn wir nicht hinsehen, oder daß nur *ein* unbeobachteter Baum vorhanden ist, für den jedoch die bekannten optischen Gesetze nicht gelten. In einem solchen Fall muß eines der beiden Prinzipien, die das Normalsystem im klassischen Sinne definieren, aufgegeben werden. Man stelle sich fernerhin Beobachtungen vor, die zeigen, daß alle Veränderungen, die mit einem der Schatten vor sich gehen, sich auch mit dem anderen ereignen. Wenn wir z. B. einen Windstoß fühlen und dabei einen Zweig eines der Baumschatten sich bewegen sehen, dann beobachten wir die gleiche Bewegung bei dem entsprechenden Zweig am anderen Baumschatten; wenn der Schatten eines Vogels auf einem der Baumschatten erscheint, ist ein gleicher Schatten auf dem anderen Baumschatten zu sehen, usw. Wenn wir in diesem Falle eine Beschreibung benutzen wollen, in welcher die Gesetze der Optik unverändert bleiben, dann müssen wir eine Duplizität der Ereignisse annehmen, die als eine vorbestimmte Harmonie oder eine Fernwirkung gedeutet werden kann, welche Duplizitäten von Ereignissen an verschiedenen Stellen hervorbringt. Da diese Annahme eine kausale Anomalie darstellt, besitzen wir in dem betrachteten Fall keine normale Beschreibung im Sinne einer solchen, die das erste unserer Prinzipien befriedigt.

Eine makrokosmische Analogie, die dem Experiment von Fig. 5, § 7, mehr ähnelt, kann folgendermaßen konstruiert werden. Man stelle sich in A ein Maschinengewehr vor, welches von einer Vorrichtung unregelmäßig so gedreht wird, daß es in regellosen Intervallen Kugeln nach allen Richtungen schießt. Die Blende möge eine bestimmte Dicke haben, so daß die Kugeln von den Wänden der kurzen Schlitzkanäle reflektiert werden. Dann können wir auf dem Schirm, der aus Blei bestehen mag, so daß die Kugeln darin gefangen werden, eine unregelmäßige Verteilung der Kugeln beobachten. Man stelle sich fernerhin vor, daß die Kugeln sich so schnell bewegen, daß wir nicht sehen können, durch welches Loch sie hindurchgehen, und daß wir kein anderes Mittel haben, dies zu verifizieren. Wir wollen nun annehmen, daß wir folgende Beobachtung machen: Wenn beide Schlitze offen sind, dann ist die Anzahl der Kugeln, die den Schirm treffen, doppelt so groß als wenn nur ein Schlitz offen ist. An gewissen Stellen auf dem Schirm finden wir jedoch keine Treffer, wenn beide Schlitze offen sind, während wir dort welche feststellen, wenn nur *ein* Schlitz offen ist. In einem solchen Falle haben wir dieselbe Auswahl von Interpretationen wie im oben-beschriebenen Strahlungsexperiment. Wir können annehmen, daß die Kugeln auf ihrer Bahn durch die Luft einzelne Teilchen bleiben, daß aber eine Fernwirkung zwischen den beiden Schlitzen bestehe; oder wir können annehmen. daß die Interphänomene aus Wellen bestehen, die sich durch beide Löcher ausbreiten und später vereinen, um die Kugeln zu formen, die man im Blei des Schirmes findet.

Solche Analogien mögen verdeutlichen, daß der von der Quantenmechanik aufgedeckte Sachverhalt nicht unvorstellbar ist und daß es möglich ist, makrokosmische Modelle für eine solche Welt zu konstruieren. Die Physik dieser Modelle wird natürlich von der unseres wirklichen Makrokosmos verschieden sein. Wäre unser Makrokosmos aber von ähnlicher Struktur, dann würden wir nach einiger Zeit daran gewöhnt sein und es als selbstverständlich ansehen, daß wir nicht *eine* normale Beschreibung für alle Interphänomene geben können; wir würden es dann bald lernen, wenn eine bestimmte Frage vorgelegt wird, diejenige Beschreibung zu benutzen, welche wenigstens für diese Frage nicht zu Anomalien führt. Glücklicherweise besitzt unsere tägliche Welt keine Struktur dieser Art. Anders ist es mit der Atomwelt; die Quantenmechanik hat gezeigt, daß ihre Struktur von der Art ist, wie sie in diesen Analogien geschildert worden ist.

Das heißt, daß die Forderung unveränderter Naturgesetze in der Welt atomarer Dimensionen nicht für die Gesamtheit der Interphänomene durchgeführt werden kann und daher nicht *eine* Interpretation als die normale für alle Interphänomene auszeichnet, obgleich sie eine normale Interpretation für jedes Interphänomen bestimmt. Dieses Resultat muß als die allgemeinste Aussage angesehen werden, die die Physik in ihrem jetzigen Stadium über den Aufbau der physikalischen Welt machen kann. Es mag seltsam erscheinen, daß die physikalische Welt nicht in das Netzwerk *einer* normalen Beschreibung eingefangen werden kann; daß der Gedanke der Gleichförmigkeit der Natur, der so oft den Anspruch erhoben hat, das tiefste Ergebnis der Wissenschaft zu sein, auf die Interphänomene der Quantenwelt nicht ausgedehnt werden kann. Wir haben es hier jedoch mit einer Frage zu tun, die nicht durch Wunschträume, sondern nur mit Hilfe experimenteller Untersuchungen beantwortet werden kann. Da die Physik zu dem genannten Resultat gekommen ist, müssen wir es auch ernst nehmen und es nicht dadurch wegzuschwindeln versuchen, daß wir von Grenzen der menschlichen Phantasie sprechen und von einer Unfähigkeit des Menschen, sich adäquate Bilder auszumalen.

Um unsere Aussage über die allgemeinen Eigenschaften der physikalischen Welt zu vervollständigen, müssen wir zu diesem negativen Resultat noch die positive Aussage hinzufügen, die im Prinzip der Eliminierbarkeit formuliert ist. Die Natur erlaubt uns, die Welt der Interphänomene wenigstens teilweise in Übereinstimmung mit den Gesetzen der Phänomene zu konstruieren. Diese Tatsache hat sehr wichtige Folgen. Eine davon ist, daß wir alle Fragen beantworten können, indem wir passende Interphänomene konstruieren, die normalen Gesetzen folgen. Eine andere ist, daß die Anomalien, die mit anderen Beschreibungen verbunden sind, niemals dazu benutzt werden können, abnorme Wirkungen in der Welt der Phänomene hervorzubringen. So können wir die Fernwirkung, die zwischen den beiden Schlitzen B_1 und B_2 in der Korpuskelbeschreibung besteht, nicht benutzen, um Signale von einem Schlitz zum anderen zu senden. Eine solche Wirkung ist nicht möglich, weil sie sonst auch in der normalen Beschreibung des Experiments auftreten würde, wo sie jedoch durch das normale Verhalten der Interphänomene ausgeschlossen ist. Die kausalen Anomalien, denen wir in anormalen Beschreibungen begegnen, können daher als Pseudoanomalien bezeichnet werden; sie stammen von der Form der gewählten Beschreibung und können eliminiert werden. Hier sehen wir die weitreichende Bedeutung des Unbestimmtheitsprinzips: diesem Prinzip verdanken wir es, daß die Diskrepanz zwischen den Gesetzen der Phänomene und denen der Interphänomene nicht von bösartiger Natur ist. Die kausalen Anomalien haben die Existenz von Geistern und können immer aus dem Teil der Welt, an dem wir gerade interessiert sind, verbannt werden, obwohl wir sie nicht aus der ganzen Welt verbannen können.

Dieser trügerische Charakter der kausalen Anomalien ist es, der uns veranlaßt, einschränkende Interpretationen zu gebrauchen. Jede erschöpfende Interpretation sagt zuviel, sofern sie über kausale Anomalien spricht, die nichts mit der Welt der beobachtbaren Phänomene zu tun haben. Es mag daher ratsam erscheinen, auf erschöpfende Interpretationen zu verzichten und eine einschränkende Interpretation vorzuziehen, die frei von Aussagen über solche kausalen Anomalien ist. Wir kommen auf diese Weise auf das Problem der einschränkenden Interpretationen zurück, mit denen wir uns jetzt befassen wollen.

Bohr und Heisenberg haben eine einschränkende Interpretation eingeführt. Die *Einschränkungsregel* besagt, daß nur Aussagen über gemessene Größen, d. h. über Phänomene, zulässig sind; Aussagen über ungemessene Größen, Interphänomene, werden sinnlos genannt. Diese Regel hat die unmittelbare Folge, daß Aussagen über die gleichzeitigen Werte komplementärer Größen nicht gemacht werden können. Die so eingeführte Interpretation ist weder eine Korpuskel- noch eine Welleninterpretation. Da sie den Zustand der Interphänomene in weiten Grenzen unbestimmt läßt, können wir nicht sagen, ob diese Interphänomene aus Teilchen oder aus Wellen bestehen. Sie ähnelt einer Korpuskelinterpretation, wenn die gemessene Größe der Ort ist, da dann der Größe *ein* ziemlich genau definierter Punkt im Raum zugeschrieben wird. Da aber eine Aussage über den Impuls offengelassen ist, wissen wir nicht, ob die so bestimmte Größe ein Teilchen ist. Wenn wir das ganze Spektrum möglicher Impulse als gleichzeitig realisiert ansehen, dann kann die Größe sehr wohl ein Wellenpaket sein. Wenn andererseits eine Impulsmessung gemacht worden ist, dann können wir diesen Wert entweder als den Impuls eines Teilchens oder als die Frequenz einer Welle betrachten; die einschränkende Interpretation läßt diese Frage offen.

· Ein Beispiel möge uns die Auswirkung der Einschränkungsregel zeigen. Das Interferenzexperiment von Fig. 5, § 7, ist eine Anordnung, welche uns erlaubt, eine Frequenz und daher den Impuls eines Teilchens zu messen; auf diese Weise sind alle Aussagen über den Ort des Teilchens ausgeschaltet. Das bedeutet, daß nicht nur eine Aussage der Art «das Teilchen ist durch den Schlitz B_1 hindurchgegangen» unzulässig ist, sondern daß auch eine Aussage von der Form «das Teilchen ist entweder durch Schlitz B_1 oder durch Schlitz B_2 hindurchgegangen» verboten ist. Es ist klar, daß diese Regel ihren Zweck erfüllt. Wir können dann nicht sagen, daß *wenn* das Teilchen durch den Schlitz B_1 hindurchgegangen ist, es durch die Existenz von Schlitz B_2 beeinflußt sein müsse; der Satz mit «wenn» fällt in das verbotene Gebiet. Die kausale Anomalie ist daher aus dem Gebiet zulässiger Aussagen verschwunden. Alle ungesunden Teile der quantenmechanischen Sprache werden durch die Einschränkungsregel wie durch einen chirurgischen Eingriff entfernt. Unglücklicherweise werden dabei, wie bei allen solchen Operationen, auch einige gesunde Teile mit herausgeschnitten. So ist es z. B. schwer, eine Aussage wie die über das Hindurchgehen des Teilchens durch den einen oder anderen Schlitz aufzugeben. Alles, was gegen diese Aussage geltend gemacht werden kann, ist, daß sie zu unerwünschten Folgen führt.

Man muß sich darüber klar sein, daß die Eliminierung kausaler Anomalien die einzige Rechtfertigung für die einschränkende Interpretation von BOHR und HEISENBERG ist. Wäre es möglich, eine erschöpfende Interpretation frei von kausalen Anomalien zu konstruieren, so würde niemand die Rechtmäßigkeit der Definitionen, die in einer solchen Interpretation gebraucht werden, in Frage stellen, selbst wenn die Unbestimmtheitsbeziehung gelten sollte und es unmöglich machen würde, diese Definitionen durch verifizierbare Aussagen zu ersetzen. Wenn z. B. das Experiment das Interferenzmuster auf dem Schirm in Fig. 5, § 7, identisch zeigen würde mit der Überlagerung der beiden Interferenzmuster, die sich ergeben, wenn erst der eine und dann der andere Schlitz offen ist, so würde niemand bezweifeln, daß die Teilchen entweder durch den einen oder den anderen Schlitz hindurchgegangen sind, obgleich man wegen der Störung durch die Beobachtung nicht wissen kann, durch welchen Schlitz das einzelne Teilchen gegangen ist[1]). Es erschiene dann als eine vernünftige Ergänzung beobachteter Daten, wenn man sagte, daß ein durch $P(A, B_2)$ gegebener Prozentsatz durch den Schlitz B_2 hindurchgehe. Wenn die einschränkende Interpretation diese Aussage ausschaltet, dann tut sie das nur, weil das Experiment zeigt, daß das Interferenzmuster auf dem Schirm nicht die Überlagerung der beiden einzelnen Muster darstellt und man deshalb annehmen muß, daß die Bahn eines Teilchens, das durch einen Schlitz hindurchgeht, davon abhängt, ob der andere Schlitz offen ist oder nicht, d. h. sie schaltet diese Aussage aus, weil kausale Anomalien aus ihr ableitbar sind. Wir lesen oft, daß die Prinzipien des Empirismus, wie sie in der Verifizierbarkeitstheorie des Sinnes niedergelegt sind, zu der Einschränkungsregel von BOHR und HEISENBERG führen. Diese Begründung ist jedoch falsch. Was man unter *Sinn* versteht, ist nur durch eine Definition festzusetzen, und man kann die verschiedensten Sinndefinitionen geben. Der Philosoph kann nur fragen: Welches sind die Folgen, zu denen eine solche Definition führt[2])? Die einschränkende Sinndefinition in der Interpretation von BOHR und HEISENBERG hat den Vorteil, daß sie kausale Anomalien beseitigt; das ist ein starkes Argument zu ihren Gunsten, aber es ist auch das einzige Argument. Die erschöpfenden Interpretationen, die in der Korpuskel- und in der Welleninterpretation gegeben sind, lassen sich ebenso mit den Prinzipien des Empirismus vereinen, wenn sie als auf Definitionen gegründet aufgefaßt werden.

Wir müssen hinzufügen, daß auch eine einschränkende Interpretation nicht frei von Definitionen ist. Was wir *Phänomene* nennen, sind sicherlich nicht unmittelbare Objekte der Beobachtung, sondern mit indirekten Methoden aus Beobachtungen erschlossene Objekte (vgl. S. 33). Diese Schlüsse enthalten eine Definition, deren genaue Form wir in § 29 angeben werden. Der logische Unterschied zwischen der Physik der Phänomene und der der Interphänomene ist daher eine quantitative Angelegenheit: die letztere enthält mehr Definitionen als die erste. Welches der beiden Systeme wir vorziehen sollen, läßt sich nur durch eine Willensentscheidung festsetzen. Von keinem kann man sagen, daß es völlig auf beobachtete Daten beschränkt sei.

---

[1]) Die Störung durch die Beobachtung kann in diesem Fall von derselben Art sein wie sie in Wirklichkeit für die Quantenmechanik angenommen wird: Wenn wir beobachten, daß ein Teilchen durch einen Schlitz hindurchgeht, dann wird es durch den Lichtstrahl von seiner Bahn abgelenkt. Zwar wissen wir in diesem Falle: Wenn das Teilchen nicht an dem Schlitz beobachtet worden ist, wo die Beobachtung gemacht wurde, ist es durch den anderen Schlitz hindurchgegangen. Daher haben wir hier eine Kenntnis vom Orte des Teilchens, ohne seine Bahn gestört zu haben. Aber diese Kenntnis haben wir durch einen Schluß, und nicht durch eine Beobachtung gewonnen; denn was beoachtet worden ist, ist die Abwesenheit des Teilchens am einen Schlitz und nicht sein Durchgang durch den anderen. Unser fiktives Experiment stellt daher einen Fall dar, wo eine normale Ergänzung beobachteter Daten durch Interpolation gegeben werden kann, obgleich die Beobachtung stört. Dies ist möglich, da das Interferenzmuster auf dem Schirm in diesem Falle so beschaffen ist, daß es uns erlaubt, die Bewegung des Teilchens als unabhängig davon zu betrachten, was sich an dem Schlitz ereignet, durch den das Teilchen nicht hindurchgegangen ist.

[2]) Vgl. das Buch des Verfassers *Experience and Prediction* (Chicago 1938), Kap. I.

Während die Bohr-Heisenberg-Interpretation eine *einschränkende Sinn-definition* benutzt, können wir auch eine zweite Form einer einschränkenden Interpretation konstruieren, welche von einer *dreiwertigen* Logik Gebrauch macht. Die gewöhnliche Logik ist auf den beiden Wahrheitswerten *wahr* und *falsch* aufgebaut. Zu diesen fügen wir zum besseren Verständnis der Quantenmechanik einen dritten Wert hinzu, den wir *unbestimmt* nennen. Aussagen über unbeobachtete Größen werden dann als sinnvoll angesehen, sind aber weder wahr noch falsch, sondern unbestimmt. Das heißt, es ist unmöglich, solche Aussagen als wahr oder als falsch nachzuweisen.

Die so konstruierte Interpretation ist derjenigen mit einschränkender Sinn-definition überlegen, weil sie ein Regelsystem besitzt, das es ermöglicht, Aussagen über unbeobachtete Größen mit Aussagen über beobachtete Größen zu verknüpfen und auf diese Weise alle diese Aussagen mit Hilfe streng logischer Operationen zu handhaben. Man kann zeigen, daß Aussagen, die kausale Anomalien ausdrücken, dank dieser Regeln immer den Wert «unbestimmt» erhalten und daher nie als wahr behauptet werden können. Andererseits wird ein Teil der Aussagen über unbeobachtete Größen sogar als wahr oder als wahr in einem weiteren Sinne betrachtet. Man kann solche Aussagen jedoch nicht für eine Ableitung kausaler Anomalien benutzen, da die Regeln der dreiwertigen Logik, die sich von denen der zweiwertigen Logik unterscheiden, solche Ableitungen unmöglich machen. Wir werden z. B. zeigen, daß die Aussage «das Teilchen geht entweder durch Schlitz B_1 oder B_2 hindurch» nicht völlig aufgegeben zu werden braucht, sondern in einem etwas weiteren Sinne gebraucht werden kann, während eine Aussage über eine Fernwirkung zwischen den Schlitzen nicht ableitbar ist (vgl. § 33). Die dreiwertige Logik ist daher die adäquate Form der Quantenmechanik, sobald einmal die Entscheidung für den Gebrauch einer einschränkenden Interpretation getroffen worden ist.

Wir haben daher gute Gründe, wenn wir sagen, daß die Sprache der Quantenmechanik in einer dreiwertigen Logik geschrieben ist. Vergessen wir jedoch nicht, daß der Gegenstand einer Wissenschaft ohne die Hinzunahme weiterer Bedingungen die besondere Form der Logik nicht bestimmt. Die Quantenmechanik kann in der Form einer zweiwertigen Logik dargestellt werden, was durch die Existenz erschöpfender Interpretationen bewiesen wird. Nur wenn wir die Forderung einführen, daß kausale Anomalien nicht ableitbar sein sollen, müssen wir uns der dreiwertigen Logik zuwenden. In dieser Form drückt sich die Struktur des Erkenntnisgegenstandes in der Struktur der Sprache aus. Wenn wir dieselbe Forderung für die klassische Physik stellen, dann kommen wir zu einer zweiwertigen Logik. Die Natur quantenmechanischer Geschehnisse ist so beschaffen, daß Aussagen über kausale Anomalien aus dem Gebiet wahrer Aussagen nur dann beseitigt werden können, wenn eine dreiwertige Logik benutzt wird. Dies ist die Form, in der wir die kausale Struktur des Mikrokosmos ausdrücken müssen.

Die dreiwertige Sprache erscheint adäquat für die Quantenmechanik, weil die kausalen Anomalien, wie sie in erschöpfenden Interpretationen formuliert sind, überflüssige Komplikationen zu sein scheinen; man braucht sich nicht um sie zu kümmern, soweit es sich um Voraussagen beobachtbarer Phänomene handelt. Mit Rücksicht auf diese Tatsache erscheint eine einschränkende Interpretation allen denen natürlich, die sich mit quantenmechanischen Problemen beschäftigen. Zu dieser logischen Einsicht kommt noch der ausgleichende Einfluß der Gewohnheit hinzu; allmählich verschwindet das Verlangen, Fragen zu stellen, die die Grenzen der einschränkenden Interpretation überschreiten, und schließlich scheint die einschränkende Form der Quantenmechanik die Antwort auf alles zu sein, was man vernünftigerweise fragen kann. Diese Einstellung wird dem Physiker ebenso helfen wie das obenerwähnte Übergehen von einer Interpretation zur anderen, zu dem er in erschöpfenden Interpretationen seine Zuflucht nimmt. In ähnlicher Weise würde der Mensch in einer Welt, in der Gewehrkugeln sich so unvernünftig benähmen wie Elektronen, es lernen, seine Fragen derart einzuschränken, daß er nur vernünftige Antworten erhält. Wir dürfen jedoch nicht vergessen, daß eine solche Haltung, so ratsam sie auch sein mag, bedeutet, daß man aus der Not eine Tugend macht. Wenn wir gewisse Aussagen über Interphänomene ausschließen und andere zulassen, dann haben wir keinen anderen Grund dafür, als daß die erstgenannten Aussagen zu kausalen Anomalien führen, während die anderen das nicht tun.

Unser endgültiges Urteil über die logische Bedeutung der einschränkenden Interpretationen kann daher folgendermaßen ausgesprochen werden. Die besondere Form der kausalen Struktur des Mikrokosmos, die in den kausalen Anomalien der erschöpfenden Interpretationen sichtbar ist, findet in der Einschränkungsregel oder in der Existenz unbestimmter Aussagen in einschränkenden Interpretationen einen entsprechenden Ausdruck. Mit anderen Worten, der physikalische Zustand der quantenmechanischen Welt, der durch eine einschränkende Interpretation ausgedrückt wird, ist derselbe wie der Zustand der durch erschöpfende Interpretationen mit kausalen Anomalien, die lokal wegtransformiert werden können, ausgedrückt ist. Die einschränkenden Interpretationen *nennen* die kausalen Anomalien nicht, aber sie *beseitigen* sie auch nicht.

Die kausalen Anomalien können nicht beseitigt werden, weil sie der Natur der physikalischen Welt wesentlich angehören. Das *Unbestimmtheitsprinzip* formuliert nur einen Teil dieser Natur; es besagt, daß es unmöglich ist, gewisse Aussagen über Interphänomene zu *verifizieren*. Durch das System der Quantenmechanik wird ein anderes Prinzip hinzugefügt, welches wir das *Anomalieprinzip* genannt haben. Es besagt, daß keine Definition der Interphänomene gegeben werden kann, die die Forderung einer normalen Kausalität erfüllt; dieses Prinzip behauptet deshalb die Unmöglichkeit, die Welt der Phänomene durch eine Interpolation normal zu ergänzen. Dies schließt die einschränkenden Interpretationen ein, da auch sie keine normale Kausalität herstellen.

Die Begrenzungen einer wissenschaftlichen Deutung der Quantenwelt, die in diesen beiden Prinzipien ausgedrückt sind, dürfen nicht als Begrenzungen der Macht des menschlichen Geistes angesehen werden. Es ist nicht menschliche Unwissenheit noch Mangel an Wissen, die zu den Bedingungen führen, die den Beschreibungen der physikalischen Welt auferlegt und in den Gesetzen der Quantenmechanik ausgedrückt sind. Es ist positives Wissen, eine tiefe Einsicht in die Natur der Atomwelt, welche die Basis dieses seltsamen Netzes von Regeln ausmachen, die zwar als einschränkende Regeln für Beschreibungen formuliert sind, aber damit indirekt Regeln ausdrücken, die für alle physikalischen Geschehnisse gelten. Unter der Verkleidung einer Theorie des physikalischen Wissens erkennen wir die Grundzüge einer physikalischen Welt, die von der Welt verschieden ist, wie sie sich jahrhundertelange wissenschaftliche Forschung erträumt hat, die aber trotzdem als die Welt der Wirklichkeit Anerkennung erheischt.

ZWEITER TEIL

Mathematische Grundzüge der Quantenmechanik

§ 9. Entwicklung einer Funktion in eine Reihe
von orthogonalen Funktionen

Der mathematische Formalismus der Quantenmechanik gründet sich auf die allgemeine mathematische Methode, eine Funktion in eine Reihe von anderen Funktionen zu entwickeln, welche die *Grundfunktionen* der Entwicklung genannt werden.

Die in Betracht kommenden Funktionen sind *komplexe Funktionen reeller Variablen*, d. h. während die speziellen Werte der im Argument stehenden Variablen reelle Zahlen sind, haben die Funktionen komplexe Zahlen als ihre speziellen Werte. Wir schreiben komplexe Größen mit kleinen griechischen Buchstaben, reelle Größen mit kleinen lateinischen Buchstaben. Die Konjugiertkomplexe einer Größe ψ wird durch ψ^* ausgedrückt. Das Quadrat $|\psi|^2$ eines komplexen Wertes ist dasselbe wie $\psi\psi^*$. Die Beziehungen, die hier dargestellt werden, gelten natürlich auch für reelle Funktionen; solche Funktionen ergeben sich aus dem allgemeinen Fall durch die Bedingung $\psi = \psi^*$. Es ist eine allgemeine Voraussetzung der Quantenmechanik, daß die dort benutzten komplexen Funktionen bestimmte Regularitätsbedingungen erfüllen und daß die unendlichen Reihen, die in den Entwicklungen benutzt werden, gewisse Konvergenzforderungen befriedigen. Wir zählen diese Bedingungen hier nicht ausdrücklich auf, sondern überlassen diese Aufgabe mehr technisch orientierten Abhandlungen über dieses Thema. Das Ziel unserer Darstellung ist nur, die allgemeinen Beziehungen, die für diese Entwicklungen gelten, aufzuzeigen.

Eine Funktion $\psi(x)$ ist innerhalb des Gebietes D der Variablen x in die Reihe $\varphi_i(x)$ *entwickelbar*, wenn innerhalb von D die Bedingung gilt

$$\psi(x) = \sum_i \sigma_i \varphi_i(x) \tag{1}$$

Die Summierung läuft von $i = 1$ bis $i = \infty$; da dies in gleicher Weise für alle folgenden Formeln gilt, schreiben wir die Summationsgrenzen nicht hin. Die *Entwicklungskoeffizienten* σ_i sind Konstanten, d.h. sie hängen nicht von x ab; für jede Funktion $\varphi_i(x)$ gibt es eine besondere Konstante σ_i.

Die Reihe $\varphi_i(x)$ wird *vollständig* genannt, wenn die Entwicklung (1) mit Hilfe passender Koeffizienten σ_i für jede Funktion $\psi(x)$ innerhalb von D hergestellt werden kann. Außerdem wird gewöhnlich noch verlangt, daß die Reihe

6
s. S. 195

$\varphi_i(x)$ eine weitere Bedingung erfülle, die durch die folgenden zwei Bedingungen ausgedrückt wird

$$\sigma_i = \int \psi(x)\, \varphi_i{}^*(x)\, dx \tag{2}$$

$$\int |\psi(x)|^2\, dx = \sum_i |\sigma_i|^2 \tag{3}$$

Die Integration in (2) erstreckt sich über das Gebiet D; da dies für alle folgenden Formen ebenso gilt, braucht es nicht besonders hingeschrieben zu werden. Die Beziehung (2) bestimmt die Entwicklungskoeffizienten σ_i mit Hilfe der gegebenen Funktion $\psi(x)$ und der Grundfunktionen $\varphi_i(x)$. Diese Beziehung zeigt eine (1) ähnliche Struktur, mit dem Unterschied, daß hier eine Integration an Stelle der Summierung tritt. Die Symmetrie zwischen $\psi(x)$ und σ_i findet einen weiteren Ausdruck in (3). Eine Reihe von Funktionen $\varphi_i(x)$, die für jedes Paar von Funktionen $\psi(x)$ und σ_i, das durch die Beziehung (1) verbunden ist, die Beziehungen (2) und (3) erfüllt, wird *orthogonal* und *normalisiert* genannt.

Für diese Definition wird angenommen, daß der Ausdruck (2) *eindeutig* sei, d.h. daß es nur *eine* Reihe von Koeffizienten σ_i gebe, die einer gegebenen Funktion $\psi(x)$ zugeordnet sind. Hieraus folgt sofort, daß wenn im ganzen Gebiet D $\psi(x) = 0$, alle $\sigma_i = 0$ sein müssen. Die Normalisierung findet ihren Ausdruck in (3). Für den Fall, daß das Gebiet D unendlich ist, schließt (3) die Bedingung ein, daß das Integral auf der linken Seite endlich ist; diese Konvergenzbedingung ist eine der Bedingungen, die die Wahl der Funktionen ψ einschränken. Wir sagen, daß $\psi(x)$ *quadratisch integrierbar* sein muß. Wenn insbesondere der Wert des quadratischen Integrals in (3) $= 1$ ist, dann sagen wir, daß $\psi(x)$ auch normalisiert ist. In ähnlicher Weise legt (3) den σ_i eine Konvergenzbedingung auf. Manchmal müssen Funktionen in Betracht gezogen werden, für welche das Integral auf der linken Seite von (3) nicht endlich ist und welche daher nicht normalisiert werden können. Es ist aber nicht nötig, daß wir uns in diesem Buch mit solchen Funktionen beschäftigen.

In (2) und (3) haben wir für den orthogonalen und normalisierten Charakter der Reihe $\varphi_i(x)$ eine *indirekte* Formulierung gegeben, die von anderen Funktionen $\psi(x)$ und σ_i Gebrauch macht. Es erhebt sich die Frage, ob die Bedingungen der Orthogonalität und Normalisierung der $\varphi_i(x)$ durch eine *direkte* Formulierung ausgedrückt werden können, d.h. mit Hilfe dieser Funktionen allein, ohne Bezug auf andere Funktionen. Dieses Ziel kann leicht erreicht werden, wenn die bestehenden Entwicklungen die Vertauschung der Summationen und Integrationen zulassen. In diesem Falle kann die Orthogonalität und Normalisierung der Reihe $\varphi_i(x)$ durch die Bedingungen

$$\int \varphi_i(x)\, \varphi_k^*(x)\, dx = \delta_{ik} \tag{4}$$

definiert werden. Das hier benutzte Weierstraß-Symbol δ_{ik} hat die Bedeutung

$$\delta_{ik} = \begin{cases} 1 & \text{für} \quad i = k \\ 0 & \text{für} \quad i \neq k \end{cases} \tag{5}$$

Man kann leicht zeigen, daß wenn (1) und (4) gelten, die Beziehungen (2) und (3) ableitbar sind. Wir beweisen (2), indem wir beide Seiten von (1) mit $\varphi_k^*(x)$ multiplizieren und über x integrieren

$$\int \psi(x)\, \varphi_k^*(x)\, dx = \int \varphi_k^*(x) \sum_i \sigma_i\, \varphi_i(x)\, dx \tag{6}$$

$$= \sum_i \sigma_i \int \varphi_i(x)\, \varphi_k^*(x)\, dx$$

$$= \sum_i \sigma_i\, \delta_{ik} = \sigma_k$$

In ähnlicher Weise wird (3) folgendermaßen bewiesen

$$\int |\,\psi(x)\,|^2\, dx = \int \psi(x)\, \psi^*(x)\, dx = \int \sum_i \sigma_i\, \varphi_i(x) \sum_k \sigma_k^*\, \varphi_k^*(x)\, dx$$

$$= \sum_i \sum_k \sigma_i\, \sigma_k^* \int \varphi_i(x)\, \varphi_k^*(x)\, dx = \sum_i \sum_k \sigma_i\, \sigma_k^*\, \delta_{ik} = \sum_i |\,\sigma_i\,|^2 \tag{7}$$

Beziehung (4) ist daher eine *hinreichende* Bedingung[1]) für Orthogonalität und Normalisierung, falls die Integrationen und Summationen vertauschbar sind. Wir können fragen, in welchem Falle es eine *notwendige* Bedingung ist; d.h. wir können fragen, was für eine Forderung mit Bezug auf (1) bis (3) gestellt werden muß, damit (4) ableitbar sei. Die Antwort lautet: Wir müssen fordern, daß die Funktionen $\varphi_i(x)$ selbst Funktionen sind, auf welche die Reihenentwicklung angewendet werden kann, d.h. Funktionen, welche an Stelle von $\psi(x)$ gesetzt werden können. Dieses Theorem wird folgendermaßen bewiesen. Wenn wir eine bestimmte Funktion $\varphi_i(x)$ als die Funktion $\psi(x)$ ansehen, dann bekommen wir eine Lösung, indem wir $\sigma_i = 1$, $\sigma_k = 0$ für $k \neq i$ setzen. Da wir angenommen haben, daß die Entwicklung eindeutig sein soll, muß dies die einzige Lösung sein. Wenn wir (2) benutzen und dort $\varphi_i(x)$ für $\psi(x)$ setzen, haben wir

$$\left.\begin{aligned} 1 &= \int \varphi_i(x)\, \varphi_i^*(x)\, dx \\[2ex] 0 &= \int \varphi_i(x)\, \varphi_k^*(x)\, dx \quad (k \neq i) \end{aligned}\right\} \tag{8}$$

Wir erhalten so die Beziehungen (4), wenn die Substitution $\varphi_i(x)$ für $\psi(x)$ nacheinander für jedes i gemacht wird.

Eine Reihe solcher Grundfunktionen möge *reflexiv* genannt werden, da sie die Grundfunktionen in die Funktionen, welche mit Hilfe der Reihe entwickelt werden können, einschließt. Da man zeigen kann, daß die in (1) bis (3) benutzten Grundfunktionen auch quadratisch integrierbar sein müssen, folgt daraus, daß wenn eine Reihe dieses Typus vollständig ist, sie auch reflexiv sein muß. Daher ist (4) eine Folge der Vollständigkeit. Wenn andererseits Summationen

7 s. S. 195

---

¹) Wie gezeigt, genügt (4), um (2) und (3) abzuleiten. Wenn umgekehrt (1) und (3) von (2) abgeleitet werden sollen, kann Beziehung (4) nicht benutzt werden; statt dessen müßte eine Bedingung entsprechend (16) eingeführt werden, welche mit den Schwierigkeiten verbunden ist, die für stetige Variable bestehen.

und Integrationen nicht vertauschbar sind, ist es möglich, (2) und (3) aus (1) und (4) mit komplizierteren Methoden abzuleiten, vorausgesetzt, daß die Konvergenz der Summation in (1) in passender Weise definiert ist. In einer Entwicklung vom Typus (1) kann daher die indirekte Charakterisierung der Orthogonalität in zufriedenstellender Weise durch eine direkte Charakterisierung ersetzt werden.

Die oben gegebene Definition der Vollständigkeit ist auch eine indirekte Charakterisierung. Sie durch eine direkte Charakterisierung zu ersetzen, bedeutet ein ziemlich schwieriges mathematisches Problem, mit dem wir uns hier nicht beschäftigen wollen. Bedingung (4) ist jedenfalls nicht hinreichend, Vollständigkeit zu garantieren. Das kann man folgendermaßen zeigen. Wenn wir eine der Funktionen $\varphi_i(x)$, z.B. die Funktion $\varphi_1(x)$, auslassen, dann wird die übrigbleibende Reihe (4) befriedigen; es ist aber unmöglich, in diese Reihe eine Funktion zu entwickeln, die in der Entwicklung in die ursprüngliche Reihe ein $\sigma_1 \neq 0$ besitzt. Denn wenn diese Entwicklung möglich wäre, hätten wir zwei Reihen mit verschiedenen Koeffizienten σ_1 für die Entwicklung der Funktion in die ursprüngliche Reihe, mit $\sigma_1 = 0$ in der zweiten Reihe. Dies zeigt, daß Vollständigkeit eine spezifische Bedingung darstellt, die nicht in Orthogonalität und Normalisierung enthalten ist.

Die Entscheidung, ob eine bestimmte gegebene Reihe von Funktionen vollständig, orthogonal und normalisiert sei, erfordert eine besondere Untersuchung. Man kann z.B. zeigen, daß die trigonometrischen Funktionen $\varphi_n(x) = (1/\sqrt{2\pi})\, e^{inx}$ diese Bedingungen für ganze Zahlen n innerhalb des Gebietes D, das sich von 0 bis 2π erstreckt, erfüllen. Diese Funktionen sind aus der Fourier-Reihe bekannt. Man erhält andere Reihen $\varphi_i(x)$, wenn die $\varphi_i(x)$ als Lösungen bestimmter Differentialgleichungen definiert sind; sie werden dann *Eigenfunktionen* dieser Gleichungen genannt. Wir werden uns später mit solchen Reihen beschäftigen.

Die Methode der Reihenentwicklung kann auf Funktionen von verschiedenem Typus angewendet werden. So können wir z.B. *diskrete* Funktionen ψ_k ($k = 1, 2, 3, \ldots$) betrachten, die aus Reihen diskreter Zahlen bestehen; sie werden Funktionen genannt, weil wir den Wert ψ_k als eine Funktion des Index ansehen können. Statt der Funktionen $\varphi_i(x)$ benutzen wir dann eine Reihe φ_{ik}, die aus einer diskreten *Matrix* von Zahlen besteht, d.h. einer Gesamtheit von Zahlen, die in Reihen und Kolonnen angeordnet ist. Im allgemeinen wird die Matrix in beiden Richtungen unendlich sein. Die Entwicklung nimmt die Form an

$$\psi_k = \sum_i \sigma_i \varphi_{ik} \tag{9}$$

$$\sigma_i = \sum_k \psi_k \varphi_{ik}^* \tag{10}$$

$$\sum_k |\psi_k|^2 = \sum_i |\sigma_i|^2 \tag{11}$$

Die Bedingungen der Orthogonalität und Normalisierung können in Analogie zu (4) in der Form

$$\sum_k \varphi_{ik}\, \varphi_{mk}^* = \delta_{im} \qquad \sum_i \varphi_{ik}\, \varphi_{in}^* = \delta_{kn} \tag{12}$$

ausgedrückt werden. Wir haben hier eine vollständige Symmetrie zwischen ψ_k und σ_i, weil beide diskrete Funktionen sind. Das ist der Grund, warum wir hier zwei Formen der Bedingungen für Orthogonalität und Normalisierung haben. Wenn die Summationen vertauschbar sind, wird die erste Form gebraucht, um (10) und (11) von (9) abzuleiten; die zweite Form wird unter der gleichen Voraussetzung gebraucht, um (9) und (10) von (11) abzuleiten. Diese Beweise können leicht in Analogie zu (6) und (7) gegeben werden. In diesem diskreten Fall ist es jedoch möglich, die Annahme der Vertauschbarkeit der Summationen fortzulassen. Die beiden Formen, die in (12) gegeben sind, stellen unabhängige Bedingungen dar, deren Kombination eine sehr starke Bedingung ist: Man kann ganz allgemein zeigen, daß, wenn beide Formen (12) gültig sind, das System φ_{ik} orthogonal, normalisiert und sogar vollständig mit Bezug auf alle Funktionen ψ_k ist, die einen endlichen Betrag von $\sum_k |\psi_k|^2$ besitzen. Dies schließt den Beweis ein, daß die φ_{ik} reflexiv sind, da der endliche Betrag von $\sum_i |\varphi_{ik}|^2$ aus der zweiten Form (12) für $k = n$ folgt. Im diskreten Fall haben wir daher eine ziemlich einfache Form für eine direkte Definition der drei grundlegenden Eigenschaften, eine Definition, welche nicht auf vertauschbare Summationen beschränkt ist. Der Beweis dieses allgemeinen Theorems kann in diesem Buch nicht gegeben werden, und wir verweisen den Leser daher auf mathematische Textbücher über dieses Thema.

Man erhält einen anderen Typus von Reihenentwicklung, wenn die Funktionen $\varphi_i(x)$ durch Funktionen zweier Variablen $\varphi(y, x)$ ersetzt werden, d.h. wenn i durch die stetige Variable y ersetzt wird. Die Funktion $\varphi(y, x)$ kann als eine *stetige Matrix* angesehen werden, und wir sprechen daher von einer stetigen Reihenentwicklung. Die Entwicklung nimmt folgende Form an

$$\psi(x) = \int \sigma(y)\, \varphi(y, x)\, dy \tag{13}$$

$$\sigma(y) = \int \psi(x)\, \varphi^*(y, x)\, dx \tag{14}$$

$$\int |\psi(x)|^2\, dx = \int |\sigma(y)|^2\, dy \tag{15}$$

Eine Entwicklung dieser Art wird z.B. für Fourier-Reihen benutzt, wenn das Gebiet D unendlich ist; die Fourier-Funktionen haben dann die Form $\varphi(y, x)$ $= (1/\sqrt{2\pi})e^{iyx}$.

Der stetige und der diskrete Fall sind *homogene* Fälle von Reihenentwicklungen; der zuerst betrachtete Fall kann der *heterogene* Fall genannt werden. Es zeigt sich jedoch, daß die drei Fälle einander nicht völlig gleich sind; der stetige Fall zeigt einige Besonderheiten, welche die Bedingungen der Orthogonalität und Normalisierung betreffen.

Eine Reihe stetiger Grundfunktionen ist niemals reflexiv; daher ist Beziehung (4) hier nicht ableitbar. Ferner sind die Integrationen nicht vertauschbar, da eine Vertauschung hier zu unbestimmten Werten führt. Wenn wir trotzdem die Orthogonalität und Normalisierung durch eine Beziehung analog zu

(4) direkt ausdrücken wollen, kann dies nur in fiktiver Form geschehen. Wir schreiben dann

$$\int \varphi(y, x)\, \varphi^*(z, x)\, dx = \delta(y, z) \qquad \int \varphi(y, x)\, \varphi^*(y, z)\, dy = \delta(x, z) \qquad (16)$$

Das Symbol $\delta(x, z)$, welches die stetige Analogie zu dem Symbol δ_{ik} ist, wird durch die Bedingungen

$$\delta(x, z) = 0 \ \text{ für } \ x \neq z \qquad \int \delta(x, z)\, dx = 1 \qquad \int \delta(x, z)\, dz = 1 \qquad (17)$$

definiert. Aber das Symbol hat nur eine fiktive Bedeutung, da keine Funktion mit diesen Eigenschaften konstruiert werden kann. Der Gebrauch eines solchen fiktiven Symbols ist zulässig, wenn ein System von Regeln gegeben ist, welche Formeln, die das Symbol enthalten, in gewöhnliche Formeln übersetzen. Wäre dazu noch ein System von Regeln für die Handhabung des Symbols gegeben, derart, daß die Gültigkeit aller Ergebnisse, die mit Hilfe des Symbols abgeleitet werden, garantiert würde, dann hätte das Symbol seinen rechtmäßigen Platz in der Mathematik. Bisher ist es jedoch nicht möglich gewesen, solche allgemeine Regeln aufzustellen; darum muß das Symbol in mathematischen Ableitungen «mit Vorsicht» gehandhabt werden.

Daß das Symbol $\delta(x, z)$ die Eigenschaften (17) haben muß, rührt daher, daß die Beziehungen (16) nur durch eine unzulässige Vertauschung der Integrationen ableitbar sind. Wenn wir den Wert (14) für $\sigma(y)$ in (13) einsetzen, erhalten wir, wenn wir z für x in (14) schreiben

$$\psi(x) = \int\int \psi(z)\, \varphi(y, x)\, \varphi^*(y, z)\, dz\, dy \qquad (18)$$

Vertauschen wir die Reihenfolge der Integrationen, so erhalten wir:

$$\psi(x) = \int \psi(z)\, \delta(x, z)\, dz \qquad (19)$$

$$\delta(x, z) = \int \varphi(y, x)\, \varphi^*(y, z)\, dy \qquad (20)$$

Betrachten wir zunächst das Symbol $\delta(x, z)$, das hier als eine Abkürzung gebraucht ist, deren Bedeutung in (20) gegeben ist. Aus (19) erkennen wir, daß das Symbol, wenn es mit einer Funktion $\psi(z)$ multipliziert und über z integriert wird, die Eigenschaft hat, die Funktion ψ zu reproduzieren. Wie leicht zu sehen ist, ist dies gerade die Eigenschaft, welche durch die Bedingungen (17) definiert ist. Trotz der inkorrekten Ableitung von (19) kann das Symbol $\delta(x, z)$ in (20) daher mit dem $\delta(x, z)$-Symbol in (17) identifiziert werden, wenn es zum Zwecke gewisser Integrationen benutzt wird.

Die Funktion $\delta(x, z)$ wird *Dirac-Funktion* genannt, weil sie von DIRAC eingeführt worden ist. In der Quantenmechanik wird sie nicht nur benutzt, um die Bedingung der Orthogonalität zu formulieren, sondern auch noch für verschiedene andere Zwecke. Sie ist ein fiktives Symbol, weil die Bedingungen (17) nicht direkt realisiert werden können; diese Bedingungen haben nur im Sinne einer Annäherung eine Bedeutung. Wir können Funktionen $\delta_n(x, z)$ definieren, die (17) annähernd erfüllen; für einen gegebenen Wert z sind sie $= 0$, ausgenommen, wenn z innerhalb eines kleinen Intervalls Δx liegt, für welches δ_n einen steilen und hohen Zacken darstellt. Mit wachsendem n wird dieses Intervall enger und die Höhe des Zackens geht nach unendlichen Werten; das Integral über x ist jedoch immer $= 1$. Der Grenzfall $\Delta x = 0$ ist ein Degenerationsfall, und es erscheint verständlich, daß der Gebrauch der Dirac-Funktion von Mathematikern angefochten wird. Der Gebrauch des $\delta(x, z)$-Symbols hat nur eine psychologische Rechtfertigung: Das Symbol hilft uns, korrekte Lösungen zu finden, die später ohne den Gebrauch des Symbols streng abgeleitet werden können.

Die stetigen Fourier-Funktionen $\varphi(y, x) = (1/\sqrt{2\pi})\, e^{ivx}$ liefern eine einfache Illustration dafür, daß für Matrizen eine Vertauschung der Integrationen nicht zulässig ist. Diese Funktionen erfüllen (16) nicht; das Integral, das in diesen Beziehungen vorkommt, ist hier ein unbestimmter Ausdruck und verschwindet nicht für $x \neq z$. Für stetige Grundfunktionen ziehen wir daher vor, Orthogonalität und Normalisierung indirekt durch den Gebrauch der Beziehungen (13) bis (15) zu definieren. So kann man zeigen, daß die stetigen Fourier-Funktionen normalisiert und orthogonal in diesem Sinne sind. Wir möchten die Bemerkung hinzufügen, daß in gewissen Fällen, z.B. für die letzteren Funktionen, auch eine direkte Formulierung der Orthogonalität und Normalisierung auf strenge Weise gegeben werden kann, ohne daß das δ-Symbol benutzt wird. Die Darstellung solcher Methoden geht aber über den Rahmen dieses Buches hinaus. Ganz allgemein läßt sich sagen, daß alle Ergebnisse der Quantenmechanik durch strenge Methoden abgeleitet werden können. Für uns möge es genügen, das δ-Symbol immer zu vermeiden, wenn dies ohne Schwierigkeiten möglich ist, und wir bitten um Entschuldigung, wenn wir dieses Symbol gelegentlich benutzen, um unsere Darstellung zu vereinfachen.

Eine weitere Besonderheit des stetigen Falles betrifft die Transformation der Variablen. Eine solche Transformation führt eine Dichtefunktion r in die Entwicklung ein. Wenn wir z.B. y durch eine Variable u ersetzen, so daß

$$y = y(u) \qquad dy = \frac{\partial y}{\partial u}\, du \tag{21}$$

und

$$r(u) = \frac{\partial y}{\partial u} \tag{22}$$

setzen, bekommen wir die Entwicklung

$$\psi(x) = \int \delta(u)\, \varphi(u, x)\, r(u)\, du \tag{23}$$

Die Dichtefunktion $r(u)$ muß auch in die Beziehungen des δ-Symbols eingeführt werden. So haben wir, statt des ersten Integrals in (17)

$$\int \delta^{(r)}(u, z)\, r(u)\, du = 1 \tag{24}$$

wo $\delta^{(r)}(u, z)$ als die Funktion aufgefaßt werden muß, die sich aus $\delta(y, z)$ durch die Transformation (21) ergibt. Die Beziehungen (16) und (14) bleiben dann unverändert, aber (15) nimmt die Form an

$$\int |\psi(x)|^2\, dx = \int |\sigma(u)|^2\, r(u)\, du \tag{25}$$

Ähnliche Änderungen ergeben sich, wenn wir x durch eine andere Variable ersetzen.

§ 10. Geometrische Interpretation im Funktionenraum

Für den diskreten Fall ist eine geometrische Interpretation naheliegend. Nehmen wir für einen Augenblick an, daß die Indizes nur von 1 bis 3 laufen und daß ψ_k und σ_i reelle Zahlen seien. Dann können ψ und σ als Vektoren in einem dreidimensionalen Raum angesehen werden, die beide je drei Komponenten ψ_1, ψ_2, ψ_3 und σ_1, σ_2, σ_3 haben. Die Beziehung (9, § 9) stellt dann eine Transformation von Vektoren dar, die durch die Matrix φ_{ik} gegeben ist.

Die Struktur eines Raumes ist durch seine Metrik bestimmt. Der Raum, den wir hier betrachten, ist *euklidisch*, d.h. seine Metrik ist für orthogonale Koordinaten durch den Lehrsatz des PYTHAGORAS gegeben, der das Quadrat der Länge eines Vektors als die Summe der Quadrate seiner Komponenten bestimmt

$$a^2 = a_1^2 + a_2^2 + a_3^2 \tag{1}$$

Eine Verallgemeinerung dieses Ausdrucks für zwei Vektoren ist das *innere Produkt* (auch *skalares Produkt* genannt)

$$(a, b) = a_1 b_1 + a_2 b_2 + a_3 b_3 \tag{2}$$

Dieser mathematische Ausdruck wird benutzt, um die Beziehung der *Orthogonalität* zu bestimmen. Zwei von Null verschiedene Vektoren sind dann und nur dann senkrecht zueinander, wenn ihr inneres Produkt verschwindet. Die Länge kann als der Spezialfall eines inneren Produktes angesehen werden, nämlich als das innere Produkt eines Vektors mit sich selbst.

Die orthogonalen Koordinaten, die das Gerüst des Raumes bilden, können als durch ein System von orthogonalen Einheitsvektoren bestimmt angesehen werden. Der Vektor $u_{(1)}$ hat die Komponenten 1, 0, 0; der Vektor $u_{(2)}$ hat die Komponenten 0, 1, 0; und der Vektor $u_{(3)}$ hat die Komponenten 0, 0, 1. Die Orthogonalität und der Einheitscharakter dieses Systems wird durch die Bedingung

$$(u_{(i)}, u_{(k)}) = \delta_{ik} \tag{3}$$

ausgedrückt. Ein Vektor a kann durch eine lineare Funktion der Einheitsvektoren ausgedrückt werden:

$$a = a_1 u_{(1)} + a_2 u_{(2)} + a_3 u_{(3)} \tag{4}$$

Wenn man auf beiden Seiten das innere Produkt mit $u_{(1)}$ nimmt und (3) benutzt, erhält man

$$(a, u_{(1)}) = a_1 \tag{5}$$

Da eine ähnliche Beziehung für die anderen Komponenten abgeleitet werden kann, können wir den allgemeinen Ausdruck niederschreiben, der die Komponenten eines Vektors mit Hilfe der Einheitsvektoren bestimmt

$$(a, u_{(i)}) = a_i \tag{6}$$

Das innere Produkt ist eine lineare Funktion der Vektoren, d.h. es erfüllt die beiden Bedingungen

$$(a, k\,b) = k\,(a, b) \tag{7}$$

$$(a, b + c) = (a, b) + (a, c) \tag{8}$$

wo k eine beliebige reelle Zahl darstellt und a, b und c beliebige reelle Vektoren sind.

Wenn wir statt des Systems $u_{(i)}$ ein anderes System $v_{(k)}$ von Einheitsvektoren einführen wollen, wird dies durch die Transformation

$$v_{(k)} = \sum_i c_{ki}\, u_{(i)} \tag{9}$$

geleistet. Der Index der Summation läuft hier und in den folgenden Formeln von 1 bis 3. Um das System $v_{(k)}$ orthogonal zu machen, müssen die Koeffizienten c_{ki} die Bedingung der Orthogonalität

$$\sum_k c_{ki}\, c_{km} = \delta_{im} \qquad \sum_i c_{ki}\, c_{mi} = \delta_{km} \tag{10}$$

erfüllen. Die Orthogonalität der $v_{(k)}$ folgt dann aus den Beziehungen

$$(v_{(k)}, v_{(m)}) = \left(\sum_i c_{ki}\, u_{(i)}, \sum_n c_{mn}\, u_{(n)}\right) = \sum_i \sum_n c_{ki}\, c_{mn}(u_{(i)}, u_{(n)}) \tag{11}$$

$$= \sum_i \sum_n c_{ki}\, c_{mn}\, \delta_{in} = \sum_i c_{ki}\, c_{mi} = \delta_{km} \tag{11}$$

Die zu (9) umgekehrte Transformation ist durch

$$u_{(i)} = \sum_k c_{ki}\, v_{(k)} \tag{12}$$

gegeben. Dies folgt mit (10), wenn wir (9) auf beiden Seiten mit c_{km} multiplizieren, über k summieren und schließlich den Index m durch i ersetzen

$$\sum_k c_{km}\, v_{(k)} = \sum_k \sum_i c_{ki}\, c_{km}\, u_{(i)} = \sum_i u_{(i)} \sum_k c_{ki}\, c_{km} = \sum_i \delta_{im}\, u_{(i)} = u_{(m)} \tag{13}$$

Die Komponenten des Vektors a in dem neuen Bezugssystem sind durch

$$a'_k = (a, v_{(k)}) = \left(a, \sum_i c_{ki}\, u_{(i)}\right) \tag{14}$$

$$= \sum_i c_{ki}\,(a, u_{(i)}) = \sum_i c_{ki}\, a_i$$

gegeben. Dies zeigt, daß die Komponenten eines Vektors derselben Transformation wie die Einheitsvektoren folgen. Dasselbe gilt für die umgekehrte Transformation

$$a_i = \sum_k c_{ki}\, a'_k \tag{15}$$

welche sich aus (14) durch einen Beweis analog zu (13) ergibt.

Sowohl die Länge als auch das innere Produkt sind Invarianten der orthogonalen Transformation, d.h. es gilt die Beziehung

$$(a, a) = a_1^2 + a_2^2 + a_3^2 = a_1'^2 + a_2'^2 + a_3'^2$$

$$(a, b) = a_1 b_1 + a_2 b_2 + a_3 b_3 = a_1' b_1' + a_2' b_2' + a_3' b_3'$$

(16)

Es genügt, dies für das innere Produkt zu zeigen, da die Länge ein Spezialfall eines solchen Produktes ist. Wir haben

$$(a, b) = \sum_i a_i b_i = \sum_i \sum_k \sum_m c_{ki} a_k' c_{mi} b_m' = \sum_k \sum_m \left(\sum_i c_{ki} c_{mi} \right) a_k' b_m'$$

$$= \sum_k \sum_m \delta_{km} a_k' b_m' = \sum_k a_k' b_k'$$

(17)

Alle diese Beziehungen können auf eine unendliche Zahl von Dimensionen ausgedehnt werden, wenn Vorsichtsmaßregeln mit Bezug auf die Konvergenz von Ausdrücken, wie die Länge und das innere Produkt, getroffen werden. Man nimmt dann an, daß die Komponenten eines Vektors mit wachsendem Index i derart nach Null konvergieren, daß diese Ausdrücke endlich bleiben. Eine ähnliche Vorsichtsmaßregel erlaubt uns, die Summationen als vertauschbar zu betrachten. Mit diesen Einschränkungen gelten die gegebenen Formeln ebenso, wenn der Index der Summation von 1 bis ∞ geht.

Fernerhin können die Beziehungen für den Fall komplexer Vektoren verallgemeinert werden, d.h. für Vektoren, deren Komponenten komplexe Zahlen sind. Wir definieren dann das innere Produkt durch den Ausdruck

$$(\psi, \sigma) = \sum_i \psi_i \sigma_i^*$$

(18)

und in ähnlicher Weise das Quadrat der Länge durch

$$(\psi, \psi) = \sum_i \psi_i \psi_i^*$$

(19)

Es folgt, daß die Länge eine positive reelle Zahl ist, welche nur verschwindet, wenn ψ verschwindet. Das innere Produkt ist im allgemeinen eine komplexe Zahl, welche die Beziehung

$$(\psi, \sigma) = (\sigma, \psi)^*$$

(20)

erfüllt und dazu den Charakter der Linearität hat, wie er in (7) bis (8) ausgedrückt ist

$$(\varkappa \psi, \sigma) = \varkappa (\psi, \sigma)$$

$$(\psi, \varkappa \sigma) = \varkappa^* (\psi, \sigma)$$

$$(\psi, \sigma + \tau) = (\psi, \sigma) + (\psi, \tau)$$

(21)

$\varkappa$ ist hier eine komplexe Konstante und kein Vektor. Für **reelle** Zahlen sind alle diese Beziehungen mit den oben gegebenen identisch. Die Ausdehnung auf komplexe Zahlen muß als eine Konvention angesehen werden, die uns ermöglicht, komplexe Vektoren in Analogie zu reellen Vektoren zu handhaben. So können wir sagen, daß zwei komplexe Vektoren orthogonal zueinander sind, wenn das innere Produkt (18) verschwindet.

Wenn wir die beiden Formen der Verallgemeinerung vereinigen, betrachten wir die Formeln (18) bis (21) auch als für den Fall einer unendlichen Anzahl von Dimensionen gültig, d.h. für Indizes, die von 1 bis ∞ laufen. Die Existenz der Größen (18) und (19) ist durch die Definition des Vektors garantiert; d.h. Größen ψ und σ, für welche Länge und inneres Produkt keinen bestimmten endlichen Wert besitzen, werden nicht Vektoren genannt.

Der Raum, der durch die Metrik (18) und (19) definiert ist, wird *unitärer Raum* oder *Hilbert-Raum* genannt. Dieser Ausdruck bedeutet für eine uneingeschränkte Anzahl von Dimensionen die komplexe Analogie zum euklidischen Raum, einen Raum nämlich, in welchem ein System orthogonaler, geradliniger Koordinaten möglich ist. Wenn wir komplexe Einheitsvektoren $\varepsilon_{(i)}$ einführen, die die Beziehungen der Orthogonalität

$$(\varepsilon_{(i)}, \varepsilon_{(k)}) = \delta_{ik} \tag{22}$$

erfüllen, dann können wir jeden Vektor ψ als eine lineare Funktion der Einheitsvektoren ausdrücken:

$$\psi = \sum_k \psi_k \, \varepsilon_{(k)} \tag{23}$$

Wie vorher sind die Komponenten ψ_k durch die Beziehung

$$\psi_k = (\psi, \varepsilon_{(k)}) \tag{24}$$

gegeben. Eine Transformation auf ein anderes System von orthogonalen Einheitsvektoren $\eta_{(i)}$ wird eine *unitäre Transformation* genannt und ist durch

$$\eta_{(i)} = \sum_k \varepsilon_{(k)} \, \varphi_{ik} \qquad \varepsilon_{(k)} = \sum_i \eta_{(i)} \, \varphi_{ik}^* \tag{25}$$

gegeben, wo die Koeffizienten die Beziehung der Orthogonalität

$$\sum_k \varphi_{ik} \, \varphi_{mk}^* = \delta_{im} \qquad \sum_i \varphi_{ik} \, \varphi_{in}^* = \delta_{kn} \tag{26}$$

erfüllen. Durch eine Ableitung analog zu (13) können wir zeigen, daß die zweite der Beziehungen (25) aus der ersten folgt, wenn Beziehung (26) angenommen wird. Der Beweis, daß die Vektoren wegen dieser Bedingungen die Länge 1 haben und orthogonal zueinander sind, ist leicht in Analogie mit (11) zu geben. Dieselben Koeffizienten φ_{ik} bestimmen die Transformation der Komponenten ψ_k des Vektors ψ in neue Komponenten σ_i

$$\psi_k = \sum_i \sigma_i \, \varphi_{ik} \qquad \sigma_i = \sum_k \psi_k \, \varphi_{ik}^* \tag{27}$$

Diese Beziehungen werden analog zu (14) bewiesen. Länge und inneres Produkt sind Invariante einer solchen Transformation; d.h. es gelten die Beziehungen

$$(\psi, \psi) = \sum_k \psi_k \, \psi_k^* = \sum_i \sigma_i \, \sigma_i^* \tag{28}$$

$$(\psi, \chi) = \sum_k \psi_k \, \chi_k^* = \sum_i \sigma_i \, \tau_i^* \tag{29}$$

wenn χ ein zweiter Vektor in dem ε-System ist und die τ_i seine Komponenten im η-System darstellen.

Beziehungen (26) und (27) entsprechen den Beziehungen (12, § 9) und (9—10, § 9); (28) entspricht (11, § 9). Wir sehen, daß die Entwicklung in eine Reihe orthogonaler Funktionen einer unitären Transformation mit einer endlichen Anzahl von Dimensionen entspricht.

Nach einer Bemerkung von F. KLEIN[1]) kann jede solche Transformation auf zwei Weisen interpretiert werden, welche als die *passive* und als die *aktive* Interpretation unterschieden werden mögen. In der passiven Interpretation, welche wir bisher benutzt haben, betrachten wir ψ und σ als den *gleichen* Vektor, aber in *verschiedenen* Koordinatensystemen dargestellt. Die Matrix φ_{ik} stellt dann eine *Transformation der Koordinaten* dar, und (9, § 9) bestimmt die Komponenten des Vektors im ψ-System als Funktionen der Komponenten desselben Vektors im σ-System. Da die Transformation unitär ist, besteht sie aus einer bloßen Drehung des Koordinatensystems in Verbindung mit Spiegelungen.

In der aktiven Interpretation sehen wir ψ und σ als *verschiedene* Vektoren an, die aber im *gleichen* Koordinatensystem dargestellt sind. Die Matrix φ_{ik} stellt dann einen *Operator* dar. Ein Operator, im allgemeinen Sinne des Wortes, ist eine Regel, welche einer gegebenen Größe oder Funktion eine andere Größe oder Funktion zuordnet. Eine solche Zuordnung mit Hilfe eines Operators kann immer als eine Deformation des Raumes interpretiert werden, welche die eine Größe oder Funktion in die andere überführt. In dem hier betrachteten Fall ordnet der Operator φ_{ik} jedem gegebenen Vektor einen anderen Vektor zu. Dank dem unitären Charakter der Transformation ist die dadurch hervorgebrachte Deformierung des Raumes von ziemlich einfacher Art: sie besteht nur in einer Drehung des Raumes in Verbindung mit Spiegelungen. In einer anderen Version der aktiven Interpretation sprechen wir statt von einer Deformation des Raumes von einer Zuordnung zweier verschiedener Räume zueinander, welche durch die Matrix φ_{ik} vollzogen wird.

Die geometrische Sprache kann auf den stetigen Fall (13—15, § 9) ausgedehnt werden. Die Funktionen ψ und σ werden dann als Vektoren in einem Raum F angesehen, dessen Dimensionszahl die Mächtigkeit des Kontinuums hat. Wir müssen dabei beachten, daß x und y im Raume F keine Koordinaten sind; sie vollziehen vielmehr eine Numerierung der Dimensionen, so daß ein spezieller Wert von x eine Dimension bestimmt, wie es der Index für diskrete Funktionen tut, während der Wert der Koordinate in dieser Dimension der Wert $\psi(x)$ ist. Die Gesamtheit aller Werte $\psi(x)$ ist der Vektor ψ. Der Raum F wird daher der *Funktionenraum* genannt, da jeder seiner Punkte einer ganzen Funktion entspricht. Wie vorher ist die Metrik des Raumes durch die Ausdrücke bestimmt, die für die Länge und das innere Produkt eingeführt sind und deren Existenz eine Bedingung darstellt, welche Vektoren definiert. Diese Ausdrücke sind hier durch die Beziehungen

$$(\psi, \psi) = \int \psi(x)\, \psi^*(x)\, dx = \int \sigma(y)\, \sigma^*(y)\, dy = (\sigma, \sigma) \tag{30}$$

$$(\psi, \chi) = \int \psi(x)\, \chi^*(x)\, dx = \int \sigma(y)\, \tau^*(y)\, dy = (\sigma, \tau) \tag{31}$$

---

[1]) F. KLEIN, *Elementarmathematik vom höheren Standpunkte aus*, Bd. II (Berlin 1925), S. 74.

gegeben. Beziehung (30) entspricht (15, § 9). Unitäre Transformationen können entweder durch die fiktive Schreibweise, die in (16, § 9) benutzt ist, definiert werden, oder durch die Forderung, daß die Ausdrücke (30) und (31) Invariante der Transformation sein sollen. In der passiven Interpretation der Transformation sind die Achsen verschieden, welche durch die verschiedenen Werte von y bestimmt sind. In der aktiven Interpretation können diese Achsen identifiziert werden.

Die geometrische Sprache kann auch für den heterogenen Fall benutzt werden. Wenn wir die passive Interpretation benutzen, dann betrachten wir $\psi(x)$ und σ_i als Darstellungen desselben Vektors in verschiedenen Systemen von Koordinaten, wobei die Transformation zwischen diesen Systemen durch die heterogene Matrix $\varphi_i(x)$ gegeben ist. Die Invarianz der Länge ist durch (3, § 9) ausgedrückt. Daraus folgt, daß in dieser Interpretation derselbe Raum entweder durch eine abzählbare Unendlichkeit oder durch eine stetige Unendlichkeit von Dimensionen[1]) aufgebaut werden kann. In der aktiven Interpretation dieses Falles benutzen wir die Version verschiedener Räume. Die gemischte Matrix $\varphi_i(x)$ ordnet dann die Vektoren eines Raumes mit einer abzählbaren Unendlichkeit von Dimensionen denjenigen eines Raumes einer stetigen Unendlichkeit von Dimensionen zu.

§ 11. Umkehrung und Hintereinanderschaltung von Transformationen

Die geometrische Sprache ermöglicht es uns, mathematische Operationen mit orthogonalen Entwicklungen als Operationen mit unitären Transformationen darzustellen. Um das Wesen der Transformationen zu untersuchen, müssen wir zwei Fragen beantworten: erstens, was ist die Umkehrung einer gegebenen Transformation, und zweitens, welches ist die Transformation, die sich aus der Hintereinanderschaltung der beiden Transformationen ergibt? Um diese Fragen für unitäre Transformationen zu beantworten, wollen wir weitere Eigenschaften orthogonaler Entwicklungen ableiten. Wir beginnen mit dem diskreten Fall.

Die Frage nach der *umgekehrten Transformation* ist leicht durch (10, § 9) beantwortet. φ^{-1} möge die *Umkehrung* von φ sein, dann definieren wir φ^{-1} analog zu (9) durch die Beziehung

$$\sigma_i = \sum_k \psi_k \, \varphi_{ki}^{-1} \tag{1}$$

Diese Definition ist so gewählt, daß die Summation wie in (9, § 9) über den ersten Index von φ_{ki}^{-1} geht. Die Wahl der Buchstaben i und k ist natürlich gleichgültig. Ein Vergleich mit (10, § 9) zeigt nun, daß

$$\varphi_{ki}^{-1} = \varphi_{ik}^{*} = \overset{\smile}{\varphi}_{ki} \tag{2}$$

---

[1]) Unter dem Ausdruck «Anzahl der Dimensionen» verstehen wir hier die Anzahl der Parameter, die einen Punkt im Raum bestimmen. Eine andere Bedeutung des Ausdrucks liegt vor, wenn die Dimensionszahl durch die Anzahl linear unabhängiger Vektoren definiert ist, welche auch für einen Raum, der in der ersten Terminologie eine stetige Anzahl von Dimensionen hat, abzählbar ist. Nur für eine endliche Anzahl von Dimensionen fallen beide Bedeutungen zusammen.

Das bedeutet, daß man die umgekehrte Transformation erhält, indem man die Indizes vertauscht und die Konjugiert-komplexe der ursprünglichen Transformation nimmt. Die sich so ergebende Matrix, welche die zu φ_{ki} *adjungierte Matrix* genannt wird, schreiben wir mit dem Bogensymbol $(\smile)$[1]. Wir sehen, daß das Symbol φ^{-1} in der Theorie der unitären Transformationen entbehrlich ist. Da wir uns hier nur mit solchen Transformationen beschäftigen, werden wir folglich die umgekehrte Transformation immer sofort durch das Symbol $\breve{\varphi}$ ausdrücken. Während wir hier Bedingung (2) aus der Definition der unitären Transformationen durch die Bedingung der Orthogonalität (7, § 9) abgeleitet haben, wird Bedingung (2) umgekehrt häufig als die Definition der unitären Transformationen benutzt.

Die Frage nach der Hintereinanderschaltung von Transformationen muß in folgender Weise gestellt werden. Bisher haben wir eine Transformation zwischen dem ψ-System und dem σ-System betrachtet, die durch die Matrix φ_{ik} gegeben ist. Wir wollen jetzt eine weitere Transformation zwischen dem σ-System und einem dritten System, welches wir das τ-System nennen, betrachten. ω_{km} möge die Matrix sein, die die Transformation zwischen den beiden letzteren Systemen bewirkt. Dann haben wir

$$\psi_k = \sum_i \sigma_i\, \varphi_{ik} \tag{3}$$

$$\sigma_i = \sum_m \tau_m\, \omega_{mi} \tag{4}$$

Aus diesen Beziehungen erhalten wir die direkte Transformation zwischen dem ψ-System und dem τ-System in folgender Weise

$$\left.\begin{aligned}
\psi_k &= \sum_i \sum_m \tau_m\, \omega_{mi}\, \varphi_{ik} \\
&= \sum_m \tau_m\, \chi_{mk}
\end{aligned}\right\} \tag{5}$$

$$\chi_{mk} = \sum_i \omega_{mi}\, \varphi_{ik} \tag{6}$$

Wenn φ und ω orthogonal sind, dann ist es χ auch. Das kann man wie folgt zeigen

$$\begin{aligned}
\sum_k \chi_{mk}\, \chi^*_{nk} &= \sum_k \sum_i \omega_{mi}\, \varphi_{ik} \sum_l \omega^*_{nl}\, \varphi^*_{lk} \\
&= \sum_i \sum_l \omega_{mi}\, \omega^*_{nl} \sum_k \varphi_{ik}\, \varphi^*_{lk} \\
&= \sum_i \sum_l \omega_{mi}\, \omega^*_{nl}\, \delta_{il} = \sum_i \omega_{mi}\, \omega^*_{ni} = \delta_{mn}
\end{aligned} \tag{7}$$

Wir können daher (5) als die Entwicklung von ψ_k in das orthogonale System χ_{mk} ansehen. Die Hintereinanderschaltung von zwei orthogonalen Entwicklungen liefert eine neue orthogonale Entwicklung.

Die Beziehung (6) bestimmt die neue Matrix χ als eine Funktion zweier gegebener Matrizen ω und φ; diese Beziehung stellt die *Matrizenmultiplikation* der Tensoren dar, welche im Summationsindex asymmetrisch ist. Wir können

---

[1] Statt dieses Symbols wird das Symbol † in manchen Darstellungen benutzt.

diese Beziehung für ω_{mi} oder für φ_{ik} auflösen, indem wir mit φ^*_{lk} oder ω^*_{ml} multiplizieren und über k oder m summieren; wir erhalten so

$$\omega_{ml} = \sum_k \chi_{mk}\, \varphi^*_{lk} \tag{8}$$

$$\varphi_{lk} = \sum_m \omega^*_{ml}\, \chi_{mk} \tag{9}$$

Wenn wir das Zeichen für die umgekehrte Transformation benutzen, können wir diese Beziehungen schreiben

$$\omega_{ml} = \sum_k \chi_{mk}\, \breve{\varphi}_{kl} \tag{10}$$

$$\varphi_{lk} = \sum_m \breve{\omega}_{lm}\, \chi_{mk} \tag{11}$$

In dieser Schreibweise nehmen auch diese Beziehungen die Form einer Matrizenmultiplikation an.

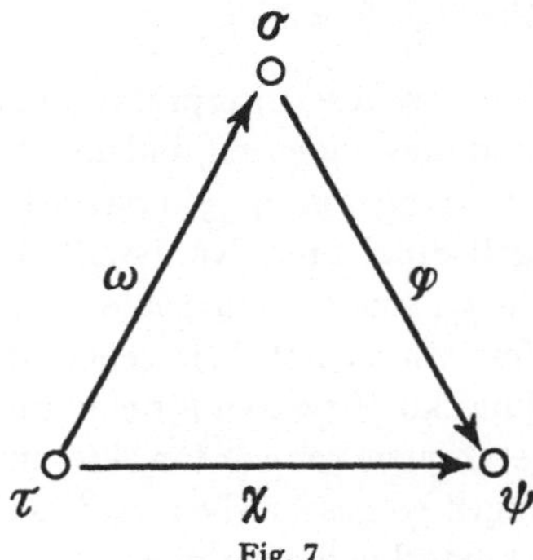

Fig. 7
Dreieck der Transformationen.

Diese Beziehungen können graphisch veranschaulicht werden, wie es in Fig. 7 geschehen ist und wo die Pfeile die Transformationen angeben. Die Richtung der Pfeile ist so gewählt, daß φ z. B. als eine Transformation interpretiert wird, die von σ nach ψ geht; dies entspricht (3), da diese Beziehung ψ für ein gegebenes σ bestimmt. Der Pfeil χ ist die geometrische Summe der Pfeile ω und φ; die entsprechende Transformation χ ist durch (6) als das Matrizenprodukt der beiden Transformationen ω und φ bestimmt[1]). Die allgemeine Form der Beziehung (6) wird durch die folgende Beziehung ausgedrückt, in welcher eine Transformation wie φ durch ein Symbol von der Form Trn(σ, ψ) dargestellt ist und das Kreuz eine Matrizenmultiplikation symbolisiert

$$\mathrm{Trn}(\tau, \psi) = \mathrm{Trn}(\tau, \sigma) \times \mathrm{Trn}(\sigma, \psi) \tag{12}$$

Die Beziehungen (10) und (11) ergeben sich, wenn wir die Richtungen der Pfeile φ oder ω umkehren; auch sie können in einer (12) entsprechenden Form ausgedrückt werden.

---

[1]) In der Figur gebrauchen wir eine vektorielle Darstellung, in welcher ein Vektor nicht parallel zu sich selbst verschoben werden kann. Diese Bedingung ist notwendig, um die vektorielle Addition unvertauschbar zu machen, was der Multiplikation der Matrizen entspricht.

Die Beziehungen, die für das Dreieck der Transformationen gelten, sind in den folgenden Formeln zusammengefaßt

$$\psi_k = \sum_i \sigma_i\, \varphi_{ik} = \sum_m \tau_m\, \chi_{mk} \tag{13a}$$

$$\sigma_i = \sum_m \tau_m\, \omega_{mi} = \sum_k \psi_k\, \breve{\varphi}_{ki} \tag{13b}$$

$$\tau_m = \sum_k \psi_k\, \breve{\chi}_{km} = \sum_i \sigma_i\, \breve{\omega}_{im} \tag{13c}$$

$$\chi_{mk} = \sum_i \omega_{mi}\, \varphi_{ik} \tag{13d}$$

$$\omega_{ml} = \sum_k \chi_{mk}\, \breve{\varphi}_{kl} \tag{13e}$$

$$\varphi_{lk} = \sum_m \breve{\omega}_{lm}\, \chi_{mk} \tag{13f}$$

Beziehung (13d) läßt eine weitere Interpretation zu. Wir wollen den Index m als konstant ansehen und dies andeuten, indem wir m in Klammern setzen. (13d) stellt dann die Entwicklung von $\chi_{(m)k}$ in das orthogonale System φ_{ik} dar, mit $\omega_{(m)i}$ als Entwicklungskoeffizienten. Nun stellt aber $\chi_{(m)k}$ für eine Variable m nicht eine Funktion wie ψ_k, sondern ein System von Funktionen dar, deren jede einen besonderen Wert von m hat. Wir sehen, daß das System $\omega_{(m)i}$ die entsprechenden Entwicklungskoeffizienten für eine Entwicklung in die φ_{ik} darstellt[1]). Ähnliche Interpretationen können für (13e) und (13f) gegeben werden. Wir haben diese Gleichungen so geschrieben, daß der erste Ausdruck auf der rechten Seite den Entwicklungskoeffizienten entspricht und der folgende Ausdruck den Grundfunktionen. Unser Ergebnis sieht nun folgendermaßen aus: In einem Dreieck von Transformationen können wir die Richtung der Transformationen so wählen, daß eine gegebene Transformation als ein System von Entwicklungskoeffizienten angesehen werden kann, die zu der Entwicklung der zweiten Transformation in die durch die dritte Transformation gegebene Reihe gehören.

Unsere Ergebnisse können auf den stetigen Fall übertragen werden. Die umgekehrte Transformation $\breve{\varphi}(x, y)$ ist dann durch

$$\sigma(y) = \int \psi(x)\, \breve{\varphi}(x, y)\, dx \tag{14}$$

$$\breve{\varphi}(x, y) = \varphi^*(y, x) \tag{15}$$

gegeben. Für das Dreieck der Transformationen haben wir hier die Beziehungen

---

[1]) Diese Interpretation kann nicht umgekehrt werden, d. h. es wäre falsch, zu sagen, daß wir auch ω_{mk} in (13d) als Grundfunktionen betrachten können und φ_{ik} als ein System von Entwicklungskoeffizienten. Der Grund ist, daß unsere Entwicklungen so definiert sind, daß die Summation über den ersten Index läuft. Wir können (13d) jedoch in die Form

$$\chi_{mk} = \sum_i \breve{\varphi}_{ki}^*\, \breve{\omega}_{im}^*$$

umschreiben. In dieser Form stellt die Funktion $\breve{\varphi}^*$ die Entwicklungskoeffizienten dar und $\breve{\omega}^*$ die Grundfunktionen.

$$\psi(x) = \int \sigma(y)\,\varphi(y, x)\,dy = \int \tau(z)\,\chi(z, x)\,dz \tag{16a}$$

$$\sigma(y) = \int \tau(z)\,\omega(z, y)\,dz = \int \psi(x)\,\breve{\varphi}(x, y)\,dx \tag{16b}$$

$$\tau(z) = \int \psi(x)\,\breve{\chi}(x, z)\,dx = \int \sigma(y)\,\breve{\omega}(y, z)\,dy \tag{16c}$$

$$\chi(z, x) = \int \omega(z, y)\,\varphi(y, x)\,dy \tag{16d}$$

$$\omega(z, y) = \int \chi(z, x)\,\breve{\varphi}(x, y)\,dx \tag{16e}$$

$$\varphi(y, x) = \int \breve{\omega}(y, z)\,\chi(z, x)\,dz \tag{16f}$$

Diese Beziehungen entsprechen genau denjenigen des diskreten Falles, der in (13) gegeben ist.

Im heterogenen Fall ist die Situation komplizierter, weil der Schritt von $\psi(x)$ zu σ_i wegen des Unterschiedes zwischen stetigen und diskreten Variablen strukturell vom umgekehrten Schritt verschieden ist. Deshalb können wir keine umgekehrte Transformation definieren, die die gleiche Struktur hat wie die ursprüngliche Transformation, und müssen den umgekehrten Schritt in der Form (2, § 9) lassen.

Ferner entstehen Unterschiede für die Hintereinanderschaltung von Transformationen, je nachdem, ob wir die Transformation ω als eine diskrete oder eine heterogene Matrix wählen. Wenn wir nun ein diskretes ω benutzen, haben wir das Dreieck der Transformationen

$$\psi(x) = \sum_i \sigma_i\,\varphi_i(x) = \sum_m \tau_m\,\chi_m(x) \tag{17a}$$

$$\sigma_i = \sum_m \tau_m\,\omega_{mi} = \int \psi(x)\,\varphi_i^*(x)\,dx \tag{17b}$$

$$\tau_m = \int \psi(x)\,\chi_m^*(x)\,dx = \sum_i \sigma_i\,\breve{\omega}_{im} \tag{17c}$$

$$\chi_m(x) = \sum_i \omega_{mi}\,\varphi_i(x) \tag{17d}$$

$$\omega_{mi} = \int \chi_m(x)\,\varphi_i^*(x)\,dx \tag{17e}$$

$$\varphi_i(x) = \sum_m \breve{\omega}_{im}\,\chi_m(x) \tag{17f}$$

Diese Beziehungen entsprechen denen des homogenen Falles, mit der Einschränkung, daß das Symbol $\varphi_i^*(x)$ die Stelle eines Symbols für die umgekehrte Transformation einnimmt.

Wie vorher sind diese Beziehungen in einer Form geschrieben, daß der erste Ausdruck auf der rechten Seite den Entwicklungskoeffizienten entspricht und der folgende Ausdruck den Grundfunktionen. Die entsprechenden Beziehungen für ein heterogenes ω können leicht abgeleitet werden.

Die gegebenen Beziehungen können auf den Fall von vier verschiedenen Grundfunktionen ausgedehnt werden, für welche wir ein Viereck der Transformationen konstruieren (Fig. 8). Wir schreiben die Beziehungen nur für die diskreten Fälle hin. So haben wir in Fig. 8, wenn wir immer den Pfeilen folgen und beachten, daß der Gebrauch des Bogenzeichens Umkehrung des Pfeiles bedeutet

$$\varphi_{ik} = \sum_m \breve{\omega}_{im} \chi_{mk} \qquad \zeta_{kl} = \sum_n \breve{\chi}_{kn} \eta_{nl} \tag{18}$$

$$\vartheta_{il} = \sum_k \varphi_{ik} \zeta_{kl} = \sum_k \sum_m \sum_n \breve{\omega}_{im} \chi_{mk} \breve{\chi}_{kn} \eta_{nl} = \sum_m \breve{\omega}_{im} \eta_{ml} \tag{19}$$

da

$$\sum_k \chi_{mk} \breve{\chi}_{kn} = \delta_{mn} \tag{20}$$

Wir sehen, daß die Beziehungen des Dreiecks der Transformationen, welche wir für die drei Dreiecke $\sigma\psi\tau$, $\psi\tau\rho$, $\sigma\psi\rho$ angenommen haben, auch für das vierte

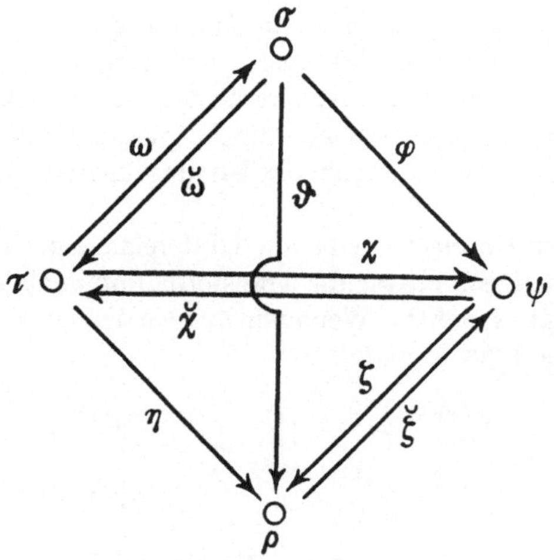

Fig. 8. Viereck der Transformationen.

Dreieck $\sigma\rho\tau$ gültig sind. Dasselbe kann für den stetigen und heterogenen Fall bewiesen werden.

Wir können diese Resultate benutzen, um eine Beziehung zwischen den beiden diagonalen Transformationen ϑ und χ aufzustellen. Mit

$$\breve{\omega}_{im} = \sum_k \varphi_{ik} \breve{\chi}_{km} \tag{21}$$

führt (19) zu

$$\vartheta_{il} = \sum_k \sum_m \varphi_{ik} \breve{\chi}_{km} \eta_{ml} \tag{22}$$

In der Interpretation der Zeichnung bedeutet das, daß wir in der «Summe» (19) den Ausdruck $\breve{\omega}_{im}$ durch die «Summe» (21) ersetzt haben. Beziehung (22) besagt daher, daß der Zug der Pfeile $\varphi, \breve{\chi}, \eta$ dem Pfeil ϑ gleichwertig ist. Wenn wir die Schreibweise, die wir in (12) benutzt haben, anwenden, können wir (22) schreiben

$$\mathrm{Trn}(\sigma, \varrho) = \mathrm{Trn}(\sigma, \psi) \cdot \mathrm{Trn}(\psi, \tau) \cdot \mathrm{Trn}(\tau, \varrho) \tag{23}$$

Alle diese Beziehungen sind leicht auf den stetigen und den heterogenen Fall zu übertragen. Für späteren Gebrauch wollen wir nur die folgenden Beziehungen hinschreiben, die dem Viereck der Transformationen entnommen sind

$$\psi(x) = \sum_k \sigma_k \, \varphi_k(x) = \sum_m \varrho_m \, \breve{\zeta}_m(x) \tag{24}$$

$$\varrho_m = \sum_k \sigma_k \, \vartheta_{km} \tag{25}$$

$$\varphi_k(x) = \sum_m \vartheta_{km} \, \breve{\zeta}_m(x) \tag{26}$$

$$\chi_k(x) = \sum_m \eta_{km} \, \breve{\zeta}_m(x) \tag{27}$$

§ 12. Funktionen mehrerer Variablen und der Konfigurationsraum

Die dargestellten Beziehungen können auf den Fall von Funktionen von mehreren Variablen übertragen werden. Wir wollen mit dem stetigen Fall (13, § 9) anfangen. Wir ersetzen x durch eine Gruppe von Variablen $x_1 \ldots x_n$ und y durch eine Gruppe $y_1 \ldots y_n$; in entsprechender Weise muß die Integration durch eine vielfache Integration ersetzt werden. So haben wir statt (13–16, § 9)

$$\psi(x_1 \ldots x_n) = \int \ldots \int \sigma(y_1 \ldots y_n) \, \varphi(y_1 \ldots y_n, x_1 \ldots x_n) \, dy_1 \ldots dy_n \tag{1}$$

$$\sigma(y_1 \ldots y_n) = \int \ldots \int \psi(x_1 \ldots x_n) \, \varphi^*(y_1 \ldots y_n, x_1 \ldots x_n) \, dx_1 \ldots dx_n \tag{2}$$

$$\int \ldots \int |\psi(x_1 \ldots x_n)|^2 \, dx_1 \ldots dx_n = \int \ldots \int |\sigma(y_1 \ldots y_n)|^2 \, dy_1 \ldots dy_n \tag{3}$$

$$\int \ldots \int \varphi(y_1 \ldots y_n, x_1 \ldots x_n) \, \varphi^*(z_1 \ldots z_n, x_1 \ldots x_n) \, dx_1 \ldots dx_n$$
$$= \delta(y_1, z_1) \ldots \delta(y_n, z_n) \tag{4}$$

Die Beziehung der Orthogonalität und Normalisierung ist hier in der fiktiven Form, die in (16, § 9) eingeführt wurde, ausgedrückt. Wir benutzen in diesem Fall ein Produkt von δ-Symbolen, das von Null nur verschieden ist, wenn für jedes der Symbole die entsprechenden Werte y_i und z_i einander gleich sind; sonst ist dieses Produkt $= 0$. Alle Lehrsätze und Beweise, die für den Fall einer Variablen gelten, können für Funktionen von mehreren Variablen umgeschrieben werden. Die Theorie dieser allgemeinen Entwicklung ist daher ihrer formalen Struktur nach mit der Theorie der einfachen Entwicklung gegeben.

Für den heterogenen Fall (1, § 9) können wir ähnliche Formeln entwickeln. Statt der Koeffizienten σ_i werden wir dann Koeffizienten $\sigma_{i_1} \ldots \sigma_{i_n}$ erhalten, und statt der Funktionen $\varphi_i(x)$ haben wir Funktionen $\varphi_{i_1} \ldots \varphi_{i_n}(x_1 \ldots x_n)$.

Da die Anzahl dieser Konstanten und Funktionen abzählbar ist, können wir jedoch eine Numerierung einführen, die nur über *einen* Index i läuft; statt einer vielfachen Summation haben wir dann nur eine Summation über i. Wir erhalten daher die Formeln

$$\psi(x_1 \ldots x_n) = \sum_i \sigma_i \, \varphi_i(x_1 \ldots x_n) \tag{5}$$

$$\sigma_i = \int \ldots \int \psi(x_1 \ldots x_n) \, \varphi_i^*(x_1 \ldots x_n) \, dx_1 \ldots dx_n \tag{6}$$

$$\int \ldots \int |\psi(x_1 \ldots x_n)|^2 \, dx_1 \ldots dx_n = \sum_i |\sigma_i|^2 \tag{7}$$

$$\int \ldots \int \varphi_i(x_1 \ldots x_n) \, \varphi_k^*(x_1 \ldots x_n) \, dx_1 \ldots dx_n = \delta_{ik} \tag{8}$$

Der diskrete Fall (9, § 9) braucht nicht verallgemeinert zu werden, weil eine diskrete Funktion ψ_{ik} immer durch eine diskrete Funktion mit *einem* Index ψ_i, ersetzt werden kann, wenigstens für den Fall, in welchem nur vielfache Summationen über beide Indizes benutzt werden.

Wir wollen nun eine zweite geometrische Interpretation betrachten, die von der in § 10 gegebenen verschieden und für den Fall mehrerer Variablen besonders geeignet ist, obgleich sie auch für nur *eine* Variable x durchgeführt werden kann. In dieser Interpretation betrachten wir den $(n + 1)$-dimensionalen Raum C, der von den n Variablen $x_1 \ldots x_n$ und einer hinzukommenden Dimension für ψ aufgebaut ist und gewöhnlich *Konfigurationsraum* genannt wird. Die Entwicklung (1) kann dann als eine Transformation im Raume C angesehen werden.

Wie in dem anderen Falle haben wir hier eine passive und eine aktive Interpretation. In der passiven Interpretation betrachten wir die Funktionen $\psi(x_1 \ldots x_n)$ und $\sigma(y_1 \ldots y_n)$ als identisch; die Transformation ist dann eine Transformation von Koordinaten. In der aktiven Interpretation sehen wir die Systeme $x_1 \ldots x_n$ und $y_1 \ldots y_n$ als identisch an; die Transformation hat dann den Charakter eines Operators und vollzieht eine Zuordnung zwischen den Oberflächen ψ und σ. Wir können hier auch die Version gebrauchen, in welcher der Raum der $x_1 \ldots x_n$ von dem Raum der $y_1 \ldots y_n$ unterschieden wird; die Transformation hat dann dieselbe Operatorinterpretation.

Wir müssen nun einen grundlegenden Unterschied zwischen dieser geometrischen Interpretation und der Interpretation, wie sie in § 10 dargestellt ist, erklären. In der letzteren Interpretation hat die Transformation den Charakter einer *Punkttransformation*. Wenn wir die aktive Interpretation benutzen, dann bedeutet das, daß jeder Punkt im Funktionsraum F einen zugeordneten Punkt in F bestimmt. Die Interpretation mit Hilfe des Konfigurationsraumes C führt jedoch nicht zu Punkttransformationen. Die ganze Oberfläche σ bestimmt eine Oberfläche ψ; aber diese Zuordnung geht nicht Punkt für Punkt vor sich, da eine Änderung in der Form von σ innerhalb eines bestimmten Gebietes den Wert des Integrals in (1) ändert und daher die ganze Oberfläche verändert. Wir können nicht einmal sagen, welcher Punkt auf ψ einem gegebenen Punkt auf σ zugeordnet werden muß. Wir können hier von einer *holistischen Transformation* sprechen, da es eine Zuordnung zwischen den Oberflächen als Ganzheiten ist, welche in (1) durchgeführt wird.

Dieselbe Eigenschaft kann man in der passiven Interpretation beobachten; hier bedeutet sie, daß die Transformation der Koordinaten keine Punkttransformation, sondern eine holistische Transformation ist, die von der Gestalt der Oberfläche ψ (oder σ) abhängig ist. Da eine solche Transformation sehr verschieden von dem ist, was man gewöhnlich unter einer Koordinatentransformation versteht, erscheint die aktive Interpretation für diesen Fall zweckmäßiger.

Da die Beziehung zwischen ψ und σ in (1) mit Hilfe eines Integrals ausgedrückt ist, wird die Entwicklung (1) auch eine *Integraltransformation* genannt. Wir sehen, daß eine Integraltransformation entweder als eine Punkttransformation im Funktionenraum oder als eine holistische Transformation im Konfigurationsraum aufgefaßt werden kann.

Für den diskreten und den heterogenen Fall erscheint die Interpretation im Konfigurationsraum weniger angebracht, obgleich sie natürlich durchgeführt werden kann.

§ 13. Ableitung der Schrödingergleichung aus dem de-Broglie-Prinzip

In den vorhergehenden Abschnitten haben wir Beziehungen dargestellt, die gänzlich in das mathematische Gebiet gehören. In diesem und den folgenden Abschnitten wenden wir uns der Physik zu. Wir müssen jetzt die quantenmechanischen Methoden, Beziehungen zwischen physikalischen Größen herzustellen, betrachten.

Um diese Methoden zu verstehen, müssen wir bedenken, daß die Quantenmechanik als eine Verallgemeinerung der klassischen Mechanik konstruiert ist. Diese Verallgemeinerung ist durch die Aufstellung einer Regel erreicht worden, mit deren Hilfe eine Gleichung der klassischen Mechanik in eine Gleichung der Quantenmechanik umgeschrieben worden ist. Da klassische Beziehungen kausale Beziehungen sind und Quantenbeziehungen Wahrscheinlichkeitsbeziehungen, ist die Umschreibungsregel so konstruiert, daß sie die Wahrscheinlichkeitsgesetze in Analogie zu kausalen Gesetzen bestimmt. Wir sind zu einer solchen Verallgemeinerungsmethode gezwungen, da die klassische Mechanik den einzigen Ausgangspunkt bildet, von welchem aus wir das neue Gebiet der Quantenmechanik konstruieren können. Auf der anderen Seite ist es klar, daß wir keine rein logische Direktive für die Aufstellung der Verallgemeinerungsmethode haben. Alles, was logisch gefordert werden kann, ist, daß die neuen Beziehungen mit den klassischen Beziehungen für den Grenzfall $h = 0$ identisch sind; aber diese Forderung läßt die Verallgemeinerungsregeln in weiten Grenzen willkürlich.

Der Weg zur Konstruktion dieser Regeln konnte daher nicht durch logisches Denken gefunden werden. Es war vielmehr der Instinkt des Physikers, welcher zur Lösung verhalf. Zwar fühlten sich die Wissenschaftler, die daran arbeiteten, verpflichtet, logische Gründe für ihre Annahmen beizubringen, und es erscheint verständlich, daß dieser scheinbar logische Gedankengang ein wichtiges Werkzeug in den Händen derjenigen war, die der Aufgabe gegenüberstanden, geniale Ahnungen in mathematische Formeln umzuwandeln. L. DE BROGLIE[1]) wurde von dem Gedanken geleitet, daß die Dualität von Wel-

---

[1]) Ann. Phys. (10) *3*, 22 (Paris 1925).

len und Korpuskeln, die für das Licht entdeckt worden war, ebenso auf die elementaren Massenteilchen ausgedehnt werden sollte; für SCHRÖDINGER[1]) war es die Analogie zwischen Mechanik und Optik, die es ihm ermöglichte, den Übergang von der klassischen Mechanik zur Wellenmechanik nach dem Vorbilde des Übergangs von der geometrischen Optik zur Wellenoptik zu konstruieren; HEISENBERG glaubte, da Aussagen über die Bahn eines Elektrons innerhalb des Atoms nicht direkt verifiziert werden können, daß Aussagen über Übergangswahrscheinlichkeiten, die als Beziehungen zwischen Matrizen ausgedrückt sind, alles enthalten müssen, was über elementare Teilchen gesagt werden kann. Die Untersuchungen einer nachfolgenden kritischen Periode haben gezeigt, daß die benutzten Schlußformen nicht als gültig angesehen werden können, obgleich die aus ihnen gezogenen Folgerungen richtig sind. Was uns dazu berechtigt, diese Folgerungen heute als eine wohlbegründete physikalische Theorie anzusehen, ist die erstaunliche Übereinstimmung des mathematischen Systems mit bekannten Beobachtungsdaten, in Verbindung mit der Voraussagefähigkeit des Systems, wie sie sich in den Ergebnissen neuartiger Experimente manifestiert hat. Die historische Entwicklung der Quantenmechanik bildet daher eine Illustration für die Unterscheidung zwischen *Entdeckungszusammenhang* und *Rechtfertigungszusammenhang*, eine Unterscheidung, die für alle Formen wissenschaftlicher Forschung gemacht werden muß[2]). Der Weg zur Entdeckung geht durch «Schlußreihen, die tief in das Dunkel instinktiven Ratens eingehüllt sind», wenn ich hier einige Worte zitieren darf, die SCHRÖDINGER einst in einem Brief an mich gebrauchte, den er ein paar Jahre vor seinen großen quantenmechanischen Entdeckungen schrieb. Wenn eine Theorie aber einmal aufgestellt ist, dann muß sie im Rechtfertigungszusammenhang beurteilt werden, d. h. auf Grund der indirekten Bestätigung, die ihr durch ihre empirischen Erfolge zuteil wird.

Um diese Unterscheidung klarzumachen, wollen wir eine Methode betrachten, in welcher SCHRÖDINGERS Differentialgleichung für Materiewellen aus den Prinzipien abgeleitet werden kann, die von PLANCK und DE BROGLIE aufgestellt worden sind. Es ist nicht die Methode, die SCHRÖDINGER wirklich benutzt hat, sondern vielmehr eine logische Abkürzung, die später konstruiert worden ist und die wir benutzen, weil eine genaue Analyse von SCHRÖDINGERS Gedanken uns zu weit von dem Zwecke einer rein logischen Analyse, um die es sich in diesem Buch handelt, wegführen würde.

Die Einführung von Teilchenbegriffen in die Wellentheorie des Lichts geht auf PLANCKS Einführung des Quantums h zurück. Seiner Annahme nach ist jede Lichtwelle mit der Frequenz v mit einem Energiequantum vom Betrage[3])

$$H = h\,v \qquad (1)$$

ausgestattet. PLANCKS Annahme wurde durch EINSTEINS Idee ergänzt, daß

---

[1]) Ann. Phys. (4) *79*, 361, 489 (Leipzig 1926).

[2]) Vgl. das Buch des Autors *Experience and Prediction* (Chicago 1938), S. 7.

[3]) Wir folgen der gewöhnlichen Schreibweise, welche Frequenz und Wellenlänge durch die Buchstaben v und λ ausdrückt, und machen so von unserer Regel eine Ausnahme, nach der griechische Buchstaben für komplexe Größen reserviert sind.

in ähnlicher Weise jeder Lichtwelle ein Impuls von der Größe

$$p = \frac{h\,v}{c} = \frac{h}{\lambda} \tag{2}$$

zugeordnet werden kann. Der Impuls unterscheidet sich von der Energie insofern, als er eine Größe ist, die eine Richtung hat; daher muß er durch einen Vektor mit den Komponenten p_1 dargestellt werden. In ähnlicher Weise haben wir Vektoren mit den Komponenten λ_i und c_i. Beziehung (2) gilt nur für die absoluten Beträge p, c und λ der Vektoren. Für die Komponenten haben wir hier die Beziehung

$$p_i = \frac{h}{\lambda^2}\,\lambda_i \tag{3}$$

Diese Beziehungen werden sehr vereinfacht, wenn wir den Vektor *Wellenzahl* mit den Komponenten

$$b_i = \frac{\lambda_i}{\lambda^2} \tag{4}$$

einführen. Der absolute Betrag b dieses Vektors mißt die Anzahl der Wellen in der Längeneinheit in der Richtung der Wellenbewegung und ist durch $b = 1/\lambda$ gegeben. Wenn wir (4) benutzen, können wir (2) und (3) in der Form

$$p = h\,b \qquad p_i = h\,b_i \tag{5}$$

schreiben. So wird die Impulsbeziehung in Analogie zu (5) der Planckschen Beziehung (1) gebracht, mit dem formalen Unterschied jedoch, daß die Energiebeziehung eine skalare Beziehung ist, während die Impulsbeziehung eine Vektorbeziehung darstellt.

EINSTEINS Annahme konnte so interpretiert werden, als ob sie Lichtwellen mit den Eigenschaften von Korpuskeln ausstatte, und wurde so zu einer Aussage über eine dualistische Natur des Lichtes. L. DE BROGLIE vollzog den entscheidenden Schritt, diesen Dualismus von Wellen und Korpuskeln auf Massenteilchen auszudehnen, indem er jedem Teilchen eine Welle zuordnete. Die Frequenz v dieser Welle wurde durch (1) mit Hilfe der Energie des Teilchens bestimmt. L. DE BROGLIE sah, daß die Geschwindigkeit w dieser Wellen von der Lichtgeschwindigkeit c verschieden sein muß und daß daher der Impuls der Welle in Analogie mit (2) und (5) in der Form

$$p = \frac{h\,v}{w} = \frac{h}{\lambda} = h\,b \qquad p_i = h\,b_i \tag{6}$$

geschrieben werden muß. Aus dem relativistischen Ausdruck für den Impuls wo v die Geschwindigkeit des Teilchens ist, schloß L. DE BROGLIE, daß die Geschwindigkeit der Welle (d. h. die Phasengeschwindigkeit) für ein freies eines freien Teilchens

$$p = \frac{H\,v}{c^2} = \frac{h\,v\,v}{c^2} \tag{7}$$

Teilchen durch

$$w = \frac{c^2}{v} \tag{8}$$

gegeben sein müsse. Im Gegensatz zu (8) sind Beziehungen (1) und (6) nicht auf freie Teilchen beschränkt, sondern gelten für Teilchen unter allen Bedingungen. Wir wollen ein Teilchen betrachten, das sich in einem Kraftfeld von dem Potential $U(q_1, q_2, q_3)$ bewegt, wobei die q_i wie üblich die Ortskoordinaten des Teilchens bedeuten. Wenn wir jetzt nur die nichtrelativistische Form benutzen, dann ist die Beziehung, die zwischen Energie und Impuls des Teilchens gilt, durch

$$H = \frac{1}{2\,m} \left(p_1^2 + p_2^2 + p_3^2\right) + U(q_1, q_2, q_3) \tag{9}$$

gegeben. Der erste Ausdruck auf der rechten Seite gibt die kinetische Energie des Teilchens von der Masse m an, und der zweite Ausdruck besagt seine potentielle Energie im Kraftfeld $U(q_1, q_2, q_3)$; H ist die totale Energie des Teilchens.

Wir wollen zunächst den vereinfachten Fall betrachten, nämlich, daß das Potential U konstant ist, d. h. daß es nicht von den q_i abhängt. Wenn insbesondere $U = 0$, dann haben wir den Fall eines freien Teilchens; der Fall $U = $ konstant ist jedoch nicht wesentlich von diesem Fall verschieden. Da die Kraft, die auf ein Teilchen wirkt, durch den Gradienten von U gegeben ist, stellt der Fall $U = $ konstant einen Fall dar, in welchem kein Kraftfeld existiert. Wir wollen die Konstanz von U dadurch ausdrücken, daß wir die Argumente q_i auslassen.

Wir können nun die Beziehungen (1) und (5) in die Gleichung (9) einführen. Wir kommen so zu der Beziehung

$$h\,\nu = \frac{h^2}{2\,m} \left(b_1^2 + b_2^2 + b_3^2\right) + U \tag{10}$$

Wir sehen, daß die Planck-de-Broglie-Beziehungen uns erlauben, eine Gleichung, die zwischen Energie und Impulsen gilt, in eine Gleichung, die zwischen Frequenz und Wellenzahl gilt, umzuschreiben. Mit anderen Worten: die Planck-de-Broglie-Beziehungen können benutzt werden, um eine Teilchengleichung in eine Wellengleichung umzuschreiben. Die letztere mag *Frequenz-Wellen-Gleichung* genannt werden, da sie diese Größen miteinander verbindet. Sie wird auch *Dispersionsgesetz* genannt, da sie mit Hilfe der Beziehung $\nu = b_i\,w_i$ in ein Gesetz, das Frequenz und Geschwindigkeit der Wellen verknüpft, umgewandelt werden kann.

Wir wollen nun annehmen, daß die Welle durch die komplexe Funktion

$$\psi = \psi_0\, e^{2\pi i\,(b_1 q_1 + b_2 q_2 + b_3 q_3 - \nu t)} \tag{11}$$

gegeben sei. ν und die b_i sind hier Konstanten, und wir nehmen an, daß ihre Werte durch die Beziehung (10) verbunden seien. Ausdruck (11) stellt dann eine Gruppe von *monochromatischen ebenen Wellen* dar, die sich in der Richtung des Vektors mit den Komponenten b_i ausbreiten, welche die Geschwindigkeit $w = \nu/b$ haben und die Bedingung (10) für Frequenz und Wellenlänge erfüllen. Die Anzahl der Wellenperioden auf einer Strecke der Länge 1, welche die parallelen Wellenebenen schräg kreuzt, ist durch die Komponente b_i gegeben, die für die betrachtete Richtung genommen worden ist. Wie üblich ist die Welle durch einen exponentiellen Ausdruck mit einem imaginären Exponenten ausgedrückt. Dies ist ein mathematisches Hilfsmittel, das auch für Wellen anderer Art, wie z. B. Schallwellen, benutzt wird, und dazu dient, Ausdrücke abzukürzen, die mit Hilfe von trigonometrischen Funktionen geschrieben sind. Indem man mehrere Wellengruppen von der Form (11) mit gewissen Symmetrieeigenschaften übereinander lagert, beseitigt man gewöhnlich den imaginären Teil des Wellenausdrucks. Die Tatsache, daß die Amplitude ψ auch in einer Überlagerung von Wellengruppen der Form (11) eine komplexe Zahl bleibt, unterscheidet die hier betrachteten Wellen von anderen; der imaginäre Teil des sich ergebenden Ausdrucks kann hier nicht beseitigt werden. Die Bedeutung dieser Eigenschaft, welche ein wesentlicher Zug der Wellenmechanik ist, wird in § 20 erklärt.

Die Annahme (11) erlaubt uns, die Ableitungen von ψ folgendermaßen auszudrücken

$$\frac{1}{2\pi i}\cdot\frac{\partial\psi}{\partial q_k}=b_k\,\psi \qquad \frac{1}{(2\pi i)^2}\cdot\frac{\partial^2\psi}{\partial q_k^2}=b_k^2\,\psi \qquad -\frac{1}{2\pi i}\cdot\frac{\partial\psi}{\partial t}=v\psi \qquad (12)$$

Diese einfachen Beziehungen ermöglichen es, die Frequenzwellenlängegleichung (10) in eine *Differentialgleichung für Wellen* umzuschreiben. Zu diesem Zwecke multiplizieren wir jeden Ausdruck in (10) mit ψ und führen dann die Werte (12) ein. So erhalten wir die Beziehung

$$-\frac{h}{2\pi i}\cdot\frac{\partial\psi}{\partial t}=\frac{h^2}{2m(2\pi i)^2}\left(\frac{\partial^2\psi}{\partial q_1^2}+\frac{\partial^2\psi}{\partial q_2^2}+\frac{\partial^2\psi}{\partial q_3^2}\right)+U\psi \qquad (13)$$

Wenn insbesondere $U=0$, erhalten wir die Gleichung:

$$-\frac{h}{2\pi i}\cdot\frac{\partial\psi}{\partial t}=\frac{h^2}{2m(2\pi i)^2}\left(\frac{\partial^2\psi}{\partial q_1^2}+\frac{\partial^2\psi}{\partial q_2^2}+\frac{\partial^2\psi}{\partial q_3^2}\right) \qquad (14)$$

Dies ist die *zeitabhängige Schrödinger-Gleichung für Wellen, die freien Massenteilchen entsprechen.*

Gleichung (13) ist nicht wesentlich verschieden von (14), da wir U als konstant angenommen haben. Ein Unterschied ergibt sich nur mit Bezug auf das Dispersionsgesetz (10), das die Konstanten v und b_i verknüpft; wenn das Potentialfeld U nicht Null ist, besitzen die Wellen eine Geschwindigkeit w, welche von der Geschwindigkeit des Falles $U=0$ verschieden ist.

Wir wollen uns nun dem allgemeinen Fall zuwenden, in dem das Kraftfeld nicht konstant, sondern eine Funktion $U(q_1,q_2,q_3)$ der räumlichen Koordinaten allein ist. Die gegebene Ableitung gilt für diesen Fall nicht, und zwar aus folgendem Grunde. Wenn wir U in (10) als eine Funktion der q_1 betrachten, können die b_1 nicht Konstanten sein; aber dann können die Beziehungen (12) nicht gelten. Die Methode der Ableitung, die wir benutzt haben, sagt uns daher nicht, welche Art von Differentialgleichung wir für den Fall eines veränderlichen Potentials U benutzen müssen. Hier ist der Punkt, wo die Ableitungsmethode durch «das Dunkel instinktiven Ratens» ersetzt werden mußte. SCHRÖDINGER erkannte, daß Gleichung (13) in unveränderter Form auf den Fall eines veränderlichen Potentials ausgedehnt werden kann und daß die Wellen allgemein durch die Gleichung

$$-\frac{h}{2\pi i}\cdot\frac{\partial\psi}{\partial t}=\frac{h^2}{2\,m\,(2\pi i)^2}\left(\frac{\partial^2\psi}{\partial q_1^2}+\frac{\partial^2\psi}{\partial q_2^2}+\frac{\partial^2\psi}{\partial q_3^2}\right)+U(q_1,q_2,q_3)\,\psi \qquad (15)$$

dargestellt sind.

Die Lösungen dieser Gleichung, der *zeitabhängigen Schrödinger-Gleichung für Wellen, die Massenteilchen in einem Kraftfeld entsprechen*, haben nicht die einfache Form (11); das folgt aus den eben gemachten Bemerkungen. SCHRÖDINGER erkannte, daß statt dessen Lösungen von komplizierterer Art existieren und daß diese Lösungen die mathematischen Eigenschaften besitzen, die für eine Theorie des Bohrschen Atoms nötig sind.

Um dies zu zeigen, faßte SCHRÖDINGER Lösungen von der Form

$$\psi=\varphi(q_1,q_2,q_3)\,e^{-\frac{2\pi i}{h}Ht} \qquad (16)$$

ins Auge. Lösung (11) hat diese Form, wenn wir

$$\varphi(q_1,q_2,q_3)=\psi_0\,e^{2\pi i\,(b_1 q_1+b_2 q_2+b_3 q_3)} \qquad (17)$$

setzen, da $\nu=H/h$. (16) ist jedoch von allgemeinerer Art, da φ nicht die spezielle Form (17) zu haben braucht. Zwar existieren Lösungen von (15) in der allgemeinen Form (16), obgleich es, wie wir sahen, keine Lösungen gibt, die (17) befriedigen. Nehmen wir an, daß eine solche Lösung der allgemeinen Form (16) gegeben ist. Wenn wir die Differentiation auf der linken Seite von (15) ausführen und den exponentialen Faktor in (16) ausstreichen, der nicht von q abhängt, erhalten wir die Gleichung

$$H\,\varphi=\frac{h^2}{2\,m\,(2\pi i)^2}\left(\frac{\partial^2\varphi}{\partial q_1^2}+\frac{\partial^2\varphi}{\partial q_2^2}+\frac{\partial^2\varphi}{\partial q_3^2}\right)+U(q_1,q_2,q_3)\,\varphi \qquad (18)$$

Dies ist die *zeitunabhängige Schrödinger-Gleichung für Wellen, die Massenteilchen in einem Kraftfeld entsprechen*. Sie stellt eine besondere Regel für den räumlichen Teil φ der ψ-Funktion auf. SCHRÖDINGER erkannte, daß, wenn einige Regelmäßigkeitsforderungen hinzugefügt werden, diese Gleichung im allgemeinen nur für diskrete Werte der Konstanten H Lösungen besitzt und deshalb diskrete Energiewerte bestimmt, die den Bohrschen Energiestufen des Atoms entsprechen.

Es bedeutet sicherlich keine Geringschätzung für SCHRÖDINGERS Leistung, wenn wir die gegebene Ableitung oder die komplizierteren Ableitungen, die SCHRÖDINGER ursprünglich angegeben hat, nicht als Beweis für die Gültigkeit der sich ergebenden Wellengleichung ansehen. Eine solche Ableitung – und SCHRÖDINGER hat nie etwas anderes gemeint – kann benutzt werden, um die Wellengleichung *plausibel* zu machen, und deswegen stellt sie innerhalb des Entdeckungszusammenhangs ein ausgezeichnetes Hilfsmittel dar. In unserer Darstellung ist es die Ausdeutung von (13) auf den Fall (15) eines veränderlichen Potentials $U(q_1,q_2,q_3)$, die durch deduktives Denken nicht gerechtfertigt werden kann. Sogar die Ableitung der Wellengleichung (13) für das Teilchen in einem konstanten Potential schließt Voraussetzungen ein, welche in keiner

Weise als selbstverständlich angenommen werden können. So haben wir keinen *apriorischen* Grund für die Annahme, daß Gleichung (9) nach der Einführung der Planck-de-Broglie-Beziehungen in strenger Weise gültig sei. Wenn man ohne weitere Kenntnis der Quantenmechanik urteilen würde, könnte man sehr wohl vermuten, die Wellen folgten einer komplizierteren Beziehung als (10) und die Einführung von Teilchenbegriffen, wie Ort und Impuls, sei mit Vereinfachungen verbunden, die (9) einen Näherungscharakter verleihen. Daß dies nicht der Fall ist, kann nur dadurch gezeigt werden, daß die Folgen dieser Gleichung durch Beobachtungen verifiziert werden.

Nur weil dieser Beweis geliefert worden ist, können wir die Prinzipien, die in der Ableitung der Gleichung gebraucht sind, als gültig ansehen, indem wir so die Ableitung im umgekehrten Sinne auswerten. Wir müssen diese Auswertung jedoch auf die Wellengleichung für freie Teilchen beschränken, da nur die in der Ableitung dieser Gleichung benutzten Schlüsse umgekehrt werden können. Wir können daher die Tragweite der gegebenen Ableitung folgendermaßen formulieren: Eine Welleninterpretation für freie Massenteilchen, unter Benutzung von Wellen, welche SCHRÖDINGERS Gleichung befriedigen, kann immer durch das Planck-de Broglie-Prinzip in eine Korpuskelinterpretation übersetzt werden, welche die Energie/Impuls-Beziehung befriedigt. Mit anderen Worten: *Schrödingers Wellengleichung garantiert die strenge Dualität der Wellen- und Korpuskelinterpretation für freie Massenteilchen.*

Während es sich gezeigt hat, daß das Dualitätsprinzip ein gutes Hilfsmittel für die Aufstellung der Wellengleichung ist, erscheint es doch ratsam, dieses Prinzip nicht für die Darstellung des Regelsystems zu benutzen, welches jetzt allgemein für die Lösung quantenmechanischer Probleme gebraucht wird. Erstens ist es aus der gegebenen Ableitung deutlich, daß die Dualität auf freie Teilchen beschränkt ist, d. h. Teilchen, deren Energie aus kinetischer Energie und einem konstanten Betrage potentieller Energie besteht. Teilchen in einem Kraftfeld befriedigen die Energie/Impuls-Beziehung (9) nicht, wie in § 33 gezeigt werden wird. Zweitens hat es sich herausgestellt, daß das Prinzip keine Hilfe leistet, soweit die Deutung der ψ-Funktion in Frage steht; die Regeln die diese Funktion in Wahrscheinlichkeiten übersetzen, können nicht aus dem Prinzip der Dualität abgeleitet werden. Drittens erscheint es am Platze, die Darstellung nicht mit der allgemeinen Gleichung (15), sondern mit der speziellen Gleichung (18) zu beginnen und diese Beziehung in einer Form einzuführen, die sich nicht auf die Energie H beschränkt, sondern für alle Arten physikalischer Größen gilt. Die Berechtigung dieser letzteren Ausdehnung ist wie vorher durch ihren Erfolg gegeben.

Wir wenden uns daher jetzt einer Darstellung des Systems der quantenmechanischen Regeln zu, welche nicht von dem Wunsch diktiert ist, dies Regeln verständlich zu machen, noch die Absicht hat, den Ursprung dieser Regeln in physikalischen Auffassungen, die aus der ältern Quantenphysik stammen, aufzuzeigen. Diese Darstellung wird nicht auf die Ableitung Bezug nehmen, wie sie in diesem Abschnitt gegeben worden ist. Wir überlassen es dem Leser, in den zu entwickelnden Regeln den Weg der gegebenen Ableitung wiederzuerkennen.

§ 14. Operatoren, Eigenfunktionen und Eigenwerte physikalischer Größen

Die *Umschreibungsregeln*, die quantenmechanische Gesetze den klassischen zuordnen, werden mit Hilfe von *Operatoren* formuliert. Das Wort «Operator» ist hier im gleichen Sinne gebraucht, wie wir es in unserer Erklärung der Transformationen (§ 10, § 12) benutzt haben, als eine Regel nämlich, welche einer gegebenen Funktion $\psi(q)$ eine andere Funktion $\chi(q)$ zuordnet. Die Operatoren, die in der Quantenmechanik benutzt werden, werden gewöhnlich aus zwei elementaren Operatoren aufgebaut: dem Differentialquotienten $\partial/\partial q$ und der Multiplikation mit q. Diese Ausdrücke sind Operatoren, weil sie einer gegebenen Funktion $\psi(q)$ jeweils die Funktion $\partial\psi/\partial q$ und $q\,\psi(q)$ zuordnen. Die Konstruktion komplizierterer Operatoren wird auf folgende Weise durchgeführt.

Wir nehmen an, daß ein mechanisches Problem in der klassischen Form in den kanonischen Parametern $q_1 \ldots q_n$, $p_1 \ldots p_n$ gegeben sei. Klassisch gesprochen, eine physikalische Größe ist bestimmt, wenn sie als Funktion dieser Parameter gegeben ist

$$u = u(q_1 \ldots q_n, p_1 \ldots p_n) \tag{1}$$

Wir wollen annehmen, daß u ein Polynom in den p_i ist. Wir führen nun gewisse Zuordnungen ein:

der Größe q_i wird der Operator: Multiplikation mit q_i

der Größe $f(q_i)$ wird der Operator: Multiplikation mit $f(q_i)$

der Größe p_i wird der Operator

$$\frac{h}{2\pi i} \cdot \frac{\partial}{\partial q_i}$$

der Größe p_i^2 wird der Operator

$$\frac{h^2}{(2\pi i)^2} \cdot \frac{\partial^2}{\partial q_i^2} \tag{2}$$

zugeordnet, wobei $f(q_i)$ irgendeine Funktion von q_i bedeutet und Operatoren höherer Potenzen von p_1 durch eine sinngemäße Ausdehnung der Regel, die für p_i^2 gegeben ist, definiert werden. Wenn wir diese Operatoren an Stelle der Koordinaten q_i und p_i innerhalb der Funktion $u(q_1 \ldots q_n, p_1 \ldots p_n)$ einführen, erhalten wir einen zusammengesetzten Operator w_{op}. Wir haben so der Größe u statt der in (1) gegebenen Funktion $u(q_1 \ldots q_n, p_1 \ldots p_n)$ einen Operator u_{op} zugeordnet.

Wir wollen z. B. annehmen, daß u die Energie H sei und die Funktion $H(q_1 \ldots q_n, p_1 \ldots p_n)$ die Form (9, § 13) habe. Dann ordnet unsere Regel (2) der Gleichung (9, § 13) den Operator zu

$$H_{op} = \frac{1}{2m}\left(\frac{h}{2\pi i}\right)^2\left(\frac{\partial^2}{\partial q_1^2} + \frac{\partial^2}{\partial q_2^2} + \frac{\partial^2}{\partial q_3^2}\right) + U(q_1, q_2, q_3) \tag{3}$$

wobei $U(q_1, q_2, q_3)$ jetzt ein Operator ist, der die Multiplikation mit dieser Funktion bedeutet.

Wir sagen, daß die Größe u innerhalb des physikalischen Zusammenhangs, der durch die Gleichung (1) ausgedrückt ist, durch den Operator u_{op} vertreten ist. Natürlich dürfen wir nicht ohne weitere Einschränkung von dem einer Größe zugeordneten Operator sprechen; der Operator ist erst bestimmt, wenn die Größe in einem gegebenen Zusammenhang vorkommt, d. h. wenn sie als eine Funktion von p_i und q_i definiert ist. Dieser Zusammenhang kann nur klassisch formuliert werden, wenn wir ihn in gewöhnlicher Sprache ausdrücken. Wenn wir diesen Bezug auf die klassische Mechanik vermeiden wollen, müssen wir den Operator als die Definition des physikalischen Zusammenhangs betrachten.

Der Operator ist ein mathematisches Hilfsmittel, das wir benutzen, um der Größe, die er vertritt, *Eigenfunktionen* und *Eigenwerte* zuzuordnen. Das geschieht mit Hilfe einer Differentialgleichung, die aus dem Operator entwickelt und *erste Schrödinger-Gleichung* genannt wird. Sie hat die gleiche Form für alle physikalischen Größen; die Unterschiede zwischen den verschiedenen Größen drücken sich nur in der Form des Operators aus. Darum sprechen wir auch von Eigenfunktionen und Eigenwerten des Operators.

Die erste Schrödinger-Gleichung, welche auch *zeitunabhängige* Schrödinger-Gleichung genannt wird, hat immer die folgende Form

$$u_{op}\,\varphi(q) = u\,\varphi(q) \qquad (4)$$

Da diese Gleichung in Verbindung mit gewissen Regelmäßigkeitsforderungen gelten soll, wie z. B. der Forderung, daß die Funktion φ für alle Werte ihres Arguments endlich sei, hat sie gewöhnlich nur für bestimmte diskrete Werte u_i der Konstanten u Lösungen; diese Werte u_i sind die Eigenwerte der Größe, und wir sprechen in diesem Fall von einem *diskreten Spektrum der Eigenwerte*. Zu jedem Wert u_i gehört eine Funktion $\varphi_i(q)$ als Lösung der Gleichung; diese Funktionen $\varphi_i(q)$ sind die *Eigenfunktionen*. Wir können (4) für diesen Fall in der Form schreiben

$$u_{op}\,\varphi_i(q) = u_i\,\varphi_i(q) \qquad (5)$$

9
s. S. 195

In anderen Fällen haben wir Lösungen für eine stetige Mannigfaltigkeit von Werten u; wir sagen dann, daß wir ein *stetiges Spektrum* von Eigenwerten haben. Die Lösungen $\varphi(q)$ enthalten natürlich die Konstante u; daher haben sie die Form $\varphi(u, q)$ und bilden eine stetige Reihe orthogonaler Funktionen. Die Schrödinger-Gleichung (4) nimmt dann die Form

$$u_{op}\,\varphi(u, q) = u\,\varphi(u, q) \qquad (6)$$

an. Es ist klar, daß die Größe u mit Bezug auf den Operator u_{op} hier den Charakter einer Konstanten hat, da dieser Operator nach (2) nur Operationen in der Variablen q enthält. Diese Konstante u nimmt den Platz des Index i in (5) ein und klassifiziert die Lösungen φ von (4).

Es kann geschehen, daß (5) für *einen* Eigenwert u_i nicht *eine*, sondern n Lösungen $\varphi_i(q)$ besitzt. Dies wird ein Fall von Entartung vom Grade n genannt.

Um diese Methode in ihrer Durchführung kennenzulernen, führen wir unser Beispiel fort. Wenn wir den Operator (3) in die allgemeine Gleichung (4) einsetzen, erhalten wir die Differentialgleichung (18, § 13). In Verbindung mit Regelmäßigkeitsforderungen hat die Gleichung Lösungen nur für eine Reihe diskreter Werte H_i, der Eigenwerte der Energie; die zugeordneten Lösungen $\varphi(q_1, q_2, q_3)$ sind die Eigenfunktionen der Energie. Beispiele für die letzteren Funktionen, die für spezielle Formen des Potentials $U(q_1, q_2, q_3)$ durchgerechnet sind, werden in Textbüchern über Quantenmechanik gegeben.

Mit Hilfe der bisher entwickelten mathematischen Technik können wir jeder physikalischen Größe innerhalb eines gegebenen Zusammenhangs eine Reihe von Eigenwerten und Eigenfunktionen zuordnen. Die mathematische Bedeutung dieser Begriffe besteht in der Tatsache, daß *die Eigenfunktionen, die durch die erste Schrödinger-Gleichung definiert sind, eine orthogonale Reihe bilden und die Eigenwerte reelle Zahlen sind.*

Der Beweis dieses Theorems erfordert noch einige zusätzliche Bemerkungen über Operatoren. Wenn wir die geometrische Sprechweise, die in § 10 eingeführt wurde, benutzen, können wir einen Operator als eine Transformation in der aktiven Interpretation dieses Wortes betrachten und daher sagen, daß der Ausdruck $u_{op}\,\varphi$ einen Vektor bedeutet, der dem Vektor φ durch eine Raumdeformation zugeordnet wird. In dieser geometrischen Interpretation besagt die Schrödinger-Gleichung (4) die Bedingung, daß die Reihe der Raumdeformationen, die durch den Operator u_{op} vollzogen wird, so gestaltet ist, daß letztlich der Vektor φ in ein einfaches Vielfaches $u\,\varphi$ seiner selbst transformiert wird.

Die Operatoren der Quantenmechanik sind alle von einer speziellen Form. Sie sind *linear* und *Hermitisch.* Ein Operator u_{op} wird *linear* genannt, wenn er für irgend zwei Vektoren φ und χ die Beziehungen

$$u_{op}(\varphi + \chi) = u_{op}\,\varphi + u_{op}\,\chi \qquad (7)$$

$$u_{op}\,(\varkappa\,\varphi) = \varkappa\,u_{op}\,\varphi$$

erfüllt, wobei $\varkappa$ irgendeine komplexe Zahl (kein Vektor) ist. Ein Operator wird *Hermitisch* genannt, wenn für irgend zwei Vektoren φ und χ die Beziehung

$$(u_{op}\,\varphi, \chi) = (\varphi, u_{op}\,\chi) \qquad (8)$$

gilt[1]), wobei die Klammern wie oben das innere Produkt bedeuten. Man kann zeigen, daß die in (2) definierten Operatoren linear und Hermitisch sind. Wenn die letztere Bedingung nicht automatisch bei der Konstruktion weiterer Operatoren mit Hilfe der Regel (2) erfüllt ist, dann wird die Form der Funktion (1) so interpretiert, daß der Operator Hermitisch gemacht wird. Eine entsprechende Einschränkung muß zu den Regeln, die die Konstruktion von Operatoren bestimmen, hinzugefügt werden. Man kann ferner zeigen, daß der Energieoperator (3) Hermitisch ist.

Wir können nun beweisen, daß die Lösungen von (4) eine orthogonale Reihe darstellen, und daß die Eigenwerte reelle Zahlen sind. Um diese letzte Bedin-

---

[1]) Der Name «Hermitisch» stammt von dem Namen des französischen Mathematikers HERMITE). Man kann zeigen, daß ein Hermitischer Operator linear sein muß, während natürlich ein linearer Operator nicht Hermitisch zu sein braucht.

gung zu beweisen, wollen wir von der Beziehung

$$(u_{op}\,\varphi,\,\varphi) - (\varphi,\,u_{op}\,\varphi) = 0 \qquad (9)$$

ausgehen, die aus (8) folgt, wenn wir den Spezialfall $\chi = \varphi$ nehmen. Mit (4) kann dies in

$$(u\,\varphi,\,\varphi) - (\varphi,\,u\,\varphi) = 0 \qquad (10)$$

umgeformt werden. Da u eine Zahl (kein Vektor) ist, können wir (21, § 10) anwenden und erhalten so

$$u\,(\varphi,\,\varphi) - u^*\,(\varphi,\,\varphi) = 0 \qquad (11)$$

$$u - u^* = 0$$

Die Division durch $(\varphi,\,\varphi)$ ist zulässig, da $(\varphi,\,\varphi) = 0$ nur gilt, wenn die Funktion φ verschwindet, ein Fall, der nicht in Betracht gezogen zu werden braucht. Das Ergebnis bedeutet, daß u eine reelle Zahl ist. Um die Orthogonalität der Reihe zu beweisen, wollen wir zwei Funktionen φ_1 und φ_2 annehmen, die Lösungen von (4) sind; wegen (8) und (4) haben wir dann

$$0 = (u_{op}\,\varphi_1,\,\varphi_2) - (\varphi_1,\,u_{op}\,\varphi_2) = (u_1\,\varphi_1,\,\varphi_2) - (\varphi_1,\,u_2\,\varphi_2) \qquad (12)$$

$$= u_1(\varphi_1,\,\varphi_2) - u_2^*(\varphi_1,\,\varphi_2) = (u_1 - u_2) \cdot (\varphi_1,\,\varphi_2)$$

Da wir angenommen haben, daß u_1 und u_2 verschieden voneinander seien, muß das innere Produkt $(\varphi_1,\,\varphi_2)$ verschwinden. Dies drückt die Orthogonalität dieser Funktionen aus. Die Bedingung $(\varphi,\,\varphi) = 1$ kann leicht befriedigt werden, indem die Funktion mit einer passenden Normalisierungskonstanten multipliziert wird, da die Definition der Vektoren erfordert, daß $(\varphi,\,\varphi)$ endlich ist.

Der gelieferte Beweis kann nicht auf den Fall von stetigen Eigenwerten u ausgedehnt werden, und zwar aus folgenden Gründen. Eigenfunktionen $\varphi(u,q)$ besitzen kein endliches $\int |\varphi(u,\,q)|^2\,dq$, wie aus (16 und 17, § 9) ersichtlich ist, da das $\delta(x,\,z)$-Symbol für $x = z$ unendlich ist. Solche Funktionen sind daher keine Vektoren im Hilbert-Raum und können nicht für φ und χ in (8) gesetzt werden. Daher kann man das Ergebnis $(\varphi_1,\,\varphi_2) = 0$ nicht für sie ableiten, was mit der Tatsache zusammenhängt, daß diese Funktionen nicht reflexiv sind (vgl. § 9). Funktionen dieser Art sind die Fourier-Funktionen const $e^{(2\pi i/h)\,p\,q}$, welche die Eigenfunktionen des Impulses p darstellen. Das Eigenwertproblem solcher Funktionen ist von J. von Neumann[1]) diskutiert worden; man kann zeigen, daß auch das stetige Eigenspektrum der Schrödinger-Gleichung eine orthogonale Reihe darstellt.

10
s.S. 196

11
s. S. 196

§ 15. Die Vertauschungsregel

Wir wollen jetzt noch eine weitere Eigenschaft der Operatoren betrachten. Wenn ein Operator u_{op} auf eine Funktion φ angewendet wird, dann bringt er eine neue Funktion hervor; auf diese Funktion können wir einen anderen Ope-

---

[1]) J. von Neumann, Mathematische Grundlagen der Quantenmechanik (Berlin 1932), II, S. 6–9.

rator v_{op} anwenden und auf diese Weise eine dritte Funktion herstellen. Diese
wiederholte Anwendung von Operatoren wird in der Form

$$v_{op}\, u_{op}\, \varphi \qquad (1)$$

ausgedrückt. Die Verbindung $v_{op}\, u_{op}$ kann als ein neuer Operator angesehen
werden, welcher das Produkt der beiden Operatoren genannt wird. Das Wort
«Produkt» ist hier natürlich in einem allgemeinen Sinne, ähnlich dem Ausdruck «Beziehungsprodukt» in der symbolischen Logik, gebraucht. Es ist klar,
daß die Anwendung der beiden Operatoren in umgekehrter Reihenfolge im allgemeinen nicht zu derselben Funktion führt; d.h. im allgemeinen ist der Ausdruck

$$v_{op}\, u_{op}\, \varphi - u_{op}\, v_{op}\, \varphi = [v_{op}\, u_{op} - u_{op}\, v_{op}]\, \varphi \qquad (2)$$

nicht gleich Null. Daher ist im allgemeinen die Multiplikation der Operatoren
nicht vertauschbar. Eine solche Aussage wird keineswegs paradox erscheinen,
wenn wir die Bedeutung der Worte «Produkt» und «Multiplikation», wie sie
hier gebraucht sind, richtig verstehen.

Für die meisten Funktionen φ wird der Ausdruck (2) verschieden von Null
sein; nur für einige spezielle Funktionen φ wird er gleich Null sein. Wenn der
Ausdruck (2) für zwei besondere Operatoren für *alle* Funktionen verschwindet,
dann stellt dies eine spezifische Eigenschaft dieser Operatoren dar; sie werden
dann *vertauschbare Operatoren* genannt. Entsprechend werden die Größen, zu
welchen diese Operatoren gehören, *vertauschbare Größen* genannt. Wenn wir
den Ausdruck in den eckigen Klammern in (2) als einen Operator ansehen, den
wir *Vertauscher* nennen, können wir die Eigenschaft symbolisch ausdrücken,
indem wir sagen, daß der Vertauscher der beiden Operatoren verschwindet,
d.h. die Gleichung

$$v_{op}\, u_{op} - u_{op}\, v_{op} = 0 \qquad (3)$$

befriedigt.

Andererseits werden Operatoren *unvertauschbar* genannt, für die Ausdruck
(2) nicht identisch in den φ verschwindet oder, was dasselbe ist, für die es Funktionen φ derart gibt, daß (2) nicht $= 0$ ist. Wir charakterisieren solche Operatoren, indem wir sagen, daß ihr Vertauscher nicht verschwindet oder daß für
sie die Ungleichung

$$v_{op}\, u_{op} - u_{op}\, v_{op} \neq 0 \qquad (4)$$

gilt. Die entsprechenden Größen werden *unvertauschbare Größen* genannt.

Man kann zeigen, daß vertauschbare Operatoren oder Größen dasselbe
System von Eigenfunktionen haben, obwohl sie natürlich verschiedene Eigenwerte besitzen. Dieser Fall gilt für Größen, welche Funktionen voneinander
sind. So haben z.B. die Größen u und u^2 dieselben Eigenfunktionen, aber verschiedene Eigenwerte. Unvertauschbare Operatoren oder Größen haben im
Gegensatz dazu verschiedene Systeme von Eigenfunktionen.

Der Beweis ergibt sich, wenn wir den Operator v_{op} auf beiden Seiten von
(4, § 14) anwenden

$$v_{op}\, u_{op}\, \varphi = v_{op}\, u\, \varphi$$

Wenn die Operatoren vertauschbar sind, können wir ihre Reihenfolge auf der linken Seite umkehren; wenn wir dann (7, § 14) benutzen, können wir auf der rechten Seite u vor den Operator setzen. Wir erhalten so

$$u_{op}\, v_{op}\, \varphi = u\, v_{op}\, \varphi$$

Wenn wir hier den Ausdruck $v_{op}\, \varphi$ als eine Einheit ansehen, besagt diese Gleichung, daß die Funktion $v_{op}\, \varphi$ (4, § 14) befriedigt. Wenn wir von dem Entartungsfall absehen, können wir daher schließen, daß $v_{op}\, \varphi$, abgesehen von einem konstanten Faktor [da (4, § 14) φ nur bis auf einen konstanten Faktor bestimmt] mit φ identisch sein muß. Wenn wir diese Konstante v nennen, haben wir

$$v_{op}\, \varphi = v\, \varphi$$

Diese Beziehung hat aber die Form (4, § 14) für den Operator v_{op} und besagt deshalb, daß φ auch eine Eigenfunktion von v_{op} ist. Man kann leicht sehen, daß dieser Beweis umgekehrt werden kann; d.h. wenn wir mit der Annahme von identischen Eigenfunktionen anfangen, können wir zeigen, daß die Operatoren vertauschbar sind. Daraus folgt, daß unvertauschbare Operatoren verschiedene Eigenfunktionen haben. Wir wollen hier nur die Tatsache erwähnen, daß der Beweis auf den Entartungsfall ausgedehnt werden kann.

Die Unterscheidung dieser beiden Arten von Operatoren findet eine wichtige Anwendung auf die elementaren Operatoren p_{op} und q_{op}, die in (2, § 14) definiert sind. Wenn wir diese beiden Operatoren (die für denselben Index i, d.h. für zugeordnete Werte p_i und q_i konstruiert sind) auf eine Funktion φ anwenden, haben wir

$$p_{op}\, q_{op}\, \varphi - q_{op}\, p_{op}\, \varphi = \frac{h}{2\pi i}\left\{ \frac{\partial}{\partial q}(q\,\varphi) - q\,\frac{\partial \varphi}{\partial q} \right\} = \frac{h}{2\pi i}\, \varphi \tag{5}$$

Dies schreiben wir in der Form

$$p_{op}\, q_{op} - q_{op}\, p_{op} = \frac{h}{2\pi i} \tag{6}$$

Diese Gleichung wird die *Vertauschungsregel* genannt. Sie besagt die Unvertauschbarkeit von Impulsoperatoren und Ortsoperatoren. Im Gegensatz zu diesem Fall kann man leicht zeigen, daß zwei Operatoren derselben Art, wie z.B. die Operatoren q_1 und q_2 oder die Operatoren p_1 und p_2, vertauschbar sind. Die beiden unvertauschbaren Parameter p_i und q_i werden auch *kanonisch konjugierte Parameter* oder *komplementäre Parameter* genannt. Zwei Parameter p_i und q_i, welche nicht kanonisch konjugiert sind (d.h. welche verschiedene Indizes haben), sind vertauschbar.

Die p und q sind die grundlegenden unvertauschbaren Operatoren. Es gibt auch andere Operatoren, welche nicht miteinander vertauschbar sind. Eine Größe, die eine Funktion der p allein ist, ist mit den p, aber nicht mit den q vertauschbar; und umgekehrt ist eine Funktion der q allein mit den q, aber nicht mit den p vertauschbar. Funktionen von q und p können jedoch sowohl mit q als auch mit p unvertauschbar sein; ein Beispiel liefert der Drehimpuls[1].

1) Vgl. H. A. KRAMERS, *Grundlagen der Quantentheorie* (Leipzig 1938), S. 166.

12
s. S. 196

§ 16. Operatormatrizen

Bevor wir uns der Anwendung der bisher erhaltenen Ergebnisse zuwenden, wollen wir zunächst eine zweite Methode, Eigenfunktionen und Eigenwerte zu bestimmen, darstellen.

Die geometrische Interpretation der Operatoren legt die Annahme nahe, daß lineare Operatoren durch Matrizentransformation ersetzt werden können, wie sie in § 9 dargestellt wurden. Man kann zeigen, daß diese Annahme für den diskreten Fall zutrifft. Ein Ausdruck wie $u_{op}\,\varphi$ wird durch eine Summation oder Integration mit Hilfe einer Matrix ersetzt.

Zu diesem Zweck ordnen wir dem Operator u_{op} eine Operatormatrix zu. Wir nennen diese Matrix τ_{ik}. Die Komponenten von τ_{ik} sind durch die Anwendung von u_{op} auf den Einheitsvektor $\varepsilon_{(i)}$ (vgl. § 10) definiert. Wir definieren

$$\tau_{ki} = [u_{op}\,\varepsilon_{(i)}]_k \tag{1}$$

Man kann nun zeigen, daß die Anwendung des Operators u_{op} auf eine diskrete Funktion χ_i einer Summation im folgenden Sinne gleichwertig ist

$$[u_{op}\,\chi]_k = \sum_i \chi_i\,\tau_{ki} \tag{2}$$

Die linke Seite bedeutet die k-te Komponente der Funktion, die sich aus der Anwendung von u_{op} auf χ ergibt.

Wir können zeigen, daß Bedingung (8, § 14) des Hermitischen Charakters von Operatoren der Bedingung gleichwertig ist, daß die Operatormatrix τ_{ik} die Bedingung

$$\tau_{ki} = \tau_{ik}^* \tag{3}$$

erfüllt. Wenn wir (8, § 14), nach (18, § 10), als eine Summation schreiben, haben wir mit (2)

$$0 = (u_{op}\,\varphi,\,\chi) - (\varphi,\,u_{op}\,\chi) = \sum_k [u_{op}\,\varphi]_k\,\chi_k^* - \sum_i \varphi_i[u_{op}\,\chi]_i^*$$

$$= \sum_k \sum_i \tau_{ki}\,\varphi_i\,\chi_k^* - \tau_{ik}^*\,\varphi_i\,\chi_k^* = \sum_k \sum_i (\tau_{ki} - \tau_{ik}^*)\,\varphi_i\,\chi_k^*$$

Wenn dies für zwei beliebige Vektoren φ und χ gelten soll, dann muß die Klammer im letzten Ausdruck verschwinden. Wir haben daher $\tau_{ki} = \tau_{ik}^*$.

13
s. S. 196

Während wir im diskreten Fall einem linearen Operator immer eine Operatormatrix zuordnen können, ist dies für den stetigen Fall nicht immer möglich. Wenn es dort eine solche Matrix $\tau(q_1, q)$ gibt, ist die Anwendung des Operators einer Integration im folgenden Sinne gleichwertig

$$[u_{op}\,\chi]_{q'} = \int \chi(q)\,\tau(q', q)\,dq \tag{5}$$

Die linke Seite bedeutet den Wert der sich ergebenden Funktion an der Stelle q'. Wie vorher kann man zeigen, daß der Hermitische Charakter des Operators, der durch (10, § 13) definiert ist, der Bedingung

$$\tau(q', q) = \tau^*(q, q') \tag{6}$$

gleichwertig ist. Der Vorteil der Bedingung (8, § 14) vor (3) und (6) besteht in der Tatsache, daß (8, § 14) immer angewendet werden kann, selbst wenn keine Operatormatrizen vorhanden sind[1]). Für Operatoren vom heterogenen Typus, d.h. Operatoren, die einer stetigen Funktion eine diskrete Funktion zuordnen, oder umgekehrt, kann der Hermitische Charakter nicht definiert werden.

In Fällen, wo keine stetige Operatormatrix existiert, können wir wenigstens Matrizen einführen, die annähernd die geforderten Eigenschaften besitzen. Diese Annäherung wird mit Hilfe der *Dirac-Funktionen* (vgl. § 9) erreicht. Es zeigt sich, daß beide elementare Operatoren q und $\partial/\partial q$ eine solche Behandlung erfordern und Dirac-Funktionen als ihre Matrizenfunktionen besitzen. Die Matrizenfunktion des Operators q ist die Funktion $q\,\delta(q', q)$; die des Operators $\partial/\partial q$ ist die erste Ableitung $\delta'(q', q)$.

Um die Operatormatrix einer physikalischen Größe zu konstruieren, ist es nicht nötig, zuerst den Schrödinger-Operator mit Hilfe der Regeln (2, § 14) zu konstruieren und dann (1) zu benutzen. Wenn wir von der klassischen Funktion (1, § 14) ausgehen, können wir die Matrix τ_{ik} der Größe u direkt konstruieren, wenn die Matrizen der Größen p und q gegeben sind; die Matrix τ_{ik} wird dann aus den Elementen aufgebaut, die als Funktionen der Matrizenelemente von p und q geschrieben sind. Wir wollen hier nicht die Regeln darstellen, die für diese Konstruktion von Operatormatrizen nötig sind, sondern verweisen den Leser auf Textbücher über die Quantenmechanik. Eine weitere Regel in dieser *Matrizenmechanik* ist die Vertauschungsregel (6, § 15); da alle anderen Operatormatrizen Funktionen der Matrizen p und q sind, findet diese grundlegende Eigenschaft der Operatoren p und q einen Ausdruck in der Struktur aller anderen Matrizen.

Wenn einmal die Operatormatrizen physikalischer Größen konstruiert worden sind, können sie benutzt werden, um Eigenwerte und Eigenfunktionen der Größen zu bestimmen. Die Methode, die für diesen Zweck benutzt wird, ist wiederum unabhängig von der Schrödinger-Methode und macht daher keinen Gebrauch von der Schrödinger-Gleichung; statt dessen beruht sie auf folgender Forderung.

Matrizenpostulat: Man konstruiere eine unitäre Matrix φ_{ik}, welche τ_{ik} in eine diagonale Matrix $u_i\,\delta_{ik}$ transformiert, d.h. eine Matrix, deren Werte nur in der Diagonalen $i = k$ von Null verschieden sind; die Werte u_i dieser diagonalen Matrix sind die Eigenwerte von u, und die Matrix φ_{ik} stellt die Eigenfunktionen von u dar.

Die so definierten Eigenwerte sind reelle Zahlen wegen des Hermitischen Charakters von τ_{ik} und des unitären Charakters von φ_{ik}; zugleich garantiert die letztere Eigenschaft, daß die φ_{ik} ein vollständiges Orthogonalsystem sind.

---

[1]) Es ist möglich, Matrizen zu konstruieren, welche gleichzeitig Hermitisch und unitär sind. Für solche Matrizen haben wir mit (2, § 11), (15, § 11) sowie (3) und (6)

$$\varphi_{ik} = \varphi_{ik}^{-1} \qquad \varphi(q'\,q) = \varphi^{-1}(q', q)$$

Die Matrizen der Quantenmechanik erfüllen jedoch gewöhnlich nur eine der beiden Bedingungen. Matrizen und Operatoren, die physikalischen Größen zugeordnet sind, sind Hermitisch; Matrizen, die als Eigenfunktionen oder Transformationen benutzt werden, sind unitär.

Die grundlegende Rolle, die die Vertauschungsregel in dieser Methode spielt, wird aus folgendem Resultat klar: Obgleich die Elemente von den Elementen der Matrizen p und q abhängen, sind die Eigenwerte von τ_{ik}, d.h. die Elemente der diagonalen Matrix, in welche τ_{ik} transformiert wird, nicht von den Elementen der Matrizen p und q abhängig, wenn nur die letzteren Matrizen die Vertauschungsregel befriedigen. Mit anderen Worten, die Vertauschungsregel führt eine genügende Anzahl von Beziehungen zwischen den Matrizenelementen von p und q ein, um es uns zu ermöglichen, diese Matrizenelemente aus den Eigenwerten von τ_{ik} zu eliminieren. Erst durch die Vertauschungsregel werden daher die Eigenwerte physikalischer Größen eindeutig definiert.

Für stetige Operatormatrizen $\tau(u, q)$ kann eine ähnliche Formulierung gegeben werden.

Diese Matrizenmechanik wurde von HEISENBERG, BORN und JORDAN[1]) und unabhängig davon von DIRAC[2]), ohne Kenntnis der Wellentheorie von L. DE BROGLIE und SCHRÖDINGER entwickelt. Nachdem SCHRÖDINGER die Differentialgleichung (4, § 14) im Verfolg von Wellenauffassungen konstruiert hatte, zeigte er in einer darauffolgenden Abhandlung[3]), daß diese Differentialgleichung mathematisch der Forderung einer Matrizenmechanik gleichwertig ist, da die Eigenwerte und Eigenfunktionen des Operators, wie sie durch (4, § 14) definiert sind, mit denjenigen identisch sind, die durch das Matrizenpostulat definiert sind. Mathematisch gesprochen, hat die Schrödinger-Methode den Vorteil, daß es leichter ist, die Differentialgleichung (4, § 14) zu lösen, als eine unitäre Matrix φ_{ik} mit den geforderten Eigenschaften zu finden; tatsächlich wird die Konstruktion solcher Einheitsmatrizen gewöhnlich mit Hilfe der Schrödinger-Gleichung erreicht. Das ist der Grund dafür, daß heutzutage die Matrizenform der Quantenmechanik gewöhnlich durch die Operatorform ersetzt wird, d.h. durch eine Form, welche von der Gleichwertigkeit (2) oder (5) des Operators mit einer Matrizensummation keinen Gebrauch macht. Die Eigenwerte und Eigenfunktionen der Operatoren sind dann durch die Schrödinger-Gleichung (4, § 14) definiert, welche die Anwendung des Matrizenpostulats unnötig macht.

§ 17. Bestimmung der Wahrscheinlichkeitsverteilungen

Eigenwerte und Eigenfunktionen charakterisieren physikalische Größen innerhalb eines physikalischen Zusammenhangs. Wir müssen jedoch den *physikalischen Zusammenhang* als die Totalität von Strukturbeziehungen von dem *physikalischen Zustand* unterscheiden, welcher neben der Struktur eine Bestimmung der Wahrscheinlichkeitsverteilungen der in Betracht kommenden Größen umfaßt. Klassisch gesprochen, handelt es sich hier um die Unterscheidung zwischen den *funktionalen Beziehungen* eines physikalischen Problems und den *Zahlenwerten*. Die Totalität funktionaler Beziehungen bestimmt den

---

[1]) Z. Phys. *35*, 557 (Berlin 1926).
[2]) Proc. Roy. Soc. London (A) *109*, 642 (1925).
[3]) Ann. Phys. (4) *79*, 734 (Leipzig 1926).

Zusammenhang; aber der Zustand ist erst dann bekannt, wenn außerdem die Zahlenwerte der Größen gegeben sind. In der Quantenmechanik werden die funktionalen Beziehungen durch die *Struktur der Operatoren* ersetzt, welche in Verbindung mit der ersten Schrödinger-Gleichung die Eigenwerte und Eigenfunktionen bestimmt. Die Angabe von Zahlenwerten dagegen wird durch die Angabe der *Wahrscheinlichkeitsverteilungen* der Größen ersetzt. Dies entspricht dem Übergang von kausalen Gesetzen zu Wahrscheinlichkeitsgesetzen, welcher einen wesentlichen Zug der Quantenmechanik darstellt.

Die Charakterisierung des physikalischen Zustandes erfordert daher ein mathematisches Hilfsmittel, welches neben der Struktur, die mit Hilfe von Eigenwerten und Eigenfunktionen ausgedrückt ist, die Wahrscheinlichkeitsverteilungen angibt. Dieses Hilfsmittel ist die Zustandsfunktion ψ. Wir wollen die Frage, wie diese Funktion zu finden sei, verschieben und zunächst erklären, wie sie die Wahrscheinlichkeitsverteilungen bestimmt.

Die Zustandsfunktion ψ ist eine Funktion der Koordinaten q; außerdem ist sie gewöhnlich von der Zeit t abhängig. Daher hat sie die Form $\psi(q_1 \ldots q_n, t)$ oder $\psi(q, t)$. Der zweite Ausdruck kann als eine Abkürzung betrachtet werden, in welchem wir wie vorher q für $q_1 \ldots q_n$ schreiben. Wir werden uns der Untersuchung der Zeitabhängigkeit von ψ in § 18 zuwenden; für den Augenblick lassen wir das Argument t beiseite und schreiben nur $\psi(q)$. Wir können das so auffassen, als ob wir einen speziellen Wert von t gewählt hätten, und nur die sich so ergebenden Beziehungen zwischen der spezialisierten Funktion ψ und den Wahrscheinlichkeitsverteilungen betrachten; dieselben Beziehungen gelten für jeden Wert von t.

Eine allgemeine Forderung für ψ ist es, daß diese Funktion *quadratisch integrierbar und normalisiert* sei, d. h. daß sie die Beziehung

$$\int |\psi(q)|^2 \, dq = 1 \tag{1}$$

befriedige. Entsprechend unserer Aussage über die Zeitabhängigkeit soll diese Beziehung für jeden Wert t gelten. Die Bedeutung dieser Beziehung, welche eng mit der Wahrscheinlichkeitsinterpretation verknüpft ist, wird sofort klar werden.

Bevor wir die Wahrscheinlichkeit beobachtbarer Werte bestimmen, müssen wir zunächst sagen, welches die *möglichen* Werte sind. Das ist notwendig, da in der Quantenmechanik im Gegensatz zur klassischen Physik im allgemeinen nicht alle Zahlenwerte physikalisch mögliche Werte sind. Die entsprechende Aussage ist in der folgenden Regel gegeben:

I. *Regel der Eigenwerte: Die Eigenwerte sind die möglichen Werte der Größe innerhalb eines gegebenen Zusammenhangs.*

Ein Beispiel für ein diskretes Spektrum von Eigenwerten ist durch die Energiestufen in einem Atom gegeben, die durch die Schrödinger-Gleichung (5, § 14) bestimmt werden, wenn diese für den Operator H hingeschrieben ist. Der sensationelle Erfolg von SCHRÖDINGERS Entdeckung war ja der Tatsache zuzuschreiben, daß sich mit dieser Gleichung BOHRS diskrete stationäre Zustände des Atoms als ein Eigenwertproblem deuten ließen. Nur wenn das Spektrum von Eigenwerten stetig und unbegrenzt ist, entspricht die Reihe der möglichen Werte dem klassischen Fall. Solcher Art ist das Eigenwertspektrum der Ortskoordinaten eines freien Teilchens. In den meisten Fällen ist das Eigenwertspektrum teils diskret, teils stetig. Im Wasserstoffatom z. B. werden die diskreten Spektren durch Übergänge von einer Elektronenbahn zur anderen hervorgebracht; das stetige Spektrum entspricht dem Einfangen von freien Elektronen, oder dem umgekehrten Vorgang, d. h. der Ionisation.

Während die Eigenwerte eine unmittelbare Bedeutung für Beobachtungen haben, ist dies für die Eigenfunktionen nicht der Fall; sie sind nur ein mathematisches Hilfsmittel, das für die Ableitung der Wahrscheinlichkeitsverteilungen nötig ist. Diese Verteilungen, denen wir uns jetzt zuwenden müssen, werden durch die folgende Regel, die von BORN eingeführt worden ist bestimmt, und die wir schon in einer speziellen Form in § 12 erwähnt haben:

II. *Regel der spektralen Zerlegung: Man entwickle die Funktion $\psi(q)$ in die Eigenfunktionen der betrachteten Größe; die Quadrate der Entwicklungskoeffizienten σ_i oder $\sigma(u)$ bestimmen dann die Wahrscheinlichkeit, daß ein Eigenwert u_i oder u beobachtet wird.*

Diese Regel wird in den folgenden Formeln ausgedrückt:
Diskreter Fall

$$\psi(q) = \sum_i \sigma_i\, \varphi_i(q) \tag{2}$$

$$P(s, u_i) = |\sigma_i|^2 \tag{3}$$

Stetiger Fall

$$\psi(q) = \int \sigma(u)\, \varphi(u, q)\, du \tag{4}$$

$$P(s, u) = |\sigma(u)|^2 \tag{5}$$

Das Symbol P steht für «Wahrscheinlichkeit». Da diese Wahrscheinlichkeiten sich auf den physikalischen Zustand s beziehen, der durch die Funktion ψ charakterisiert ist, haben wir das Symbol s an die erste Argumentstelle des Wahrscheinlichkeitsausdrucks gesetzt. Statt das logische Symbol P zu benutzen, können wir eine Wahrscheinlichkeit auch mit Hilfe des mathematischen Symbols d ausdrücken, das eine Wahrscheinlichkeitsfunktion darstellt. Statt (3) und (5) haben wir dann die Beziehung

$$d(u_i) = |\sigma_i|^2 \tag{6}$$

$$d(u) = |\sigma(u)|^2 \tag{7}$$

Die Funktion d ist von dem Zustand s abhängig; wenn es notwendig ist, kann dies durch einen Index in der Form $d_s(u)$ ausgedrückt werden. (3) und (6) sind Wahrscheinlichkeiten; (5) und (7) sind Wahrscheinlichkeitsdichten, d. h. sie werden durch Integration über u zwischen irgend zwei Grenzen u_1 und u_2 in Wahrscheinlichkeiten verwandelt.

Die Darstellung der Theorie der Reihenentwicklung in § 9 macht es deutlich, daß die Wahrscheinlichkeiten (3) und (5) nicht von q abhängig sind, da dies auch für σ nicht der Fall ist. Wegen (1 und 3, § 9) und (15, § 9) erfüllen die Wahrscheinlichkeiten die Bedingung

$$\sum_i |\sigma_i|^2 = 1 \tag{8}$$

$$\int |\sigma(u)| \, du = 1 \tag{9}$$

Diese Bedingung ist notwendig, weil *einer* der Eigenwerte von der betreffenden Größe angenommen werden muß.

Für den Fall, daß ein Eigenwert entartet ist (vgl. S. 87), nimmt die Entwicklung (2) eine etwas kompliziertere Form an. $\varphi_{i_s}(q)$ mögen die n Eigenfunktionen sein, die zu dem Eigenwert u_i gehören; dann wird der Ausdruck $\sigma_i \varphi_i(q)$ der Entwicklung (2) durch den Ausdruck

$$\sigma_i \sum_{s=1}^{n} \sigma_{i_s} \varphi_{i_s}(q) \tag{10}$$

ersetzt. Die σ_{i_s} erfüllen die Bedingung

$$\sum_{s=1}^{n} |\sigma_{i_s}|^2 = 1 \tag{11}$$

Der Ausdruck $\sum_{s=1}^{n} \sigma_{i_s} \varphi_{i_s}(q)$ kann formal wie ein Ausdruck $\varphi_i(q)$ behandelt werden.

Wir führen daher keine besondere Beziehung für die Entartungsmöglichkeit in die folgenden Formeln ein. Ein Beispiel für Entartung ist durch ein Bohr-Atom gegeben, in welchem sich dieselbe totale Energie H_i für verschiedene Anordnungen der Elektronen in verschiedenen Bahnen ergibt. Jede solche Anordnung ist ein bestimmter physikalischer Zustand und ist durch eine der Eigenfunktionen $\varphi_{i_s}(q)$ charakterisiert. Einem Eigenwert H_i entsprechen hier verschiedene Zustände $\varphi_{i_s}(q)$; die Wahrscheinlichkeiten dieser Zustände sind durch $|\sigma_i \sigma_{i_s}|^2$ gegeben.

Für den stetigen Fall (5), (7) und (9) müssen wir die Einschränkung hinzufügen, daß eine Dichtefunktion nach (22, § 9) auftritt, wenn u nicht in passender Weise gewählt ist; wir haben dann

$$P(s, u) = d(u) = |\sigma(u)|^2 r(u) \tag{12}$$

$$\int |\sigma(u)|^2 r(u) \, du = 1 \tag{13}$$

Die Dichtefunktion $r(u)$ kann immer beseitigt werden, wenn wir statt u eine passende Funktion u' von u einführen.

Wir müssen jetzt eine Regel hinzufügen, welche die Wahrscheinlichkeitsverteilungen der Größen, die als Argumente der ψ-Funktion gebraucht sind, bestimmt. Wir benutzen hier eine Regel, die schon in § 2 erwähnt wurde:

III. *Regel der quadrierten ψ-Funktion: Die Wahrscheinlichkeit eines Wertes q (oder einer Gesamtheit von Werten $q_1 \ldots q_n$) der ein Argument der ψ-Funktion ist, ist gegeben durch den Ausdruck*

$$P(s, q) = |\psi(q)|^2 \tag{14}$$

Diese Regel macht die Bedeutung der Normalisierung (1) klar. Das über alle Werte q genommene Integral von $|\psi|^2$ bedeutet die Wahrscheinlichkeit, überhaupt einen Wert q zu beobachten, und diese Wahrscheinlichkeit muß $= 1$ sein[1]).

Die Regeln I bis III gelten für jedes quantenmechanische System und für jeden Zeitpunkt t. Diese Regeln verknüpfen den abstrakten Mechanismus der Formeln mit beobachtbaren Größen; auf dieser Tatsache beruht ihre Bedeutung. Da die Wahrscheinlichkeiten immer als Quadrate komplexer Funktionen abgeleitet werden, werden diese Funktionen manchmal *Wahrscheinlichkeitsamplituden* genannt.

Man kann zeigen, daß Regel III formal in Regel II eingeschlossen werden kann. Die Eigenfunktionen $\varphi(u, q)$ der betrachteten Größe u enthalten die Größe u und die Koordinaten q als ihre Argumente; sie stellen daher Beziehungen zwischen u und q dar. Es ist formal möglich, auch Eigenfunktionen der q einzuführen; diese Funktionen stellen dann Beziehungen dar, in welchen die Größe q beide Stellen der Funktion besetzt. Wir drücken diese Funktionen durch $\varphi(q', q)$ aus. Wenn wir den Operator q_{op} an die Stelle von u_{op} setzen, können wir sogar die Schrödinger-Gleichung (5, § 14) benutzen, um diese Funktionen zu definieren; aus der Gleichung ergeben sich dann die Dirac-Funktionen $\delta(q', q)$ als Werte der $\varphi(q', q)$. Wenn wir $\psi(q)$ in diese Eigenfunktionen entwickeln, kommen wir zu der trivialen Beziehung [vgl. (14, § 9)]

$$\psi(q) = \int \psi(q')\, \delta(q', q)\, dq' \tag{15}$$

Wenn Regel II auf diese Entwicklung angewandt wird, ergibt sich sofort (12), d. h. Regel III.

Regel II, in Verbindung mit der Entwicklung von $\psi(q)$ in die Funktionen φ und der Schrödinger-Gleichung (5, § 14) erlaubt uns, eine einfache Beziehung für Durchschnittswerte physikalischer Größen aufzustellen, die häufig in der Quantenmechanik gebraucht wird. Den Wahrscheinlichkeitsregeln entsprechend ist der Durchschnitt einer Größe u mit der Verteilung $d(u)$ durch den Ausdruck

$$A\,v(u) = \int u\, d(u)\, du \tag{16}$$

gegeben. Mit (7), (4) und der konjugiert komplexen Beziehung zu (11, § 9) haben wir

$$A\,v(u) = \int u\, d(u)\, du = \int u\, |\sigma(u)|^2\, du = \int \sigma(u)\, u\, \sigma^*(u)\, du \tag{17}$$

$$= \int \int \sigma(u)\, u\, \psi^*(q)\, \varphi(u, q)\, du\, dq \tag{18}$$

wenn wir die Reihenfolge der Integrationen vertauschen. Wegen (4) und der

---

[1]) Für gewisse physikalische Probleme wird die Bedingung (1) aufgegeben und eine nichtquadratische integrable ψ-Funktion benutzt. Das bedeutet, daß $|\psi|^2$ nicht als eine Wahrscheinlichkeit aufgefaßt wird, sondern als ein Hilfsmittel, die Verhältnisse von Wahrscheinlichkeiten zu bestimmen.

Linearität von u_{op} (man beachte, daß $\sigma(u)$ den Charakter einer Konstanten mit Bezug auf u_{op} hat) haben wir

$$u_{op}\,\psi(q) = u_{op}\int \sigma(u)\,\varphi(u,q)\,du = \int u_{op}\,\sigma(u)\,\varphi(u,q)\,du \tag{19}$$

$$= \int \sigma(u)\,u_{op}\,\varphi(u,q)\,du = \int \sigma(u)\,u\,\varphi(u,q)\,du$$

Für den letzten Schritt haben wir die Schrödinger-Gleichung in der Form (6, § 14) benutzt. Mit (19) können wir (18) in der Form

$$A\,v(u) = \int \psi^*(q)\,u_{op}\,\psi(q)\,dq \tag{20}$$

schreiben. Da der Durchschnitt einer Größe manchmal *Erwartungswert* genannt wird, wird diese Formel oft *Erwartungsformel* genannt. Wenn wir (20) mit dem letzten Ausdruck in (17) vergleichen, sehen wir, daß, formal gesprochen, die Einführung von $\psi(q)$ an Stelle von $\sigma(u)$ die Ersetzung von u durch u_{op} nach sich zieht.

§ 18. Zeitabhängigkeit der ψ-Funktion

Wir kommen jetzt zu Betrachtungen, die die Veränderungen des physikalischen Zustandes im Laufe der Zeit betreffen und bei denen es sich daher um die Abhängigkeit der ψ-Funktion von t handelt. Gerade so, wie die Zahlenwerte der Variablen in der klassischen Physik sich ändern können, wie z. B. der Ort eines in Bewegung befindlichen Massenpunktes oder die Winkelabweichung eines Pendels, können sich die Wahrscheinlichkeitsverteilungen der quantenmechanischen Größen mit der Zeit ändern.

Hier kommen wir dazu, die allgemeine Schrödinger-Gleichung, die in (15, § 13) eingeführt wurde, anzuwenden, da diese Gleichung die Zeitabhängigkeit von ψ bestimmt. Während (15, § 13) für eine spezielle Form der Energie aufgestellt ist, wollen wir jetzt die allgemeine Form dieser Gleichung darstellen. Wir bemerken, wie vorher, daß die Rechtfertigung dieser Gleichung nur durch ihren empirischen Erfolg gegeben ist. Die *zweite* oder *zeitabhängige Schrödinger-Gleichung* hat die Form

$$H_{op}\,\psi(q,t) = \frac{i\,h}{2\,\pi}\,\frac{\partial}{\partial t}\,\psi(q,t) \tag{1}$$

H_{op} bedeutet den Operator der Energie. Es ist bedeutsam, daß die zweite Schrödinger-Gleichung nur für den Energieoperator[1]) aufgestellt wird, während die erste Schrödinger-Gleichung für Operatoren, die zu den verschiedensten physikalischen Größen gehören, aufgestellt werden kann.

Als eine Veranschaulichung für (1) können wir die spezielle Form (3, § 14) des Hamiltonschen Operators H_{op} benutzen. (1) nimmt dann die Form (15, § 13) an.

---

[1]) Ursprünglich hatte SCHRÖDINGER auch seine erste Gleichung nur für den Energieoperator aufgestellt. Die Ausdehnung auf andere Operatoren wurde später eingeführt.

Die Form der allgemeinen Gleichung (1) macht es notwendig, daß die Funktion ψ praktisch immer von der Zeit abhängt. Für ein zeitunabhängiges ψ verschwindet die rechte Seite von (1). Der Energieoperator H_{op} ist in allen praktischen Fällen so konstruiert, daß die linke Seite von (1) nicht verschwindet[1]). Daher muß ψ von der Zeit abhängen.

Die Bedeutung der Gleichung (1) besteht in der Tatsache, daß sie die Form von $\psi(q, t)$ für jede Zeit t bestimmt, wenn die Form von ψ zur Zeit t_0, d. h. die Funktion $\psi(q, t_0)$, gegeben ist. Diese Eigenschaft folgt, weil (1) eine Differentialgleichung erster Ordnung in $\partial/\partial t$ ist. Die zweite Schrödinger-Gleichung formuliert daher das Gesetz, welches die Änderung der Zustandsfunktion ψ mit der Zeit bestimmt.

Wir müssen jetzt die Folgen betrachten, die sich aus der Zeitabhängigkeit von ψ für eine Entwicklung von der Form (2, § 17) oder (4, § 17) ergeben. Wenn ψ von t abhängig ist, müssen wir das Argument t auch auf der rechten Seite der Entwicklung einführen. Das kann auf zwei verschiedene Weisen geschehen: entweder können die Eigenfunktionen φ (Fall 1) oder die Koeffizienten σ (Fall 2) als von t abhängig betrachtet werden. Beide Fälle kommen in der Quantenmechanik vor. Sie können auch so kombiniert werden, daß sowohl φ als auch σ von t abhängen (Fall 3).

Der einfachste Fall von Zeitabhängigkeit ist durch eine ψ-Funktion von der speziellen Form (16, § 13) gegeben, d. h. eine Funktion

$$\psi_k(q, t) = \varphi_k(q)\, e^{-(2\pi i/h) H_k t} \tag{2}$$

die sich in einen Faktor spaltet, der allein von q abhängt, und einen exponentiellen Faktor, der t und den Eigenwert H_k der Energie, aber nicht q enthält. Die Schlüsse, die von der zeitabhängigen Gleichung zu der zeitunabhängigen führen, welche in § 13 für eine spezielle Form der Energie angegeben ist, können für die allgemeine Form (1) wiederholt werden. Wenn wir die Lösung (2) in (1) einführen, erhalten wir

$$H_{op}\, \psi_k(q, t) = H_k\, \psi_k(q, t) \tag{3}$$

Das ist die erste Schrödinger-Gleichung (4, § 14), geschrieben für den Operator H_{op}. Wir können jetzt den exponentiellen Faktor auf beiden Seiten ausstreichen; auf der linken Seite ist dies möglich, weil der exponentielle Faktor, der nicht von q abhängt, den Charakter einer Konstanten mit Bezug auf den linearen Operator H_{op} hat. So erhalten wir

$$H_{op}\, \varphi_k(q) = H_k\, \varphi_k(q) \tag{4}$$

Wir sehen, daß wie vorher der zeitunabhängige Faktor $\varphi_k(q)$ durch die erste Schrödinger-Gleichung bestimmt ist. Wenn die Funktion $\varphi_k(q)$ in Übereinstimmung mit dieser Gleichung gewählt ist, d. h. wenn sie eine Eigenfunktion dieser Gleichung darstellt, dann ist die Funktion $\psi_k(q, t)$ von (2) eine Lösung der zweiten Schrödinger-Gleichung (1).

---

[1]) Wenn in (9, § 13) das Potential $U = 0$ ist, dann verschwindet die linke Seite von (1) für eine Funktion ψ, die linear in q ist. Aber eine solche Funktion kann die Bedingung der Normalisierung (1, § 17) nicht erfüllen. Daher müssen wir auch in diesem Falle ein zeitabhängiges ψ annehmen.

Andererseits ist die Funktion $\psi_k(q, t)$ in (2) auch eine Lösung der ersten Schrödinger-Gleichung; das ist in (3) ausgedrückt. Wir sehen, daß die erste Schrödinger-Gleichung ihre Lösungen in bezug auf einen Faktor, der nicht von q abhängig ist, aber von t abhängig sein kann, unbestimmt läßt. Es folgt, daß wir auch die Funktion $\psi_k(q, t)$ als eine Eigenfunktion der Energie ansehen können.

Wir können daher (2) als den Spezialfall einer Entwicklung in Eigenfunktionen der Energie ansehen, in welchem die Koeffizienten σ_m mit Ausnahme von σ_k, das $= 1$ ist, verschwinden. In dieser Interpretation stellt (2) den Fall 1 dar. Wenn wir an dem Gedanken festhalten, daß alle $\sigma_m = 0$ für $m \neq k$, können wir andererseits auch $\varphi_k(q)$ als die Eigenfunktionen der Energie ansehen und dann den exponentiellen Faktor in (2) so interpretieren, daß er den Koeffizienten σ_k darstellt. In dieser Interpretation stellt (2) den Fall 2 dar. Wir fassen beide Fälle zusammen, indem wir sagen, daß (2) eine ψ-Funktion darstellt, die *durch* eine Eigenfunktion der Energie *gegeben* ist.

Obgleich ψ_k in (2) von t abhängt, ist das Quadrat $|\psi_k|^2$ unabhängig von t, da der exponentielle Faktor den absoluten Wert 1 hat und herausfällt, wenn wir ψ_k mit ψ_k^* multiplizieren. Ferner ist $|\sigma_k|^2$ in beiden Interpretationen $= 1$. Die Wahrscheinlichkeitsverteilungen $d(q)$ und $d(H)$ sind daher zeitunabhängig. Wir haben einen *stationären Fall*; die ψ-Wellen stellen stationäre Schwingungen dar, die beobachtbare Größen unverändert lassen. Ein solcher Fall entspricht einem der stationären Fälle des Bohrschen Atoms, in welchem sich jedes Elektron in seiner Bahn bewegt und die totale Energie H den scharfen Wert H_k hat.

Die Form der zweiten Schrödinger-Gleichung ist derart, daß die Gleichung dem Prinzip der Überlagerung folgt. Das bedeutet, daß jede lineare Kombination ihrer Lösungen auch eine Lösung ist. Wir können diese Eigenschaft benutzen, um eine Funktion $\psi(q, t)$ von einer allgemeineren Form als (2) zu konstruieren. Das wird erreicht, wenn wir die Entwicklung

$$\psi(q, t) = \sum_k \sigma_k \, \psi_k(q, t) \tag{5}$$

hinschreiben, in der die Koeffizienten σ_k unabhängig von t sind und ψ_k die Bedeutung (2) hat. Das Wellenbündel mit verschiedenen Frequenzen, das in (5) gegeben ist, ist eine Lösung von (1), weil jedes ψ_k eine Lösung von (1) ist.

In der Form (5) stellt die Entwicklung den Fall 1 dar, da sie in zeitabhängigen Eigenfunktionen gegeben ist. Mit der Abkürzung

$$\sigma_k'(t) = \sigma_k \, e^{-(2\pi i/h) H_k t} \tag{6}$$

können wir (5) in der Form

$$\psi(q, t) = \sum_k \sigma_k'(t) \, \varphi_k(q) \tag{7}$$

schreiben. In dieser Form stellt die Entwicklung den Fall 2 dar, da wir zeitabhängige Koeffizienten und zeitunabhängige Eigenfunktionen haben. Diese doppelte Interpretation ist möglich, weil die Zeit nur in der Form eines exponentiellen Faktors auftritt, der entweder in den Koeffizienten oder in die Eigenfunktionen einbezogen werden kann. Da der exponentielle Faktor den absoluten

Betrag 1 hat, verletzt eine solche Einbeziehung weder die Beziehung (1, 17) der Normalisierung noch die Bedingung 2, § 9) der Orthogonalität.

Jeder der Koeffizienten σ_k und $\sigma'_k(t)$ ist von einer solchen Form, daß sein Quadrat $|\sigma_k|^2$ oder $|\sigma'_k(t)|^2$ unabhängig von der Zeit t ist. Wir haben daher eine Wahrscheinlichkeitsverteilung $d(H)$ der Energie, die sich mit der Zeit nicht ändert. Anders ist es mit der Funktion $|\psi(q, t)|^2$. Diese Funktion ist abhängig von der Zeit, weil der exponentielle Faktor zu Ausdrücken der Form $e^{-(2\pi i/h)(H_k - H_m)t}$ führt, die nicht herausfallen, wenn wir die Summe in (5) oder (7) mit ihrem konjugiert-komplexen Wert multiplizieren. Wir haben hier also eine Wahrscheinlichkeitsverteilung $d(q)$, die sich mit der Zeit ändert. Die ψ-Funktion (5) oder (7) stellt daher keinen stationären Fall dar, sondern einen Fall, in welchem sich, in der Sprache von BOHRS Modell, Übergänge zwischen stationären Zuständen ereignen. Der erwähnte exponentielle Ausdruck besagt durch seinen Exponenten, daß diese Übergänge mit Schwingungen von der Frequenz $(H_k - H_m)/h$ verbunden sind, in Übereinstimmung mit BOHRS Regel für die Aussendung von Strahlung. Dieser nichtstationäre Zustand ist jedoch in (5) als eine *Überlagerung stationärer Zustände* dargestellt, eine in der älteren Quantenmechanik unbekannte Auffassung.

Wenn wir die oben wiedergegebenen Schlüsse umkehren, können wir beweisen, daß, wenn die Funktion $\psi(q, t)$ in die zeitunabhängigen Eigenfunktionen entwickelt wird, d.h. wenn sie die Form (7) hat, die Koeffizienten $\sigma_k'(t)$ die Form (6) haben müssen und die Zeit nur innerhalb eines exponentiellen Faktors vom Betrage 1 enthalten. Mit anderen Worten: der allgemeine Zustand kann immer als eine Überlagerung stationärer Zustände interpretiert werden, wenigstens wenn es ein Zustand ist, für welchen zeitunabhängige Eigenfunktionen der Energie definiert werden können. Wir beweisen dies wie folgt. Aus (7) schließen wir die beiden folgenden Beziehungen, indem wir in der zweiten Reihe die erste Schrödinger-Gleichung für den letzten Schritt benutzen

$$\frac{ih}{2\pi} \cdot \frac{\partial \psi}{\partial t} = \sum_k \frac{ih}{2\pi} \cdot \frac{d\sigma_k^1}{dt}\, \varphi_k \tag{8}$$

$$H_{op}\, \psi = \sum_k \sigma'_k\, H_{op}\, \varphi_k = \sum_k \sigma'_k\, H_k\, \varphi_k \tag{9}$$

Nach (1) sind die Ausdrücke in den beiden Reihen gleich. Ein Vergleich der Koeffizienten der Entwicklungen ergibt

$$\frac{ih}{2\pi} \cdot \frac{d\sigma'_k}{dt} = \sigma'_k\, H_k \tag{10}$$

Diese Differentialgleichung besagt, daß σ'_k die Form (6) hat.

Dieses Resultat kann in folgender Form ausgedrückt werden: Was auch immer die Form der Funktion $\psi(q, t)$ sein mag, die Wahrscheinlichkeitsverteilung der Energie ist zeitunabhängig[1]). Dieser Lehrsatz kann als die quantenmecha-

---

[1]) Dieses Ergebnis ist auf einen zeitunabhängigen Energieoperator beschränkt. Wir wollen hier allgemeinere Fälle nicht diskutieren.

nische Verallgemeinerung des Prinzips von der Erhaltung der Energie angesehen werden. Man erhält ähnliche Resultate für andere Größen, die mit der
Energie vertauschbar sind, und die, klassisch gesprochen, zeitunabhängige Integrale der Bewegungsgleichungen sind.

Wenn wir die Funktion $\psi(q, t)$ in die Eigenfunktion $\chi_m(q)$ irgendeiner anderen Größe v entwickeln, die nicht mit der Energie vertauschbar ist, erhalten
wir

$$\psi(q, t) = \sum_m \tau_m(t)\, \chi_m(q) \tag{11}$$

Hier haben die Entwicklungskoeffizienten $\tau_m(t)$ nicht die spezielle Form (6),
d. h. sie bestehen nicht aus einer Konstanten, die mit einem exponentiellen
Faktor vom Betrage 1 multipliziert ist. Ihre Quadrate $|\tau_m(t)|^2$ sind daher zeit-
abhängig. Die Wahrscheinlichkeitsverteilung $d(v)$ einer Größe v, die mit der
Energie nicht vertauschbar ist, ändert sich daher im allgemeinen mit der Zeit.
Nur im stationären Fall (2), d. h. in einem Zustand, wo ψ durch eine Eigenfunktion der Energie gegeben ist, werden die Wahrscheinlichkeitsverteilungen $d(v)$
anderer Größen v zeitunabhängig sein. Dies folgt, weil die Entwicklung von (2)
in die Eigenfunktion $\chi_m(q)$ von v dadurch hergestellt werden kann, daß man nur
$\varphi_k(q)$ entwickelt; sie kann daher mit konstanten Koeffizienten τ_m in der Form

$$\begin{aligned} \psi_k(q,\, t) &= e^{-(2\pi i/h)H_k t} \sum_m \tau_m\, \chi_m(q) \\ &= \sum_m \tau_m\, e^{-(2\pi i/h)H_k t}\, \chi_m(q) \end{aligned} \left.\vphantom{\begin{aligned} \\ \\ \end{aligned}}\right\} \tag{12}$$

geschrieben werden. Wie vorher kann der exponentielle Faktor hier entweder
in die Koeffizienten oder in die Eigenfunktionen einbezogen werden. In beiden
Fällen sind die Quadrate der Koeffizienten zeitunabhängig.

Die Ergebnisse dieses Abschnitts können wie folgt zusammengefaßt werden.
Die Zustandsfunktion ψ ist immer zeitabhängig, d. h. sie hat die Form $\psi(q, t)$.
Ihre Zeitabhängigkeit ist durch die zweite Schrödinger-Gleichung (1) geregelt.
In stationären Fällen besteht $\psi(q, t)$ aus einem zeitunabhängigen Teil $\varphi_k(q)$, der
eine Eigenfunktion der Energie ist, und einem exponentiellen Faktor vom Be-
trage 1, der t enthält. In den betrachteten nichtstationären Fällen hat die
Funktion $\psi(q, t)$, wenn sie in Eigenfunktionen der Energie entwickelt wird, die
Form (5) oder (7) und führt daher zu konstanten Entwicklungskoeffizienten σ_k
oder Koeffizienten $\sigma_k'(t)$, welche, entsprechend (6), die Zeit nur in einem exponentiellen Faktor vom Betrage 1 enthalten. Die Wahrscheinlichkeitsfunk-
tion $|\sigma_k|^2$ oder $|\sigma_k'(t)|^2$ ist daher zeitunabhängig. Wenn das nichtstationäre
$\psi(q, t)$ in die Eigenfunktionen einer Größe v entwickelt wird, die mit der Ener-
gie unvertauschbar ist, dann enthalten die Koeffizienten $|\tau_k(t)|^2$ die Zeit in einer
Form, die von (6) verschieden ist, und die Wahrscheinlichkeitsverteilung
$|\tau_k(t)|^2$ hängt daher von der Zeit ab.

In den folgenden Abschnitten werden wir die Variable t in der Funktion ψ
nicht angeben, sondern einfach $\psi(q)$ schreiben. Alle dargestellten Beziehungen
gelten dann selbstverständlich für jeden Wert t.

§ 19. Transformation auf andere Zustandsfunktionen

Bisher haben wir die Funktion $\psi(q)$ als Zustandsfunktion benutzt, d. h. als die Funktion, die den Wahrscheinlichkeitszustand eines physikalischen Systems beschreibt. Dabei haben wir die Koordinaten q vor anderen physikalischen Größen ausgezeichnet, da ψ in den q ausgedrückt ist. Dieselbe Auszeichnung ist in der Form der Schrödinger-Gleichung (5, § 14) sichtbar, welche Eigenfunktionen $\varphi(u, q)$ als Beziehungen zwischen jeder beliebigen Größe u und den Koordinaten q bestimmt. Wir wollen jetzt zeigen, daß diese Auszeichnung beseitigt werden kann und daß wir andere Systeme physikalischer Größen an Stelle der Koordinaten q benutzen können.

13
s. S. 196

Wir wollen den stetigen Fall betrachten und unsere Überlegungen auf die Symmetrie der Funktionen $\psi(q)$ und $\sigma(u)$, wie sie in § 9 erklärt wurde, begründen. Wenn wir (16, § 11) anwenden, können wir $\sigma(u)$ in die Funktionen $\varphi(q, u)$ entwickeln, wobei die Entwicklungskoeffizienten durch die Funktion $\psi(q)$ gegeben sind

$$\sigma(u) = \int \psi(q)\, \breve{\varphi}(q, u)\, du \qquad \breve{\varphi}(q, u) = \varphi^*(u, q) \tag{1}$$

Wir können diese Beziehung so interpretieren, daß $\sigma(u)$ die Zustandsfunktion ist und die $\breve{\varphi}(q, u)$ die Eigenfunktionen von q mit Bezug auf u sind. Wenn wir dieser Auffassung folgen und Regel II auf den Entwicklungskoeffizienten $\psi(q)$ anwenden, erhalten wir sofort (14, § 17), d. h. Regel III.

Wenn wir die geometrische Sprache des F-Raumes (§ 10) in der passiven Interpretation benutzen, können wir sagen, daß wir, statt das ψ-System als Bezugssystem zu gebrauchen, jetzt das σ-System als Bezugssystem eingeführt haben. Die Eigenfunktionen der Größe q im σ-System sind die Konjugiertkomplexen der Eigenfunktionen von u im ψ-System mit vertauschten Argumenten. Wenn wir jetzt eine dritte Größe v mit der Zustandsfunktion $\tau(v)$ einführen, müssen wir von dem Dreieck der Transformationen (§ 11) Gebrauch machen. Wenn die Eigenfunktionen von v im ψ-System $\chi(v, q)$ sind, können wir diese Funktionen nicht als die Eigenfunktionen von v im σ-System benutzen; statt dessen müssen wir Eigenfunktionen $\omega(v, u)$ einführen, die durch (16e, § 11) in folgender Weise bestimmt sind

$$\omega(v, u) = \int \chi(v, q)\, \breve{\varphi}(q, u)\, dq \tag{2}$$

14
s. S. 196

Wir sehen, daß wir unsere bisher gebrauchte Terminologie für Eigenfunktionen ändern müssen. Wir dürfen nicht einfach von Eigenfunktionen einer physikalischen Größe sprechen, sondern von Eigenfunktionen einer physikalischen Größe, die als Argument der Zustandsfunktion gebraucht wird.

Die Transformation der Zustandsfunktion bringt weitere Änderungen mit sich. Die zweite Schrödinger-Gleichung, die ψ in seiner Zeitabhängigkeit bestimmt, muß in eine ähnliche Gleichung, die die Zeitabhängigkeit von $\sigma(u)$ bestimmt, transformiert werden. Wir verweisen den Leser auf Textbücher über Quantenmechanik[1]).

---

[1]) Vgl. z. B. H. A. Kramers *Grundlagen der Quantentheorie* (Leipzig 1988), S. 145, 153.

Mit diesen Überlegungen wird der Absolutismus der Koordinaten q zu einem großen Teil beseitigt und durch eine Relativität der Parameter ersetzt. Es steckt allerdings ein Rest von Absolutismus in der Tatsache, daß der Übergang von der klassischen Funktion (1, § 14) zu dem Operator der Größe u nur für die q und p als Argumente definiert ist.

§ 20. Bestimmung der ψ-Funktion aus Beobachtungen

Wir haben in § 18 gesehen, daß die zweite Schrödinger-Gleichung die ψ-Funktion zu jeder beliebigen Zeit t bestimmt, wenn die ψ-Funktion zur Zeit t_0 gegeben ist. Um von diesem Verfahren Gebrauch zu machen, müssen wir daher die ψ-Funktion zur Zeit t_0 kennen. Diese Bestimmung kann nicht durch eine rein theoretische Untersuchung vorgenommen werden; sie erfordert außerdem Experimente und Beobachtungen.

Um diese Überlegungen klarer zu machen, wollen wir eine Analogie mit der klassischen Mechanik benutzen. SCHRÖDINGERS zweite Gleichung entspricht dem Kausalgesetz, das die Änderung der Werte physikalischer Größen im Laufe der Zeit bestimmt. Um solche Gesetze anzuwenden, müssen wir die Anfangswerte der in Betracht kommenden Größen kennen; diese Kenntnis wird mit Hilfe von Experimenten und Beobachtungen erlangt. Die entsprechende Kenntnis ist in der Quantenmechanik durch die zur Zeit t_0 bestehende ψ-Funktion ausgedrückt.

Die Schwierigkeiten, die ψ-Funktion zu bestimmen, rühren von der Tatsache her, daß die komplexen Funktionen der Quantenmechanik nicht unmittelbar Größen darstellen; nur ihre Quadrate entsprechen solchen Größen. Diese Quadrate drücken Wahrscheinlichkeiten aus und sind daher einer statistischen Bestimmung zugänglich. Das Quadrat einer komplexen Funktion bestimmt jedoch nicht die Funktion, da viele verschiedene komplexe Funktionen dasselbe Quadrat haben können. Der Grund dafür ist, daß eine komplexe Funktion ein *Paar* reeller Funktionen darstellt, während ihr Quadrat nur *eine* reelle Funktion repräsentiert. Um eine komplexe Funktion zu bestimmen, müssen wir daher zwei passend gewählte reelle Funktionen von statistischem Charakter kennen.

Die Ergebnisse von § 17 legen einen Versuch in folgender Richtung nahe. Wenn die Funktion $\psi(q)$ gegeben ist, dann bestimmen die Regeln III und II die Wahrscheinlichkeitsverteilungen $d(q)$ und $d(p)$ des Ortes und des Impulses; die erste ist als $|\psi(q)|^2$, die zweite als $|\sigma(p)|^2$ gegeben, wobei $\sigma(p)$ den Koeffizienten in der Entwicklung in Eigenfunktionen darstellt. Man möchte annehmen, daß es möglich sein sollte, sowohl $\psi(q)$ als auch $\sigma(p)$ zu bestimmen, wenn $d(q)$ und $d(p)$ gegeben sind, da die Eigenfunktionen der Entwicklung bekannt sind; jede der beiden Funktionen $\psi(q)$ und $\sigma(p)$ ist ja durch die andere bestimmt.

Diese Annahme ist jedoch falsch. V. BARGMANN, dem der Verfasser diese Frage vorgelegt hat, hat durch die Konstruktion eines Beispiels gezeigt, daß eine Klasse mehrerer voneinander verschiedener Funktionen $\psi(q)$ und daher auch eine entsprechende Klasse $\sigma(p)$ mit denselben Verteilungen $d(q)$ und $d(p)$ vereinbar ist. Diese Mehrdeutigkeit von $\psi(q)$ wäre natürlich unwesentlich, wenn sie auf das Auftreten eines beliebigen Phasenfaktors beschränkt wäre, da zwei Funktionen $\psi(q)$, die nur mit Bezug auf einen konstanten Phasenfaktor, d. h. einen von q unabhängigen komplexen Faktor vom Betrage 1, voneinander abweichen, dieselben Wahrscheinlichkeitsverteilungen für alle physikalischen Größen liefern. Das von BARGMANN konstruierte Beispiel zeigt jedoch, daß die Mehrdeutigkeit in $\psi(q)$ von allgemeinerer Art ist. Wenn die Verteilungen $d(q)$ und $d(p)$ gegeben sind, ist es möglich, zwei verschiedene Funktionen $\psi_1(q)$ und $\psi_2(q)$ zu konstruieren, die zwar mit den gegebenen Verteilungen vereinbar sind, aber zu verschiedenen Verteilungen $d_1(u)$ und $d_2(u)$ einer dritten unvertauschbaren Größe u führen[1]).

Wir müssen daher sagen, daß die Funktion $\psi(q)$ das Paar $d(q)$ und $d(p)$ plus weiteres Wissen darstellt. Es scheint zur Zeit nicht möglich zu sein, festzustellen, durch welche Art von Beobachtung dieses besondere zusätzliche Wissen erworben werden kann.

Es gibt dagegen einen anderen Weg, der frei von diesen Mehrdeutigkeiten ist und es ermöglicht, $\psi(q)$ mit Hilfe von statistischen Beobachtungen zu bestimmen. Dieser Weg ist von E. FEENBERG[2]) gefunden worden, der gezeigt hat, daß ψ bestimmt werden kann, wenn die Zeitabhängigkeit von ψ bei den statistischen Überlegungen berücksichtigt wird. Wie wir in § 17 betont haben, muß die Funktion $\psi(q)$ als der Spezialwert einer zeitabhängigen Funktion $\psi(q, t)$ für eine gewisse Zeit t angesehen werden. In ähnlicher Weise stellt die Funktion $|\psi(q)|^2$ den Spezialwert einer Funktion $|\psi(q, t)|^2$ dar, und wir haben daher auch eine zeitabhängige Wahrscheinlichkeitsverteilung $d(q, t)$. Wir deuten die speziellen Funktionen an, die zu der Zeit t_0 bestehen, indem wir t_0 für das Argument schreiben. FEENBERG hat nun gezeigt, daß $\psi(q, t_0)$ bis auf einen konstanten Phasenfaktor bestimmt ist, wenn die beiden reellen Funktionen $d(q, t_0)$ und $\partial/\partial t)\, d(q, t_0)$ gegeben sind, wobei der letztere Ausdruck die zeitliche

---

[1]) BARGMANN benutzt eine Funktion $\sigma(p)$ von der speziellen Form $\sigma(p) = \sigma(-p)$; er zeigt dann, daß die folgenden beiden Beziehungen gelten, wenn $\varphi(p, q)$ die Fourier-Funktion $1/\sqrt{2\pi}\, e^{ipq}$, ist:

$$\psi(q) = \int \sigma(p)\, \psi(p, q)\, dp$$

$$\psi^*(q) = \int \sigma^*(p)\, \psi(p, q)\, dp$$

Dies folgt, da für die Fourier-Funktion $\varphi^*(p, q) = \varphi(-p, q)$ gilt, mit Hilfe der Beziehungen

$$\psi^*(q) = \int_{-\infty}^{+\infty} \sigma^*(p)\, \varphi^*(p, q)\, dp = -\int_{+\infty}^{-\infty} \sigma^*(-p)\, \varphi^*(-p, q)\, dp = \int_{-\infty}^{+\infty} \sigma^*(p)\, \varphi(p, q)\, dp$$

Die Funktion $\psi(q)$ befriedigt dann auch die Beziehung $\psi(q) = \psi(-q)$, kann aber, abgesehen von dieser Einschränkung, beliebig gewählt werden. Es folgt, daß die gegebenen Wahrscheinlichkeitsverteilungen $d(q)$ und $d(p)$ sowohl mit dem Paar ψ, σ als auch mit dem Paar ψ^*, σ^* vereinigt werden können; diese beiden Paare führen jedoch zu verschiedenen Wahrscheinlichkeitsverteilungen $d(u)$ anderer Größen u. Von diesem einfachen Beispiel ausgehend, hat BARGMANN sogar noch kompliziertere Formen von ψ-Funktionen konstruiert, die für gegebene $d(q)$ und $d(p)$ gelten.

[2]) FEENBERGS Beweis ist in E. C. KEMBLE, *Fundamental Principles of Quantum Mechanics* (New York 1937), S. 71, dargestellt.

Ableitung von $d(q, t)$ zur Zeit t_0 bedeutet. Der Beweis, der gewisse mathematische Methoden erfordert, macht von der zeitabhängigen Schrödinger-Gleichung Gebrauch. Wie man aus (1, § 18) ersehen kann, stellt diese Gleichung eine Beziehung zwischen der Gestalt der ψ-Funktion im Konfigurationsraum und ihrer Zeitableitung auf, da ihre linke Seite räumliche Ableitungen von ψ enthält und ihre rechte Seite die Zeitableitung ausdrückt. Die Kenntnis einer Zeitableitung, selbst wenn es sich nur um die Zeitableitung der Funktion $|\psi(q, t)|^2$ handelt, führt daher zu einer gewissen Bestimmung der Gestalt der Funktion $\psi(q, t)$ im Konfigurationsraum, welche schließlich in Verbindung mit dem Wert von $|\psi(q, t)|^2$ eine vollständige Bestimmung von $\psi(q, t)$ leistet, mit Ausnahme eines konstanten Phasenfaktors.

Es stellt sich also heraus, daß das Paar der beiden reellen Funktionen $d(q, t_0)$ und $(\partial/\partial t)\, d(q, t_0)$ dem Paar $d(q)$ und $d(p)$, oder $d(q, t_0)$ und $d(p, t_0)$, insofern überlegen ist, als nur das erste Paar zu einer Bestimmung der ψ-Funktion führt. Der Grund dafür ist, daß die zeitabhängige Schrödinger-Gleichung die Wahl der ψ-Funktionen, die mit dem Paar $d(q, t_0)$ und $(\partial/\partial t)\, d(q, t_0)$ vereinbar sind, beschränkt; wenn wir dagegen von dem Paar $d(q)$ und $d(p)$ ausgehen, besteht keine solche Einschränkung für die Klasse der möglichen ψ-Funktionen. Da der Impuls p durch die Geschwindigkeit bestimmt ist und diese die Zeitableitung von q darstellt, können wir unser Ergebnis folgendermaßen formulieren: die Zeitableitung der Verteilung $d(q)$ besagt mehr als die Verteilung der Zeitableitung von q.

Der Weg, die Funktion ψ aus Beobachtungen zu bestimmen, kann nun wenigstens prinzipiell folgendermaßen angegeben werden. Wir gehen nicht von *einem*, sondern von einer Menge A von Systemen unter gleichen physikalischen Bedingungen aus; diese Bedingungen müssen so spezifiziert sein, daß sie dieselbe, obgleich unbekannte Form der Funktion $\psi(q, t)$ für jedes der Systeme sicherstellen, oder daß sie, in anderen Worten, die Existenz *einer* ψ-Funktion für die ganze Menge garantieren (vgl. § 23). Wir wählen jetzt willkürlich eine Untermenge B von Systemen und messen zur Zeit t_0 den Wert von q in jedem der Systeme der Untermenge B. Die Ergebnisse werden für die einzelnen Systeme verschieden sein, und wir erhalten so eine Wahrscheinlichkeitsverteilung $d(q, t_0)$. Wir nehmen nun an, daß die so erhaltene Verteilung ebenso für den Rest der Menge A gelte, d. h. wir setzen voraus, daß wir dieselbe Verteilung erhalten hätten, wenn wir q in allen Systemen von A gemessen hätten. Diese Annahme stellt den üblichen induktiven Schluß dar, ohne den natürlich keine physikalischen Aussagen gemacht werden können.

Wir machen jetzt einen sehr bedeutsamen logischen Schritt. Da eine Messung an ihnen vorgenommen ist, sind die Systeme der Untermenge B gestört worden; sie werden daher von der ursprünglichen Menge ausgeschlossen. Diese Systeme haben jetzt neue ψ-Funktionen, die uns nicht interessieren; die ψ-Funktion, deren Quadrat durch die erhaltene Verteilung $d(q, t_0)$ ausgedrückt ist, ist die ψ-Funktion der restlichen Menge A'.

Zur Zeit t_1, kurz nach t_0, wählen wir eine andere Untermenge B' von A', und machen nun Ortsmessungen an allen Systemen von B'. Die sich ergebende

Verteilung $d(q, t_1)$ bestimmt dann das Quadrat der Funktion $\psi(q, t_1)$ der restlichen Menge A'', die sich aus A' durch den Ausschluß von B' ergibt. Die Differenz $d(q, t_1) - d(q, t_0)$ geteilt durch $t_1 - t_0$, stellt dann eine zahlenmäßige Annäherung für die Ableitung $(\partial/\partial t)\, d(q, t_0)$ oder $(\partial/\partial t)\, |\psi(q, t_0)|^2$ dar.

Wir müssen nun eine Funktion $\psi(q, t_0)$ bestimmen, welche die beiden gegebenen zahlenmäßigen Daten $|\psi(q, t_0)|^2$ und $(\partial/\partial t)\, |\psi(q, t_0)|^2$ befriedigt und zur gleichen Zeit die zeitabhängige Schrödinger-Gleichung erfüllt. Diese Bestimmung kann mit Hilfe von numerischen Methoden durchgeführt werden, da sie nur für angenäherte Ergebnisse benutzt wird. So kommen wir endlich zu einer Funktion $\psi(q, t_0)$, die wir nicht nur als die ψ-Funktion der Menge A'', sondern jeder Menge von der Art A ansehen können, d. h. jeder Menge, die unter den A definierenden physikalischen Bedingungen hergestellt wird.

Obgleich diese Überlegung aus praktischen Gründen nicht immer durchgeführt werden kann, besteht ihr Wert doch in der Tatsache, daß sie den Weg zu einer Bestimmung der ψ-Funktion aus Beobachtungen zeigt. *Die Zustandsfunktion ψ kann mit Hilfe von Beobachtungsdaten gefunden werden;* das ist es, was wir hier zeigen wollen. Wenn dies einmal klar ist, erscheint es richtig, sich auch nach anderen Wegen für die Bestimmung der ψ-Funktion umzusehen. Eine häufig benutzte Methode ist, die Form aus den allgemeinen physikalischen Bedingungen zu erraten und ihre zahlenmäßigen Konstanten mit Hilfe von Beobachtungsergebnissen zu prüfen, die aus der angenommenen Funktion abzuleiten sind. Solche Methoden sind zulässig, nachdem man sich klar gemacht hat, in welchem Ausmaß die benutzten Beobachtungsdaten die ψ-Funktion bestimmen.

Wir sehen jetzt, warum komplexe Funktionen in der Quantenmechanik benutzt werden. Die komplexe Funktion ψ kann als eine mathematische Abkürzung angesehen werden, die ein Paar von statistischen Mengen ersetzt. So können wir $\psi(q, t_0)$ als die Vertretung des Paares $d(q, t_0)$ und $(\partial/\partial t)\, d(q, t_0)$ ansehen; oder, da die Zeitableitung durch die Verteilung zu einer unmittelbar folgenden Zeit t_1 bestimmt ist, als die Vertretung des Paares zweier aufeinander folgender Verteilungen $d(q, t_0)$ und $d(q, t_1)$; oder als die Vertretung des Paares $d(q, t_0)$ und $d(p, t_0)$, mit der Einschränkung, daß ψ gewisse zusätzliche Angaben einschließt, die das letztere Paar nicht enthält. Der Wert des mathematischen Algorismus der Quantenmechanik besteht in der Tatsache, daß wir mit der Kenntnis der komplexen Funktion $\psi(q)$ nicht nur die beiden ursprünglichen statistischen Mengen, aus denen $\psi(q)$ abgeleitet worden ist, sondern auch die statistischen Verteilungen aller anderen Größen des Systems zur selben Zeit kennen und außerdem noch die statistischen Verteilungen aller dieser Größen zu jeder späteren Zeit bestimmen können. Das Verfahren, durch welches dieses Ziel erreicht wird, ist in den Regeln I und II, § 17, und in der zeitabhängigen Schrödinger-Gleichung gegeben.

Wir müssen eine Bemerkung logischer Art hinzufügen. Da die Bestimmung einer ψ-Funktion durch statistische Methoden vollzogen wird, muß eine ψ-Funktion nicht einem einzelnen System, sondern einer Menge von Systemen zugeschrieben werden. Nun kann dasselbe individuelle System zu verschiedenen Mengen gehören; daher sind Ausdrücke wie «die ψ-Funktion dieses Systems» streng genommen sinnlos. Trotz dieser Schwierigkeit ist es zulässig, solche Ausdrücke zu gebrauchen, wenn es aus dem Überlegungszusammenhang klar ist, auf welche Menge das System bezogen ist. Eine ähnliche Schwierigkeit ist in der Wahrscheinlichkeitsrechnung für Aussagen über den Wahrscheinlichkeitsgrad eines Einzelfalles bekannt; da die Wahrscheinlichkeit eine Eigenschaft ist, die nur für Klassen definiert werden kann, sind auch solche Aussagen nur sinnvoll, wenn der in Betracht stehende Fall als in eine bestimmte Bezugsklasse eingegliedert aufgefaßt wird[1]. Wenn diese Klasse nicht besonders genannt ist, muß man fordern, daß die Wahl der Klasse aus dem Zusammenhang heraus klar hervorgehe. In ähnlicher Weise wird der Ausdruck «ψ-Funktion eines bestimmten physikalischen Systems» von uns als sinnvoll angesehen werden, wenn es klar ist, welche *Bezugsklasse* zu verstehen ist.

§ 21. Mathematische Theorie der Messung

Wir wenden uns jetzt einer Untersuchung des Begriffs der *Messung* zu. Wir haben in unseren statistischen Überlegungen von Messungen der Werte von Größen Gebrauch gemacht und wollen nun untersuchen, was man unter einer Messung versteht.

Wenn wir in der klassischen Physik zwischen einer gemessenen und einer ungemessenen Größe unterscheiden, kann der Unterschied dieser beiden Fälle folgendermaßen beschrieben werden. Eine ungemessene Größe ist nicht bekannt, was jedoch nicht verhindert, daß sie mit einer gewissen Wahrscheinlichkeit vorausgesagt werden kann. Solange diese Wahrscheinlichkeit kleiner als 1 ist, müssen wir sagen, daß die Größe unbekannt ist. Um die Größe zu kennen, müssen wir weitere physikalische Operationen vornehmen, mit deren Hilfe die Größe gemessen wird. Nachdem diese Operationen ausgeführt worden sind, ist die Ungewißheit der Voraussage überwunden; d.h. daß wir jetzt mit Sicherheit das Ergebnis voraussagen können, das wir erhalten würden, wenn wir die Messung wiederholten.

Wir können diesen Gedanken für eine Definition der Messung benutzen[2]: *Eine Messung ist eine physikalische Operation, die ein bestimmtes Zahlenergebnis liefert und die, wenn sie unmittelbar danach wiederholt wird, dasselbe Ergebnis bringt.*

Der Zusatz «unmittelbar» ist notwendig, weil die Größe ihren Wert ändern könnte, wenn wir zulange warteten. Nur für zeitunabhängige Größen kann diese Einschränkung vernachlässigt werden.

Es ist klar, daß der Gebrauch des Wortes «Messung» in der klassischen Physik in unserer Definition inbegriffen ist, und zwar in dem Sinne, daß jede klassische Messung die Eigenschaft hat, die in unserer Definition gefordert ist.

---

[1] Vgl. das Buch des Autors *Experience and Prediction* (Chicago 1938), §§ 33, 34.
[2] Diese Messungsdefinition ist von E. Schrödinger sehr klar in *Naturwissenschaften 23*, 824 (1935), formuliert worden.

Gewöhnlich verbinden wir mit dem Wort «Messung» in der klassischen Physik einige weitere Forderungen, wie z.B., daß die Größe nicht durch die Messung hervorgebracht werde, sondern daß sie vorher existiere, usw. Wir wollen die Diskussion solcher Fragen jedoch aufschieben und uns an die gegebene Definition halten, wenn auch aus keinem anderen Grunde, als daß sie uns für unsere vorzunehmende Untersuchung von allen solchen Fragen befreit.

Es ist ein Vorteil der gegebenen Definition, daß sie auch in der Quantenmechanik angewendet werden kann. Um dies zu zeigen, müssen wir erst eine Übersetzung unserer Definition in die Mathematik der Quantenmechanik vornehmen.

Da der Wahrscheinlichkeitszustand eines physikalischen Systems durch die ψ-Funktion ausgedrückt ist, erfordert unsere Definition die Einführung einer ψ-Funktion, die uns erlaubt, strenge Voraussagen zu machen, d.h. Voraussagen, relativ zu denen die Wahrscheinlichkeitsverteilung $d(u)$ einer Größe u in eine konzentrierte Verteilung entartet. Wir brauchen den Ausdruck *konzentrierte Verteilung* im diskreten Fall für eine Verteilung, welche $d(u_i) = 1$ für den Index i liefert, aber $d(u_k) = 0$ für alle anderen Indizes $k \neq i$ bestimmt. Für den stetigen Fall kann die konzentrierte Verteilung nur mit Hilfe von Annäherungen definiert werden; der Ausdruck bedeutet dann, daß $d(u)$ als eine Dirac-Funktion $\delta(u, u_1)$ angesehen werden kann, wobei u_1 der existierende Wert der Größe u ist.

Man sieht jetzt leicht, daß im diskreten Fall $d(u)$ eine konzentrierte Verteilung ist, wenn die Funktion $\psi(q)$ mit einer Eigenfunktion $\varphi_i(q)$ der Größe u identisch ist. In das Wort «identisch» schließen wir hier die Möglichkeit ein, daß $\psi(q)$ und $\varphi_i(q)$ sich durch einen konstanten Phasenfaktor vom Betrage 1 voneinander unterscheiden. Unsere Behauptung ergibt sich daraus, daß die Entwicklung von $\psi(q)$ in die Reihe der $\varphi_k(q)$, nämlich

$$\psi(q) = \varphi_i(q) = \sum_k \sigma_k \, \varphi_k(q) \tag{1}$$

in diesem Falle die Beziehungen

$$|\sigma_i| = 1 \qquad \sigma_k = 0 \ \text{für} \ k \neq i \tag{2}$$

liefert. Entsprechend Regel II, § 17, heißt das

$$P(s, u_i) = 1 \qquad P(s, u_k) = 0 \ \text{für} \ k \neq i \tag{3}$$

Für den stetigen Fall haben wir hier gewisse mathematische Komplikationen. Da stetige Grundfunktionen nicht reflexiv sind (vgl. § 9), kann die Funktion $\psi(q)$ nicht mit einer der Eigenfunktionen von u identisch sein. Wenn wir jedoch Annäherungsmethoden benutzen, können wir Überlegungen, die denen des diskreten Falles analog sind, durchführen. Statt eines scharfen Wertes u_i nehmen wir hier ein kleines Intervall $u_1 \pm \varepsilon$, das wir mit u_ε abkürzen. Die Bedingung, daß $d(u)$ eine konzentrierte Verteilung sei, ist dann durch die folgenden Beziehungen gegeben, die eine annähernde Gleichheit ausdrücken

$$P(s, u_\varepsilon) \sim 1 \qquad P(s, u) \sim 0 \ \text{für} \ u \ \text{außerhalb von} \ u_\varepsilon \tag{4}$$

Diese Bedingung wird befriedigt, wenn

$$\int_{u_1-\varepsilon}^{u_1+\varepsilon} |\sigma(u)|^2\, du \sim 1 \qquad \sigma(u) \sim 0 \quad \text{für } u \text{ außerhalb von } u_\varepsilon \tag{5}$$

Die Entwicklung von ψ ist dann praktisch durch

$$\psi(q) \sim \int_{u_1-\varepsilon}^{u_1+\varepsilon} \sigma(u)\, \varphi(u,q)\, du \tag{6}$$

gegeben. Das bedeutet, daß $\psi(q)$ praktisch aus einem Bündel benachbarter Eigenfunktionen $\varphi(u, q)$ besteht, die Werten u innerhalb des Intervalls u_ε entsprechen. Wir sagen, daß in diesem Fall $\psi(q)$ eine *praktische Eigenfunktion* der Größe u[1]) ist. Diese Ergebnisse ermöglichen es uns, folgende Definition zu geben.

Quantenmechanische Definition der Messung: Eine Messung einer Größe u ist eine physikalische Operation, relativ zu welcher die ψ-Funktion des physikalischen Systems durch eine der Eigenfunktionen von u oder durch eine der praktischen Eigenfunktionen von u dargestellt ist.

Diese Definition muß als eines der grundlegenden Prinzipien der Quantenmechanik angesehen werden; sie drückt die Rolle aus, die der Messung in einer Welt von Wahrscheinlichkeitsverknüpfungen zufällt. Es ist eine Tatsache, daß es physikalische Anordnungen gibt, die Messungen im definierten Sinne sind; die Beschreibung und Konstruktion solcher Anordnungen bilden den Teil der Physik, den wir Messungstechnik nennen. Wir nennen eine durch Eigenfunktionen definierte Messung, wie sie in der obigen Definition beschrieben ist, eine *ideale Messung*. Aus der Definition der praktischen Eigenfunktionen folgt, daß wir im stetigen Fall nur mehr oder weniger ideale Messungen haben, d.h. Messungen, die nur bis auf einen bestimmten Annäherungsgrad gemacht werden können. Im diskreten Fall kann im Prinzip eine ideale Messung gemacht werden; in der Praxis ist dies allerdings nicht möglich, und selbst in diesem Fall haben wir daher eine ψ-Funktion, die nur eine praktische Eigenfunktion der

16
s. S. 196

17
s. S. 196

---

[1]) Wir müssen beachten, daß die Werte der Koeffizienten $\sigma(u)$ im Intervall u_ε durch die Forderung (5) völlig unbestimmt gelassen werden und daß daher die Gestalt der Funktion $\psi(q)$ nicht bestimmt ist. Was wir eine praktische Eigenfunktion nennen, dürfen wir uns daher nicht als eine Funktion vorstellen, die einer Eigenfunktion ähnlich ist. Allerdings kann (6) annähernd als

$$\psi(q) \sim \varphi(u_1, q) \int_{u_1-\varepsilon}^{u_1+\varepsilon} \sigma(u)\, du$$

geschrieben werden; aber das Integral in diesem Ausdruck konvergiert mit kleinerem ε nach Null, während $\varphi(u, q)$ endlich ist. Diese Konvergenz ist notwendig, weil $\psi(q)$ entsprechend (1, § 17) normalisiert ist, während das entsprechende Integral für $\varphi(u, q)$ unendlich ist. $\psi(q)$ wird dann auch nach Null konvergieren, während die Bedingung der Normalisierung erfüllt bleibt. Das heißt, daß die mittlere Abweichung Δq, die in HEISENBERGS Ungleichung (2, § 3) vorkommt, unendliche Werte annimmt. Da die Größenordnung von $\psi(q)$ dann dieselbe ist wie die Ungenauigkeit der obigen Beziehung, kann man nicht sagen, daß sich $\psi(q)$ proportional zu $\varphi(u, q)$ verhalte. Daraus folgt, daß der Übergang zu dem Limes $\varepsilon = 0$ keine bestimmte Form der ψ-Funktion definiert. Der stetige Fall unterscheidet sich hier wesentlich vom diskreten Fall.

gemessenen Größe ist, d. h. die aus einem Bündel benachbarter Eigenfunktionen besteht. In beiden Fällen nennen wir das System *in u definit*[1]).

Jetzt können wir diskutieren, welche Rolle die Messungen in physikalischen Operationen spielen. Wir begründen unsere Diskussion auf die oben gegebene Definition der idealen Messung und werden sehen, daß diese Definition unmittelbar zu der Unbestimmtheitsrelation und zu einer Formulierung der von der Messung ausgehenden Störung führt. Für die ideale Messung stellt diese Störung ein Minimum dar, aber wirkliche Messungen werden immer größere Störungen hervorbringen. Diese Tatsache rechtfertigt eine Beschränkung der Diskussion auf die Untersuchung idealer Messungen; wir bestimmen dann das Minimum von Störung, das irgendeine Messung hervorbringen kann.

Die Unbestimmtheitsrelation betrifft die Frage verschiedener Messungen zur selben Zeit, d. h. durch die gleiche physikalische Anordnung. Wenn eine solche Anordnung die genauen Werte verschiedener physikalischer Größen bestimmen soll, dann müssen diese Größen dieselben Eigenfunktionen haben; sonst kann die ψ-Funktion der Anordnung nur der Eigenfunktion einer der Größen entsprechen. Wir haben oben gezeigt, daß Größen mit vertauschbaren Operatoren dieselben Eigenfunktionen haben; deshalb können solche Größen gleichzeitig gemessen werden. Größen mit unvertauschbaren Operatoren haben jedoch verschiedene Eigenfunktionen, und es ist daher unmöglich, solche Größen durch dieselbe physikalische Anordnung zu messen. Wir haben in (6, § 15) gesehen, daß insbesondere Impuls und Ort unvertauschbare Größen sind; daraus folgt, daß es keine physikalische Anordnung gibt, die Impuls und Ort gleichzeitig mißt.

Wenn es also keine Möglichkeit gibt, diese beiden Größen gleichzeitig zu messen, kann man sie dann nicht wenigstens nacheinander messen? Diese Frage müssen wir jetzt beantworten. Wir wollen dabei der Einfachheit halber nur den heterogenen Fall betrachten; für den stetigen Fall kann man dieselben Ergebnisse mit Hilfe der obenerwähnten Annäherungsmethoden entwickeln.

Wenn eine Messung von u mit dem Resultat u_i gemacht worden ist, dann ist die ψ-Funktion des Systems mit $\varphi_i(q)$ identisch. Um die Wahrscheinlichkeit zu ermitteln, in einem solchen System einen Wert einer Größe v zu messen, müssen wir diese ψ-Funktion in die Eigenfunktionen von v entwickeln. Da wir annehmen, daß v mit u unvertauschbar sei, sind diese Eigenfunktionen $\chi_k(q)$ von den $\varphi_i(q)$ verschieden. Nun ist die Entwicklung der $\varphi_i(q)$ mit Hilfe der $\chi_k(q)$ durch das Dreieck der Transformationen (§ 11) bestimmt, und (17f, § 11) liefert

$$\varphi_i(q) = \sum_k \breve{\omega}_{ik}\, \chi_k(q) \tag{7}$$

Wir können jetzt Regel II, § 17 anwenden. Da der Zustand s des Systems durch

---

[1]) Aus den Überlegungen in der vorigen Fußnote folgt, daß die ψ-Funktion eines Systems noch nicht bestimmt ist, wenn das System in u definit ist, und daß daher die Wahrscheinlichkeitsverteilungen anderer Größen nicht bestimmt sind. Nur wenn wir den diskreten Fall haben und wissen, daß $\psi(q)$ im strengen Sinn gleich einer Eigenfunktion $\varphi_i(u)$ ist, sind die Wahrscheinlichkeitsverteilungen aller anderen Größen auch bestimmt. Im allgemeinen brauchen wir zwei Wahrscheinlichkeitsverteilungen (vgl. § 20), um $\psi(q)$ zu bestimmen.

eine Messung von u mit dem Ergebnis u_i hervorgebracht ist, können wir in dem Wahrscheinlichkeitsausdruck s durch u_i ersetzen und analog zu (3, § 17) schreiben

$$P(u_i, v_k) = |\breve{\omega}_{ik}|^2 \tag{8}$$

Dies ist die Wahrscheinlichkeit, den Wert v zu finden, nachdem der Wert u_i gemessen worden ist. Wir sehen, daß wir hier keine konzentrierte Verteilung, sondern ein Wahrscheinlichkeitsspektrum haben, das sich über alle möglichen Werte von v ausdehnt. Voraussagen, die Messungen von v betreffen, nachdem eine Messung von u durchgeführt worden ist, können nur mit bestimmten Wahrscheinlichkeiten gemacht werden.

Stellen wir uns nun vor, daß nach der Messung von u mit dem Resultat u_i tatsächlich eine Messung von v gemacht werde und das Ergebnis v_k liefere. Dann haben wir einen neuen physikalischen Zustand s mit einer neuen ψ-Funktion, und zwar einer ψ-Funktion, die mit $\chi_k(q)$ identisch ist. Wir wissen, daß wir wieder v_k erhalten würden, wenn wir die Messung von v wiederholten, wie Überlegungen ähnlich den vorher benutzten zeigen. Wenn wir aber statt dessen eine neue Messung von u machen wollen, können wir ihr Ergebnis nicht länger mit Sicherheit voraussagen. Wir haben vielmehr ein Wahrscheinlichkeitsspektrum für u, das durch die Entwicklung der ψ-Funktion in die Eigenfunktion $\varphi_i(q)$ gegeben ist. Diese Entwicklung ist durch (17d, § 11) bestimmt

$$\chi_k(q) = \sum_i \omega_{ki}\, \varphi_i(q) \tag{9}$$

Daher haben wir

$$P(v_k, u_i) = |\omega_{ki}|^2 \tag{10}$$

Mit (2, § 11) haben wir

$$|\breve{\omega}_{ik}|^2 = |\omega_{ki}{}^*|^2 = |\omega_{ki}|^2 \tag{11}$$

und daher

$$P(u_i, v_k) = P(v_k, u_i) \tag{12}$$

Beziehung (10) drückt die Tatsache aus, daß wir nach der Messung von v nur ein Wahrscheinlichkeitsspektrum für u haben. Die Symmetrie dieses Spektrums mit demjenigen, welches für v nach der Messung von u existiert und in (12) ausgedrückt ist, beseitigt nicht die grundlegende Tatsache, daß wir die Wahrscheinlichkeit hier nicht loswerden können. Vor der Messung von v wußten wir mit Sicherheit, daß eine zweite Messung von u den Wert u_i geliefert hätte; wir wußten mit der Wahrscheinlichkeit (8), daß eine Messung von v den Wert v_k ergeben hätte. Nach der Messung von v mit dem Ergebnis v_k wissen wir mit Sicherheit, daß eine zweite Messung von v den Wert v_k liefern würde, und wir wissen mit der Wahrscheinlichkeit (10), daß eine Messung von u den Wert u_i ergeben würde.

Diese Tatsache ist es, die als eine Störung des Objekts durch die Messung interpretiert werden muß. Es gibt Messungen in der Quantenmechanik; das bedeutet: es gibt physikalische Operationen mit zahlenmäßigen Resultaten, die zu dem gleichen Ergebnis führen, wenn sie wiederholt werden. Wenn aber zwei Messungen einer Größe u durch die Messung einer unvertauschbaren Größe v

getrennt werden, dann kann man von der zweiten Messung von u nicht verlangen, daß sie den vorhergehenden Wert u_i ergebe; vielmehr kann ihr Resultat nur mit der Wahrscheinlichkeit (10) vorausgesagt werden. Die Messung von v muß daher eine physikalische Änderung in den Bedingungen des Systems bewirkt haben.

Mathematisch gesprochen, findet der Einfluß der Messung seinen Ausdruck in der Vertauschungsregel, welche in (6, § 15) für die grundlegenden Operatoren p und q formuliert ist und in ähnlicher Weise für eine Reihe anderer Parameter gilt. Es ist die Unvertauschbarkeit der Operatoren, die es unmöglich macht, einen physikalischen Zustand zu schaffen, der eine gleichzeitige Messung solcher Parameter darstellt. Die Vertauschungsregel drückt daher in allgemeiner Form den gleichen Gedanken aus, den wir oben als das Prinzip der umgekehrten Korrelation formuliert haben. Sie kann deshalb als eine zweite Formulierung von HEISENBERGS Unbestimmtheitsprinzip (2, § 3) angesehen werden; und zwar ist die letztere Ungleichung von der Vertauschungsregel ableitbar, wie in den Textbüchern über Quantenmechanik nachgewiesen wird. Wenn $h = 0$ wäre, würden alle Parameter vertauschbar sein und wir würden keine Störung durch die Messung und keine Unbestimmtheit haben.

Wir möchten eine Bemerkung über die grundlegenden Parameter p und q hinzufügen. Die Beziehung *kanonisch konjugiert* oder *komplementär* teilt diese Parameter derart in zwei Klassen ein, daß jede Klasse nur vertauschbare Parameter enthält; diese Einteilung kann jedoch auf verschiedene Weise gegeben werden. So können wir z. B. in eine Klasse alle q_i tun und in die andere alle p_i. Wir können aber in die erste Klasse auch einige der Ortsparameter und einige der Impulsparameter einordnen, wenn diese nicht komplementär zu jenen sind. So können wir für ein Massenteilchen mit den Ortskoordinaten q_1, q_2, q_3 und den Impulsparametern p_1, p_2, p_3 in die erste Klasse die Größen q_1, p_2, q_3 tun und in die zweite Klasse die Größen p_1, q_2, p_3. Für jede dieser Klassen kann eine zusammengesetzte Messung gefunden werden, so daß die Parameter dieser Klasse bestimmt werden; dann bleiben die Parameter der Komplementärklasse unbestimmt.

In ähnlicher Weise wie Impuls und Ort sind Zeit und Energie einander als komplementäre Parameter zugeordnet. Formal gesprochen, besteht hier ein Unterschied insofern, als die Zeit in der Quantenmechanik nicht als dieselbe Art physikalischer Größe wie die anderen Größen angesehen wird; so wird kein Zeitoperator in quantenmechanischen Gleichungen benutzt. Infolge dieser Tatsache kann eine Vertauschungsregel von der Form (6, § 15) für Zeit und Energie nicht aufgestellt werden. Man kann sogar zeigen, daß eine Vertauschungsregel von der Form (6, § 15) für Zeit und Energie zu Widersprüchen führen würde, wenn man den Versuch machte, einen Zeitoperator einzuführen[1]). Trotzdem gilt die Unbestimmtheitsrelation (3, § 3); aber es gibt für sie keine Analogie in einer Vertauschungsregel.

Eine Messung der Energie ist im allgemeinen mit einer Messung von Ort oder Impuls unvereinbar; so ist z. B. der Energieoperator, wenn er die Form

12
s. S. 196

---

[1]) Vgl. W. PAULI, *Die allgemeinen Prinzipien der Wellenmechanik* in *Handbuch der Physik*, Bd. XXIV, 1 (hg. von Geiger-Scheel, 2. Aufl., Berlin 1933), S. 140.

(3, § 14) hat, sowohl mit dem Ortsoperator als auch mit dem Impulsoperator unvertauschbar. Eine Messung, die die Maximalzahl der Parameter bestimmt, die in *einer* Messung ermittelt werden können, wird eine *Maximalmessung* genannt. Es gibt natürlich auch Messungen, die eine kleinere Anzahl von Größen bestimmen; z.B. können wir q_1 allein messen.

§ 22. Die Wahrscheinlichkeitsregeln und die Störung durch die Messung

Der Einfluß der Messung kann auch mit Hilfe einer anderen Überlegung formuliert werden. Nehmen wir an, daß zunächst eine Messung m_u einer Größe gemacht werde, dann eine Messung m_v einer Größe v und endlich eine Messung m_w einer Größe w. Dann werden die Wahrscheinlichkeiten

$$P(u_i, v_k) \quad \text{und} \quad P(v_k, w_m) \tag{1}$$

die Resultate der Messungen bestimmen. Die Wahrscheinlichkeit, einen Wert w_m zu erhalten, hängt dann nur von dem erhaltenen Wert v_k ab, ist aber unabhängig von dem Wert u_i, der der Messung von v vorausging, d.h. wir haben

$$P(u_i.v_k, w_m) = P(v_k, w_m) \tag{2}$$

wenn die Messungen in der Reihenfolge gemacht werden, die wir angegeben haben. Der Punkt innerhalb der Klammern steht für das logische Zeichen «und». (2) folgt, weil die ψ-Funktion mit der Messung von v die Form $\chi_k(q)$ angenommen hat, die keine Bezugnahme auf die voraufgehende Messung von u enthält. Daher haben wir entsprechend den Wahrscheinlichkeitsregeln[1]), wenn wir von dem allgemeinen Multiplikationstheorem ausgehen

$$P(u_i, v_k.w_m) = P(u_i, v_k)\, P(u_i.v_k, w_m) \tag{3}$$

$$= P(u_i, v_k)\, P(v_k, w_m)$$

wo $P(u_i, v_k \cdot w_m)$ die Wahrscheinlichkeit bedeutet, v_k und dann w_m zu finden, nachdem wir u_i gefunden haben. Wenn wir einen Lehrsatz anwenden, der in der Wahrscheinlichkeitsregelung als *Eliminationsregel* bekannt ist, können wir die Wahrscheinlichkeit berechnen, daß auf u_i irgendein Wert von v und dann w_m folgt

$$P(u_i, [v_1 \lor v_2 \lor \ldots].w_m) = \sum_k P(u_i, v_k)\, P(v_k, w_m) \tag{4}$$

---

[1]) Die Schreibweise, die wir hier für Wahrscheinlichkeitsausdrücke und die Operationsregeln für solche Ausdrücke benutzen, sind in dem Buch des Autors, *Wahrscheinlichkeitslehre* (Leiden 1935), wiedergegeben. Das dort benutzte Symbol W ist hier durch das Symbol P ersetzt, in Anpassung an das lateinische Wort *probabilitas*, das in die französische und englische Sprache übergegangen ist. Die gleiche Bezeichnung wird benutzt in der Abhandlung des Autors, *Les fondements logiques du calcul des probabilités*, Ann. Inst. Henri Poincaré, tome VII, fasc. V, S. 267–348. Diese Abhandlung gibt eine Zusammenfassung der von dem Autor entwickelten Form der Wahrscheinlichkeitsrechnung.

Das Zeichen V steht für das logische Wort «oder». Die linke Seite ist dasselbe wie

$$P(u_i, w_m) \tag{5}$$

da einer der Werte $v_1, v_2, \ldots$ vorkommen muß. Der erste Ausdruck auf der rechten Seite von (4) ist durch (8, § 21) gegeben. Um den zweiten Ausdruck zu deuten, müssen wir beachten, daß wir hier ein Viereck von Transformationen (Fig. 8, § 11) haben, in dem ψ die Größe q repräsentiert, σ die Größe u, τ die Größe v und φ die Größe w. Wenn wir das Dreieck $\psi\tau\varrho$ (oder qvw) benutzen, haben wir daher, wie in (27, § 11) angegeben

$$\chi_k(q) = \sum_m \eta_{km}\, \zeta_m(q) \tag{6}$$

und deshalb

$$P(v_k, w_m) = |\eta_{km}|^2 \tag{7}$$

(4) kann folglich in Form

$$P(u_i, w_m) = \sum_k |\breve{\omega}_{ik}|^2\, |\eta_{km}|^2 \tag{8}$$

geschrieben werden.

Andererseits können wir auch die Messung von v auslassen und direkt von der Messung von u zu der von w übergehen. Im mathematischen Algorismus bedeutet das, daß wir die Funktion $\psi(q) = \varphi_i(q)$ in die Eigenfunktionen $\breve{\zeta}(q)$ der Größe w entwickeln. Das Dreieck $\sigma\varrho\psi$ (Fig. 8, § 11) liefert für diese Entwicklung die Formel (26, § 11), die wir hier in der Variablen q schreiben:

$$\varphi_i(q) = \sum_m \vartheta_{im}\, \breve{\zeta}_m(q) \tag{9}$$

Daher haben wir

$$P(u_i, w_m) = |\vartheta_{im}|^2 \tag{10}$$

Entsprechend (19, § 11) bestimmt das Dreieck $\sigma\varrho\tau$ die Matrix ϑ_{im} als

$$\vartheta_{im} = \sum_k \breve{\omega}_{ik}\, \eta_{km} \tag{11}$$

und deshalb haben wir

$$P(u_i, w_m) = \left| \sum_k \breve{\omega}_{ik}\, \eta_{km} \right|^2 \tag{12}$$

Die Beziehung (12) widerspricht der Beziehung (8), da im allgemeinen das Quadrat der Summe von der Summe der Quadrate verschieden ist. Genauer ausgedrückt, können wir sagen: für die meisten Größen w widerspricht die Beziehung (12) der Beziehung (8).

Nun sind die Wahrscheinlichkeitsregeln tautologisch, wenn die Häufigkeitsinterpretation der Wahrscheinlichkeit angenommen wird[1]; daher können wir den Gebrauch von (4), der Eliminationsregel, nicht umgehen. Die Regeln der Logik können durch physikalische Erfahrungen nicht beeinflußt werden. Wenn wir diesen Gedanken in einer weniger anspruchsvollen Form ausdrücken, dann heißt das: wenn ein Widerspruch in physikalischen Beziehungen auftritt, dann werden wir das nie als eine Folge der formalen Logik, sondern als eine Folge falscher physikalischer Interpretationen ansehen. In unserem Falle ist der Feh-

---

[1] Vgl. das Buch des Autors *Wahrscheinlichkeitslehre* (Leiden 1935), § 18.

ler in den Ausdrücken enthalten, die auf den linken Seiten von (8) und (12) gebraucht sind; diese beiden Ausdrücke bedeuten nicht dasselbe und müssen deshalb durch eine passende Schreibweise unterschieden werden.

Zu diesem Zweck müssen wir die Tatsache andeuten, daß eine Messung gemacht worden ist. Wir deuten eine Messung von u durch m_u an. Statt (8, § 21) schreiben wir dann

$$P(m_u.u_i.m_v, v_k) = |\breve{\omega}_{ik}|^2 \tag{13}$$

Hier drückt die Reihenfolge der Ausdrücke, die durch das Punktzeichen verbunden sind, die Zeitordnung aus[1]. In unserer neuen Schreibweise nimmt die Beziehung (12, § 21) die Form an

$$P(m_u.u_i.m_v, v_k) = P(m_v.v_k.m_u, u_i) \tag{14}$$

Für (7) haben wir nun

$$P(m_v.v_k.m_w, w_m) = |\eta_{km}|^2 \tag{15}$$

Für (8) schreiben wir jetzt

$$P(m_u.u_i.m_v.m_w, w_m) = \sum_k |\breve{\omega}_{ik}|^2 |\eta_{km}|^2 \tag{16}$$

und (12) nimmt die Form an

$$P(m_u.u_i.m_w, w_m) = \left|\sum_k \breve{\omega}_{ik}\,\eta_{km}\right|^2 \tag{17}$$

Statt eines Widerspruchs leiten wir jetzt einfach die Ungleichung ab

$$P(m_u.u_i.m_v.m_w, w_m) \neq P(m_u.u_i.m_w, w_m) \tag{18}$$

Diese Ungleichung drückt sehr klar den Einfluß der Messung aus: die Wahrscheinlichkeit, einen Wert w_m zu erhalten, ist nicht nur von den *Resultaten* vorhergehender Messungen anderer Größen abhängig, sondern auch von der *Tatsache* solcher Messungen. Wenn der Ausdruck m_v in die erste Stelle des Wahrscheinlichkeitsausdrucks eintritt, ändert sich die Wahrscheinlichkeit, selbst wenn kein Wert v_k in diesem Ausdruck vorkommt.

Das Ausmaß dieses Einflusses der Messung m_v kann genau berechnet werden, soweit es sich um Wahrscheinlichkeiten handelt; das ist in (16) ausgedrückt. Infolge der Tatsache, daß es sich in dieser Theorie nur um ideale Messungen handelt (vgl. S. 111), kann eine solche allgemeine Berechnung des Messungseinflusses trotz der verschiedenen Formen, in welchen eine Größe gemessen werden kann, gegeben werden. Wirkliche Messungen der Art (16) ergeben nur annähernde Resultate.

Der Messungseinfluß ist sogar noch deutlicher, wenn wir als dritte Größe w die erste Größe u wählen, d.h. wenn wir die erste Messung wiederholen. Ohne eine Zwischenmessung von v haben wir dann [vgl. (3, § 21)][2]:

$$P(m_u.u_i.m_u, u_m) = \delta_{im} \tag{19}$$

Das bedeutet, daß wir eine konzentrierte Verteilung haben; die Wahrschein-

---

[1] Wir benutzen also in dieser Schreibweise ein unsymmetrisches «und»; das kann durch den Gebrauch von oberen Indizes, die die Zeitordnung ausdrücken, vermieden werden.

[2] (19) folgt auch aus (12), wenn wir η_{km} durch ω_{km} ersetzen und (2, § 11) und die Orthogonalitätsbedingung für w in der Form (7, § 9) anwenden.

lichkeit, denselben Wert wie den vorher beobachteten zu erhalten, ist $= 1$, und die Wahrscheinlichkeit für irgendeinen anderen Wert ist $= 0$. Wenn wir jedoch eine Messung von v dazwischenschalten, haben wir mit (4), wenn wir (8, § 21) und (10, § 21) benutzen

$$P(m_u.u_i.m_v.m_u, u_m) = \sum_k |\breve{\omega}_{ik}|^2 |\omega_{km}|^2 \tag{20}$$

Dies ist eine allgemeine Verteilung, als ob keine vorhergehende Messung von u stattgefunden hätte. Die dazwischengeschaltete Messung von v hat die konzentrierte Verteilung, die vorher für u bestanden hat, zerstört, und wir erhalten die (18) entsprechende Ungleichung

$$P(m_u.u_i.m_v.m_u, u_m) \neq P(m_u.u_i.m_u, u_m) \tag{21}$$

Die physikalische Störung durch eine Messung ist so beschaffen, daß jede Messung einen neuen Zustand hervorbringt, in welcher der Einfluß des voraufgehenden Zustandes nicht mehr erkennbar ist. Diese Tatsache ist durch die beiden Beziehungen

$$P(s.m_v.v_k.m_w, w_m) = P(m_v.v_k.m_w, w_m) \tag{22}$$

$$P(m_u.u_i.m_v'.v_k.m_w, w_m) = P(m_v.v_k.m_w, w_m) \tag{23}$$

ausgedrückt, die besagen, daß der Ausdruck s und auch Ausdrücke wie $m_u \cdot u_i$ in der ersten Stelle eines Wahrscheinlichkeitsausdruckes ausgelassen werden können, wenn Ausdrücke wie $m_v \cdot v_k$ darauf folgen. Diese Beziehungen treten an den Platz der inkorrekt geschriebenen Beziehung (2).

Die Ungleichungen (18) und (21) bilden eine sehr klare Formulierung der Störung des Objekts durch die Messung. Wir können diese Formulierung für den Beweis unserer Behauptung benutzen, daß das Unbestimmtheitsprinzip (vgl. § 3) keine logische Folge der Störung durch die Beobachtung ist. Zu diesem Zweck müssen wir zeigen, daß eine physikalische Welt möglich ist, in der die Messung das Objekt stört, in welcher jedoch eine strenge Voraussage des Messungsergebnisses gemacht werden kann. Eine solche Welt kann folgendermaßen konstruiert werden. Stellen wir uns vor, daß die Beziehung

$$P(m_u.u_i.m_v, v_k) = \delta_{i+1, k} \tag{24}$$

gelte. Das bedeutet, daß die Messung das System immer derart ändert, daß sich der Eigenwert mit dem nächst höheren Index ergibt. Nehmen wir an, daß diese Beziehung auch gelte, wenn wir m_u für m_v und u_k für v_k setzen, d.h. wenn die Messung von u wiederholt wird. Mit Hilfe der Eliminationsregel erhalten wir dann

$$P(m_u.u_i.m_v.m_w, w_m) = \sum_k P(m_u.u_i.m_v, v_k)\, P(m_v.v_k.m_w, w_m) \tag{25}$$

$$= \sum_k \delta_{i+1,k}\, \delta_{k+1,m} = \delta_{i+2,m}$$

während (24) den Wert liefert

$$P(m_u.u_i.m_w, w_m) = \delta_{i+1,m} \tag{26}$$

Dieses Ergebnis zeigt, daß wie vorher die Ungleichung (18) gilt und daß wir daher hier von einer Störung des Objekts durch die Messung sprechen müssen. (24) zeigt jedoch, daß das Ergebnis jeder Messung streng vorausgesagt werden kann.

(24) gilt natürlich nicht für die Quantenmechanik. Wir benutzen diese Formel nur für den formalen Zweck, zu beweisen, daß das Unbestimmtheitsprinzip keine logische Folge der Störung des Objekts ist. Vielmehr gilt die umgekehrte Beziehung. Wenn es keine Störung durch die Messung gäbe, könnten wir strenge Voraussagen machen; wenn wir diese Implikationen umkehren, indem wir Implicatum und Implicandus negieren[1]), kommen wir zu dem Resultat, daß das Unbestimmtheitsprinzip eine Störung des Objektes durch die Messung impliziert.

§ 23. Vom Wesen der Wahrscheinlichkeit und statistischer Mengen in der Quantenmechanik

Obgleich man den Unterschied zwischen den rechten Seiten von (16 und 17, § 22), und ebenso von (19 und 20, § 22) immer richtig in diesem Sinne interpretiert hat, daß er die Störung durch die Messung ausdrückt, ist dieses Ergebnis doch oftmals durch eine ungeeignete Terminologie entstellt worden. Man hat die Bezeichnung «Wahrscheinlichkeitsinterferenz» gebraucht, um die Tatsache auszudrücken, daß komplexe Zahlen in (17, § 22) für die Ableitung von Wahrscheinlichkeiten in einer Weise benutzt werden, die der mathematischen Behandlung der Interferenz von Wellen ähnelt. Dieser Ausdruck könnte aber auch so aufgefaßt werden, als ob die Quantenmechanik eine Wahrscheinlichkeitsrechnung benutze, die von der klassischen verschieden ist. Wie wir sehen, ist dies nicht der Fall. Was interferiert, sind Wahrscheinlichkeitsamplituden und nicht Wahrscheinlichkeiten. Aus den Überlegungen in § 20 wissen wir, daß solche Amplituden nicht Wahrscheinlichkeitsfunktionen, sondern Paare von Wahrscheinlichkeitsfunktionen darstellen; wir sollten daher nicht überrascht sein, wenn Gesetze, die derartige Paare von Wahrscheinlichkeitsfunktionen verknüpfen, in ihrer Struktur von den Gesetzen verschieden sind, welche für einzelne Wahrscheinlichkeitsfunktionen gelten. Da ferner jedes dieser Paare einen spezifischen physikalischen Zustand charakterisiert, bestimmen die Gesetze, die für die Beziehungen solcher Paare gelten, die Wahrscheinlichkeitswerte für verschiedene Arten physikalischer Zustände; sie schließen deshalb Aussagen über den Einfluß physikalischer Zustände auf die zu ihnen gehörenden Wahrscheinlichkeitswerte ein. Wenn einmal eine Aussage über Wahrscheinlichkeiten in der Quantenmechanik abgeleitet ist, dann hat sie dieselbe Bedeutung wie gewöhnliche Wahrscheinlichkeitsaussagen, und nirgends findet sich irgendeine Abweichung von den klassischen Wahrscheinlichkeitsregeln. Das wird durch eine korrekte Schreibweise klargemacht, die den physikalischen Inhalt der quantenmechanischen Aussagen herausarbeitet, indem sie den Regeln der Wahrscheinlichkeitsrechnung folgt. Die Ungleichung (18, § 22), die besagt, daß die Wahrscheinlichkeit, ein bestimmtes Messungsresultat zu erhalten, von der Tatsache anderer Messungen abhängt, unterscheidet die Quantenmechanik

---

[1]) Dies ist das logische Prinzip der Kontraposition, das wir in (9, § 31) formuliert haben.

von der klassischen Physik. Das bedeutet einen Unterschied in der Physik, aber nicht in der Wahrscheinlichkeitsrechnung.

Der Ursprung dieser falschen Interpretationen ist vielleicht in einer falschen Auffassung der Wahrscheinlichkeitsrechnung zu finden, einer Auffassung, die im Laufe der Geschichte dieser Disziplin sehr wesentlich zu irrtümlichen Vorstellungen über das Wesen der Wahrscheinlichkeit beigetragen hat. In der Wahrscheinlichkeitsrechnung handelt es sich immer nur um die Ableitung von Wahrscheinlichkeiten aus anderen Wahrscheinlichkeiten; die Wahrscheinlichkeitsrechnung kann daher für praktische Zwecke nur angewandt werden, wenn gewisse Wahrscheinlichkeiten gegeben sind. Die Bestimmung dieser Anfangswahrscheinlichkeiten ist kein mathematisches, sondern ein physikalisches Problem. In den meisten Fällen ist diese Bestimmung einfach durch den Gebrauch des *statistischen Schlusses* gegeben, der auch *Induktion durch Aufzählung* oder *aposteriorische Bestimmung* einer Wahrscheinlichkeit genannt wird; wir zählen dann die Häufigkeit in einer beobachteten Folge von Ereignissen und nehmen an, daß diese Häufigkeit für die Fortsetzung dieser Folge bestehen bleibe. Wir sprechen hier von *statistisch erschlossenen Wahrscheinlichkeiten*. Es gibt jedoch andere Fälle, in denen wir Wahrscheinlichkeiten mit Hilfe von theoretischen Voraussetzungen einführen, die nicht unmittelbar auf statistische Überlegungen gegründet sind. Solche Voraussetzungen können Einzelfälle betreffen, oder können im Rahmen physikalischer Theorien aufgestellt werden; d.h. sie können die Form physikalischer Gesetze haben, die besagen, daß unter gewissen physikalischen Bedingungen eine Wahrscheinlichkeit den und den Wert hat. Beispiele solcher *theoretisch eingeführter* Wahrscheinlichkeiten sind durch die Aussage gegeben, daß die Wahrscheinlichkeit einer gegebenen Würfelseite 1/6 ist oder daß alle Molekülanordnungen in einem Maxwell-Boltzmann-Gas gleich wahrscheinlich sind. Man hat manchmal geglaubt, daß solche Aussagen mit Hilfe eines «Prinzips vom mangelnden Grunde zum Gegenteil», das man als einen Teil der Wahrscheinlichkeitsrechnung ansah, *a priori* abzuleiten seien. Das ist natürlich eine unhaltbare Auffassung. Die Rechtfertigung theoretisch eingeführter Wahrscheinlichkeiten kann nur auf dieselbe Weise gegeben werden, wie jede andere physikalische Voraussetzung verifiziert wird: indem man nämlich ihre beobachtbaren Folgen prüft. Die quantenmechanischen Wahrscheinlichkeiten, wie sie in Regel II und III, § 17, als Quadrate von Wahrscheinlichkeitsamplituden definiert sind, sind theoretisch eingeführte Wahrscheinlichkeiten in dem angegebenen Sinn. Die Wahrscheinlichkeitsamplituden dagegen gehören nicht zur Wahrscheinlichkeitsrechnung, sondern zur Physik. Diese Art der Ableitung von Wahrscheinlichkeiten ist wie in allen anderen Fällen von Ableitungen beobachtbarer Zahlenwerte durch den Erfolg des Verfahrens gerechtfertigt. Die hypothetische Weise ihrer Einführung macht diese Wahrscheinlichkeiten jedoch nicht zu Wahrscheinlichkeiten einer anderen Art. Bezeichnungen wie «potentielle Wahrscheinlichkeiten», die manchmal benutzt werden, um diese Wahrscheinlichkeiten von anderen zu unterscheiden, müssen inadäquat erscheinen. Alle Wahrscheinlichkeiten sind potentiell, soweit sie die Ergebnisse zukünftiger Beobachtungen bestimmen. Der Sinn einer Wahrscheinlichkeit, ganz gleich, ob sie mit Hilfe eines statistischen Schlusses oder durch physikalische Voraussetzungen eingeführt wird, ist immer in einer Aussage über den Limes einer Häufigkeit in einer Wahrscheinlichkeitsfolge gegeben.

Wenn wir uns an die Resultate dieser allgemeinen Überlegungen halten, können wir jetzt eine Unterscheidung verstehen, die bezüglich statistischer Mengen in der Quantenmechanik gemacht werden muß und als Unterschied zwischen dem *reinen* und *gemischten* Fall bekannt ist. Das Wesen dieses Unterschiedes möge in folgenden Überlegungen klargemacht werden.

Stellen wir uns vor, daß wir eine große Anzahl von Systemen haben, in denen wir u messen; manche Systeme ergeben einen Wert u_i, andere einen Wert u_k usw. Nehmen wir an, daß die Eigenwerte u_i, u_k, ... nicht entartet seien, d.h. daß jeder dieser Eigenwerte einer besonderen Eigenfunktion entspreche. Wir ordnen dann in eine Menge C alle die Systeme ein, in denen wir u_i erhalten haben; diese Menge wird ein *reiner Fall* genannt. Sie heißt so, weil wir u_i in jedem der Systeme finden würden, wenn wir unsere Messung von u in dieser Menge wiederholten. Stellen wir uns nun weiter vor, daß wir eine unvertauschbare Größe v in allen Systemen von C messen; in einem System erhalten wir dann den Wert v_k, in einem anderen den Wert v_m, usw. Die Wahrscheinlichkeit dieser Werte sind durch (13, § 22) bestimmt. Nach dieser Messung ist die Menge C kein reiner Fall mehr, sondern eine *Mischung*, da sie Systeme mit verschiedenen Werten von v enthält. Wenn wir jetzt die Messung von u wiederholen, finden wir verschiedene Werte von u in den verschiedenen Systemen; der Prozentsatz. eines Wertes u_m in C ist dann durch die Wahrscheinlichkeit (20, § 22) bestimmt Wenn der reine Fall einmal gestört ist, kann er daher durch die Ausführung einer Messung allein nicht wiederhergestellt werden. Wir müssen außerdem noch eine Auswahl aus C treffen, um einen neuen reinen Fall zu konstruieren.

Diese Überlegungen dienen dazu, eine Terminologie zu klären, die häufig mit Bezug auf Einzelsysteme gebraucht wird. Wenn wir sagen, daß eine Messung *an einem einzelnen System* einen reinen Fall liefert oder die ψ-Funktion des Systems auf eine Eigenfunktion der gemessenen Größe reduziert, dann verstehen wir darunter die ψ-Funktion einer Menge, die konstruiert wird, indem man das betrachtete System *und* eine Anzahl anderer Systeme mit demselben Messungsresultat zu einer Menge zusammenfaßt. Diese Menge ist die *Bezugsklasse* (vgl. die Bemerkungen am Ende von § 20), die in dem Ausdruck «ψ-Funktion eines Einzelsystems, nach einer Messung» stillschweigend vorausgesetzt ist. Dieser Ausdruck bedeutet daher dasselbe wie «ψ-Funktion einer Menge von Systemen nach einer Messung von u mit dem Ergebnis u_i».

Während die Menge, die einen reinen Fall darstellt, aus Systemen besteht, von denen jedes dieselbe ψ-Funktion hat, nämlich eine Funktion, die durch die Eigenfunktion $\varphi_i(q)$ gegeben ist, wobei der Index i für alle Systeme derselbe ist, schließt der gemischte Fall Systeme verschiedener Formen von ψ-Funktionen ein, und zwar Funktionen $\varphi_k(q)$ mit verschiedenen Indizes k. Jede Funktion $\varphi_k(q)$ wird in einem gewissen Prozentsatz C_k von Fällen vorkommen. Beide Mengen sind nur statistische Mengen, da selbst im reinen Fall die Messungsresultate einer Größe v, die eine von der ψ-Funktion verschiedene Eigenfunktion hat, nur statistisch vorausgesagt werden können. Daraufhin erhebt sich die Frage: Ist es möglich, den gemischten Fall in Analogie mit dem reinen Fall mit Hilfe *einer* Funktion $\psi(q)$ zu charakterisieren? Diese Funktion würde natürlich von jeder der Eigenfunktionen $\varphi_k(q)$ verschieden sein.

Die Antwort ist negativ; d.h. es ist nicht möglich, einen gemischten Fall mit Hilfe *einer* ψ-Funktion zu charakterisieren. Wir beweisen dies, indem wir annehmen, daß es eine solche ψ-Funktion gebe, und zeigen, daß diese Annahme zu den Widersprüchen führt, die in § 22 erklärt sind. Wir schreiben für den gemischten Fall S. Wenn es eine ψ-Funktion des gemischten Falles S gibt, kann sie in die Eigenfunktionen $\varphi_k(q)$ entwickelt werden

$$\psi(q) = \sum_k \sigma_k \, \varphi_k(q) \tag{1}$$

Regel II, § 17, entsprechend stellt der Wert $|\sigma_k|^2$ die Wahrscheinlichkeit dar, den Wert u_k der Größe u zu messen; da wir dieses Resultat in all den Fällen finden werden, in denen das Einzelsystem durch die Eigenfunktion $\varphi_k(q)$ dargestellt ist, haben wir

$$P(S.m_u, u_k) = |\sigma_k|^2 = c_k \tag{2}$$

Statt der Messungen von u oder v wollen wir jetzt die Frage der Messung einer anderen Größe w mit der Eigenfunktion $\breve{\zeta}_m(q)$ behandeln. Wenn wir ψ in diesen Eigenfunktionen schreiben, haben wir mit (24, § 11)

$$\psi(q) = \sum_m \varrho_m \, \breve{\zeta}_m(q) \tag{3}$$

und daher mit (25, § 11)

$$P(S.m_w, w_m) = |\varrho_m|^2 = \left| \sum_k \sigma_k \, \vartheta_{km} \right|^2 \tag{4}$$

Andererseits kann diese Wahrscheinlichkeit folgendermaßen bestimmt werden. Wenn wir φ_k in den Eigenfunktionen $\breve{\zeta}_m$ schreiben, haben wir mit (26, § 11)

$$\varphi_k(q) = \sum_m \vartheta_{km} \, \breve{\zeta}_m(q) \tag{5}$$

Da die Wahrscheinlichkeit, daß die Eigenfunktion $\varphi_k(q)$ im gemischten Fall S auftritt, durch c_k gegeben ist, haben wir

$$\varphi_k(q) = \sum_m \vartheta_{km} \, \breve{\zeta}_m(q) \tag{6}$$

Wir kommen hier zu demselben Widerspruch wie er in (8, § 22) und (12, § 22) dargestellt ist. Obgleich es besondere Matrizen ϑ_{km} gibt, die (14) und (6) befriedigen, tun dies die meisten unitären Matrizen ϑ_{km} nicht; mit anderen Worten: es ist immer möglich, eine unitäre Matrix ϑ_{km} zu konstruieren oder, was dasselbe ist, eine Größe w zu definieren, für welche (4) und (6) nicht vereinbar sind.

Daraus folgt, daß es nicht zulässig ist, die Menge S als durch *eine* ψ-Funktion charakterisiert anzusehen. Die Menge S kann nur mit Hilfe einer Mischung von ψ-Funktionen charakterisiert werden. Wenn wir die Schreibweise benutzen, die in den Wahrscheinlichkeitsausdrücken (16 und 17, § 22) eingeführt wurde, dann können wir die Menge S charakterisieren, indem wir sagen, daß Messungen von

w in S die Form $m_u \cdot u_i \cdot m_v \cdot m_w$ und nicht die Form $m_u \cdot u_i \cdot m_w$ haben. Formal gesprochen können wir sagen, daß wir nur die Zeichenfolge «$m_u \cdot u_i$» in Wahrscheinlichkeitsausdrücken durch ein kleines «s» ersetzen können; die Zeichenfolge «$m_u \cdot u_i \cdot m_v$» muß durch ein großes «S» ersetzt werden, d.h. durch ein Symbol, das nicht *eine* ψ-Funktion, sondern eine Mischung von ψ-Funktionen darstellt. Wir können die Bedeutung dieser formalen Regel folgendermaßen aussprechen: Wenn eine Messung nicht nur eine Wiederholung voraufgehender Messungen ist, dann ist die Menge, die durch sie geschaffen wird, wenn man die Meßresultate nicht beachtet, eine Mischung.

Wir sehen, daß der Begriff *physikalischer Zustand* nicht auf alle Arten statistischer Mengen anwendbar ist, obgleich er nicht *ein* System, sondern eine statistische Menge bestimmt; er ist auf spezielle Formen solcher Mengen beschränkt. Dies sind die Mengen, die durch *eine* ψ-Funktion charakterisiert werden können.

Es erhebt sich nun noch die Frage, ob die Bezeichnung *physikalischer Zustand* weiter ist als die Bezeichnung *reiner Fall*. Dies würde zutreffen, wenn es ψ-Funktionen von einer solchen Form gäbe, daß sie nicht als Eigenfunktionen irgendeiner physikalischen Größe betrachtet werden können. Es ist jedoch nicht notwendig, einen solchen Unterschied zu machen. Man kann immer eine physikalische Größe so definieren, daß eine gegebene ψ-Funktion eine der Eigenfunktionen dieser Größe ist. Mathematisch gesprochen heißt das einfach, daß wir eine gegebene Funktion immer in eine orthogonale Reihe eingliedern und einen Operator konstruieren können, so daß die konstruierte Reihe die Lösungen der Schrödinger-Gleichung dieses Operators darstellt. Die so definierte physikalische Größe wird im allgemeinen keine der Größen sein, für welche Namen existieren; sie könnte z.B. so etwas wie das Produkt von Energie und Ort dividiert durch die Quadratwurzel des Impulses sein. Ferner wissen wir nicht, ob es eine physikalische Methode gibt, eine solche Größe zu messen, d.h. eine Methode, physikalisch ein System von ψ-Funktionen solcher Art zu produzieren. Aber formal gesprochen kann jede ψ-Funktion als eine Eigenfunktion einer physikalischen Größe angesehen werden. Daher können wir die beiden Ausdrücke *reiner Fall* und *physikalischer Zustand* gleichsetzen; beide bedeuten dasselbe wie der Ausdruck: *durch eine einzige ψ-Funktion beschreibbare Menge.* Wenn wir in Wahrscheinlichkeitsausdrücken wie (22 und 23, § 22) einen allgemeinen Zustand s von einem Zustand unterscheiden, der durch eine Messung m_u mit dem Ergebnis u_i geschaffen ist, dann tun wir das nur, um einen Unterschied in der praktischen Herstellung aufzuzeigen; im Prinzip sind diese beiden Situationen gleichartig.

Wir unterscheiden deshalb nur zwei Arten von statistischen Mengen: diejenigen, welche reine Fälle s sind oder aus Systemen in demselben physikalischen Zustand bestehen, und diejenigen, welche Mischungen S sind[1]). Mit dieser Unterscheidung führen wir keine Unterschiede ein, die die Anwendung der Wahr-

---

[1]) Man kann zeigen, daß jede Mischung S als eine Mischung von ψ-Funktionen angesehen werden kann, welche eine orthogonale Gesamtheit bilden. Wenn wir die oben wiedergegebenen Überlegungen benutzen, so können wir sagen, daß es für jede Mischung eine Größe x derart gibt, daß die Mischung als eine solche reiner Fälle aufgefaßt werden kann, welche Messungsresultaten einer Größe x entsprechen. Vgl. M. Born und P. Jordan, *Elementare Quantenmechanik* (Berlin 1930), § 59.

scheinlichkeitsrechnung betreffen, (denn die Wahrscheinlichkeitsgesetze sind in beiden Fällen die gleichen), sondern wir klassifizieren nur die Formen, in der die Wahrscheinlichkeitswerte bestimmt werden. Der reine Fall erlaubt uns, die Wahrscheinlichkeitswerte in eine komplexe Funktion zusammenzufassen, während die Mischung außerdem die Aufzählung der Wahrscheinlichkeiten erfordert, mit denen die einzelnen ψ-Funktionen in der Menge auftreten. Dies zeigt eine physikalische Besonderheit der einen reinen Fall bildenden Menge, die sie von anderen Mengen unterscheidet. Die Besonderheit ist von der Tatsache abzuleiten, daß *der reine Fall den äußersten Grad von Homogenität darstellt, der in der Quantenphysik erreichbar ist*. Man kann daher sagen, daß dieser Fall *einen* spezifischen Zustand definiert.

Mit dem vorliegenden Abschnitt beenden wir unseren kurzen Abriß der mathematischen Methoden der Quantenmechanik. Zusammenfassend können wir die folgenden Prinzipien als *Grundlagen der quantenmechanischen Methode* aufzählen:

1. Die Charakterisierung physikalischer Größen in einem gegebenen Zusammenhang durch Operatoren, Eigenfunktionen und Eigenwerte, bestimmt durch die Schrödinger-Gleichung (§§ 14—16).

2. Die Charakterisierung des physikalischen Zustandes durch eine Funktion ψ, die durch die Regeln I—III, § 17, die Wahrscheinlichkeitsverteilungen bestimmt und umgekehrt durch diese Verteilungen bestimmt wird (§ 20).

3. Das Gesetz der Zeitabhängigkeit von ψ, wie es in der zweiten Schrödinger-Gleichung gegeben ist (§ 18).

4. Die quantenmechanische Messungsdefinition (§ 21).

Das Unbestimmtheitsprinzip und die Störung des Objekts durch die Messung sind in diesen grundlegenden Prinzipien nicht eingeschlossen; sie sind *ableitbare Prinzipien*, da man sie von den grundlegenden Prinzipien ableiten kann.

DRITTER TEIL

Interpretationen

§ 24. Vergleich der klassischen und der quantenmechanischen Statistik

In Teil II haben wir die mathematischen Methoden dargestellt, mit denen die Quantenmechanik die Wahrscheinlichkeitsverteilungen physikalischer Größen ableitet. Wir wenden uns jetzt einer logischen Analyse dieser Methoden zu.

In der klassischen Physik ist ein Zustand bestimmt, wenn die Parameter $q_1 \ldots q_n$ und $p_1 \ldots p_n$ gegeben sind. Wir schreiben wie vorher q für $q_1 \ldots q_n$ und p für $p_1 \ldots p_n$. Werte zur Zeit t_0 werden durch den Index 0 angezeigt. Wir können dann die *Ableitungsbeziehungen der klassischen Physik* in folgender Tabelle zusammenfassen:

Gegeben:

    1. die Werte von q_0 und p_0 zur Zeit t_0,

    2. die physikalischen Gesetze.

Bestimmt:

    3. der Wert u_0 jeder anderen betrachteten Größe zur Zeit t_0,

    4. die Werte q_t und p_t von q und p zur Zeit t,

    5. der Wert u_t jeder Größe u zur Zeit t.

Die Ableitung der Werte 3 bis 5 wird mit Hilfe der folgenden mathematischen Funktionen durchgeführt, in denen wir das Symbol f gebrauchen, um eine Funktion im allgemeinen anzudeuten, ohne Spezifikation ihrer individuellen Form

$$q_t = f_t(q_0, p_0) \tag{1}$$

$$p_t = f_t(q_0, p_0) \tag{2}$$

$$u_t = f(q_t, p_t) \tag{3}$$

Diese Beziehungen sind die kausalen Gesetze des Problems.

Betrachten wir jetzt eine Verallgemeinerung, die wir klassisch-statistische Physik nennen können und die aus einer Kombination kausaler Gesetze und statistischer Methoden besteht. In diesem Fall sehen wir die kausalen Gesetze (1) bis (3) noch als gültig an; wir führen jedoch eine Methode ein, die die Tatsache in Betracht zieht, daß die Werte q_0 und p_0 nicht genau gemessen werden können. Die Angabe dieser Werte wird daher durch eine Aussage über ihre Wahrscheinlichkeitsverteilungen ersetzt. Wir schreiben diese Verteilungen zur

Zeit t_0 in der Form $d_0(q)$, $d_0(p)$ und $d_0(q, p)$, wobei die letzte Funktion die **Wahrscheinlichkeit** der Kombinationen von Werten q und p gibt. Die Tabelle der Ableitungsbeziehungen der klassisch-statistischen Physik kann dann folgendermaßen geschrieben werden:

Gegeben:

1. die Wahrscheinlichkeitsverteilung $d_0(q, p)$ zur Zeit t_0,
2. die physikalischen Gesetze.

Bestimmt:

3. die Wahrscheinlichkeitsverteilungen $d_0(q)$, $d_0(p)$ und die Wahrscheinlichkeitsverteilung $d_0(u)$ jeder anderen betrachteten Größe zur Zeit t_0,
4. die Wahrscheinlichkeitsverteilung $d_t(q, p)$ zur Zeit t,
5. die Wahrscheinlichkeitsverteilungen $d_t(q)$, $d_t(p)$ und die Wahrscheinlichkeitsverteilung $d_t(u)$ jeder anderen betrachteten Größe zur Zeit t.

Wenn wir diese Tabelle mit der des streng kausalen Falles vergleichen, sehen wir, daß das Vorkommen von Wahrscheinlichkeitsverteilungen eine weitere Unterscheidung nach sich zieht, die von dem Unterschied zwischen $d_0(q, p)$ auf der einen Seite und $d_0(q)$ und $d_0(p)$ auf der anderen Seite herrührt: die erste Verteilung erscheint in der Kategorie dessen, was gegeben sein muß, die beiden letzten Verteilungen in der Kategorie dessen, was bestimmt ist. Die Ableitung der letzten beiden Verteilungen wird durch die Beziehungen

$$d_0(q) = \int d_0(q, p)\, dp \tag{4}$$

$$d_0(p) = \int d_0(q, p)\, dq \tag{5}$$

erreicht. Man muß beachten, daß diese Bestimmung nicht umgekehrt werden kann, d.h. daß die Verteilung $d_0(q, p)$ der Kombinationen nicht schon durch die individuellen Verteilungen bestimmt ist. Nur wenn wir wissen, daß q und p unabhängige Größen darstellen, können wir schreiben

$$d_0(q, p) = d_0(q)\, d_0(p) \tag{6}$$

Aber die Anwendung des speziellen Multiplikationstheorems, das in (6) ausgedrückt ist, setzt eine ganz bestimmte physikalische Kenntnis von der Unabhängigkeit von q und p voraus. Wenn wir eine solche zusätzliche Kenntnis nicht besitzen, muß die Funktion $d_0(q, p)$ direkt gegeben werden, und sie wird im allgemeinen nicht die spezielle Form (6) haben. Wenn andererseits weder eine solche Kenntnis noch eine Aussage über die Funktion $d_0(q, p)$ gegeben ist, dann ist die Kenntnis von den Verteilungen $d_0(q)$ und $d_0(p)$ allein nicht ausreichend, um die entsprechenden Funktionen $d_t(q)$ und $d_t(p)$ zu einer späteren Zeit t zu bestimmen.

Man kann daher sagen, daß die Funktion $d_0(q, p)$ den *Wahrscheinlichkeitszustand des Systems* oder dessen *physikalischen Zustand* bestimmt, soweit er statistisch formuliert werden kann; denn wenn $d_0(q, p)$ bekannt ist, sind alle anderen Wahrscheinlichkeitsverteilungen bestimmt. Die Bestimmung der Verteilungen $d_0(q)$ und $d_0(p)$ ist in (4) und (5) ausgedrückt; die Bestimmung der anderen in (3) bis (5) enthaltenen Verteilungen stützt sich auf folgende Gedanken. Mit $d_0(q, p)$ kennen wir die Wahrscheinlichkeit jeder Kombination von

Werten q und p. Nun ordnet das kausale Gesetz (3) jeder solchen Kombination einen Wert u zu; daher ist die Wahrscheinlichkeitsverteilung $d_0(u)$ bestimmt. In ähnlicher Weise ordnen die kausalen Gesetze (1) und (2) jeder Kombination von Werten q und p einen Wert von q oder p zu einer späteren Zeit zu, und deshalb sind die Wahrscheinlichkeitsverteilungen für diese Werte bestimmt.

Wir wollen jetzt einen Weg zeigen, wie diese Ableitungen durchgeführt werden können. Da q und p als Abkürzungen für Kombinationen $q_1 \ldots q_n$ und $p_1 \ldots p_n$ gebraucht werden, bedeutet die Funktion $d_0(q, p)$ den Ausdruck[1])

$$d(q_1^0 \ldots q_n^0, p_1^0 \ldots p_n^0) \tag{7}$$

Um unsere Schreibweise zu vereinfachen, lassen wir den Index t aus und benutzen die Symbole $q_1 \ldots q_n, p_1 \ldots p_n$ für die Werte dieser Variablen zur Zeit t. Ferner kann das allgemeine Symbol f, das eine Funktion ausdrückt, einzeln spezifiziert werden; wir können dann für (1) schreiben

$$q_1 = q_1(q_1^0 \ldots q_n^0, p_1^0 \ldots p_n^0)$$
$$q_2 = q_2(q_1^0 \ldots q_n^0, p_1^0 \ldots p_n^0) \tag{8}$$
$$\cdots\cdots\cdots\cdots\cdots\cdots$$
$$p_n = p_n(q_1^0 \ldots q_n^0, p_1^0 \ldots p_n^0)$$

Wenn wir (8) nach den Variablen $q_1^0 \ldots p_n^0$ auflösen, können wir die Variablen $q_1 \ldots p_n$ in (7) einführen. Da eine Wahrscheinlichkeitsverteilung Integrationen in ihren Variablen verlangt, müssen wir hier die Regeln für die Einführung neuer Variablen in ein Integral benutzen; wir müssen daher mit der Funktionaldeterminante multiplizieren

$$\Delta = \begin{vmatrix} \dfrac{\partial q_1^0}{\partial q_1} & \cdots\cdots\cdots & \dfrac{\partial p_n^0}{\partial q_1} \\ \cdots\cdots\cdots\cdots\cdots \\ \cdots\cdots\cdots\cdots\cdots \\ \dfrac{\partial p_1^0}{\partial p_n} & \cdots\cdots\cdots & \dfrac{\partial p_n^0}{\partial p_n} \end{vmatrix} \tag{9}$$

und haben dann

$$d_t(q, p) = d(q_1 \ldots q_n, p_1 \ldots p_n) = d(q_1^0 \ldots q_n^0, p_1^0 \ldots p_n^0)\,|\Delta| \tag{10}$$

Für kanonische Parameter q und p, wie z.B. Ort und Impuls, führen die Hamiltonschen Gleichungen zu dem Ergebnis $\Delta = 1$; dies ist der Liouvillesche Satz.

Die Verteilung $d_t(u)$ wird in ähnlicher Weise bestimmt. Wenn wir den Index t auslassen, kann (3) in der Form geschrieben werden

$$u = f(q_1 \ldots q_n, p_1 \ldots p_n) \tag{11}$$

Wenn wir von der Funktion $d(q_1 \ldots q_n, p_1 \ldots p_n)$ ausgehen, können wir jetzt für

---

[1]) Wir gebrauchen hier eine Schreibweise, in welcher die Symbole q_i^0, p_i^0 keine Konstanten, sondern Variable bedeuten. Wir können die Werte von q und p dann unter dem Gesichtspunkt betrachten, daß sie eine Gesamtheit von Variablen bilden, die von denjenigen verschieden ist, die von den Werten q und p zu einer späteren Zeit gebildet wird. Diese Schreibweise ist für unseren gegenwärtigen Zweck vorzuziehen.

eine ihrer Variablen, z.B. für q_1, die Variable u einsetzen; zu diesem Zweck lösen wir (11) nach q_1 auf und schreiben den erhaltenen Ausdruck an Stelle von q_1. Die sich ergebende Funktion kann $d'(u, q_2 \ldots q_n, p_1 \ldots p_n)$ geschrieben werden. Das ist noch keine Wahrscheinlichkeitsverteilung; um eine daraus zu machen, müssen wir sie mit der Funktionaldeterminante multiplizieren, die sich hier auf den Wert $\partial q_1/\partial u$ reduziert. Wir erhalten dann die Wahrscheinlichkeitsverteilung

$$d(u, q_2 \ldots q_n, p_1 \ldots p_n) = d'(u, q_2 \ldots q_n, p_1 \ldots p_n) \left| \frac{\partial q_1}{\partial u} \right| \tag{12}$$

Wenn wir nun den Index t wieder einführen und $d_t(u)$ für $d(u)$ schreiben, erhalten wir die Funktion $d_t(u)$, indem wir $(2n - 1)$-mal integrieren

$$d_t(u) = \int \ldots 2n - 1 \ldots \int d(u, q_2 \ldots q_n, p_1 \ldots p_n)\, dq_2 \ldots dq_n\, dp_1 \ldots dp_n \tag{13}$$

Um unsere Ergebnisse symbolisch auszudrücken, wollen wir das Symbol f_{op} benutzen, das einen Operator bedeuten soll, jedoch ohne Angabe der individuellen Form, die in jeder der folgenden Gleichungen verschieden ist. Wir können dann schreiben

$$d_t(q, p) = f_{op}^{(t)}[d_0(q, p)] \tag{14}$$

$$d_t(q) = f_{op}[d_t(q, p)] \quad = f_{op}^{(t)}[d_0(q, p)] \tag{15}$$

$$d_t(p) = f_{op}[d_t(q, p)] \quad = f_{op}^{(t)}[d_0(q, p)] \tag{16}$$

$$d_t(u) = f_{op}[d_t(q, p)] \quad = f_{op}^{(t)}[d_0(q, p)] \tag{17}$$

Die Bedeutung der Operatoren f_{op} ist durch die oben erklärten Methoden gegeben, welche die Anwendung der Kausalgesetze (1) bis (3) in sich schließen.

Während es für (14) im streng kausalen Fall keine gleichbedeutende Gleichung gibt, sehen wir, daß die Beziehungen zwischen dem ersten und dem letzten Ausdruck in (15) bis (17) direkte Verallgemeinerungen des kausalen Falles (1) bis (3) darstellen. Der einzige formale Unterschied ist, daß die Werte p, q, u durch die Funktionen $d(p)$, $d(q)$, $d(u)$ oder $d(q, p)$ und die Funktion f durch den Operator f_{op} ersetzt sind. Das bedeutet, daß im statistischen Fall Beziehungen zwischen statistischen Funktionen an Stelle von Beziehungen zwischen Variablen des klassischen Falles treten.

Betrachten wir jetzt die Quantenmechanik. Die Analogie zu der Wahrscheinlichkeitsverteilung $d_0(q, p)$ ist hier die komplexe Funktion $\psi_0(q)$, wenn wir diesen Ausdruck für $\psi(q, t_0)$ schreiben, d.h. die Form der ψ-Funktion zur Zeit t_0. Wie $d_0(q, p)$ bestimmt $\psi_0(q)$ den *Wahrscheinlichkeitszustand* des Systems und damit den *physikalischen Zustand* so vollständig, wie es in der Quantenmechanik möglich ist. Wir können daher die Ableitungsbeziehungen der Quantenmechanik wie folgt zusammenfassen:

Gegeben:

1. die komplexe Funktion $\psi_0(q)$ zur Zeit t_0,
2. die physikalischen Gesetze.

Bestimmt:

3. die Wahrscheinlichkeitsverteilungen $d_0(q)$, $d_0(p)$ und die Wahrscheinlichkeitsverteilung $d_0(u)$ jeder anderen betrachteten Größe zur Zeit t_0,

4. die komplexe Funktion $\psi_t(q)$ zur Zeit t,

5. die Wahrscheinlichkeitsverteilungen $d_t(q)$, $d_t(p)$ und die Wahrscheinlichkeitsverteilung $d_t(u)$ jeder anderen betrachteten Größe zur Zeit t.

Die in 2 erwähnten physikalischen Gesetze schließen mit Bezug auf 3 und 5 die Regeln für die Konstruktion von Operatoren und für die Aufstellung der ersten Schrödinger-Gleichung ein, außerdem die Regeln I bis III, § 17, welche die Wahrscheinlichkeitsverteilungen bestimmen. Mit Bezug auf Punkt 4 schließen wir die zweite Schrödinger-Gleichung in die physikalischen Gesetze ein.

Wenn wir die Operatorschreibweise benutzen, die in (14) bis (17) angewandt wurde, können wir die Ableitungsbeziehungen der Quantenmechanik in der Form schreiben

$$\psi_t(q) = f_{op}^{(t)}[\psi_0(q)] \tag{18}$$

$$d_t(q) = f_{op}[\psi_t(q)] = f_{op}^{(t)}[\psi_0(q)] \tag{19}$$

$$d_t(p) = f_{op}[\psi_t(q)] = f_{op}^{(t)}[\psi_0(q)] \tag{20}$$

$$d_t(u) = f_{op}[\psi_t(q)] = f_{op}^{(t)}[\psi_0(q)] \tag{21}$$

Diese Beziehungen machen die Analogie mit dem klassischen statistischen Fall (14) bis (17) ersichtlich. Die Funktion $d(q, p)$ ist hier durch $\psi(q)$ ersetzt. Die Rolle, welche die kausalen Gesetze (1) und (2) bezüglich der Aufstellung der Beziehung (14) spielen, wird mit Bezug auf (18) von der zeitabhängigen Schrödinger-Gleichung übernommen.

Wie im klassischen Fall sind die beiden individuellen Verteilungen $d_0(q)$ und $d_0(p)$ nicht ausreichend, um den Wahrscheinlichkeitszustand zu bestimmen, da die letzteren Verteilungen die Funktion $\psi_0(q)$ nicht bestimmen (vgl. § 20). Die Funktion $\psi_0(q)$ ähnelt daher der Funktion $d_0(q, p)$ darin, daß sie mehr als die individuellen Verteilungen aussagt. Andererseits erkennen wir hier einen bemerkenswerten Unterschied. Die komplexe Funktion $\psi_0(q)$ ist durch ein Paar zweier anderer Wahrscheinlichkeitsverteilungen bestimmt, z.B. durch das Paar der beiden aufeinanderfolgenden Funktionen $d_0(q)$ und $d_1(q)$ (vgl. § 20). Während also die komplexe Funktion $\psi_0(q)$ ein Paar zweier Wahrscheinlichkeitsverteilungen von einer Variablen darstellt, ist die Funktion $d_0(q, p)$ im allgemeinen einem solchen Paar überlegen. Abgesehen von speziellen Fällen wie (6), ist es unmöglich, eine Funktion mit zwei Variablen mit Hilfe von zwei Funktionen von einer Variablen zu bestimmen. Dasselbe gilt, wenn wir q und p durch die Kombinationen $q_q \ldots q_n$ und $p_1 \ldots p_n$ ersetzen; die Funktion $d_0(q \ldots q_n, p_1 \ldots p_n)$, die $2\,n$ Variable hat, ist im allgemeinen einem Paar zweier Funktionen, deren jede n Variable hat, überlegen. Wir sehen, daß der Wahrscheinlichkeitszustand, den wir einen quantenmechanischen Zustand oder einen reinen Fall nennen, von einer speziellen Art ist; wenn die Anzahl der Parameter des klassischen Problems $2\,n$ ist, dann kann man den Wahrscheinlichkeitszustand des quantenmechanischen Problems mit Hilfe von zwei Wahrscheinlichkeitsverteilungen, deren jede n Variable hat, ausdrücken. Diese grundlegende Tatsache ist durch den Gebrauch einer komplexen Funktion ψ für die Charakterisierung eines quantenmechanischen Zustandes ausgedrückt. Nur für einen gemischten Fall, d.h. für eine Menge, die nicht mit Hilfe *einer* ψ-Funktion beschrieben werden kann, brauchen wir eine Funktion mit $2\,n$ Argumenten, die mit $d_0(q_1 \ldots q_n, p_1 \ldots p_n)$ zu vergleichen ist.

Die physikalischen Zustände der Quantenmechanik stellen deshalb statistische Fälle von einem speziellen Typus dar, der mit klassisch-statistischen Fällen des Unabhängigkeitstypus (6) vergleichbar ist, d.h. mit Fällen, in denen sich die Funktion $d_0(q, p)$ in zwei Funktionen $d_0(q)$ und $d_0(p)$ spaltet. Das ist aber nur eine Analogie. Man kann den quantenmechanischen Zustand nicht als einen Zustand auffassen, in welchem die Parameter q und p unabhängig sind, weil, wie wir in § 20 sahen, $d_0(q)$ und $d_0(p)$ die Funktion $\psi_0(q)$ nicht bestimmen. Man muß eine solche Aussage sogar als außerhalb der Reichweite der Quantenmechanik liegend betrachten. Es gibt keine Möglichkeit, irgendeine Aussage über eine Verteilung $d_0(q, p)$ in einem quantenmechanischen Zustand abzuleiten; daher kann auch keine Aussage über eine spezielle Multiplikationsform dieser Verteilung gemacht werden. Der Grund, warum die Quantenmechanik keine Funktion $d(q, p)$ braucht, ist in der Tatsache gegeben, daß die Transformationen der Quantenmechanik im Konfigurationsraum holistische Transformationen und keine Punkttransformationen sind (vgl. § 12). Ein Übergang von der Funktion $\psi(q)$ zur Funktion $\sigma(p)$, der eine solche holistische Transformation ist, bestimmt also keine Zuordnung von Werten q zu Werten p. Die Quantenmechanik schließt daher keine Aussagen über gleichzeitige Werte von q und p ein.

Das Dazwischentreten der Funktion $d(q, p)$ in klassisch-statistischen Überlegungen rührt von der Tatsache her, daß diese Methoden von kausalen Gesetzen Gebrauch machen, die einer Kombination p, q die späteren Werte dieser Größen oder Werte einer Größe u im Sinne einer mathematischen Funktion zuordnen. Wenn solche Gesetze für die Bestimmung dieser Werte nötig sind, dann kann man nicht ohne eine Kenntnis der Wahrscheinlichkeit der Kombination p, q auskommen. Die Tatsache, daß die quantenmechanische Methode keine Funktion $d(q, p)$ benutzt, beweist daher, daß sie keine Annahme über solche Gesetze in sich schließt.

Dies kann man folgendermaßen verstehen. Ein kausales Gesetz wie (1) und (2) muß, wie in § 1 erklärt worden ist, als der Limes von Wahrscheinlichkeitsbeziehungen von der Form (14) oder (15) definiert werden, der sich ergibt, wenn sich die beiden Verteilungen $d(q)$ und $d(p)$ oder die Verteilung $d(q, p)$ konzentrierten Verteilungen nähern. Die Wahrscheinlichkeitsverteilungen degenerieren dann in Werte im Zentrum der konzentrierten Verteilungen, und der Operator f_{op} degeneriert in eine Funktion f. Nun zeigt die Unbestimmtheitsbeziehung, daß es nicht möglich ist, physikalische Zustände zu finden, in denen beide Verteilungen $d(q)$ und $d(p)$ konzentriert sind. Es ist daher nicht möglich, kausale Gesetze von der Form (1) bis (3) zu verifizieren; genauer gesagt, es ist nicht möglich, solche Gesetze bis auf einen gewünschten Annäherungsgrad zu verifizieren. Die Unbestimmtheitsbeziehung setzt dieser Annäherung eine Grenze. Das ist der Grund, warum die Quantenmechanik solche Gesetze nicht benutzt.

Müssen wir deshalb darauf bestehen, daß es nicht zulässig ist, von solchen Gesetzen zu sprechen? Eine solche Einstellung würde die Einführung einer Einschränkung bedeuten, für die keine Notwendigkeit besteht. Wir können ebensogut die entgegengesetzte Auffassung vertreten und die Aufstellung solcher Gesetze im Sinne von *Definitionen* erlauben, wenn es nicht möglich ist, solche Gesetze als *verifizierbare Aussagen* einzuführen. Ein derartiger Liberalismus würde nur die Bedingung verlangen, daß *jedes* Gesetz zulässig sei, wenn es nur eine Verbindung zwischen beobachtbaren Verteilungen herstellt, die den zahlenmäßigen Resultaten der Quantenmechanik entsprechen. Statt *eines* Gesetzes, welches eine Größe u als eine Funktion von q und p bestimmt, haben wir dann eine *Klasse gleichwertiger Gesetze*. Es ist daher die Theorie gleichwertiger Beschreibungen (§ 5), die wir benutzen können, um die Lücke zwischen den beobachtbaren Verteilungen auszufüllen.

Aus diesem Grunde müssen wir jetzt die verschiedenen Formen der Ergänzung durch Interpolation untersuchen, die für einen solchen logischen Liberalismus von den sichergestellten Ergebnissen der quantenmechanischen Methode offengelassen werden. Die Frage der kausalen Gesetze wird sich dann in die Frage verwandeln, ob es eine Ergänzung gibt, in der kausale Gesetze bestehen. Die Antwort wird von der Bedeutung abhängen, die wir für den Ausdruck «kausales Gesetz» annehmen. Diese Bezeichnung schließt gewöhnlich zwei verschiedene Bedingungen ein. Erstens wird gefordert, daß die Ursache die Wirkung eindeutig bestimmt; zweitens, daß sich die Wirkung stetig durch den Raum ausbreitet und dem Prinzip der Nahwirkung folgt. Die zweite Bedingung wird häufig durch die Bezeichnung *Kausalkette* ausgedrückt. Wenn wir unsere Ergebnisse vorwegnehmen, können wir hier sagen, daß unsere Antwort negativ sein wird, daß es nämlich unmöglich ist, quantenmechanische Beziehungen vollständig mit Hilfe von Kausalketten zu interpretieren. Wir werden dann versuchen, die Kausalitätsauffassung zu verallgemeinern, indem wir nur die zweite Bedingung beibehalten, während wir die erste durch eine Bedingung für Wahrscheinlichkeitsbeziehungen zwischen Ursache und Wirkung ersetzen. In diesem Sinne sprechen wir von *Wahrscheinlichkeitsketten*, deren genaue Definition später gegeben wird. Wir kommen aber zu dem Ergebnis, daß es sogar unmöglich ist, solche Wahrscheinlichkeitsketten mit Hilfe von Definitionen zwischen die beobachtbaren Daten der Quantenmechanik einzuschalten. Dieses negative Resultat, das eine Aussage über die ganze Klasse gleichwertiger Beschreibungen darstellt, schließt die Einführung der Kausalität in die Welt quantenmechanischer Objekte in jedem Sinne aus und begründet auf diese Weise das *Prinzip der Anomalie*, das in § 8 formuliert wurde.

§ 25. Die Korpuskelinterpretation

Jede Interpretation, die einem gemessenen Wert q *einen* gleichzeitigen Wert p zuordnet, und umgekehrt, kann Korpuskelinterpretation genannt werden. Die Zuordnung kann auf verschiedene Weise vorgenommen werden. Wir wollen hier eine Methode darstellen, die sich durch ihre relative Einfachheit auszeichnet und als Prototyp der Korpuskelinterpretation angesehen werden kann.

Es ist klar, daß die Werte unbeobachtbarer Größen nur im Sinne von *Definitionen* eingeführt werden können. Man kann deshalb keinen Beweis dafür verlangen, daß unsere Aussagen über unbeobachtbare Größen *wahr* sind; alles, was man fordern kann, ist, daß unsere Definitionen *zulässig* sind. Eine Interpretation, die aus mehreren zulässigen, untereinander verbundenen Definitionen besteht, heißt *zulässige Interpretation*. Mit Hilfe unserer Ausführungen in § 22 können wir zeigen, daß sich eine *zulässige Interpretation* auf sehr einfache Weise durchführen läßt.

Unsere erste Definition in dieser Interpretation beruht auf dem Gedanken, daß die Größe, die gemessen wird, durch die Messung nicht gestört wird; nur mit ihr unvertauschbare Größen werden gestört. Wir formulieren diese Idee folgendermaßen:

Definition 1: Wenn der Wert u_i einer Größe u in einer Messung von u beobachtet worden ist, dann bedeutet dieser Wert u_i den Wert von u unmittelbar vor und unmittelbar nach der Messung.

Wenn u eine zeitunabhängige Größe ist, dann folgt daraus, daß derselbe Wert u_i auch für eine längere Zeit vor und nach der Messung gilt. Nur ein Eingriff von außen, wie z.B. die Messung einer unvertauschbaren Größe v, wird dann den Wert u_i zerstören.

Wenn wir die Terminologie von § 22 benutzen, können wir Definition 1 mit Hilfe von Wahrscheinlichkeitsbeziehungen folgendermaßen ausdrücken,

$$P(s, u_i) = P(s . m_u, u_i) \tag{1}$$

Diese Beziehung besagt, daß der Wert u_i schon vor der Messung m_u existiert. Es braucht nicht ausdrücklich gesagt zu werden, daß u_i auch nach der Messung m_u existiert, weil unsere Schreibweise diesen Gedanken durch die Regel ausdrückt, daß die Ausdrücke einander in zeitlicher Anordnung folgen.

Wenn eine Messung von u gemacht worden ist, können wir unsere Konvention mit Bezug auf eine Messung von v ausdrücken

$$P(m_u . u_i, v_k) = P(m_u . u_i . m_v, v_k) \tag{2}$$

Formal können wir die Beziehungen (1) und (2) durch die Regel ausdrücken: Der Ausdruck m_v kann in der ersten Stelle des Wahrscheinlichkeitsausdrucks ausgelassen werden, wenn ein Ausdruck v_k in der zweiten Stelle unmittelbar darauf folgt.

Wir können jetzt zeigen, daß unsere Definition zu einer Bestimmung gleichzeitiger Werte unvertauschbarer Größen führt. Stellen wir uns vor, daß wir erst eine Messung von u vornehmen und u_i erhalten und dann eine Messung der kanonisch konjugierten Größe v ausführen mit dem Ergebnis v_k. Beide Größen mögen zeitunabhängig sein. Da unserer Konvention entsprechend der Wert u_i nach der Messung von u existiert und der Wert v_k vor der Messung von v, kennen wir jetzt zwei Werte, u_i und v_k, die zur gleichen Zeit, nämlich zwischen den Messungen m_u und m_v, existieren. Diese Kenntnis kann symbolisch dargestellt werden, indem man schreibt

$$u_i \quad m_u \quad u_i \quad v_k \quad m_v \quad v_k \tag{3}$$

In dieser Darstellung läuft die Zeit von links nach rechts. Wir sehen, daß unsere Definition es sinnvoll macht, von der Kombination der gleichzeitig existierenden kanonisch konjugierten Werte u_i und v_k zu sprechen, da u_i sowohl als v_k in der ganzen Zeit von m_u bis m_v existiert.

Wenn wir diese Methode auf zeitabhängige Größen ausdehnen wollen, müssen wir die beiden Messungen m_u und m_v unmittelbar nacheinander machen; dann kennen wir die gleichzeitigen Werte u_i und v_k zwischen diesen beiden Messungen. Wenn nur v und nicht u zeitabhängig ist, brauchen die beiden Messungen zeitlich nicht nahe beieinander zu liegen; aber die Ergebnisse bestimmen dann nur die Kombination solcher gleichzeitiger Werte, die unmittelbar vor m_v existieren. Solche Fälle kommen z.B. vor, wenn u die Geschwindigkeit eines kräftefreien Teilchens und v seinen Ort bedeutet.

Die Kenntnis gleichzeitiger Werte, die wir durch Definition 1 erlangt haben, hat nur eine beschränkte Bedeutung, da wir die Kenntnis einer Kombination u_i, v_k erst dann erwerben, wenn einer dieser Werte zerstört ist. Wenn einmal die Messung m_v gemacht worden ist, existiert der Wert u_i nicht mehr, und wir müssen deshalb eine andere Messung von u vornehmen, um den dann existierenden Wert von u zu ermitteln. Mit dieser Messung von u würde jedoch der Wert v_k zerstört, usw. Dieses Resultat hat eine wichtige Konsequenz. In § 21 haben wir das Prinzip formuliert, daß die Wiederholung einer Messung denselben Wert wie die voraufgehende Messung ergibt. Dieses Prinzip ist nicht auf eine Kombination gleichzeitiger Werte anwendbar. Wir haben kein Mittel, dieselbe Kombination der Werte u_i und v_k ein zweites Mal zu produzieren; es kann nur durch Zufall passieren, daß sich dieselbe Kombination ein zweites Mal ergibt. Wir können daher die Kenntnis gleichzeitiger Werte nicht für die Voraussage zukünftiger Messungsresultate gebrauchen; die Zukunft bleibt unbestimmt, da die erworbene Kenntnis nicht länger für den Zustand gilt, der zur Zeit ihrer Erwerbung existiert. Wir möchten die Bemerkung hinzufügen, daß wir unsere Kenntnis auch nicht für einen Schluß auf die Vergangenheit benutzen können, da wir aus der beobachteten Kombination u_i und v_k nicht feststellen können, welcher Wert von v vor der Messung m_u existierte[1]).

Definition 1 bestimmt Werte unbeobachteter Größen nur zwischen zwei Messungen. Um etwas über solche Werte in anderen Zuständen zu erfahren, müssen wir eine zweite Definition einführen. Für unsere Zwecke genügt es, wenn wir für den allgemeinen Fall nicht den Wert der unbeobachteten Größe, sondern die Wahrscheinlichkeit eines solchen Wertes definieren. Wir gebrau-

---

[1]) Wir können diesen Wert natürlich aus einer früheren Beobachtung kennen, deren Ergebnis aufgeschrieben wurde und daher zu einer späteren Zeit bekannt ist, während die Resultate zukünftiger Messungen zu früheren Zeiten nicht bekannt sein können. Dieser Unterschied beweist die Existenz einer Zeitrichtung. Aber der Gebrauch von Berichten schließt Verfahren ein, die in einem abgeschlossenen System nicht angewandt werden können. Soweit abgeschlossene Systeme in Betracht kommen, scheint es, daß die Quantenmechanik keine Zeitrichtung unterscheidet. Dies folgt aus (14, § 22).

chen hier das spezielle Multiplikationstheorem und konstruieren so unsere Interpretation in Analogie zu Formel (6, § 24) des klassisch-statistischen Falles. Dies geschieht durch folgende Definition:

Definition 2: Die Wahrscheinlichkeit einer Kombination $v_k\,w_m$ relativ zu einem physikalischen Zustand s ist durch das Produkt der individuellen Wahrscheinlichkeiten von v_k und w_m relativ zu s gegeben. In symbolischer Schreibweise

$$P(s, v_k.w_m) = P(s, v_k)\,P(s, w_m) \tag{4}$$

Wenn wir diese Beziehung mit (1) kombinieren, haben wir

$$P(s, v_k.w_m) = P(s.m_v, v_k)\,P(s.m_w, w_m) \tag{5}$$

Wir nehmen an, daß Definition 2 auch dann gilt, wenn ψ durch eine Eigenfunktion von u ersetzt wird, d.h. wenn ψ einen Zustand charakterisiert, der sich aus einer Messung von u ergibt. Wir haben dann

$$P(m_u.u_i, v_k.w_m) = P(m_u.u_i, v_k)\,P(m_u.u_i, w_m) \tag{6}$$

$$= P(m_u.u_i.m_v, v_k)\,P(m_u.u_i.m_w, w_m) \tag{7}$$

Definition 2 besagt die Unabhängigkeit der Werte v_k und w_m. Statt diesen Gedanken mit Hilfe des speziellen Multiplikationstheorems (4) auszudrücken, können wir ihn auch dahin formulieren, daß die relative Wahrscheinlichkeit von w_m mit Bezug auf v_k der absoluten Wahrscheinlichkeit von w_m gleich ist. Das heißt, daß wir (4) bzw. (6) durch die Formeln[1])

$$P(s.v_k, w_m) = P(s, w_m) \tag{8}$$

$$P(m_u.u_i.v_k, w_m) = P(m_u.u_i, w_m) \tag{9}$$

ersetzen können. Wenn wir hier (1) und (2) zuerst auf der linken Seite und dann auf der rechten Seite anwenden, erhalten wir

$$P(s.v_k, w_m) = P(s.v_k.m_w, w_m) = P(s.m_w, w_m) \tag{10}$$

$$P(m_u.u_i.v_k, w_m) = P(m_u.u_i.v_k.m_w, w_m) = P(m_u.u_i.m_w, w_m) \tag{11}$$

In der Substitution von (1) auf der linken Seite von (8) haben wir v_k als zum Zustand s gehörig angesehen und deshalb den Ausdruck m_w an die rechte Seite von v_k gesetzt. Dasselbe gilt für die Anwendung von (2) auf die linke Seite von (9). Wir können auch Ausdrücke von der Form

$$P(s.m_w.v_k, w_m) \tag{12}$$

in Betracht ziehen. Ein solcher Ausdruck kann nicht von $P(s.v_k, w_m)$ mit Hilfe von (1) abgeleitet werden. Wir können jedoch den Wert von (12) auf folgende

---

[1]) (8) ist nur für den Fall $P(s, v_k) \neq 0$ ableitbar, während (4) umgekehrt auch für diesen Fall von (8) abzuleiten ist. Wenn daher der Fall $P(s, v_k) = 0$ eingeschlossen werden soll, sehen wir (8) und (9) an Stelle von Definition (2) als Definition der Unabhängigkeit an.

Weise bestimmen, wenn wir außer (1) das allgemeine Multiplikationstheorem der Wahrscheinlichkeiten, die in (4, § 22) ausgedrückte Eliminationsregel und (22, § 22) benutzen

$$P(s.m_w.v_k, w_m) = \frac{P(s.m_w, v_k.w_m)}{P(s.m_w, v_k)} = \frac{P(s.m_w, w_m)\,P(s.m_w.w_m, v_k)}{P(s.m_w.m_v, v_k)}$$

$$= \frac{P(s.m_w, w_m)\,P(m_w.w_m, m_v v_k)}{\sum_i P(s.m_w, w_i)\,P(m_w.w_i.m_v, v_k)} \tag{13}$$

Die Beziehungen (8) und (9) können durch folgende Regel ausgedrückt werden, die so formuliert ist, daß sie nicht auf Ausdrücke wie (12) anwendbar ist: Ein Ausdruck wie v_k kann in der ersten Stelle des Wahrscheinlichkeitsausdrucks ausgelassen werden, wenn weder der Ausdruck m_v vorhergeht noch ein Ausdruck m_w dem w_m in der zweiten Stelle folgt.

Folgende Überlegung zeigt die Zulässigkeit von Definition 2 und beweist, daß die Eliminationsregel tautologisch befriedigt ist

$$P(s, w_m) = P(s, [v_1 \vee v_2 \vee \ldots].w_m)$$

$$= \sum_k P(s, v_k.w_m)$$

$$= \sum_k P(s, v_k)\,P(s.v_k, w_m) \tag{14}$$

$$= P(s, w_m) \sum_k P(s, v_k) = P(s, w_m)$$

Für die letzte Zeile haben wir (8) und die Beziehung

$$\sum_k P(s, v_k) = 1$$

benutzt. Man kann dasselbe für Ausdrücke von der Form (13) zeigen.

Ferner können wir zeigen, daß unsere Regel (9) unseren früheren Regeln für relative Wahrscheinlichkeiten nicht widerspricht. Beziehung (9) besagt, daß der Wert w_m unabhängig von einem *ungemessenen Wert* v_k ist. Die früher eingeführten relativen Wahrscheinlichkeiten, wie (15 und 22, § 22), geben eine Abhängigkeit von w_m von einem *gemessenen* Wert v_k an.

Mit den Definitionen 1 und 2 haben wir eine Interpretation gegeben, die erschöpfend ist, d.h. in welcher Aussagen über unbeobachtete Größen, einschließlich gleichzeitiger Werte, gemacht werden können. Wenn wir eine Terminologie benutzen, die in der allgemeinen Theorie des Sinnes[1] eingeführt worden ist, dann können wir sagen, daß in dieser Interpretation Aussagen über gleichzeitige Werte unvertauschbarer Größen *Wahrheitssinn* für Zustände zwischen zwei Messungen und *Wahrscheinlichkeitssinn* für allgemeine Zustände besitzen. Diese Unterscheidung drückt die Tatsache aus, daß wir für den letzten Fall nur die Wahrscheinlichkeit der Werte der Größen (Definition 2) definiert haben, während im ersten Fall die Werte selbst definiert sind (Definition 1).

---

[1] Vgl. das Buch des Autors, *Experience and Prediction* (Chicago 1938), § 7.

§ 26. Die Unmöglichkeit einer Kettenstruktur

Nachdem wir die Korpuskelinterpretation durchgeführt und ihre Zulässigkeit festgestellt haben, können wir nach ihren Konsequenzen fragen. Dabei ist es besonders die Frage der Kausalität, die uns interessiert. Wir haben gesehen, daß es in der klassisch-statistischen Auffassung kausale Gesetze gibt, die die Zustände q, p mit zukünftigen Zuständen oder mit anderen Größen u verknüpfen. Hat die Korpuskelinterpretation nun ähnliche Gesetze zur Folge?

Eine kurze Untersuchung ergibt eine negative Antwort. Nehmen wir an, daß eine Folge gemessener Werte entsprechend (3, § 25) in der Form

$$q_i \quad m_q \quad q_i \quad p_k \quad m_p \quad p_k \tag{1}$$

hergestellt sei. Wenn nun u eine Größe ist, die weder mit q noch mit p vertauschbar ist, dann sind wir nicht in der Lage, u zwischen den Messungen m_q und m_p zu messen, ohne den Zustand zu stören. Wir können nur eine Wahrscheinlichkeit einführen

$$P(m_q \, q_i \, p_k, \, u_m)$$

Entsprechend (9, § 25) ist diese Wahrscheinlichkeit gleich

$$P(m_q . q_i . p_k, \, u_m) = P(m_q . q_i, \, u_m) = P(m_q . q_i . m_u, \, u_m) \tag{2}$$

Das heißt, daß u nicht von dem Wert p abhängig ist, der gleichzeitig mit q_i existiert, und daß andererseits die Abhängigkeit der Größe u von q derart ist, daß *einem* Wert q ein Spektrum möglicher Werte zugeordnet ist. Wir können daher keine Kausalfunktion

$$u = f(q, \, p) \tag{3}$$

derart einführen, daß die statistischen Beziehungen der Quantenmechanik auf den klassisch-statistischen Fall zurückgeführt sind.

Dieser letztere Fall ist dadurch charakterisiert, daß er *Kausalketten* besitzt, die eine Verbindung zwischen $d(q)$ und $d(p)$ einerseits und $d(u)$ andererseits herstellen. Unsere Betrachtungen zeigen daher, daß solche Kausalketten in der durch Definitionen 1 und 2 gegebenen Interpretation nicht konstruiert werden können. Wenn wir jedoch unsere Untersuchung in der Richtung verallgemeinern, die wir am Ende von § 24 angedeutet haben, können wir fragen, ob in dieser Interpretation wenigstens Wahrscheinlichkeitsketten möglich sind. Den Sinn dieses Ausdrucks müssen wir zunächst genau definieren.

Zu diesem Zweck wollen wir eine Struktur betrachten, in der eine *relative Wahrscheinlichkeitsfunktion*

$$d(q, \, p; \, u) \tag{4}$$

die Stelle der Kausalfunktion (3) einnimmt und die Verbindung zwischen den Verteilungen $d(q)$ und $d(p)$ einerseits und $d(u)$ andererseits herstellt. Relative Wahrscheinlichkeitsfunktionen entsprechen relativen Wahrscheinlichkeiten; sie werden nur über die Variable interpretiert, die dem Semikolon folgt, und bestimmen die Wahrscheinlichkeit dieser Variablen relativ zu Werten der Variablen vor dem Semikolon. Diese Funktionen sind eine Verallgemeinerung von

Kausalgesetzen zu Wahrscheinlichkeitsgesetzen[1]). Wir sagen nun, daß die so eingeführte Interpretation mit Hilfe von *Wahrscheinlichkeitsketten* gegeben ist, wenn die Funktion (4) unabhängig von den Funktionen $d(q)$ und $d(p)$ ist. Der Ausdruck *Kettenstruktur* charakterisiert daher eine Struktur, in welcher die Wahrscheinlichkeit eines Wertes u bestimmt ist, wenn die Werte q und p gegeben sind. Wir können diese Eigenschaft dahin deuten, daß die Verbindung zwischen $d(q)$ und $d(p)$ einerseits und $d(u)$ andererseits durch die Werte q und p *hindurchgeht*.

Unsere Ergebnisse zeigen, daß wir noch nicht einmal Wahrscheinlichkeitsketten im definierten Sinn konstruieren können. Wegen (2) degeneriert Funktion (4) in eine Funktion

$$d(q\,;u) \tag{5}$$

von q allein. Während der Wert von p in diesem Fall keinen Einfluß auf u hat, ändert sich das, nachdem eine Messung von p gemacht worden ist; wir haben dann eine Wahrscheinlichkeitsfunktion

$$d(p\,;u) \tag{6}$$

die zeigt, daß u von q unabhängig ist. Das bedeutet, daß die Wahrscheinlichkeit eines Wertes u in der gegebenen Interpretation manchmal von q allein und manchmal von p allein abhängt. Im ersten Fall hat daher der Wert von p, den wir als existent angenommen haben, obgleich er nicht gemessen worden ist, keinen Einfluß auf u, während im zweiten Fall der Wert von q keinen Einfluß auf u hat. Die beiden Fälle unterscheiden sich also hinsichtlich der Wahrscheinlichkeitsverteilungen $d(q)$ und $d(p)$, da im ersten Fall $d(q)$ eine konzentrierte Verteilung ist und $d(p)$ nicht, während es im zweiten Fall umgekehrt ist. Wir finden daher, daß sich die Abhängigkeit der Größe u von q oder p mit den Verteilungen $d(q)$ und $d(p)$ ändert, und wir haben deshalb keine Funktion (4), die von $d(q)$ und $d(p)$ unabhängig ist. In Anbetracht der obenerwähnten Forderung können die vorliegenden Beziehungen also nicht als eine Kettenstruktur gedeutet werden.

Dieses Ergebnis wird noch klarer, wenn wir von einem allgemeinen Zustand s ausgehen. Wir haben dann nach Definition 2

$$d(q,\,p\,;u) = d_s(u) \tag{7}$$

wo $d_s(u)$ die Verteilung von u relativ zu dem Zustand s ist. Diese Beziehung besagt, daß die Wahrscheinlichkeit eines Wertes u weder von der besonderen Kombination von Werten $q,\,p$ noch von einem dieser Werte allein, sondern direkt von s und damit von $d(q)$ und $d(p)$ abhängig ist. Es hat keinen Einfluß auf unser Resultat, daß die letzteren Verteilungen den Zustand s, wenn auch in weitem Ausmaß, so doch nicht vollständig bestimmen; das beweist nur, daß außer $d(q)$ und $d(p)$ noch andere Faktoren s mitbestimmen. Daher haben wir keine Kettenstruktur im definierten Sinn.

---

[1]) Vgl. das Buch des Verfassers, *Wahrscheinlichkeitslehre* (Leiden 1935), § 44.

Es erhebt sich nun die Frage, ob dieses negative Resultat auf die durch Definitionen 1 und 2 gegebene Interpretation beschränkt sei. Es läßt sich zeigen, daß dies nicht der Fall ist und daß wir auch mit anderen Definitionen von Werten unbeobachtbarer Größen keine Kettenstruktur einführen können. Zu diesem Zweck wollen wir schrittweise vorgehen und nach und nach immer allgemeinere Formen von Definitionen wählen.

Wir beginnen mit folgender Zusammenstellung von Definitionen. Wir lassen Definition 1 unverändert und behalten Definition 2 nur für q und p bei, während wir andere Größen u als von p und q abhängig ansehen, selbst wenn u nicht beobachtet wird. Wir fragen, ob diese Abhängigkeit der Größe u von p und q so durchgeführt werden kann, daß eine Funktion (4) existiert. Wenn diese Interpretation eine Kettenstruktur darstellen soll, müssen wir, wie oben dargestellt wurde, fordern, daß dieselbe Funktion (4) für alle möglichen physikalischen Zustände s gelte. Es läßt sich nun zeigen, daß es unmöglich ist, eine Funktion (4) mit der geforderten Eigenschaft zu definieren. Das können wir durch folgende Überlegungen beweisen.

Die Funktion $d_0(p)$ möge eine Verteilung sein, die mit einer ziemlich genauen Messung von q vereinbar ist; die Funktion $d_0(p)$ stellt dann eine flache Kurve dar. Wir teilen nun die Achse q in kleine Intervalle Δq_i ein, die der größten Genauigkeit entsprechen, mit der q gemessen werden kann, wenn p die Verteilung $d_0(p)$ hat; q_i möge der Mittelwert eines Intervalls Δq_i sein. Ferner möge $d_i(q)$ eine Verteilung sein, die sich praktisch vollständig innerhalb des Intervalls Δq_i befindet; wenn wir eine solche Verteilung haben, können wir mit praktischer Sicherheit sagen, daß der Wert von q gleich q_i ist. Eine ψ-Funktion, welche die beiden Verteilungen $d_0(p)$ und $d_i(q)$ vereinigt, möge $\psi_i(q)$ geschrieben werden. Da unsere Definition $d_i(q)$ innerhalb der Grenzen des Intervalls Δq_i offenläßt (und außerdem aus den in § 20 erwähnten Gründen), gibt es nicht nur *eine* Funktion, sondern eine Klasse von Funktionen $\psi_i(q)$, die diese Bedingungen erfüllen. Nehmen wir an, daß eine Regel aufgestellt sei, die eine ψ-Funktion dieser Klasse für jedes q_i bestimme; diese Funktion schreiben wir $\psi(q_i, q)$. Dann ist die Funktion $d_i(q) = |\psi(q_i, q)|^2$ annähernd durch eine Dirac-Funktion gegeben. Die Klasse der Zustände, die durch die Funktionen $\psi(q_i, q)$ für jedes Intervall Δq_i charakterisiert ist, soll Klasse A genannt werden.

Wenn wir in einem Zustand der Klasse A eine Größe u messen, die nicht mit q vertauschbar ist, dann ist die Wahrscheinlichkeit, einen Wert u zu erhalten, durch die Koeffizienten der Entwicklung

$$\psi(q_i, q) = \int \sigma(q_i, u)\, \varphi(u, q)\, du \tag{8}$$

bestimmt. Da $\psi(q_i, q)$ eine Messung von q mit dem Ergebnis q_i darstellt, können wir die in Betracht stehende Wahrscheinlichkeit in der Form

$$P(m_q . q_i . m_u, u) = |\sigma(q_i, u)|^2 \tag{9}$$

schreiben. Wenn wir Definition 1 in der Form (1, § 25) anwenden, können wir den Ausdruck m_u auf der linken Seite weglassen und erhalten

$$P(m_q . q_i, u) = |\sigma(q_i, u)|^2 \tag{10}$$

Mit Hilfe des d-Symbols können wir die linke Seite in der Form $d_i(q_i; u)$ schreiben, und haben daher für alle Systeme der Klasse A:

$$d_i(q_i; u) = |\sigma(q_i, u)|^2 \qquad (11)$$

Betrachten wir nun eine Klasse B von Systemen, die alle die vorher benutzte Verteilung $d_0(p)$ und zugleich irgendeine der Verteilungen $d(q)$ besitzen, welche mit $d_0(p)$ vereinbar sind. Diese Klasse enthält die Systeme der Klasse A, schließt aber auch Systeme mit ziemlich flachen Verteilungen $d(q)$ ein. Für jedes System der Klasse B haben wir gemäß der Eliminationsregel für Wahrscheinlichkeiten die Beziehung

$$d_B(q; u) = \int d_B(q; p)\, d(q, p; u)\, dp \qquad (12)$$

Hier haben wir dem zweiten Ausdruck unter dem Integral keinen Index B gegeben, weil diese in (4) eingeführte Funktion für alle Zustände dieselbe sein soll. Wenn wir jetzt Definition 2, § 25, auf q und p anwenden und die Definition der Klasse B benutzen, haben wir

$$d_B(q; p) = d_B(p) = d_0(p) \qquad (13)$$

Daher schließen wir

$$d_B(q; u) = \int d_0(p)\, d(q, p; u)\, dp \qquad (14)$$

Das bedeutet, daß die Verteilung $d_B(q; u)$ für alle Systeme der Klasse B dieselbe ist, da die rechte Seite von (14) denselben Wert für alle Systeme von B hat. Wir können jetzt die Funktion $d_B(q; u)$ folgendermaßen bestimmen. Da die Systeme der Klasse A zur Klasse B gehören, haben wir, wenn wir ein beliebiges Intervall Δq_i benutzen

$$d_B(q_i; u) = d_i(q_i; u) = |\sigma(q_i, u)|^2 \qquad (15)$$

Da diese Beziehung für alle i gilt, können wir den Index i bei q_i auslassen und erhalten

$$d_B(q; u) = |\sigma(q, u)|^2 \qquad (16)$$

Nun ist der Sinn von $d_B(q; u)$ durch

$$P(s_B.q, u) = d_B(q; u) \qquad (17)$$

gegeben, wo s_B einen beliebigen Zustand der Klasse B darstellt. Wenn wir (9) benutzen, können wir jetzt aus (16) und (17) die Beziehung

$$P(s_B.q, u) = P(m_q.q.m_u, u) \qquad (18)$$

ableiten. Unter Anwendung von (1, § 25) auf die linke Seite und von (22, § 22) auf die rechte Seite können wir dies in der Form schreiben

$$P(s_B.q, u) = P(s_B.q.m_u, u) = P(s_B.m_q.q.m_u, u) = P(s_B.m_q.q, u) \quad (19)$$

wenn wir (1, § 25) noch einmal beim letzten Schritt anwenden. Wenn wir von Überlegungen Gebrauch machen, wie sie in § 22 dargestellt sind, können wir zeigen, daß dieses Resultat zu Widersprüchen führt, wenn wir die Eliminationsregel benutzen. Indem wir diese letztere Regel formal auf den Ausdruck auf der linken Seite der folgenden Beziehungen anwenden, haben wir

$$P(s_B, u) = \int P(s_B, q)\, P(s_B.q, u)\, dq \tag{20a}$$

$$P(s_B.m_q, u) = \int P(s_B.m_q, q)\, P(s_B.m_q.q, u)\, dq \tag{20b}$$

Die ersten Ausdrücke unter den Integralen sind wegen (1, § 25) gleich; die Gleichheit der zweiten Ausdrücke ist in (19) ausgesagt. Daher folgt, wenn wir für die zweite Zeile (1, § 25) benutzen

$$P(s_B, u) = P(s_B.m_q, u) \tag{21a}$$

$$P(s_B.m_u, u) = P(s_B.m_q.m_u, u) \tag{21b}$$

Die letzte Gleichung widerspricht der Ungleichung (18, § 22), wenn wir in der letzteren Beziehung den Ausdruck $m_u\,u_i$ durch s_B, den Ausdruck w durch u und den Ausdruck v durch q ersetzen. Genauer ausgedrückt: für alle diejenigen Größen u, für welche die Ungleichung (18, § 22) gilt, ist (21b) falsch. Daraus folgt: Es gibt Größen u derart, daß es unmöglich ist, dieselbe Funktion $d(q, p; u)$ für alle Situationen der Klasse B zu benutzen.

Wir können versuchen, den Widerspruch dadurch zu vermeiden, daß wir Definition 2, § 25, für die Größen p und q fortlassen, nachdem wir diese Definition schon für u weggelassen haben. In diesem Falle sind q und p nicht länger voneinander abhängig, und wir haben eine Funktion $d(q; p)$ derart, daß

$$d(q; p) \neq d(p) \tag{22}$$

Da p jetzt von q abhängt, muß die Forderung einer Kettenstruktur auf die Funktion $d(q; p)$ angewandt werden. Das heißt, daß die Funktion $d_B(q; p)$ für alle Systeme der Klasse B dieselbe ist. Gleichung (12) führt dann aber wie vorher zu dem Resultat, daß $d_B(q; u)$ dieselbe Funktion für alle Zustände der Klasse ist, und damit sind dieselben Widersprüche wie vorher ableitbar.

Man könnte fragen, ob wir berechtigt sind, die Forderung einer Kettenstruktur auf die Funktion $d(q; p)$ auszudehnen. Obgleich die p_i in diesem Fall von q_i abhängig sind, könnte man einwenden, daß man das nicht als eine Art kausaler Abhängigkeit ansehen dürfe; d.h. diese Abhängigkeit sollte nicht als ein physikalisches Gesetz gedeutet werden, sondern als eine Auswirkung zufälliger Umstände, welche den Wahrscheinlichkeitszustand bestimmen und sich von Fall zu Fall ändern. Man sollte danach die q_i und p_i vielmehr als die unabhängigen Parameter physikalischer Geschehnisse in dem Sinne auffassen, daß sie beliebig gewählt werden können; und eine kausale Abhängigkeit im Sinne einer Kettenstruktur sollte nur für andere Größen u mit Bezug auf die q_i und p_i vorliegen. Einem solchen Einwand können wir folgendermaßen entgegnen. Wenn sich der Wahrscheinlichkeitszustand von Fall zu Fall ändert, dann müßten alle Arten von Zuständen vorkommen; mathematisch gesprochen heißt das, daß die drei Wahrscheinlichkeiten $d(q)$, $d(p)$, $d(q; p)$ die grundlegenden Wahrscheinlichkeiten darstellen, die beliebig angenommen werden können. Wir können daher folgende Annahme machen.

Voraussetzung Γ: Unter den Systemen der Klasse B gibt es eine Unterklasse B' von Systemen, welche die gleiche Verteilung $d_0(q;p)$ haben; und für jede ψ-Funktion in B gibt es eine Anzahl von Systemen, welche diese ψ-Funktion haben und zu B' gehören, d.h. die zur gleichen Zeit die Verteilungen $d_0(p)$ und $d(q;p)$ haben.

Dies bedeutet, daß wir einem Zustand, der die Verteilungen $d(q)$ und $d_0(p)$ hat, eine Verteilung $d_0(q;p)$ zuordnen können und daß es Systeme geben muß, die diese drei Verteilungen haben. Wir haben zwar kein Mittel, diese letzteren Systeme, d.h. die Systeme der Klasse B', durch Beobachtung zu bestimmen. Voraussetzung Γ hat daher den Charakter einer Konvention. Sollte es aber unmöglich sein, diese Konvention durchzuführen, d.h. sollte die Möglichkeit, solche Systeme zu *definieren*, ausgeschlossen sein, so würde dies heißen, daß die Wahrscheinlichkeit $d(q;p)$ von der Verteilung $d(q)$ abhängt, da die Verteilung $d_0(p)$ für alle Systeme von B dieselbe ist. Dies heißt mit anderen Worten, daß die relative Wahrscheinlichkeit, einen Wert p zu haben, wenn ein Wert q gegeben ist, von der Verteilung der Werte q abhängt. Die Wahrscheinlichkeit, daß ein Teilchen am Orte q den Impuls p hat, würde dann davon abhängen, wo sich die anderen Teilchen befinden. Dies würde nicht nur unseren Voraussetzungen widersprechen, nach der die q und p die unabhängigen Parameter darstellen, sondern würde eine Art Abhängigkeit der p von q einführen, welche den Forderungen einer Kettenstruktur widerspricht. Unter Benutzung von Voraussetzung Γ schreiben wir jetzt (12) für die Klasse B' in der Form

$$d_{B'}(q;u) = \int d_{B'}(q;p)\, d(q,p;u)\, dp \tag{23}$$

Da $d_{B'}(q;p)$ jetzt für alle Systeme von B' dasselbe ist, nämlich $= d_0(q;p)$, folgt, daß auch $d_{B'}(q;u)$ für alle Systeme von B' dasselbe ist. Mit Hilfe dieses Ergebnisses sind die gleichen Widersprüche wie vorher ableitbar, da nach Voraussetzung Γ die Klasse B' eine entsprechende Unterklasse A' von A einschließt, nämlich eine Klasse A' von Systemen mit Funktionen $\psi(q_i, q)$.

Wir haben diese Betrachtung für stetige Variable q und p durchgeführt, weil Ort und Impuls im allgemeinen durch solche Variablen dargestellt werden. Da eine scharfe Messung stetiger Variablen unmöglich ist, muß unser Resultat genauer in der Form ausgedrückt werden: Wie klein auch immer die Intervalle Δq gewählt seien, ist es doch immer möglich, eine Größe u zu finden, für welche die zahlenmäßigen Widersprüche, die sich aus (21b) ergeben, genügend groß sind. Wir wollen mit unserem Beweis nicht sagen, daß die Klassen A, A', B, B' für kleinere Δ dieselben bleiben müssen; das ist offensichtlich nicht der Fall. Wir können daher keine Aussage darüber ableiten, was sich im Falle $\Delta = 0$ ereignet; aber solche Aussagen sind auf jeden Fall jenseits der Grenzen der Aussagbarkeit in der Quantenmechanik. Wenn wir diskrete Variable q_i und p_k benutzen würden, könnten wir solche Aussagen machen; in diesem Falle aber kann unser Beweis auf einfachere Weise gegeben werden. Wenn eine genaue Messung $q = q_i$ ergibt, so haben wir eine Funktion $d(q_i, p_k)$; die Voraussetzung, daß in einem allgemeinen Zustand s die Größe p von q unabhängig ist, d.h. daß $d_s(q_i; p_k) = d_s(p_k)$ ist, widerspricht unserer Definition einer Kettenstruktur, da dann $d_s(q_i; p_k)$ von $d(q)$ und $d(p)$ abhängt, d. h. verschieden ist, je nachdem ob s eine Messung von q darstellt oder nicht. Wenn wir andererseits $d_s(q_i; p_k)$ $= d(q_i; p_k)$ setzen, können wir dieselben Widersprüche wie oben konstruieren, wenn wir (12) mit dem Index s statt B benutzen. Für stetige Variable q und p ist die logische Sachlage anders, weil keine scharfen Werte existieren und wir für jede Messung von q innerhalb der Genauigkeit Δ annehmen können, daß $d(q_i; p_k) = d(p_k)$ ist, ohne dadurch auf Widersprüche zu gelangen, wenn nur $d(p_k)$ innerhalb der Grenzen ist, die durch die Heisenberg-Relation gezogen sind. Für diesen Fall brauchen wir daher einen besonderen Beweis dafür, daß sich Widersprüche für andere Größen u ergeben, wie er oben gegeben worden ist.

Wir müssen uns jetzt fragen, ob wir unser negatives Ergebnis vermeiden können, indem wir Definition I, § 25, fortlassen. Um diese Frage zu beantworten, müssen wir einige allgemeine Betrachtungen einschieben, welche eine Definition von Werten unbeobachteter Größen betreffen.

Wenn unser System keine Definition unbeobachteter Größen enthielte, wäre es einfach, eine Kettenstruktur durchzuführen. Wir würden dann annehmen, daß es unbekannte Werte q und p gebe, die mit dem unbekannten Wert u so verknüpft sind, daß eine Funktion (4) existiert. Wir könnten sogar annehmen, daß diese Funktion in eine kausale Funktion (3, § 24) entarte. Ferner könnten wir für jedes Experiment den unbeobachteten Größen beliebige Werte derart geben, daß die Funktionen (4, § 24) und (3, § 24) befriedigt werden. Man könnte nie zeigen, daß die gewählten Werte ungültig sind, wenn wir nur annehmen, daß jede Beobachtung die Werte in unbekannter Weise stört. Eine solche Interpretation kann jedoch keine zulässige Ergänzung der Beobachtungen genannt werden, da die unbeobachteten mit den beobachteten Werten nicht durch allgemeine Regeln verknüpft sind. Man muß es daher als eine Forderung einer durch Interpolation eingeführten Kettenstruktur ansehen, daß es allgemeine Regeln gibt, welche die unbeobachteten Werte bestimmen, und daß diese Regeln für jeden Zustand s dieselben sind. Diese letztere Bedingung ist notwendig, weil sonst die Störung durch die Beobachtung von den Wahrscheinlichkeitsverteilungen der gemessenen Größen abhinge; in diesem Fall würde die Störung, die ja selbst ein kausales Geschehnis ist, nicht mit unserer Definition einer Kettenstruktur übereinstimmen.

Wir wissen nun, daß wir in einem Zustand s nur *eine* Beobachtung machen können, entweder von q oder von p oder von u; eine weitere Beobachtung geht dann wieder von einem Zustand aus, der durch die vorhergehende Beobachtung geschaffen ist. Die gesuchten Regeln müssen deshalb so aufgestellt werden, daß sie den unbeobachteten Wert irgendeiner Größe als eine Funktion des beobachteten Wertes allein aufstellen. Wenn u_0 der beobachtete Wert einer Größe ist, können wir zwei Funktionen $f_b(u_0)$ und $f_a(u_0)$ einführen, welche die vor und nach der Messung existierenden Werte bestimmen, so daß sich

$$u_b = f_b(u_0) \qquad u_a = f_a(u_0) \tag{24}$$

ergibt. Diese Annahme führt aber zu folgenden Schwierigkeiten. Wenn wir einen Zustand haben, der in u_0 definit ist, wie er z. B. nach einer Messung m_u

mit dem Ergebnis u_0 existiert, und dann eine Messung von u vornehmen, dann muß der Wert nach dieser Messung derselbe sein wie vor dieser Messung, sonst würde der Wert von u sich zwischen den beiden Messungen von u ändern. Dies würde eine Änderung ohne Ursache bedeuten, und sowohl dem Prinzip einer Wahrscheinlichkeitskettenstruktur als auch dem Prinzip der strengen Kausalität widersprechen. Für einen solchen Zustand müssen deshalb die beiden Funktionen f_b und f_a dieselben sein. Dann können sie aber auch in irgendeinem anderen Zustand nicht verschieden sein. Da ein solcher veränderter Zustand von dem vorangehenden Fall nur durch den Unterschied in den Wahrscheinlichkeitsverteilungen verschieden ist, würde die Annahme, daß die beiden Funktionen f_b und f_a von dem Zustand s abhängen, bedeuten, daß die Störung durch die Beobachtung nicht nur von den Werten der Größen, sondern auch von den Wahrscheinlichkeiten abhängt, mit denen diese Werte vorkommen. Diesen Fall haben wir oben ausgeschlossen, weil er den Bedingungen einer Kettenstruktur widerspricht.

Folglich müssen wir für alle Zustände

$$f_b = f_a \tag{25}$$

haben.

Dann ist aber die Verallgemeinerung, die durch die Funktion f eingeführt wird, trivial und ändert unsere früheren Ergebnisse nicht. Statt den beobachteten Wert u_0 als den Wert vor und nach der Messung anzusehen, würden wir einen Wert $f(u_0)$ als den Wert vor und nach der Messung ansehen; und dann können die voraufgehenden Überlegungen, die zu Widersprüchen führen, in der gleichen Weise wie vorher durchgeführt werden.

Unsere Ausführungen stellen einen allgemeinen Beweis dafür dar, daß es unmöglich ist, die statistischen Beziehungen der Quantenmechanik mit Hilfe einer Kettenstruktur zu deuten. Dieses Ergebnis schließt den Beweis dafür ein, daß man diese Beziehungen nicht mit Hilfe von strengen Kausalketten deuten kann, da diese einen Spezialfall von Wahrscheinlichkeitsketten darstellen. Damit ist der Beweis des Prinzips der Anomalie erbracht, auf den wir uns in § 8 bezogen haben.

Die Beweise in diesem Abschnitt werden durch das Interferenzexperiment veranschaulicht, das wir in § 7 diskutiert haben. Dort haben wir gesehen, daß wir keine Wahrscheinlichkeit $P(A \cdot B_1, C)$ einführen können, welche von den Geschehnissen am Orte B_2 unabhängig ist. Dies ist ein Spezialfall unseres allgemeinen Satzes, der besagt, daß wir keine invariante Funktion (4) einführen können; die Funktion (4) hängt immer von den ganzen Verteilungen $d(q)$ und $d(p)$, d.h. vom Zustande s ab.

§ 27. Die Welleninterpretation

Die Dualität der Wellen- und Korpuskelinterpretation ist auf die Gleichwertigkeit der Funktion $\psi(q)$ mit Paaren passend gewählter Wahrscheinlichkeitsfunktionen gegründet. In der Korpuskelinterpretation werden die Wahrscheinlichkeitsfunktionen als direkt physikalisch sinnvoll angesehen, während die Funktion ψ nur als eine mathematische Abkürzung erscheint, die für diese Funktionen gebraucht wird. In der Welleninterpretation ist es jedoch die Funktion $\psi(q)$, die als direkt physikalisch sinnvoll betrachtet wird. Diese Funktion wird dann nicht als eine Kombination zweier den Massenteilchen zugeordneter Wahrscheinlichkeitsfunktionen gedeutet, sondern als die Beschreibung eines physikalischen Zustandes, der sich über den ganzen Raum ausbreitet, d.h. als ein Wellenfeld. Während eine Wahrscheinlichkeitsfunktion $d(q)$ die physikalische Wirklichkeit mit Hilfe eines «oder» bestimmt, in dem Sinne, daß sich ein Teilchen am Orte q_1 *oder* q_2 *oder* usw. befindet, bestimmt die Wellenfunktion $\psi(q)$ die Wirklichkeit mit Hilfe eines «und»; sie besagt also, daß es am Orte q_1 *und* am Orte q_2 *und* usw. einen physikalischen Zustand gibt. Die Zahlenwerte der Funktion d bedeuten Wahrscheinlichkeiten; die Zahlenwerte der Funktion ψ bedeuten Amplituden des Feldes.

Diese Auffassung gründet sich auf eine Definition unbeobachteter Größen, die sich von Definition 1 hinsichtlich *vor* der Messung existierender Werte unterscheidet. Die Definition lautet folgendermaßen:

Definition 3: Der im Zustande s gemessene Wert einer Größe u bedeutet den Wert u, der nach der Messung existiert; vor der Messung und damit im Zustand s hat die Größe u alle ihre möglichen Werte gleichzeitig.

Unter «möglichen Werten» verstehen wir Werte, die im Zustand s mit einer gewissen Wahrscheinlichkeit größer als Null als Resultat einer Messung erwartet werden können. Wenn daher die Eigenwerte von u diskret sind, dann stellen nur diese diskreten Werte mögliche Werte dar; wenn weiterhin s durch eine Eigenfunktion $\varphi_i(q)$ von u gegeben ist, so ist nur *ein* Wert möglich, und zwar u_i. Ein Zustand der letzteren Art ist jedoch eine Ausnahme; im allgemeinen wird ein Spektrum möglicher Werte vorhanden sein, die man alle als gleichzeitig im Zustande s existierend ansehen kann.

Daß diese Funktion durchgeführt werden kann, ergibt sich daraus, daß unbeobachtete Größen nicht verifizierbar sind. Die gegebene Definition ist daher mit allen Beobachtungen vereinbar, ebenso wie jede Regel, die *einen* der möglichen Werte als den wirklichen definiert. Daß die gegebene Definition außerdem zu der Auffassung eines Feldes im technischen Sinne des Wortes führt, hat einen mathematischen Grund, der mit der Form der zeitabhängigen Schrödinger-Gleichung zusammenhängt; das ist die Tatsache, daß die Funktion ψ *additiv* ist. Das heißt, wenn wir zwei verschiedene mögliche Beschreibungen ψ_1 und ψ_2 physikalischer Zustände haben, dann ist ihre Summe $\psi_1 + \psi_2$ auch eine mögliche Beschreibung eines physikalischen Zustandes. Wir können diese Additivität von Amplituden als eine Überlagerung zweier Wellenfelder deuten. Man sagt daher auch, daß die ψ-Funktion dem *Überlagerungsprinzip* folgt.

Wenn wir die Korpuskelinterpretation benutzen, dann bedeutet die Additivität eine ziemlich komplizierte kausale Abhängigkeit zwischen physikalischen Zuständen. Da die Funktionen ψ_1 und ψ_2 Wahrscheinlichkeitszustände ausdrücken, die für die individuellen Zustände gelten, drückt die Funktion $\psi_1 + \psi_2$ den Wahrscheinlichkeitszustand des Zustandes aus, der durch die Überlagerung gegeben ist. Der letztere Wahrscheinlichkeitszustand ist jedoch nicht durch die Addition der Wahrscheinlichkeitsfunktionen gegeben, sondern aus diesen Funktionen auf recht komplizierte Weise konstruiert. Wenn wir FEENBERGS Regel für die Bestimmung der ψ-Funktion benutzen, können wir diese Beziehungen folgendermaßen schreiben:

$$
\left.
\begin{aligned}
\psi_1(q) &= f_{op}\left[d_1(q), \frac{\partial}{\partial t} d_1(q) \right] \\[2ex]
\psi_2(q) &= f_{op}\left[d_2(q), \frac{\partial}{\partial t} d_2(q) \right] \\[2ex]
\psi(q) &= \psi_1(q) + \psi_2(q) \\[2ex]
d(q) &= f_{op}\left[\psi(q)\right] = f_{op}\left[d_1(q), \frac{\partial}{\partial t} d_1(q), d_2(q), \frac{\partial}{\partial t} d_2(q) \right] \\[2ex]
\frac{\partial}{\partial t} d(q) &= f_{op}\left[\psi(q)\right] = f_{op}\left[d_1(q), \frac{\partial}{\partial t} d_1(q), d_2(q), \frac{\partial}{\partial t} d_2(q) \right]
\end{aligned}
\right\} \qquad (1)
$$

Die letzten beiden Zeilen besagen, daß die beiden Funktionen $d(q)$ und $(\partial/\partial t)$ $d(q)$ des sich ergebenden Zustandes durch die entsprechenden Funktionen der individuellen Zustände bestimmt sind. Die hier gebrauchten Operatoren f_{op} stellen die mathematischen Operationen dar, die wir in § 20 auseinandergesetzt haben. Diese Beziehungen nehmen die Stelle einer Additivität von Wahrscheinlichkeiten ein. Wie wir in der Diskussion des Interferenzexperiments gezeigt haben, bedeutet dies, daß der Zustand, der sich aus einer solchen Überlagerung ergibt, mit Hilfe von kausalen Wechselwirkungen konstruiert ist, die so beschaffen sein können, daß sie das Prinzip der Nahwirkung verletzen.

Es ist ein Vorteil der Welleninterpretation, daß sie das Prinzip der Nahwirkung befriedigt, da der Wert der sich an einem Ort ergebenden Amplitude nur durch die individuellen Amplituden an demselben Ort bestimmt ist. Der Nachteil der Welleninterpretation besteht andererseits in der Tatsache, daß sie auf *Interphänomene* beschränkt ist; sobald es sich um *Phänomene* handelt, müssen wir zur Korpuskelinterpretation zurückkehren, indem wir $\psi(q)$ durch Wahrscheinlichkeitsfunktionen ersetzen. Beobachtbare Größen zeigen immer einen punktförmigen Charakter; ihre räumliche Beschreibung wird mit Hilfe eines «oder» und nicht eines «und» vollzogen. Diese Tatsache findet ihren Ausdruck in Definition 3, welche einer Größe *u nach* der Messung nur *einen* Wert zuordnet und in dieser Hinsicht also die Welleninterpretation aufgibt. Hier liegt der Grund, warum die Welleninterpretation einen Determinismus der physikalischen Welt nicht wiederherstellen kann. Zwar haben die Gesetze, die die ψ-Funktion festlegen, d. h. also die Schrödinger-Gleichung, die Form von Kausalgesetzen, wenn die ψ-Funktion als Wellenfeld aufgefaßt wird; aber der so eingeführte Determinismus ist auf Interphänomene beschränkt und versagt im Gebiet der Phänomene[1]). Der für Phänomene geltende Indeterminismus drückt sich darin aus, daß die numerischen Ergebnisse von Beobachtungen im allgemeinen nicht

---

[1]) Vgl. auch S. 43.

streng vorausgesagt werden können; solche Voraussagen sind auf Wahrscheinlichkeitsaussagen beschränkt.

Wenn wir ψ als eine Welle deuten, müssen wir dasselbe mit $|\psi|^2$ tun; daher müssen wir auch die Funktion $|\psi(q, t)|^2$ als über den q-Raum ausgebreitet ansehen. In den Fällen, wo $|\psi|^2$ von t unabhängig ist, d.h. für stationäre Systeme wie (2, § 18), stellt $|\psi|^2$ ein statistisches Feld dar. Es kommt jedoch auch vor, daß $|\psi|^2$ zeitabhängig ist, und zwar derart, daß es Schwingungen darstellt. Eine Illustration ist in dem nichtstationären Fall (5, § 18) gegeben. Die Funktion $|\psi|^2$ ist hier bestimmt als

$$|\psi(q, t)|^2 = \sum_k \sum_m \sigma_k \psi_k(q, t) \, \sigma_m^* \, \psi_m^* (q, t)$$

$$= \sum_k \sum_{m \geq k} \left\{ \sigma_k \varphi_k \sigma_m^* \varphi_m^* \, e^{-(2\pi i/h)\,(H_k - H_m)\,t} + \sigma_k^* \varphi_k^* \sigma_m \varphi_m \, e^{-(2\pi i/h)\,(H_m - H_k)\,t} \right\} \quad (2)$$

Wir haben hier das Argument q in φ ausgelassen. Man kann die Beziehung (2) umformen in eine Fourier-Entwicklung in reellen Funktionen mit reellen Koeffizienten a_0, a_{km}, b_{km}, die nur von q abhängig sind

$$|\psi(q, t)|^2 = a_o(q) + \sum_k \sum_{m > k} [a_{km}(q) \cos 2\pi\, \nu_{km}\, t + b_{km}(q) \sin 2\pi\, \nu_{km}\, t]$$

$$a_{km} = \alpha_{km} + \alpha_{mk} \qquad b_{km} = -\frac{1}{i}\,(\alpha_{km} - \alpha_{mk}) \qquad \nu_{km} = \frac{H_k - H_m}{h} \tag{3}$$

$$a_o = \sum_k \alpha_{kk} = \sum_k |\sigma_k|^2 \cdot |\varphi_k|^2 \qquad \alpha_{km} = \sigma_k \varphi_k \sigma_m^* \varphi_m^*$$

Es ist nebensächlich, daß wir hier eine doppelte Summation haben; wir können leicht eine Zählung über einen einzigen Index einführen, indem wir eine der Methoden benutzen, durch welche ein zweidimensionales ganzzahliges Gitter abgezählt wird. Die Dualität der Interpretationen läßt sich jetzt wie folgt durchführen. Wenn wir $|\psi(q, t)|^2$ als eine Wahrscheinlichkeitsfunktion $d(q, t)$ deuten, dann sagen wir, daß die Wahrscheinlichkeit $d(q, t)$ hier Schwingungen ausführt, die durch eine Überlagerung elementarer Schwingungen der Frequenz $\nu_{km} = (H_k - H_m)/h$ gegeben sind. In der Welleninterpretation sprechen wir von Wellen, die durch eine Überlagerung solcher Frequenzen gegeben sind; dies entspricht Bohrs Interpretation seines Atommodells, wo die ν_{km} die Frequenzen der Wellen darstellen, die durch den Übergang eines Elektrons von der Energiestufe H_k zu der Energiestufe H_m ausgesandt werden. Wir sehen, daß in diesem Fall nicht nur die Funktion ψ, sondern auch die Funktion $|\psi|^2$ eine Welle darstellt.

Die Dualität der Wellen- und Korpuskelinterpretation wird manchmal zu der Transformation der Zustandsfunktion in Parallele gesetzt (vgl. § 19). Der Gebrauch der Zustandsfunktion $\psi(q)$ wird dann als die Welleninterpretation angesehen, während der Gebrauch der Zustandsfunktion $\sigma(p)$ oder $\sigma(H)$ als eine Korpuskelinterpretation aufgefaßt wird. Diese Auffassung scheint sich uns noch mehr aufzudrängen, wenn die letztere Zustandsfunktion eine diskrete Zustandsfunktion σ_k ist, da die Diskretheit Korpuskeln zu symbolisieren scheint.

Eine solche Auffassung bedeutet jedoch ein Mißverständnis der Frage der Interpretation. Die Dualität oder Multiplizität von Zustandsfunktionen hat keine Beziehung zu der Dualität der Wellen- und Korpuskelinterpretation. Jede Zustandsfunktion, ob es nun die Funktion $\psi(q)$ oder die Funktion σ_k ist, kann auf zweifache Weise gedeutet werden. Wenn wir $\psi(q)$ als eine Welle ansehen und entsprechend $|\psi(q)|^2$ als ein statisches Feld oder auch als eine Welle, dann haben wir die Vorstellung, daß diese Funktionen über den ganzen q-Raum ausgebreitet sind; im Gegensatz dazu fassen wir in der Korpuskelinterpretation $\psi(q)$ als eine Wahrscheinlichkeitsamplitude auf und $|\psi(q)|^2$ als die Wahrscheinlichkeit, ein Teilchen am Orte q zu finden. Ebenso haben wir zwei Interpretationen für die Zustandsfunktion σ_k. Nehmen wir an, daß die σ_k die Koeffizienten der Entwicklung in Eigenfunktionen der Energie H seien. Dann ist die Korpuskelinterpretation in dem Gedanken gegeben, daß nur *ein* Energiezustand H existiert, obgleich wir nicht wissen, welches dieser Wert H_k ist; die Wahrscheinlichkeit für jeden solchen Zustand ist durch $|\sigma_k|^2$ gegeben. Die Welleninterpretation ist durch die Annahme dargestellt, daß alle Zustände H_k gleichzeitig existieren, und daß das Produkt $|\sigma_k|^2 H_k$ den relativen Energiewert bestimmt, der von jedem Zustand H_k zur totalen Energie H beigetragen wird. Die Summe

$$H = \sum_k |\sigma_k|^2 H_k \tag{4}$$

stellt dann diesen *totalen Wert* dar, während sie in der Korpuskelinterpretation den *Durchschnittswert* vorstellt.

Die beiden Zustandsfunktionen sind untereinander derart verbunden, daß wir die Welleninterpretation auch für σ_k benutzen müssen, wenn wir sie für ψ benutzen, und daß, wenn wir uns für die Korpuskelinterpretation entscheiden, wir dieselbe Interpretation auch auf σ_k anwenden müssen. Diese Kopplung ist notwendig, denn wenn ψ ein reelles Feld ist, das sich über den q-Raum ausbreitet, sind seine Komponenten φ_k so reell wie ψ und existieren gleichzeitig.

Die Entscheidung für eine Wellen- oder Korpuskelinterpretation ist also unabhängig von der Wahl der Zustandsfunktion. Jede Zustandsfunktion beschreibt zwar den physikalischen Zustand vollständig, aber jede *Zustandsfunktion kann auf beide Arten gedeutet werden.*

Wir wollen uns nun den Grund näher ansehen, warum ein Schwarm von n Teilchen auch als ein Wellenfeld betrachtet werden kann. Unter einem «Schwarm» verstehen wir eine Gesamtheit von n Teilchen, die so weit voneinander entfernt sind, daß ihre gegenseitige Wechselwirkung außer acht gelassen werden kann. In diesem Fall spaltet sich der Energieoperator H_{op} in eine Summe von Operatoren

$$H_{op} = H_{op}^{(1)} + H_{op}^{(2)} + \cdots \tag{5}$$

derart, daß jeder Operator $H_{op}^{(m)}$ es nur mit *einem* Teilchen zu tun hat, d.h. daß er nur die drei Koordinaten des m-ten Teilchens enthält. Wenn φ_{km} die Eigenfunktionen des Operators $H_{op}^{(m)}$ sind, erfüllen sie die erste Schrödinger-Gleichung

$$H_{op}^{(m)} \, \varphi_{k_m}^{(m)} = H_{k_m} \, \varphi_{k_m}^{(m)} \tag{6}$$

Dann wird die Schrödinger-Gleichung des ganzen Systems

$$H_{op} \, \varphi_k = H_k \, \varphi_k \tag{7}$$

durch die Lösung

$$\varphi_k = \varphi_{k_1 k_2 \cdots k_n} = \varphi_{k_1} \cdot \varphi_{k_2} \cdots \varphi_{k_n} \qquad H_k = H_{k_1} + H_{k_2} + \cdots + H_{k_n} \qquad (8)$$

befriedigt. Dies bedeutet, daß die Eigenfunktion $\varphi_{k_1 \cdots k_n}$ des ganzen Schwarms das Produkt der Eigenfunktionen der individuellen Teilchen ist. Der Beweis kann leicht erbracht werden, indem man für H_{op} in (7) seinen Wert aus (5) einsetzt

$$\begin{aligned}
H_{op}\, \varphi_k &= H_{op}^{(1)}\, \varphi_k + H_{op}^{(2)}\, \varphi_k + \cdots + H_{op}^{(n)}\, \varphi_k \\
&= \varphi_{k_2} \cdots \varphi_{k_n} H_{op}^{(1)}\, \varphi_{k_1} + \varphi_{k_1} \varphi_{k_2} \cdots \varphi_{k_n} H_{op}^{(2)}\, \varphi_{k_2} + \cdots + \varphi_{k_1} \cdots \varphi_{k_{n-1}} H_{op}^{(n)}\, \varphi_{k_n} \\
&= (H_{k_1} + \cdots + H_{k_n})\, \varphi_{k_1} \cdots \varphi_{k_n}
\end{aligned} \qquad (9)$$

Eine ψ-Funktion von der Form

$$\psi_{k_1 \cdots k_n}(q, t) = \varphi_{k_1} \cdots \varphi_{k_n}\, e^{-(2\pi i/h)(H_{k_1} + \cdots + H_{k_m})t} \qquad (10)$$

die sich in ein Produkt von ψ-Funktionen von der Form

$$\psi_{k_m}(q, t) = \varphi_{k_m}(q)\, e^{-(2\pi i/h)H_m t} \qquad (11)$$

spaltet, kann daher als die Definition eines physikalischen Zustandes angesehen werden, der sich als ein Schwarm von Teilchen in einem stationären Zustand deuten läßt. In entsprechender Weise ist der allgemeine nichtstationäre Zustand eines Teilchenschwarms durch eine lineare Überlagerung von Funktionen $\psi_{k_1 \cdots k_m}(q, t)$ von der Form (11) charakterisiert, d.h. durch eine ψ-Funktion

$$\psi(q, t) = \sum_{k_1 \cdots k_n} \sigma_{k_1 \cdots k_n}\, \varphi_{k_1} \cdots \varphi_{k_n}\, e^{-(2\pi i/h)(H_{k_1} + \cdots + H_{k_n})t} \qquad (12)$$

Die Möglichkeit einer Korpuskelinterpretation einer solchen ψ-Funktion, d.h. eben der Deutung als ein Teilchenschwarm, liegt in der Korpuskelinterpretation der individuellen Funktionen $\psi_{k_1 k_2} \cdots$ begründet, aus denen die totale ψ-Funktion zusammengesetzt ist. Wenn diese individuellen ψ-Funktionen andererseits als Wellen gedeutet werden, erhält der Schwarm einen Wellencharakter. Während H_k in der Korpuskelinterpretation die Energie eines Teilchens darstellt, bestimmt es in der Welleninterpretation die Frequenz durch die Beziehung $v_k = H_k/h$. In der Korpuskelinterpretation bedeutet das Quadrat $|\psi(q, t)|^2$ eine Wellendichte und bestimmt so die relative Anzahl von Teilchen für einen gegebenen Ort q zur Zeit t; in der Welleninterpretation stellt derselbe Betrag die Intensität des Feldes dar.

Ähnliche Bedingungen wie die oben beschriebenen gelten in elektro-magnetischen Feldern, obgleich dieser Fall mit weiteren mathematischen Komplikationen verbunden ist, die wir in diesem Buch nicht darstellen können. Wir begnügen uns damit, zu berichten, daß die Korpuskelinterpretation von Lichtwellen im Rahmen einer Dualität von Interpretationen durchgeführt werden kann, ähnlich wie dies für einen Schwarm von Elektronen möglich ist.

In Verbindung mit der Welleninterpretation werden häufig zwei Schwierigkeiten erwähnt. Bei der einen handelt es sich darum, daß die Werte von ψ komplexe Zahlen sind. Dies kann jedoch nicht als ein Hindernis für eine physikalische Interpretation angesehen werden. Eine komplexe Zahl ist ein ebenso gutes Hilfsmittel für die Beschreibung physikalischer Größen wie eine reelle Zahl; die komplexe Funktion kann als eine Abkürzung aufgefaßt werden, die zwei reelle Funktionen ersetzt. Wir wissen aus den Überlegungen des § 20, daß diese beiden Funktionen indirekt zwei Wahrscheinlichkeitsverteilungen darstellen. Wenn wir die Größe als eine Welle auffassen, dann kann ihr komplexer Wert in dem Sinne gedeutet werden, daß das physikalische Wellenfeld nicht durch *eine* skalare Funktion, sondern durch *zwei* solche Funktionen charakterisiert ist. Wellenfelder von einem solchen dualistischen Charakter sind von elektromagnetischen Feldern her bekannt, die sowohl einen elektrischen als auch einen magnetischen Vektor besitzen.

Die andere Schwierigkeit ist ernster; sie besteht in der Tatsache, daß die ψ-Wellen Funktionen im Konfigurationsraum der n Parameter $q_1 \ldots q_n$ sind, während gewöhnliche Wellen Funktionen im dreidimensionalen Raum sind. Wenn wir die n-dimensionalen Wellen als Wellen des dreidimensionalen Raumes deuten wollen, kommen wir zu Wellenfeldern von sehr komplizierter Struktur. Wir beginnen mit einem Fall von $n = 6$ Parametern q, die den kartesischen Koordinaten zweier Teilchen entsprechen. Wenn wir die sechsdimensionale Funktion $\psi(q_1 \ldots q_6)$ in dreidimensionale Funktionen übersetzen, müssen wir von der Tatsache ausgehen, daß die Funktion $\psi(q_1 \ldots q_6)$ nicht jedem Punkt des dreidimensionalen Raumes, sondern jedem Paar von Punkten eine Amplitude zuordnet. Dies kann man als eine Gesamtheit von Wellenfeldern derart deuten, daß für jeden Punkt als Ausgangspunkt ein Wellenfeld existiert und den ganzen Raum erfüllt. Diese Gesamtheit von Wellenfeldern kann nicht durch die Angabe *eines* Wellenfeldes ersetzt werden, welches die Überlagerung aller dieser Wellen wäre. Solch eine Überlagerung läßt sich mathematisch herstellen, indem man $\psi(q_1 \ldots q_6)$ über drei seiner Variablen integriert; aber selbst wenn wir auf diese Weise zwei dreidimensionale Funktionen konstruieren, indem wir erst über q_1, q_2, q_3 und dann über q_4, q_5, q_6 integrieren, sind die so entstehenden zwei Funktionen der Funktion $\psi(q_1 \ldots q_6)$ nicht gleichwertig. Wir sind daher gezwungen, den Zustand im dreidimensionalen Raum als eine unendliche Menge von Wellenfeldern zu deuten.

Wir müssen weiterhin die Tatsache beachten, daß eine Funktion, die sich aus einer teilweisen Integration einer ψ-Funktion ergibt, nicht die Eigenschaften einer ψ-Funktion hat; d.h. daß eine solche Funktion keinen physikalischen Zustand beschreibt und daß ihr Quadrat keine Wahrscheinlichkeitsverteilung bestimmt. So stellt die Funktion

$$g(q_1, q_2, q_3) = \left| \int \psi(q_1 \ldots q_6) \, dq_4 \, dq_5 \, dq_6 \right|^2 \tag{13}$$

nicht die Wahrscheinlichkeit dar, das Teilchen Nummer 1 am Orte q_1, q_2, q_3 zu beobachten, sondern diese Wahrscheinlichkeit ist durch die Funktion

$$d(q_1, q_2, q_3) = \int |\psi(q_1 \ldots q_6)|^2 \, dq_4 \, dq_5 \, dq_6 \tag{14}$$

bestimmt, welche von (13) verschieden ist.

Für eine größere Anzahl von Variablen ist die Beschreibung des dreidimensionalen Raumes noch komplizierter. So haben wir z.B. für drei Teilchen mit 9 kartesischen Koordinaten einen Wert ψ für jedes Punktetripel. Das heißt, daß wir eine Menge von Wellenfeldern haben derart, daß zu jedem Paar von zwei Punkten ein dreidimensionales Wellenfeld gehört. Im allgemeinen Fall von r Teilchen haben wir eine Menge derart, daß für jede Kombination von $r-1$ Punkten ein dreidimensionales Wellenfeld vorhanden ist. Wenn die $q_1 \ldots q_n$ andere als kartesische Koordinaten enthalten, wie z.B. Rotationsparameter, dann müssen wir Mengen von Wellenfeldern einführen, die durch Werte dieser Parameter charakterisiert sind.

Diese Überlegungen zeigen, daß die ψ-Wellen im allgemeinen nicht den Charakter gewöhnlicher Wellenfelder haben; das ist nur der Fall, wenn der q-Raum auf drei Dimensionen beschränkt ist, d.h. wenn es sich um einzelne Teilchen handelt. Unter diese Kategorie fallen aber auch Schwärme von Teilchen, für welche die Wechselwirkung zwischen den einzelnen Teilchen vernachlässigt werden kann. Hier liegt der Grund dafür, daß eine Wellenauffassung im gewöhnlichen Sinne des Wortes für Lichtstrahlen und Elektronenstrahlen durchgeführt werden kann.

§ 28. Beobachtungssprache und quantenmechanische Sprache

Wir haben in den voraufgehenden Abschnitten gesehen, daß jede erschöpfende Interpretation zu kausalen Anomalien führt. Wir wollen nun untersuchen, ob sich diese kausalen Anomalien mit Hilfe von beschränkenden Interpretationen vermeiden lassen. Es sei vorausgeschickt, daß die Antwort positiv sein wird.

Ehe wir uns aber mit diesen Interpretationen beschäftigen können, müssen wir ihren logischen Charakter näher untersuchen und uns die Bedingungen ansehen, unter denen die Welt unbeobachteter Größen vollständig genannt werden kann.

Erkenntnistheoretische Probleme vereinfachen sich sehr, wenn wir uns statt mit physikalischen Welten mit physikalischen Sprachen befassen[1]). Fragen, bei denen es sich um die Existenz physikalischer Größen handelt, werden in Fragen nach der Bedeutung von Sätzen verwandelt. Dies hat den großen Vorteil, daß man sie ganz nüchtern als Fragen der Logik diskutieren kann und darum außerhalb der Atmosphäre metaphysischer Voreingenommenheit bleibt. Für unser Problem können wir eine sprachliche Untersuchung folgendermaßen durchführen.

Wir haben eine *Beobachtungssprache* und eine *quantenmechanische Sprache*. Die Beobachtungssprache enthält Ausdrücke wie «Geiger-Zähler», «Wilsonsche Nebelkammer», «schwarze Linie auf einem photographischen Film», «Angabe auf einem Zifferblatt», usw.; die Worte «Messung von u» und «das Ergebnis der Messung von u» werden mit Hilfe dieser elementaren Ausdrücke definiert. In

---

[1]) Die Wichtigkeit dieser Methode für philosophische Untersuchungen ist von R. Carnap, *Logical Syntax of Language* (London 1937) betont worden.

ähnlicher Weise kann ein physikalischer Zustand s durch Beobachtungsausdrücke definiert werden; eine Methode dafür ist in § 20 mit der Bestimmung der ψ-Funktion angegeben. Die quantenmechanische Sprache enthält Ausdrücke wie «Ort q eines Elektrons» und «Impuls p eines Elektrons». Zwischen den beiden Sprachen existiert folgende Beziehung: die Wahrheit und Falschheit von Aussagen in der quantenmechanischen Sprache ist mit Hilfe der Wahrheit und Falschheit von Aussagen in der Beobachtungssprache definiert. Wir sagen z.B. «das Elektron hat den Ort q», wenn wir wissen, daß die Aussage «es ist eine Messung des Ortes gemacht worden und ihr Ergebnis war q» wahr ist.

Diese Beziehung zwischen *Wahrheitswerten* von Aussagen in den beiden Sprachen kann als eine Sinnesbeziehung aufgefaßt werden. Die Bedeutung von Aussagen der quantenmechanischen Sprache kann mit Hilfe der Bedeutung von Aussagen der Beobachtungssprache definiert werden. Gewöhnlich wird diese Beziehung als eine *Sinnesgleichheit* aufgefaßt. In dieser Interpretation hat eine quantenmechanische Aussage A denselben Sinn wie eine Reihe von Beobachtungsaussagen $a_1 \dots a_n$, welche A verifizieren. Aber das stimmt nicht genau, denn die Sinnesbeziehung ist wegen der Unmöglichkeit einer absoluten Verifizierung wesentlich komplizierter. Wir können nur sagen: A ist sehr wahrscheinlich, wenn die Reihe $a_1 \dots a_n$ wahr ist. Für unseren augenblicklichen Zweck brauchen wir uns aber mit dieser Frage nicht zu beschäftigen; wir können den Wahrscheinlichkeitsfaktor in der Zuordnung von A zu $a_1 \dots a_n$ vernachlässigen und den Sinn von A als durch den Sinn von $a_1 \dots a_n$ gegeben ansehen.

Wir müssen beachten, daß eine solche Aussage über den Sinn, mit oder ohne Berücksichtigung des Wahrscheinlichkeitsfaktors, immer auf *Definitionen* gegründet ist. Wir *definieren* A mit Hilfe von $a_1 \dots a_n$. Ohne solche Definitionen könnte keine quantenmechanische Sprache eingeführt werden. Die Definitionen 1 und 2, § 25, und Definition 3, § 27, sind Beispiele für solche Definitionen. Es ist daher kein Einwand gegen unsere erschöpfende Interpretation in § 25, daß sie Definitionen benutzt; das tut jede Interpretation.

Vom Standpunkt von Beobachtungsaussagen aus gesehen ist überhaupt keine Interpretation und daher auch keine quantenmechanische Sprache nötig; wir brauchen dann nicht von Elektronen und ihrer Geschwindigkeit und ihrem Ort zu sprechen, sondern können alles mit Hilfe von Meßinstrumenten ausdrükken. Wir könnten z.B. sagen «wenn ein bestimmtes Meßinstrument unter den und den Beobachtungsbedingungen gebraucht wird, dann zeigt der Zeiger auf die und die Zahl». Wenn wir jedoch Aussagen über mikroskopische Größen einführen wollen, müssen wir Definitionen benutzen.

Wir wenden uns jetzt zu einer Analyse der Beobachtungssprache, die der Quantenmechanik zugeordnet ist. Hinsichtlich dieser Frage führen die Ergebnisse des § 24 zu wichtigen Konsequenzen. Wir sahen in § 24, daß, soweit es sich um voraussagbare Statistiken einzelner Größen handelt, die Quantenmechanik der klassischen Statistik gleich ist. Ein Unterschied liegt nur in der Art der mathematischen Ableitung; die klassische Statistik benutzt hier, und muß es tun, eine Annahme über die Verteilung von Kombinationen q und p, während die Quantenmechanik keine solche Annahme gebraucht. Wir wollen nun fragen, was die Auslassung dieser Annahme bedeutet, wenn wir sie mit Hilfe der Beobachtungssprache beurteilen.

Wenn wir sagen, daß in einem allgemeinen physikalischen Zustand s keine gleichzeitigen Werte von q und p festgestellt werden können, so muß diese Aussage der quantenmechanischen Sprache folgendermaßen in die Beobachtungssprache übersetzt werden. Die Operation *Messung der Größe q*, abgekürzt m_q, wird mit Hilfe von makrokosmischen Manipulationen unter Gebrauch von Instrumenten, wie Geiger-Zähler, Röntgenröhren, Zifferblättern usw. definiert; in ähnlicher Weise geschieht dies mit der Operation m_p. Aus diesen Definitionen können wir durch Überlegungen, die sich völlig im Rahmen der Beobachtungssprache halten, schließen, daß die beiden Operationen m_q und m_p nicht gleichzeitig ausgeführt werden können. Die Beobachtungsdefinition einer Messung wird zwar mit Bezugnahme auf quantenmechanische Überlegungen gewählt — und dies ist z.B. der Grund dafür, daß eine Messung des Impulses mit Hilfe von makroskopischen Instrumenten definiert wird, welche die Anwesenheit von besonders kurzen Wellen ausschließen — aber wenn einmal die Beobachtungsdefinition gegeben ist, dann ist die Unvereinbarkeit von m_q und m_p eine rein makrokosmische Angelegenheit.

Daraus folgt, daß wir in der Beobachtungssprache nicht fragen können, was geschehen würde, wenn die Beobachtungen m_q und m_p gleichzeitig gemacht würden. Eine solche Frage ist ebenso sinnlos wie z.B. die Frage: Was würde passieren, wenn die Sonnentemperatur zur gleichen Zeit hundert und eine Million Grad betragen würde? Da es infolgedessen keine Aussagen über gleichzeitige Werte von Größen gibt, haben wir keine Lücken in der Beobachtungssprache.

Wenn wir dieses Ergebnis mit den Ergebnissen des § 24 zusammenfassen, nach denen die Statistik einzelner Größen völlig durch die Quantenmechanik bestimmt ist, kommen wir zu der Aussage, daß die Beobachtungssprache der Quantenmechanik *statistisch vollständig* ist. Unter «statistisch vollständig» verstehen wir, daß das Beobachtungsresultat einer Messung für jeden möglichen Zustand, der mit Hilfe von Ausdrücken aus der Beobachtungssprache definiert ist, mit einer bestimmten Wahrscheinlichkeit vorausgesagt werden kann. Wir können die soeben gemachte Aussage daher auch derart formulieren, daß die *Voraussagemethoden der Quantenmechanik in bezug auf Ausdrücke aus der Beobachtungssprache statistisch vollständig sind*. Wenn wir in der Lage wären, Kausalgesetze aufzustellen und die klassische Statistik auf gegebene Wahrscheinlichkeitsverteilungen der Anfangsbedingungen anzuwenden, die die Unbestimmtheitsrelation befriedigen, dann würden unsere so konstruierten Voraussagen quantenmechanischen Aussagen nicht überlegen sein, soweit es sich um Beobachtungen handelt; jedes Beobachtungsresultat, das durch klassisch-statistische Methoden vorausgesagt werden könnte, würde ebenso durch quantenmechanische Methoden vorauszusagen sein.

Dieses Ergebnis hat eine wichtige Konsequenz für die Interpretationsfrage. Was für eine Interpretation wir auch immer geben, d.h. wie wir auch immer die quantenmechanische Sprache konstruieren, sie wird immer in bezug auf Ausdrücke aus der Beobachtungssprache vollständig sein. Wenn wir eine Interpretation unvollständig oder weniger vollständig als eine andere nennen, dann muß dieses Wort «vollständig» eine andere Bedeutung haben als «vollständig in bezug auf Ausdrücke aus der Beobachtungssprache».

Und so ist es auch. Wenn wir eine Aussage über gleichzeitige Werte von q und p oder zum mindesten über die statistische Verteilung $d(q, p)$ als notwendig für eine vollständige Beschreibung ansehen, dann liegt der Grund in Überlegungen, welche die Mikrowelt betreffen. Hier werden die Größen q und p so gedeutet, daß sie wesentliche Bestandteile der Raum-Zeit-Beschreibung eines physikalischen Zustandes sind.

Wenn die Operationen m_q und m_p, die beobachtungsmäßig definiert sind, unvereinbar sind, dann möchten wir andere Mittel haben, um gleichzeitige Werte q und p festzustellen; dieser Wunsch wird durch passende Definitionen erfüllt, die diese Werte auf andere Weise als durch Messungen bestimmen. Eine Interpretation, die solche Definitionen nicht einschließt, ist *statistisch unvollständig hinsichtlich der Raum-Zeit-Beschreibung*, obgleich sie *hinsichtlich ihrer Prüfbarkeit statistisch vollständig ist*.

Um Zweideutigkeiten des Wortes «vollständig» zu vermeiden, haben wir in § 8 eine Terminologie eingeführt, die zwischen erschöpfenden und einschränkenden Interpretationen unterscheidet. Eine Interpretation wie die in § 25, in welcher die Werte unbeobachteter Größen vollständig definiert sind, ist *erschöpfend*; Interpretationen, in denen diese Werte undefiniert bleiben, sind *einschränkend*. Die voraufgehenden Ergebnisse machen es klar, daß eine einschränkende Interpretation immer in Ausdrücken der Beobachtungssprache vollständig ist.

Einschränkende Interpretationen sind in der Absicht eingeführt, kausale Anomalien zu beseitigen, die für erschöpfende Interpretationen auftreten würden. Die Ergebnisse des § 26 haben gezeigt, daß sich solche Anomalien immer ergeben werden, wenn wir eine vollständige Reihe von Definitionen, wie z.B. Definition 1 und 2, § 25, für die Werte unbeobachteter Größen aufstellen. Wenn wir Aussagen über kausale Anomalien aus den Behauptungen der Quantenmechanik ausschließen wollen, müssen wir daher eine unvollständige Reihe von Definitionen einführen. Wir schränken so das Gebiet der quantenmechanischen Behauptungen ein und sprechen darum von einer einschränkenden Interpretation.

Aus den Resultaten des § 24 wird klar, daß einschränkende Interpretationen im statistischen Sinne wenigstens *individuell vollständig* sind. Unter diesem Ausdruck verstehen wir, daß sie bezüglich der Aussagen über jede individuelle Größe statistisch vollständig sind; nur Aussagen über die Kombination der Werte von Größen, nämlich von unvertauschbaren Größen, sind ausgeschlossen.

Einschränkende Interpretationen können auf zwei verschiedene Weisen gegeben werden. Bei der ersten Methode werden unerwünschte Aussagen aus der Quantenmechanik durch eine Sinnesdefinition ausgeschlossen, die solche Aussagen *sinnlos* macht. Wir sprechen daher hier von einer *Interpretation mit einschränkender Sinnesdefinition*. Bei der zweiten Methode werden die unerwünschten Aussagen nicht von der quantenmechanischen *Sprache*, sondern nur von den quantenmechanischen *Behauptungen* ausgeschlossen. Dies geschieht, indem man diesen Aussagen einen dritten Wahrheitswert, der *unbestimmt* heißt, zuordnet. Diese Interpretation kann daher eine *Interpretation mit eingeschränkter Aussagbarkeit genannt werden*[1]).

Wir wenden uns jetzt der Analyse dieser beiden einschränkenden Interpretationen zu.

§ 29. Interpretation mit Hilfe einer einschränkenden Sinnesdefinition

Die Interpretation mit Hilfe einer Sinneseinschränkung, die wir hier entwikkeln, enthält im großen und ganzen Gedanken, die von BOHR und HEISENBERG stammen. Wir nennen diese Auffassung daher die *Bohr-Heisenberg-Interpretation*, ohne damit sagen zu wollen, daß jede Einzelheit in der hier dargestellten Interpretation von BOHR und HEISENBERG gutgeheißen würde.

Diese Interpretation benutzt unsere Definitionen 1 und 2, § 25, nicht. Für die Werte gemessener Größen gebraucht sie folgende Definition:

Definition 4: Das Ergebnis einer Messung stellt den Wert einer gemessenen Größe unmittelbar nach der Messung dar.

Diese Definition enthält nur den gemeinsamen Teil unserer Definitionen 1, § 25, und 3, § 27; eine Aussage über den Wert der Größe *vor* der Messung ist fortgelassen. In dieser Interpretation können wir daher nicht mehr sagen, daß die beobachtete Größe ungestört bleibe; sowohl die beobachtete als auch die unbeobachtete Größe kann gestört sein. Andererseits wird eine solche Störung der gemessenen Größe aber auch *nicht behauptet*; diese Frage wird mit Absicht von der Definition 4 unbeantwortet gelassen. Eine Störung durch die Messung wird von der einschränkenden Interpretation weder behauptet noch geleugnet. Das Intervall «unmittelbar nach» der Definition 4 ist durch die Zeitabhängigkeit der ψ-Funktion bestimmt; in einem stationären Zustand kann dieses Intervall beliebig groß gewählt werden.

Eine unmittelbare Folge der Beschränkung auf Definition 4 ist, daß keine gleichzeitigen Werte gemessen werden können. Die Überlegungen, die wir an Definition 1 anknüpften, sind nicht länger anwendbar, und wenn wir zuerst q und dann p messen, stellen die so erhaltenen Werte von q und p keine gleichzeitigen Werte dar; nur q bedeutet einen Wert, der zwischen zwei Messungen existiert, während p einen Wert repräsentiert, der nach der zweiten Messung existiert, wenn der Wert q nicht mehr gültig ist. Nur wenn man nach der Messung einer Größe u eine gleichartige Messung macht, dann stellt der Wert u, den wir bei der ersten Messung erhalten haben, den Wert dar, der vor und nach der zweiten Messung existiert; aber er gilt vor der zweiten Messung nur deshalb, weil er zugleich den Wert nach der ersten Messung darstellt. Nur eine Messung, die auf eine gleichartige Messung folgt, stört die gemessene Größe nicht.

Wir interpretieren den gemessenen Wert in Definition 4 aus folgendem Grunde als den Wert *nach* der Messung und nicht *vor* der Messung. Wir wissen, daß eine Wiederholung der Messung denselben Wert ergibt; wenn daher der

---

[1]) Wir gebrauchen hier das Verb «aussagen» im gleichen Sinne wie das Verb «behaupten»; nur eine wahre Aussage ist daher aussagbar, oder kann behauptet werden.

erhaltene Wert für die Zeit vor der zweiten Messung gilt, dann muß er auch für die Zeit nach der ersten gültig sein. Wenn wir also den Ausdruck «nach» in Definition 4 durch den Ausdruck «vor» ersetzen, erreichen wir, daß der gemessene Wert vor *und* nach der Messung gilt; d.h. wir haben Definition 1 eingeführt. Die Asymmetrie der Zeit in bezug auf Messungen, die sich in dieser Überlegung ausdrückt, ist ein charakteristischer Grundzug der Quantenmechanik (vgl. aber auch Fußnote S. 133).

Wir haben gesagt, daß wir den Wert von p nicht kennen, wenn q gemessen worden ist. Dieser Mangel an Kenntnis wird in der Bohr-Heisenberg-Interpretation als Grund dafür angesehen, daß eine Aussage über p als *sinnlos* aufzufassen ist. Hier führt diese Interpretation also eine Regel ein, die die quantenmechanische Sprache einschränkt. Das ist in folgender Definition ausgedrückt.

Definition 5: In einem physikalischen Zustand, dem keine Messung einer Größe u vorausgeht, ist jede Aussage über einen Wert der Größe u sinnlos.

In dieser Definition gebrauchen wir den Ausdruck «Aussage» in einem etwas weiteren Sinne als gewöhnlich, da im allgemeinen eine Aussage als ein sprachliches Gebilde definiert wird, welches einen Sinn hat. Wir wollen den Ausdruck «Satz» in der engeren Bedeutung, einschließlich der Sinnesforderung, benutzen. Definition 5 besagt dann, daß nicht jede Aussage von der Form «der Wert der Größe ist *u*» ein Satz ist, d.h. einen Sinn hat. Diese Definition ist der Grund, warum wir die Bohr-Heisenberg-Interpretation eine *Interpretation mit Sinneseinschränkung nennen.*

Wir müssen eine Bemerkung über die logische Form von Definition 5 hinzufügen. Die moderne Logik unterscheidet zwischen der *Objektsprache* und der *Metasprache*; die erste spricht über physikalische Objekte, die zweite über Aussagen, die ihrerseits physikalische Objekte betreffen[1]). Der erste Teil der Metasprache, die *Syntax*, bezieht sich nur auf Aussagen, nicht aber auf physikalische Objekte; dieser Teil formuliert die Struktur der Aussagen. Der zweite Teil der Metasprache, die *Semantik*, bezieht sich sowohl auf Aussagen als auch auf physikalische Objekte. Dieser Teil formuliert insbesondere die Regeln über Wahrheit und Sinn von Aussagen, da diese Regeln eine Bezugnahme auf physikalische Objekte einschließen. Der dritte Teil der Metasprache, die *Pragmatik*, betrifft neben Aussagen und Objekten auch noch die Personen, welche die Objektsprache benutzen[2]).

Wenn wir diese Terminologie für eine Diskussion der Definition 5 heranziehen, kommen wir zu folgendem Resultat: Während Definition 4 und ebenfalls

---

[1]) Der Übergang von der Objektsprache zur Metasprache wird gewöhnlich durch Anführungsstriche angedeutet; oft wird auch Kursivdruck benutzt. Wir werden in unserer Darstellung der Logik Kursivdruck statt Anführungsstriche für Symbole gebrauchen, die Sätze bezeichnen, und diese Schreibweise mit der Regel verbinden, daß Operationssymbole, die zwischen Satzsymbolen stehen, auf die Sätze angewandt werden sollen und nicht auf deren Namen (d. h. wir befolgen einen autonomen Gebrauch von Operationen, in der Terminologie von R. Carnap). Wir schreiben also «*a* ist wahr», nicht «,*a*' ist wahr», und «*a.b* ist wahr», nicht «,*a.b*' ist wahr». Alle von uns gegebenen Formeln sind daher strenggenommen keine Formeln der Objektsprache, sondern Beschreibungen solcher Formeln. Im allgemeinen ist es aber für praktische Zwecke zulässig, diese Unterscheidung außer acht zu lassen.

[2]) Diese Unterscheidung ist von C. Morris in «Foundations of the Theory of Signs», *International Encyclopedia of Unified Science*, Bd. I, Nr. 2 (Chicago 1938) durchgeführt worden.

die Definitionen 1 bis 2, § 25, und Definition 3, § 27, Ausdrücke der Objektsprache, nämlich Ausdrücke von der Form «Wert der Größe u» bestimmen, bestimmt Definition 5 einen Ausdruck der Metasprache, nämlich den Ausdruck «sinnlos». Sie ist daher eine semantische Regel. Wir formulieren diese Regel in Tab. 1. Für die Aussage «es ist eine Messung von u gemacht worden» schreiben wir m_u, und für die Aussage «das Meßinstrument zeigt den Wert u an» schreiben wir u. Diese beiden Aussagen gehören in die Beobachtungssprache. Quantenmechanische Aussagen werden mit großen Buchstaben geschrieben, und U drückt aus: «Der Wert der Größe unmittelbar nach der Messung ist u.[1])» Tab. 1 zeigt die Zuordnung der beiden Sprachen.

Auf eine sinnlose Aussage können keine Satzoperationen angewandt werden, und daher ist auch die Verneinung einer sinnlosen Aussage sinnlos. Ebenso ist die Kombination einer sinnvollen mit einer sinnlosen Aussage sinnlos. Wenn die Aussage a sinnvoll und die Aussage b sinnlos ist, dann ist a *und* b sinnlos, und ebenso a *oder* b. Nicht einmal die Behauptung des *tertium non datur*, *b oder nicht b*, ist sinnvoll. Die gegebene Sinneseinschränkung schneidet daher einen großen Abschnitt aus dem Gebiet der quantenmechanischen Sprache aus. Damit sind alle Aussagen über kausale Anomalien ausgeschlossen.

Die einzige Rechtfertigung für Definition 5 ist, daß sie die kausalen Anomalien beseitigt. Das müssen wir uns immer wieder vor Augen halten. Der Einwand, daß Aussagen über den Wert einer Größe vor einer Messung sinnlos seien, weil man sie nicht verifizieren kann, ist unhaltbar.

Tabelle 1

Beobachtungssprache		Quantenmechanische Sprache
m_u	u	U
wahr	wahr	wahr
wahr	falsch	falsch
falsch	wahr	sinnlos
falsch	falsch	sinnlos

Aussagen über den Wert nach der Messung sind auch nicht verifizierbar. Wenn wir in der hier diskutierten Interpretation *eine* Art Aussage verbieten und die andere zulassen, so müssen wir dies als eine Regel ansehen, die, logisch betrachtet, willkürlich ist und welche nur im Hinblick auf Zweckmäßigkeit beurteilt werden kann. Von diesem Standpunkt aus besteht ihr Vorteil darin, daß sie die kausalen Anomalien beseitigt; aber das ist auch alles, was wir zu ihren Gunsten sagen können.

---

[1]) Genauer, «unmittelbar nach der Zeit, für welche der Wahrheitswert der Aussage m_u betrachtet wird». Wenn m_u wahr ist, dann heißt dies dasselbe wie «unmittelbar nach der Messung», und wenn m_u falsch ist, dann ordnen wir damit der Aussage U ebenso eine Zeit zu, auf welche sich der angegebene Wahrheitswert bezieht. Der Ausdruck «nach der Messung» wäre dann nicht anwendbar.

Man vergißt oft, daß die Bohr-Heisenberg-Interpretation Definition 4 benutzt. Aber ohne diese Definition könnte die Interpretation nicht durchgeführt werden. Wenn wir die in Teil I entwickelte Sprache benutzen, können wir sagen, daß Definition 4 für den Übergang von Beobachtungsdaten zu den Phänomenen notwendig ist; sie definiert die Phänomene. Es ist deshalb falsch, zu sagen, daß die Bohr-Heisenberg-Interpretation nur verifizierbare Aussagen benütze. Wir sollten statt dessen sagen, daß sie eine Interpretation ist, die für unbeobachtete Größen eine schwächere Definition benutzt als andere Interpretationen und eine Sinneseinschränkung enthält, mit dem vorteilhaften Ergebnis, daß sie Aussagen über kausale Anomalien ausschließt.

Wir müssen uns jetzt den für vertauschbare Größen geltenden Beziehungen zuwenden. Wir wissen, daß keine Messung von p gemacht werden kann, wenn eine Messung von q gemacht wird, und umgekehrt. Aussagen über gleichzeitige Werte unvertauschbarer Größen werden *komplementäre Aussagen* genannt. Mit Definition 5 haben wir daher folgenden Lehrsatz:

Theorem 1. Wenn zwei Aussagen komplementär sind, dann ist höchstens eine davon sinnvoll; die andere ist sinnlos.

Wir sagen «höchstens», weil es nicht notwendig ist, daß eine dieser beiden Aussagen sinnvoll ist; in einem allgemeinen Zustand s, der durch eine ψ-Funktion bestimmt wird, welche keine Eigenfunktion einer der betrachteten Größen ist, sind beide Aussagen sinnlos.

Theorem 1 ist ein physikalisches Gesetz, und zwar ist es nur eine andere Fassung der Vertauschungsregel oder des Unbestimmtheitsprinzips, das ja eine gleichzeitige Messung unvertauschbarer Größen ausschließt. Wir sehen, daß mit Hilfe von Theorem 1 ein physikalisches Gesetz in semantischer Form ausgedrückt und als eine Regel für den Sinn von Aussagen formuliert ist. Das ist unbefriedigend, denn gewöhnlich werden physikalische Gesetze in der Objektsprache und nicht in der Metasprache ausgedrückt. Außerdem behandelt das in Theorem 1 formulierte Gesetz sprachliche Ausdrücke, die nicht immer sinnvoll sind; das Gesetz stellt erst die Bedingungen auf, unter denen diese Ausdrücke sinnvoll werden. Während solche Regeln natürlich erscheinen, wenn sie als Konventionen eingeführt sind, welche die zu wählende Sprache festlegen, erscheint es unnatürlich, daß eine solche Regel die Funktion eines physikalischen Gesetzes übernehmen soll. Dieses Gesetz kann nämlich nur unter Bezugnahme auf eine Klasse sprachlicher Ausdrücke formuliert werden, die sowohl sinnvolle als auch sinnlose Ausdrücke einschließt. Mit diesem Gesetz sind daher in gewissem Sinn auch sinnlose Ausdrücke in die Sprache der Physik aufgenommen.

Diese Tatsache kann man sich auch durch folgende Überlegung klarmachen. Der Ausdruck $U(t)$ möge die Satzfunktion bedeuten: «die Größe hat den Wert u zur Zeit t». Ob $U(t)$ zu einer gegebenen Zeit sinnvoll ist, hängt davon ab, ob zu dieser Zeit eine Messung m_u gemacht wird. In der Bohr-Heisenberg-Interpretation gibt es also Satzfunktionen, die für einige Werte der Variablen t sinnvoll, für andere sinnlos sind.

Es erhebt sich nun die Frage, ob es möglich ist, eine Interpretation zu konstruieren, die diese Nachteile vermeidet. Ein interessanter Versuch, eine solche

Interpretation zu konstruieren, ist von M. STRAUSS gemacht worden[1]). Obgleich die Regeln, die dieser Interpretation zugrunde liegen, nicht ausdrücklich genannt sind, scheint es, daß sie folgendermaßen formuliert werden können.

Definitionen 1 und 2, § 25, sowie Definition 3, § 27, werden aufgegeben. Definition 4 wird aufrechterhalten. Statt Definition 5 wird die folgende Definition eingeführt.

Definition 6: Eine quantenmechanische Aussage U ist sinnvoll, wenn es möglich ist, eine Messung m_u zu machen.

Es folgt, daß alle quantenmechanischen Aussagen über individuelle Größen sinnvoll sind, da es immer möglich ist, eine solche Größe zu messen. Nur wenn U für eine Kombination zweier komplementärer Aussagen P und Q steht, ist es nicht möglich, die betreffende Messung zu machen; daher ist eine Aussage wie *P und Q* sinnlos. Ebenso werden andere Kombinationen, wie z.B. *P oder Q*, als sinnlos angesehen. Die Logik der Quantenmechanik ist nach STRAUSS so konstruiert, daß nicht alle Aussagen *verbindbar* sind; es gibt auch *unverbindbare* Aussagen.

Es ist ein Vorteil dieser Interpretation, daß die mit ihr konstruierte physikalische Sprache nur sinnvolle Elemente enthält. Sinnlose Ausdrücke werden erst mit Hilfe der Regeln für Aussageverbindungen eingeführt. Andererseits ist das physikalische Gesetz der Komplementarität hier wieder als eine semantische Regel und nicht als eine Aussage der Objektsprache ausgedrückt.

Gleichgültig, ob wir diese Tatsache als einen Nachteil ansehen wollen oder nicht, müssen wir jedoch jetzt auf eine ernsthafte Schwierigkeit dieser Interpretation hinweisen, die sich aus Definition 6 ergibt. Wenn wir U als eine Funktion von t ansehen, ist es immer möglich, die Größe u zu messen, und darum ist U immer sinnvoll. Anders ist es, wenn wir U als eine Funktion des allgemeinen physikalischen Zustandes s ansehen, der durch eine allgemeine Funktion ψ charakterisiert ist. Ist es möglich, die Größe u in einem allgemeinen Zustand s zu messen? Da wir wissen, daß die Messung von u den Zustand s zerstört, ist dies offenbar nicht möglich. Es folgt also, daß in einem allgemeinen Zustand s sogar die individuelle Aussage U sinnlos ist. Die gegebene Interpretation ist damit auf die in Definition 5 gegründete zurückgeführt. Wenn andererseits Definition 6 in dem Sinne gedeutet wird, daß es möglich ist, u auch in einem allgemeinen Zustand s zu messen, dann muß der erhaltene Wert u den Wert der Größe im Zustande s und daher vor der Messung bedeuten. In dieser Auffassung benutzt die Interpretation also Definition 1, § 25. Wenn aber diese letztere Definition benutzt wird, ist es möglich, Aussagen über gleichzeitige Werte unvertauschbarer Größen zwischen zwei Messungen zu machen, wie wir es in § 25 dargestellt

---

[1]) M. STRAUSS, *Zur Begründung der statistischen Transformationstheorie der Quantenphysik*, Ber. d. Berliner Akad., phys.-math. Kl., XXVII (1936) und *Formal Problems of Probability Theory in the Light of Quantum Mechanics*, Unity of Science Forum, Synthese (Den Haag, Holland, 1938), S. 35; (1939), S. 49, 65. In diesen Schriften entwickelt STRAUSS auch eine Form der Wahrscheinlichkeitstheorie, in der meine Existenzregel für Wahrscheinlichkeiten mit Bezug auf komplementäre Aussagen geändert wird. Eine solche Änderung ist jedoch nur notwendig, wenn eine unvollständige Schreibweise benutzt wird, wie wir sie am Anfang von § 22 gebraucht haben. Wenn der Ausdruck m_u an der ersten Stelle eines Wahrscheinlichkeitsausdrucks angegeben wird, wie in der Schreibweise (13, § 22), kann eine Änderung der Existenzregel vermieden werden.

haben. Das bedeutet, daß die Regeln für nichtverbindbare Aussagen ihre Geltung verlieren.

Wenn es daher richtig ist, STRAUSS' Interpretation als durch die Definitionen 4 und 6 gegeben anzusehen, kommen wir zu dem Ergebnis, daß diese Interpretation mit derjenigen, die durch die Definitionen 4 und 5 gegeben wird, identisch[1]) ist.

§ 30. Interpretation mit Hilfe einer dreiwertigen Logik

Die im vorigen Abschnitt durchgeführten Überlegungen haben gezeigt, daß wir sinnlose Aussagen in die physikalische Sprache einbeziehen müssen, wenn wir Aussagen über Werte unbeobachteter Größen als sinnlos ansehen. Wenn wir diese Konsequenz vermeiden wollen, müssen wir eine Interpretation benutzen, die solche Aussagen nicht aus dem Gebiet des *Sinnes*, aber aus dem Gebiet der *Aussagbarkeit* ausschließt. Wir kommen so zu einer dreiwertigen Logik, die für diese Art Aussagen eine spezielle Kategorie hat.

Die gewöhnliche Logik ist zweiwertig; sie ist mit Hilfe der Wahrheitswerte *Wahrheit* und *Falschheit* konstruiert. Es ist aber auch möglich, einen mittleren Wahrheitswert einzuführen, den wir *Unbestimmtheit* nennen können, und diesen Wahrheitswert der Gruppe von Aussagen zuzuordnen, die in der Bohr-Heisenberg-Interpretation *sinnlos* genannt werden. Für eine solche Interpretation können verschiedene Gründe angeführt werden. Wenn eine Größe, die unter gewissen Umständen gemessen werden kann, unter anderen Umständen nicht meßbar ist, erscheint es natürlich, ihren Wert unter den letzteren Bedingungen als unbestimmt anzusehen. Es ist nicht nötig, Aussagen über diese Größe aus dem Gebiet der sinnvollen Aussagen auszuschalten; wir brauchen nur eine Bestimmung, daß man solche Aussagen weder als wahr noch als falsch ansehen darf. Das wird mit der Einführung eines dritten Wahrheitswertes, der Unbestimmtheit, erreicht. Die Bedeutung des Ausdrucks «unbestimmt» muß sorgfältig von der Bedeutung des Wortes «unbekannt» unterschieden werden. Der letztere Ausdruck ist auch auf zweiwertige Aussagen anwendbar, da der Wahrheitswert einer Aussage in der gewöhnlichen Logik unbekannt sein kann; dann wissen wir aber, daß die Aussage entweder wahr oder falsch ist. Das Prinzip vom *tertium non datur* oder vom *ausgeschlossenen Dritten*, das in dieser Behauptung ausgedrückt wird, ist eine der Säulen der traditionellen Logik. Wenn wir andererseits einen dritten Wahrheitswert der Unbestimmtheit haben, dann ist das *tertium non datur* keine endgültige Formel mehr; es gibt ein *tertium*, einen Mittelwert, der durch den logischen Zustand *unbestimmt* dargestellt wird.

Die quantenmechanische Bedeutung des Wahrheitswertes *Unbestimmtheit* wird durch folgende Überlegung klargemacht. Man stelle sich einen allgemeinen Zustand s vor, in dem wir eine Messung der Größe q machen; damit haben wir für immer darauf verzichtet, zu wissen, welches Resultat sich ergeben hätte,

18
s. S. 196

---

[1]) Herr STRAUSS hat mir mitgeteilt, daß er eine Veröffentlichung seiner Auffassungen in neuer und etwas veränderter Form beabsichtigt.

wenn wir eine Messung von p gemacht hätten. Es ist zwecklos, eine Messung von p in dem neuen Zustand zu machen, da wir wissen, daß die Messung von q den ursprünglichen Zustand zerstört hat. Es ist ebenso zwecklos, ein anderes System mit demselben Zustand s wie vorher zu konstruieren und in diesem System eine Messung von p zu machen. Da das Resultat einer Messung von p nur mit einer gewissen Wahrscheinlichkeit bestimmt ist, kann diese Wiederholung der Messung einen Wert ergeben, der von dem verschieden ist, den wir im ersten Fall erhalten hätten. Der Wahrscheinlichkeitscharakter der quantenmechanischen Voraussagen enthält einen Absolutismus des individuellen Falles; er ist der Grund dafür, daß das einzelne Geschehnis nicht zu wiederholen, nicht zurück-

Tabelle 2

Beobachtungssprache		Quanten-mechanische Sprache
m_u	u	U
W	W	W
W	F	F
F	W	U
F	F	U

zubringen ist. Wir drücken diese Tatsache dadurch aus, daß wir den unbeobachteten Wert als unbestimmt ansehen, wobei dieses Wort im Sinne eines dritten Wahrheitswertes gemeint ist.

Der betrachtete Fall unterscheidet sich bezüglich der logischen Struktur grundsätzlich von allen makrokosmischen Wahrscheinlichkeitsbeziehungen. Nehmen wir an, Hans sage: «Wenn ich das nächstemal würfle, wird es eine Sechs.» Peter sage: «Wenn ich aber das nächstemal würfle, wird es eine Fünf.» Nehmen wir an, Hans würfle und erhalte eine Vier; dann wissen wir, daß Hansens Aussage falsch war. Peters Aussage jedoch bleibt unentschieden. Die Situation ähnelt dem quantenmechanischen Fall insofern, als wir kein Mittel haben, die Wahrheit von Peters Aussage festzustellen, indem wir Peter nach Hans würfeln lassen; da dieser Wurf in einem neuen Zustand erfolgt, kann sein Ergebnis uns nicht darüber informieren, was geschehen wäre, wenn Peter statt Hans gewürfelt hätte. Da Würfeln aber eine makrokosmische Angelegenheit ist, haben wir im Prinzip andere Mittel, Peters Aussage zu prüfen, nachdem Hans gewürfelt hat, oder sogar bevor einer von ihnen gewürfelt hat. Wir müßten dazu die Lage des Würfels genau messen, ebenso den Zustand von Peters Muskeln usw. und könnten dann das Ergebnis von Peters Wurf mit einer beliebig hohen Wahrscheinlichkeit voraussagen; oder sagen wir lieber, da wir es nicht können, LAPLACE' Übermensch könnte es.

Für uns wird der Wahrheitswert von Peters Aussage immer unbekannt bleiben; aber er ist nicht *unbestimmt*, da es im Prinzip möglich ist, ihn zu bestimmen, und wird nur aus Mangel an technischen Mitteln daran verhindert sind. Anders ist es mit dem betrachteten quantenmechanischen Beispiel. Nachdem eine Messung von q im allgemeinen Zustand s gemacht worden ist, könnte sogar LAPLACE' Übermensch herausfinden, was passiert wäre, wenn wir p gemessen hätten. Wir können diese Tatsache dadurch ausdrücken, daß wir einer Aussage über p den logischen Wahrheitswert *unbestimmt* geben.

Die Einführung des Wahrheitswertes *unbestimmt* in die quantenmechanische Sprache kann formal in Tab. 2 dargestellt werden, welche die Wahrheitswerte von Aussagen der Beobachtungssprache bestimmt. Wir schreiben Wahrheit als W, Falschheit als F, Unbestimmtheit als U. Die Bedeutung der Symbole m_u, u und U ist dieselbe wie auf S. 157[1]).

Wir wollen noch einige Bemerkungen über den logischen Ort der so konstruierten quantenmechanischen Sprache anfügen. Wenn wir die erschöpfenden Interpretationen in eine *Korpuskelsprache* und eine *Wellensprache* einteilen, dann kann die in Tab. 2 eingeführte Sprache als eine *neutrale Sprache* angesehen werden, da sie keine dieser Interpretationen bestimmt. Wir sprechen zwar von der gemessenen Größe manchmal als von der Bahn eines Teilchens oder manchmal als von der Bahn der Nadelstrahlung, manchmal auch als von der Energie eines Teilchens und manchmal als von der Frequenz einer Welle. Diese Terminologie ist jedoch nur ein Überbleibsel aus der Korpuskel- oder Wellensprache. Da die Werte der unbeobachteten Größe nicht bestimmt sind, läßt die Sprache es in Tab. 2 offen, ob die gemessenen Größen zu Wellen oder Korpuskeln gehören; wir gebrauchen daher eine neutrale Redeweise und sagen, daß die gemessenen Größen Parameter *quantenmechanischer Objekte* darstellen. Ob man einen solchen Parameter eine Energie oder eine Frequenz nennen soll, bedeutet dann nur einen Unterschied um einen Faktor h im Zahlenwert des Parameters. Diese Unbestimmtheit der Interpretation unbeobachteter Größen wird durch den Gebrauch der Kategorie *unbestimmt* ermöglicht. Da es unbestimmt ist, ob die ungemessene Größe den Wert u_1 *oder* u_2 *oder* usw. hat, ist es auch unbestimmt, ob sie die Werte u_1 *und* u_2 *und* usw. zur gleichen Zeit hat, d.h. es ist unbestimmt, ob das quantenmechanische Objekt ein Teilchen oder eine Welle ist.

Der Name *neutrale Sprache* kann jedoch nicht auf die Sprache der Tab. 1, S. 156, angewendet werden. Diese Sprache schließt keine Aussagen über unbeobachtete Größen ein, da sie sie sinnlos nennt; sie ist daher nur einem Teil der erschöpfenden Sprachen gleichwertig. Im Gegensatz dazu ist die Sprache der Tab. 2 diesen Sprachen in vollem Ausmaß gleichwertig; sie ordnet Aussagen dieser Sprachen über ungemessene Größen unbestimmte Aussagen zu.

Die Konstruktion einer mehrwertigen Logik ist zuerst von E. L. POST[2])

---

[1]) Vgl. Fußnote 2, S. 173, für den Gebrauch des Funktors «der Wert der Größe».

[2]) E. L. POST, *Introduction to a General Theory of Elementary Propositions*, Amer. J. Math., XLIII (1921), S. 163.

Reichenbach 11

einerseits und J. LUCASIEWICZ und A. TARSKI[1]) andererseits durchgeführt worden. Seit dieser Zeit sind solche logischen Systeme viel diskutiert worden, und man hat Anwendungsmöglichkeiten für sie gesucht; die ursprünglichen Veröffentlichungen ließen die Frage der Anwendung offen, und die Verfasser beschränkten sich auf die formale Konstruktion eines Kalküls. Die Konstruktion einer Wahrscheinlichkeitslogik, in der es eine stetige Skala von Wahrheitswerten gibt, ist vom Verfasser durchgeführt worden[2]). Diese Logik entspricht mehr der klassischen Physik als der Quantenmechanik. Da jeder Satz in ihr eine bestimmte Wahrscheinlichkeit hat, ist kein Raum für einen Wahrheitswert der Unbestimmtheit; die Wahrscheinlichkeit 1/2 ist nicht das, was mit der Kategorie *unbestimmt* quantenmechanischer Aussagen gemeint ist. Die Wahrscheinlichkeitslogik ist eine Verallgemeinerung der zweiwertigen Logik für den Fall einer Wahrheit, die eine stetige Wertereihe besitzt. Die Quantenmechanik ist an einer solchen Logik nur so weit interessiert, als eine Verallgemeinerung ihrer Kategorien *wahr* und *falsch* beabsichtigt ist, die auf diesem Gebiet im gleichen Sinne wie in der klassischen Physik notwendig ist; der Gebrauch von «scharfen» Kategorien *wahr* und *falsch* muß in beiden Fällen als eine Idealisierung angesehen werden, die nur im Sinne einer Annäherung anwendbar ist. Der quantenmechanische Wahrheitswert *unbestimmt* stellt jedoch eine topologisch verschiedene Kategorie dar. Die Anwendung einer dreiwertigen Logik auf die Quantenmechanik ist häufig ins Auge gefaßt worden; so hat z.B. PAULETTE FÉVRIER[3]) die Grundzüge einer solchen Logik veröffentlicht. Die Konstruktion, die wir hier darstellen, ist aber von anderer Art und durch die erkenntnistheoretischen Überlegungen bestimmt, die wir in den vorhergehenden Abschnitten dargelegt haben.

§ 31. Die Regeln der zweiwertigen Logik

Bevor wir uns der Darstellung des Systems einer dreiwertigen Logik zuwenden, wollen wir einen kurzen Abriß der zweiwertigen Logik geben. Wir benutzen die *logistische* oder *symbolische* Form der Logik, da nur diese Form hinreichend präzisiert ist, um eine Ausdehnung auf eine dreiwertige Logik zu ermöglichen.

Die klassische oder zweiwertige Logik wird hinsichtlich ihrer Struktur durch *Werttafeln* dargestellt, die die Wahrheitswerte bestimmen, die sich für Satz-

---

[1]) J. LUCASIEWICZ, Comptes rendus Soc. d. Sciences Varsovie, XXIII (1930), Cl. III, S. 51; J. LUCASIEWICZ und A. TARSKI, op. cit., S. 1. LUCASIEWICZ hat seine Ideen zuerst in der polnischen Zeitschrift Ruch Filozoficzny, V (Lwow 1920), S. 169/170, publiziert.

[2]) H. REICHENBACH, *Wahrscheinlichkeitslogik*, Ber. d. Preuß. Akad., phys.-math. Kl. (Berlin 1932).

[3]) PAULETTE FÉVRIER, *Les relations d'incertitude de Heisenberg et la logique*, C. r. Acad. Sci. Paris *204*, 481, 958 (1937). Vgl. auch den Bericht von L. ROUGIER, *Les nouvelles logiques et la méchanique quantique*, J. Unified Sci., Erkenntnis, *9*, 208, (1939).

In PAULETTE FÉVRIERS Artikel wird der dritte Wahrheitswert nicht als Unbestimmtheit, sondern als «verstärkte Falschheit» oder als Absurdität angesehen; dementsprechend unterscheiden sich ihre Wahrheitstafeln von unseren. Sie macht einen Unterschied zwischen «konjugierten Sätzen» und «nichtkonjugierten Sätzen», welcher der Unterscheidung von M. STRAUSS ähnelt. Unsere Einwände gegen die letztere Auffassung gelten daher auch mit Bezug auf diese Deutung.

operationen als Funktionen der Werte der Elementarsätze ergeben. Folgendes sind die wichtigsten Operationen:

$\bar{a}$ nicht-a, Negation
$a \lor b$ a oder b oder beide, Disjunktion
$a.b$ a und b, Konjunktion
$a \supset b$ a impliziert b (b folgt aus a)
$a \equiv b$ a ist äquivalent mit b.

Die zweiwertigen Werttafeln sind in Tab. 3a und 3b dargestellt.

Man kann diese Tabellen in zwei Richtungen lesen: von den Elementarsätzen zur Satzkombination oder von der Kombination zu den Elementarsätzen. Für das «oder» z.B. sagen uns die Tabellen in der erstenRichtung: «Wenn a wahr ist und b wahr ist, dann ist $a \lor b$ wahr.» In der zweiten Richtung bedeuten sie: «Wenn $a \lor b$ wahr ist, dann ist a wahr und b wahr, oder a ist wahr und b ist falsch, oder a ist falsch und b ist wahr.» Je mehr W die Spalte einer Operation enthält, desto schwächer ist die Operation, da sie weniger sagt. So ist z.B. das «oder» schwächer als das «und», da es uns weniger über die Wahrheitswerte von a und b sagt als das «und». Eine schwächere Operation ist leichter zu verifizieren als eine stärkere, da jeder der W-Fälle, wenn er beobachtet wird, sie verifizieren kann. Für die Implikation der Tab. 3b, die nur in einem gewissen Grade derjenigen der Umgangssprache entspricht, hat RUSSELL den Namen *materielle Implikation* eingeführt.

21
s. S. 196

Tabelle 3a

a	Negation $\bar{a}$
W	F
F	W

Tabelle 3b

a	b	Disjunktion $a \lor b$	Konjunktion $a.b$	Implikation $a \supset b$	Äquivalenz $a \equiv b$
W	W	W	W	W	W
W	F	W	F	F	F
F	W	W	F	W	F
F	F	F	F	W	W

Eine logische Formel ist eine Verbindung von Sätzen, die für jede Kombination der Wahrheitswerte der Elementarsätze den Wahrheitswert W hat. Man nennt eine solche Formel eine *Tautologie*. Sie ist notwendigerweise wahr, da sie wahr ist, gleichgültig was auch immer die Wahrheitswerte der Elementarsätze seien. Andererseits ist eine Tautologie leer; sie sagt nichts, da sie uns überhaupt nicht über die Wahrheitswerte der Elementarsätze informiert. Diese Eigenschaft macht aber Tautologien nicht wertlos; im Gegenteil, ihr Wert besteht darin, daß sie notwendig und leer sind. Solche Formeln können immer zu physikalischen Aussagen hinzugefügt werden, da sie keinen neuen empirischen Inhalt mitbringen. Wir müssen sie hinzufügen, wenn wir Konsequenzen aus physikalischen Aussagen ableiten wollen.

Die Konstruktion ausführlicher Tautologien gibt daher dem Physiker ein wertvolles Instrument zur Ableitung von Formeln in die Hand; die ganze Mathematik muß als ein derartiges Instrument angesehen werden.

Beispiele solcher Tautologien sind durch folgende Formeln gegeben:

$$a \equiv a \qquad \text{Satz der Identität} \qquad (1)$$

$$\bar{a} \equiv a \qquad \text{Satz der doppelten Negation} \qquad (2)$$

$$a \vee \bar{a} \qquad \textit{tertium non datur} \qquad (3)$$

$$\overline{a . \bar{a}} \qquad \text{Satz des Widerspruchs} \qquad (4)$$

$$\left. \begin{array}{l} \overline{a . b} \equiv \bar{a} \vee \bar{b} \\[4pt] \overline{a \vee b} \equiv \bar{a} . \bar{b} \end{array} \right\} \quad \text{Regeln von DE MORGAN} \qquad \begin{array}{l}(5)\\[6pt](6)\end{array}$$

$$a . (b \vee c) \equiv a . b \vee a . c \qquad \text{erstes distributives Gesetz} \qquad (7)$$

$$a \vee b . c \equiv (a \vee b) . (a \vee c) \qquad \text{zweites distributives Gesetz} \qquad (8)$$

$$\bar{a} \supset b \equiv \bar{b} \supset a \qquad \text{Satz der Kontraposition} \qquad (9)$$

$$(a \equiv b) \equiv (a \supset b) . (b \supset a) \qquad \text{Auflösung der Äquivalenz} \qquad (10)$$

$$a \supset b \equiv \bar{a} \vee b \qquad \text{Auflösung der Implikation} \qquad (11)$$

$$(a \supset \bar{a}) \supset \bar{a} \qquad \textit{reductio ad absurdum} \qquad (12)$$

Alle diese Formeln können leicht mit Hilfe einer *Fallanalyse* verifiziert werden, d.h. indem man für a und b nacheinander alle Wahrheitswerte annimmt und auf Grund der Werttafeln zeigt, daß der Wahrheitswert der Formel immer W ist. Um unsere Schreibweise zu vereinfachen, haben wir folgende Regel für die *Bindungsstärke* für die Symbole gebraucht:

Größte Bindungsstärke $-$. $\vee \supset$ kleinste Bindungsstärke
Diese Regel erspart Klammern.

Eine Formel, die manchmal W, manchmal F in ihren Spalten hat, wird *synthetisch* genannt. Sie besagt eine empirische Wahrheit. Alle physikalischen Aussagen, ob sie nun physikalische Gesetze oder Aussagen über physikalische Zustände zu einer gegebenen Zeit sind, sind synthetisch. Eine Formel, die nur F in ihren Spalten hat, wird ein *Widerspruch* genannt; sie ist immer falsch.

Wenn wir von den angegebenen Tautologien ausgehen, können wir weitere Formeln nach einfachen Regeln ableiten, die den Methoden der Mathematik ähneln. Wir wollen uns hier nicht mit einer Beschreibung dieser Methode befassen, da sie in Textbüchern der symbolischen Logik dargestellt wird.

§ 32. Die Regeln der dreiwertigen Logik

Bei der Konstruktion einer dreiwertigen Logik sind wir von dem Gedanken geleitet, daß die Metasprache der in Frage kommenden Sprache eine zweiwertige Logik besitzt. Wir sehen also Aussagen von der Form «*A* hat den Wahrheitswert W» als zweiwertige Aussagen an. Die Werttafeln der dreiwertigen Logik können dann analog den Tafeln der zweiwertigen Logik konstruiert werden. Der einzige Unterschied ist, daß wir in die senkrechten Spalten links von der Doppellinie alle möglichen Kombinationen der drei Werte W, U, F einführen müssen.

Die Anzahl der definierbaren Operationen ist in den dreiwertigen Tafeln viel größer als in den zweiwertigen. Die definierten Operationen können als Verallgemeinerungen der Operationen der zweiwertigen Logik betrachtet werden; wir erhalten dann jedoch verschiedene Verallgemeinerungen für jede Operation der zweiwertigen Logik. So bekommen wir z. B. verschiedene Formen von Negationen, Implikationen usw. Wir beschränken uns auf die Definition der Operationen, die in den Tabellen 4a und 4b angegeben sind. Wie vorher sind dreiwertige Sätze mit großen Buchstaben geschrieben.

Tabelle 4a

A	Zyklische Negation $\sim A$	Diametrale Negation $-A$	Vollständige Negation $\overline{A}$
W	U	F	U
U	F	U	W
F	W	W	W

Tabelle 4b

A	B	Disjunktion $A \vee B$	Konjunktion $A.B$	Standardimplikation $A \supset B$	Alternative Implikation $A \rightarrow B$	Quasiimplikation $A \Rightarrow B$	Standardäquivalenz $A \equiv B$	Alternative Äquivalenz $A \equiv B$
W	W	W	W	W	W	W	W	W
W	U	W	U	U	F	U	U	F
W	F	W	F	F	F	F	F	F
U	W	W	U	W	W	U	U	F
U	U	U	U	W	W	U	W	W
U	F	U	F	U	W	U	U	F
F	W	W	F	W	W	U	F	F
F	U	U	F	W	W	U	U	F
F	F	F	F	W	W	U	W	W

Die Negation ist eine Operation, die sich auf *einen* Satz bezieht; daher existiert nur *eine* Negation in der zweiwertigen Logik. In der dreiwertigen Logik können wir mehrere Operationen konstruieren, die sich auf einen Satz beziehen. Wir nennen sie alle Negationen, da sie den Wahrheitswert eines Satzes ändern. Es ist praktisch, die Wahrheitswerte in der Ordnung W, U, F als von dem *höchsten* Wert W zu dem *niedrigsten* Wert F laufend aufzufassen. Wenn wir diese Terminologie benutzen, können wir sagen, daß die zyklische Negation einen Wahrheitswert auf den nächstniedrigen verschiebt, abgesehen vom niedrigsten, der auf den höchsten verschoben wird. Wir lesen daher den Ausdruck $\sim A$ in der Form *nächst A*. Die diametrale Negation kehrt W und F um, läßt aber U unverändert.

Dies entspricht der Funktion des arithmetischen Minuszeichens, wenn der Wert U als die Zahl Null gedeutet wird; wir nennen daher den Ausdruck $-A$ *das Negativ* von A und lesen ihn als minus A. Die vollständige Negation verschiebt einen Wahrheitswert auf den höheren der beiden anderen. Wir lesen $\bar{A}$ als nicht A. Der Gebrauch dieser Negation wird gleich klarwerden.

Disjunktion und Konjunktion entsprechen den gleichnamigen Operationen der zweiwertigen Logik. Der Wahrheitswert der Disjunktion ist durch den höheren der Wahrheitswerte gegeben, die für die Elementarsätze gelten; derjenige der Konjunktion durch den niedrigeren.

Implikationen können auf viele verschiedene Weisen konstruiert werden. Wir benutzen nur die drei Implikationen, die in Tafel 4b definiert sind. Unsere erste Implikation ist eine drei-drei Operation, d.h. sie führt von drei Wahrheitswerten der Elementarsätze zu drei Wahrheitswerten der Operation. Wir nennen sie *Standardimplikation*. Unsere zweite Implikation ist eine drei-zwei Operation, da sie nur die Werte W und F in ihren Spalten hat; wir nennen sie daher *alternative Implikation*. Unsere dritte Implikation wird *Quasiimplikation* genannt, weil sie nicht alle Forderungen befriedigt, die gewöhnlich an Implikationen gestellt werden.

Von einer Implikation verlangen wir erstens, daß sie ein *Schlußverfahren* möglich mache, d.h. die folgende Regel befriedige: Wenn A wahr ist, und *A impliziert B* wahr ist, dann ist auch B wahr. In symbolischer Schreibweise

$$\frac{\begin{array}{c} A \\ A \supset B \end{array}}{B} \tag{1}$$

Unsere drei Implikationen erfüllen diese Bedingung; das wird nämlich für jede Operation gelten, die in der ersten Reihe ein W, in der zweiten und dritten Reihe ihrer Werttabelle aber keines hat. Zweitens verlangen wir, daß die Implikation falsch sei, wenn A wahr und B falsch ist; dies erfordert ein F in der dritten Reihe, eine Bedingung, die ebenfalls von unseren Implikationen erfüllt wird. Diese beiden Bedingungen werden allerdings auch durch das «und» erfüllt, und wir können daher die Implikation in (1) durch die Konjunktion ersetzen. Daß wir das «und» nicht als Implikation ansehen, hat seinen Grund darin, daß das «und» zuviel sagt. Wenn die zweite Reihe von (1) $A.B$ lautet, kann man die erste Reihe auslassen, da der Schluß dann gültig bleibt. Wir verlangen darum eine derartige Definition der Implikation, daß der Schluß ohne die erste Reihe in (1) nicht gilt; dies erfordert ein W oder mehrere W in den Reihen unterhalb der dritten. Diese Forderung wird von der ersten und zweiten Implikation befriedigt, nicht aber von der Quasiimplikation. Eine weitere Bedingung für eine Implikation ist, daß *a impliziert a* immer wahr ist. Während die erste und zweite Implikation diese Bedingung erfüllen, gilt dies nicht für die Quasiimplikation. Wir werden erst später den Grund verstehen, warum wir diese Operation trotz ihrer Unzulänglichkeiten als eine Art Implikation ansehen (vgl. § 34).

Man verlangt gewöhnlich auch noch, daß *A impliziert B* nicht notwendigerweise *B impliziert A* zur Folge hat, d.h. daß die Implikation nicht symmetrisch ist. Unsere Implikationen erfüllen diese Forderung. Diese letzte Bedingung unterscheidet eine Implikation von einer Äquivalenz (und liefert auch eine weitere Unterscheidung vom «und»). Die Äquivalenz ist eine Operation, welche die Gleichheit der Wahrheitswerte von A und B besagt; darum muß sie ein W in der ersten, mittleren und letzten Reihe haben. Ferner muß sie in A und B symmetrisch sein, so daß wir mit *A ist äquivalent mit B* auch *B ist äquivalent mit A* haben. Diese Bedingungen werden von unseren beiden Äquivalenzen erfüllt. Da diese Bedingungen die Definition der Äquivalenz innerhalb eines gewissen Rahmens offenlassen, könnte man weitere Äquivalenzen definieren; wir brauchen jedoch nur die beiden in den Tabellen angegebenen Äquivalenzen.

Um unsere Schreibweise zu vereinfachen, benutzen wir folgende Regel für die Bindungsstärke unserer Symbole:

größte Bindungsstärke

vollständige Negation		$-$
zyklische Negation	} gleiche Stärke	$\sim$
diametrale Negation		$-$
Konjunktion		$\cdot$
Disjunktion		$\vee$
Quasiimplikation		$\rightarrow$
Standardimplikation		$\supset$
alternative Implikation		$\rightarrow$
Standardäquivalenz		$\equiv$
alternative Äquivalenz		$\equiv$

kleinste Bindungsstärke

Wenn mehrere Negationen der diametralen oder zyklischen Form dem Buchstaben A vorausgehen, fassen wir dies so auf, daß das unmittelbar vor A stehende Operationszeichen die stärkste Verbindung mit A hat, und so fort in derselben Richtung. Wenn sich der Strich der vollständigen Negation über zusammengesetzten Ausdrücken befindet, wird er wie Klammern benutzt.

Unsere Wahrheitswerte sind so definiert, daß nur eine Aussage mit dem Wahrheitswert W behauptet werden kann. Wenn wir sagen wollen, daß eine

Aussage einen anderen Wahrheitswert als W hat, können wir das mit Hilfe von Negationen tun. So besagt die Behauptung

$$\sim \sim A \tag{2}$$

daß A unbestimmt ist. Ebenso sagt jede der beiden Behauptungen

$$\sim A \qquad -A \tag{3}$$

daß A falsch ist.

Dieser Gebrauch der Negationen ermöglicht es uns, ganz ohne metasprachliche Aussagen über Wahrheitswerte auszukommen. So steht die Aussage der Objektsprache *nächst-nächst A* an Stelle der semantischen Aussage «*A* ist unbestimmt». Ebenso läßt sich die Aussage der Metasprache «*A* ist falsch» in eine der Aussagen (3) der Objektsprache übersetzen und wird dann als «nächst *A*» oder «minus *A*» gelesen. Wir können so das Prinzip durchführen: *alles was wir sagen wollen, wird in einer wahren Aussage der Objektsprache gesagt.*

Eine Formel wird wie in der zweiwertigen Logik *tautologisch* genannt, wenn sie nur W in ihren Spalten hat; *widerspruchsvoll*, wenn sie nur F hat; und *synthetisch*, wenn sie wenigstens ein W, aber auch wenigstens noch einen anderen Wahrheitswert in ihren Reihen hat. Während die Aussagen der zweiwertigen Logik in diese drei Klassen zerfallen, haben wir in der dreiwertigen Logik eine kompliziertere Einteilung. Die erwähnten drei Klassen existieren auch in der dreiwertigen Logik, aber zwischen synthetischen und widerspruchsvollen Aussagen haben wir eine Klasse von Aussagen, die niemals wahr, aber doch nicht widerspruchsvoll sind; sie haben nur U und F in ihrer Reihe, oder sogar nur U, und sollen *asynthetische* Aussagen genannt werden. Die Klasse der synthetischen Aussagen zerfällt in drei Kategorien. Die erste besteht aus Aussagen, welche alle drei Wahrheitswerte haben können; wir nennen sie *völlig synthetische Aussagen*. Die zweite enthält Aussagen, die nur wahr oder falsch sein können; sie sollen *wahr-falsch-Aussagen* genannt werden, oder *einfach-synthetische Aussagen*. Sie sind synthetisch in dem einfachen Sinn der zweiwertigen Logik. Wie diese Aussagen in der Quantenmechanik gebraucht werden, ist auf S. 164 näher ausgeführt. Die dritte Kategorie enthält Aussagen, die nur wahr oder unbestimmt sein können. Von den beiden Eigenschaften synthetischer Aussagen der zweiwertigen Logik, manchmal wahr und manchmal falsch zu sein, besitzen diese Aussagen nur die erstere Eigenschaft; wir nennen sie darum *semisynthetische* Aussagen.

Die zyklische oder die diametrale Negation eines Widerspruchs ist eine Tautologie; ebenso ist die vollständige Negation einer asynthetischen Aussage eine Tautologie. Eine synthetische Aussage kann nicht einfach durch Hinzufügen einer Negation zu einer Tautologie gemacht werden.

Alle quantenmechanischen Aussagen sind synthetisch im definierten Sinne. Wenn, umgekehrt, eine Aussage behauptet werden soll, muß sie wenigstens einen Wert W in ihrer Werttafelspalte besitzen. Eine Aussage behaupten, heißt aussagen, daß einer ihrer W-Fälle gilt. Widerspruchsvolle und asynthetische Aussagen sind daher *nicht aussagbar*. Andererseits sind Tautologien und semisynthetische Aussagen *unwiderlegbar*, denn sie können nicht falsch sein. Während aber Tautologien wahr sein müssen, folgt dies nicht für semisynthetische Aussagen. Wenn eine semisynthetische Aussage behauptet wird, dann hat diese Behauptung einen *Inhalt*, d.h. sie ist nicht *leer* wie im Fall einer Tautologie. Darum schließen wir semisynthetische Aussagen in die synthetischen ein; alle synthetischen Aussagen, aber auch nur diese, haben einen Inhalt.

Die einzigartige Stellung des Wahrheitswertes W bringt für Tautologien der dreiwertigen Logik denselben Rang mit sich, der von diesen Formeln in der zweiwertigen Logik eingenommen wird. Solche Formeln sind immer wahr, da sie den Wert W für jede Kombination der Wahrheitswerte der Elementarsätze haben. Wie vorher kann der Beweis des tautologischen Charakters durch Fallanalyse auf Grund der Werttafeln geliefert werden; diese Analyse berücksichtigt auch Kombinationen, in denen die Elementarsätze den Wahrheitswert U haben. Wir wollen einige der wichtigeren Tautologien der dreiwertigen Logik angeben und folgen dabei der oben angegebenen Anordnung der Tautologien der zweiwertigen Logik (1 bis 12, § 21).

Die *Identitätsregel* gilt natürlich

$$A \equiv A \tag{4}$$

Die *Regel der doppelten Negation* gilt für die diametrale Negation

$$A \equiv - - A \tag{5}$$

Für die zyklische Negation haben wir eine *Regel der dreifachen Negation*

$$A \equiv \sim \sim \sim A \tag{6}$$

Für die vollständige Negation gilt die Regel der doppelten Negation in der Form

$$\bar{A} \equiv \bar{\bar{\bar{A}}} \tag{7}$$

Man beachte, daß die Formel $A \equiv \bar{\bar{A}}$ nicht aus (7) abgeleitet werden kann, da es nicht zulässig ist, $\bar{A}$ durch A zu ersetzen; diese Formel ist tatsächlich keine Tautologie. Wir sagen daher, daß die Regel der doppelten Negation nicht *direkt* gilt. Eine zulässige Substitution erhält man, wenn man A durch $\bar{A}$ ersetzt; auf diese Weise kann man die Anzahl der Negationszeichen in (7) auf beiden Seiten vergrößern. Diese Besonderheit der vollständigen Negation erklärt sich aus der Tatsache, daß eine Aussage, über welche der Negationsstrich gezogen ist, damit in eine semisynthetische Aussage verwandelt wird; eine weitere Hinzufügung solcher Striche bewirkt nur, daß der Wahrheitswert zwischen Wahrheit und Unbestimmtheit hin- und herwechselt.

Zwischen der zyklischen und der vollständigen Negation gilt folgende Beziehung

$$\bar{A} \equiv \sim A \vee \sim \sim A \tag{8}$$

Das *tertium non datur* gilt nicht für die diametrale Negation, da $A \vee -A$ synthetisch ist. Für die zyklische Negation haben wir ein *quartum non datur*

$$A \vee \sim A \vee \sim \sim A \tag{9}$$

Die letzten beiden Ausdrücke dieser Formel können mit (8) durch $\bar{A}$ ersetzt werden; darum haben wir für die vollständige Negation eine Formel, die wir ein *pseudo tertium non datur* nennen

$$A \vee \bar{A} \tag{10}$$

Diese Formel rechtfertigt den Namen «vollständige Negation» und gibt zur gleichen Zeit den Grund an, warum wir diese Art der Negation einführen; Beziehung (8), die (10) möglich macht, kann als die Definition der vollständigen Negation angesehen werden. Der Name, den wir der Formel (10) geben, soll andeuten, daß diese Formel nicht die Eigenschaften des *tertium non datur* der zweiwertigen Logik hat. Der Grund dafür ist, daß die vollständige Negation nicht die Eigenschaften einer gewöhnlichen Negation hat: sie macht es uns nicht möglich, auf den Wahrheitswert von A zu schließen, wenn wir wissen, daß $\bar{A}$ wahr ist. Das wird aus (8) klar; wenn wir $\bar{A}$ kennen, wissen wir nur, daß A entweder falsch oder unbestimmt ist. Diese Zweideutigkeit findet einen weiteren Ausdruck in der Tatsache, daß für die vollständige Negation keine umgekehrte Operation definiert werden kann, d.h. keine Operation, die von $\bar{A}$ zu A führt. Eine solche Operation ist unmöglich, weil ihre Werttafel dem Wert W von $\bar{A}$ für A manchmal den Wert U und manchmal den Wert F zuordnet.

Der *Satz des Widerspruchs* gilt in folgenden Formen

$$\overline{A \cdot \bar{\bar{A}}} \tag{11}$$

$$\overline{A \cdot {\sim} A} \tag{12}$$

$$\overline{A \cdot {-} A} \tag{13}$$

Die *Regeln von* DE MORGAN gelten nur für die diametrale Negation

$$- (A \cdot B) \equiv -A \vee -B \tag{14}$$

$$- (A \vee B) \equiv -A \cdot -B \tag{15}$$

Die beiden *distributiven Gesetze* gelten in derselben Form wie in der zweiwertigen Logik

$$A \cdot (B \vee C) \equiv A \cdot B \vee A \cdot C \tag{16}$$

$$A \vee B \cdot C \equiv (A \vee B) \cdot (A \vee C) \tag{17}$$

Die *Regel der Kontraposition* gilt in zwei Formen

$$-A \supset B \equiv -B \supset A \tag{18}$$

$$\bar{A} \rightarrow B \equiv \bar{B} \rightarrow A \tag{19}$$

Da für die diametrale Negation die Regel der doppelten Negation (5) gilt, kann (18) auch in der Form geschrieben werden

$$A \supset B \equiv -B \supset -A \tag{20}$$

Dies folgt, wenn wir in (18) A durch $-A$ ersetzen. Für (19) existiert jedoch keine entsprechende Form, da die Regel der doppelten Negation für die vollständige Negation nicht direkt gilt.

Die *Auflösung der Äquivalenz* gilt in ihrer gewöhnlichen Form nur für die Standardimplikation in Verbindung mit der Standardäquivalenz:

$$(A \equiv B) \equiv (A \supset B).(B \supset A) \tag{21}$$

Die entsprechende Beziehung zwischen der alternativen Implikation und der alternativen Äquivalenz ist komplizierter:

$$(A \equiv B) \equiv (A \rightleftharpoons B).(-A \rightleftharpoons -B) \tag{22}$$

Mit der doppelten Pfeilimplikation meinen wir Implikationen in beiden Richtungen. Diese doppelte Implikation hat nicht den Charakter einer Äquivalenz, da sie Werte W in ihrer Spalte außerhalb der ersten, mittleren und letzten Reihe hat. Durch die Hinzufügung des zweiten Ausdrucks werden diese W beseitigt, so daß die Spalte der alternativen Äquivalenz entsteht. Für eine doppelte Standardimplikation und ebenso für eine zweiwertige Implikation kann man ohne einen zweiten Ausdruck der auf der rechten Seite von (22) auftretenden Form auskommen, weil ein solcher Ausdruck aus dem ersten mit Hilfe der Regel der Kontraposition (20) folgt. Für die doppelte alternative Implikation ist dies nicht der Fall. Diese Beziehung besagt nur, daß B wahr ist, wenn A wahr ist und daß A wahr ist, wenn B wahr ist; aber sie sagt nichts darüber, was passiert, wenn A und B einen der anderen Wahrheitswerte haben. Ein dahin gehender Zusatz ist durch den zweiten Ausdruck auf der rechten Seite von (22) gegeben.

Die *Auflösung der Implikation* gilt für die alternative Implikation in der Form

$$A \to B \equiv \sim -(\overline{A} \vee B) \tag{23}$$

Die *reductio ad absurdum* gilt in zwei Formen:

$$(A \supset \overline{A}) \supset \overline{A} \tag{24}$$

$$(A \to \overline{A}) \to \overline{A} \tag{25}$$

Abgesehen von den Tautologien sind diejenigen Formeln von speziellem Interesse, welche nur zwei Wahrheitswerte haben können. Unter diesen sind die wahr-falsch-Aussagen, oder einfach-synthetischen Aussagen, von besonderer Bedeutung. Ein Beispiel ist durch die Formel

$$\sim \sim (\sim A \vee \sim \sim A) \tag{26}$$

gegeben, die nur die Wahrheitswerte W und F annimmt, wenn A alle drei Wahrheitswerte durchläuft. Die Existenz solcher Aussagen zeigt, daß die Aussagen der dreiwertigen Logik eine Unterklasse von Aussagen enthalten, die den zweiwertigen Charakter der gewöhnlichen Logik besitzen. Für die Formeln dieser Unterklasse gilt das *tertium non datur* mit der diametralen Negation. Wenn D also eine wahr-falsch-Formel ist, z. B. die Formel (26), dann ist die Formel

$$D \vee -D \qquad (27)$$

eine Tautologie.

Die anderen zweiwertigen Formeln können leicht auf folgende Weise in wahr-falsch-Formeln transformiert werden. Eine asynthetische Formel A, welche die beiden Werte U und F in ihrer Werttafel hat, kann in die wahr-falsch-Formel $\sim A$ transformiert werden. Eine semisynthetische Formel A, welche die beiden Werte U und W hat, kann in die wahr-falsch-Formel $\sim \sim A$ transformiert werden.

Wir wenden uns jetzt der Formulierung der Komplementarität zu. Wir nennen zwei Aussagen *komplementär*, wenn sie die Beziehung

$$A \vee \sim A \rightarrow \sim \sim B \qquad (28)$$

befriedigen. Die linke Seite ist wahr, wenn A wahr und wenn A falsch ist; in beiden Fällen muß darum die rechte Seite wahr sein. Das letztere ist nur der Fall, wenn B unbestimmt ist. Wenn A andererseits unbestimmt ist, ist die linke Seite unbestimmt; dann besteht keine Einschränkung für die rechte Seite, der Definition der alternativen Implikation entsprechend. Daher kann man (28) lesen: wenn A wahr oder falsch ist, dann ist B unbestimmt.

Wenn wir in (8) A durch $\sim \sim A$ ersetzen und (6) benutzen, erhalten wir

$$\overline{\sim \sim A} \equiv A \vee \sim A \qquad (29)$$

Wir können deshalb (28) auch in der Form schreiben

$$\overline{\sim \sim A} \rightarrow \sim \sim B \qquad (30)$$

Wenn wir (19) anwenden, sehen wir, daß (30) tautologisch äquivalent ist mit

$$\overline{\sim \sim B} \rightarrow \sim \sim A \qquad (31)$$

Wenn wir A in (29) durch B ersetzen, können wir (31) in die Form

$$B \vee \sim B \rightarrow \sim \sim A \qquad (32)$$

umschreiben. Daraus folgt, daß (32) mit (28)[1]) tautologisch äquivalent ist. Die Bedingung der Komplementarität ist daher in A und B symmetrisch; *wenn A zu B komplementär ist, dann ist auch B komplementär zu A.*

Die Beziehung der Komplementarität, die den beiden Werten Wahrheit und Falschheit einer Aussage den Wahrheitswert der Unbestimmtheit für eine andere Aussage gegenüberstellt, ist ein einzigartiger Zug der dreiwertigen Logik, welcher in der zweiwertigen Logik keine Analogie besitzt. Da diese Beziehung eine Spalte in den Werttabellen von A und B bestimmt, kann man sie so auffassen, als ob sie für A und B eine logische Operation der Komplementarität aufstellte, für die wir ein spezielles Zeichen einführen können. Es ist aber praktischer, auf ein solches spezielles Zeichen zu verzichten und die Operation mit

---

[1]) Dieses Resultat könnte man nicht ableiten, wenn wir die Standardimplikation statt der alternativen Implikation in (28) und (32) benutzen würden.

Hilfe von anderen Operationen auszudrücken, ähnlich wie es für gewisse Operationen in der zweiwertigen Logik geschieht.

Die *Regel der Komplementarität der Quantenmechanik* kann jetzt folgendermaßen formuliert werden: wenn u und v unvertauschbare Größen sind, dann gilt

$$U \vee \sim U \to \sim \sim V \tag{33}$$

U ist hier eine Abkürzung für die Aussage «die erste Größe hat den Wert u»; und V für «die zweite Größe hat den Wert v». Wegen der Symmetrie der Komplementaritätsbeziehung kann (33) auch geschrieben werden

$$V \vee \sim V \to \sim \sim U \tag{34}$$

Ferner können die beiden Formen (30) und (31) benutzt werden.

Mit (33) und (34) ist es uns gelungen, die Komplementaritätsregel in der Objektsprache auszudrücken. Diese Regel ist damit als ein physikalisches Gesetz formuliert, das dieselbe Form wie alle anderen physikalischen Gesetze hat. Um dies zu zeigen, wollen wir als Beispiel das Gesetz betrachten: Wenn ein physikalisches Gesetz abgeschlossen ist (Aussage a), ändert sich seine Energie nicht (Aussage $\bar{b}$). Dieses Gesetz, das der zweiwertigen Logik angehört, läßt sich symbolisch[1]) in der Form schreiben

$$a \supset \bar{b} \tag{35}$$

21
s.S. 196

Dies ist eine Aussage vom gleichen Typus wie (33) oder (34). Es ist darum nicht nötig, (33) in der *semantischen Form* zu lesen: «Wenn U wahr oder falsch ist, dann ist V unbestimmt.» Statt dessen können wir (33) in der Objektsprache lesen: «U oder nächst U impliziert nächst-nächst V.»

Das Gesetz (33) der Komplementarität kann auf Satzfunktionen ausgedehnt werden. Unsere Aussage U kann in der funktionalen Form

$$Vl(e_1, t) = u \tag{36}$$

geschrieben werden und bedeutet dann: «Der Wert der Größe e_1 zur Zeit t ist u.» Das hier benutzte Symbol «$Vl(\ )$» ist ein *Funktor* und bedeutet «der Wert von...»[2]). Dann kann das Komplementaritätsgesetz in der Form ausgedrückt werden:

$$(u)\,(v)\,(t)\,\big\{[V\,l(e_1, t) = u] \vee \sim [V\,l(e_1, t) = u] \to \sim \sim [V\,l(e_2, t) = v]\big\} \tag{37}$$

Die Symbole (u), (v), (t) repräsentieren All-Operatoren und werden wie in der zweiwertigen Logik gelesen: «für alle u»... «für alle t».

Die Komplementaritätsbeziehung ist nicht auf zwei Größen beschränkt; sie kann auch zwischen drei oder vier Größen gelten. So sind die drei Komponenten

---

[1]) Wir vereinfachen dieses Beispiel. Eine vollständige Schreibweise würde den Gebrauch von Satzfunktionen nötig machen.

[2]) Der Gebrauch von Funktoren in der dreiwertigen Logik unterscheidet sich von jenem in der zweiwertigen Logik insofern, als die Existenz eines bestimmten, von dem Funktor angegebenen Wertes nur behauptet werden kann, wenn die Aussage (36) wahr oder falsch ist, während die Unbestimmtheit von (36) die Unbestimmtheit einer Aussage über die Existenz eines Wertes nach sich zieht. Wir verzichten hier auf die Formalisierung dieser Regel.

des Drehimpulses unvertauschbar, d. h. jede ist zu jeder der beiden anderen komplementär. Um diese Beziehung für die drei Größen u, v, w auszudrücken, fügen wir zu (33) die beiden Beziehungen hinzu

$$V \vee \sim V \to \sim \sim W \qquad W \vee \sim W \to \sim \sim U \tag{38}$$

Jede dieser Beziehungen kann umgekehrt werden, wie wir oben gezeigt haben. Die drei Beziehungen (33) und (38) besagen dann: Wenn eine der drei Aussagen wahr oder falsch ist, sind die beiden anderen unbestimmt.

Da die alternative Implikation die *Hauptoperation* in (33) und (34)[1]) ist, können diese Formeln nur wahr oder falsch, aber nicht unbestimmt sein. Die Komplementaritätsregel ist darum an sich eine wahr-falsch-Formel, obgleich sie sich auf alle drei Wahrheitswerte bezieht. Da die Regel in der Quantenmechanik als wahr behauptet wird, hat sie die Wahrheit einer zweiwertigen synthetischen Aussage. Wir sehen, daß diese Interpretation der Komplementaritätsregel, die in der gewöhnlichen Auffassung der Quantenmechanik implizite enthalten ist, als eine logische Konsequenz unserer dreiwertigen Interpretation erscheint[2]).

Dieses Ergebnis zeigt, daß die Einführung eines dritten Wahrheitswertes nicht alle Aussagen der Quantenmechanik dreiwertig macht. Wie wir oben ausgeführt haben, ist der Rahmen der dreiwertigen Logik weit genug, eine Klasse von wahr-falsch-Formeln einzuschließen. Wenn wir alle quantenmechanischen Aussagen in die dreiwertige Logik eingliedern wollen, wird es der führende Gedanke sein, in die wahr-falsch-Klasse alle diejenigen Aussagen zu nehmen, die wir quantenmechanische Gesetze nennen. Außerdem werden in diese Klasse Aussagen über die Form der ψ-Funktion und damit über die Wahrscheinlichkeiten beobachtbarer Zahlenwerte einbezogen. Nur Aussagen über diese Zahlenwerte selbst haben einen dreiwertigen Charakter, der durch Tab. 2 bestimmt wird.

§ 33. Unterdrückung kausaler Anomalien mit Hilfe einer dreiwertigen Logik

Mit den entwickelten Formeln haben wir die Interpretation der Quantenmechanik durch eine dreiwertige Logik in ihren Grundzügen dargestellt. Wir haben gesehen, daß diese Interpretation die Forderungen erfüllt, die bezüglich

---

[1]) D. h. die Operation, welche diese Formeln in zwei Hauptteile teilt.

[2]) Es läßt sich zeigen, daß der wahr-falsch-Charakter von (28) und (32) nicht an die besondere Form gebunden ist, die wir der Pfeilimplikation gegeben haben, sondern folgt, wenn folgende Forderungen eingeführt werden: erstens, die Komplementaritätsbeziehung ist symmetrisch in A und B, d. h. (28) ist äquivalent mit (32); zweitens, wenn A in (28) unbestimmt ist, kann B jeden der drei Wahrheitswerte haben; drittens, die in (28) gebrauchte Implikation ist wahr, wenn sowohl Implikans als auch Implikat wahr sind, sie ist falsch, wenn das Implikans wahr und das Implikat falsch ist. Wir deuten den Beweis hier nur an. Forderung zwei verlangt, daß die Pfeilimplikation ein W in den drei Fällen habe, in denen A unbestimmt ist; Forderung drei verlangt ein W in der ersten Reihe in der Spalte der Pfeilimplikation und ein F in der dritten. Es ergibt sich, daß mit diesem Resultat sieben von den neun Fällen von (28) bestimmt sind und nur W und F enthalten. Der noch fehlende Fall W, F von (28) muß dann gleich dem Fall F, W sein, entsprechend der ersten Forderung, und ist damit als F bestimmt. Es läßt sich dann zeigen, daß, um dieses Resultat zu erzielen, die Pfeilimplikation ein F in der zweiten Reihe von oben haben muß. Damit ist der letzte Fall von (28), der F, F-Fall, als F bestimmt. Die Pfeilimplikation ist durch die gegebenen Forderungen nicht völlig bestimmt; ihre letzten drei Werte können willkürlich gewählt werden.

der logischen Form einer wissenschaftlichen Theorie rechtmäßig gestellt werden können, und daß sie trotzdem innerhalb der Grenzen bleibt, die die Bohr-Heisenberg-Interpretation unserem Wissen gezogen hat. Der Ausdruck «sinnlose Aussage» dieser Interpretation ist in unserer Interpretation durch den Ausdruck «unbestimmte Aussage» ersetzt worden. Das hat den Vorteil, daß solche Aussagen in die Objektsprache der Physik einbezogen und mit anderen Aussagen durch logische Operationen verbunden werden können. Solche Kombinationen sind «gefahrlos», da sie nicht für die Ableitung unerwünschter Konsequenzen benutzt werden können.

So kann z.B. die und-Kombination zweier komplementärer Aussagen niemals wahr sein. Das folgt aus unserer Interpretation, weil die Formel

$$[A \vee \sim A \rightarrow \sim\sim B] \rightarrow \overline{A.B} \tag{1}$$

eine Tautologie ist. Sie hat nicht die Form einer Äquivalenz; darum kann die Bedingung der Komplementarität nicht durch die Bedingung $\overline{A.B}$ ersetzt werden. Aber die Implikation (1) garantiert, daß von zwei komplementären Aussagen nicht beide wahr sein können. Eine solche Kombination kann falsch sein, aber nur, wenn die Aussage über die gemessene Größe falsch ist. Wenn nun eine Messung q den Wert q_1 ergibt, dann ist es sicherlich zulässig, zu sagen, daß die Aussage «der Wert von q ist q_2, und der Wert von p ist p_1» falsch ist. Ebenso gefahrlos ist es, wenn wir die Kombination «der Wert von q ist q_1 oder der Wert von p ist p_1» als wahr ansehen, *nachdem* eine Messung von q den Wert q_1 ergeben hat. Mit einer solchen Aussage wird nichts über den Wert von p gesagt.

Weiterhin kann die *reductio ad absurdum* (24, § 32) oder (25, § 32) nicht für die Konstruktion eines indirekten Beweises gebraucht werden. Wenn wir mit Hilfe der *reductio ad absurdum* bewiesen haben, daß $\overline{A}$ wahr ist, können wir nicht schließen, daß A falsch ist; A kann auch unbestimmt sein. Wir können auch keine disjunktive Ableitung einer Aussage C durch einen Beweis geben, der zeigt, daß C sowohl wahr ist, wenn B wahr ist, als auch wenn B falsch ist; wir haben dann nur die Beziehung bewiesen

$$B \vee -B \supset C \tag{2}$$

Da das Implikans nicht wahr zu sein braucht, können wir aus (2) nicht allgemein schließen, daß C wahr sein muß.

Dies zeigt ganz klar den Unterschied zwischen der zweiwertigen und der dreiwertigen Logik. In der zweiwertigen Logik ist eine Aussage c bewiesen, wenn die Beziehung

$$b \vee \overline{b} \supset c \tag{3}$$

bewiesen worden ist, da hier das Implicans eine Tautologie ist. Die Analogie von (3) in der dreiwertigen Logik ist die Beziehung

$$B \vee \overline{B} \supset C \tag{4}$$

die nach (8, § 32) dasselbe ist wie

$$B \vee \sim B \vee \sim\sim B \supset C \tag{5}$$

Wenn (5) bewiesen ist, dann ist C bewiesen, da hier das Implikans eine Tautologie ist. Das heißt aber, daß wir, um C zu beweisen, die Wahrheit von C für die drei Fälle zeigen müssen, daß B wahr, falsch oder unbestimmt ist. Eine Analyse der Quantenmechanik zeigt, daß ein solcher Beweis nicht gegeben werden kann, wenn C eine kausale Anomalie formuliert; wir können dann nicht (5), sondern nur die Beziehung (2) oder eine Verallgemeinerung dieser letzten Beziehung beweisen, die wir uns jetzt genauer ansehen wollen.

Zu diesem Zweck müssen wir gewisse Eigenschaften der *Disjunktionen* untersuchen. Wir führen die folgenden Bezeichnungen ein, die sowohl auf den zweiwertigen wie auf den dreiwertigen Fall anwendbar sind.

Eine Disjunktion von n Gliedern wird *geschlossen* genannt, wenn das n-te Glied wahr sein muß, falls $n-1$ Glieder falsch sind.

Eine Disjunktion wird *ausschließend* genannt, wenn im Falle ein Glied wahr ist, alle anderen falsch sein müssen.

Eine Disjunktion wird *vollständig* genannt, wenn eines ihrer Glieder wahr sein muß; oder, was dasselbe ist, wenn die Disjunktion wahr ist.

Für den zweiwertigen Fall sind die ersten beiden Eigenschaften in den folgenden Beziehungen ausgedrückt:

$$
\begin{aligned}
b_1 &\equiv \bar{b}_2 . \bar{b}_3 \ldots \bar{b}_n \\
b_2 &\equiv \bar{b}_1 . \bar{b}_3 \ldots \bar{b}_n \\
&\cdots\cdots\cdots\cdots\cdots \\
b_n &\equiv b_1 . \bar{b}_2 \ldots \bar{b}_{n-1}
\end{aligned}
\qquad (6)
$$

Daß eine Disjunktion, für welche diese Beziehungen gelten, geschlossen ist, folgt, wenn wir die Äquivalenz in (6) als eine Implikation von rechts nach links lesen; daß sie ausschließend ist, folgt, wenn wir die Äquivalenz als eine Implikation von links nach rechts lesen. Man kann nun leicht zeigen, daß die Disjunktion

$$
b_1 \vee b_2 \vee \ldots \vee b_n \qquad (7)
$$

wahr sein muß, wenn die Beziehungen (6) gelten. Dieses Ergebnis können wir schon ableiten, wenn wir in (6) nur die Implikationen in Betracht ziehen, die von rechts nach links laufen. Mit anderen Worten: eine zweiwertige Disjunktion, die geschlossen ist, ist auch vollständig, und umgekehrt. Das ist der Grund dafür, daß in der zweiwertigen Logik die Ausdrücke «geschlossen» und «vollständig» nicht unterschieden zu werden brauchen. Ferner läßt sich zeigen, daß man auf eine der Beziehungen (6) verzichten kann, da sie eine Konsequenz der anderen ist.

Für den dreiwertigen Fall ist eine geschlossene und ausschließende Disjunktion durch die folgenden Beziehungen gegeben:

$$
\begin{aligned}
B_1 &\rightleftarrows -B_2 . -B_3 \ldots -B_n \\
B_2 &\rightleftarrows -B_1 . -B_3 \ldots -B_n \\
&\cdots\cdots\cdots\cdots\cdots\cdots \\
B_n &\rightleftarrows -B_1 . -B_2 \ldots -B_{n-1}
\end{aligned}
\qquad (8)
$$

Wie vorher folgt der geschlossene Charakter der Disjunktion, wenn wir die Implikationen von rechts nach links benutzen; und der ausschließende Charakter folgt, wenn wir sie von links nach rechts benutzen.

Wir kommen jetzt zu einem wichtigen Unterschied gegen den zweiwertigen Fall. Aus den Beziehungen (8) können wir nicht die Konsequenz ableiten, daß die Disjunktion

$$B_1 \vee B_2 \vee \ldots \vee B_n \qquad (9)$$

wahr sein muß. Diese Disjunktion kann unbestimmt sein. Das wird der Fall sein, wenn einige der B_i unbestimmt und die anderen falsch sind. Alles, was aus (8) folgt, ist, daß nicht alle B_i gleichzeitig falsch sein können; die Disjunktion (9) kann darum nicht falsch sein. Da sie aber unbestimmt sein kann, können wir aus (8) nicht ableiten, daß die Disjunktion vollständig ist. In der dreiwertigen Logik müssen wir daher zwischen den beiden Eigenschaften *geschlossen* und *vollständig* unterscheiden; eine geschlossene Disjunktion braucht nicht vollständig zu sein. Ein weiterer Unterschied vom zweiwertigen Fall steckt in der Tatsache, daß die Bedingungen (8) unabhängig voneinander sind, d.h. daß man auf keine verzichten kann. Das erkennt man folgendermaßen. Wenn die letzte Reihe in (8) ausgelassen wird, würden die restlichen Bedingungen erfüllt sein, wenn die $B_1 \ldots B_{n-1}$ falsch sind und B_n unbestimmt ist, eine Lösung, welche erst durch die letzte Reihe von (8) ausgeschlossen wird.

Die Disjunktion $B \vee - B$ ist ein Spezialfall einer geschlossenen und ausschließenden Disjunktion. Entsprechend (2) stellt der Beweis der Beziehung

$$B_1 \vee B_2 \vee \ldots \vee B_n \supset C \qquad (10)$$

keinen Beweis von C dar, wenn die $B_1 \ldots B_n$ eine geschlossene und ausschließende Disjunktion bilden, da das Implikans unbestimmt sein kann. Nur eine vollständige Disjunktion im Implikans würde zu einem Beweis von C führen.

Wir wollen an einem Beispiel veranschaulichen, daß die Unterscheidung zwischen geschlossenen und vollständigen Disjunktionen es uns ermöglicht, gewisse kausale Anomalien in der Quantenmechanik zu beseitigen.

Betrachten wir das Interferenzexperiment in § 7 in einer verallgemeinerten Form, in welcher n Schlitze $B_1 \ldots B_n$ benutzt werden. B_i möge die Aussage sein: «Das Teilchen geht durch Schlitz B_i.» Nachdem ein Teilchen auf dem Schirm beobachtet worden ist, wissen wir, daß die Disjunktion $B_1 \vee B_2 \ldots \vee B_n$ geschlossen und ausschließend ist; wir wissen nämlich: wenn das Teilchen nicht durch einen von $n - 1$ ausgewählten Schlitzen hindurchgegangen ist, dann ist es durch den n-ten Schlitz gegangen, und wenn es durch einen der Schlitze gegangen ist, dann ist es nicht durch einen anderen gegangen. Mit anderen Worten, die Beobachtung eines Teilchens auf dem Schirm impliziert, daß die Beziehungen (8) gelten. Da aber die Disjunktion (9) nicht aus diesen Beziehungen abzuleiten ist, können wir nicht behaupten, daß diese Disjunktion *vollständig* oder *wahr* sei; alles, was wir sagen können, ist, daß sie *nicht falsch* ist. Sie kann auch unbestimmt sein. Das wird der Fall sein, wenn keine Beobachtung des Teilchens an einem der Schlitze angestellt worden ist.

Die Disjunktion wird auch unbestimmt sein, wenn an dem n-ten Schlitz eine Beobachtung mit dem Resultat gemacht worden ist, daß das Teilchen nicht durch diesen Schlitz gegangen ist. Solche Beobachtungen stören natürlich das Interferenzmuster auf dem Schirm. Aber für uns handelte es sich bisher nur um die Frage des Wahrheitscharakters der Disjunktion. Die Tatsache, daß die übrigen Schlitze immer noch ein gemeinsames Interferenzmuster produzieren werden, wenn Beobachtungen mit negativem Resultat an weniger als $n-1$ Schlitzen gemacht werden, findet logischerweise ihren Ausdruck darin, daß in einem solchen Fall die restliche Disjunktion unbestimmt ist. Nur wenn eine Beobachtung mit negativem Resultat an $n-1$ Schlitzen gemacht worden ist, wissen wir, daß das Teilchen durch den n-ten Schlitz hindurchgegangen ist; dann ist die Disjunktion wahr. Wenn das Teilchen andererseits an einem Schlitz beobachtet worden ist, wissen wir, daß das Teilchen nicht durch die anderen hindurchgegangen ist; dann ist die Disjunktion auch wahr.

Obgleich die Disjunktion (9) unbestimmt sein kann, ist unser Wissen über die Beziehungen, die zwischen den Aussagen $B_1 \ldots B_n$ gelten, nicht unbestimmt, sondern wahr oder falsch. Dies folgt, weil die Beziehungen (8), deren Hauptoperation die alternative Implikation ist, wahr-falsch-Formeln darstellen[1]).

Für den Fall $n = 2$ vereinfachen sich die Beziehungen (8). Wir haben dann

$$\left. \begin{aligned} B_1 &\rightleftarrows -B_2 \\ B_2 &\rightleftarrows -B_1 \end{aligned} \right\} \tag{11}$$

Wenn wir die Beziehungen (22, § 32) und (5, § 35) benutzen, können wir dies in der Form schreiben

$$B_1 \equiv -B_2. \tag{12}$$

Das bedeutet, daß B_1 äquivalent mit dem Negativ, d.h. der diametralen Negation von B_2 ist. Diese Beziehung, die wir *diametrale Disjunktion* nennen, kann als eine dreiwertige Verallgemeinerung des ausschließenden «oder» der zweiwertigen Logik angesehen werden. Im Falle einer diametralen Disjunktion wissen wir, daß B_1 wahr ist, wenn B_2 falsch ist; daß B_1 falsch ist, wenn B_2 wahr ist, und daß B_1 unbestimmt ist, wenn B_2 unbestimmt ist. Dies drückt genau den physikalischen Zustand eines solchen Falles aus. Wenn an *einem* Schlitz eine Beobachtung gemacht wird, dann ist die Aussage über den Durchgang des Teilchens an dem anderen Schlitz nicht mehr unbestimmt, ganz gleich, ob das Beobachtungsergebnis am ersten Schlitz positiv oder negativ ist. Wir sehen, daß sich diese besondere Form der Disjunktion automatisch aus den allgemeinen Bedingungen (8) ergibt, wenn wir $n = 2$ setzen[2]).

---

[1]) Wie vorher ist der wahr-falsch-Charakter dieser Formeln von uns nicht absichtlich eingeführt worden, sondern er ergibt sich aus anderen Gründen. Wenn wir in (8) eine doppelte Standardimplikation benutzen, würde dies nach (21, § 32) eine Standardäquivalenz darstellen; dann ist der einzige Fall, in dem die Disjunktion (9) unbestimmt ist, der Fall, wenn alle B_i unbestimmt sind. Wir brauchen aber aus den obenerwähnten Gründen auch Fälle, in denen einige B_i falsch, andere unbestimmt sind.

[2]) Dr. A. Tarski, dem ich diese Ergebnisse mitteilte, hat mich darauf aufmerksam gemacht, daß es auch möglich ist, eine ähnliche Verallgemeinerung für das einschließende «oder» zu definieren. Wir ersetzen dann in der Spalte der Disjunktion in Tab. 4b das «U» der mittleren Reihe durch ein

Betrachten wir nun die Bedeutung dieses Ergebnisses für Wahrscheinlichkeitsbeziehungen. Wenn wir die in § 7 eingeführte Schreibweise benutzen, können wir die Wahrscheinlichkeit, mit welcher ein Teilchen, das die Strahlungsquelle A verläßt und durch den Schlitz B_1 oder den Schlitz B_2 oder... oder den Schlitz B_n hindurchgeht, bei C ankommt, durch folgende Formel ausdrücken[1])

$$P(A \cdot [B_1 \vee B_2 \vee \ldots \vee B_n], C) = \frac{\sum_{i=n}^{n} P(A, B_i)\, P(A.B_i, C)}{\sum_{i=1}^{n} P(A, B_i)} \tag{13}$$

Diese Formel ist der mathematische Ausdruck für das Prinzip der korpuskularen Überlagerung; sie besagt, daß das statistische Muster, das auf dem Schirm erscheint, wenn alle Schlitze gleichzeitig offen sind, eine Überlagerung der einzelnen Muster sind, die sich ergeben, wenn nur ein Schlitz offen ist. Formel (13) kann jedoch nur angewendet werden, wenn die beiden Aussagen A und $B_1 \vee B_2 \vee \ldots \vee B_n$ wahr sind. A ist wahr, denn A besagt, daß das Teilchen von der Strahlungsquelle A gekommen ist. Wir sahen aber, daß $B_1 \vee B_2 \vee \ldots \vee B_n$ nicht als wahr bewiesen werden kann. Darum kann man (13) nicht auf den Fall anwenden, daß alle Schlitze offen sind. Die Wahrscheinlichkeit für diesen Fall muß auf eine andere Weise berechnet werden und ist nicht durch das Prinzip der korpuskularen Überlagerung bestimmt. Man kann also keine kausale Anomalie ableiten.

Wir können diese Anomalienbeseitigung in dem Sinne deuten, daß wir die Implikation (10) nicht für einen Schluß auswerten können. Zu diesem Zwecke fassen wir das C dieser Beziehung als den Satz auf: Die Wahrscheinlichkeit, die für das Teilchen gilt, hat den Wert (13). Der Schluß wird dann unmöglich, weil wir durch unser in (8) formuliertes Wissen nicht beweisen können, daß das Implikans in (10) wahr ist.

In dem Beispiel des Gitters haben wir die Beziehungen (8) auf einen Fall angewandt, wo die Lokalisierung des Teilchens durch eine diskrete Reihe möglicher Orte gegeben ist. Dieselben Beziehungen können auf den Fall einer stetigen Folge möglicher Orte angewandt werden, wie sie sich z.B. ergeben, wenn wir eine ungenaue Bestimmung des Ortes machen. Wir sagen dann gewöhnlich: «Das Teilchen befindet sich innerhalb des Intervalls Δq; aber es ist unbekannt, an welchem Punkt des Intervalls es ist.» Dieser letztere Zusatz bedeutet den

---

«W», während wir alle anderen Fälle unverändert lassen. Dieses «beinahe oder», wie man es nennen könnte, bedeutet, daß wenigstens einer der zwei Sätze wahr oder daß beide unbestimmt sind. Es läßt sich zeigen, daß diese Operation kommutativ und assoziativ, aber nicht distributiv oder reflexiv ist (der letzte Ausdruck bedeutet, daß «beinahe A oder A» nicht dasselbe ist wie «A»). Wenn man das «beinahe oder» auf mehr als zwei Sätze anwendet, dann bedeutet es: «wenigstens *ein* Satz ist wahr, oder wenigstens zwei sind unbestimmt.» Eine Disjunktion mit Hilfe des «beinahe oder» stellt darum diejenige Beziehung dar, die wir eine geschlossene Disjunktion nennen. Es läßt sich zeigen, daß die $B_1 \ldots B_n$ eine solche Disjunktion bilden, wenn die Beziehungen (8) gelten. Diese letzte Aussage ist natürlich nicht mit den Beziehungen (8) äquivalent, sondern nur eine Folgerung aus ihnen.

[1]) Vgl. das Buch des Verfassers *Wahrscheinlichkeitslehre* (Leiden 1935), (4), § 22.

Gebrauch einer erschöpfenden Interpretation. Innerhalb einer einschränkenden Interpretation sagen wir auch, daß das Teilchen sich innerhalb des Intervalls Δq befinde; aber wir gebrauchen die zusätzliche Feststellung nicht, weil wir nicht aussagen können, daß sich das Teilchen an einem bestimmten Punkt des Intervalls befindet. Vielmehr benutzen wir die folgende Definition. Der Satz «innerhalb des Intervalls Δq» bedeutet: wenn wir dieses Intervall in n benachbarte kleine Intervalle $\delta q_1 \ldots \delta q_n$ einteilen, dann gelten die Beziehungen (8) für die Aussagen B_i, wobei die B_i die Form haben: «das Teilchen befindet sich in δq_i». Der Aussage «der Ort des Teilchens ist bis auf die Genauigkeit Δq gemessen» läßt sich also im Rahmen der dreiwertigen Logik eine Bedeutung zuordnen. Die Aussage selbst ist nur wahr oder falsch, da das gleiche von den Beziehungen (8) gilt. Aber da wir aus (8) nur schließen können, daß die Disjunktion geschlossen ist, während sie nicht vollständig zu sein braucht, ist die Aussage nicht in die Behauptung übersetzbar: «das Teilchen ist an einem und nur an einem Punkt des Intervalls Δq.» Die Tatsache, daß diese letztere Folgerung nicht abgeleitet werden kann, macht es unmöglich, kausale Anomalien zu behaupten.

In ähnlicher Weise werden andere Anomalien ausgeschlossen. Als ein weiteres Beispiel wollen wir die Anomalie betrachten, die mit dem Auftreten einer Potentialschwelle verbunden ist. Eine Potentialschwelle ist ein derart gerichtetes Potentialfeld, daß Teilchen, die in einer gegebenen Richtung laufen, verlangsamt werden, so wie z.B. die Elektronen, die aus dem Glühfaden einer Radioröhre ausgesandt werden, durch ein negatives Potential des Gitters verlangsamt werden. In der klassischen Physik kann ein Teilchen nicht über eine Potentialschwelle hinwegkommen, wenn seine kinetische Energie nicht mindestens der potentialen Energie H_0 gleich ist, welche das Teilchen erhalten würde, wenn es bis zu dem Maximum der Potentialschwelle wanderte. In der Quantenmechanik läßt sich zeigen, daß Teilchen, deren kinetische Energie, vor der Schwelle gemessen, kleiner als H_0 ist, später mit einer gewissen Wahrscheinlichkeit jenseits der Schwelle gefunden werden können. Dieses Resultat ist nicht nur eine Folge der mathematischen Beziehungen der Quantenmechanik, das sogar für einen so einfachen Fall wie den des linearen Oszillators ableitbar ist, sondern seine Gültigkeit ist nach GAMOW durch die Gesetze des radioaktiven Zerfalls bewiesen. Wir müssen uns klar darüber sein, daß dieses Paradoxon nicht durch eine passende Annahme einer Störung durch die Messung beseitigt werden kann. Betrachten wir einen Schwarm von Teilchen, die dieselbe Energie H haben, wobei $H < H_0$ ist. Daß jedes dieser Teilchen diese Energie hat, läßt sich durch eine Energiemessung für jedes einzelne Teilchen zeigen oder indem man Proben aus einem Schwarm von Teilchen hinreichend gleichartiger Herkunft auswählt. Nach den Überlegungen auf S. 154 müssen wir den gemessenen Wert H als den Wert der Energie *nach* der Messung ansehen. Nachdem die Teilchen durch die Messungszone hindurch sind, kommen sie in das Feld der Potentialschwelle. Jenseits der Schwelle, und zwar in großer Entfernung davon, werden Ortsmessungen gemacht, welche einzelne Teilchen an dieser Stelle lokalisieren. Wegen der Entfernung können die letzteren Messungen dem Teilchen keine zusätzliche Energie zugeführt haben, bevor es die Schwelle erreicht hat; d. h. wir können nicht annehmen, daß die Ortsmessung das Teilchen gleichsam über die Schwelle hinwegstoße, da eine solche Annahme selbst eine kausale Anomalie bedeuten würde, nämlich eine Fernwirkung. Wir müssen vielmehr sagen, daß das Paradoxon eine unvermeidbare Schwierigkeit der Korpuskelinterpretation ist; hier handelt es sich um einen der Fälle, in denen die Korpuskelinterpretation nicht ohne Anomalien durchgeführt werden kann. In diesem Fall stellt die Anomalie eine Verletzung des Prinzips der Erhaltung der Energie dar, da wir nicht annehmen können, daß das Teilchen beim Überfliegen des Hindernisses eine negative kinetische Energie besitze. In Anbetracht der Tatsache, daß die kinetische Energie durch das Quadrat der Geschwindigkeit bestimmt ist, würde eine solche Annahme zu einer imaginären Geschwindigkeit des Teilchens führen, eine Konsequenz, die mit der raum-zeitlichen Natur des Teilchens unvereinbar ist.

Wenn wir jedoch die einschränkende Interpretation mit Hilfe einer dreiwertigen Logik benutzen, kann diese kausale Anomalie nicht formuliert werden. Das Prinzip, nach welchem die Summe von kinetischer und potentialer Energie konstant bleibt, verknüpft gleichzeitige Werte von Ort und Impuls. Wenn eine der beiden Energiearten gemessen wird, dann muß eine Aussage über die andere Energieart unbestimmt sein, und darum wird auch eine Aussage über die Summe der beiden Werte unbestimmt sein. Daraus folgt, daß das Prinzip von der Erhaltung der Energie durch die einschränkende Interpretation aus dem Gebiet der wahren Aussagen ausgeschaltet wird, ohne daß es zu einer falschen Aussage wird; es ist eine unbestimmte Aussage.

Das Paradoxon erscheint uns deshalb seltsam, weil es so aussieht, als ob wir keine Geschwindigkeitsmessung zu machen brauchten, um zu wissen, daß das Teilchen beim Überfliegen des Hindernisses das Prinzip der Energie verletzt. Wenn wir nur wissen, daß die Geschwindigkeit an diesem Punkt eine reelle Zahl ist, unter Einschluß der Null, folgt, daß das Prinzip der Energie verletzt ist. Der Fehler in diesem Schluß besteht in der von der einschränkenden Interpretation verworfenen Annahme, daß eine ungemessene Geschwindigkeit wenigstens eine bestimmte reelle Zahl als ihren Wert haben müsse. Wir wissen zwar, daß die Geschwindigkeit keine imaginäre Zahl sein kann; daraus können wir aber nur schließen, daß die Aussage «die Geschwindigkeit hat eine reelle Zahl als ihren Wert» nicht falsch ist. Die Aussage ist jedoch unbestimmt, wenn die Geschwindigkeit nicht gemessen wird. Das ist klar, wenn wir die Aussage als durch die geschlossene und ausschließende Disjunktion «der Wert der Geschwindigkeit ist v_1 oder v_2 oder...[1])» gegeben auffassen, die aus den im vorigen Beispiel genannten Gründen unbestimmt ist.

Diese Überlegungen machen es deutlich, daß eine dreiwertige Logik die adäquate Form eines quantenmechanischen Systems ist, in dem keine kausalen Anomalien abgeleitet werden können.

---

[1]) Es würde richtiger sein, hier von einer Existentialaussage statt von einer Disjunktion mit einer unendlichen Anzahl von Gliedern zu sprechen. Es ist jedoch klar, daß unsere Überlegungen ebensogut für Existentialaussagen durchgeführt werden können.

§ 34. Unbestimmtheiten in der Beobachtungssprache

Wir sagten oben, daß die Beobachtungssprache der Quantenmechanik zweiwertig sei. Obwohl das im allgemeinen stimmt, müssen wir unsere Bemerkungen noch in gewisser Weise korrigieren, wie z.B. wenn es sich um die Frage der Prüfung von Voraussagen handelt, die auf Wahrscheinlichkeiten gegründet sind (vgl. § 30). Für solche Fragen führt die Komplementaritätsbeziehung sogar eine Unbestimmtheit in die Beobachtungssprache ein.

Betrachten wir die beiden Aussagen der Beobachtungssprache: «Wenn eine Messung m_q gemacht wird, dann zeigt das Instrument den Wert q_1», und «wenn eine Messung m_p gemacht wird, dann zeigt das Instrument den Wert p_1». Wir wissen, daß es unmöglich ist, diese beiden Aussagen für gleichzeitige Werte zu verifizieren. Dieser Fall unterscheidet sich von dem Beispiel in § 30, wo es sich um das Würfeln von Peter und Hans handelt; wir haben ausgeführt, daß in diesem letzten Fall eine Aussage über einen Wurf von Peter im Prinzip mit Hilfe anderer physikalischer Beobachtungsmittel verifiziert werden kann, selbst wenn Peter gar nicht würfelt. Für die Kombination der beiden Beobachtungsaussagen über die Messungen ist aber eine Verifizierung nicht einmal prinzipiell möglich. Darum müssen wir zugeben, daß wir in der Beobachtungssprache Komplementaritätsaussagen haben.

Die Komplementaritätsaussagen der Beobachtungssprache sind nun aber *nicht* durch die beiden Aussagen gegeben: «Das Instrument wird den Wert p_1 zeigen» und «das Instrument wird den Wert q_1 zeigen». Diese Aussagen sind beide verifizierbar, da das Instrument den betreffenden Wert entweder zeigen oder nicht zeigen wird, selbst wenn die Messung nicht ausgeführt worden ist. Es sind vielmehr die Implikationen m_q *impliziert* q_1 und m_p *impliziert* p_1, die komplementär sind. Wir haben hier also in der Beobachtungssprache eine Implikation, die dreiwertig ist und den Wahrheitswert «unbestimmt» haben kann.

Was ist das Wesen dieser Implikation? Sie ist sicherlich nicht die materielle Implikation der zweiwertigen Werttafel (Tabelle 3b, S. 163), da diese Implikation wahr ist, wenn das Implikans falsch ist. So wird z.B. die Aussage

$$m_p \supset p_1 \tag{1}$$

wenn man sie als eine materielle Implikation auffaßt, wahr sein, wenn eine Messung m_q gemacht wird, da dann die Aussage m_p falsch ist. Diese Schwierigkeit kann nicht durch den Versuch beseitigt werden, die Implikation (1) als eine *tautologische Implikation* oder als eine *nomologische Implikation* zu deuten, d.h. als die Implikation physikalischer Gesetze[1]. Obgleich sich eine solche Interpretation für andere Fälle, in denen die materielle Implikation unvernünftig erscheint, als befriedigend erwiesen hat, kann man sie mit Bezug auf (1) doch nicht gebrauchen, da die Implikation dieser Formel keine Notwendigkeit in sich schließt.

---

[1] Eine vollständige Definition der nomologischen Implikation findet sich in dem Buch des Verfassers *Elements of Symbolic Logic*, MacMillan & Co., New York 1947, Kap. VIII.

Wenn wir nun versuchen, die Implikation (1) durch die Standard- oder die alternative Implikation der dreiwertigen Logik zu interpretieren, zeigen sich dieselben Schwierigkeiten wie im Falle der zweiwertigen materiellen Implikation. Da sowohl m_p und p_1 zweiwertige Aussagen sind, können wir in der dreiwertigen Werttafel (Tab. 4b, S. 165) nur diejenigen Reihen benutzen, die den Wert U nicht in den beiden ersten Spalten enthalten; aber für diese Reihen fällt sowohl die erste als auch die zweite Implikation mit der materiellen Implikation der zweiwertigen Werttabelle (Tab. 3b) zusammen. So bleibt nur die Quasiimplikation übrig, und wir müssen statt (1) die Beziehung schreiben

$$m_p \mathbin{\rightarrow\hspace{-0.6em}\cdot\hspace{0.2em}} p_1 \tag{2}$$

Diese Implikation hat die gewünschten Eigenschaften, denn wenn wir alle Reihen, die ein U in den ersten beiden Spalten der Tabelle enthalten, ausstreichen, bekommen wir die Implikation, die in Tab. 5 steht. Daher entspricht (2) dem, was wir sagen wollen, da wir die Aussage m_p *impliziert* p_1 nur dann als verifiziert oder falsifiziert ansehen, wenn m_p wahr ist, während wir sie als unbestimmt ansehen, wenn m_p falsch ist.

Dies zeigt, daß die Beobachtungssprache der Quantenmechanik nicht durchweg zweiwertig ist. Obgleich die elementaren Aussagen zweiwertig sind, enthält diese Sprache dreiwertige Kombinationen solcher Aussagen, nämlich Kombinationen, die durch die Quasiimplikation hergestellt werden. Die Werttafel 3b der

Tabelle 5

a	b	Quasi- implikation $a \mathbin{\rightarrow\hspace{-0.6em}\cdot\hspace{0.2em}} b$
W	W	W
W	F	F
F	W	U
F	F	U

zweiwertigen Logik (S. 163) muß daher durch die dreiwertige Werttabelle (Tab. 5) der Quasiimplikation ergänzt werden[1]).

---

[1]) Die Quasiimplikation dieser letzteren Tabelle ist identisch mit einer Operation, die vom Verfasser unter Gebrauch desselben Symbols im Rahmen der Wahrscheinlichkeitslogik eingeführt worden ist (vgl. *Wahrscheinlichkeitslehre* (Leiden 1935), S. 381, Tafel IIc). Sie kann als der Grenzfall einer Wahrscheinlichkeitsimplikation angesehen werden, die sich ergibt, wenn nur die Wahrscheinlichkeiten 1 und 0 angenommen werden können. Sie kann aber auch als die individuelle Operation, die der allgemeinen Operation der Wahrscheinlichkeitsimplikation zugeordnet ist, angesehen werden; die Wahrscheinlichkeit ist dann dadurch bestimmt, daß man nur die W- und F-Fälle der Quasiimplikation zählt und die U-Fälle ausläßt. In diesem Sinne ist die Quasiimplikation unter dem Namen der Kommaoperation oder Auswahloperation in meinem Artikel *Über die semantische und die Objektauffassung von Wahrscheinlichkeitsausdrücken*, J. of Unified Science, Erkenntnis, VIII (1939), S. 61/62, behandelt worden.

Wir sehen, daß die dreiwertige logische Struktur der Quantenmechanik in einem gewissen Ausmaß sogar in die Beobachtungssprache eindringt. Obgleich die Beobachtungssprache der Quantenmechanik statistisch vollständig ist, ist sie hinsichtlich strenger Bestimmungen unvollständig. Sie enthält eine dreiwertige Implikation. Gäbe es im Mikrokosmos keine Unbestimmtheitsbeziehung, so könnte diese dreiwertige Implikation beseitigt werden; die Implikation in «m_q impliziert q_1» ist dann als eine nomologische Implikation deutbar, die im Prinzip verifiziert oder falsifiziert werden kann. In Beobachtungsbeziehungen der betrachteten Art dringt jedoch die Ungewißheit des Mikrokosmos in den Makrokosmos ein. Dasselbe gilt für alle anderen Anordnungen, in welchen ein atomares Geschehnis makrokosmische Prozesse auslöst. Solche Anordnungen brauchen keine Messungen zu sein; sie können ebensogut darin bestehen, daß eine Lampe angezündet oder eine Bombe abgeworfen wird. Die Tatsache, daß in mikrokosmischen Dimensionen keine strengen Voraussagen gemacht werden können, führt daher zu einer Revision der logischen Struktur des Makrokosmos.

§ 35. Die Begrenzung der Meßbarkeit

Unsere Überlegungen bezüglich der erschöpfenden und einschränkenden Interpretationen führen zu einer Revision der Formulierung, die man gewöhnlich dem Unbestimmtheitsprinzip gibt. Wir haben dieses Prinzip als eine Begrenzung formuliert, die für die Messung gleichzeitiger Werte der Parameter gilt; dies entspricht der Form, in der dieses Prinzip von HEISENBERG formuliert worden ist. Wir müssen uns jetzt über die Frage unterhalten, ob dieses Prinzip in der gegebenen Formulierung einer erschöpfenden oder einschränkenden Interpretation angehöre.

Wenn wir von einem allgemeinen Zustand s ausgehen und die beiden zugehörigen Wahrscheinlichkeitsverteilungen $d(q)$ und $d(p)$ betrachten, dann beziehen sich diese Verteilungen auf die Messungsergebnisse, die sich in Systemen vom Typus s ergeben. Wenn wir also Definition 4, § 29, anwenden, d.h. wenn wir sagen, daß die gemessenen Werte nur nach der Messung gelten, dann bedeuten die sich ergebenden Zahlen keine Werte, die im Zustand s existieren, und die beiden Verteilungen beziehen sich daher nicht auf Zahlenwerte, die demselben Zustand angehören. Die Werte q und p, auf welche sich diese Verteilungen beziehen, gehören vielmehr zu zwei verschiedenen Zuständen m_q und m_p. Wir können darum nicht sagen, daß die umgekehrte Korrelation, die für die Verteilungen $d(q)$ und $d(p)$ gilt, eine Begrenzung gleichzeitiger Werte formuliere; statt dessen muß die Unbestimmtheitsbeziehung als eine Begrenzung formuliert werden, die für Messungswerte gilt, die sich auf zwei verschiedene Zustände beziehen. Daraus folgt, daß die gewöhnliche Interpretation des Heisenberg-Prinzips als einer Begrenzung für die Messung gleichzeitiger Werte nicht Definition 4, § 29, sondern Definition 1, § 25, voraussetzt, da nur der Gebrauch dieser Definition es uns ermöglicht, die Messungsresultate m_q und m_p

als vor der Meßoperation gültig und so als für den Zustand *s* gültig aufzufassen. Wenn darum HEISENBERGS Ungleichung (2, § 3) als ein Querschnittsgesetz angesehen wird, das die Meßbarkeit gleichzeitiger Werte von Parametern beschränkt, dann gehört diese Auffassung der erschöpfenden Interpretation an, die in Definition 1, § 25, ausgedrückt ist.

Wir haben nun in § 25 gesehen, daß wir bei Annahme dieser letzteren Definition von einer genauen Feststellung gleichzeitiger Werte sprechen können, wenn wir einen Zustand zwischen zwei Messungen betrachten und die Einschränkung hinzufügen, daß der Zustand, zu dem die erhaltene Wertkombination gehört, in dem Augenblick nicht mehr existiert, wo die Werte bekannt sind. Für solche Werte gilt also HEISENBERGS Prinzip nicht. Darum muß das Unbestimmtheitsprinzip mit einer Einschränkung formuliert werden: das Prinzip besagt eine Begrenzung für die Meßbarkeit gleichzeitiger Werte, *die zu der Zeit existieren, zu der wir Kenntnis von ihnen haben.* Es gibt keine Begrenzung für die Messung *vergangener* Werte; nur *gegenwärtige* Werte können nicht genau gemessen werden, sondern sind an HEISENBERGS Ungleichung (2, § 3) gebunden. Die so eingeschränkte Begrenzung genügt natürlich, um die Voraussagbarkeit zukünftiger Zustände zu begrenzen, denn die Kenntnis vergangener Werte kann nicht für Voraussagen benutzt werden.

Diese Überlegungen zeigen, daß die Auffassung des Heisenbergschen Prinzips als einer Begrenzung der Meßbarkeit in eine erschöpfende Interpretation eingegliedert werden muß. Innerhalb einer einschränkenden Interpretation können wir nicht von einer Genauigkeitsbegrenzung sprechen, da sich dann die mittleren Abweichungen Δq und Δp, die in der Ungleichung (2, § 3) auftreten, nicht auf denselben Zustand beziehen. Innerhalb einer solchen Interpretation müssen wir sagen: wenn wir einen Zustand betrachten, für den q bis auf einen kleineren oder größeren Grad der Genauigkeit Δq bekannt ist, dann ist p für diesen Zustand vollständig unbekannt. Man kann noch nicht einmal sagen, daß p wenigstens innerhalb des Intervalls Δp liege, das Δq durch die Heisenbergsche Ungleichung zugeordnet ist. Eine entsprechende Aussage gilt für den umgekehrten Fall. Unter *vollständig unbekannt* verstehen wir hier entweder die Kategorie *unbestimmt* unserer dreiwertigen Interpretation oder die Kategorie *sinnlos* der Bohr-Heisenberg-Interpretation. Wir sehen, daß für eine einschränkende Interpretation HEISENBERGS Prinzip in seiner gewöhnlichen Bedeutung aufgegeben werden muß.

§ 36. Verschränkte Systeme

A. EINSTEIN, B. PODOLSKY und N. ROSEN[1]) haben in einem interessanten Artikel zu zeigen versucht, daß komplementäre Größen, wenn man scheinbar plausible Annahmen über den Sinn des Ausdrucks «physikalische Wirklichkeit» macht, zur gleichen Zeit wirklich existieren müssen, obgleich ihre Werte nicht zugleich bekannt sein können. Dieser Aufsatz hat zu einer anregenden Diskus-

---

[1]) A. EINSTEIN, B. PODOLSKY und N. ROSEN, *Can Quantum Mechanical Description of Physical Reality be Considered Complete?* Phys. Rev. **47**, 777 (1935).

sion über die philosophische Deutung der Quantenmechanik geführt. Nils Bohr[1]) hat seine Ansichten über den Gegenstand auf Grund seines Komplementaritätsprinzips entwickelt, in der Absicht, zu zeigen, daß die Schlußfolgerungen des Artikels nicht haltbar sind. E. Schrödinger[2]) hat sich veranlaßt gesehen, seine eigenen, recht skeptischen Ansichten über die Deutung des Formalismus der Quantenmechanik darzustellen. Noch weitere Verfasser haben zu der Diskussion beigetragen.

In diesem Abschnitt wollen wir zeigen, daß man die Argumente dieser Kontroverse sehr wohl ohne metaphysische Voraussetzungen formulieren kann, wenn wir die in unserer Darstellung entwickelten Begriffe benutzen; es ist dann ganz leicht, auf die aufgeworfenen Fragen eine Antwort zu geben.

Einstein, Podolsky und Rosen haben in ihrem Aufsatz eine besondere Art von physikalischen Systemen konstruiert, die *verschränkte Systeme* genannt werden. Sie sind durch Systeme gegeben, die für eine gewisse Zeit in physikalischer Wechselwirkung gestanden haben, aber später getrennt worden sind. Sie bleiben dann derart verschränkt, daß die Messung einer Größe u in *einem* System den Wert einer Größe v im anderen System bestimmt, obgleich dies letztere System physikalisch nicht durch den Akt der Messung beeinflußt wird. Die Verfasser glauben, daß diese Tatsache eine unabhängige Wirklichkeit der betrachteten Größe u beweise. Dieses Resultat erscheint noch plausibler durch einen in dem Artikel gegebenen Beweis, der besagt, daß in denselben Systemen eine ebensolche Verschränkung für andere Größen als u besteht, einschließlich unvertauschbarer Größen.

Wenn wir diese Aussagen in unsere Terminologie übersetzen, können wir die These des Artikels so deuten, daß man mit Hilfe von verschränkten Systemen einen Beweis für die Notwendigkeit von Definition 1, § 25, in dem Sinne geben kann, daß der gemessene Wert vor und nach der Messung gilt. Wenn wir es ablehnen, den gemessenen Wert als vor der Messung gültig anzusehen, wie das die Bohr-Heisenberg-Interpretation mit Definition 4, § 29, tut, kommen wir zu kausalen Anomalien, da dann eine Messung in *einem* System den Wert einer Größe in einem anderen System hervorbringen würde, das physikalisch mit der Messungsoperation gar nichts zu tun hat. Dies ist die Behauptung, die der Aufsatz beweisen soll.

Ehe wir dieses Argument näher untersuchen, wollen wir die mathematische Form betrachten, in der es dargestellt ist. Wir nehmen zwei Teilchen an, die für einige Zeit in Wechselwirkung treten; ihre ψ-Funktion ist dann eine Funktion $\psi(q_1 \ldots q_6)$ von sechs Koordinaten, die aus drei Ortskoordinaten jedes der beiden Teilchen bestehen. Wenn die Teilchen sich nach der Wechselwirkung trennen, ist die ψ-Funktion durch ein Produkt von ψ-Funktionen der individuellen Teilchen gegeben (vgl. 12, § 27). Entwickeln wir die individuellen ψ-Funktionen in Eigenfunktionen φ_i derselben Größe u, so haben wir

---

[1]) N. Bohr, *Can Quantum Mechanical Description of Physical Reality be Considered Complete?* Phys. Rev. *48*, 696 (1935).
[2]) E. Schrödinger, *Die gegenwärtige Situation in der Quantenmechanik*, Naturwissenschaften *23*, 807, 823, 844 (1935).

$$\psi(q_1 \cdots q_6) = \sum_i \sum_k \sigma_{ik} \, \varphi_i(q_1, q_2, q_3) \, \varphi_k(q_4, q_5, q_6) \tag{1}$$

Hier bestimmen die σ_{ik} die Wahrscheinlichkeit $d(u_i, u_k)$, daß der Wert u_i im ersten System *und* der Wert u_k im zweiten System gemessen wird

$$d(u_i, u_k) = |\sigma_{ik}|^2 \tag{2}$$

Wir haben natürlich

$$\sum_i \sum_k |\sigma_{ik}|^2 = 1 \tag{3}$$

Wir wollen nun annehmen, eine Messung von u sei im ersten System gemacht worden und habe den Wert u_1 ergeben. Der Index 1 soll hier nicht den ersten oder «niedrigsten» Eigenwert bezeichnen, sondern den Wert, der sich aus der Messung ergibt. Wir haben dann eine neue ψ-Funktion derart, daß

$$\sum_k |\sigma_{ik}|^2 = \begin{cases} 1 \ \text{für} \ i = 1 \\[2mm] 0 \ \text{für} \ i \neq 1 \end{cases} \tag{4}$$

Da das zweite System nichts mit der Messung zu tun hat, bleibt sein Anteil in (1) unverändert; daher ergibt sich die neue ψ-Funktion aus (1) einfach, indem man alle Ausdrücke, die ein σ_{ik} mit $i \neq 1$ besitzen, ausstreicht. Die neue ψ-Funktion hat daher die Form

$$\psi(q_1 \cdots q_6) = \sum_k \sigma_{1k} \, \varphi_1(q_1, q_2, q_3) \, \varphi_k(q_4, q_5, q_6)$$
$$= \varphi_1(q_1, q_2, q_3) \sum_k \sigma_{1k} \, \varphi_k(q_4, q_5, q_6) \tag{5}$$

mit

$$\sum_k |\sigma_{1k}|^2 = \sum_k d(u_1, u_k) = d(u_1) = 1 \tag{6}$$

Setzen wir

$$\tau_{12} \chi_2(q_4, q_5, q_6) = \sum_k \sigma_{1k} \, \varphi_k(q_4, q_5, q_6) \tag{7}$$

dann nimmt (5) die Form an

$$\psi(q_1 \cdots q_6) = \tau_{12} \, \varphi_1(q_1, q_2, q_3) \, \chi_2(q_4, q_5, q_6) \tag{8}$$

Diese Einführung einer neuen ψ-Funktion wird manchmal die *Reduktion des Wellenpakets* genannt. Die physikalischen Bedingungen der Systeme und der Messung von u im ersten System können nun so gewählt werden, daß $\chi_2(q_4, q_5, q_6)$ eine Eigenfunktion einer Größe v darstellt. Dann repräsentiert (8) einen Zustand, der sowohl in u als in v bestimmt ist. Das heißt, daß der durch (8) ausgedrückte Zustand einem Zustand entspricht, der sich aus Messungen von u und v ergeben würde, obgleich nur eine Messung von u gemacht worden ist. Wir wissen daher, wenn wir v im zweiten System messen würden, würden wir den Wert v_2 erhalten.

Wir können diese Überlegung vereinfachen, indem wir die Größe v identisch mit der Größe u wählen. Man kann beweisen, daß dies physikalisch möglich ist. Das bedeutet, daß es möglich ist, physikalische Bedingungen zu konstruieren, derart, daß sich nach einer Messung von u im ersten System eine ψ-Funktion ergibt, für die alle Koeffizienten σ_{ik} von (1) außer dem Wert σ_{12} verschwinden. Wir haben dann

$$\psi(q_1 \cdots q_6) = \sigma_{12}\, \varphi_1(q_1, q_2, q_3)\, \varphi_2(q_4, q_5, q_6) \qquad |\sigma_{12}|^2 = 1 \tag{9}$$

Hier hat die Messung von u im ersten System mit dem Resultat u_1 das zweite System definit in u für den Wert u_2 gemacht; d.h. wenn wir u im zweiten System messen würden, würden wir den Wert u_2 erhalten.

Es wird nun deutlich sein, wie der Schluß von EINSTEIN, PODOLSKY und ROSEN zustande kommt. Wir müssen annehmen, daß der Wert u_2 im zweiten System existiert, *bevor* eine Messung von u in diesem System gemacht worden ist, sonst ergibt sich die Konsequenz, daß eine Messung von u im ersten System nicht nur den Wert u_1 im ersten System, sondern auch den Wert u_2 im zweiten System *hervorbringt*. Dies würde eine kausale Anomalie, nämlich eine Fernwirkung, darstellen, da die Messung im ersten System das zweite System nicht physikalisch beeinflußt.

Mit Hilfe dieses Schlusses ist die Hauptthese des Artikels abgeleitet. Es wird dann weiter gezeigt, daß man ähnliche Ergebnisse für eine Größe w erhalten kann, die zu u komplementär ist. ω mögen die Eigenfunktionen von w sein; dann ist es möglich, statt einer Messung von u eine Messung von w im ersten System zu machen, welche zu einer Eigenfunktion

$$\psi(q_1 \cdots q_6) = \varrho_{12}\, \omega_1(q_1, q_2, q_3)\, \omega_2(q_4, q_5, q_6) \tag{10}$$

führt. Wir können uns darum aussuchen, ob wir im ersten System u messen und auf diese Weise das zweite System in u definit machen wollen oder ob wir im ersten System w messen und das zweite System in w definit machen wollen. Dies wird als ein weiterer Beweis für die Annahme angesehen, daß der Wert einer Größe vor der Messung existieren muß.

In seiner Antwort auf den Einstein-Podolsky-Rosen-Aufsatz äußert NILS BOHR die Ansicht, daß eine solche Annahme unzulässig sei. Er gibt in seiner Abhandlung eine physikalische Interpretation des Formalismus, wie er für verschränkte Systeme entwickelt worden ist, d.h. der obigen Formeln (1) bis (10). Wir wollen uns diese Beispiele ansehen, bevor wir uns einer logischen Untersuchung des Problems zuwenden.

BOHR nimmt an, daß die in Frage kommenden Systeme aus zwei Teilchen bestehen, von denen jedes durch einen Schlitz in der gleichen Blende hindurchgeht. Wenn wir Messungen der Blende mit einschließen, so führt er aus, ist es möglich, Impuls und Ort des zweiten Teilchens durch Messungen des ersten Teilchens festzustellen, *nachdem* die Teilchen durch die Schlitze hindurchgegangen sind. Für die Bestimmung des Impulses des zweiten Teilchens hätten wir zu messen:

1. den Impuls jedes Teilchens, *bevor* sie auf die Blende auftreffen;
2. den Impuls der Blende, *bevor* die Teilchen auftreffen;

3. den Impuls der Blende, *nachdem* die Teilchen hindurchgegangen sind;
4. den Impuls des ersten Teilchens, *nachdem* das Teilchen durch die Blende hindurchgegangen ist.

Der Impuls des zweiten Teilchens wird dann bestimmt, indem man die Änderung des Impulses des ersten Teilchens von der Änderung des Impulses der Blende abzieht und dieses Resultat mit dem Anfangsimpuls des zweiten Teilchens addiert.

Um den Ort des zweiten Teilchens zu bestimmen, würden wir messen:

1. die Entfernung zwischen den Schlitzen in der Blende;
2. den Ort des ersten Teilchens, unmittelbar nachdem es durch den Schlitz hindurchgegangen ist.

Aus dem zweiten Ergebnis würden wir hier den Ort der Blende erschließen, der bestimmt ist, weil der Ort des Teilchens uns die Lage des Schlitzes mitteilt, durch den es hindurchgegangen ist (wir nehmen hier an, daß wir den Ort der Blendenebene kennen und rechnen nur mit einer Verschiebung der Blende in ihrer Ebene, die durch den Stoß der Teilchen verursacht wird). Da die Entfernung zwischen den Schlitzen bekannt ist, ist der Ort des zweiten Schlitzes und damit der Ort des zweiten Teilchens beim Hindurchgehen oder gleich danach bestimmt.

Was in dieser Überlegung auffällt, ist, daß NILS BOHR gerade die Definition benutzt, die EINSTEIN, PODOLSKY und ROSEN als notwendig beweisen wollen, nämlich unsere Definition 1, § 25. Diese Definition wird zwar nicht für die Messungen 1 und 2 unserer ersten Liste, aber für 3 und 4 und ebenso für die Messung 2 unserer zweiten Liste vorausgesetzt. Sonst könnte man z.B. den Unterschied zwischen den Messungen 2 und 3 des Impulses der Blende nicht als gleich dem Betrage des Impulses deuten, den die Blende durch die Stöße der beiden Teilchen empfangen hat. Würde die Messung 3 den Impuls der Blende ändern, dann könnte man diesen Schluß nicht ziehen. BOHR erwähnt allerdings nicht, daß er eine Definition benutzt, die den gemessenen Wert als gültig vor der Messung ansieht[1]). Glücklicherweise wird BOHRS Schlußweise durch den Gebrauch dieser Definition nicht widerspruchsvoll, wie wir sehen können, wenn wir seine Antwort im Rahmen unserer Auffassung deuten.

Wenn wir von unserer Auffassung ausgehen, müssen wir die Kritik von EINSTEIN, PODOLSKY und ROSEN anders als BOHR beantworten. Wir behaupten nicht, daß der Gebrauch von Definition 1, § 25, *unerlaubt* sei, sondern sagen statt dessen, daß diese Definition *nicht notwendig* sei. Man darf sie benutzen; dabei wird die Korpuskelinterpretation eingeführt, und im Falle von verschränkten Systemen, wie wir sie besprochen haben, hat gerade diese Interpretation keine

---

[1]) Wenn diese Definition einmal gewählt ist, können die verschränkten Systeme sogar für eine Messung gleichzeitiger Werte unvertauschbarer Größen benutzt werden. Wir messen dann u im ersten System und w im zweiten; dann stellen die sich ergebenden Werte u_i und w_k gleichzeitige Werte im zweiten System dar. Aber die Möglichkeit, solche gleichzeitigen Werte zu messen, ist schon in § 25 als eine Folge von Definition 1, § 25, aufgezeigt worden. Wenn nur Definition 4, § 29, benutzt würde, so ergäben die beiden Messungen an verschränkten Systemen keine gleichzeitigen Werte.

kausalen Anomalien. Sogar BOHR benutzt diese erschöpfende Interpretation, da sie seine Schlüsse plausibel macht; er folgt hier der bewährten Gewohnheit des Physikers, auf die Interpretation umzuschalten, die frei von kausalen Anomalien ist. Was in einer solchen Interpretation abgeleitet werden kann, muß für alle Interpretationen gelten; das ist das Prinzip, das BOHRS Schlüssen zugrunde liegt.

Es wäre nun aber falsch, zu glauben, diese Definition *müsse* gewählt werden, weil Definition 1, § 25, hier eine Interpretation ergibt, die frei von Anomalien ist. Wir würden uns freuen, wenn wir diese Auffassung des Problems, die sich aus unseren Untersuchungen ergibt, mit BOHRS Meinung identifizieren könnten. Aber seine Ansicht erscheint uns nicht so klar formuliert, daß sie eine unzweideutige Interpretation zuläßt; insbesondere würden wir vorziehen, BOHRS Ideen über die Willkürlichkeit der Trennung in Subjekt und Objekt beiseite zu lassen, da sie unseres Erachtens nichts mit den logischen Problemen der Quantenmechanik zu tun haben. Wir setzen daher die Analyse in unserer eigenen Terminologie fort und wollen die dreiwertige Logik benutzen, wie sie in § 22 entwickelt worden ist.

Durch die Existenz verschränkter Systeme wird bewiesen, daß es nicht zulässig ist, zu sagen, der Wert einer Größe vor der Messung sei verschieden von dem Wert, der sich bei der Messung ergibt. Eine solche Aussage würde zu kausalen Anomalien führen, da sie die Konsequenz mit sich brächte, daß eine Messung in *einem* System den Wert einer Größe in einem anderen System bestimmt, das in keiner physikalischen Wechselwirkung mit der Meßoperation steht. In dem Artikel von EINSTEIN, PODOLSKY und ROSEN wird nun der Schluß gezogen, die Größe habe vor der Messung den gleichen wie der bei der Messung gefundenen Wert. Dieser Schluß ist jedoch ungültig.

In einer zweiwertigen Logik würde er gelten, aber in einer dreiwertigen Logik kann er nicht gezogen werden. Wenn wir unter A die Aussage verstehen, «der Wert der Größe vor der Messung ist verschieden von dem Wert, der sich bei der Messung ergibt», dann beweist die Existenz beschränkter Systeme, daß die Aussage $\bar{A}$ gültig sein muß, wenn kausale Anomalien vermieden werden sollen. Diese Aussage $\bar{A}$, die besagt, daß A nicht wahr ist, heißt jedoch nicht, daß A falsch sei; A kann auch unbestimmt sein. Die Aussage «der Wert der Größe vor der Messung ist gleich dem Wert, der sich bei der Messung ergibt», ist als $-A$ zu schreiben, d.h. mit Hilfe der diametralen Negation, da diese Aussage wahr ist, wenn A falsch ist. Wenn wir aus der Existenz verschränkter Systeme die Aussage $-A$ schließen könnten, wäre die einschränkende Interpretation tatsächlich widerspruchsvoll. Das ist aber nicht der Fall; alles, was man schließen kann, ist $\bar{A}$, und eine solche Aussage ist mit der einschränkenden Interpretation vereinbar, da sie die Möglichkeit offenläßt, daß A unbestimmt ist.

Der Artikel von EINSTEIN, PODOLSKY und ROSEN führt also zu einer wichtigen Klärung für das Wesen einschränkender Interpretationen. Man darf die einschränkende Definition 4, § 29, nicht so verstehen, daß der Wert der Größe vor der Messung vom Meßresultat *verschieden* sei; eine solche Aussage führte zu denselben Schwierigkeiten wie eine Aussage, daß dieser Wert dem Resultat der Messung *gleiche*. Jede Aussage, die den Wert der Größe vor der Messung bestimmt, führt zu kausalen Anomalien, obgleich diese an verschiedenen Stellen erscheinen werden, je nachdem, wie der Wert vor der Messung definiert wird. Die Anomalien, die erscheinen, wenn Gleichheit der Werte ausgesagt wird, sind im Interferenzexperiment in § 7 beschrieben[1]); die Anomalien, die sich ergeben, wenn eine Verschiedenheit der Werte ausgesagt wird, sind im Fall der verschränkten Systeme gegeben.

Diese Überlegungen sind ein anschauliches Beispiel für das Wesen der Interpretationen. Sie zeigen, wie sich eine erschöpfende Interpretation auswirkt und machen es klar, daß einschränkende Interpretationen dazu eingeführt sind, um kausale Anomalien zu vermeiden; sie beweisen andererseits, daß die einschränkende Interpretation widerspruchslos ist, wenn alle in ihr auftretenden Aussagen nach den Regeln einer dreiwertigen Logik behandelt werden.

Innerhalb des Rahmens der einschränkenden Interpretation ist es sogar möglich, die Verschränkungsbedingung auszudrücken, die zwischen zwei Systemen gilt, nachdem ihre Wechselwirkung beendet ist. Wenn wir den Funktor $Vl(\ )$ benutzen, den wir auf S. 173 eingeführt haben, und das System I oder II innerhalb der Klammern dieses Symbols angeben, können wir schreiben

$$(u) \left\{ [V\,l(e_1, I) = u] \equiv [V\,l(e_1, II) = f(u)] \right\} \tag{11}$$

wobei die Funktion f bekannt ist. Ebenso können wir für eine unvertauschbare Größe v schreiben

$$(v) \left\{ [V\,l(e_2, I) = v] \equiv [V\,l(e_2, II) = g(v)] \right\} \tag{12}$$

wobei die Funktion g bekannt ist. Beide Beziehungen gelten so lange, als in keinem der Systeme eine Messung gemacht wird. Nachdem eine Messung in einem von ihnen gemacht worden ist, bleibt nur die Beziehung weiter gültig, die die gemessene Größe betrifft. Wenn z.B. im System I gemessen worden ist, bleibt nur (11) gültig.

Es wäre falsch, aus (11) oder (12) zu schließen, daß ein bestimmter Wert von u oder v in einem der Systeme existiere, solange keine Messung gemacht worden ist. Das würde heißen, daß die Ausdrücke in den Klammern wahr oder falsch sein müssen; die Äquivalenz gilt aber auch, wenn diese Ausdrücke unbestimmt sind. In (11) und (12) haben wir daher ein Mittel, die Verschränkungen der Systeme auszudrücken, ohne damit zu sagen, daß bestimmte Werte der betreffenden Größe existieren[2]). Dies stellt einen Vorteil der Interpretation durch eine dreiwertige Logik gegenüber der Bohr-Heisenberg-Interpretation dar. Für die letztere Interpretation würde die Aussage (11) und (12) sinnlos sein. Erst

---

[1]) Dies ist folgendermaßen zu verstehen. Wenn wir einen Geiger-Zähler hinter jeden der Schlitze B_1 und B_2 stellen, werden wir das Teilchen stets entweder in dem einen oder dem anderen Zähler lokalisieren. (Diese Messung stört natürlich das Interferenzmuster auf dem Schirm.) Die Annahme, daß das Teilchen an der betreffenden Stelle gewesen sei, bevor es auf den Zähler aufgetroffen ist, führt zu der Schlußfolgerung, daß sich das Teilchen auch dort befunden hätte, wenn keine Messung gemacht worden wäre. Daraus folgt, daß wenn keine Beobachtung an den Schlitzen gemacht wird, das Teilchen entweder durch den einen oder durch den anderen Schlitz geht. Diese Annahme führt zu kausalen Anomalien, wie wir in § 7 gezeigt haben.

[2]) Vgl. Fußnote 2, S. 173.

die dreiwertige Logik gibt uns das Mittel in die Hand, die Verschränkung der Systeme als eine Bedingung zu formulieren, die schon gilt, bevor eine Messung gemacht worden ist, und so alle kausalen Anomalien zu beseitigen. Wir brauchen nicht zu sagen, daß die Messung von u in System I den Wert von u in dem entfernten System II hervorbringe. Die Voraussagbarkeit des Wertes u_2 in System II, nachdem u im System I gemessen worden ist, erscheint als eine Konsequenz von Bedingung (11), die ihrerseits eine Konsequenz der gemeinsamen Vorgeschichte der Systeme ist.

NACHTRAG

Professor W. PAULI, Zürich, hat mich im Zusammenhang eines Briefwechsels darauf aufmerksam gemacht, daß BOHRS Berechnung eines Beispiels für verschränkte Systeme so gefaßt werden kann, daß keine Widersprüche für seine Auffassung entstehen. Zu diesem Zwecke muß die Definition 5, § 29 (S. 155), ersetzt werden durch die folgende Kombination von Regeln:

5, 1. Wenn eine Größe u gemessen ist, dann bedeutet das Resultat der Messung den Wert von u unmittelbar nach der Messung, und eine entsprechende Aussage ist wahr-falsch.*

5, 2. Wenn eine Aussage über u wahr-falsch ist und dann v gemessen wird, dann ist eine Aussage über den durch eine Messung von u zu findenden Wert u dann und nur dann wahr-falsch, wenn u und v vertauschbar sind.*

5, 3. Wenn und nur wenn das Resultat der Messung irgendeiner mit u nicht vertauschbaren Größe v vor der Messung von u voraussagbar ist, ist eine Aussage über den Wert von u vor der Messung unbestimmt.*

Unter Benutzung dieser Regeln ist es möglich, BOHRS Schlüsse (S. 189) so darzustellen, daß Definition 1, § 25, nicht benutzt wird. Dies geschieht wie folgt.

Die Impulse der beiden Teilchen seien p_1 und p_2; der Impuls der Blende sei p_D, und der totale Impuls sei P. Die Zeit, zu der die Werte gelten, sei durch einen oberen Index ausgedrückt.

Die Zeit $t^{(0)}$ sei die Zeit nach der Messung der einzelnen Impulse p_1, p_2, p_D; wegen 5*, 1, gelten die Messungsresultate zu dieser Zeit, und wir haben

$$p_1^{(0)} + p_2^{(0)} + p_D^{(0)} = P^{(0)} \tag{13}$$

Die Zeit $t^{(1)}$ sei die Zeit nach dem Zusammenstoß mit der Blende, aber vor weiteren Messungen. Wir haben dann auch

$$p_1^{(1)} + p_2^{(1)} + p_D^{(1)} = P^{(1)} \tag{14}$$

Da der Wert einer Messung von P auch jetzt noch voraussagbar ist, hat $P^{(1)}$ nach 5*, 3, einen bestimmten Wert, und wir haben

$$P^{(1)} = P^{(0)} \tag{15}$$

Die Zeit $t^{(2)}$ sei die Zeit nach der Messung von p_D:

$$p_1^{(2)} + p_2^{(2)} + p_D^{(2)} = P^{(2)} \tag{16}$$

Da p_D mit P vertauschbar ist, führt 5*, 2, mit (15) auf die Beziehung

$$P^{(2)} = P^{(1)} = P^{(0)} \tag{17}$$

Jetzt ist der Wert von $p_1 + p_2$ voraussagbar, und wegen 5*, 3, kann nun die wahre Aussage gemacht werden

$$p_1^{(2)} + p_2^{(2)} = P^{(2)} - p_D^{(2)} = P^{(0)} - p_D^{(2)} \tag{18}$$

Die Zeit $t^{(3)}$ sei die Zeit nach der Messung von $q_1 - q_2$, so daß $q_1^{(3)} - q_2^{(3)}$ bekannt ist. Nun ist $q_1 - q_2$ mit $p_1 + p_2$ vertauschbar; wegen 5*, 3, ist deshalb $p_1^{(3)} + p_2^{(3)}$ bekannt:

$$p_1^{(3)} + p_2^{(3)} = p_1^{(2)} + p_2^{(2)} = P^{(0)} - p_D^{(2)} \tag{19}$$

Von hier aus kann man auf verschiedenen Wegen weitergehen; wir wählen den folgenden.

Die Zeit $t^{(4)}$ sei die Zeit nach der Messung von p_1, so daß $p_1^{(4)}$ nach 5*, 1, bekannt ist. Da $p_1 + p_2$ mit p_1 vertauschbar ist, führt 5*, 2, mit (19) auf die Beziehung

$$p_1^{(4)} + p_2^{(4)} = p_1^{(3)} + p_2^{(3)} = P^{(0)} - p_D^{(2)} \tag{20}$$

In dieser Situation ist nun der Wert von p_2 voraussagbar, und darum erlaubt uns 5*, 3, die Beziehung aufzustellen:

$$p_2^{(4)} = [P^{(0)} - p_D^{(2)}] - p_1^{(4)} \tag{21}$$

Eine Messung von p_2 würde dieses Resultat bestätigen. Dagegen ist die Größe $q_2^{(4)}$ unbestimmt, d. h. eine Aussage über diese Größe ist nicht wahr-falsch. Diese Größe könnte nur dann vorausgesagt werden, wenn die Größe $q_1 - q_2$ zur Zeit $t^{(4)}$ noch bestimmt wäre. Aber die Messung von p_1 hat die Größe $q_1 - q_2$ nach 5*, 2, unbestimmt gemacht, da $q_1 - q_2$ mit p_1 nicht vertauschbar ist. Das letztere Resultat widerspricht nicht der Tatsache, daß $q_1 - q_2$ mit $p_1 + p_2$ und $p_1 + p_2$ mit p_1 vertauschbar ist, denn die Vertauschbarkeitsbeziehung ist nicht transitiv (sie ist allerdings auch nicht intransitiv).

Wenn man nun nach der Zeit $t^{(4)}$ eine Messung von q_2 macht, so wird man zu dieser Zeit $t^{(5)}$ den Wert $q_2^{(5)}$ kennen; aber dann ist der Wert $p_2^{(5)}$ unbestimmt. Umgekehrt kann $q_2^{(5)}$ nicht mit $q_2^{(4)}$ identifiziert werden, da $q_2^{(5)}$ zur Zeit $t^{(4)}$ nicht voraussagbar ist und 5*, 3, deshalb diese Identifikation ausschließt. Gleichzeitige Werte komplementärer Größen sind also nicht meßbar.

Diese Aufklärung der Bohrschen Schlußweise, die ich Professor PAULI verdanke, ist aus Gründen der logischen Sauberkeit sehr zu begrüßen. Die oben gegebene Ableitung, welche Definition 1, § 25, benutzt, ist aber nicht etwa unzulässig. Denn wenn ein Resultat für beobachtbare Größen auf dem Wege über eine erschöpfende Interpretation abgeleitet werden kann, muß es auch in einer einschränkenden Interpretation gültig sein.

Reichenbach 13

§ 37. Schlußbetrachtungen

Wenn wir die allgemeinen Überlegungen in Teil I mit den mathematischen und logischen Untersuchungen in Teil II und III zusammenfassen, können wir die Ergebnisse unserer Untersuchung folgendermaßen darstellen. Die Unbestimmtheitsbeziehung ist ein grundlegendes physikalisches Gesetz; sie gilt für alle möglichen physikalischen Zustände und enthält daher eine Störung des Objekts durch die Messung. Da die Unbestimmtheitsbeziehung es unmöglich macht, Aussagen über gleichzeitige Werte komplementärer Größen zu verifizieren, können solche Aussagen nur mit Hilfe von Definitionen eingeführt werden. Die physikalische Welt zerfällt daher in die Welt der Phänomene, die wir auf ziemlich einfache Weise aus Beobachtungen schließen können und die darum beobachtbar im weiteren Sinne genannt werden können, und in die Welt der Interphänomene, die nur im Sinne einer auf Definitionen gegründeten Interpolation eingeführt werden kann. Es stellt sich heraus, daß eine solche Ergänzung der Welt der Phänomene nicht frei von Anomalien aufgebaut werden kann. Dieses Ergebnis ist keine Konsequenz des Unbestimmtheitsprinzips, sondern muß als ein zweites grundlegendes Gesetz der physikalischen Welt angesehen werden; wir nennen es das Prinzip der Anomalie. Beide Prinzipien können aus den grundlegenden Prinzipien der Quantenmechanik abgeleitet werden.

Statt von der Struktur der physikalischen Welt zu sprechen, können wir die Struktur der Sprachen betrachten, in welchen diese Welt beschrieben werden kann; eine solche Analyse drückt die Struktur der Welt zwar indirekt, aber genauer aus. Wir unterscheiden dann zwischen der Beobachtungssprache und der quantenmechanischen Sprache. Die erste zeigt praktisch keine Anomalien mit Ausnahme unverifizierbarer Implikationen, die an gewissen Stellen auftreten. Die quantenmechanische Sprache kann in verschiedenen Versionen formuliert werden: in der Korpuskelsprache, der Wellensprache und einer neutralen Sprache. In allen dreien handelt es sich um Phänomene und Interphänomene, aber jede weist einen charakteristischen Mangel auf. Sowohl die Korpuskelsprache als auch die Wellensprache sind insofern unzulänglich, als sie Aussagen über kausale Anomalien enthalten, die an Stellen auftreten, welche einander nicht entsprechen, und darum für jedes physikalische Problem dadurch wegtransformiert werden können, daß man die passende der beiden Sprachen wählt. Die neutrale Sprache ist weder eine Korpuskelsprache noch eine Wellensprache und enthält also keine Aussagen, die kausale Anomalien ausdrücken. Die Unzulänglichkeit kommt jedoch hier wieder dadurch zum Vorschein, daß die neutrale Sprache dreiwertig ist; Aussagen über Interphänomene erhalten den Wahrheitswert *unbestimmt*.

Diese Unzulänglichkeiten rühren nicht von einer ungeeigneten Wahl dieser Sprachen her; diese drei Sprachen stellen im Gegenteil Optima bezüglich der Klasse aller möglichen Sprachen der Quantenmechanik dar. Man muß diese Mängel vielmehr als den sprachlichen Ausdruck der Struktur der atomaren Welt ansehen, die sich als prinzipiell verschieden von der Makrowelt und zu gleicher Zeit von der atomaren Welt der klassischen Physik herausgestellt hat.

Anmerkungen zum Text von Andreas Kamlah

Die laufenden Ziffern stehen als Marginalzahlen auf den angegebenen Seiten.

1   Seite 46, der Anfang des letzten Absatzes, besagt etwa folgendes:
„Obgleich wir keine erschöpfende Beschreibung haben, die frei von Anomalien ist und gleichzeitig für *alle* Interphänomene gilt, können wir doch für *jedes* Interphänomen je eine solche Beschreibung formulieren ...“

2   Seite 47, das Ende des 1. Absatzes, besagt etwa folgendes:
„Es wäre falsch zu sagen, daß *alle* Interphänomene *zugleich* den Gesetzen folgen, die für die Phänomene gelten; aber es ist richtig, daß *jedes* Interphänomen *für sich* genommen diesen Gesetzen folgt. *Wir haben nicht ein einziges Normalsystem für alle Interphänomene zusammen, wohl aber für jedes Interphänomen ein ihm entsprechendes Normalsystem.*“

3   Seite 47, der zweitletzte Satz des 2. Absatzes besagt etwa:
„Dann können wir sagen, daß wir für *jedes* sich auf der Kugel erstreckende Gebiet ein passendes Normalsystem einführen können, aber wir können nicht *ein gemeinsames* Normalsystem für alle Gebiete, d. h. für die ganze Kugel einführen.“

4   Seite 50, der Anfang des 1. Absatzes besagt etwa:
„Unsere Beispiele zeigen, daß es sogar vorteilhafter ist, nicht nur von dem jedem Interphänomen jeweils entsprechenden Normalsystem, sondern von dem *jeder Frage* an ein Interphänomen angemessenen Normalsystem zu sprechen.“

5   Seite 51, das Ende des 1. Absatzes besagt etwa:
„Sie bestimmt für jedes Experiment eine ihm entsprechende Interpretation, aber nicht *eine gemeinsame* für alle.“

6   Seite 59, 60:
Statt „Grundfunktionen“ besser „Basisfunktionen“.

7   Seite 61, der Anfang des letzten Absatzes, besagt etwa:
„Eine Folge solcher Basisfunktionen möge *reflexiv* genannt werden, da die Basisfunktionen selbst unter den Funktionen enthalten sind, die darin entwickelt werden können. Da man zeigen kann, daß die in (1) bis (3) benutzten Basisfunktionen auch quadratisch integrierbar sein müssen, folgt daraus, daß wenn eine Reihe dieses Typus vollständig ist, sie auch reflexiv sein muß.“

8   Seite 84, zweitletzter Absatz:
Statt „Regelmäßigkeitsforderungen“ besser „Regularitätsforderungen“ und statt „Energiestufen“ besser „Energieniveaus“.

9   Seite 87 und 88:
Statt „Regelmäßigkeitsforderungen“ besser „Regularitätsforderungen“.

10   Seite 89, zweitletzter Absatz:
Statt „auf den Fall von stetigen Eigenwerten u" besser „auf den Fall eines Kontinuums von Eigenwerten u".

11   Seite 89, zweitletzter Absatz:
Statt „das stetige Eigenspektrum" besser „das kontinuierliche Spektrum".

12   Seite 91 nach Gleichung (6) und 114 Ende des zweitletzten Absatzes:
Statt „Vertauschungsregel" besser „Vertauschungsrelation".

13   Seite 92, 104, 110:
Statt „den stetigen Fall" besser „den kontinuierlichen Fall".

14   Seite 104, das Ende des zweitletzten Absatzes besagt etwa:
„Wir dürfen nicht einfach von Eigenfunktionen einer physikalischen Größe sprechen, sondern von Eigenfunktionen einer physikalischen Größe bezüglich einer anderen, die als Argument der Zustandsfunktion auftritt."

15   Seite 110, der Anfang des letzten Absatzes besagt etwa:
„Im Kontinuumsfall treten hier gewisse mathematische Komplikationen auf. Da eine kontinuierliche Basis nicht reflexiv ist (vgl. § 9), ..."

16   Seite 111, der 2. Absatz besagt etwa:
„Quantenmechanische Definition der Messung. Eine Messung einer Größe u ist eine physikalische Operation, die zu einer ψ-Funktion des physikalischen Systems führt, die Eigenfunktion von u oder praktisch eine der Eigenfunktionen von u ist."

17   Seite 111, in der Mitte des 3. Absatzes:
Statt „im stetigen Fall" besser „im Kontinuumsfall".

18   Seite 159, der 2. Satz des 3. Absatzes besagt etwa:
„Wenn wir diese Konsequenz vermeiden wollen, müssen wir eine Interpretation verwenden, die solches Aussagen nicht aus dem Bereich des Sinnvollen, sondern aus dem Bereich derer ausschließt, die man bejahen oder verneinen kann."

19   Seite 161, der 3. Satz des 1. Absatzes muß lauten:
„Nachdem eine Messung von q im allgemeinen Zustand s gemacht worden ist, könnte sogar *Laplace'* Übermensch nicht herausfinden, was passiert wäre, wenn wir p gemessen hätten."

20   Seite 162, drittletzter Satz des 1. Absatzes:
„Der quantenmechanische Wahrheitswert *unbestimmt* stellt jedoch eine topologisch andersartige Kategorie dar."

21   Seite 163, vor Tabelle 3a muß es heißen:
„materiale Implikation" statt „materielle Implikation".

21   Seite 173, 3. Satz zwischen den Formeln 34 und 35:
„Wenn ein physikalisches System abgeschlossen ist ..., ändert sich seine Energie nicht ..."

196

Über die erkenntnistheoretische Problemlage und den Gebrauch einer dreiwertigen Logik in der Quantenmechanik[1]

Erich Regener zum 70. Geburtstage gewidmet

Wenn die Physik heute mehr als je im Zentrum philosophischer Diskussionen steht, so hat dies seinen Grund in der Tatsache, daß die physikalische Forschung zu einer Revision gewisser sehr allgemeiner Prinzipien des Naturerkennens geführt hat. Diese philosophischen Resultate sind zunächst in Einsteins Relativitätstheorie deutlich geworden, welche uns gelehrt hat, den raumzeitlichen Rahmen der physikalischen Welt in neuem Lichte zu sehen; es hat sich herausgestellt, daß die allzu einfachen Vorstellungen von Raum und Zeit, die sich im Zusammenhang der physikalischen Umwelt des täglichen Lebens entwickelt haben, mit den Resultaten exakter Messungen auf optischem und elektromagnetischem Gebiet nicht mehr vereinbar waren. Aber die Umstellung grundlegender Begriffe, die da von uns verlangt wurde, erscheint heutzutage bereits geringfügig im Vergleich zu den Veränderungen, welche die Quantenmechanik für das physikalische Weltbild mit sich gebracht hat. Denn die Physik der Quanten verlangt von uns, den Gedanken der allgemeinen Kausalität aufzugeben, der für die klassische Physik, einschließlich der Relativitätstheorie, stets als das leitende Prinzip angesehen wurde, ohne welches Naturerkenntnis unmöglich erschien.

Aber auch hier wieder hat sich die Entwicklung in Stufen vollzogen. Die Kausalität aufzugeben, hieß zunächst nur, an Stelle strenger physikalischer Gesetze Wahrscheinlichkeitsgesetze einzuführen. Solche Perspektiven hatten sich ja schon für die *Boltzmann*sche Aufklärung des zweiten Hauptsatzes der Wärmetheorie ergeben. Was damals nur als eine Möglichkeit erschien, ist in *Heisenberg*s Unbestimmtheitsrelation zur Gewißheit geworden: die Voraussage quantenmechanischer Geschehnisse ist an eine Genauigkeitsgrenze gebunden, die mit *Planck*s Wirkungsquantum verknüpft ist und uns zwingt, die Quantenerscheinungen als lediglich statistisch bestimmt aufzufassen. Diese Genauigkeitsgrenze hat nichts mit der Unvollkommenheit des menschlichen Beobachters zu tun; sie hat ihren Grund in der Struktur der physikalischen Welt und läßt sich als eine Beziehung zwischen physikalischen Geschehnissen formulieren, ohne daß dabei eine Bezugnahme auf einen Beobachter erforderlich ist. Der *Laplace*sche Übermensch, der jedes Elementarteilchen genau beobachten kann und dessen mathematischen Fähigkeiten keine Grenze gezogen ist, wäre da nicht

---

[1] [H. Reichenbach 1951d].

besser daran als wir: auch er könnte nur *Schrödingers* ψ-Funktionen für die Naturbeschreibung benutzen und wäre deshalb an das Prinzip der umgekehrten Verknüpfung der Wahrscheinlichkeitsverteilungen kanonisch konjugierter Parameter gebunden, das in *Borns* statistischer Deutung der ψ-Funktion und *Heisenbergs* Unbestimmtheitsrelation seinen Ausdruck gefunden hat.

Mit dieser Erweiterung der Kausalität könnte man sich sozusagen noch leichten Herzens abfinden. Wenn die Natur auch im Kleinen unbestimmt ist, so ist sie doch im Großen bestimmt, weil die statistische Regelmäßigkeit großer Zahlen eine hinreichend exakte Gesetzlichkeit für makroskopische Objekte garantiert. Ob die kleinsten Teile die Bewegung der Planeten oder vielmehr die Vorgänge eines Würfelspiels imitieren, erscheint nicht so wesentlich, solange im Großen dasselbe herauskommt. Jedenfalls bringt eine solche Veränderung für unsere Vorstellung von der Welt keine Schwierigkeiten mit sich. Das Gesetz der Kausalität ist ein Resultat der Erfahrung, und wir müssen bereit sein, es durch eine allgemeinere Form von Gesetzlichkeit zu ersetzen, wenn physikalische Beobachtungen es verlangen.

Es hat sich aber herausgestellt, daß diese Erweiterung der Kausalität nicht hinreichend ist, wenn man die quantenmechanischen Erscheinungen verstehen will. Es ist nicht nur der Gedanke einer streng kausalen Verknüpfung von Elementarteilchen, den wir aufzugeben haben. Vielmehr ist es der Begriff des körperlichen Teilchens selbst, der in Frage gestellt worden ist; und es erscheint heutzutage unmöglich, in demselben Sinne von kleinsten Teilen der Materie zu reden, in dem man von *Demokrit* bis *Boltzmann* von Atomen gesprochen hat[2].

Die Schwierigkeiten, auf die ich hier Bezug nehme, sind ja bekannt. Sie entspringen aus der Dualität von Wellen und Korpuskeln, die in *de Broglies* Entdeckungen zuerst erkannt und später von *Bohr* als Prinzip der Komplementarität formuliert wurde. Seitdem es gelungen ist, mit einem Elektronenstrahl Interferenzbilder von derselben Art herzustellen, wie sie einmal *v. Laue* benutzt hat, um die Wellennatur der Röntgenstrahlen zu beweisen, ist diese Dualität eine experimentelle Tatsache; und wenn wir ein Weltbild der heutigen Physik entwerfen wollen, müssen wir dieser Tatsache Rechnung tragen.

Man hat gesagt, daß es sich hier ja nur um Bilder handelt, die wir uns von den quantenmechanischen Erscheinungen machen; daß Bilder immer unvollkommen sein müssen; und daß es genug ist, wenn solche Bilder dem Physiker bei seinen Arbeiten zu Hilfe kommen, obwohl er sie nicht allzu ernst nehmen sollte. Ich glaube nicht, daß die philosophische Frage, die hier vorliegt, durch derart ausweichende Antworten umgangen werden kann. Wenn sich der Physiker den elektrischen Strom in einem Draht wie einen Wasserstrahl vorstellt und

---

[2]) Für eine ausführliche Begründung der folgenden Gedanken sei auf mein Buch *Philosophische Grundlagen der Quantenmechanik* verwiesen [in diesem Bd., S. 1—194], das hier als PhGr zitiert wird. Eine allgemeinere Darstellung der philosophischen Ideen, die diesem Buche zugrunde liegen, findet sich in meinem Buch *The Rise of Scientific Philosophy* (University of California Press, Berkeley und Los Angeles 1951 [*Der Aufstieg der Wissenschaftlichen Philosophie, Gesammelte Werke*, Bd. 1]).

die elektrische Spannung mit dem Druckunterschied des Wassers an verschiedenen Stellen des Rohres vergleicht, so ist das ein Bild. Aber dieses Bild enthebt ihn nicht der Frage, was denn nun der elektrische Strom eigentlich ist. Wenn sich der Physiker die Atome im Kristall wie große farbige Kugeln vorstellt, die auf Drähten aufgespießt sind, so ist das ein Bild; aber dieses Bild erlaubt ihm nicht, der Frage auszuweichen, ob die wirklichen Atome ebenfalls räumlich lokalisierte Volumina sind, wenn auch von kleinerer Dimension und sicherlich ohne Farbe. Solche Fragen sind durchaus vernünftig. Und ich glaube auch, daß sie sich beantworten lassen; nur muß man bereit sein, die Fragen zunächst logisch zu analysieren und Methoden zu entwickeln, welche der Frage eine präzisere Form geben.

Es wäre kurzsichtig, wenn der Physiker solche Fragen einfach ablehnen wollte. Schließlich will er ja nicht nur Formeln besitzen, sondern auch wissen, was sie bedeuten; und er will nicht nur experimentelle Voraussagen machen, sondern auch wissen, welches die allgemeinen Eigenschaften der Natur sind, die sich in diesen Beobachtungsdaten ausdrücken. Der Wunsch des Physikers, von der Beobachtung auf die allgemeinen Eigenschaften der physikalischen Realität zu schließen, ist durchaus berechtigt. Allerdings hat uns die Analyse der Quantenmechanik gelehrt, daß dieser Schluß eine kompliziertere logische Struktur hat, als man früher geglaubt hatte. Die begrifflichen Schwierigkeiten der Quantenphysik rühren daher, daß man die allzu einfache Form der Beziehung zwischen Beobachtung und physikalischer Welt, die für den Makrokosmos besteht, auf den Mikrokosmos zu übertragen versucht hat. Ihre Auflösung kann daher nur erfolgen, wenn man bereit ist, philosophische Schlußweisen zu revidieren.

Im täglichen Leben bereits begegnen wir dem Unterschied zwischen Dingen, die wir beobachten, und Dingen, die wir erschließen. Dieser Schluß ist meistens sehr einfach: wir sagen, daß die Dinge dieselben sind, ob wir sie beobachten oder nicht. Die letztere Behauptung läßt sich natürlich in keiner Weise beweisen. Wenn man nicht hinschaut, kann man nun einmal die Dinge nicht sehen; und darum kann man auch nicht behaupten, man hätte experimentelle Beweise dafür, daß die unbeobachteten Dinge den beobachteten gleichen. Ich will damit nicht sagen, daß es besser wäre, anzunehmen, daß die Dinge jedesmal verschwinden, wenn wir wegblicken. Ich will damit nur sagen, daß die Aussage über die Existenz unbeobachteter Objekte gewisse logische Voraussetzungen enthält, die selbst nicht Beobachtungsresultate sein können.

Solche Sachen hat ja auch *Kant* schon gesagt; aber ich will nicht in den Fehler verfallen, allgemeine Prinzipien der Realität aus reiner Vernunft deduzieren zu wollen. Wir brauchen keine Metaphysik, wenn wir von physikalischen Objekten sprechen wollen; d. h. wir brauchen keine Prinzipien *als wahr anzunehmen*, wenn wir über die Beobachtungen hinausgehen wollen. Solche Prinzipien haben vielmehr den Charakter von *Definitionen*. Wir sagen einfach, daß die Dinge unverändert weiterbestehen, wenn wir nicht hinblicken. Wir haben damit für unsere Sprache eine *Erweiterungsregel* eingeführt, die uns erlaubt, von beobachteten Dingen zu unbeobachteten überzugehen.

Aber darf man denn das? Natürlich muß man bei solchen Definitionen vorsichtig sein. Wenn mir ein Taschendieb meine Brieftasche stiehlt, während sie sich unbeobachtet in meiner Tasche befindet, kann ich sie nicht wieder hineindefinieren. Die genauere Definition oder Erweiterungsregel lautet: ich will annehmen, daß die *physikalischen Gesetze* für beobachtete und unbeobachtete Dinge die gleichen sind. Dann kann ich schließen, daß mein Haus auch in der Zwischenzeit an seinem Platz steht, wenn ich es morgens gesehen habe und abends wieder vorfinde; und ich kann gleichfalls schließen, daß meine Brieftasche gestohlen worden ist, wenn ich sie erst in meine Tasche gesteckt habe und nachher nicht mehr vorfinde. Manchmal kann man sogar auf diese Weise schließen, daß die Beobachtung stört, wie z. B. wenn man ein Thermometer in ein Wasserbad steckt; dann kann man ausrechnen, welche Temperatur das Wasserbad vor der Beobachtung hatte.

Das scheint alles sehr trivial zu sein; und doch ist es außerordentlich wichtig. Diese Überlegungen zeigen uns, daß, wenn wir über eine an sich existierende physikalische Welt sprechen wollen, die von unserer Beobachtung unabhängig besteht, wir zunächst eine bestimmte Sprachform wählen müssen. Diese Sprachform ist keineswegs durch die Wirklichkeit vorgeschrieben. Wenn es jemand vorzieht, zu sagen, daß die Dinge jedesmal verschwinden, wenn er nicht hinschaut, so hat er sich damit für eine andere Sprachform entschieden; d. h. er hat unsere obige Erweiterungsregel abgelehnt und durch eine andere ersetzt. Er darf nur nicht glauben, daß seine Welt inhaltlich von der unseren verschieden ist. Es gibt für die physikalische Welt eine Klasse von *gleichwertigen Beschreibungen*, die alle gleich wahr sind und sich nur durch die zugrunde liegenden Erweiterungsregeln unterscheiden. Die übliche realistische Sprachform ist nur die einfachste; d. h. sie ist einfacher in dem gleichen Sinn, wie das metrische System einfacher ist als das auf Zoll und Fuß aufgebaute System. Man kann sie das *Normalsystem* nennen. Das heißt nicht, daß es keine Wahrheit gibt; es heißt nur, daß man wahre Aussagen auf kompliziertere Weise ausdrücken muß. Ein Sprachsystem zusammen mit seiner Erweiterungsregel ist wahr oder falsch; aber wenn man nicht sagt, welche Erweiterungsregel man benutzt hat, ist das System unvollständig, und man kann überhaupt nicht sagen, ob es wahr oder falsch ist.

Aber auch hier wieder müssen wir eine Vorsichtsmaßregel hinzufügen. Es läßt sich gar nicht a priori voraussagen, ob wir mit unserer Erweiterungsregel durchkommen können. In der klassischen Physik haben wir es stets als selbstverständlich angenommen, daß wir die physikalischen Gesetze von beobachteten Dingen auf unbeobachtete übertragen können. Aber ob sich diese Spracherweiterung widerspruchsfrei durchführen läßt, ist eine empirische Frage. Hier kommen wir an den Punkt, wo sich die Quantenphysik von der klassischen unterscheidet.

Man sagt gewöhnlich, daß wir in der Quantenphysik immer nur Koinzidenzen beobachten. Das ist auch richtig; nur fragt es sich, was für Dinge es eigentlich sind, die da koinzidieren. Ich will deshalb lieber den neutralen Namen *Phänomene* benutzen. Wenn man sagt, daß es Teilchen sind, die koinzidieren, geht man bereits über den Rahmen der Phänomene hinaus; man sagt damit nämlich, daß das, was wir streng lokalisiert beobachten, auch vorher streng lokalisiert war. Das heißt, man sagt damit etwas darüber aus, wie das Ding aussieht, wenn es nicht beobachtet wird. Solche unbeobachteten Dinge will ich *Interphänomene* nennen.

Es wäre irrtümlich, zu glauben, daß wir über Interphänomene nichts aussagen können. Wir können das sehr wohl; nur müssen wir Erweiterungsregeln zu unserer Sprache hinzufügen. Eine sehr zweckmäßige Erweiterungsregel ist z. B. die folgende: Der Wert der beobachteten Größe hat schon vor der Messung bestanden. Diese Regel läßt sich widerspruchsfrei durchführen, und es läßt sich zeigen, daß man damit die Korpuskelinterpretation eingeführt hat[3]. Freilich läßt sich dann ebenfalls zeigen, daß die Messung, die zwar die beobachtete Größe nicht gestört hat, dann eine jede kanonisch konjugierte Größe gestört hat. Die nach *Heisenberg* unvermeidliche Störung durch die Beobachtung ist damit sozusagen auf die konjugierte Größe abgeschoben worden. Aber es ist klar, daß damit der Korpuskelinterpretation ein scharf definierter Sinn zugeordnet wird, und daß man deshalb diese Interpretation nicht ein Bild nennen sollte. Sie ist so gut definiert wie jede Wirklichkeitsbeschreibung in der makroskopischen Physik, z. B. wie die realistische Sprache, in der wir sagen, daß Häuser auch dann existieren, wenn man sie nicht sieht.

Die Welleninterpretation läßt sich gleichfalls scharf definieren. Sie kommt darauf hinaus, daß man sagt, die unbeobachtete Größe besitzt gleichzeitig alle Eigenwerte, deren sie überhaupt fähig ist[4]. In einer solchen Definition liegt nichts Paradoxes.

Aber wenn man nun weitergeht und die so eingeführte Korpuskelinterpretation vollständig durchführen will, kommt man zu eigenartigen Schwierigkeiten. Man wird nämlich gezwungen, anzunehmen, daß es eine kausale Wirkung in die Ferne gibt, die sich ohne Zwischenfeld ausbreitet und den entfernten Ort in der Zeit Null erreicht. Ich meine hier die oft diskutierten Überlegungen, nach denen ein Teilchen an einem Schlitz sich verschieden verhält, je nachdem, ob ein anderer Schlitz offen ist, usw. Ich habe diese Beziehungen als *kausale Anomalien* bezeichnet. Und man kann weiter zeigen, daß für die Welleninterpretation ebenfalls kausale Anomalien auftreten, wenn auch an ganz anderen Stellen. Wenn man geeignete Anordnungen mit Glasplatten benutzt, an denen ein Strahl reflektiert wird, während der andere hindurchgeht, kann man bekanntlich auf diese Weise schließen, daß eine Welle, die gerade am Mond angekommen ist, vernichtet wird, sowie man in einem irdischen Laboratorium eine passende Messung macht.

Man ist geneigt, solche Überlegungen als Unsinn abzulehnen. Aber das heißt das Kind mit dem Bad ausschütten. Denn es steckt eine tiefe physikalische Einsicht in solchen logischen Untersuchungen. Es steckt darin das Resultat, daß, wie man auch die Erweiterungsregeln der Sprache konstruiert, man

---

[3]) PhGr, S. 132.
[4]) PhGr, S. 144.

keine Wirklichkeitsbeschreibung erhält, in der sich das Prinzip der Kausalität in normaler Form durchführen läßt: mit anderen Worten, daß es in der Klasse gleichwertiger Beschreibungen der Quantenphysik kein Normalsystem gibt. Dieses Resultat habe ich als *Prinzip der Anomalie* bezeichnet und an anderer Stelle ganz allgemein aus quantenmechanischen Voraussetzungen bewiesen[5]. Hier liegt der Grund, warum jede erschöpfende Wirklichkeitsbeschreibung der Quantenphysik zu unwillkommenen Konsequenzen führt, und warum der Physiker es oft vorzieht, sich zu weigern, über Interphänomene etwas auszusagen.

Gegen eine solche Weigerung ist auch gar nichts einzuwenden; nur soll man sich über den Grund klar sein. Der Grund ist nicht, daß Aussagen über Interphänomene nicht verifizierbar sind. Auch Aussagen über unbeobachtete Häuser sind unverifizierbar. Sondern der Grund ist, daß, wenn man quantenmechanische Interphänomene nach denselben Prinzipien konstruiert wie unbeobachtete Häuser, man in dem einen Fall zu kausalen Anomalien kommt und in dem anderen nicht. Wenn man in einem Experiment mit zwei Schlitzen für einen Elektronenstrahl ein Interferenzmuster erhalten würde, welches identisch wäre mit der genauen Überlagerung der Muster, die man für jeden Schlitz einzeln erhält, dann würde kein Physiker zögern, Elektronen als ganz gewöhnliche Körperteilchen anzusehen, die sich wie Tennisbälle durch den Raum fortpflanzen — auch wenn es nicht möglich sein sollte, das einzelne Elektron an dem Schlitz ohne Störung zu beobachten. Nur weil wir wissen, daß die Interferenzexperimente ganz andere Resultate zeigen, weigern wir uns, über diese Tennisbälle etwas auszusagen, solange wir sie nicht sehen.

In diesem Zusammenhang möchte ich noch eine weitere Gruppe von kausalen Anomalien erwähnen, deren Bedeutung in einigen neueren Arbeiten hervorgetreten ist. Nach Untersuchungen von *Stückelberg* und *Feynman*[6] läßt sich ein Positron als ein Elektron auffassen, das in der Zeit zurückläuft. Hier wird also eine Deutung der Interphänomene durchgeführt, bei der sogar die Zeitrichtung umgekehrt wird; d. h. in der Klasse der gleichwertigen Beschreibungen ist die Zeitrichtung nicht mehr eine Invariante. Beobachtungsdaten können uns über die Zulässigkeit einer solchen Deutung nichts lehren; sie sind mit der einen wie mit der anderen Interpretation vereinbar. Und wie in allen derartigen Fällen hat jede der zulässigen Interpretationen neben ihren Nachteilen auch ihre besonderen Vorteile. Wenn man bereit ist, die Umkehr der Zeitrichtung anzunehmen, erkauft man damit den Vorteil, daß das plötzliche Auftauchen und Verschwinden von Elektron-Positron-Paaren eliminiert wird: es ist nur *ein* Elektron da, welches einen Teil seiner Weltlinie in negativer Zeit durchläuft und uns dadurch die Existenz eines Positrons vortäuscht. Hier wird also die *Genidentität*, d. h. die Identität eines Individuums entlang einer Weltlinie, als eine nichtinvariante Eigenschaft angesehen und damit als die Angelegenheit einer Definition, die in verschiedenen gleichwertigen Beschreibungen in

---

[5] PhGr, § 26.

[6] *E. C. G. Stückelberg*, Helv. physica Acta 14, 588 (1941); 15, 23 (1942); *R. P. Feynman*, Physic. Rev. 76, 749 (1949).

verschiedener Weise gegeben wird. Gegen eine solche Deutung ist logisch nichts einzuwenden; im Gegenteil, sie stellt eine außerordentliche Bereicherung unseres quantenmechanischen Wissens dar und zeigt uns, daß das Prinzip der Anomalie sogar gewisse Umkehrungen des Ursache-Wirkungs-Zusammenhangs einschließt.

Mit diesen Überlegungen kommen wir zu dem Ergebnis, daß in der Quantenphysik eine eigenartige Verschiebung des Wirklichkeitsgehalts physikalischer Theorien vorliegt. Wenn wir die Wirklichkeit vollständig beschreiben wollen, genügt es nicht, eine einzige Beschreibung zu konstruieren. Erst mit der ganzen Klasse gleichwertiger Beschreibungen wird die Darstellung der physikalischen Wirklichkeit vollständig. Solange es ein Normalsystem gibt, wie in der klassischen Physik, genügt es, die Beschreibung in der Sprache des Normalsystems zu geben. Aber wenn es kein solches System gibt, enthält die Aussage, daß es keines gibt, selbst einen wesentlichen Zug der physikalischen Realität; und unsere Darstellung wäre unvollständig, wollten wir diesen Sachverhalt unterdrücken. Wir sind daher gezwungen, neben der physikalischen Sprache noch eine *Metasprache* zu benutzen, in der wir über die Klasse gleichwertiger Sprachen sprechen; und erst auf diese Weise können wir indirekt eine gewisse Eigentümlichkeit der physikalischen Welt ausdrücken.

Damit wird nun der Grund offensichtlich, warum wir in der Quantenphysik in Schwierigkeiten kommen, wenn wir über unbeobachtete Objekte sprechen wollen. Jede Aussage über unbeobachtete Objekte enthält implizit eine Aussage über kausale Beziehungen; und für quantenmechanische Objekte sind diese kausalen Beziehungen nicht von der einfachen Form, wie sie für klassische Objekte besteht. Wenn wir sagen, daß Häuser auch dann existieren, wenn man sie nicht sieht, dann haben wir damit etwas über die Kausalität ausgesagt; und wenn wir sagen, daß man sich Elektronen nicht als verkleinerte Tennisbälle vorstellen darf, so meinen wir damit, daß solche Teilchen sich nicht in den Rahmen einer Kausalität einordnen lassen, die das Nahwirkungsprinzip befriedigt. Dies ist die Antwort auf die obige Frage, ob die Materie aus räumlich lokalisierten Teilchen besteht: eine solche Aussage hat für sich allein gar keinen Sinn, sondern nur im Zusammenhang mit Aussagen über die Kausalstruktur; und da wir wissen, daß für quantenmechanische Erscheinungen die Kausalität andere Struktureigenschaften besitzt als für makroskopische Erscheinungen, können wir die Gedanken des klassischen Atomismus nicht auf die Quantenphysik übertragen.

Hier wird nun auch der Grund deutlich, warum es sich empfiehlt, in der Quantenmechanik an Stelle der üblichen zweiwertigen Logik eine dreiwertige Logik zu benutzen. Solche logischen Systeme, in denen das *tertium non datur* aufgegeben wird, sind schon seit ungefähr 30 Jahren bekannt[7]. Aber sie sind zunächst nur als logische Möglichkeiten konstruiert worden, die wie so viele andere mathematische Konstruktionen auf den Augenblick zu warten hatten,

---

[7]) Die Literatur ist in PhGr, S. 161—162, angegeben.

wo sich eine physikalische Anwendung für sie fand. Es scheint, daß in der Quantenmechanik zum ersten Mal der Fall aufgetreten ist, daß die Physik von einer dreiwertigen Logik Gebrauch machen kann.

In der dreiwertigen Logik gibt es eine Kategorie *unbestimmt*, die zwischen Wahrheit und Falschheit liegt; und diese Kategorie läßt sich für die quantenmechanischen Interphänomene verwenden. Man sagt dann, daß der Wert der Größe vor der Messung unbestimmt ist; und damit läßt man es zugleich unbestimmt, ob es überhaupt einen einzigen definierten Wert gibt, welcher der ungemessenen Größe zugeschrieben werden kann, wenn man ihn auch nicht kennt. Die Frage, ob die Interphänomene aus Teilchen oder aus Wellen bestehen, ist damit gleichfalls als unbestimmt hingestellt. Durch diese Auffassung gelingt es, die kausalen Anomalien aus dem Gebiet der aussagbaren Sätze auszuschließen.

Selbstverständlich kann eine dreiwertige Logik nur dann als zweckmäßig für die Quantenphysik angesehen werden, wenn man sie auf die Interphänomene bezieht. Für die beobachteten Größen oder Phänomene braucht man sie nicht; denn über diese lassen sich ja wahr-falsche Aussagen machen, d. h. Aussagen, die als wahr oder falsch entscheidbar sind. Dies ist von mehreren Physikern mißverstanden worden. Zum Beispiel schreibt *Bohr*: „Der Gebrauch einer dreiwertigen Logik... ist nicht geeignet, die Situation klarer zu beschreiben, da alle wohldefinierten experimentellen Tatsachen... in gewöhnlicher Sprache ausgedrückt werden müssen, welche die übliche Logik benutzt“[8]. Und *Born* schreibt: „Die mathematische Theorie, die völlig in der Lage ist, die tatsächlichen Beobachtungen zu erfassen, macht nur von der gewöhnlichen zweiwertigen Logik Gebrauch“[9]. Auch *Pauli*[10] hat ähnliche Äußerungen gemacht. Diese Bemerkungen über die logische Natur der beobachteten Tatsachen sind zweifellos richtig; aber sie treffen das Problem nicht. In der von mir vorgeschlagenen dreiwertigen Logik wird ja gerade die Beobachtungssprache zweiwertig belassen; die dreiwertige Logik wird nur für Interphänomene benutzt[11]. Hier aber erscheint sie unabweisbar. Denn sowie man über das unmittelbar Beobachtete hinausgehen will, treten sonst kausale Anomalien auf.

Es wird manchmal behauptet, daß man es ja nicht nötig habe, die Interphänomene in die Theorie einzubeziehen. Aber die Vertreter einer solchen Auffassung bleiben die Antwort darauf schuldig, warum man in der klassischen

---

[8]) *N. Bohr*, Dialectica 2, 317 (1948). Die Stelle ist von mir aus dem Englischen übersetzt worden.

[9]) *M. Born*, Natural Philosophy of Cause and Chance, Oxford 1949, S. 107. Diese Stelle ist ebenfalls von mir übersetzt worden.

[10]) *W. Pauli*, Dialectica 2, 310 (1948).

[11]) Dies gilt allerdings nicht für andere Versuche, die Quantenmechanik in einer mehrwertigen Logik darzustellen. Zum Beispiel bezieht sich die von *G. Birkhoff* und *J. v. Neumann* vorgeschlagene mehrwertige Logik der Quantenmechanik (Annals Math. 37, 823 (1936) auf Beobachtungsaussagen, und es ist deshalb schwer einzusehen, was mit einer solchen Logik für die Quantenmechanik gewonnen ist.

Physik die unbeobachteten Größen in die Theorie einbeziehen kann, während dies für die Quantenmechanik zu Schwierigkeiten führt. Mit anderen Worten, die auf beobachtete Größen beschränkte Sprache ist nicht reich genug, um alles zu sagen, was man über die physikalische Welt weiß. Ich halte es darum nicht für richtig, zu sagen, daß man die Interphänomene aus der Theorie ausschließen kann. Zum Beispiel ist *Bohrs* Komplementaritätsprinzip eine Aussage über unbeobachtete Größen, wenn man es in der Form ausspricht: man kann die beobachteten Erscheinungen als Produkt von Wellen- oder Korpuskelvorgängen ansehen, und es gibt kein Experiment, welches zwischen diesen beiden Auffassungen entscheiden kann. Diese Aussage wird durch *Heisenbergs* Unbestimmtheitsprinzip gestützt; aber sie geht doch insofern über dieses Prinzip hinaus, das sich ja zunächst nur auf Meßresultate bezieht, als sie behauptet, daß es keinen Sinn hat, der ungemessenen Größe einen bestimmten Wert zuzuschreiben. Damit hat man aber eine metasprachliche Aussage gemacht, in deren Begründung man stillschweigend das Prinzip der Anomalie benutzt hat.

Um dies zu verstehen, denke man an die *Einsteinsche* Relativitätstheorie, in der man eine bestimmte Gleichzeitigkeitsdefinition benutzt, obwohl man nicht beweisen kann, daß diese Definition in irgendeinem Sinne die „wahre" Gleichzeitigkeit herstellt. Man kann das tun, weil diese Gleichzeitigkeitsdefinition zu vernünftigen Resultaten führt, nämlich zu einer Zeitordnung, in der das Kausalitätsprinzip nicht verletzt wird. Und es läßt sich sogar zeigen, daß das gleiche für eine gewisse Klasse von Gleichzeitigkeitsdefinitionen gilt, so daß die Auswahl einer bestimmten Definition eine willkürliche Konvention darstellt. In der Quantenmechanik weigert man sich dagegen, irgendeine bestimmte Definition für die Werte unbeobachteter Größen einzuführen, weil jede solche Definition zu kausalen Anomalien führt. Diese Behauptung ist selbst ein wichtiges physikalisches Resultat und sollte deshalb ihren Platz in der Objektsprache der Physik haben. Wenn man die dreiwertige Logik benutzt, kann man auch eine derartige Aussage in der Objektsprache formulieren; sie nimmt dann die Form einer logischen Formel an, die sich in den Zeichen der mathematischen Logik ausdrücken läßt und etwa besagt: Wenn eine quantenmechanische Größe einen gewissen Wert hat, oder nicht hat, dann ist der Wert einer kanonisch konjugierten Größe unbestimmt[12]. Wenn man aber die dreiwertige Logik ablehnt, wird man gezwungen, die Formulierung dieses Gedankens in die Metasprache zu verschieben, wodurch die Theorie eine logisch außerordentlich verwickelte Form erhält.

Um ein anderes Beispiel zu haben, denke man an eine Anordnung, in der ein Elektronenstrahl von sehr geringer Intensität auf eine Blende mit zwei parallelen Schlitzen fällt und ein Interferenzmuster auf einem dahintergestellten Schirm hervorbringt. Wir würden dann gern sagen: ein einzelnes Elektron, das den Schirm erreicht, ist entweder durch den einen oder durch den anderen Schlitz gegangen. Wenn man dies als eine Aussage der zweiwertigen Logik auffaßt, kommt man in kausale Anomalien hinein. Wenn man es aber als eine Aus-

---

12) PhGr, S. 173.

sage der dreiwertigen Logik interpretiert, sind die Anomalien ausgeschaltet[13]. *Bohr* und *Heisenberg* würden hier nur die Aussage zulassen: Wenn man an jedem Schlitz einen Beobachter aufgestellt hätte, dann hätte nur einer von beiden etwas beobachtet; freilich wäre dann auf dem Schirm nichts passiert. Es ist schwer einzusehen, warum es nun verboten sein soll, etwas Ähnliches für den Fall auszusagen, daß kein Beobachter an den Schlitzen aufgestellt ist und erst auf dem Schirm eine Beobachtung gemacht wird. Wenn man die dreiwertige Logik benutzt, ist eine derartige Aussage statthaft.

Obwohl die Beobachtungssprache zweiwertig ist, steht sie in einem logischen Zusammenhang mit der allgemeineren dreiwertigen Sprache, die auch die Interphänomene umschließt. In jeder Logik gibt es Aussagen von beschränktem Wahrheitsbereich, die sich aus Elementaraussagen eines allgemeineren Wahrheitsbereiches aufbauen lassen. Zum Beispiel kann man in der zweiwertigen Logik durch geeignete Kombination von Elementaraussagen einwertige Aussagen konstruieren, wie die Tautologien, die nur wahr sein können. Ebenso kann man in der dreiwertigen Logik Aussagen konstruieren, die nur wahr oder falsch sein können und darum zweiwertig sind. Ich habe an anderer Stelle[14] gezeigt, daß gerade diejenigen Aussagen, die wir physikalische Gesetze nennen, in diese Kategorie fallen. Die zweiwertige Sprache der Beobachtungsvoraussage und der Mathematik solcher Aussagen erscheint hier also als eine natürliche Konsequenz in einem allgemeineren logischen System, welches auch unbeobachtete Größen umschließt.

Endlich noch eine Bemerkung über die sogenannte Unentbehrlichkeit der zweiwertigen Logik. Wenn man die Theorie der dreiwertigen Logik durchführt, benutzt man dazu eine Metasprache, die selbst zweiwertig ist. Darin liegt aber kein Zirkelschluß. Vielmehr ist dies ein erlaubtes Verfahren, welches zweckmäßig erscheint, weil wir an den Gebrauch der zweiwertigen Logik nun einmal gewöhnt sind. Dieses Verfahren ist auch gänzlich harmlos, weil man zeigen kann, daß alle logischen Systeme ineinander transformierbar sind. Und es ist ganz gewiß nicht richtig, deshalb die dreiwertige Logik als ein „Spiel mit Symbolen" zu bezeichnen. Der Gebrauch dieser Symbole bringt für den, der sich damit länger beschäftigt, genau soviel Anschaulichkeit und direktes Verstehen mit sich, wie dies von der nicht-euklidischen Geometrie gilt, die ja auch mit der Welt unserer täglichen Umgebung nicht vereinbar ist[15].

Dieser Gedanke führt uns in ein weiteres Problem. Man hat die Frage aufgeworfen, ob die Logik einer Sprache eine Angelegenheit willkürlicher Konvention ist, oder ob sie irgendwie die Struktur der Welt zum Ausdruck bringt, auf die sich die Sprache bezieht. Diese Frage läßt sich nicht mit „ja" oder „nein" beantworten, ehe man ihr eine präzisere Form gegeben hat. Da alle logischen Systeme ineinander transformierbar sind, kann man jede Welt mit jeder Logik beschreiben, und insofern drückt also die Logik keinen Zug der physikalischen

---

[13]) PhGr, S. 177—178.
[14]) PhGr, S. 174.
[15]) Damit ist eine Frage beantwortet, die *Born* erwähnt hat[9], S. 108.

Welt aus. Wenn man aber noch weitere Postulate hinzunimmt, wird es anders. Zum Beispiel wenn man verlangt, daß für die Interphänomene keine kausalen Anomalien aussagbar sein sollen, wird man gezwungen, in der Quantenmechanik eine dreiwertige Logik zu benutzen, während das gleiche Postulat für die makroskopische Physik eine zweiwertige Logik erlaubt. Dieses Resultat zeigt, daß die Logik einer Sprache unter gewissen Umständen die Struktur der physikalischen Wirklichkeit widerspiegeln kann; sie wird das immer dann tun, wenn man sie mit gewissen anderen Prinzipien verbindet und von der Sprache verlangt, daß sie dieses System von Prinzipien befriedigt. In diesem Sinne kann man sagen, daß die dreiwertige Logik der quantenmechanischen Sprache diejenige Form verleiht, welche sie zu einem adäquaten Ausdruck der physikalischen Wirklichkeit macht.

Ich möchte diese kurze Darstellung der quantenmechanischen Problemlage mit einer persönlichen Bemerkung beschließen. Seit vielen Jahren ist dies das erste Mal, daß ich meine Gedanken zur Philosophie der Physik wieder in einer deutschen Zeitschrift darlege. Es ist mir eine besondere Freude, dies im Rahmen einer Festschrift für meinen verehrten Freund *Erich Regener* zu tun. Herr Regener war einer der ersten, die meinen Arbeiten zur Philosophie der Physik ein warmes Interesse entgegengebracht haben; und ich bin ihm zu großem Dank verpflichtet für die mannigfache Förderung meiner Arbeiten zu einer Zeit, als die wissenschaftliche Philosophie noch um ihre Existenzberechtigung zu kämpfen hatte. In Bewunderung seiner Leistungen für die Physik und in Dankbarkeit für sein Eintreten für eine Philosophie, die in enger Zusammenarbeit mit der Physik fortschreitet, möchte ich deshalb Herrn Regener meine herzlichsten Wünsche zu seinem 70. Geburtstag aussprechen.

Das Raumproblem in der neuen Quantenmechanik

Von Hans Reichenbach, Stuttgart.

I.

Die Schwierigkeiten, welche sich der Einordnung des Bohrschen Atommodells in Mechanik und Elektrodynamik entgegenstellten, haben seit einiger Zeit Vermutungen darüber aufkommen lassen, daß hier mehr als ein Versagen der Physik, daß hier ein Versagen aller raumzeitlichen Vorstellungen überhaupt im Spiele sei; es wurde bezweifelt, daß es überhaupt möglich sei, das inneratomare Geschehen in Form raumzeitlicher Modelle darzustellen. Bemerkungen in dieser Richtung sind sowohl von Bohr[1] als auch von Born, Jordan, Heisenberg[2] im Zusammenhang ihrer Matrizenmechanik gemacht worden. Nachdem nun das Problem des Atoms durch die Wellenmechanik Schrödingers eine neue und tiefe Wendung erfahren hat, in der man wohl den entscheidenden Schritt zur Auflösung des physikalischen Problems der Materie zu sehen hat, mag es gerechtfertigt erscheinen, wenn hier einmal die erkenntnistheoretische Seite des Problems einer Untersuchung unterzogen wird.

Die Unbestimmtheit in der Beurteilung der Raumstruktur des Atoms fand ihren Ausdruck in der Verwendung des Begriffs *Modell*, mit dem man von vornherein andeuten wollte, daß hier nicht nur ein Ansatz im Sinne einer physikalischen Hypothese vorlag, sondern eine Unsicherheit von tieferer Art. Modell heißt etwas, was nicht so ist wie das wirkliche Ding, welches es beschreibt; es liegt also ein Verzicht darin ausgesprochen, wenn man von Atom*modellen* spricht. Ursprünglich freilich ist der gemeinte Verzicht nicht sehr tiefgehend. Wenn wir aus Holzkugeln und Draht ein Modell herstellen, so werden wir gewiß nicht sagen dürfen, daß dieses Draht- und Holzgerüst in *jeder* Beziehung dem Atom gleicht; es ist ihm nicht nur in der Größe überlegen, sondern auch durch einige spezifisch makroskopische Eigenschaften, wie Farbe, scharfe Begrenzung der Holzkugeln, Existenz starrer Verbindungen usw. Eben deshalb ist das Drahtgerüst nur ein Modell, nur eine makroskopische Analogie; aber es ist doch verhältnismäßig leicht, von den störenden Eigenschaften abzusehen und auf die räumliche Struktur allein zu achten. Diese Struktur aber – das war der ursprüngliche Sinn des Bohr-Rutherfordschen Atommodells – sollte das Wesentliche treffen; die räumliche Anordnung von Kern und umkreisenden Elektronen sollte durchaus von der Art der räumlichen Anordnung der Holzkugeln des Modells sein, das deshalb in seinen wesentlichen Zügen

1 [N. Bohr 1926] *Die Naturwissenschaften* 14, 1926, S. 4
2 [M. Born, W. Heisenberg, P. Jordan 1926] *Zeitschrift für Physik* 35, 1926, S. 558.

viel mehr als eine bloße Analogie, das eine strukturgetreue Vergrößerung sein sollte. Das Atommodell war also ein ebenso gutes Modell wie etwa das Gipsmodell eines Gebäudes, in dem Einzelheiten, wie etwa die Fensteröffnungen, Türgriffe usw. nicht richtig ausgeführt sind, dagegen die räumliche Struktur bereits in aller Strenge getroffen ist; und es war in demselben Sinne ein Modell, wie ein Planetarium ein Modell des astronomischen Planetensystems ist.

Der Zweifel an der Berechtigung, das Atommodell so naturgetreu aufzufassen, knüpfte sich daran, daß der Schluß von diesem Modell auf die beobachteten Größen nicht ohne Gewaltsamkeiten möglich war. Einmal war es der Widerspruch zur Maxwellschen Theorie, über den man hinwegsehen mußte; das streng aufgefaßte Modell mußte während des Bahnumlaufs *strahlen*, während dies nach Bohr nur gerade während des Sturzes von einer Bahn zur anderen der Fall sein sollte. Während man über diesen Widerspruch aber einstweilen noch durch die Vermutung hinwegkam, daß die Maxwellsche Theorie im Kleinen unrichtig sei, führte eine andere Grundthese Bohrs zu Behauptungen völlig rätselhaften Charakters. Das *Korrespondenzprinzip* nämlich behauptet, daß die ausgesandte Strahlung dennoch durch die Form der Bahnkurve bis in ihre Einzelheiten bestimmt sei: die durch die Fourierzerlegung gelieferten Grund- und Oberschwingungen des Bahnumlaufs sollten sich mit einer gewissen systematischen Abweichung der Frequenz und in genau demselben Amplitudenverhältnis in der ausgesandten Strahlung wiederfinden. Wollte man sich diesen Zusammenhang im Sinne einer physikalischen *Verursachung* vorstellen, so war er nicht zu verstehen, denn danach hätte ja der Umlauf des Elektrons auf seiner Bahn auf einen Vorgang Einfluß, der gar nicht durch diesen Vorgang ausgelöst wird − das Korrespondenzprinzip war deshalb nur zu verstehen als eine Vorschrift, die zwar das richtige Resultat liefert, aber nicht zu einer direkten physikalischen Interpretation berechtigt.

Dieser Schwierigkeit zu entgehen, schien auf zwei Wegen möglich zu sein. Einmal konnte man versuchen, das Atommodell so abzuändern, daß Elektronen als materielle Kügelchen und Umlaufbahnen nicht mehr auftreten. Man hätte dann ein wesentlich anderes Modell zu konstruieren, in dem etwa das Elektron seine Sonderexistenz einbüßt und die negative Ladung über den ganzen Raum kontinuierlich verteilt ist, und dessen raumzeitlicher elektrischer Mechanismus dennoch gerade zu den im Korrespondenzprinzip behaupteten Gesetzen der ausgesandten Strahlung führt; ein Modell also, das die *Resultate* des Korrespondenzprinzips liefert, ohne Elektronenbahnen als *Prämissen* zu benutzen. Aber nachdem für dieses Programm wenig Erfolg in Aussicht stand, schien manchen ein zweiter Weg notwendig: man vermutete, daß hier ein raumzeitliches Modell überhaupt nicht mehr konstruierbar sei, daß die Begriffe von Raum und Zeit in kleinsten Gebieten nicht mehr anwendbar seien, und das Versagen des Atommodells aus erkenntnistheoretischen Gründen zu erklären sei. Nach dieser Auffassung ist es überhaupt nicht möglich, von dem Geschehen in atomaren Gebieten anschauliche Bilder zu entwerfen, die denen für große Gebiete vergleichbar sind; das Verständnis des Korrespondenzprinzips scheitert danach nicht an einem *falschen* Modell, sondern an der *prinzipiellen Unmöglichkeit eines Modells* überhaupt.

Man kann sich jedoch des Gefühls nicht erwehren, daß diese Auffassung mehr aus einer Verlegenheit entspringt als aus einer durchgedachten erkenntnistheoretischen Argumentation. Die umwälzende Entwicklung, die das Raumproblem in der neueren Physik durchgemacht hat, scheint in manchen Kreisen die Auffassung erweckt zu haben, als ob die Begriffe von Raum und Zeit sozusagen zum alten Eisen zu werfen wären. Aber das hieße doch diese Entwicklung tiefgehend mißverstehen, die sehr viel mehr eine Evolution als eine Revolution darstellt. Denn so sehr durch die Relativitätstheorie auch unser Wissen vom Raume gewandelt wurde – niemals darf man es als ihre Konsequenz ansehen, daß anschauliche Bilder für räumliche Vorgänge unmöglich seien. Im Gegenteil hat gerade die erkenntnistheoretische Durchdenkung der Relativitätstheorie gezeigt, daß die anschauliche Vorstellung des Raumes weitgehend festgehalten werden kann, gerade soweit, wie sie in der klassischen Physik auch möglich war. Es ist in den anschaulichen Bildern lediglich einiges zu *ändern*; aber diese Änderung vermag das menschliche Anschauungsvermögen durchaus zu vollziehen, wenn es nur ein wenig dazu „trainiert" wird. Und gerade aus der Entwicklung des Raumproblems sollte deshalb der Schluß gezogen werden, daß es sich auch für die Lösung des Atomproblems nicht um Verzicht auf räumliche Anschauung handeln kann, sondern höchstens um eine weitere Korrektur. Man wird deshalb das Raumproblem des Atoms nur lösen können, wenn man angibt, was an der Raumstruktur des Modells geändert werden muß. Und wenn es nicht genügt, Änderungen der Anordnung *im* euklidischen dreidimensionalen Raum vorzunehmen, so hat man eben anzugeben, wie der zugrundeliegende Raumtypus abzuändern ist; vielleicht gelingt es durch Vergrößerung der Dimensionszahl, vielleicht auch durch Einführung einer gitterartigen Mannigfaltigkeit, in der nur Gitterpunkte durch Materie besetzt sein können. Würde die Durchführung einer so tiefgehenden Änderung auch eine erneute Umstellung in der Auffassung des physikalischen Raumes bedeuten, so dürften man darin doch niemals einen Verzicht auf räumliche Ordnung oder auf anschauliche Modelle des Atoms erblicken.

Es ist selbst ein erkenntnistheoretischer Grund, der zu dieser evolutionistischen Auffassung des Raumproblems auch für atomare Bereiche zwingt. Wenn von mancher Seite die Möglichkeit, die Raumordnung aufrechtzuerhalten, bezweifelt wurde, so hatte dies in der auf Kant zurückgehenden Raumtheorie seinen Grund, die in der Raumordnung etwas rein Subjektives, einen Ausfluß der erkennenden Vernunft sah. In der Tat, wenn die Raumordnung weiter nichts ist als eine Form, in die das menschliche Bewußtsein den Wahrnehmungsstoff preßt, um ihn begreifen zu können – dann müssen wir grundsätzlich mit der Möglichkeit rechnen, daß diese Form eines Tages ihre Zuständigkeit verliert, daß sie auf die allzu komplizierte Wirklichkeit nicht mehr anwendbar ist. Aber gerade die erkenntnistheoretische Analyse der Relativitätstheorie hat gezeigt, daß dies eine viel zu leere Auffassung der Raumordnung bedeuten würde. Es muß im Gegenteil mit der dreidimensionalen Raumordnung eine wesentliche Eigenschaft der Natur getroffen sein, die genau so unabhängig von der erkennenden Vernunft besteht wie jede andere Eigenschaft auch; wenn auch der Raum*begriff*, wie jeder *Begriff*, aus dem *Subjekt* entspringt, so ist mit seiner *Anwendbarkeit* doch etwas über die Welt der *Objekte* ausgesagt. Die Behauptung, daß der physikalische Raum dreidimensional und nahezu euklidisch sei, ist deshalb als eine echte physikalische Behauptung aufzufassen, vergleichbar allen anderen physikalischen Behauptungen. Und wenn die entsprechende Frage nunmehr für das Atom gestellt wird, so muß sie ebenfalls als *Sachfrage* behandelt werden: es handelt sich in der Erforschung der räumlichen Anordnung des Atoms nicht um das Problem subjektiv bedingter *Bilder*, sondern um die Aufdeckung einer *physikalischen Tatsächlichkeit*.

Dabei muß der Zusammenhang mit der bisherigen Physik gewahrt werden. Für die makroskopische Physik muß ja die Behauptung des dreidimensionalen nahezu euklidischen Raumes richtig sein, denn dafür spricht die ganze bisherige Physik. Es kann sich deshalb nicht darum handeln, den Raumbegriff vollständig aufzugeben; sondern nur um eine solche Änderung, die allein atomare Bereiche betrifft, für die gewöhnliche Größenordnung aber den alten Raumbegriff wieder anwendbar erscheinen läßt. Denn wie bei jeder neuen physikalischen Theorie muß die bisherige Theorie als näherungsweise erfüllter Spezialfall in ihr enthalten sein. Der Fortschritt muß eine *stetige Erweiterung* darstellen; das Atom kann zwar einen komplizierteren Raum ausfüllen, muß aber doch in einer irgendwie räumlichen Weise strukturiert sein, aus der sich der gewöhnliche Raum durch Übergang zur makroskopischen Materie ergibt.

II.

Der erste Entwurf einer neuen Quantenmechanik[3] ging aus von Born, Jordan, Heisenberg einerseits und Dirac andererseits. Charakteristisch für diese Theorie ist die Anwendung einer eigens konstruierten Rechnungsart, der Matrizenrechnung; sie ermöglichte es, alle Aussagen über den Zustand des Atoms so sparsam zu formulieren, daß nicht mehr behauptet wurde, als experimentell beobachtet war. Diese Eigenschaft wurde von den Verfassern als Ausschaltung nicht beobachtbarer Bestimmungsstücke bezeichnet; eine wohl nicht ganz zutreffende Ausdrucksweise, denn es handelt sich für alle Größen der Atomphysik, auch für die ausgesandten Frequenzen, nicht um direkte Beobachtung, sondern um indirekte Bestimmung mit Hilfe nur theoretisch begründbarer Schlüsse. Gemeint war die Ausschaltung solcher Bestimmungsstücke, in denen die Rechnung gewissermaßen „leer läuft", d.h. solcher, von denen für das experimentell zu beobachtende Resultat kein Gebrauch gemacht wird. Dieses mit Recht betonte logische Prinzip sollte vor allem eine direkte Interpretation des Korrespondenzprinzips ausschalten; man wollte das Korrespondenzprinzip nur noch als *Formulierung einer Gesetzlichkeit* anerkennen, nicht mehr als eine physikalische *Erklärung*. Infolgedessen enthielt man sich jeder Aussage über die Modellstruktur; anstelle einer Darstellung des räumlichen Aufbaus des Atoms trat eine Theorie der Gesamtheit der möglichen Schwingungszustände, welche die Gesetze der ausgesandten Schwingungen in den

---

3 Vgl. hierzu auch die zusammenfassende Darstellung von A. Landé, *Die Naturwissenschaften* 14, 1926, S. 455.

Vordergrund stellte und auf die Deutung mit Hilfe der Planetenbahnen verzichtete. Damit gelang zum erstenmal eine einheitliche Theorie des Atoms, welche das
Zusammenflicken stückweise geltender Ansätze nicht mehr nötig hatte. Die hervorragende quantitative Übereinstimmung dieser Theorie mit den Beobachtungen
bewies, daß mit dem gewonnenen logischen Fortschritt auch ein Fortschritt in bezug auf die Erfassung der Wirklichkeit verbunden war.

Wenn die Verfasser aber glaubten[4], zugleich eine neue *Kinematik* des Atoms
geliefert zu haben, so war diese Auffassung jedoch kaum zu rechtfertigen. Kinematik heißt die Darstellung von Bewegungsvorgängen im Raume; aber eine Deutung der Matrizenmechanik im Raume war ja gar nicht erst versucht worden. Es
scheint fast, daß man den räumlichen Zustand des Atoms mit zu den „prinzipiell
unbeobachtbaren Bestimmungsstücken" gerechnet hatte — aber dies ist eben gerade nicht zulässig, sondern es muß grundsätzlich gefordert werden, daß aus den beobachteten Daten auch auf den räumlichen Zustand des Atoms zurück geschlossen wird. Sollte die Beobachtung von Spektrallinien allein hierfür nicht zureichen,
so werden doch sicherlich die Stoßversuche Anhaltspunkte geben. Aber auch ohne
diese sollte schon ein Rückschluß möglich sein; man darf eben niemals vergessen,
daß Verzicht auf den planetenartigen Charakter des Elektronensystems noch nicht
Verzicht auf räumliche Deutung heißt.

Im Gegensatz zu dieser in bezug auf das Raumproblem negativen Theorie
scheint mir die Überlegenheit der *Schrödingerschen* Theorie[5], des zweiten Ent-
wurfs einer neuen Quantenmechanik, darin begründet zu sein, *daß sie eine Kinematik gibt*. Ja, nachdem Schrödinger die mathematische Identität seines Ansatzes
mit dem von Born, Jordan, Heisenberg zeigen konnte, darf man nicht mehr bezweifeln, daß hier überhaupt erst die Kinematik gefunden wurde, die auch schon
der Matrizenmechanik implizit zugrunde lag; diejenige Kinematik, deren mathematische Theorie keine „leer laufenden" Bestimmungsstücke enthält und deshalb
den strengen Anschluß an die experimentellen Tatsachen darstellt. Bei Schrödinger handelt es sich wirklich um eine *Kinematik*; hier wird nicht der Raumbegriff
aufgegeben, sondern allein etwas an der räumlichen Vorstellung *geändert*.

Die Theorie Schrödingers liegt deshalb auf dem oben als ersten genannten
Weg: auch hier wird auf die physikalische Interpretation der Prämissen des Korrespondenzprinzips verzichtet, aber es wird nicht die Möglichkeit eines Modells bezweifelt, sondern ein *anderes* Modell konstruiert. Anstelle des um den Kern
umlaufenden Elektrons tritt jetzt ein Wellenfeld, das stationär oszilliert und den
ganzen Raum erfüllt; es gibt also nicht mehr den einzelnen Massenpunkt, der den
leeren Raum durchzieht, sondern eine kontinuierliche Materie, ein schwingendes
Feld. Ein derartiger Feldkomplex scheint zunächst nichts von solchen Schwin-
gungsgesetzen zu enthalten, wie sie die Fourierzerlegung einer Planetenbahn liefert: dennoch konnte Schrödinger zeigen — und darin besteht ja gerade die hervorragende Leistung seines Ansatzes — daß dieses Modell genau zu den Regeln führt,

---

4 [M. Born, W. Heisenberg, P. Jordan 1926] *Zeitschrift für Physik* 35, 1926, S. 615.
5 [E. Schrödinger 1926a] *Annalen der Physik* 79, 1926, S. 489.

die als Gesetze der Atomstrahlung bekannt sind. Anstelle des nur *regulativen* Charakter tragenden Korrespondenzprinzips tritt hier also eine physikalische Erklärung der Schwingungserscheinungen an Hand eines raumzeitlichen Modells. Auch der Anschluß an makroskopische Verhältnisse bleibt gewahrt; für große Quantenzahlen ergibt sich durch Überlagerung vieler Wellensysteme eine Interferenzerscheinung, die fast überall im Raum ein gegenseitiges Auslöschen aller Wellenzüge bewirkt und nur ein umlaufendes „Energiepaket" übrig läßt, das dem Massenpunkt der klassischen Mechanik entspricht.

Wir können hier nicht auf die weiteren Vorzüge dieses bewundernswerten Modells eingehen, [in dem man] die verschiedenen Quantenzustände als Überlagerung verschiedener Schwingungszustände gleichzeitig realisiert ansehen kann, [das ferner] die ausgesandten Frequenzen als Schwebungen erkennen läßt und damit das Problem der Bahnstürze gegenstandslos macht − sondern wir wollen hier nur auf die Frage eingehen, wie weit die bisherige *Raumordnung* von diesem Modell aufrecht erhalten wird. Denn ganz so einfach, wie es scheinen möchte, liegt diese Frage doch nicht. Der Grund für diese Komplizierung liegt darin, daß das Schrödingersche Modell in den *Parameterraum* eingebettet ist, und nicht in den *Koordinatenraum.*

Diese Unterscheidung sei zunächst an einem einfachen Beispiel klargestellt. Betrachten wir zwei Massenpunkte, die einen (im Raum fest zu denkenden) Kern umkreisen, so ist der Zustand eines jeden dieser Punkte durch drei Koordinaten, der Gesamtzustand des aus beiden gebildeten Systems also durch $2 \times 3 = 6$ Bestimmungsstücke bestimmt. Denken wir uns diese sechs Bestimmungsstücke als Koordinaten in einem sechsdimensionalen Raum aufgetragen, so bestimmen sie hierin einen Punkt. Infolgedessen läßt sich der Zustand des Systems auf zwei Weisen beschreiben: entweder man gibt zwei Punkte im dreidimensionalen Raum, oder einen Punkt im sechsdimensionalen Raum; beides sind gleichwertige Sprechweisen, die inhaltlich genau dasselbe besagen und nur der Ausdrucksform nach verschieden sind. Entsprechend läßt sich auch die Bewegung des Systems auf zwei Weisen ausdrücken: für den dreidimensionalen Raum formuliert, hat man zwei Punkte, die zwei getrennte und im allgemeinen verschiedene Bahnen beschreiben, für den sechsdimensionalen Raum hat man nur einen Punkt, der eine einzige Bahn beschreibt. Auch diese Sprechweisen sind völlig äquivalent. Den dreidimensionalen Raum nennen wir *Koordinaten*raum, den sechsdimensionalen *Parameterraum.*

Diese Überlegung läßt sich natürlich auf n Punkte ausdehnen; der Koordinatenraum behält dabei seine drei Dimensionen, während der Parameterraum bis zu 3n Koordinaten hat (je nach der Zahl der Abhängigkeitsbeziehungen zwischen den Punkten). Der Zustand des ganzen Systems ist dann durch einen einzigen Punkt im vieldimensionalen Parameterraum bestimmt. Ein Vorzug des Verfahrens besteht darin, daß die einzelnen Bestimmungsstücke gar nicht Koordinaten der einzelnen Punkte zu sein brauchen, sondern beliebige Parameter sein dürfen, die das System bestimmen. So kann z.B. der Abstand zweier Punkte im Koordinatenraum, oder die Lage der Rotationsachse eines starren Körpers (wenn es sich nicht mehr um bloße Massenpunkte handelt) anstelle einzelner Koordinaten als Bestimmungsstück eintreten. Daher rührt der Name *Parameterraum*; dieser Raum besitzt soviele Dimensionen, wie das System Freiheitsgrade besitzt, und es ist nicht nötig, daß das im Parameterraum gewählte Achsensystem gerade aus Koordinaten des dreidimensionalen Raumes besteht. Im allgemeinen wird vielmehr erst eine Koordinatentransformation im Parameterraum erforderlich sein, um auf dasjenige Achsensystem überzugehen, das Koordinaten des dreidimensionalen Raumes entspricht. Jedoch muß eine solche Transformation immer möglich sein.

Ist z.B. der Bewegungszustand eines starren Körpers im dreidimensionalen Raum festzulegen, so kann dies durch die drei Koordinaten seines Schwerpunkts und durch drei weitere Parameter geschehen, welche die Lage seiner Rotationsachse und das Azimuth der Drehung angeben; anstatt dessen kann man aber auch drei beliebige Punkte des Körpers auswählen und ihre Lagekoordinaten vorgeben. Diese 3 x 3 = 9 Koordinaten reduzieren sich nämlich genau auf sechs, weil zwischen ihnen drei Abhängigkeitsbeziehungen gelten, die die Unveränderlichkeit der gegenseitigen Entfernung besagen. Wir dürfen deshalb grundsätzlich im Parameterraum ein Achsensystem gewählt denken, derart daß jede Achse eine Koordinate eines Punktes im dreidimensionalen Raum bezeichnet.

Die Einführung des Parameterraumes wird von den Physikern gewöhnlich als reines Rechenhilfsmittel hingestellt, dem keine physikalische Bedeutung innewohnt. Man sagt: „In *Wirklichkeit* sind es Vorgänge im dreidimensionalen Koordinatenraum, wir können sie aber gleichwertig beschreiben durch Vorgänge in dem *künstlich erdachten* Parameterraum, wobei wir den Vorteil einfacherer Rechnung erhalten". Gestützt auf diese nicht weiter begründete Voraussetzung setzt der Physiker dann an den Schluß seiner Rechnung eine „Aufspaltung"; er zeigt, was die im Parameterraum errechnete Bahn für den dreidimensionalen Koordinatenraum bedeutet und sieht diese Darstellung erst als endgültige Beschreibung des wirklichen Vorgangs an. Aber dieses als selbstverständlich geübte Verfahren birgt ein tiefes Problem; warum ist der Parameterraum nicht ein ebenso wirklicher Raum wie der Koordinatenraum? Worauf beruht denn die Sonderstellung des Koordinatenraumes?

Die Überlegung kompliziert sich noch durch folgende Erwägung. Hat man den ersten Ansatz des betreffenden Problems im dreidimensionalen Koordinatenraum durchgeführt, und den Parameterraum wirklich nur zur bequemeren Durchrechnung benutzt, so erscheint die nachherige Aufspaltung als berechtigter Rückweg zu dem ursprünglichen Ansatz. In der Schrödingerschen Mechanik aber wird ein sehr viel komplizierterer Schluß vollzogen. Man geht zwar ursprünglich vom dreidimensionalen Koordinatenraum aus, und die Einführung des Parameterraumes bedeutet dort zunächst auch nur eine andere Sprechweise. Dann aber wird das Problem im Parameterraum einer kunstvollen Änderung unterworfen, der *Punkt* des Parameterraumes wird in *Kontinuum* „ausgeschmiert", das wellenartige Schwingungen ausführt, und nun erst wird auf den dreidimensionalen Koordinatenraum durch Aufspaltung zurückgegangen. Dabei hat dann natürlich das Geschehen im dreidimensionalen Koordinatenraum ein ganz anderes Aussehen erhalten. Damit ist erst recht die Frage brennend, wieweit man berechtigt ist, dieses Geschehen als das wirkliche anzusehen; hat nach der Schrödingerschen Umformung der Bahnmechanik zur Wellenmechanik der Rückgang zum dreidimensionalen Raum überhaupt noch einen Sinn?

III.

Wenn wir diese Frage beantworten wollen, müssen wir zunächst die Vorfrage stellen, warum wir dem makroskopischen Raum überhaupt die Dimensionszahl drei zuschreiben. Die Geometrie des physikalischen Raumes ist ja, wie sich in der erkenntnistheoretischen Kritik immer deutlicher herausgestellt hat, durch das Verhalten der starren Körper gegeben; sie ist das System der Gesetze für die Lagerungsmöglichkeit starrer Körper. Auch die Zahl drei der Dimensionen ist so zu verstehen. Wir können z.B. einen dreidimensionalen Würfel konstruieren, indem wir einen Körper bilden, in dessen Ecken je drei Kanten zusammenstoßen, dessen Kanten alle gleich sind und dessen Flächendiagonalen das $\sqrt{2}$-fache der Kantenlänge besitzen; die hierzu nötigen Messungen sind alle mit starren Stäben auszuführen. Aber einen Würfel höherer Dimensionszahl können wir nicht physikalisch herstellen, hier tritt eine Grenze auf. Legen wir nämlich dreidimensionale Würfel so aneinander, daß sich alle mit einer Ecke berühren, so können wir nicht mehr als acht Würfel an einander legen. Diese physikalische Unmöglichkeit drücken wir dadurch aus, daß wir die Lagerungsmöglichkeit der Würfel eine dreidimensionale Mannigfaltigkeit nennen; hätte sie mehr als drei Dimensionen, so müßten unendlich viele dreidimensionale Würfel in der angegebenen Weise zusammengelegt werden können. Die Dimensionszahl drei ist also eine charakteristische Naturkonstante, die in dem Verhalten starrer Körper zum Ausdruck kommt; die Aussage der Dreidimensionalität hat deshalb eine objektive Bedeutung.

Aber damit ist zugleich auch die Grenze dieser Bestimmung der Dimensionszahl gegeben; sie ist nur soweit sinnvoll, als man von starren Körpern sprechen kann. In atomaren Bereichen aber gibt es keine starren Körper mehr; hier gibt es nur noch ein kontinuierliches Feld, und wir müssen deshalb nach einer anderen Möglichkeit suchen, im Inneren des Atoms geometrische Verhältnisse zu definieren. Es hat sich nun herausgestellt, daß auch ohne starre Körper nur unter Benutzung von Signalen die Durchführung einer physikalischen Raumordnung möglich ist, ja, daß diese Raumordnung sogar den tieferen Sinn auch der makroskopischen Raumordnung enthält.

Die Auflösung dieses erkenntnistheoretischen Problems hat sich im Zusammenhang der Axiomatik der Relativitätstheorie[6] ergeben, die eine neuartige Auffassung von der Natur des Raumes entwickelt hat. Danach läßt sich die *Raummessung* auf die *Zeitmessung* zurückführen; die räumliche Entfernung läßt sich durch die Zeit messen, die ein Lichtsignal zur Durchlaufung der betreffenden Strecke gebraucht. Um den Gleichzeitigkeitsbegriff zu eliminieren, können wir am Ende B der Strecke AB einen Spiegel aufstellen und das Licht zurückschicken; dann ist die

6 H. Reichenbach, *Axiomatik der relativistischen Raum-Zeit-Lehre*, Vieweg 1924, §8 und §13.

im Ausgangspunkt *A* gemessene Zeit für Hin- und Rückweg zusammengenommen ein Maß für die räumliche Entfernung des *B* von *A*. Damit wird die räumliche Ordnung des „näher" und „weiter" zurückgeführt auf den *Wirkungszusammenhang*; solche Punkte, die von *A* aus rasch kausal erreichbar sind, heißen benachbart zu *A*. Dabei geschieht die Bevorzugung des Lichtsignals in dieser „Lichtgeometrie" nur deshalb, weil das Licht das rascheste Signal ist; für die Ermittlung der topologischen Verhältnisse genügt jedes kausale Signal irgendwelcher Art. Die topologischen Nachbarschaftsverhältnisse des Raumes sind also durch den Kausalzusammenhang gegeben. Und darum ist gerade diese Festlegung der physikalischen Raumordnung geeignet, auf den atomaren Bereich ausgedehnt zu werden, in dem es keine materiellen Meßkörper mehr gibt, sondern nur noch ein Wirkungsfeld.

Wie ist nun in dieser Geometrie des Kausalzusammenhangs die Dimensionszahl bestimmt? Man erkennt, daß der Grundgedanke dieser Geometrie nichts anderes bedeutet als die Erhebung des *Nahwirkungsprinzip* zum Prinzip der Raumordnung. Unter Nahwirkung versteht man ja die Eigenschaft eines kausalen Prozesses, sich mit wachsender Zeit durch alle Zwischenpunkte hindurch auszubreiten, d.h. *weiter entfernte* Punkte zu einer *späteren Zeit* zu erreichen; aber gerade dieser Grundsatz wird in der geschilderten Geometrie umgekehrt dazu benutzt, um das räumliche „näher" und „weiter" zu *definieren*. Dies besagt aber nichts anderes als: *Der Raum ist topologisch so zu ordnen, daß das Nahwirkungsprinzip gilt.* Nun ist natürlich von vornherein nicht ausgemacht, daß dieses Verfahren überhaupt durchführbar ist, sondern die Durchführbarkeit muß als eine empirische Behauptung angesehen werden. Aber wir können etwas anderes beweisen: Wenn diese Tatsache gilt, so führt sie zu einer Festlegung der Dimensionszahl.

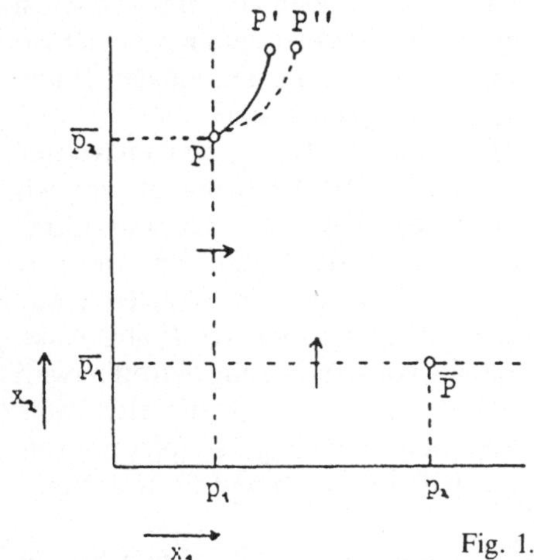

Fig. 1. Ausbreitung einer Störung im Parameterraum.

Wir wollen dies an einem Beispiel[7] entwickeln, in dem der Parameterraum

---

7 [Die folgenden Seiten sind mit geringen Änderungen in die *Philosophie der Raum-Zeit-Lehre* aufgenommen worden. *Ges. Werke* Bd 2, S. 324–327]

217

noch so wenig Dimensionen besitzt, daß wir ihn in üblicher Weise anschaulich zeichnen können (Fig. 1). Wir denken uns zwei von einander unabhängige Massenpunkte auf einer Geraden beweglich; dann ist der Koordinatenraum eindimensional, der Parameterraum zweidimensional. Der Zustand des Punktsystems zu einer gegebenen Zeit ist bestimmt durch Angabe der beiden Koordinaten x_1 und x_2 der Punkte; also *entweder* durch Angabe der *beiden* Punkte p_1 und p_2 im eindimensionalen Koordinatenraum, *oder* durch Angabe des *einen* Punktes P im Parameterraum. Rein formal können wir also die Bewegung des Punktsystems auffassen *entweder* als Bewegung zweier Punkte im eindimensionalen Raum *oder* als Bewegung eines Punktes im zweidimensionalen Raum. Nehmen wir aber das Nahwirkungsprinzip hinzu, so verschwindet die Äquivalenz.

Denken wir uns im eindimensionalen Koordinatenraum eine Störung, etwa eine Schallwelle, welche sich von p_1 ausbreitet. Sie wird im Sinne des Nahwirkungsprinzips allmählich von p_1 nach rechts und links fortrücken. Wie wird ihr Bild aber im zweidimensionalen Parameterraum aussehen? Jeder der Punkte P der Ebene entspricht einer Kombination von zwei Punkten $p_i p_k$ der Achse x_1; alle Kombinationen $p_1 p_k$, in denen p_1 auftritt, liegen auf der Geraden $p_1 P$. Da nun die Störung in p_1 angreift, so wird sie deshalb in sämtlichen Punkten der Geraden $p_1 P$ gleichzeitig angreifen, und das Fortschreiten der Störung wird dargestellt sein durch die seitliche Verschiebung der Geraden $p_1 P$ in den beiden Richtungen des Pfeiles. Zugleich muß aber auch eine horizontale symmetrisch gelegene Störfront $\bar{p}_1 \bar{P}$ auftreten, denn auch p_2 soll, wenn es in die Nähe des Störungsgebietes gelangt, gestört werden. Während sich also die Störung im Koordinatenraum zentrisch ausbreitet, besitzt sie im Parameterraum kein punktförmiges Zentrum, sondern greift dort von vornherein auf zwei gekreuzten Geraden an. Hieran können wir erkennen, daß der „wirkliche Raum" in diesem Beispiel eindimensional ist: nur in ihm gilt das Nahwirkungsprinzip, während im zweidimensionalen Raum längs der gekreuzten Geraden unendliche Geschwindigkeit besteht.

Wir müssen dies noch etwas genauer begründen. Der Übergang vom Koordinatenraum zum Parameterraum ist mit einer gewissen Willkür behaftet, und wir müssen formulieren, welche Forderung es ist, die das Ausfließen der punktförmigen Störung des Koordinatenraumes in eine linienhafte des Parameterraumes bewirkt. Liegt p_1 im Störungsgebiet, so wird seine Bahn irgendwie abgelenkt werden; infolgedessen wird auch die Bahn des Kombinationspunktes P abgelenkt, und zwar ist es hierfür gleichgültig, ob p_2 ebenfalls von der Störung betroffen wird oder nicht. Fordern wir nun, daß eine Ablenkung von P nur dann eintreten kann, wenn P innerhalb des Störungsgebietes im Parameterraum liegt, so folgt notwendig, daß die Störung im Parameterraum linienhaft sein muß und nicht auf eine Punktumgebung beschränkt sein kann.

Noch eine zweite Besonderheit besitzt die Störung. Sie hat ja zunächst auf den Bewegungszustand von p_2 keinen Einfluß, da sie nur in p_1 angreift. Sie kann also, im zweidimensionalen Parameterraum betrachtet, den Systempunkt P nur in einer gewissen einseitigen Weise angreifen; sie kann nämlich nur seine x_1-Koordinate verändern, nicht seine x_2-Koordinate. Ist PP' ein Stück der ungestörten Bahn von *P*, [und] *PP″* das entsprechende Stück der gestörten Bahn, so müssen die auf derselben Horizontalen gelegenen Punkte *P′* und *P″* gleichen Zeiten entsprechen; die Bahn erfährt durch die linienhafte Störung nur eine seitliche Ausbauchung, senkrecht zur Störfront. Die zentrische und allseitige Störung im Koordinatenraum ist also im Parameterraum linienhaft und einseitig.

Wäre umgekehrt der Störungsvorgang im zweidimensionalen Raum zentral orientiert, so würde dies wieder für den eindimensionalen Raum nicht gelten. Denken wir uns von *P* aus eine zentrische Störung fortschreiten, so wird sie im eindimensionalen Raum dargestellt sein durch *zwei* Störungen, die in p_1 und p_2 gleichzeitig angreifen und sich von jedem der Punkte aus zentrisch ausbreiten. Zwischen diesen beiden Störungen bestände eine *Fernkopplung*: würde nämlich der Punkt p_1 in das eine Störungsgebiet eintreten, so würde er nur dann gestört werden, wenn *gleichzeitig* der ferne Punkt p_2 sich in dem anderen Störungsgebiet befindet[8]. Eine zentrische Nahwirkung im Parameterraum würde also im Koordinatenraum zu einer Fernwirkung führen. In diesem Fall würden wir sagen, daß der zweidimensionale Raum der „wirkliche" sei, dagegen der eindimensionale nur ein Rechenraum.

Der geschilderte Unterschied in der Wirkungsausbreitung beider Räume rührt daher, daß zwischen Räumen verschiedener Dimensionszahl keine eineindeutige und stetige Punkttransformation möglich ist. Es gilt hier nur eine Transformation mit Wechsel des Raumelements: einem *Punkt* des zweidimensionalen Raumes entspricht eine *Punktkombination* des eindimensionalen, und einem *Punkt* des eindimensionalen Raumes entspricht eine *Gerade* des zweidimensionalen.

Die Ausdehnung dieser Überlegung auf höhere Dimensionszahlen ist leicht vollzogen. Ist der Koordinatenraum dreidimensional, der Parameterraum n-dimensional (n>3), so ist eine im Koordinatenraum dem Nahwirkungsprinzip entsprechende Störung im Parameterraum dargestellt durch gekreuzte, seitlich wandernde Hyperebenen, die wieder nur einseitig stören können und in der fortschreitenden Zeit ein zylindrisches Gebiet von dreidimensionalem Querschnitt bestreichen. Eine zentrische Störung im Koordinatenraum bedeutet also eine Gruppe von zylindrischen und einseitigen Störungen im Parameterraum. Umgekehrt würde eine zentrische Störung im Parameterraum einer Anzahl getrennter Störungen im Koordinatenraum äquivalent sein, die Fernkopplung besitzen[9]. Wir können deshalb allgemein sagen:

Das Nahwirkungsprinzip kann nur entweder im Koordinatenraum oder im Parameterraum erfüllt sein; derjenige von beiden Räumen, in dem es erfüllt ist, ist der „wirkliche" Raum.

Dieser Grundsatz ermöglicht es, die Dimensionszahl als eine objektive Be-

---

8 Dies folgt daraus, daß der Kombinationspunkt *P* nur unter dieser Bedingung im Störungsgebiet des Parameterraumes liegt; die oben erwähnte Forderung, daß *P* nur unter dieser Bedingung gestört wird, ist hier selbstverständlich, weil sonst nicht von Nahwirkung im Parameterraum die Rede sein könnte.

9 [Ende der in der *Philosophie der Raum-Zeit-Lehre* abgedruckten Passage.]

stimmung aufzufassen, die eine Eigenschaft der Natur charakterisiert. Die Möglichkeit, den Parameterraum anstelle des Koordinatenraumes einzuführen, bestand ja schon von jeher in der Physik. Daß die Physik aber bisher mit einem dreidimensionalen Raum als wirklichem Raum gearbeitet hat, ist nicht als ein Ausfluß des menschlichen Anschauungsvermögens anzusehen, sondern als eine durch die Natur gegebene Notwendigkeit; die Zusammenhänge der Natur sind derart, daß sie nur bei dreidimensionaler Anordnung das Nahwirkungsprinzip erfüllen. Die Behauptung, daß der physikalische Raum drei Dimensionen hat, hat deshalb den gleichen objektiven Charakter wie etwa die Behauptung, daß es drei Aggregatzustände der Materie gibt; sie beschreibt eine fundamentale Tatsache der objektiven Welt. Wir müssen nun die Frage stellen, wie weit diese Tatsache noch in der Wellenmechanik des Atominneren gilt.

<h2 style="text-align:center">IV.</h2>

Es gibt einen Fall, in dem der Unterschied zwischen Koordinatenraum und Parameterraum entfällt: das ist der Fall des nur aus einem Massenpunkt bestehenden Systems. Hier hat der Parameterraum ebenso viele Dimensionen wie der Koordinatenraum, und beide Räume werden identisch. Für diesen Fall hat kürzlich Schrödinger die Entstehung des Massenpunktes aus einer Interferenzerscheinung ausführlich dargestellt[10]; und hier gibt es natürlich kein besonderes Raumproblem.

Gehen wir dagegen zu zwei Massenpunkten über, die einen sechsdimensionalen Parameterraum bestimmen, so ist die Analogie zu der genannten Schrödingerschen Interferenzerscheinung im sechsdimensionalen Parameterraum zu vollziehen, nicht etwa im dreidimensionalen Koordinatenraum. Es liegen dann Wellen im Parameterraum vor, und die Interferenzerscheinung ergibt zunächst nur ein Energiepaket im Parameterraum, dessen Wanderung der des Systempunkts im Parameterraum entspricht. Erst durch Aufspaltung wird hieraus wieder ein Vorgang im dreidimensionalen Raum gewonnen; es entstehen dann zwei getrennte Massenpunkte oder richtiger Punktgebiete im Koordinatenraum. Das entsprechende gilt für die aus sehr vielen Massenpunkten bestehenden höheren Atome; immer findet die Wellenerscheinung zunächst im vieldimensionalen Parameterraum statt, und aus diesem muß erst wieder der dreidimensionale Koordinatenraum abgespalten werden. Schrödinger hat für diese Aufspaltung ein Verfahren angegeben, wie aus dem Feldskalar ψ, der Materie des Parameterraumes, der Feldskalar ϱ, die Materie des Koordinatenraumes, durch eine teilweise Integration zu konstruieren ist.

Für diese Aufspaltung besteht zunächst kein physikalischer Grund. Man könnte z.B. den sechsdimensionalen Parameterraum ebenso gut in einen zweidimensionalen Koordinatenraum aufspalten, in dem drei Massenpunkte umherwandern. Wenn man dies nicht tut, sondern auf den dreidimensionalen Raum zurückgeht, so beruht dies zunächst nur auf dem Grundsatz, möglichst wenig an der bis-

---

10 [E. Schrödinger 1926e] *Die Naturwissenschaften* 14, 1926, S. 664.

herigen Vorstellung zu ändern. Wir müssen aber fragen, wie weit dieses Verfahren in der Sache begründet liegt; denn wir müssen es ja als eine zulässige und notwendige Frage betrachten, wie das Atom nun *wirklich aussieht*. Für die Beantwortung können wir unser Kriterium für die Dimensionszahl benutzen; wir haben also die Frage zu stellen: in welchem Raum gilt nach der Schrödingerschen Mechanik das Nahwirkungsprinzip?

Hier haben wir nun die Merkwürdigkeit zu konstatieren, daß das Nahwirkungsprinzip zunächst gerade im Parameterraum gilt. Es finden Wellen im Parameterraum statt, die dort eine endliche Ausbreitungsgeschwindigkeit besitzen. Die daraus abgeleiteten Wellen des Koordinatenraumes müssen also die beschriebene Erscheinung der Fernkopplung zeigen, und danach wäre gerade der Parameterraum der wirkliche Raum, nicht der Koordinatenraum.

Dennoch ist dieser Schluß nicht zwingend. Denn bisher sind die Schrödingerschen Rechnungen nur für *stationäre Prozesse* durchgeführt. Aber die Ausbreitung in stationären Vorgängen kann ganz andere Eigenschaften haben als das Nahwirkungsprinzip erfordert; hier sind Fernkopplungen durchaus möglich. Man denke beispielsweise an die Fernkopplung in einem elektrischen Stromkreis; die Stromstärke im Zuleitungsdraht ist bestimmt durch den Widerstand, der an einer ganz anderen Stelle des Kreises liegt, und bei langsamen Schwankungen dieses Widerstandes wird auch die Stromstärke im Zuleitungsdraht „gleichzeitig" mit schwanken. Hier wissen wir nun allerdings, daß dies eben nur auf einer Schematisierung beruht; die Schwankungen sind nicht streng gleichzeitig, sondern die Störungen müssen sich bei der Änderung des Widerstandes erst allmählich ausbreiten. Die Schematisierung für den stationären Vorgang ist möglich, weil die Zeitdauer des Ausgleichs für die Störung außerordentlich klein ist gegen die Zeitdauer der Schwankung in den Widerstandsverhältnissen des Stromkreises; stationäre Prozesse können deshalb Fernkopplung vortäuschen. Darum können wir aus er Wellenmechanik keinen Anhalt für die Dimensionszahl entnehmen, solange nur stationäre Vorgänge behandelt sind.

Die Entscheidung, welcher Dimensionszahl Realität zukommt, ist also erst zu fällen, wenn in der Wellenmechanik die Ausbreitung von Störungen behandelt worden ist. Und wir können formulieren, von welcher Tatsache diese Entscheidung abhängen wird: ist die Störung als zentrisch im Parameterraum anzusehen, so ist der Parameterraum der wirkliche Raum des Atoms, ist dagegen jede Störung als Zylinder von dreidimensionalem Querschnitt im Parameterraum anzusehen, so ist der Parameterraum der wirkliche Raum des Atoms, ist dagegen jede Störung als Zylinder von dreidimensionalem Querschnitt im Parameterraum anzusehen, so ist der dreidimensionale Koordinatenraum der wirkliche Raum. Diese Entscheidung hängt davon ab, welcher von beiden Ansätzen durchgerechnet zu Resultaten führt, die mit den experimentellen Beobachtungen im Einklang sind; und gerade hieran ist deutlich zu sehen, daß die Entscheidung über die Dimensionszahl letzten Endes allein durch die Erfahrung gegeben werden kann. Es ist vorerst noch nicht zu beurteilen, wie dieser Entscheid aussehen wird.

Wenn Schrödinger die Ansicht geäußert hat[11], daß sein Modell die bisherige dreidimensionale Raumordnung stützt, so erscheint diese Ansicht deshalb als einstweilen noch nicht hinreichend begründet. Mit dem Übergang vom Planetenmodell zum Wellenfeld des Parameterraumes ist der physikalische Raum in eine neue Problematik gerückt worden; es muß jetzt erst von neuem klar gestellt werden, welcher Raum der des physikalischen Ausbreitungsvorgangs ist. Denn erkenntnistheoretisch möglich wäre es durchaus, trotz allem Festhalten an einem *räumlichen Modell*, daß gerade der Parameterraum als der wirkliche Raum anzusehen ist.

Überlegen wir uns deshalb einmal – ohne damit irgendeinen Anspruch auf physikalische Anwendbarkeit verbinden zu wollen –, was es bedeuten würde, wenn der Entscheid zugunsten des Parameterraumes ausfiele. Dann wäre also das Atom vieldimensional. Da aber die makroskopische Welt, wie wir ja wissen, dreidimensional ist, so müßte für große Quantenzahlen die dreidimensionale Aufspaltung wieder herauskommen. Die Durchführung dieses Überganges hinge natürlich davon ab, wie der Ansatz des Wellenvorgangs im Parameterraum durchgeführt wurde; aber wir wollen hier wenigstens eine Möglichkeit eines solchen Übergangs skizzieren. Es wird genügen, wenn wir diese Überlegung an dem einfachen Fall der Fig. 1 durchführen. Wir haben dann zu zeigen, wie eine ursprünglich zentrische Störung im zweidimensionalen Parameterraum so ausarten kann, daß sie die Gestalt der gekreuzten und einseitig stoßenden Störfronten annimmt; denn dann wären die Bedingungen der Aufspaltbarkeit gegeben.

Dazu muß die ursprünglich zentrische Störung, die wir uns in P einsetzend denken, drei Eigenschaften annehmen. Erstens muß die Ausbreitungsgeschwindigkeit der Störung in der Vertikalrichtung nahezu unendlich werden, während sie in der Horizontalrichtung klein bleibt; dann hat sie nach kurzer Zeit bereits die Gestalt der seitlich wandernden Front $p_1 P$. Zweitens muß die Front $\bar{p}_1 \bar{P}$ entstehen. Um dies zu verstehen, müssen wir die Diagonale als ausgezeichnete Linie des Parameterraumes betrachten, an der die von P nach p_1 nahezu unendlich rasch fortschreitende Störung reflektiert wird, sodaß die Front $\bar{p}_1 \bar{P}$ durch Reflexion entsteht; wir dürfen diese Annahme machen, weil wir, wie eine Überlegung zeigt, für die Belegung des Raums mit kontinuierlicher Materie diagonalsymmetrische Punkte wie P und $\bar{P}$ als identisch ansehen müssen. Drittens endlich müssen wir annehmen, daß jede Störfront wesentlich nur in Richtung ihrer Normalen die Bahn von P beeinflußt. Die Erfüllung dieser Bedingungen würde bedeuten, daß der Parameterraum gewisse physikalische Besonderheiten besitzt, die für großen Quantenzahlen zu der Ausartung der Störung führen; aber etwas derartiges muß natürlich gefordert werden, wenn die Aufspaltbarkeit ermöglicht werden soll.

Eine solche Welt dürfen wir uns durch folgende Analogie veranschaulichen. Denken wir uns etwa eine Sandschicht von großer horizontaler Ausbreitung, aber nur wenigen Körnern Dicke, so haben wir ähnliche Verhältnisse. Ein solches Gebilde ist im Kleinen dreidimensional, im Großen aber wesentlich nur zweidimen-

11 [E. Schrödinger 1926a] *Annalen der Physik* 79, 1926, S. 509.

sional; d.h. für große Gebiete könnten wir die dritte Dimension vernachlässigen. Denken wir uns das Naturgesetz bestehend, daß in der dritten Dimension nie mehr als einige Körner nebeneinander gelegt werden können, so wäre es in dieser Welt nicht möglich, einen makroskopischen Maßstab in die dritte Dimension zu drehen; menschliche Wesen, die selbst aus solchen Sandkörnern aufgebaut wären und nur mit makroskopischen Maßstäben hantieren würden, würden also die dritte Dimension gar nicht bemerken[12]. Erst die Naturforscher unter diesen Wesen würden eines Tages entdecken, daß die Welt im Kleinen mehr Dimensionen besitzt, und dann ganz gewiß ob dieses „Verstoßes gegen den gesunden Menschenverstand" von den anderen perhorresziert werden.

Würde diese Analogie zutreffen, so hätte es für kleine Quantenzahlen keinen Sinn mehr, an dem dreidimensionalen Raum festzuhalten, und der Schrödingersche Parameterraum wäre dann bereits der wirkliche Raum. Doch soll natürlich mit der Erörterung dieser Möglichkeit der physikalischen Entwicklung nicht vorgegriffen werden; einstweilen scheint der Entscheid noch nicht möglich.

Es gibt in der Schrödingerschen Wellenmechanik *ein* Argument, das gegen diese Ausdeutung zu sprechen scheint. Obzwar Störungen noch nicht durchgerechnet sind, treten an einer Stelle doch bereits Zylinder von dreidimensionalem Querschnitt auf, die eine Aufspaltung des Parameterraumes nahelegen. Die Potentialfunktion V Schrödingers, das elektrische Potential, hat nämlich diese Gestalt. Dies rührt daher, daß bisher immer noch der Weg vom dreidimensionalen Raum zum Parameterraum benutzt wird, um den Ansatz für den Parameterraum überhaupt erst einmal zu erhalten. Dieses Verfahren ist ja der bisher allgemein benutzte Weg; aber es ist so merkwürdig, daß es hier einmal geschildert werden muß. Man denkt sich ein gewöhnliches Atommodell nach der alten Bohr-Rutherfordschen Konstruktion, bestimmt hieraus die Zahl der Freiheitsgrade, also die Dimensionszahl des Parameterraumes, und sogar auch noch die Form der Potentialfunktion V und der Hamiltonschen Energiefunktion H. Nun übersetzt man dieses Modell in den Parameterraum. Hier nimmt man jedoch solche Änderungen vor, daß, wenn man zurücktransformiert, das ursprüngliche Modell wenigstens für kleine Quantenzahlen überhaupt nicht wiederzuerkennen ist, und behauptet trotzdem, das richtige Modell zu haben. Der Rückgang zum dreidimensionalen Raum ist natürlich auch für kleine Quantenzahlen immer möglich; wäre man aber von *diesem* Modell ursprünglich ausgegangen, so wäre man niemals zu dem benutzten Ansatz für die Hamiltonsche und für die Potentialfunktion, ja nicht einmal zu der richtigen Dimensionszahl des Parameterraumes gekommen.

Das ganze Verfahren kann offenbar nur ein Näherungsverfahren bedeuten, sonst wäre es sinnlos. Darum kann es aber auch nur als im großen und ganzen brauchbar gewertet werden. Gerade der Ansatz für die Potentialfunktion muß als ziemlich rohe Näherung angesehen werden, die für kleine Quantenzahlen even-

12 Der Vergleich ist nur insofern unzutreffend, als der Verlust der überzähligen Dimensionen im Atom nicht durch zu geringe Länge dieser Erstreckungen entstände, sondern durch Aufspaltung.

tuell verbessert werden muß. Wenn sie sich auch für kleine Quantenzahlen besser
bewährt, als man nach der Grobheit der Näherung vermuten dürfte, so beweist
dies erst recht, daß hier irgend etwas noch gar nicht in Ordnung ist. Vielleicht besteht die notwendige Verbesserung gerade in einem Abgehen von dem zylindrischen Charakter dieser Funktion. Darum kann man diese durch ein für große
Quantenzahlen allein gültiges Näherungsverfahren gewonnene Gestalt der Potentialfunktion nicht als beweisend für die Aufspaltbarkeit des Parameterraumes ansehen.

Fassen wir unsere Überlegungen zusammen, so gelangen wir zu einer teilweise konservativen, teilweise umstürzlerischen Auffassung des Raumproblems in der
neuen Quantenmechanik. Das Atom muß jedenfalls irgend eine räumliche Struktur haben; es geht nicht, ein vollständig unräumliches Elementargebilde anzusetzen, aus dem im Makroskopischen ein dreidimensionaler Raum entsteht. Auch
heißt es das Problem verkennen, wenn man die Möglichkeit räumlicher Bilder
überhaupt bestreitet; wenn die bisherigen Bilder nicht richtig sind, hat man andere
zu suchen, die eventuell einen sehr viel komplizierteren Raumtypus voraussetzen.
Es ist der Vorzug der Schrödingerschen Wellenmechanik, daß sie für das Atom eine
räumliche Ordnung annimmt; aber es ist noch nicht gesagt, daß diese gerade der
bisherige dreidimensionale Raumtypus ist. Während der endgültige Entscheid darüber noch aussteht, bis das Verhalten von Störungen durchgerechnet ist, spricht
manches dafür, in dem Parameterraum des Atoms den wirklichen Raum zu sehen.
Hierfür spricht vor allem der Leitgedanke Schrödingers, der den Übergang von
der Strahlenmechanik zur Wellenmechanik im Parameterraum vollzieht, nicht, wie
in der zugrunde liegenden optischen Analogie, im Koordinatenraum.

Mit diesen Überlegungen soll in das eigentlich physikalische Problem, das in
der Durchrechnung des Schrödingerschen Ansatzes für kompliziertere Atome und
unter komplizierteren äußeren Bedingungen besteht, nicht eingegriffen werden.
Im Gegenteil wird ja in der gegebenen Darstellung die Entscheidung über den
Raumtypus gerade von den Resultaten dieser Durchrechnung abhängig gemacht.
Aber es soll gezeigt werden, welche begrifflichen Möglichkeiten hier überhaupt
bestehen. Vor allen Dingen soll auf das Problematische hingewiesen werden, das
darin besteht, den Ansatz der Wellenfunktion im Parameterraum aus einem ursprünglichen Modell im dreidimensionalen Koordinatenraum abzuleiten. Dieser
im Sinne einer *Approximation* zulässige Leitgedanke darf nicht im Sinne einer
apriorischen Forderung überspannt werden, denn erkenntnistheoretisch möglich
ist es durchaus, daß der Parameterraum als der ursprüngliche Raum anzusehen ist.
Vielleicht ist es für die weitere Durchrechnung richtiger, das bisher benutzte Prinzip zur Aufstellung der Hamiltonschen Funktion zu vergessen und im Parameterraum selbständig nach geeigneten Ansätzen zu suchen. Die gegebene Darstellung
soll zeigen, daß jedenfalls erkenntnistheoretische Bedenken für ein solches Verfahren nicht bestehen. Anderes vermag eine erkenntnistheoretische Überlegung für
die Physik überhaupt nicht zu leisten, als den Sinn bisheriger physikalischer Behauptungen zu deuten und damit Möglichkeiten zu neuen Ansätzen zu eröffnen —
die Entscheidung über das in der Wirklichkeit stattfindende Verhalten kann nur die
physikalische Forschung selbst treffen.

Der Begriff der Wahrscheinlichkeit für die mathematische Darstellung der Wirklichkeit.

Inaugural-Dissertation

zur

Erlangung der Doktorwürde
der hohen philosophischen Fakultät der Friedrich-Alexanders-
Universität Erlangen

vorgelegt von

HANS REICHENBACH

aus Hamburg

Tag der mündlichen Prüfung: 2. März 1915

Referent: Professor Hensel
Korreferent: Professor Noether
Dekan: Professor Lenk

Sonderabdruck aus der
Zeitschrift für Philosophie und philosophische Kritik

Inhalt.

Seite

Erstes Kapitel.

Das Problem 1

Zweites Kapitel.

Analyse spezieller Wahrscheinlichkeitsprobleme 15

   I. Die Wahrscheinlichkeitsmaschine 15

   II. Die Glücksspiele 26

   III. Das Theorem der zusammengesetzten Wahrscheinlichkeit 32

   IV. Die Fehlertheorie 36

Drittes Kapitel.

Deduktion des Wahrscheinlichkeitsprinzips 47

Viertes Kapitel.

Die Stellung der Wahrscheinlichkeitsurteile zur Wirklichkeit 65

Lebenslauf.

Ich, HANS FRIEDRICH HERBERT GÜNTHER REICHENBACH, evangelisch-reformierter Konfession, Hamburgischer Staatsangehörigkeit, wurde am 26. September 1891 als Sohn des Kaufmanns BRUNO REICHENBACH und seiner Ehefrau SELMA REICHENBACH, geb. MENZEL, zu Hamburg geboren. Ich besuchte von Ostern 1898 bis Ostern 1907 die Realschule Stiftungsschule von 1815 zu Hamburg, an der ich das Berechtigungszeugnis zum einjährig-freiwilligen Dienst erhielt, von Ostern 1907 bis Ostern 1910 die Oberrealschule vor dem Holstentore zu Hamburg, an der ich die Abiturientenprüfung bestand. Ich wandte mich dann dem Studium der Bauingenieurwissenschaft zu und bezog die Technische Hochschule zu Stuttgart, an der ich von Ostern 1910 bis Ostern 1911 immatrikuliert war. Bald jedoch vertauschte ich das Ingenieurstudium mit dem der theoretischen Wissenschaften und ging an die Universität Berlin. Ich studierte Philosophie, Mathematik, Physik, Pädagogik: in Berlin von Ostern 1911 bis Ostern 1912, in München von Ostern 1912 bis Ostern 1913, in Berlin von Ostern 1913 bis Ostern 1914. Seit Ostern 1914 bin ich in Göttingen immatrikuliert. Ich hörte Vorlesungen und Praktika u. a. bei folgenden Herren:

In Stuttgart: Prof. FABER, HAMMER, MEHMCKE, SAUER.

In Berlin: Prof. CASSIRER, FROBENIUS, KNOBLAUCH, PLANCK, RIEHL, RUBENS, Dr. RUPP, Prof. SIMMEL, STRUVE, STUMPF.

In München: Prof. v. ASTER, Dr. FISCHER, Prof. PRINGSHEIM, SOMMERFELD.

In Göttingen: Prof. BERNSTEIN, DEBYE, HILBERT, HUSSERL.

Erstes Kapitel.

Das Problem.

Noch immer hat der Streit um Grundbegriffe der Naturerkenntnis die Philosophen in zwei Lager geschieden. Nachdem die Grenze des primitiven Hinnehmens aller Erkenntnis als einer Selbstverständlichkeit überschritten worden war, ließen sich die einen durch die Entdeckung, daß in allem Urteilen subjektive Momente enthalten sind, dazu verleiten, den Glauben an eine objektive Erkenntnis überhaupt aufzugeben, und in aller Wissenschaft nichts anderes als ein Spiel der menschlichen Gedanken zu sehen. Die anderen jedoch ließen sich in ihrem natürlichen Vertrauen auf die objektive Gültigkeit wissenschaftlicher Resultate nicht erschüttern und stellten ihre Philosophie nicht so sehr auf die Frage ein, ob Erkenntnis wahr sei, als vielmehr, welches denn die notwendigen Elemente dieser Erkenntnis seien, die wir als wahr bezeichnen. Diese letztere Methode hat ihre systematische Ausbildung in der Kritik der Vernunft gefunden, die Kant geschaffen hat; und von ihrem Standpunkt muß das erstere Verfahren ebenso primitiv wie in sich widerspruchsvoll erscheinen.

Trotz der großen Entdeckung Kants ist jedoch eine kritische Untersuchung der in den positiven Wissenschaften angewandten Begriffe in nur geringem Umfange bisher durchgeführt worden. Nur wenige Philosophen sind den verzweigten Bahnen der Mathematiker und Physiker gefolgt und haben die Sonde der Kritik an die Methoden gelegt, die dort stetig angewandt werden; anstatt dessen hat man versucht, den Grundbegriffen, die gleichzeitig auch im täglichen Denken und Handeln des Menschen eine hervorragende Rolle spielen, von dieser Seite der primitiven Betrachtung her beizukommen und ihre Bedeutung aufzuklären. Das mußte zur Folge haben, daß wichtige Erkenntnisse, die in den Resultaten der positiven Wissenschaften bereits implizit vorliegen, der Philosophie vorerst verschlossen blieben, und daß andrerseits philosophische Begriffe geschaffen wurden, die zu den Bedürfnissen der Wissenschaft in keinerlei Verhältnis stehen. Insonderheit mußte dies bei einem Begriff hervortreten, der ebensowohl in der exakten Wissenschaft wie in der Praxis des täglichen Lebens einen wichtigen Platz einnimmt, dem Begriff der Wahrscheinlichkeit; hier mußten, da mit der Auffassung dieses Begriffes eine fundamentale Einstellung zum Wesen der Erkenntnis überhaupt gegeben war, die Differenzen um so weittragender werden. Die Mathematik kennt seit langer Zeit eine exakte Disziplin der Wahrscheinlichkeitsrechnung und hat mit großem Aufwand von Schärfe der Analyse und Präzision der Begriffe ein System von Sätzen über Wahrscheinlichkeitsbeziehungen geschaffen; wenn aber die philosophische Kritik die dort entdeckten Methoden unbenützt liegen ließ und sich allein mit dem etwas undeutlichen und stets verschwommen angewandten Wahrscheinlichkeitsbegriff des täglichen Lebens befaßte, wie er dort so häufig auftritt, so konnte sie zu einer präzisen Stellung des Problems, geschweige denn zu einer Lösung gewiß nicht kommen.

Um so mehr mußte diese Philosophie einem Rückfall in die Theorie des Subjektivismus ausgesetzt sein; denn die Art und Weise, wie im täglichen Leben Begriffe angewandt und Erkenntnisse gewonnen werden, ist gewiß nicht dazu geeignet, den Glauben an objektive Bedeutung solcher Aussagen zu wecken. Der Wahrscheinlichkeitsbegriff genießt da gewissermaßen noch eine Vorzugsstellung, denn wenn wir ein Geschehen wahrscheinlich nennen, so verzichten wir damit ausdrücklich auf die Behauptung der Gewißheit seines Eintretens, und man wird berechtigte Zweifel erheben, ob eine solche Behauptung irgendetwas Objektives über die Dinge aussagt. Hinzu kommt eine eigentümliche Gegensätzlichkeit zu dem allgemein als oberstes Prinzip des Geschehens anerkannten Kausalprinzip. Wir wissen, daß jedes wirkliche Geschehen notwendig bedingt ist, daß auch der zufällig vom Dache herabfallende Ziegelstein streng nach Gesetzen der Natur sich losgelöst hat, und daß der Fall schon vor jeder beliebigen Zeit in den damaligen Zuständen der Dinge begründet gewesen ist; würden wir diese gekannt haben, so hätten wir den Fall sogar vorher als notwendig voraussagen können. Nur weil wir die spezielleren Zusammenhänge nicht bestimmen können, müssen wir uns bescheiden, den Fall als wahrscheinlich oder unwahrscheinlich anzunehmen; darf aber solche Aussage, die lediglich durch unsere Unwissenheit bedingt ist, den Anspruch auf objektive Geltung in irgendeinem Sinne erheben?

In der Tat haben sich viele Philosophen durch diese Paradoxie verleiten lassen, in dem Wahrscheinlichkeitsbegriff lediglich unsere subjektive Erwartung dargestellt zu sehen, die zur Welt der wirklichen Dinge keinerlei Beziehung hat. Ebenso ist die entgegengesetzte Ansicht entwickelt worden; doch ist es bezeichnend, daß auch diese das subjektive Moment aus dem Wahrscheinlichkeitsbegriff noch nicht restlos eliminiert hat; man kann sagen, daß je enger der betreffende Forscher sich an die mathematische Behandlung des Problems anlehnte, er um so mehr sich der Ansicht von der objektiven Bedeutung des Begriffs anschloß. Die gegensätzlichen Ansichten sind vornehmlich in zwei Arbeiten zum Ausdruck gekommen.

I.

CARL STUMPF hat in einer längeren Abhandlung den Standpunkt der subjektiven Wahrscheinlichkeit vertreten. Er definiert[1]:

„Jede beliebige Urteilsmaterie nennen wir $\frac{n}{N}$ wahrscheinlich, wenn wir sie auffassen können als eines von n Gliedern (günstigen Fällen) innerhalb einer Gesamtzahl von N Gliedern (möglichen Fällen), von denen wir wissen, daß eines und nur eines wahr ist, dagegen schlechterdings nicht wissen, welches."

Er nennt solche Fälle gleich möglich, über deren Bevorzugung wir nichts ausmachen können, und verzichtet demnach auf jedes objektive Kriterium dafür. So hält er es für richtig, wenn wir bei einem Würfel die Wahrscheinlichkeit jeder Seite gleich $\frac{1}{6}$ ansetzen, weil wir nicht wissen, welche Seite darankommen wird; stellt sich später heraus, daß der Würfel falsch war, so werden wir dann eine andere Wahrscheinlichkeit angeben, weil wir nun

---

[1] STUMPF, Begriff der Wahrscheinlichkeit. S. 48. Vgl. das Literaturverzeichnis am Schlusse.

mehr über den Würfel wissen. Stumpf verzichtet darauf, zu entscheiden, ob eine Wahrscheinlichkeit objektiv richtig oder unrichtig ist. Die erste Bestimmung war richtig, denn sie entsprach dem Stand unserer Kenntnisse; die spätere Feststellung, daß eine Seite des Würfels mit Blei hinterlegt ist, macht die alte Bestimmung nicht unrichtig, sondern eröffnet uns nur den Weg zu einer neuen. Es liegt nicht eine Korrektur, sondern eine Veränderung der Wahrscheinlichkeit vor, erklärt Stumpf. Und da Stumpf an keinerlei objektive Bedingungen seiner Wahrscheinlichkeit gebunden ist, kann er die definierte Maßzahl auf jede Urteilsmaterie anwenden. Es braucht weiter nichts erfüllt zu sein, als daß die möglichen Fälle die Glieder einer totalen Disjunktion vorstellen. Wenn wir z. B. einen neuen Kometen beobachten, so wissen wir, daß er sich entweder auf einer Hyperbel, oder auf einer Parabel, oder auf einer Ellipse, oder auf einem Kreis um die Sonne bewegen wird. Da wir aber noch nicht in der Lage sind, zu bestimmen, welche dieser Kurven der Komet wählen wird, so müssen wir nach Stumpf die Wahrscheinlichkeit jeder Kurve gleich $\frac{1}{4}$ setzen, denn die Disjunktion enthält vier Glieder.

Stumpf hat recht, wenn er sagt, daß dieser Wahrscheinlichkeitsbegriff keinerlei Voraussetzungen oder Überzeugungen hinsichtlich der objektiven Welt einschließt; und ebenso, wenn er zugibt, daß ein solches Wahrscheinlichkeitsurteil über die objektive Welt nichts aussagt. Es enthält wirklich nichts, als eine Darstellung des jeweiligen Standes unseres Wissens. Anstatt zu sagen: ich weiß, daß der Komet sich entweder auf einer Hyperbel, oder auf einer Parabel, oder auf einer Ellipse, oder auf einem Kreis bewegen wird, kann ich nach Stumpf auch sagen, die Wahrscheinlichkeit, daß der Komet sich auf einer bestimmten dieser Kurven bewegt, ist $\frac{1}{4}$. Die Wahrscheinlichkeitsurteile stellen nach dieser Auffassung eine Art von stenographierter Enzyklopädie vor, denn sie enthalten nichts als eine Beschreibung unserer subjektiven Kenntnisse. Nur erscheint es zweifelhaft, ob diese Art der Darstellung unseres Wissens nützlich wäre, ob nicht besser die alte Methode, es in Sätzen ohne Bruchstriche niederzulegen, vorzuziehen wäre.

Vor allem ist in diesem Verfahren ein Umstand nicht zum Ausdruck gekommen, der im allgemeinen mit dem Begriff „gleich mögliche Fälle" wiedergegeben wird. Die Definition des Maßes der Wahrscheinlichkeit, von der auch die Stumpfsche sonst nicht abweicht, unterscheidet sich doch in dem Punkte von der Stumpfschen, daß sie die sämtlichen möglichen Fälle als gleich möglich voraussetzt. So werden wir die Seiten eines falschen Würfels nicht als gleich mögliche Fälle betrachten, sondern nur die eines symmetrisch gebauten. Wir würden auch mit der Wahrscheinlichkeitsbestimmung $\frac{1}{4}$ für die hyperbolische Bahn des Kometen gewiß nicht zufrieden sein; denn die Parabel und der Kreis stellen nur Grenzfälle der Bahnkurve vor, und es ist offenbar sehr viel wahrscheinlicher, daß der Komet die Hyperbel oder die Ellipse wählt, als daß er gerade den ausgezeichneten Zwischenfall annimmt. Stumpf würde allerdings dies auch aus seiner Auffassung zu rechtfertigen versuchen. Er würde sagen, daß wir eben wissen, daß die parabolische Bahn nur bei einem einzigen Wert einer gewissen Bahnkonstanten erreicht wird, die hyperbolische jedoch bei sehr vielen Werten; und das unbefriedigende Gefühl rührt daher, daß dieses Wissen in dem Wahrscheinlichkeitsurteil noch nicht zum Ausdruck gekommen ist. Erst die kompliziertere Berechnung der Wahrscheinlichkeit, bei der der Ellipse und Hyperbel viel größere Zahlen zufallen als den beiden anderen Kurven, sei eine Darstellung der Gesamtheit unseres diesbezüglichen Wissens. Es ist jedoch nicht recht einzusehen, wie diese Erweiterung aus der Stumpfschen Definition folgt. Seine oben wiedergegebene Definition jedenfalls enthält nichts, woraus man die Gleichheit der möglichen Fälle bestimmen sollte. Das tritt nicht nur in diesem Beispiel, sondern allgemein bei Berechnung der sogenannten geometrischen Wahrscheinlichkeit hervor, wo die Wahrscheinlichkeit der Größe von Flächenstücken oder Raumstücken proportional wird. Die Vollständigkeit der logischen Disjunktion genügt hier nicht, sondern es kommt eine Messung objektiver Größen, von Raumgrößen, hinzu. In einer späteren Arbeit versucht Stumpf, seine Definition auch für diesen Fall zu rechtfertigen; doch ist es gewiß keine Lösung, wenn er schreibt: „Gleiche Unkenntnis ist in bezug auf die resultierende Wahrscheinlichkeit äquivalent mit Kenntnis der Gleichheit."[1]

---

[1] Stumpf, Anwendung des Wahrscheinlichkeitsbegriffs. S. 687.

Übrigens hat STUMPF unrecht, sich für seine Anschauung auf LAPLACE zu berufen. Zwar ist diesem großen Manne die ungeschickte Erklärung der gleich möglichen Fälle entschlüpft: »c'est à dire tels que nous soyons également indécis sur leur existence«, aber da LAPLACES Arbeit, auch der »Essai philosophique«, vorwiegend mathematisch orientiert ist, ist die philosophische Inkorrektheit zu entschuldigen. Daß in diesem Begriff der Gleichmöglichkeit das große Problem sich verbirgt, weiß LAPLACE sehr wohl, denn er schreibt[1]): »Mais cela suppose les divers cas également possibles. S'ils ne le sont pas, on déterminera d'abord leurs possibilités respectives dont la juste appréciation est un des points les plus délicats de la théorie des hasards.«

Der Stumpfsche Wahrscheinlichkeitsbegriff ist zwar in sich widerspruchslos, und kann deshalb nicht falsch genannt werden, da Definitionen willkürlich sind. Aber er leistet jedenfalls nicht das, was man allgemein von einem Wahrscheinlichkeitsbegriff verlangt. Denn er ist nicht geeignet, ein Maß der vernünftigen Erwartung abzugeben. Ein solches muß über die wirklichen Dinge etwas aussagen: während STUMPFS Wahrscheinlichkeitsbegriff lediglich eine Darstellung unseres Wissens enthält. Mag sein, daß unsere Erwartung sich stets nach dem Stand unseres Wissens regelt; die wirklichen Dinge aber tun es gewiß nicht. Die Wahrscheinlichkeitsrechnung aber hat nicht die Aufgabe, zu bestimmen, welches unsere Erwartung tatsächlich ist, sondern welches sie vernünftigerweise sein soll. Sie sucht nach einer Norm, sie fragt nach der richtigen Erwartung, die einen Aufschluß über die Zukunft der Dinge enthält, und die somit von einer objektiven Gesetzmäßigkeit entlehnt sein muß. Nach einer solchen müssen wir deshalb jetzt suchen, und sollte es uns nicht gelingen, eine zu finden, so müssen wir auf die Aufstellung einer Erwartung verzichten; nicht aber dürfen wir uns damit begnügen, zufällige Feststellungen unseres subjektiven Zustandes an ihre Stelle zu setzen.

II.

JOHANNES VON KRIES hat die umfassendste und gründlichste Arbeit über das Problem geschrieben. Er ist den Wahrscheinlichkeitssätzen im einzelnen nachgegangen und hat den Inhalt dessen,

---

        [1]) LAPLACE, Essai philosophique. S. 12.

was mit den gleich möglichen Fällen gemeint ist, zu formulieren gesucht. Wir können seine Resultate in folgende Sätze zusammenfassen:

1. Wahrscheinlichkeitsurteile sind in bezug auf die wirklichen Dinge entweder wahr oder falsch.

2. Sie behaupten eine bestimmte, eigentümliche Struktur von der Wirklichkeit, für die KRIES den Namen einer Struktur der „Spielräume des Verhaltens" eingeführt hat.

3. Auf Grund dieser im besonderen Fall durch Wahrnehmung und Überlegung festzustellenden Struktur behaupten sie eine Gestaltung des zukünftigen Geschehens.

4. Dieser Behauptung liegt ein nicht empirisches Prinzip zugrunde, das „Prinzip der Spielräume".

Zu 1. STUMPF berechnet die] Wahrscheinlichkeit] der Seite eines falschen Würfels, dessen Unsymmetrie aber unbekannt ist, zu $\frac{1}{6}$; wenn dann durch genauere Untersuchung die abweichende Lage des Schwerpunkts bekannt wird, so berechnet er zwar die veränderte Wahrscheinlichkeit, aber er nennt die frühere Berechnung nicht falsch. Es liegt für ihn nicht eine Korrektur, sondern eine Veränderung vor; für den früheren Stand unseres Wissens war die frühere Wahrscheinlichkeitszahl richtig, und ein objektives Richtig oder Falsch gibt es für ihn nicht. KRIES dagegen nennt die erste Bestimmung falsch, die zweite richtig; damit bringt er zum Ausdruck, daß es ein objektives Maß gibt, welches in der Wahrscheinlichkeitszahl näherungsweise dargestellt werden soll.

Zu 2. Dieses objektive Verhältnis bringt KRIES in dem Begriff des Spielraums zum Ausdruck. Ein Vorgang sei derart, daß verschiedene mögliche Erfolge an ihn geknüpft sind; die Gesamtheit der möglichen Wirkungen ist dann der „Spielraum des Verhaltens". Dieser Gesamtspielraum soll nun weiter teilbar sein in kleinere Bereiche, die Teilspielräume; diese sollen gleich groß sein, d. h. sie sollen sich in Zahlengrenzen gleichen Abstandes einschließen lassen. Die Meßbarkeit wird also vorausgesetzt. Beim Würfel z. B. wird es einen gewissen, zahlenmäßig meßbaren Bereich der Anfangsbedingungen geben, für den gerade das Auffallen einer bestimmten Seite als Erfolg erscheint; andere Anfangsbereiche führen zu anderen Seiten. Hier hätten wir sechs gleiche Teilspielräume vor uns. Doch bedarf dies noch weiterer Bestimmung. Es muß hinzukommen, daß keiner der Teilspielräume vor dem anderen bevorzugt ist; KRIES erklärt dies so: die Aufstellung gleicher Teilspielräume ist nur dann zulässig, wenn unsere Kenntnis derart ist, daß sie zwar Werte außerhalb des Gesamtspielraums ausschließt, „aber durchaus keinen Grund enthält, innerhalb dieses Spielraumes einen Wert für wahrscheinlicher als irgendeinen anderen zu halten. Nur unter dieser Voraussetzung wird für die logische Berechtigung einzelner Annahmen ausschließlich die Größe der umfaßten Bezirke maßgebend sein; wir hätten es dann mit einer, in keinerlei Weise durch Gründe, sondern lediglich durch Größenverhältnisse geleiteten Abwägung von Annahmen zu tun. Wir wollen diese als **freie Erwartungsbildung** bezeichnen, und es mögen Spielräume des Verhaltens, für welche in der eben charakterisierten Weise keinerlei logische Bevorzugung des einen vor dem anderen besteht, **indifferent** genannt werden" (S. 25). Hier hat KRIES wieder von dem „Prinzip des mangelnden Grundes" Gebrauch machen müssen. Er trägt somit einen subjektiven Faktor in seinen Wahrscheinlichkeitsbegriff hinein, aber außer diesem läßt er andere, objektive Bestimmungen mit gelten.

Noch eine Bedingung müssen die Spielräume erfüllen. Man denke sich jedem Teilspielraum den Bereich der Bedingungen zugeordnet, der ihm zeitlich vorausgeht; dann ist es möglich, daß, wenn die Teilspielräume gleich groß sind, die korrespondierenden Spielräume verschieden sind. Dann aber könnte man die Teilspielräume nicht als gleichwahrscheinlich bezeichnen. Es muß deshalb in der Kette der Ursachen soweit zurückgegangen werden, bis Spielräume auftreten, die nicht weiter auf andere bezogen werden; diese sogenannten „ursprünglichen" Spielräume sind dann gleich groß zu machen, und die ihnen korrespondierenden Anfangsspielräume, die jetzt vielleicht ganz verschieden groß sind, sind dann gleichwahrscheinlich. KRIES meint, daß solche ursprünglichen Spielräume z. B. bei Naturkonstanten gegeben seien; wenn das spezifische Gewicht einer Substanz zwischen 5 und 6 liegt, so kann ich darin alle gleich großen Teilbereiche als ursprünglich ansehen, weil sich keine Ursachen angeben lassen, die der Naturkonstanten gerade den speziellen Wert geben. Diese Ansicht, daß die Naturkonstanten sozusagen ursachlos, nicht als Funktion darstellbar sind, ist jedoch falsch und wird später in anderem Zusammenhang widerlegt werden. Nur der andere, von ihm genannte Fall kann hier bestehen bleiben. Zwar hat jedes Geschehen seine Ursache, und so muß auch jeder Schar von Spielräumen eine frühere korrespondieren; aber es ist möglich, daß sich schließlich ein Zustand herstellt, von dem ab das Größenverhältnis der Spielräume nicht mehr geändert wird, wie weit ich auch zurückgehe. In diesem Fall nennt KRIES die Spielräume ebenfalls ursprünglich.

Nach KRIES können wir ein Wahrscheinlichkeitsmaß dann aufstellen, wenn wir ein Geschehen als in gleiche, indifferente und ursprüngliche Spielräume zerfallend darstellen können. Das Maß der Wahrscheinlichkeit ergibt sich dann als das Verhältnis aus der Anzahl der für den Erfolg günstigen Teilspielräume und ihrer Gesamtzahl. Ob dies erfüllt ist, darüber müssen im einzelnen Fall Erfahrung und Überlegung entscheiden. Umgekehrt, wird ein Wahrscheinlichkeitsmaß für einen bestimmten Vorgang aufgestellt, so behauptet es eine solche Struktur.

Zu 3. In dieser Behauptung liegt eine Aussage über das zukünftige Geschehen. Wir dürfen mit Recht erwarten, daß bei häufiger Wiederholung des Vorganges jeder Erfolg nach der ihm zugehörigen Wahrscheinlichkeit darankommen wird. Es erscheint jedoch bei KRIES nicht klar, welcher Art die Behauptung über das zukünftige Geschehen ist. Daß wir mit Gewißheit eine derartige Verteilung behaupten können, bestreitet er, und das muß er auch, weil sein Wahrscheinlichkeitsbegriff noch ein subjektives Moment im Begriff der Indifferenz enthält. So wird es aber fraglich, ob sein Wahrscheinlichkeitsurteil überhaupt noch etwas von der zukünftigen Wirklichkeit aussagt.

Zu 4. „Das Prinzip der Spielräume . . . . kann durch die Erfahrung weder bewiesen noch widerlegt werden. Zwar mag die Zuversicht, mit welcher wir es zur Anwendung bringen, nach psychologischen Gesetzen wachsen, wenn die Erfahrung die auf das Prinzip gebauten Erwartungen bestätigt. Gleichwohl kann von einem empirischen Beweise nicht die Rede sein, schon weil das Prinzip gar keinen Inhalt hat, der, irgendwelchen Erfahrungssätzen gleichartig, aus ihnen gefolgert werden könnte. Eine Nichtbestätigung der Erwartungen andererseits wird, gerade wie beim Kausalgesetz, zunächst die Forderung ergeben, daß die besonderen Annahmen empirischen Inhalts, nach Maßgabe deren das Prinzip zur Anwendung gebracht wurde, unrichtig waren, d. h., daß die

Größenbeziehungen gewisser Verhaltungsspielräume andere waren, als wir geglaubt hatten. . . . . Sollte aber die Nichtbestätigung unserer Erwartungen selbst da stattfinden, wo die Richtigkeit jener Bestimmungen über jeden Zweifel erhaben wäre, so würden wir „einen sehr merkwürdigen Zufall" statuieren; es ergäbe sich aber daraus keinerlei Konsequenz, welche die weitere Anwendung des Prinzips verhindern oder etwas anderes an seine Stelle setzen könnte." (S. 170.)

Neben den hier angeführten vier positiven Resultaten müssen der Kriesschen Theorie aber zwei Mängel nachgesagt werden.

1. Die Formulierung des Prinzips als „Prinzip der Spielräume" erscheint noch recht unzureichend. Die drei Bestimmungsstücke gleich, indifferent und ursprünglich müssen sich sicherlich einfacher zum Ausdruck bringen lassen durch eine Formulierung, die sich enger an die mathematische Behandlung der Theorie anschließt als es die Kriessche Abhandlung tut. Übrigens sei hier hingewiesen auf eine Bemerkung GRELLINGS, der dem Prinzip der Spielräume noch das der „gleichmäßigen Dichte" hinzufügt; dieses enthält eine wertvolle Ergänzung des Prinzips und bedeutet einen Schritt auf dem Wege zur schärferen Formulierung.

2. Wesentlich aber muß der Kriesschen Arbeit vorgeworfen werden, daß sie keinerlei Versuch macht, das einmal gewonnene Prinzip in das System der Philosophie einzugliedern. Wenn ein solches Prinzip der Forschung sich nachweisen läßt, das nicht empirisch bestätigt werden kann, so darf es doch nicht schlechtweg als vorhanden hingenommen werden, sondern die Rechtmäßigkeit seines Gebrauchs muß zuvor noch untersucht werden. KRIES aber bestreitet die Notwendigkeit einer solchen Kritik. Er führt aus: „Die Ähnlichkeit der logischen Bedeutung, welche das Prinzip der Gesetzmäßigkeit einerseits und das Prinzip der Spielräume andererseits hierbei ungeachtet ihrer sonstigen Verschiedenheit aufweisen, besteht offenbar darin, daß sie beide definitive, keiner weiteren Begründung oder Erklärung fähige Prinzipien sind, welchen gemäß wir Erwartungen bezüglich dieses oder jenes realen Verhaltens bilden. Trotz des Umstandes, daß wir dem Prinzip der Gesetzmäßigkeit eine objektive, dem Prinzip der Spielräume eine lediglich subjektive Bedeutung zuschreiben müssen, kommen sie doch hier beide in gleicher Weise in Betracht, denn auch jenes ist zugleich ein für die subjektive Gewißheit be-

stimmendes Prinzip und hat insofern eine ganz ähnliche Bedeutung
wie das Prinzip der Spielräume. Mit welchem Rechte wir annehmen, daß gewisse Umstände gewisse Folgen notwendig herbeiführen, und mit welchem Rechte wir demgemäß erwarten, daß
bei Realisierung solcher Umstände das, was ihre gesetzmäßige
Folge ist, nun auch wirklich eintreten werde, das läßt sich ebenso
wenig angeben, als mit welchem Rechte wir innerhalb eines
großen Spielraums von Möglichkeiten die Verwirklichung einer
ganz besonderen Form des Verhaltens für sehr unwahrscheinlich
halten." (S. 160.) Dies ist ein Irrtum. Die Rechtmäßigkeit der
Anwendung des Kausalprinzips ist von KANT in der transzendentalen Deduktion der Kritik dargetan worden; wäre dies nicht
möglich gewesen, so hätten wir nicht das Recht, aus diesem
Prinzip eine subjektive Gewißheit zu entnehmen. Es geht nicht
an, unsere Annahmen über die Natur regelnde „subjektive" Prinzipien aufzustellen, die nicht in objektiven Gesetzen des Geschehens ihren Grund haben. Wenn das Prinzip der Spielräume
für unsere subjektive Erwartung Bedeutung haben soll, so muß
es sich als ein objektives Gesetz der Natur rechtfertigen lassen.
Die Unklarheit, die wir in der Bemerkung zu Satz 3 KRIES' An-
schauungen vorwerfen mußten, beruht wesentlich darin, daß
KRIES auf diesen Punkt nicht eingegangen ist. Die Untersuchung
dieser Grundfrage des Problems, auf die bisher auch von anderer
Seite keine Antwort gegeben worden ist, wird deshalb wesentliche Aufgabe dieser Arbeit sein.

III.

Verschiedene andere Arbeiten (F. A. LANGE, E. F. APELT,
A. FICK, K. GRELLING) stimmen darin überein, daß sie das Wahrscheinlichkeitsurteil als disjunktives Urteil auffassen. Insbesondere
hat A. FICK diesen Gedanken durchgeführt. Nach ihm läßt sich
jedes Wahrscheinlichkeitsurteil als hypothetisches Urteil formulieren, dessen Vordersatz den Gesamtbereich einer Bedingung,
dessen Nachsatz nur eine an einen Teil dieses Bereichs geknüpfte
Folge darstellt. Das Größenverhältnis dieser Bereiche stellt dann
die Wahrscheinlichkeit dar. Nach FICK kommt die Wahrscheinlichkeit nicht dem Ereignisse, sondern dem Urteil zu. Vielleicht ist
es nicht unzweckmäßig, die Wahrscheinlichkeitsaussage in dieser
Form den Urteilen einzuordnen. Wenn aber nicht mehr von einer

Wahrscheinlichkeit der Ereignisse gesprochen werden soll, welches ist dann der Sinn dieser mit dem Namen Wahrscheinlichkeit bezeichneten Eigenschaft des Urteils? Was sagt dieses Urteil über das Geschehen der Dinge aus? Darauf wird durch die Einordnung des Wahrscheinlichkeitsurteils unter die disjunktiven Urteile keine Antwort erteilt.

Wenn man von der Beziehung der Wahrscheinlichkeitsurteile auf die wirklichen Dinge absieht, so lassen sie sich allerdings als rein mathematische Sätze behandeln. Die sämtlichen Probleme der Wahrscheinlichkeitsrechnung sind solche Sätze. Wenn die Wahrscheinlichkeit, mit einem Würfel 3 zu werfen, $\frac{1}{6}$ beträgt, wie groß ist dann die Wahrscheinlichkeit, mit zwei Würfeln 4 zu zu werfen? Dies ist in der Tat ein rein mathematisches Problem, und seine Lösung, die wieder in hypothetischer Form dargestellt werden muß, ist dann mit Gewißheit zu bestimmen. Weit verzweigte Sätze dieser Art sind abgeleitet worden und haben zur Bildung einer besonderen mathematischen Disziplin, der Wahrscheinlichkeitsrechnung, geführt. Hierher gehört auch das Bernouillische Theorem, das über das Wachsen der Wahrscheinlichkeit mit großen Wiederholungszahlen etwas aussagt. Es beantwortet lediglich die Frage: Wie verändern sich mit wachsender Zahl die mathematischen Größenverhältnisse, die man Wahrscheinlichkeit nennt? Fick hat Recht, wenn er alle diese Sätze wie die mathematischen Sätze synthetische Urteile a priori nennt. In dieser Auffassung ist ihm Grelling gefolgt.

Diese mathematischen Sätze sind durch die Erfahrung nicht zu bestätigen; ob sie aber auf die Wirklichkeit anwendbar sind, ist ein besonderes Problem, das jenseits der Disziplin der Wahrscheinlichkeitsrechnung durch philosophische Untersuchung gelöst werden muß. Unter allen Autoren hat meines Wissens allein Fick diese Fragestellung getroffen, wenn er seine Abhandlung mit den Worten beschließt: „Wenn ich aus dem Gefäße zehnmal ziehe und es erscheint wirklich fünfmal weiß, so ist dies ebensowenig eine Bestätigung jenes Satzes, wie es eine Widerlegung desselben ist, wenn einmal bei zehn wirklichen aufeinanderfolgenden Zügen keinmal weiß erscheint. Denn der Satz sagt nicht etwa aus, beim wirklichen Ziehen muß in der Hälfte der Fälle weiß erscheinen, sondern er sagt eben nur und weiter gar nichts aus als: die allgemeine Bedingung, „wenn ich aus diesem Gefäße ziehe," zerfällt in zwei gleiche Sphären, deren eine das Erscheinen von weiß, deren andere das Erscheinen von schwarz zur Folge hat. Daß gleichwohl zwischen der Wahrscheinlichkeit und der Wirklichkeit eine gleichsam asymptotische Beziehung stattzufinden scheint, stellt der Metaphysik ein Problem, welches vielleicht zu den lösbaren gehört."

Diesem Problem sollen die folgenden Untersuchungen gelten. Dabei werden folgende methodischen Gesichtspunkte maßgebend sein.

Es ist eine psychologische Tatsache, daß wir täglich so handeln, als ob dem Wahrscheinlichkeitsgesetz Geltung in der Wirklichkeit zukomme. Wenn wir mit einem Würfel werfen, so zweifelt niemand daran, daß nach einiger Zeit jede Seite einmal darankommen wird. Aber nicht nur in den Zufallsspielen, sondern in wichtigen Fragen des Lebens und in wissenschaftlichen Dingen setzen wir tatsächlich die Gültigkeit der Wahrscheinlichkeitsgesetze voraus. In den modernen Versicherungsgesellschaften haben wir Institutionen, deren Erfolge nur dadurch möglich sind, daß Wahrscheinlichkeitsgesetze das wirkliche Geschehen regieren; und jeder Aktionär einer Versicherungsgesellschaft beweist durch den Ankauf seiner Aktien, daß er unbedingt auf diese Gesetze vertraut. Die moderne Physik ist längst über jeden Zweifel an der Anwendbarkeit von Wahrscheinlichkeitsgesetzen hinausgeschritten, sie hat in den Gebieten der Molekulartheorie, der Quantentheorie wichtige Grundgesetze der Natur durch Anwendung statistischer Betrachtungen aufgedeckt. All das gibt uns mit Recht den Anlaß, zu vermuten, daß in den Wahrscheinlichkeitsgesetzen objektive Gesetze des Naturgeschehens vorliegen, deren Geltung sich philosophisch begründen lassen muß.

Wir wollen deshalb zunächst einmal so tun, als ob ihre Geltung bereits bewiesen sei, und, von dieser Annahme ausgehend, aufzudecken versuchen, welches eigentümliche Verhalten der Natur wir damit voraussetzen. Die Kriessche Arbeit, welche in dieser Richtung liegt, kann uns dennoch nicht genügende Vorarbeit sein, weil wir nach einer exakteren Formulierung des Wahrscheinlichkeitsprinzips suchen müssen, als KRIES sie in dem Prinzip der Spielräume gibt; insbesondere werden wir bemüht sein, das Prinzip vom mangelnden Grunde, das auch KRIES nicht umgehen konnte und das als lediglich subjektiver Faktor eine objektive Geltung des Wahrscheinlichkeitsgesetzes ausschließen würde, auszuschalten. Wir werden uns deshalb eng an die mathematische Behandlung der Probleme anschließen. Es gibt keine bessere Vorarbeit für die Behandlung naturphilosophischer Probleme als die exakte Analyse, wie sie in den Arbeiten der mathematischen Physik und angewandten Mathematik niedergelegt ist. Der Mathematiker setzt all jene Prinzipien fortwährend voraus, deren Kritik Aufgabe des Philosophen ist, und indem er, der natürlichen Einsicht folgend, ihre speziellen Gesetze bestimmt und weiterführt, bringt er sie selbst erst ans rechte Licht und weist dem Philosophen den Weg, den die Vernunftkritik zu gehen hat. Wir werden deshalb zuerst einen ganz speziellen Fall eines physikalischen Wahrscheinlichkeits- problems, der besonders instruktiv erscheint, exakt mathematisch behandeln, und dann zu dem komplizierten mathematischen Aus- bau fortschreiten, den dieselben Grundgesetze in der Fehlertheorie gefunden haben. Erst dann werden wir die Voraussetzung, die wir am Anfang machten und deren Inhalt wir inzwischen scharf formulieren konnten, wieder fallen lassen, um in einem weiteren, philosophischen Kapitel sie selbst zum Gegenstand der Erörterung zu machen.

Analyse spezieller Wahrscheinlichkeitsprobleme.

I. Die Wahrscheinlichkeitsmaschine.

Wir wollen uns eine ideale Vorrichtung konstruieren, die so beschaffen ist, daß nach allgemeinen vernünftigen Erwägungen jedermann auf sie die Gesetze der Wahrscheinlichkeitsverteilung anwenden würde. Wir werden dann, stets der natürlichen Einsicht vertrauend, zu analysieren versuchen, welche Momente es waren, die uns zur Annahme dieser Verteilung geführt haben. Obgleich wir zunächst nur die Bedingungen dieses besonderen Falles untersuchen, werden wir zu allgemeinen Resultaten gelangen; denn wir werden dabei auf die wesentlichen Grundlagen des Wahrscheinlichkeitsproblems überhaupt geführt werden und erkennen, daß uns das Beispiel nicht mehr gewesen ist als eine Veranschaulichung und willkommene Führung auf dem Wege zu allgemeinen Gesetzen. Es übernimmt etwa die Rolle der gezeichneten Figur bei einem geometrischen Beweis. Wir denken uns folgende Maschine:

Über zwei feste Rollen sei ein in sich geschlossenes, horizontales Band geführt, das mit schmalen, gleich breiten schwarzen und weißen Querstreifen bedeckt ist. Es wird durch die Rollen mit gleichförmiger Geschwindigkeit bewegt. In einiger Entfernung darüber ist ein senkrechter Zylinder aufgestellt, mit der Öffnung nach unten; in ihm ist ein Kolben beweglich, der durch eine Feder mit starkem Druck abwärts gepreßt wird. Vor ihm ist ein Geschoß lose befestigt. Wird der Kolben, nachdem er nach oben angezogen und die Feder gespannt ist, losgelassen, so schnellt er sehr rasch nach unten und schleudert das Geschoß abwärts; dieses trifft den rasch dahingleitenden Papierstreifen und durchbohrt ihn. Es möge ferner so eingerichtet werden, daß jedesmal zu Beginn eines Schusses sich gerade der rechte Grenzstrich eines weißen Querstreifens an der Stelle des Raumes befindet, wo nachher die Durchbohrung stattfindet, so daß für jeden Schuß die gleichen Anfangsbedingungen bestehen. Würde der Apparat mit vollkommener Präzision arbeiten, so würden stets nur Streifen derselben Farbe getroffen werden; aber die bei der wirklichen Ausführung einer solchen Konstruktion auftretenden Schwankungen verhindern dies. Wenn nun die Geschwindigkeit des Bandes groß genug und die Querstreifen schmal genug sind, so wird der Erfolg der sein, daß nach einer großen Anzahl solcher Schüsse etwa gleichviel schwarze und weiße Querstreifen auf dem Papier durchbohrt sind. Diese Annahme ist ohne weiteres einleuchtend, und wir wollen sie unbewiesen an die Spitze stellen. Es ist zu untersuchen: welches sind die Bedingungen, die wir hierbei stillschweigend voraussetzen, und wie müssen sie sich ändern, um das Resultat der Gleichverteilung genauer zu machen?

Die erste und einfachste Bedingung ist die, daß der Vorgang des Schießens sehr häufig geschieht, in zwei oder drei Malen wird niemand schon eine angenäherte Gleichverteilung erwarten, dagegen bei hundert Schüssen schon mit größerer Sicherheit, bei tausend mit noch größerer. Unsere Aussage ist überhaupt schon so formuliert, daß sie von einer größeren Anzahl von Schüssen spricht. Nur so kann sie überhaupt eine Aussage vom wirklichen Geschehen sein. Die Behauptung, für einen Schuß sei die Wahrscheinlichkeit, einen weißen Streifen zu treffen, gleich $\frac{1}{2}$, sagt nichts von der Wirklichkeit aus, die kommen wird, sondern läßt sie prinzipiell unbestimmt. Erst bei der Voraussetzung einer größeren Zahl von Schüssen läßt sich die Aussage in die Form kleiden: dies wird geschehen. Auch die Behauptung, daß mit größerer Zahl der Schüsse die Genauigkeit steigt, leuchtet ein; doch wird dieser Gedanke erst später untersucht werden. Es muß hier noch hinzugefügt werden, was mit der Wiederholung „desselben Vorgangs" gemeint ist. Es ist natürlich nicht richtig, die zahlreichen aufeinanderfolgenden Schußvorgänge als identisch anzusehen, vielmehr ist jeder ein neuer Vorgang. Unter „demselben" Vorgang sei vielmehr ein solcher verstanden, der sich von dem anderen nur durch seine Position in der Zeit unterscheidet, während sämtliche übrigen meßbaren physikalischen Bestimmungsstücke den gleichen Wert haben.

Die zweite und wesentliche Bedingung ist die, daß die beiden Vorgänge, um deren Zusammentreffen es sich handelt — das rollende Band und das fliegende Geschoß — voneinander unabhängig sind. Wenn man sich etwa alle weißen Streifen mit einem Magneten belegt denkt und das Geschoß aus Eisen, so würde es von den weißen Streifen angezogen werden und diese würden häufiger getroffen werden als die schwarzen; derartige Abhängigkeiten müssen ausgeschlossen werden. Nun ist es natürlich richtig, daß es unabhängige Vorgänge in der Natur nicht gibt. Denn es gibt keine abgeschlossenen Systeme, jedes System übt durch seine Oberfläche eine Wirkung auf seine Umgebung aus, sei diese nun thermischer oder mechanischer Natur oder möge sie in der Emission oder Absorption von Strahlung bestehen; es ist prinzipiell unmöglich, die Vorgänge in einem räumlich abgegrenzten System mathematisch darzustellen, ohne es damit gleichzeitig in Verbindung mit sämtlichen Vorgängen des Universums zu bringen. Doch sind die weitaus meisten dieser Einflüsse numerisch verschwindend gegenüber wenigen anderen. Die Bewegung des rollenden Bandes ist z. B. wesentlich gegeben durch die Geschwindigkeit der Rollen; die gleitende Reibung auf deren Kanten, die leisen Erschütterungen, die ungleiche Erwärmung einzelner Stellen usw., die aus der geradlinigen Bewegung des Bandes in Wahrheit ein Bündel kompliziert gewundener Kurven machen, sind zu vernachlässigen gegenüber der gleichförmigen Translation. So kommt es, daß wir mit gutem Recht die Bewegung des Bandes als Funktion nur weniger Konstanten darstellen; z. B., wenn x, y, z die Koordinaten eines auf dem Band markierten Punktes bedeuten:

$$x = f_x\,(t\,,\ a_1 \,.\,.\,.\,.\,a_n)$$
$$y = f_y\,(t\,,\ a_1 \,.\,.\,.\,.\,a_n)$$
$$z = f_z\,(t\,,\ a_1 \,.\,.\,.\,.\,a_n)$$

Die übrigen Einflüsse, welche neue Konstanten hinzubrächten, oder anders aufgefaßt, diese Konstanten $a_1 \,.\,.\,.\,.\,a_n$ zu Funktionen anderer Größen machen würden, verschwinden dem gegenüber.

Wir können den Begriff der Abgeschlossenheit und damit der Unabhängigkeit so definieren: Zwei Vorgänge sind unabhängig, wenn ihre Gleichungen[1]

$$x_i = f_i (t, a_1 \ldots a_n) \qquad x_i' = f_i' (t, a_1' \ldots a_m')$$

so beschaffen sind, daß die Größen x_i sich nicht wesentlich ändern, wenn die x_i' andere Werte annehmen, oder daß in den Funktionen

$$a_p = g_p (x_1' \ldots x_i' \ldots) = h_p (t, a_1' \ldots a_m') \mid p = 1, 2 \ldots n$$

selbst großen Veränderungen der x_i' nur verschwindend kleine Änderungen der $a_1 \ldots a_n$ entsprechen, und das für alle Werte von x_i'.

Es ist leicht zu sehen, daß diese Bedingung von unserem Apparat erfüllt wird. Das Abrollen des Bandes ist ganz unabhängig davon, an welcher Stelle des Raumes sich das Geschoß befindet. Die Gleichungen eines auf dem Band festen Punktes sind:

$$(\text{I}) \qquad x = ct + a \qquad y = b = 0 \qquad z = d = 0$$

wenn die X-Achse des dreiachsigen Koordinatensystems in die Bewegungsrichtung des Bandes gelegt wird; die Vertikalachse möge die Z-Achse sein. c ist die Geschwindigkeit des Bandes. Die Gleichungen des Geschosses lauten

$$(\text{I}) \quad z' = -\frac{\text{I}}{2} gt^2 - vt + h \qquad x' = k = 0 \qquad y' = l = 0$$

wo v die Auswurfsgeschwindigkeit des Geschosses, h seine Höhe in diesem Augenblick und g die Erdbeschleunigung ist. Nun ist es klar: die Größen c und a der ersten Gleichung sind unabhängig von z', und umgekehrt ist natürlich auch z' unabhängig von c und a. Das heißt, es ließen sich allerdings Funktionen aufstellen

$$(2) \qquad a = g_1 (x', y', z') \qquad b = g_2 (x', y', z')$$
$$c = g_3 (z', y', z') \qquad d = g_4 (x', y', z')$$

weil doch eine Einwirkung tatsächlich stattfindet, es wird etwa durch den dem Geschoß vorangehenden Luftstrom das Band etwas nach unten gedrückt, so daß die z-Komponente seiner Bewegung nicht mehr o ist — aber selbst bei großen Änderungen von z' ändern sich x, y, z so verschwindend wenig, daß man von Unabhängigkeit reden kann.

---

[1] Die x_i und x_i' bedeuten irgendwelche den Vorgang bestimmenden Größen.

Die dritte Bedingung ist offenbar die, daß eine gemeinsame Wirkung der beiden unabhängigen Vorgänge zustande kommt. Wenn das Geschoß an einer ganz anderen Stelle des Raumes flöge als dort, wo das Band sich bewegt, so würde überhaupt gar kein Ereignis vorliegen, das wir der Wahrscheinlichkeitsrechnung unterwerfen können. Ja, wenn das Geschoß auch nur dicht neben dem Band vorbeifliegen würde, so wäre nichts da, was wir abzählen könnten; erst das Durchbohren des Bandes schafft eine Wirkung, ein Geschehnis, dessen Häufigkeit wir der Wahrscheinlichkeitsbetrachtung unterziehen können. Man könnte einwenden, auch in diesem Falle ließe sich noch eine Wahrscheinlichkeitsbeobachtung anstellen, indem man etwa mit einem Fernrohr von der Seite visierte und feststellte, was für einen Querstreifen das Geschoß im Augenblick seines Vorüberfliegens bedeckt. Das gäbe allerdings auch ein Wahrscheinlichkeitsexperiment. Nur sind hier noch Zwischenglieder in die Kette der Vorgänge eingeschoben, und deren Zusammentreffen ist dann das schließlich beobachtete Ereignis. Der Lichtstrahl, der von dem Querstreifen durch das Fernrohr in das Auge des Beobachters gesandt wird, wird im allgemeinen unabhängig von der Bewegung des Geschosses seinen Weg nehmen; nur in dem Augenblick, wo das Geschoß vorüberfliegt, trifft er auf ein undurchlässiges Medium und wird vernichtet resp. reflektiert. Hier sind der Lichtstrahl und das fliegende Geschoß die beiden Vorgänge, auf deren unmittelbares Zusammentreffen es ankommt. In allen Fällen, wo es sich scheinbar gar nicht um solche gemeinsame Wirkung handelt, werden sich doch die betreffenden Zwischenglieder leicht aufzeigen lassen.

Die gemeinsame Wirkung besteht aber in nichts anderem, als daß für einen Augenblick die beiden Vorgänge voneinander abhängig werden. Während der sehr kleinen Zeit Δt, während der das Papier durchbohrt wird, werden die Gleichungen (1) nicht mehr gelten, sondern die Gleichungen (2) werden jetzt auf einmal wesentliche Änderungen der Konstanten herbeiführen. Das Papier wird in einem kleinen Gebiet von dem Geschoß nach unten ausgebaucht werden; die z-Komponente seiner Bewegung, die vorher 0 war, wird also eine meßbare Funktion von z'. Ebenso wird das Geschoß von dem Papierband ein wenig nach der Seite mitgerissen werden, d. h. seine Komponente x' wird eine Funktion von c. Da die Einwirkung des Bandes auf das Geschoß durch molekulare

2*

Kräfte zustande kommt, wird während dieser Zeit die Beschleunigung des Geschosses nicht mehr g sein, sondern durch die Resultierende aus den Molekularkräften und der Erdkraft bestimmt werden. All dies dauert nur eine sehr kurze Zeit, aber doch von endlicher Größe; nachher sind dann die Bewegungen wieder unabhängig voneinander. Dies letztere ist übrigens gleichgültig; was nach dem Eintreffen der Wirkung geschieht, interessiert nicht mehr, da die Entscheidung bereits getroffen ist. Man ersieht daraus, daß man das Zeitteilchen Δt beliebig klein wählen kann, wenn man nur die beim ersten unmittelbaren Zusammentreffen entstehende Wirkung wahrnehmen und zählen kann.

Eine vierte Bedingung ist nun hinzuzufügen. Es ist das, was in der Teilung des Bandes in weiße und schwarze Streifen zum Ausdruck kommt. Ganz offenbar wäre von Wahrscheinlichkeitsverteilung der Löcher auf dem Band nicht zu reden, wenn diese sich nicht in Klassen einteilen ließen; hier sind zwei Klassen gewählt; es könnten ebensogut drei oder mehr durch verschiedenfarbige Streifen dargestellte Klassen sein. Wir stehen hier vor dem Punkte des Problems, der als die Frage der gleich möglichen Fälle eine so wichtige Rolle spielt und der auch KRIES zu seiner Theorie der Spielräume geführt hat. Man erkennt, daß für unseren ja absichtlich sehr einfach gewählten Fall nicht nur die Frage der Gleichmöglichkeit sehr leicht zu entscheiden ist — offenbar brauchen die schwarzen und weißen Streifen nur gleich breit zu sein, dann ist alles erfüllt —, sondern daß sie auch für die ganze Untersuchung verhältnismäßig gleichgültig ist. Wichtige physikalische Eigenschaften besaßen das fallende Geschoß, das rollende Band; über ihre physikalische Natur mußten Voraussetzungen getroffen werden. Die Teilung in schwarze und weiße Streifen dagegen bedeutet nicht mehr als ein Schema, nach dem man die eingetroffenen Ereignisse gruppiert, gar keine körperliche Eigenschaft der Dinge; welche Farbe die Streifen haben, ist gewiß ganz nebensächlich, ebenso wie ihre absolute Breite, wenn nur schwarze und weiße Streifen stets gleich breit sind — sie liefern uns nicht mehr als ein Zählverfahren für die Löcher auf dem Papier; und wenn nachher die Aussage gefällt wird, daß ebensoviel weiße wie schwarze Streifen getroffen sind, so ist das weniger eine Aussage über die Streifen, als vielmehr über die Natur des Schußvorgangs. Würde der Apparat mit absoluter Präzision arbeiten, würde insbesondere das Geschoß stets die gleiche Zeit brauchen, bis es das Band berührt, so würde offenbar stets ein Streifen der gleichen Farbe getroffen werden; denn es war ja festgesetzt, daß zu Beginn eines Schusses gerade der rechte Grenzstrich eines weißen Streifens die Stelle passieren soll, wo nachher die Durchbohrung stattfindet. Erst dadurch, daß das Geschoß jedesmal eine etwas andere Fallzeit braucht, kommt eine Wahrscheinlichkeitsverteilung zustande. Über den Schußvorgang wird etwas behauptet, es wird festgestellt, daß für die Schwankungen seiner Dauer ein ganz bestimmtes Gesetz gilt, welches seinen anschaulichen Ausdruck in der Tatsache findet, daß gleichviel weiße und schwarze Streifen getroffen werden. Mehr als eine einleuchtende Illustration für irgendein Naturgesetz in dem zeitlichen Ablauf des Schusses ist die Gleichverteilung nicht. Es wird sich deshalb darum handeln, eine exakte Formulierung dieses Gesetzes zu finden.

Der Einfachheit halber denken wir uns vor der Zählung der Löcher noch eine Verschiebung vorgenommen. Die Anfangspunkte, die für jeden Schuß auf einen bestimmten Punkt von relativ gleicher Lage festgelegt waren, sollen derart verschoben werden, daß sie alle in einem einzigen solchen Anfangspunkt zusammenfallen. Dabei wird nichts Wesentliches geändert; die Löcher werden entsprechend verschoben, behalten aber alle ihre Lage relativ zu den Querstreifen. Insbesondere bleiben sie alle auf Streifen der gleichen Farbe wie vorher. Dabei werden alle Löcher in einem Gebiet des Bandes konzentriert; solche, die früher weit auseinander lagen, liegen jetzt vielleicht auf demselben Querstreifen. Man erkennt jetzt, daß es eine hinreichende Bedingung für die Gleichverteilung ist, wenn auf jedem Streifen annähernd ebensoviel Löcher liegen wie auf dem ihm unmittelbar benachbarten. Mögen dann auch weit entfernte Streifen eine ganz verschiedene Anzahl von Löchern aufweisen, die Anzahl der auf sämtlichen schwarzen Streifen gelegenen Löcher wird nahezu gleich sein der Zahl der auf sämtlichen weißen gelegenen.

Diese Annahme bedeutet aber nichts anderes, als daß alle Werte der Schußdauer mit annähernd der gleichen Häufigkeit vorkommen wie benachbarte Werte. Denn die Entfernung der Löcher vom Anfangspunkt ist ein direktes Maß für die Länge der Schußzeit. Um unsere Aussage über die Häufigkeit der Zeitwerte zu präzisieren, wählen wir jetzt die dafür in der Wahrscheinlichkeitsrechnung allgemein übliche Form.

Wir definieren eine Funktion

$$y = \varphi(x)$$

derart, daß die Anzahl der Werte x für die Schußzeit, die in ein beliebiges Intervall a bis b fallen, gleich ist

$$N \cdot \int_a^b \varphi(x)\, dx$$

wo N die Gesamtzahl der überhaupt vorkommenden Schußzeiten bedeutet. Es läßt sich dann beweisen[1]), daß die vorher genannte Annahme dann erfüllt ist, wenn $\varphi(x)$ eine im Riemannschen Sinne integrierbare Funktion ist. Die Genauigkeit, mit der die Gesamtzahl der auf schwarzen Streifen gelegenen Löcher an die der auf weißen gelegenen heranrückt, läßt sich dann unter eine beliebig vorgegebene Größe bringen, wenn ich die Streifen klein genug wähle. Graphisch läßt sich dies gut versinnlichen: ich trage auf einer Abszissenachse die Werte x für die Schußzeit nach rechts auf und lasse eine enge Teilung von der Teilbreite $\varDelta x$ durch alle

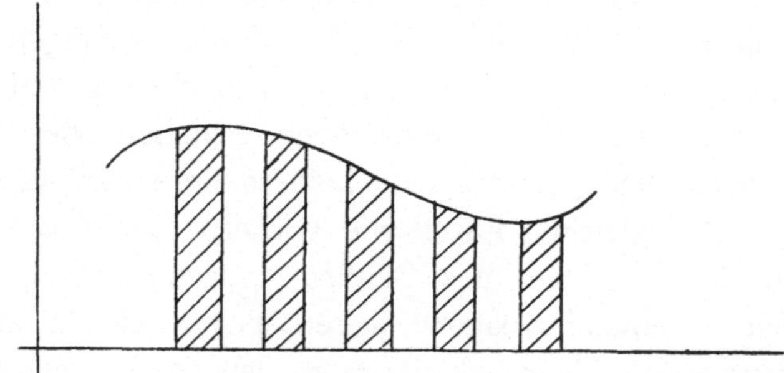

hindurchlaufen. Über jedem Punkt sei der zugehörige Wert $\varphi(x)$ als Ordinate aufgetragen, dann wird der einem Rechteck ähnliche Streifen

$$\int_x^{x+\varDelta x} \varphi(x)\, dx$$

bis auf den konstanten Faktor N die Anzahl der Werte x repräsen-

---

[1]) POINCARÉ gibt (probabilité, p. 149) einen Beweis dieses Satzes, der Stetigkeit und Differenzierbarkeit von $\varphi(x)$ voraussetzt. Dies ist jedoch nicht notwendig, es ist leicht einzusehen, daß es eine hinreichende Bedingung ist, wenn das Integral eine stetige Funktion seiner oberen Grenze ist. Dies ist aber bereits für die Riemannsche Integrierbarkeit erfüllt. — POINCARÉ ist meines Wissens der erste, der die Wahrscheinlichkeitsprobleme der Glücksspiele auf die Existenz einer derartigen Funktion zurückführte. Vgl. auch Wissenschaft und Methode, 1. Buch, 4. Kapitel.

tieren, die in das Intervall Δ x fallen. Die Teilung Δ x entspricht der Einteilung der Schußzeiten, die durch die Querstreifen des Bandes gegeben wird. Die Anzahl der auf schwarzen Querstreifen gelegenen Löcher ist durch die von den schraffierten Ordinatenstreifen bedeckte Fläche dargestellt, die Anzahl der auf weißen Querstreifen gelegenen durch die von den weißen Ordinatenstreifen bedeckte Fläche. Die Größen dieser Flächen werden einander um so näher kommen, je enger ich die Teilung Δ x wähle. Dies ist unabhängig vom Anfangspunkt; ich darf die Teilung als Ganzes beliebig nach rechts oder links verschieben, so daß die Endpunkte der Teilchen sich nicht mehr mit den früheren decken, und doch bleibt für alle diese Lagen die Differenz des schraffierten Flächeninhalts und des nicht schraffierten unterhalb derselben kleinen Größe. Nun wird allerdings, da N endlich ist, die wirkliche Verteilung niemals exakt durch die Kurve dargestellt. Dem Intervall Δ x ist, wenn überhaupt in jedem noch mindestens ein wirklich beobachteter Wert liegen soll, eine untere Grenze gesetzt. Es möge nun Δ x so gewählt werden, daß in jedem noch eine größere Anzahl Werte x liegt — sie sei gleich h — und über ihm ein Rechteck konstruiert werden, dessen Inhalt gleich $\dfrac{h}{N}$ ist; dieses Rechteck wird nicht genau dem Ordinatenstreifen gleich sein. Die Einführung der Verteilungsfunktion bekommt nun erst dadurch ihren Sinn, daß man eine Approximation der wirklich beobachteten Verteilung an die durch die Kurve geforderte behauptet; d. h. es muß mit wachsendem N die Teilung Δ x kleiner gewählt werden dürfen und die Differenz zwischen dem Rechteck und dem Ordinatenstreifen kleiner werden. Der durch die endliche Anzahl von Wiederholungen mit Hilfe der Rechtecke definierte Treppenweg muß sich mit wachsendem N der Kurve φ (x) anschmiegen.

Es ist jetzt noch eine Bedingung für die Funktion hinzuzufügen. Wenn überhaupt durch eine endliche Zahl von Wiederholungen eine Annäherung an die Kurve zustande kommen soll, so dürfen nicht beliebig viele Intervalle eine beliebig große Häufigkeit aufweisen. Denn dann würde zwar in einer endlichen Zahl von Intervallen die vorgeschriebene Häufigkeit annähernd erreicht werden können, in der unendlichen Menge der anderen Intervalle aber würde die tatsächliche Häufigkeit o sein und von einer Konvergenz gegen die geforderte Häufigkeit nicht gesprochen werden können. Es hätte also gar keinen Sinn, von Annäherung zu reden, wenn diese in einer unendlichen Menge von endlichen Intervallen nicht stattfindet. Deshalb muß die Kurve entweder an beiden Seiten begrenzt sein oder asymptotisch gegen die x-Achse konvergieren. D. h. die Kurve muß mit der x-Achse ein endliches Flächenstück abgrenzen. Mathematisch kommt dies in der Forderung zum Ausdruck, daß das

$$\int_{-\infty}^{+\infty} \varphi\,(x)\,dx$$

einen endlichen Wert haben soll; es bedeutet offenbar die Wahrscheinlichkeit dafür, daß der Wert der Schußzeit überhaupt in dem Intervall $-\infty$ bis $+\infty$ liegt. Dies gilt aber mit Gewißheit, und damit mit wachsendem Intervall überhaupt eine Annäherung an diesen Wert stattfinden kann, muß das Integral einen endlichen Wert haben. Es wird allgemein durch Wahl der Konstanten in der Funktion gleich 1 gesetzt, entsprechend der Terminologie der Wahrscheinlichkeitsrechnung.

Wir wollen eine solche Funktion, die im Riemannschen Sinne integrierbar ist und mit der x-Achse ein endliches Flächenstück abgrenzt, wenn sie einer Reihe von N Wiederholungen derart zugeordnet ist, daß das Verhältnis der Anzahl h der in das Intervall a bis b fallenden Werte zur Gesamtzahl N, also der Bruch $\dfrac{h}{N}$, mit wachsendem N nach dem Ausdruck

$$\int_{a}^{b} \varphi\,(x)\,dx$$

strebt, eine Wahrscheinlichkeitsfunktion nennen.

Damit ist als Bedingung der Wahrscheinlichkeitsverteilung die Existenz einer Wahrscheinlichkeitsfunktion aufgezeigt worden. Sie bedeutet lediglich eine Voraussetzung über die Natur des Schußvorganges und hat mit den übrigen Bestandteilen der Maschine nichts zu tun. Sie ist auch ganz unabhängig von der zweiten und dritten Bedingung, denn diese, die Unabhängigkeit der Vorgänge und ihre schließliche gemeinsame Wirkung, könnten erfüllt sein, ohne daß eine Variation der Schußzeiten überhaupt vorhanden ist. Die Bedeutung dieser beiden Bedingungen ist eine ganz andere: sie müssen erfüllt sein, wenn die in der vierten Bedingung behauptete Gesetzlichkeit der Variation der Schußzeiten deutlich sichtbar sein soll, wenn sie eine ganz bestimmte physikalische Wirkung besitzen soll. Auch wenn von dem ganzen Apparat nur die Schußvorrichtung vorhanden wäre und in Tätigkeit gesetzt würde, so würde von den Schußzeiten die behauptete Struktur gelten, nur würde sie nicht anschaulich zum Ausdruck kommen. Der gleichen Sichtbarmachung einer Gesetzmäßigkeit dient auch die gleiche Breite der schwarzen und weißen Streifen. Dieser Teil des Apparates hat eigentlich nur die Funktion einer Uhr; er wäre vollkommen dadurch zu ersetzen, daß man mit Hilfe einer Uhr die Länge der Schußzeiten mißt und dann die gleiche Gesetzmäßigkeit feststellt. Und die physikalische Konstruktion der Uhr unterscheidet sich ja auch nicht nennenswert von der hier gegebenen Anordnung. Die Messung der Zeit, die dort durch ein gleichförmig sich drehendes Rad geschieht, wird hier durch das gleichmäßig abrollende Band bewerkstelligt. Die Unabhängigkeit des Uhrwerks ist ebenso erforderlich. Und die Gruppierung der Schußzeiten, die innerhalb eines kleinen Intervalls beieinanderliegende Werte zu einer Schar zusammenzieht, während die in das Nachbarintervall fallenden Werte zur anderen Schar gerechnet werden, wird hier durch die Streifen gegeben, während sie bei Uhrmessungen nachträglich vom Rechner ausgeführt werden müßte. Nur den Vorzug größerer Anschaulichkeit besitzt diese Maschinerie vor der Uhr.

Wenn wir hier also die Bedingungen der Anwendbarkeit von Wahrscheinlichkeitssätzen aufsuchen, so muß zwischen zwei Arten von ihnen unterschieden werden. Erstens muß aufgezeigt werden, welche bestimmte Gesetzmäßigkeit eines Naturvorgangs zugrunde liegen muß, wenn die Resultate der Wahrscheinlichkeitsberechnung richtig sein sollen. Zweitens müssen die anderen Bedingungen festgestellt werden, unter denen diese Gesetzlichkeit überhaupt erst wahrnehmbar wird, indem sie eine physikalische Wirkung hervorbringt. Als solche Bedingungen hatten wir ermittelt: die Unabhängigkeit der beiden Vorgänge, ihre gemeinsame Wirkung (d. h. schließliche Abhängigkeit) und die Aufstellung eines Zählschemas (die Querstreifen), das die in dem Naturvorgang liegende Gesetzmäßigkeit durch Auszählung feststellen läßt. Daß diese Bedingungen der zweiten Art sämtlich empirisch feststellbar sind, erkennt man sofort; die Unabhängigkeit zweier Vorgänge läßt sich durch Erfahrungsgesetze feststellen, und ob ein Zählschema den geforderten mathematischen Ansprüchen genügt, läßt sich ebenfalls nur durch Messung erkennen. Die Frage, ob diese — für die Anwendbarkeit der Wahrscheinlichkeitsrechnung ebenfalls notwendigen — Bedingungen erfüllt sind, ist demnach lediglich durch die Erfahrung zu entscheiden, aber auch mit der allgemeinen Sicherheit von Erfahrungssätzen überhaupt lösbar. Ganz anders ist das Problem der Bedingungen der ersten Art, die sich hier auf eine einzige Bedingung reduziert haben. Hier muß zuvor die Frage aufgeworfen werden: Ist es überhaupt prinzipiell erfahrungsmäßig erkennbar, daß eine Wahrscheinlichkeitsfunktion existiert? Es scheint ja zunächst möglich, daß wir in dem Sinne wie wir etwa das Fallgesetz empirisch als ein Naturgesetz aufstellen, auch zu dem Erfahrungssatz gelangen könnten, daß eine Wahrscheinlichkeitsfunktion bestünde. Dann wären sämtliche Behauptungen, die wir auf Grund von Wahrscheinlichkeitsüberlegungen über das Naturgeschehen aufstellen, reine Erfahrungssätze. Dies ist aber gerade das Problem; und es wird später gezeigt werden, daß die letztere Auffassung falsch ist, daß es sich hier vielmehr um ein metaphysisches Prinzip der Naturerkenntnis überhaupt handelt.

II. Die Glücksspiele.

Es ist bisher an einem Beispiel die Theorie der Wahrscheinlichkeitsrechnung entwickelt worden; es war auch dort schon bemerkt, daß das besondere Beispiel nur die Rolle einer Illustration übernimmt, und daß es allgemeine Prinzipien sind, zu denen jene Überlegung führt. Doch bedarf diese Behauptung noch der Bestätigung durch Nachprüfung anderer wichtiger Wahrscheinlichkeitsprobleme. Man kann die Fälle, für die die besprochene Wahrscheinlichkeitsmaschine das ideale Schema vorstellt, unter dem Namen der Glücksspiele zusammenfassen, und diese seien hier zunächst behandelt.

Für den Fall der geworfenen Münze ist die Einordnung sehr leicht zu vollziehen. Hier ist der Stoß, der der Münze beim Werfen erteilt wird, sie gleichzeitig in die Höhe schleudert und in Drehung versetzt, der Vorgang, „derselbe" Vorgang, der häufig wiederholt wird. Was dies Wort „derselbe" bedeuten soll, ist oben schon gesagt worden. Auf die Variation der Fallzeiten kommt es an; ist der Stoß um ein wenig stärker geworden, so wird die Münze nach etwas späterer Zeit niederfallen und inzwischen noch eine Umdrehung ausgeführt haben, so daß jetzt die andere Seite oben liegt. Die beiden Seiten der Münze übernehmen also die Gruppierung der Fallzeiten in zwei Scharen. Das Resultat wird um so besser sein, je rascher sich die Münze im Verhältnis zur Zeitdauer des Niederfallens dreht. Und die implizite Voraussetzung der Behauptung, daß jede Münzseite nahezu gleich oft daran kommen wird, ist wieder die, daß die Variation der Fallzeiten einem ganz bestimmten Gesetz folgt; dem Gesetz nämlich, daß die Zahl, die jedem kleinen Intervall die Häufigkeit der ihm zugehörigen Werte zuordnet, durch eine Wahrscheinlichkeitsfunktion bestimmt wird. — Für das Roulettespiel, soweit es sich um die Gleichwahrscheinlichkeit von rot und schwarz handelt, ist die Betrachtung genau so durchzuführen.

Der im vorigen angeführte Satz über integrierbare Funktionen läßt sich leicht dahin erweitern, daß die Gleichheit der Rechteckssumme auch gilt, wenn ich drei oder mehr aufeinanderfolgende Rechtecke als die Elemente dreier oder mehrerer verschiedener Scharen betrachte. So kommt es, daß sich auch Probleme mit mehr als zwei „möglichen Fällen“ jener Betrachtung unterordnen.

Das Würfelspiel ist der einfachste derartiger Fälle. Hier handelt es sich um eine Gruppierung der Stoßintensitäten in sechs verschiedenen Scharen, die mit Hilfe der sechs Würfelseiten zustande kommt. Die Häufigkeitsfunktion, die hier angesetzt wird, ist genau dieselbe wie bei der Münze; wieder ist sie eine von der Variation der Fallzeiten behauptete Gesetzmäßigkeit. Die andere Vorschrift, die man für dieses Spiel aufstellt, daß der Schwerpunkt des Würfels im Mittelpunkt liegen muß und seine Seiten gleichartig beschaffen sein müssen, bezieht sich nicht auf diese Voraussetzung, sondern auf jene zweite Art von Bedingungen, die oben als für die Messung der vorausgesetzten Gesetzmäßigkeit wesentlich charakterisiert wurden. Auch wenn man mit einem einseitig beschwerten Würfel wirft, ist dieselbe Struktur der Variation in den Fallzeiten vorhanden. Nur ist das in dem Fallen der Seiten gegebene Zählschema nicht mehr der geeignete Ausdruck dafür. Wir müssen, um das einzusehen, den Vorgang des Niederfallens des Würfels etwas genauer betrachten. Während des Fallens rotiert der Würfel, er wird den

Boden im allgemeinen zuerst mit einer Ecke berühren. Bei dem homogenen Würfel wird nun — wenn ich der Einfachheit halber von der kinetischen Energie der Rotation absehe, die an der Problemstellung doch nichts ändert — die Seite zu Boden fallen, die im Moment des Berührens den kleinsten Neigungswinkel gegen den Boden besitzt. Wähle ich die Fallzeit ein wenig größer, so wird der Würfel schon wieder mehrere Umdrehungen ausgeführt haben; während dieser Zwischenzeit hat jede Seite ebenso lange wie die andere einmal oder mehrere Male den kleinsten Neigungswinkel besessen. Die Zwischenzeit ist also in sechs gleiche Teile geteilt worden; jeder dieser Teile wird in einer anderen Schar gezählt. Das sind genau die Bedingungen wie die oben für das Zählschema entwickelten. Liegt jedoch der Schwerpunkt des Würfels einer Seite näher als den anderen, so wird diese auch noch dann niederfallen, wenn sie nicht mehr den kleinsten Neigungswinkel besitzt, da das Lot vom Schwerpunkt zur horizontalen Auffallsebene doch noch durch sie hindurchgeht; sie wird also längere Zeit als die übrigen Gelegenheit zum Niederfallen haben. Hier sind die Teile der Zwischenzeit nicht mehr gleich, und die Bedingungen für das Zählschema sind nicht mehr erfüllt. Man sieht leicht ein, daß dann vielmehr die Häufigkeitszahlen der am Boden liegenden Seiten sich verhalten werden wie die Teile der Zwischenzeiten; ein derartiger Satz ließe sich ganz analog dem anderen für integrierbare Funktionen ableiten.

Man erkennt, daß für alle sogenannten Glücksspiele dieser Art, bei denen ein Vorgang oft wiederholt wird, die gleich möglichen Fälle durch korrespondierende gleiche Zeitintervalle gegeben werden[1]. Die Zuordnung geschieht dadurch, daß, wenn eine bestimmte Zeitgröße (die Fallzeit) innerhalb dieses Intervalls liegt, der Fall mit Notwendigkeit eintritt. Von der Variation dieser Zeitgröße wird dann die Voraussetzung gemacht, daß die die Häufigkeit ihrer einzelnen Werte bestimmende Funktion integrierbar ist und mit der X-Achse ein endliches Flächenstück abgrenzt; dann folgt mit Gewißheit die gleiche Häufigkeit des Auftretens aller möglichen Fälle.

Im besonderen Fall, der sogar nicht selten verwirklicht ist, kann diese Funktion die Form

---

[1] An Stelle der Zeltgrößen können in anderen Fällen auch andere Größen treten.

$$f(x) = \text{const.}$$

haben. Dies kommt auf folgende Weise zustande. Man denke sich einen Zeiger über einem Kreis rotierend, etwa wie beim Roulettespiel; durch eine einmalige Stoßkraft werde der Zeiger angetrieben, so daß seine Schwingung allmählich langsamer wird und er schließlich stillsteht. Wenn man den Umdrehungswinkel in Vielfachen von 2π mißt, so wird die Wahrscheinlichkeit, daß der bis zum Punkt des Anhaltens gemessene Winkel gerade einen bestimmten Wert Ω annimmt, eine stetige Funktion von Ω sein, $= \varphi(\Omega)$, die an einer Stelle etwa ein Maximum hat und für größere und kleinere Werte allmählich nach o geht. Wenn man nun den Kreis in n gleiche Sektoren $\vartheta_1 \ldots \vartheta_n$ einteilt (vgl. den Kreis in der Figur S. 30), so wird die Wahrscheinlichkeit, daß der Zeiger im Sektor ϑ_1 anhält, gleich sein der Summe der Wahrscheinlichkeiten, daß Ω zwischen O und ϑ_1, Ω zwischen 2π und $2\pi + \vartheta_1$, Ω zwischen $2 \cdot 2\pi$ und $2 \cdot 2\pi + \vartheta_1$ usw., und entsprechend für die anderen Sektoren; d. h. ein Sektor entspricht einer Schar von Intervallen, wie sie in der Figur S. 22 gezeichnet sind (dort sind zwei solche Scharen gezeichnet). Wegen der Stetigkeit des Integrals sind diese Summen einander nahezu gleich, und dies um so besser, je kleiner die Schwankung der Funktion $(\varphi)\,\Omega$ ist in den Intervallen O bis 2π, 2π bis $2 \cdot 2\pi$, usw., die inbezug auf die Auszählung als Periode auftreten. Wir können nun einerseits diese Schwankung dadurch herabdrücken, daß wir unter Beibehaltung der Sektoren $\vartheta_1 \ldots \vartheta_n$ die Periode verkleinern und anstatt 2π kleinere Sektoren als Periode einführen, wie dies z. B. beim Roulettespiel geschieht, wo sich die Periode von einem roten und einem schwarzen Sektor bereits auf dem Kreis vielfach wiederholt. Halten wir aber die Periode 2π fest, so lassen sich die zu $\vartheta_1 \ldots \vartheta_n$ gehörenden Wahrscheinlichkeiten dadurch immer weiter annähern, daß wir die Umlaufszeit des Zeigers (oder seine Anfangsgeschwindigkeit) vergrößern; denn damit wird die Wahrscheinlichkeitskurve verflacht und demnach ihre Schwankung in gleichen Intervallen immer kleiner. Wir können also mit beliebiger Genauigkeit erreichen, daß, wenn ich ϑ von o bis 2π zähle, die Wahrscheinlichkeitsfunktion $f(\vartheta)$ die Form annimmt

$$f(\vartheta) = \text{const.}$$

Dabei ist die spezielle Form von $\varphi(\Omega)$ gleichgültig.

In diesem Zusammenhang findet sich Gelegenheit, kurz auf die Kriessche Theorie zurückzukommen. Wenn KRIES seine Spiel-räume auf „ursprüngliche" reduziert, so meint er damit wesentlich nichts anderes als die Zurückführung einer Wahrscheinlichkeits-funktion von beliebiger Form auf eine solche von der Form $f(x)$ = const. Man denke sich die gleichen Sektoren unseres Kreises durch Verlängerung der Radien auf eine Tangente abgebildet; praktisch läßt sich dies etwa ausführen, indem man in Richtung des rotierenden Zeigers einen Lichtstrahl hinaussendet. (Ver-

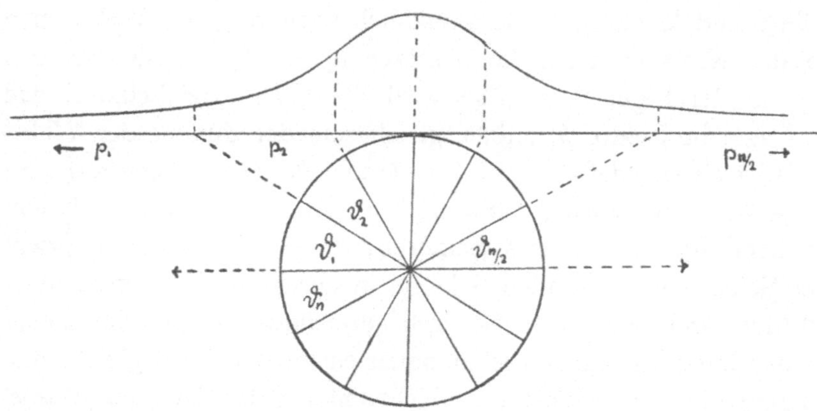

gleiche die Figur.) Die Wahrscheinlichkeit, daß der Lichtpunkt in einem der Intervalle p_1, p_2 ... $p_{n/2}$ anhält, ist für alle diese Inter-valle gleich, weil sie für die ihnen korrespondierenden ϑ_1 ... $\vartheta_{n/2}$ gleich ist; dabei werden aber die p_1, p_2 ... $p_{n/2}$ nach außen immer größer. Die Wahrscheinlichkeitsfunktion $g(p)$ würde also die Be-dingung erfüllen müssen, daß die Flächenstücke über den Inter-vallen p_1, p_2 ... $p_{n/2}$ einander gleich sind; sie würde die Form der über der Tangente als Abszissenachse gezeichneten Kurve haben. KRIES' Gedanke ist nun der, daß man deshalb in der Funktion $g(p)$ nicht gleiche Spielräume abteilen dürfe, sondern daß man die den „ursprünglichen" Spielräumen ϑ_1 ... $\vartheta_{n/2}$ korrespondieren-den Spielräume p_1, p_2 ... $p_{n/2}$ als gleichwahrscheinlich ansetzen müsse. Er übersieht nur, daß dies gar nicht nötig ist; wenn man die Funktion $g(p)$ nur in genügend kleine gleiche Intervalle teilt, so läßt sich wegen der Stetigkeit der Abbildung, die $g(p)$ zu einer Funktion mit stetigem Integral gemacht hat, auch $g(p)$ wieder in Scharen von gleicher Wahrscheinlichkeit zerlegen. Auf die „Ursprünglichkeit" der Spielräume kann deshalb verzichtet werden.

Auch von „Indifferenz" der Spielräume haben wir nicht zu reden brauchen; dieses Bestimmungsstück ist gleichfalls durch das stetige Integral überflüssig geworden. Damit ist auch das letzte subjektive Element aus dem Prinzip ausgeschaltet worden; und die mathematische Formulierung hat das Prinzip nicht nur begrifflich verschärft und vereinfacht, sondern auch von fehlerhaften Elementen befreit. Hier liegt die Überlegenheit des Prinzips der Wahrscheinlichkeitsfunktion gegenüber dem Prinzip der Spielräume.

In der alten Darstellung würde man — und dies ist eben der Kriessche Begriff der Indifferenz —· die gleiche Wahrscheinlichkeit gleich großer Kreissektoren in dem hier gegebenen Beispiel mit dem Prinzip des mangelnden Grundes begründen. Wegen der Symmetrie, so würde man argumentieren, erscheint kein Sektor vor dem anderen bevorzugt, darum ist die Wahrscheinlichkeit für alle gleich. Das neue Prinzip ermöglicht es uns, auf den Symmetrieschluß zu verzichten, indem es eine Stetigkeitsforderung an seine Stelle setzt. Dies läßt sich ganz allgemein durchführen; stets wenn bei den sogenannten geometrischen Wahrscheinlichkeiten die gleiche Wahrscheinlichkeit zweier Raumteile auftritt, läßt sich — sobald man sich nur die Wahrscheinlichkeitsverteilung durch irgendeine physikalische Konstruktion ausgeführt denkt —, eine Größe angeben, deren Wiederholung in der Zeit oder im Raume durch eine Funktion mit stetigem Integral geregelt ist, und durch Einteilung der Funktion in Scharen von gleichen Intervallen des Arguments folgt dann aus der Stetigkeit die gleiche Wahrscheinlichkeit der Raumteile. Für die geometrische Wahrscheinlichkeit besteht eine Besonderheit nur darin, daß die den Scharen von Intervallen zugeordneten Ereignisse gleichzeitig einer bestimmten, meist sehr einfachen Einteilung des Raumes zugeordnet sind, während dies bei den anderen Problemen wegfällt. Allen gemeinsam gilt, daß die sonst unvermittelt nebeneinanderstehenden gleichwahrscheinlichen Fälle sich einem stetigen Integral in eigentümlicher Weise zuordnen lassen, wodurch es gelingt, die Frage nach der Wahrscheinlichkeit zurückzuführen auf die Frage nach der Existenz dieser Funktion.

III. Das Theorem der zusammengesetzten Wahrscheinlichkeit.

Für die Wahrscheinlichkeit, daß zwei voneinander unabhängige Ereignisse gleichzeitig eintreffen, gibt die Wahrscheinlichkeitsrechnung als Regel an, daß sie gleich dem Produkt der Einzelwahrscheinlichkeiten ist. So ist die Wahrscheinlichkeit, mit zwei Würfeln die Seiten 1 und 3 zu werfen, gleich $\frac{1}{6} \cdot \frac{1}{6} = \frac{1}{36}$. Entsprechend ist, wenn $f_1(x)$ und $f_2(y)$ die Wahrscheinlichkeitsfunktionen zweier verschiedener unabhängiger Ereignisse sind, die Wahrscheinlichkeit einer Kombination bestimmter Werte durch das Produkt $f_1(x) f_2(y)$ gegeben.

Diese Aufstellung läßt sich nicht aus der Existenz der Wahrscheinlichkeitsfunktion ableiten. Es wäre möglich, daß jedes einzelne Ereignis in seiner Wiederholung genau seine Wahrscheinlichkeitsfunktion befolgt, und daß dennoch die Verteilung der Kombinationen keineswegs durch das Produkt geregelt ist. So könnte beim Werfen mit zwei Würfeln jedesmal auf beiden die gleiche Seite oben liegen; dies schließt nicht aus, daß für jeden Würfel jede Seite gleich häufig darankommt, aber die Häufigkeit jeder Kombination wäre dann nicht durch die Zahl $\frac{1}{36}$ gegeben.

Die Voraussetzung, daß für jedes einzelne Ereignis eine Wahrscheinlichkeitsfunktion existiert, ist deshalb nicht hinreichend für die Begründung des Gesetzes der zusammengesetzten Wahrscheinlichkeit.

Jedoch läßt sich dieses Gesetz dann begründen, wenn man annimmt, daß auch für die Kombinationen von x und y eine Wahrscheinlichkeitsfunktion $f(x, y)$ existiert, d. h. wenn man annimmt, daß eine Funktion existiert, die jeder Kombination von Werten x aus dem Intervall a bis b und Werten y aus dem Intervall c bis d ihre Häufigkeit zuordnet durch den Ausdruck

$$\int_a^b \int_c^d f(x, y)\, dx\, dy.$$

Aus der Integrierbarkeit dieser Funktion läßt sich in ganz ähnlicher Weise, wie dies früher für die Funktion einer Veränderlichen dargestellt wurde, nachweisen, daß, wenn ich die X,

Y-Ebene in eine große Zahl kleiner Rechtecke $\Delta x \cdot \Delta y$ einteile und die über diesen errichteten, bis zur Fläche f (x, y) reichenden Säulen, die die zugehörige Wahrscheinlichkeit darstellen, in entsprechende Scharen einteile, die Summen dieser Scharen in der Grenze gleich groß werden. Die gleich möglichen Fälle entsprechen jeder einer solchen Schar, und aus der bloßen Existenz einer solchen Wahrscheinlichkeitsfunktion folgt wie früher die gleiche Häufigkeit dieser Fälle. So ist die Existenz einer solchen Funktion hinreichende Bedingung für die gleiche Häufigkeit aller Kombinationen beim Werfen mit zwei Würfeln.

Die erste Voraussetzung verlangt von dieser Funktion jedoch eine besondere Gestalt; sie fordert nämlich, daß in einer durch dies Gesetz bestimmten Reihe solcher Kombinationen gleichzeitig jede Werteschar x und jede Schar y durch ihre besondere Wahrscheinlichkeitsfunktion geregelt ist. Denken wir uns den Versuch ausgeführt, indem zwei verschiedene Größen x und y zu wiederholten Malen gleichzeitig physikalisch realisiert werden, so werden die verschiedensten Kombinationen x, y beobachtet werden. Jede beobachtete Kombination möge durch einen Punkt in einer x, y-Ebene markiert werden. Wenn man nun die Größe y gewaltsam auf ein Intervall c-d beschränkt, so werden diese Punkte alle in einem Streifen parallel zur X-Achse liegen; ihre Verteilung längs dieses Streifens ist aber proportional dem $\int_a^b f_1 (x)\, dx$, wenn a bis b ein beliebig variierendes Intervall ist. Denn jeder Punkt des Streifens entspricht auch einem Wert x, und deren Verteilung erhält sich unverändert, wenn der Verteilung der y Beschränkungen auferlegt werden; dies ist eben die Forderung der Unabhängigkeit. Darum muß, wenn die Grenzen c und d festgehalten werden und a und b variieren,

$$\int_a^b \int_c^d f (x, y)\, dx\, dy = k' \cdot \int_a^b f_1 (x)\, dx$$

sein. Das Gleiche gilt, wenn a und b festgehalten werden und c und d variieren; so daß

$$\int_a^b \int_c^d f (x, y)\, dx\, dy = k \cdot \int_a^b f_1 (x)\, dx \cdot \int_c^d f_2 (y)\, dy$$

werden muß. Diese spezielle Form für das Doppelintegral haben wir erhalten, indem wir die Verteilung auf einem bestimmten Wege vor sich gehen ließen. Nehmen wir nun an, daß die schließlich eintretende Verteilung unabhängig vom Wege ist — und dies haben wir eben dadurch ausgesprochen, daß wir sagten: es existiert eine die Verteilung der Kombinationen von x und y regelnde Funktion, die, wie auch der Weg des Versuchs sein mag, jeder Kombination von Werten x aus dem Intervall a bis b und Werten y aus dem Intervall c bis d durch das Doppelintegral ihre Häufigkeit zuschreibt — so gilt die abgeleitete Relation immer.

Da die Integrale durch Ausdehnung über den ganzen Bereich von — ∞ bis + ∞ gleich 1 werden sollen, folgt $k = 1$; und wegen der Unabhängigkeit der Funktionen $f_1(x)$ und $f_2(y)$ voneinander folgt

$$\int_a^b \int_c^d f(x, y)\, dx\, dy = \int_a^b \int_c^d f_1(x)\, f_2(y)\, dx\, dy$$

und, da die Integranden positiv sind und die Gleichheit für beliebig kleine Intervalle b — a, d — c gilt:

$$f(x, y) = f_1(x) \cdot f_2(y).$$

Dieser Schluß gilt, wenn die Stetigkeit der Funktion nicht vorausgesetzt wird, nur bis auf eine Nullmenge von Punkten. Da diese zum Integral nichts beitragen, können die Funktionen hier verschieden sein. Gerade deshalb aber ist dies auch unwesentlich, denn es kommt für die Wahrscheinlichkeitsrechnung stets nur auf das Integral an[1]).

Die abgeleitete Relation läßt sich, wie man erkennt, ohne weiteres auf mehrere Werte x, y, z . . . übertragen, so daß

$$f(x, y, z \ldots) = f_1(x)\, f_2(y)\, f_3(z) \ldots$$

Demnach läßt sich das Theorem von der zusammengesetzten Wahrscheinlichkeit durch die beiden Voraussetzungen ersetzen, daß erstens eine Wahrscheinlichkeitsfunktion für die Verteilung der Kombinationen von x, y, z . . . existiert, und daß zweitens diese Verteilung gleichzeitig so erfolgt, daß sie jede einzelne Wertreihe gemäß ihrer besonderen Wahrscheinlichkeitsfunktion regelt.

---

[1]) Vgl. auch das auf Seite 42 über die Stetigkeit Gesagte.

Die erste Voraussetzung kann nicht weggelassen werden, weil sonst die Unabhängigkeit der Verteilung vom Wege nicht gewährleistet ist.

Die Einführung der Wahrscheinlichkeitsfunktion mehrerer Veränderlicher ermöglicht nun eine genauere Fassung des Approximationsproblems, das bei der Definition der Wahrscheinlichkeitsfunktion auftritt. Jede Folge von Wiederholungen eines Vorgangs ist endlich, und es kann deshalb nie eine exakte Übereinstimmung mit der durch die Funktion definierten Verteilung erreicht werden, sondern nur eine Approximation. Auf diese Tatsache wurde bereits bei der Einführung der Wahrscheinlichkeitsfunktion hingewiesen. Die Art der Approximation soll nun zunächst so definiert werden: Wenn ich eine kleine Größe ε und ein $\varDelta x$ vorgebe, so gibt es ein N derart, daß in jedem Intervall die Abweichung

$$\left| \frac{h}{N} - \int_{-x}^{x+\varDelta x} \varphi(x)\,dx \right| < \varepsilon$$

wird. Hier ist h die Anzahl der in das Intervall x bis $x + \varDelta x$ wirklich fallenden Werte.

Dies ist jedoch noch keine hinreichende Forderung. Denn eine Reihe von Wiederholungen, die diesem Gesetz genügt, könnte doch den Anforderungen, die man in der Wahrscheinlichkeitsrechnung in bezug auf die Dispersion an sie stellt, nicht genügen. Z. B. denke man sich eine Reihe von Würfen mit einem Würfel, in der die ersten beiden Würfe, dann der dritte und vierte Wurf, dann der fünfte und sechste Wurf usw. immer die gleiche Ziffer ergeben. Eine solche Reihe brauchte der eben geforderten Approximation nicht zu widersprechen, dagegen würde sie die von der Wahrscheinlichkeitsrechnung geforderte Dispersion nicht besitzen. Diese wird erst erreicht, wenn je zwei aufeinanderfolgende Würfe in ihrer Kombination auch noch durch Wahrscheinlichkeitsgesetze geregelt sind, d. h. wenn gleichzeitig eine Wahrscheinlichkeitsfunktion

$$\varphi(x,\,x')$$

existiert, wo die Folge der Wiederholungen in Gruppen von je zwei aufeinanderfolgenden Elementen abgeteilt ist und x und x'

3*

diese beiden Elemente bedeuten. Das läßt sich auf höhere Gruppen ausdehnen, und wir können nunmehr definieren:

Eine Wahrscheinlichkeitsverteilung ist dann vorhanden, wenn eine Folge von Funktionen

$$\varphi\,(x)$$
$$\varphi_1\,(x,\,x')$$
$$\cdots\cdots\cdots$$
$$\varphi\,r\,(x,\,x',\,x'',\,\ldots\,x^{(r)})$$

existiert, die der Reihe der Wiederholungen in folgender Weise zugeordnet ist: wenn ich die beliebig große Zahl r, die beliebig kleine Größe ε und die Größen $\varDelta x \ldots \varDelta x^{(r)}$ vorgebe, so gibt es ein N derart, daß die Abweichung

$$\left| \frac{h^{(i)}}{N} - \int\limits_{x}^{x+\varDelta x} \cdots \cdot \int\limits_{x^{(i)}}^{x^{(i)}+\varDelta x^{(i)}} \varphi\,i\,(x \ldots x^{(i)})\,d\,x \ldots d\,x^{(i)} \right| < \varepsilon$$

wird, und dies gleichzeitig durch dasselbe N für alle Funktionen φ bis φ r. $h^{(i)}$ bedeutet wieder die Anzahl der wirklich in das Intervall fallenden Wiederholungen.

Dies ist die exakte Definition der Approximation. Die Wahrscheinlichkeitsrechnung fordert deshalb nicht nur die Existenz einer einzigen, sondern einer Folge von Wahrscheinlichkeitsfunktionen.

IV. Die Fehlertheorie.

Die Fehlertheorie geht von der Grundtatsache aus, daß es exakte Messungen nicht gibt; jede Beobachtung, die wir ausführen, wird dadurch in ihrer Genauigkeit gestört, daß unbekannte Einflüsse unser Meßinstrument verändern. Nun ist es zwar richtig, daß die bei jeder Wahrnehmung auftretende Empfindungsschwelle es uns schon aus rein psychologischen Gründen unmöglich macht, vollkommen exakt zu messen. Die Vergleichung zweier physischer Größen durch die Sinneswahrnehmung, auf die letzten Endes jede Messung hinausläuft, kann eben zwischen Größen keinen Unterschied mehr konstatieren, wenn diese nur innerhalb der Wahrnehmungsschwelle voneinander abweichen. Um den dadurch entstehenden Fehler möglichst klein zu machen, ist es das allgemeine Bestreben der Experimentatoren, Meßinstrumente herzustellen, die schon bei sehr kleinen Veränderungen des zu messenden Gegenstandes eine große Veränderung zeigen; man nennt solche Instrumente stark empfindlich. Aber es ist doch falsch, auf diese psychologischen Ursachen allein die prinzipielle Unexaktheit unserer Messungen zurückführen zu wollen. Denn noch eine andere Ursache macht uns die absolute Genauigkeit unmöglich; es hängt dies damit zusammen, daß es in der Natur keine „abgeschlossenen" Vorgänge gibt, wie bereits früher ausgeführt wurde. Jeder Naturvorgang unterliegt prinzipiell unendlich vielen äußeren Einflüssen; wir können immer nur einzelne herausgreifen und betrachten und müssen dann die anderen als verschwindend klein beiseite lassen. Der gemessene Wert ist stets die algebraische Summe unendlich vieler beeinflussender Größen. Wir rechnen aber so, als ob er durch endlich viele Faktoren gebildet ist, und berechnen dann daraus rückwärts die gewünschte Größe. Niemals messen wir direkt die Größe, auf die es ankommt, sondern stets eine derartige Funktion von ihr. Denken wir uns etwa eine einfache Länge durch mehrfaches Anlegen eines Meterstabes gemessen. Dann ist das zahlenmäßige Resultat nicht etwa ein unmittelbarer Ausdruck für die Länge. Es hängt vielmehr auch von den Winkeln ab, die die Stäbe beim Aneinanderlegen gebildet haben; von der Schwankung der Temperatur während der Messungszeit, von dem Einfluß der Strahlung, elektrischer Vorgänge usw. Die gefundene Zahlengröße setzt sich also in komplizierter Weise aus den Einzelwerten dieser unendlich vielen Größen zusammen. Aufgabe des Beobachters ist es nun, das Verhäitnis, in dem diese Größen zusammenwirken, zu berechnen und von da aus auf die eine gewünschte Größe rückzuschließen. Bei flüchtigen Messungen wird man in unserem Beispiel sämtliche anderen Einflüsse vernachlässigen und den gefundenen Zahlenwert direkt gleich der Länge setzen; der vorsichtigere Beobachter wird dagegen bereits den Einfluß der Neigungswinkel der Stäbe berücksichtigen und den Wert der Länge erst durch Rechnung ermitteln. Da wir aber nicht in der Lage sind, sämtliche unendlichvielen Einflüsse in unserer Rechnung zum Ausdruck zu bringen, so ist uns deshalb eine exakte Messung prinzipiell versagt. Selbst wenn unsere Wahrnehmung nicht an Empfindungsschwellen gebunden wäre, würden wir also niemals durch Messung eine Größe exakt angeben können[1]).

Die Fehlertheorie ist also vor das Problem gestellt, unter einer Anzahl sich widersprechender Werte für ein und dieselbe Größe einen Wert besonders auszuzeichnen, der als geltender Wert angenommen werden soll. Nun ist es uns prinzipiell unmöglich, den wahren Wert der Größe dafür zu wählen, weil wir ihn nicht bestimmen können. Wir müssen deshalb einen anderen Wert wählen, der durch seine Stellung unter den übrigen Werten irgendwie bevorzugt erscheint. Die verschiedensten Werte sind dafür geeignet; es liegt besonders nahe, den häufigsten Wert auszuwählen. Dieser ist vor allen anderen dadurch ausgezeichnet, daß er in einer Reihe von Versuchen am häufigsten sich wiederholt; ich kann also, wenn ich ihn nur bestimmen kann, mit Gewißheit die Aussage machen — zwar nicht, daß jede einzelne Messung zu ihm führen wird, aber daß doch die größte Zahl der Messungen ihn ergibt. Die Bedeutung eines solchen Wertes besteht also darin, daß ich über sein Vorkommen in der Natur mit Gewißheit eine Aussage machen kann. Der Verzicht auf einen wahren Wert — und dieser würde allerdings mit Gewißheit gelten — ist also gar nicht so groß; ich kann diese Gewißheit ersetzen durch eine andere, die von einer Häufigkeit gilt. Natürlich muß dazu erst noch die Existenz eines solchen häufigsten Wertes bewiesen werden. Ehe wir jedoch auf diese Frage eingehen, soll das Verfahren, wie es tatsächlich in der Fehlertheorie angewandt wird, analysiert werden.

Wir wählen die Ableitung des Gaußschen Fehlergesetzes, wie sie durch die Hypothese der Elementarfehler gegeben wird. Dort wird der tatsächliche Messungsfehler entstanden gedacht aus einer Reihe einzelner Fehlerursachen, deren jede eine zahlenmäßige Abweichung von dem wirklichen Wert bedingt, so daß der Gesamtfehler durch Übereinanderlagerung aller dieser Elementarfehler entsteht. Nun wird auch die einzelne Fehlerursache nicht bei jedem Versuch denselben Betrag des Elementarfehlers ergeben, sondern auch dieser wird in seiner Größe veränderlich sein. Denke ich

---

[1]) Es muß das besonders betont werden, da z. B. A. ELSAS, S. 588, es so hinstellt, als ob allein die Empfindungsschwelle der Grund für die Unexaktheit unserer Messungen ist. Er bestreitet übrigens an der gleichen Stelle den Zusammenhang zwischen Fehlertheorie und Wahrscheinlichkeitsrechnung; eine Behauptung, die durch das hier Folgende widerlegt wird.

mir nun einen solchen Fehler innerhalb enger Grenzen variierend, so wird der aus ihnen allen zusammengesetzte Gesamtfehler bedeutend größere Schwankungen ausführen. Seine untere Grenze wird durch die Summe aller unteren Grenzen der Elementarfehler gebildet, seine obere Grenze durch die Summe der oberen. Diese extremen Werte sind also nur auf eine Weise zu erreichen; sie kommen nicht häufiger vor als die am seltensten vorkommende untere oder obere Grenze eines der Elementarfehler. Überhaupt sind die äußeren Werte des Gesamtfehlergebietes nur durch die äußeren Werte der Elementarfehler darstellbar, während die inneren Werte viel mannigfacher entstehen können; wenn ein Elementarfehler extreme Werte annimmt, so kann ein anderer doch kleine Werte annehmen, so daß ihre Summe im Mittelgebiet des Gesamtfehlers liegt. So kommt es, daß selbst bei gleichmäßiger Verteilung der Häufigkeit in den Elementarfehlergebieten die Häufigkeit in dem Spielraum des Gesamtfehlers nicht überall gleich ist; sie wird vielmehr in den mittleren Gebieten ein Maximum haben und nach beiden Rändern hin abnehmen.

Um nun einen mathematischen Ausdruck für diese Verteilung zu finden, müssen verschiedene Voraussetzungen gemacht werden. Man erhält dann ein mathematisches Gesetz, das jedem Fehler seine Häufigkeit zuordnet. Nun sind je nach den Voraussetzungen verschiedene derartige Fehlergesetze denkbar; unter allen aber ist das Gaußsche durch die Einfachheit und Einsichtigkeit seiner Voraussetzungen ausgezeichnet. Eine Reihe von Untersuchungen sind über dies Problem angestellt worden; man kann als ihr Resultat bezeichnen, daß die Gaußsche Fehlerkurve auf folgenden Voraussetzungen beruht[1]):

1. Die Häufigkeit jedes Elementarfehlers ist durch eine Wahrscheinlichkeitsfunktion bestimmt.

2. Diese setzen sich nach dem Theorem der zusammengesetzten Wahrscheinlichkeit zusammen.

---

[1]) Ausführliche Behandlungen des Problems geben Czuber, Theorie der Beobachtungsfehler, und Poincaré, probabilité. Am deutlichsten treten die hier genannten drei Voraussetzungen hervor bei Hausdorff, der aus ihnen in kurzer und durchsichtiger Weise das Gaußsche Gesetz ableitet, so daß hier für die mathematische Seite des Problems direkt auf diese Abhandlung verwiesen werden kann.

3. Es müssen sehr viele, voneinander unabhängige Elementarfehler gleicher Größenordnung zusammenwirken.

Die erste Prämisse verlangt, daß für jeden Elementarfehler eine Wahrscheinlichkeitsfunktion existiert; was darunter zu verstehen ist, ist in früherem ausgeführt. Doch werden über die Gestalt der Funktion keine Annahmen gemacht, jeder Einzelfehler darf eine ganz beliebige, seine Häufigkeit bestimmende Funktion besitzen. Nach dem durch die zweite Prämisse gegebenen Gesetz fügen sich diese Funktionen zusammen. Damit ist vorausgesetzt, daß die einzelnen Fehler unabhängig voneinander sind; ob dies jeweils erfüllt ist, muß die Erfahrung lehren. Die Forderung der Unabhängigkeit ist in Prämisse 3 nochmals ausgesprochen worden, damit in dieser alle Forderungen, deren Erfüllung empirisch konstatiert werden kann, zusammengefaßt sind. Aus dem Beweis, der früher für das Theorem der zusammengesetzten Wahrscheinlichkeit gegeben wurde, folgt, daß dies die Voraussetzung enthält, daß eine Funktion $f(x, y \ldots)$ für die Verteilung der Fehlerkombinationen existiert; wir dürfen also die Prämisse 2 durch diese Voraussetzung ersetzen. Die Funktion nimmt den Wert $f_1(x)\, f_2(y) \ldots$ an, wenn $f_1(x)$, $f_2(y) \ldots$ die Wahrscheinlichkeitsfunktionen der Elementarfehler sind. Dies ist jedoch nicht die gesuchte Fehlerfunktion, sondern diese soll eine Häufigkeitsverteilung für die Summe aller Werte $x, y \ldots$ darstellen. Das Problem, aus dem Produkt $f_1(x)\, f_2(y) \ldots$ die Funktion $\varphi(s)$ abzuleiten, wo $s = x + y + \ldots$, ist das mathematische Problem des Fehlergesetzes. In der Abhandlung von HAUSDORFF ist dieses allgemein behandelt worden, es ist ein allgemeines Verfahren zur Gewinnung des Gesetzes des Gesamtfehlers angegeben worden, in dem das Gaußsche Gesetz als Näherung für einen besonderen Fall erscheint. Dieser besondere Fall ist dann verwirklicht, wenn sehr viele, voneinander unabhängige Elementarfehler gleicher Größenordnung zusammenwirken. Das ist jedoch durchaus nicht immer erfüllt. HAUSDORFF gibt Beispiele für andere Fälle an. Das Gaußsche Gesetz ist deshalb keinesfalls als das Prinzip der Wahrscheinlichkeitsrechnung anzusprechen; sondern es bedeutet eine ganz spezielle Form, die für den Fall der Prämisse 3 angenommen wird.

Das Gaußsche Gesetz ist dadurch ausgezeichnet, daß das arithmetische Mittel der wahrscheinlichste Wert der Messungen wird,

d. h. daß es dem Maximalwert der Kurve $\varphi(s)$ entspricht[1]). Es wird damit das arithmetische Mittel als derjenige Wert ausgezeichnet, der (genauer: dessen Nähe) von allen Messungen am häufigsten getroffen wird. Damit erscheint das vielbenutzte Verfahren, unter allen Messungen das arithmetische Mittel als wahrscheinlichsten Wert auszusuchen, gerechtfertigt. Wir erkennen jedoch, daß es keineswegs überall zulässig ist, dem arithmetischen Mittel diese Sonderstellung zu geben. Die erste und zweite Voraussetzung allerdings müssen wir allgemein für jede Fehlerverteilung machen; die dritte jedoch nur in besonderen Fällen. Zwar sind unsere modernen, komplizierten Meßinstrumente meist so gebaut, daß in ihnen viele Fehler gleicher Größenordnung zusammenwirken; aber es wird stets Fälle anderer Natur geben, in denen man also nicht das arithmetische Mittel auswählen darf. Das erscheint befremdend, weil man geneigt ist, in der Bevorzugung des arithmetischen Mittels geradezu das apriorische Prinzip der Fehlertheorie zu sehen. Es leuchtet ein, anzunehmen, daß die Gesamtabweichung vom wahren Messungswert nach der einen Seite ebenso groß ist wie nach der anderen. Man ist auch geradezu von dieser Annahme ausgegangen und hat dann unter Zuhilfenahme anderer Prämissen das Gaußsche Gesetz abgeleitet. Dies ist der ursprüngliche Weg von GAUSS gewesen. Während in all diesen Ableitungen gewöhnlich die Stetigkeit und Differenzierbarkeit der Wahrscheinlichkeitsfunktion vorausgesetzt wird, hat F. BERNSTEIN eine Ableitung gegeben, die sich mit der Integrierbarkeit begnügt[2]). Da diese Eigenschaft weniger von einer Funktion fordert als die der

---

[1]) Die Gaußsche Funktion

$$\frac{h}{\sqrt{\pi}} \cdot e - h^2 (s - a)^2$$

erreicht ihr Maximum für $s = a$. Das Mittel der Werte s ist gegeben durch

$$\int s \, \varphi(s) \, ds$$

in der Tat ergibt sich

$$\frac{h}{\sqrt{\pi}} \cdot \int_{-\infty}^{+\infty} s \cdot e - h^2 (s-a)^2 \, ds = a$$

Da die drei Prämissen die Gaußsche Funktion eindeutig bestimmen, so folgt auch notwendig diese Konsequenz.

[2]) Seine Prämissen sind: a) Das arithmetische Mittel ist der wahrscheinlichste Wert der Beobachtungen. b) Es existiert eine Fehlerfunktion, die die Eigenschaft der Integrierbarkeit besitzt.

Stetigkeit und Differenzierbarkeit, ist die Ableitung mathematisch von Bedeutung; für das philosophische Problem hat es jedoch geringes Interesse, ob man der Wahrscheinlichkeitsfunktion außer der Integrierbarkeit auch noch Stetigkeit und Differenzierbarkeit zuerkennt oder nicht. Denn wenn man, wie wir es getan haben, nur die Integrierbarkeit der Funktion fordert, so läßt sich jederzeit eine wenigstens abteilungsweise stetige Funktion angeben, die mit beliebiger Näherung sich an die integrierbare Funktion anschließt. So stellt z. B. der von uns bei der Definition der Wahrscheinlichkeitsfunktion erwähnte Polygonzug eine solche abteilungsweise stetige und differenzierbare Kurve dar, die mit beliebiger Näherung an Stelle der anderen gesetzt werden kann. Man kann deshalb stets in jedem speziellen Fall anstatt der integrierbaren Funktion eine von diesen Näherungsfunktionen nehmen und aus ihr unter Voraussetzung der Stetigkeit und Differenzierbarkeit die gewünschten Resultate ableiten; die zahlenmäßige Auswertung der Resultate wird dann mit einer entsprechenden Näherung von dem wirklich gemessenen Verhalten gelten. Die Annäherung in den Resultaten wird sich also ebenfalls zahlenmäßig beliebig klein machen lassen. POINCARÉ hat ferner darauf hingewiesen, daß die von GAUSS vorausgesetzte Wahrscheinlichkeitsfunktion die Annahme einschließt, daß die Wahrscheinlichkeit nur von der Größe des Fehlers, nicht auch von der Größe des Messungswertes abhängt[1]. Er hat für Fälle, in denen dies nicht erfüllt ist, eine besondere Wahrscheinlichkeitsfunktion abgeleitet[2]. Gerade die Poincaréschen Untersuchungen zeigen, daß dem arithmetischen Mittel durchaus nicht a priori die Stellung des wahrscheinlichsten Wertes zukommt, sondern daß man ihm diese Bedeutung nur in beson-

---

[1] POINCARÉ, probabilité. p. 173.

[2] Es ist immer dann erfüllt, wenn die Schwankungen des Messungswertes klein sind gegenüber den Instrumentalfehlern, so daß der Messungswert als konstant betrachtet werden kann. In diesem Falle kann man auch von der Bestimmung des „wahren" Wertes reden, wenn man darauf ausgeht denjenigen Störungseinfluß, der lediglich von den Instrumentalfehlern herrührt, zu eliminieren. Dazu muß man den „systematischen Fehler" (die Konstante a der Funktion) bestimmen; dies ist mit Hilfe eines sehr viel feineren Messinstruments möglich. Solche Bestimmung der „Apparatkorrektion" geschieht häufig bei Sextanten, Thermometern, Universalen usw. In besonderen Fällen darf man annehmen, daß $a = 0$ ist; dies läßt sich gelegentlich aus der Symmetrie der Streuungsbedingungen schließen, gelegentlich auch aus anderen Nebenumständen. Apriori aber läßt sich über a nichts sagen.

deren Fällen einräumen darf, in denen besondere empirische Gründe dafür sprechen.

Die Prämisse 3 charakterisiert derartige Fälle; ob sie jeweils erfüllt ist, kann nur die Erfahrung lehren. Weiß man nichts darüber, so erscheint die Anwendung des Gaußschen Gesetzes gezwungen; richtiger wäre dann eine Kurve, die sich den Beobachtungen besser anschmiegt. Man könnte dann in der Weise verfahren, daß man den Spielraum des Fehlers in kleine gleiche Intervalle teilt, zählt, wieviel Werte in jedes Intervall gefallen sind und diese Häufigkeiten als Ordinaten über den entsprechenden Fehlerintervallen abträgt. Zieht man dann durch die Endpunkte eine Kurve, so bedeutet diese eine erste Näherung an das Fehlergesetz. Ein mathematisches Verfahren, diese Kurve zu bestimmen, hat BERTRAND angegeben[1]). In der Figur ist diese Kurve durch

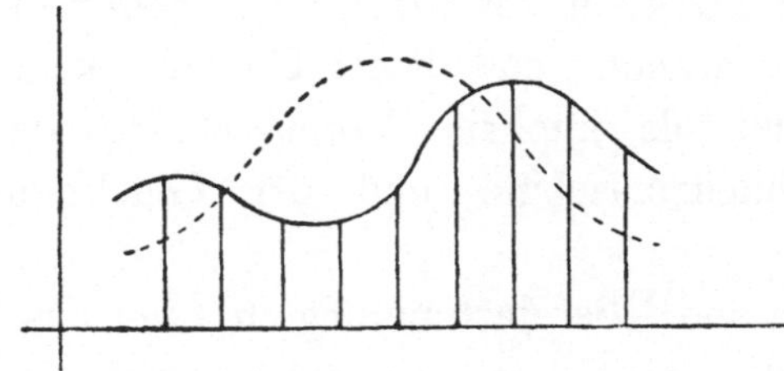

die ausgezogene Linie dargestellt; würde man auf diesen Fall das Gaußsche Gesetz anwenden, so erhielte man die punktierte Linie, die offensichtlich als eine gewisse Vergewaltigung der Messungsresultate erscheint. Man würde mit der Wahl dieser Kurve behaupten, daß die Streuungsbedingungen des Messungsverfahrens so groß sind, daß die Zahl der Messungen für eine gute Annäherung noch zu klein ist; erst bei weiterer Wiederholung der Messung,

---

[1]) Er geht dazu von dem Grundsatz aus, daß das arithmetische Mittel nicht der wahrscheinlichste, sondern der wahrscheinliche Wert werden soll; d. h. daß

$$\frac{\Sigma x}{n} = \int_{x_{min}}^{x_{max}} x \cdot \varphi(x)\, dx$$

werden soll. (x Messungswert, n deren Anzahl, x_{min} und x_{max} der kleinste resp. größte Messungswert.) Für eine Verteilung, die dem Gaußschen Gesetz schon folgt, ist dies natürlich auch erfüllt; wenn aber die Verteilung anders geartet ist, etwa wie in der Figur, so würde die Anwendung des Gaußschen Gesetzes nur eine sehr grobe Näherung ergeben. Vgl. POINCARÉ, probabilité. p. 173.

so müßte man sich rechtfertigen, wird eine Annäherung der wirklichen Verteilung an die Gaußsche Kurve erreicht. Wenn man
gute Gründe für die Annahme hat, daß Prämisse 3 erfüllt ist, erscheint dies auch gerechtfertigt.

Es ergibt sich aus diesen Darlegungen, daß das Gaußsche
Fehlergesetz eine ganz spezielle Form ist, die durchaus nicht den
allgemeinen Grundsatz der Fehlertheorie darstellt. Ebenso ist die
sogenannte Hypothese des arithmetischen Mittels, das ist die Annahme, daß das arithmetische Mittel der wahrscheinlichste Wert
sei, nicht der allgemeine Grundsatz der Fehlerrechnung, sondern
nur für besondere Fälle gültig. Allein die erste und zweite Prämisse enthalten Gedanken, die ganz allgemein für die Fehlertheorie
gültig sind; kein Fehlergesetz kann ohne die Annahme auskommen,
daß überhaupt eine Wahrscheinlichkeitsfunktion existiert, möge
diese nun eine Funktion von einer oder mehreren Veränderlichen
sein. Und man erkennt, daß dieser Gedanke kein anderer ist als
der, der früher als implizite Voraussetzung der Theorie der
Wahrscheinlichkeitsmaschine und der Glücksspiele aufgedeckt
worden war.

Diese seltsame Übereinstimmung in zwei anscheinend so ge-
trennten Gebieten wird dem nicht befremdend erscheinen, der die
im früheren beschriebene und analysierte ideale Wahrscheinlichkeitsmaschine einmal von der anderen Seite betrachtet hat. Eigentlich war in der Wahl dieses Apparats zum Idealfall bereits die
einheitliche Auffassung dieser Gebiete vollzogen. Denn jene Maschine unterscheidet sich nicht wesentlich von einem Apparat zur
Messung der Fallzeiten des Geschosses. Ein solcher würde die
Fallzeiten mit einer Uhr messen, d. h. mit den Umlaufszeiten eines
Rades vergleichen. Hier ist an Stelle des Rades das rollende Band
getreten. Die kleinen Differenzen in den Fallzeiten waren es, die
die Anwendung der Wahrscheinlichkeitsbetrachtung überhaupt erst
ermöglichten. Über ihre Verteilung in der Zeit mußte eine eigentümliche Annahme gemacht werden. Und dieselben kleinen Schwankungen der Fallzeit sind der Gegenstand der Fehlertheorie[1]. Denn
zur exakten Messung der Fallzeit würde man die Messung häufig
wiederholen und in der folgenden fehlertheoretischen Behandlung

---

[1] Für den beschriebenen Apparat sollen die Schwankungen der Fallzeit
groß sein gegenüber den übrigen Schwankungen des Apparates.

die Voraussetzung der Existenz einer Wahrscheinlichkeitsfunktion machen. Daß es beide Male die gleiche eigentümliche Struktur in der Verteilung der Fallzeitwerte ist, die wir voraussetzen, das ist ein wichtiges Resultat der bisher durchgeführten Untersuchungen. Wenn sich ein Widerspruch in den Voraussetzungen ergeben hätte, müßten wir eine der beiden Theorien als falsch verwerfen. Die Analyse hat jedoch die Identität gelehrt.

Jeder Fall, wo ein physikalischer Vorgang häufig wiederholt wird, der also in der Physik nach der Fehlertheorie beurteilt wird, stellt eine für Wahrscheinlichkeitsexperimente geeignete Anordnung dar. Nur unterliegt er nicht immer dem Gaußschen Gesetz. Beim Roulettespiel, beim Würfeln z. B. sind die Bedingungen des Gaußschen Gesetzes nicht erfüllt; dort überwiegt der eine Fehler, der in den Schwankungen der Stoßkraft des Armes, der Feder gegeben ist, so sehr alle anderen, daß Prämisse 3 nicht mehr anwendbar ist. Hier ist die Wahrscheinlichkeitsfunktion nicht eine eingipfelige Kurve, sondern vielfach gewunden; aber das eine bleibt doch erfüllt, daß überhaupt eine Wahrscheinlichkeitsfunktion existiert. Hier liegt das philosophische Problem. Woher weiß ich, daß es solch eine Funktion gibt?

Für alle anderen Bedingungen war gezeigt worden, daß sie aus der Erfahrung abgeleitete Sätze sind; von Fall zu Fall mußte und konnte entschieden werden, ob sie erfüllt sind. Es handelte sich in ihnen stets um Messung bzw. Abschätzung von Größen. Für diese eine Bedingung aber versagt die Erfahrung. Eine endliche Zahl von Vorgängen kann ich beobachten und über ihre Verteilung etwas aussagen. Dieser Grundsatz aber sagt gerade etwas über die Wiederholung von Vorgängen; er behauptet, daß, wie die Verteilung auch zu Anfang sei, in ihren Häufigkeitszahlen doch schließlich eine Annäherung stattfinden müsse an eine integrierbare Funktion, und das sowohl für die Wiederholung eines einzelnen Vorgangs, als auch für die Wiederholung von Kombinationen. Die spezielle Form dieser Funktion muß die Erfahrung bestimmen; aber daß sich überhaupt eine derartige Aussage machen läßt über beliebig viele Fälle, das kann keine Erfahrung lehren. Denn nur über eine endliche Zahl von Fällen kann die Beobachtung Aufschluß geben. Es ist hier wie beim Kausalgesetz; sein spezieller Inhalt wird jeweils empirisch gewonnen, aber daß das im Einzelfall Beobachtete nun allgemein gilt, daß von nun ab jeder beliebige Fall dieser Gesetzlichkeit unterliegen soll, läßt sich durch keinerlei Beobachtung feststellen. Dennoch ist die hier behauptete Gesetzlichkeit eine ganz andere als die kausale. Denn sie behauptet ja ein Gesetz gerade über Vorgänge, die nicht kausal zusammenhängen. Überall dort, wo wir mit Hilfe des Kausalgesetzes nichts mehr über das Naturgeschehen ausmachen können, greift das Prinzip der Wahrscheinlichkeitsfunktion ein; dieses ist jetzt als eigentlicher Inhalt des Wahrscheinlichkeitsgesetzes nachgewiesen.

Wenn dieses Gesetz aber nicht aus der Erfahrung stammt, wo liegt dann die Rechtfertigung zu seinem Gebrauch? Diese Frage soll in der nun folgenden Deduktion beantwortet werden.

Drittes Kapitel

Deduktion des Wahrscheinlichkeits- prinzips.

Wenn es möglich war, zu zeigen, daß ein Satz die Grund- voraussetzung ausgedehnter Wissensgebiete bildet, so ist für den Beweis seiner Gültigkeit von der Erfahrung bereits viel geleistet. Denn er darf alsdann keinen geringeren Anspruch auf Geltung machen als eben jene Wissensgebiete selbst; und mit ihrer An- erkennung wäre seine Gültigkeit zugegeben. Deshalb durfte KANT den Satz, daß die Axiome der Geometrie synthetische Urteile apriori seien, mit der gleichen Gewißheit aussprechen, die für die Geltung der Geometrie bestand; und da jedes vernünftige Wesen schlechterdings deren apodiktische Gewißheit zugeben mußte und zugab, so war mit der Aufzeigung, daß dieser Satz die notwendige Voraussetzung der Geometrie war, bereits der Beweis für seine Geltung angetreten. Für den hier zu besprechenden Fall ist je- doch die Sachlage ein wenig verändert. Denn die Wissens- gebiete, um die es sich hier handelt, die Fehlertheorie und die Theorie der Zufallsspiele, genießen nicht jene unbestrittene An- erkennung, deren sich die Geometrie erfreuen kann. Die einen sehen in ihnen eine rein mathematische Spielerei, die keinerlei Beziehung auf die Welt der Dinge hat; die anderen wollen in ihnen die letzte Zuflucht sehen, die sich die menschliche Unwissen- heit gebaut hat, um doch wenigstens noch irgendetwas behaupten zu können. Zwar bin ich der Ansicht, daß jeder, der in diesen Gebieten arbeitet, sich auf ihre Geltung mit Bestimmtheit verläßt, und es ist ja auch ein psychologisches Faktum, daß die Über-

275

zeugung von der Gültigkeit einer Wissenschaft nur durch längere Vertrautheit mit ihr erworben wird — ohne daß durch diese Behauptung diese Überzeugung selbst zu einer psychologischen Erkenntnis gestempelt werden soll. Denn es handelt sich hier letzterdings um eine Einsicht, um eine unmittelbare Erkenntnis, daß ihren Sätzen Geltung zukommt, und gerade dieser spontane Akt ist letzten Endes nicht weiter analysierbar und auch nicht weiter begründbar; deshalb kann er ebensowohl am Anfang wie am Ende aller begrifflichen Deduktion stehen. Trotzdem kann auf eine Konstruktion des begrifflichen Zusammenhangs nicht verzichtet werden. Denn sie erst gibt dem vorher nur durch reine Einsicht Erfaßten seinen letzten, inneren Halt, indem sie es in notwendigen Zusammenhang bringt mit den übrigen Grundsätzen der Erkenntnis; sie lehrt erst die Einheit alles Erkennens und gibt umgekehrt dadurch den durch Einsicht gewonnenen Resultaten ihren letzten transzendentalen Beweis, indem sie sie als von der Einheit der Erkenntnis notwendig gefordert hinstellt. So soll auch hier der Zusammenhang des einen metaphysischen Prinzips mit den wesentlichen Grundsätzen der Erkenntnis aufgezeigt werden. Dadurch wird die Gewißheit des Prinzips nicht allein auf die des vielfach umstrittenen Wissensgebietes der Fehlertheorie und der Zufallsspiele gestützt, sondern auf die der ganzen Erkenntnis überhaupt, und gleichzeitig dadurch der Streit über die Gewißheit dieser Gebiete dahin entschieden, daß mit der Anerkennung einer Naturerkenntnis auch die Anerkennung der Wahrscheinlichkeitstheorie gegeben ist.

Die Urteile von zeit-räumlichen Gegenständen lassen sich in zwei Klassen einteilen. Einmal kann das Urteil durch reine Anschauung und Begriffe des reinen Denkens allein gegeben sein, dann ist es ein mathematisches Urteil. Oder sein Inhalt ist durch empirische Anschauung bestimmt, nur durch unmittelbare Wahrnehmung (oder durch die Vorstellung einer solchen) gegeben, dann ist es ein physikalisches Urteil.

Der anschauliche Charakter des physikalischen Urteils soll an einem Beispiel dargetan werden. Betrachten wir den Satz, daß ein von einem Turm herabfallender Stein nach einer durch GALILEIS Formel genau bestimmten Zeit den Boden berührt. Was mit dem Begriff Stein gemeint ist, ist letzten Endes nur durch empirische Anschauung zu erfassen; man muß schon hinsehen auf einen wirklichen Stein oder die auf solche Weise erzeugte Wahrnehmung im Gedächtnis reproduzieren, um zu wissen, was der Begriff Stein besagen soll. Ebenso ist es mit dem Vorgang des Fallens und mit den übrigen in dem Urteil vorkommenden Begriffen. Auch die Größe der Zeit, von der die Rede ist, kann nur durch empirische Anschauung gegeben werden. Zwar muß die Zeit als reine Anschauungsform von aller empirisch wahrgenommenen Zeitgröße unterschieden werden; aber hier wird eben eine ganz bestimmte Zeitgröße behauptet. Der Sinn der Aussage geht dahin, daß die Gleichheit der Fallzeit mit einer andern, ebenfalls nur empirisch wahrgenommenen Zeit behauptet wird, etwa der Zeit, die der Zeiger auf dem Zifferblatt einer Uhr braucht, um einen bestimmten Winkel zurückzulegen, oder der Zeit eines Bruchteils der Erdumdrehung. Diese bestimmte Zeitgröße kann ich immer nur durch unmittelbare Wahrnehmung erkennen.

Das mathematische Urteil dagegen betrifft Gegenstände, die durch reine Anschauung und reines Denken allein zu erfassen sind. Es ist das Charakteristikum solcher Gegenstände, daß sie restlos bestimmt sind, daß sie sich mit den Bestimmungsstücken des Denkens und der Anschauung vollständig erschöpfen lassen. Wenn ich von einer mathematischen Kugel spreche, so ist damit der Gegenstand lückenlos bestimmt, und seine sämtlichen Eigenschaften lassen sich aus seiner Vorstellung ableiten; wenn ich aber von dem Erdball spreche, so weiß ich zunächst noch gar nicht, welche Raumform damit gemeint ist. Zwar weiß ich, daß sie einer Kugel ähnlich sein wird, aber die leicht abgeplattete, viel gezähnte wirkliche Gestalt ist mir noch nicht gegeben; ich weiß zwar, daß der Erdball in einem bestimmten Zeitpunkt eine ganz bestimmte räumliche Gestalt hat, aber diese zu bestimmen, ist erst Aufgabe der Forschung, nicht durch die Vorstellung Erdball ohne weiteres gegeben. Dem empirischen Gegenstand haftet das eigentümlich irrationale Moment aller Wirklichkeit stets an.

In den mathematischen Urteilen kann deshalb der Gegenstand, eben weil er vollständig gedacht werden kann, zuvor gesetzt werden. Es wird nie eine Gültigkeit schlechthin behauptet, sondern die Aussage stets an das Vorhandensein bestimmter Bedingungen geknüpft; diese Bedingungen bestimmen restlos den

277

Gegenstand, und darum läßt sich die Aussage mit dem Anspruch der Gewißheit daran knüpfen. Das physikalische Urteil aber kann nicht an gesetzte Bedingungen angeknüpft werden, sondern nur an Voraussetzungen, die letzten Endes von der Natur gegeben werden; sie lassen sich nicht vollständig übersehen und bestimmen, sondern müssen schlechtweg hingenommen werden. Z. B. von diesem Erdball, den ich eben nur wahrnehmen kann, nicht aus reiner Anschauung apriori konstruieren, wird etwas ausgesagt. Die Urteilsformen des hypothetischen und des kategorischen Urteils entsprechen diesen beiden Kategorien. Zwar ist es möglich, auch physikalischen Urteilen die sprachliche Form des hypothetischen zu geben, und umgekehrt, mathematische Urteile als Aussagen über einmalige, ganz bestimmte Gegenstände zu formulieren. Aber wenn Logik mehr sein soll als Grammatik, wird man den Begriff des hypothetischen Urteils auf solche Urteile beschränken, deren Bedingungen sich erschöpfend und eindeutig bestimmen lassen, und den Namen des kategorischen Urteils nur solchen Urteilen zukommen lassen, deren Geltungsbedingungen ihrer Natur nach nicht erschöpfend bestimmbar sind. Dann werden die mathematischen Urteile hypothetisch, die physikalischen Urteile kategorisch sein. Um jede Zweideutigkeit des Sprachgebrauchs zu vermeiden, wollen wir jedoch die ersteren als Setzungsurteile, die andern als Wirklichkeitsurteile bezeichnen.

Trotz ihres empirischen Charakters enthalten aber die Wirklichkeitsurteile ein apriorisches Moment. Denn die Relation, die in ihnen behauptet wird und die ihnen überhaupt erst den Charakter des Urteils verleiht, ist nicht in der Wahrnehmung gegeben, sondern erst vom Denken hinzugefügt. Die begriffliche Erfassung, die aus der Wahrnehmung die Erkenntnis schafft, kommt erst durch den Akt der Synthesis zustande, der selbst nicht empirisch gegeben, sondern eine freie Setzung ist. Es ist das, was KANT Stellung unter die transzendentale Einheit der Apperzeption nennt. Aber KANT zeigt auch, daß dieser Akt nicht auf die Urteilsrelation beschränkt bleibt, sondern daß es derselbe Akt ist, der die Synthesis im Begriffe vollzieht und so den Gegenstand allererst konstituiert. So ist das physikalische Urteil nicht bloß eine Relation zwischen zwei schlechthin empirischen Begriffen, sondern diese selbst bedeuten bereits eine Einheitssetzung, eine Synthesis von Relationen.

Durch Begriffe des Verstandes allein aber ist der Gegenstand auch noch nicht bestimmt. Sondern erst seine Einordnung in die Form der Anschauung bestimmt ihn völlig. So liegt in dem empirischen Begriff Stein nicht nur die transzendentale Synthesis enthalten, sondern der Gegenstand wird zugleich als räumlich ausgedehnt vorgestellt. Zwar bedarf auch die Anschauungsform, insofern sie nach einem Ausdruck KANTS auch „Gegenstand der reinen Anschauung" ist, der Synthesis durch die transzendentale Apperzeption, und ist insofern diesem „höchsten Punkt, an dem man allen Verstandesgebrauch, selbst die ganze Logik, und, nach ihr, die Transzendentalphilosophie heften muß"[1]), unterstellt, dennoch aber ist jene Synthesis nicht hinreichend, um den Gegenstand aus sich zu konstituieren. Erst durch ihre Anwendung auf Wahrnehmungsinhalte in Raum und Zeit als Formen des Nebeneinander wird die Konstitution des Gegenstandes vollzogen. „Zum Erkenntnisse gehören zwei Stücke: erstlich der Begriff, dadurch überhaupt ein Gegenstand gedacht wird (die Kategorie), und zweitens die Anschauung, dadurch er gegeben wird; denn könnte dem Begriffe eine korrespondierende Anschauung gar nicht gegeben werden, so wäre er ein Gedanke der Form nach, aber ohne allen Gegenstand, und durch ihn gar keine Erkenntnis von irgendeinem Dinge möglich"[1]). Der physikalische Vorgang wird nach einem Schema vorgestellt, das aus Raum und Zeit als reinen Anschauungsformen gebildet ist. So wird in dem benutzten Beispiel der Stein von zwar beliebiger, aber bestimmter räumlicher Form gedacht, seine Bahn als gerade Linie angesehen, seine Geschwindigkeit als gleichmäßig und stetig wachsend; es wird eine ideale Struktur in das wirkliche Geschehen hineingedacht. Von dem idealen Körper, der in dem idealen leeren Raum im ideal homogenen Kraftfeld fällt, ließe sich die Gültigkeit des Galileischen Gesetzes mit Gewißheit behaupten. In diesem Falle wären alle notwendigen Bedingungen erschöpfend und eindeutig g e s e t z t; aus ihnen läßt sich dann das Resultat mit mathematischen Methoden ableiten, und die Behauptung wäre ein zwar synthetischer, aber mathematischer Satz geworden. Das wesentlich Unterscheidende besteht für den empirischen Satz darin, daß in ihm die Geltung einer b e s t i m m t e n m a t h e m a t i s c h e n Struktur von der

---

[1]) Kritik der reinen Vernunft. S. 109 (S. 134) Anm.
[2]) Kritik der reinen Vernunft. S. 116 (S. 146).

letzten Grundes nur schlechthin gegebenen Wirklichkeit behauptet wird.

Geltung scheint mir dasjenige Wort zu sein, das diesen eigentümlichen Sachverhalt am besten charakterisiert. Es wäre falsch, von Übereinstimmung der mathematischen Struktur mit der Wirklichkeit zu reden; diese kann nie behauptet werden, da das wirkliche Geschehen stets durch unendlich viele Gleichungen bestimmt ist. Es gibt, wie schon früher ausgeführt wurde, keine abgeschlossenen Vorgänge in der Natur. So wird das mathematische System stets nur mit Näherung die Wirklichkeit darstellen. Aber es muß behauptet werden, daß die das Geschehen wesentlich bestimmenden Einflüsse in den Gleichungen dargestellt werden. Das „wesentlich" läßt sich hier direkt gleich „zahlenmäßig überwiegend" setzen, so daß behauptet wird, durch die bestimmten mathematischen Gleichungen sei die zahlenmäßig meßbare Größe der auftretenden Objekte bis auf geringe Fehler bestimmt. Wenn man diese Annahme nicht machen will, ist empirische Erkenntnis überhaupt unmöglich. Dann wäre es uns versagt, irgendwie sinnvolle Aussagen über die Wirklichkeit zu machen; es ließe sich keinerlei Beziehung zwischen den mathematischen Gleichungen, die Relationen zwischen Gegenständen der reinen Anschauung bedeuten, und der Wirklichkeit herstellen. Wenn es physikalische Urteile geben soll, so muß eine näherungsweise Darstellung der Wirklichkeit durch mathematische Gleichungen möglich sein. Wir wollen in jedem Einzelfall eines solchen Sachverhalts von Geltung bestimmter mathematischer Gleichungen für die Wirklichkeit sprechen.

In der Tat stellen die Theorien der modernen Physik solche Gleichungssysteme dar, deren Geltung von der Wirklichkeit behauptet wird. Die Maxwellsche Theorie der Elektrizität stellt vier Grundgleichungen an die Spitze und leitet dann sämtliche Erscheinungen der Elektrizitätslehre als deren Folge ab. Wenn diese Gleichungen das wirkliche Verhalten mit Genauigkeit darstellen würden, so würden auch sämtliche übrigen Gesetze der Elektrizität mit Notwendigkeit zutreffen. Aber das kann nicht behauptet werden; für alles wirkliche Geschehen stellt das gesamte Gleichungssystem der Theorie nur eine mathematische Struktur dar, die die Wirklichkeit nicht restlos erschöpft. Zum Naturgesetz wird die Theorie dadurch, daß sie den Anspruch der Geltung von der Wirklichkeit erheben darf, d. h. daß sie das wirkliche

Verhalten mit zahlenmäßiger Näherung darstellt. Gerade die Maxwellsche Theorie ist ein Beispiel dafür, wie ein ausgedehntes mathematisches System weite Gebiete der Wirklichkeit einheitlich darstellen kann, ohne sie vollkommen zu erschöpfen; ihre Bedeutung besteht darin, daß sie die mathematische Struktur zwischen Gebieten aufdeckt, die früher ganz getrennt nebeneinander bestehen mußten.

Die Möglichkeit der physikalischen Erkenntnis ist damit auf die Angebbarkeit zahlenmäßiger Näherungswerte zurückgeführt. Dagegen läßt sich der Einwand erheben, daß die Bestimmung von Zahlen gar nicht Aufgabe der Physik sei, daß sie vielmehr nur die allgemeinen Gesetze aufzustellen habe; die Beschreibung der besonderen Wirklichkeit sei Aufgabe einer rein beschreibenden Disziplin, die im Rickertschen Sinne eine „Geschichte" der Wirklichkeit zu entwickeln habe. Man verdeutlicht diesen Unterschied auch gern an einem Beispiele. So sei es Aufgabe der Physik, das allgemeine Gasgesetz $p \cdot v = R \cdot T$ aufzustellen; aber die Werte von p, v und T im besonderen Fall zu messen, sei höchstens methodisches Hilfsmittel der Physik, nicht mehr ihre Aufgabe. Dieser Einwand verkennt jedoch den Zusammenhang von Einzelfall und allgemeinem Gesetz. Auch das Boylesche Gesetz gilt nicht für alle Gegenstände schlechthin, sondern nur für eine Klasse von Gegenständen, für Gase; ja nicht einmal für alle Gase, sondern nur für eine Klasse von Gasen, nämlich für stark verdünnte. Trotzdem wird für diese Klasse die ihr eigentümliche Konstante R zahlenmäßig bestimmt. Für andere Gase wäre R nicht mehr als Konstante anzusehen, sondern würde eine komplizierte Funktion werden, die erst wieder neu bestimmt werden müßte[1]). Es werden also zahlenmäßige Bestimmungen getroffen, die nicht für die ganze Natur, sondern für eine enge Klasse von Gegenständen gelten; diese Gegenstände sind letzten Endes auch nur aufzeigbar, nur

---

[1]) Diese Darstellung der Abänderung des Boyleschen Gesetzes weich allerdings von der üblichen ab, ihre Rechtmäßigkeit ist jedoch leicht zu erkennen. Gewöhnlich wird die Form der Gleichung durch Einführung von Zusatzgliedern geändert, so daß die Größe R als Konstante erhalten bleibt Doch ließe sich die neue Gleichung mit beliebiger Näherung auch so schreiben, daß sie die Form

$$p \cdot v = F (p, v, T, a_1, a_2, \ldots) \cdot T$$

annimmt, so daß F für bestimmte Werte der neuen Konstanten $a_1, a_2 \ldots$ den alten Wert R erhält.

durch empirische Anschauung zu erkennen. Der Spezialisierung aber ist nirgends eine Grenze gesetzt. Immer engere Klassen von Gegenständen wird die Physik gesetzmäßig zu beherrschen suchen müssen; immer mehr unbestimmte Größen, die als Buchstaben in den Formeln auftreten, wird die Physik zahlenmäßig feststellen und bestimmten Gegenständen der empirischen Anschauung zuordnen müssen. Der Einzelfall wird zwar so nie erreicht, aber die Richtung auf ihn wird stets innegehalten; und die Messung der sogenannten Naturkonstanten bedeutet nichts anderes als ein Fortschreiten in der Richtung, an deren Endpunkt der Einzelfall steht.

Die umgekehrte Forschungsrichtung wird ebenso von der Physik innegehalten. Jede Konstante wird wieder als Funktion hingestellt; die für bestimmte Gesetze als rein gegeben auftretende Naturkonstante, deren Messung zahlreiche Experimente gewidmet werden, wird mit ganz anderen Größen in Zusammenhang gebracht, so daß sie als Funktion erscheint, deren spezieller Wert in den ersteren Gesetzen nur durch besondere Umstände zustande kommt. So ist die Galileische Konstante des Fallgesetzes, $g = 9,81$, solch eine schlechthin gegebene Naturkonstante. Die große Leistung NEWTONS ist es, sie in Beziehung gebracht zu haben zur Umlaufszeit des Mondes um die Erde und damit zur Planetenbewegung überhaupt. Die frühere Konstante erscheint jetzt als Funktion der Entfernung vom Erdmittelpunkt. Das ist allgemein der Weg der Physik: Konstanten in Funktionen aufzulösen, allgemeinere Gesetze zu finden, als deren bloßer Spezialfall das frühere Gesetz erscheint[2]). Ein Ende dieses Prozesses ist nicht abzusehen.

Es hätte aber keinen Sinn, eine der beiden Forschungsrichtungen zu bevorzugen, etwa den Weg zum allgemeineren Gesetz allein physikalische Erkenntnis zu nennen. Denn dann wäre der Bestand an physikalischen Sätzen abhängig von dem zufälligen Anfangspunkt der Forschung; speziellere Sätze als die, mit denen begonnen wurde, wären keine physikalischen Sätze. Eine derartige Willkür aber darf keinesfalls über den Inhalt einer Wissenschaft entscheiden. Es muß vielmehr daran festgehalten werden, daß physikalische Urteile sich auf Gegenstandsklassen von jeder beliebigen Enge oder Weite erstrecken. Klassen bleiben

---

[1]) Vgl. hierzu CASSIRER. S. 351 ff.

es stets; das Ganze des Universums in eine physikalische Gleichung zu fassen, ist ebenso unmöglich wie den Einzelfall restlos in mathematische Beziehungen aufzulösen[1]). Die Zuordnung einer jeden, zunächst nur als System von mathematischen Sätzen gegebenen Klasse zu Gegenständen der empirischen Anschauung ist die eigentliche Aufgabe der Physik; sie schließt die zahlenmäßige Bestimmung der Konstanten ein.

Auf den Begriff der Möglichkeit muß an dieser Stelle noch eingegangen werden. Es soll ein Vorgang unmöglich genannt werden, dessen Vorkommen in der Erfahrung mit Gewißheit ausgeschlossen ist. Danach sind zunächst alle Vorgänge unmöglich, die den Gesetzen der Logik widersprechen; aber auch diejenigen, die zu den synthetischen Grundsätzen der reinen Anschauung und des Denkens im Widerspruch stehen. Dies letztere schließt alle Vorgänge von der Existenz aus, die mathematischen Gesetzen widersprechen. Es wird nun vielfach noch eine dritte Forderung aufgestellt, die ein Vorgang erfüllen muß, um in der Erfahrung auftreten zu können: er darf den empirischen Gesetzen der Naturwissenschaft nicht widersprechen. Erst wenn er diese Bedingung erfüllt, so führt z. B. v. KRIES aus, ist der Vorgang „objektiv möglich". Diese Behauptung impliziert den Satz, daß Vorgänge denkbar seien, die den mathematischen Gesetzen nicht widersprechen, aber dennoch zu empirischen Gesetzen im Widerspruch stehen; oder umgekehrt gefaßt, daß Vorgänge zu empirischen Gesetzen im Widerspruch stehen könnten, ohne zu mathematischen Gesetzen im Widerspruch zu sein.

Nach der im früheren gegebenen Analyse des physikalischen Urteils ist der Fehler dieser Ansicht leicht einzusehen. Ein physikalischer Satz behauptet von zwei Gegenstandskomplexen je eine bestimmte mathematische Struktur, und die Relation dieser Komplexe ist dann eine lediglich mathematische Notwendigkeit. Ein Widerspruch zu einem solchen Satz würde also nur dadurch zustande kommen, daß die mathematischen Strukturen zweier Gegenstandskomplexe nicht in einen mathematischen Zusammenhang zu bringen sind. Ein solcher Vorgang wäre allerdings unmöglich,

---

[1]) Es ist übrigens leicht einzusehen, daß die Lösung des einen Problems die des andern in sich schlösse.

aber auch gerade nur deshalb, weil mathematische Gesetze ihn ausschließen. Die Existenzunmöglichkeit eines Vorgangs läßt sich prinzipiell darauf zurückführen, daß der Vorgang zu mathematischen Gesetzen in Widerspruch steht. Der Satz, den die obige Annahme impliziert, ist also falsch, und die Annahme einer besonderen „physischen" Unmöglichkeit, die erst tatsächlich das Vorkommen in der Erfahrung ausschließt, unrichtig. Die „metaphysische" Möglichkeit ist nicht nur notwendige, sondern auch hinreichende Bedingung dafür, daß ein Vorgang von dem Vorkommen in der Erfahrung nicht ausgeschlossen ist.

Die hier gegebene Definition des Möglichkeitsbegriffes stimmt mit der Kantschen überein. KANT definiert: „Was mit den formalen Bedingungen der Erfahrung (der Anschauung und den Begriffen nach) übereinkommt, ist möglich"[1].

KRIES zieht zur Rechtfertigung seines Möglichkeitsbegriffes die Unterscheidung von „nomologischen" und „ontologischen" Bestimmungsstücken heran. Zur mathematischen Bestimmung eines Vorgangs gehört zweierlei: erstens die Differentialgleichungen und zweitens die Konstanten, die durch die Anfangsbedingungen des Vorgangs gegeben sind. Die ersteren enthalten die allgemeine Form des Gesetzes, die letzteren die Zahlenwerte des besonderen Falles; zur Charakterisierung dieses Unterschiedes wählt KRIES die obigen Bezeichnungen. Er meint, ein Vorgang sei dann möglich, wenn er durch keine nomologische Bestimmung ausgeschlossen ist, d. h. durch keine Differentialgleichung der Physik; ob er wirklich ist, hängt aber davon ab, ob seine ontologischen Bestimmungsstücke mit dem allgemeinen Wirklichkeitszusammenhang vereinbar sind. Diesen Begriff der Möglichkeit, der durch Übereinstimmung mit nomologischen Bedingungen definiert ist, nennt er physische oder objektive Möglichkeit. Er übersieht nur, daß dieser Begriff der Möglichkeit auch nichts anderes bedeutet als Übereinstimmung mit mathematischen Gesetzen. Die Differentialgleichungen der Physik sind eben auch nur mathematische Beziehungen. Nicht darin besteht die Entdeckung von Naturgesetzen, daß unter den mathematischen Gleichungen solche ausgesucht werden, die auf die Natur angewandt werden können. Es muß vielmehr prinzipiell vorausgesetzt werden, daß zu jeder mathe-

---

[1] Kritik der reinen Vernunft. S. 185 (S. 265).

matischen Gleichung auch ein Vorgang möglich ist, der durch sie dargestellt wird. Das ist ein Grundsatz, der in der Physik häufig angewandt wird; so werden in der Hydrodynamik auf rein mathematischem Wege Lösungen der Lagrangeschen Grundgleichungen gesucht, und erst nachher wird festgestellt, welchen wirklichen Vorgang man eigentlich darin beschrieben hat. Daß die Mathematik überhaupt auf die wirklichen Gegenstände anwendbar ist, ist selbst kein empirischer Satz, sondern methodische Voraussetzung der Physik; sie bedeutet nichts anderes als den großen Grundgedanken der Kantschen Erkenntnistheorie. Erst die Zuordnung bestimmter mathematischer Gleichungen zu bestimmten, nur durch empirische Anschauung aufzuzeigenden Gegenständen ist der Inhalt der physikalischen Erkenntnis. KRIES' Möglichkeitsbegriff ist kein anderer als der der metaphysischen Möglichkeit. Sein Wirklichkeitsbegriff aber ist sehr unklar: ein Vorgang kann auch in seinen ontologischen Bestimmungsstücken so beschaffen sein, daß sie den gegebenen Zuständen des Wirklichkeitsablaufs nicht widersprechen, und braucht deshalb immer noch nicht wirklich zu sein. Wirklich ist er erst, wenn er selbst oder ein nach mathematischen Gesetzen mit ihm verknüpfter Vorgang empirisch wahrgenommen wird. Ein Vorgang, der nur nomologisch bestimmt ist, ist eben noch unbestimmt, kann noch gar nicht Vorgang genannt werden; denn möglich sind immer nur vollkommen bestimmte Vorgänge. Eine derartige Bezeichnung eines Vorgangs durch bloße nomologische Bestimmungsstücke bedeutet immer nur die generalisierende Zusammenfassung in einer Klasse. Dies ist die eigentliche Bedeutung jener Unterscheidung. Die Klasse ist durch die Form der Differentialgleichungen und die in ihnen auftretenden Konstanten, die bereits zahlenmäßig bestimmt sein müssen, gegeben; die Integrationskonstanten werden noch unbestimmt gelassen, und ihre besonderen Werte entsprechen je einem Exemplar der Klasse. Aber ein Exemplar ist nicht deshalb wirklich, weil seine Konstanten besondere Werte angenommen haben; und es ist auch nicht deshalb bloß möglich, weil diese Werte noch offen gelassen sind. Unbestimmtheit ist nicht das Kriterium der Möglichkeit, und Bestimmtheit nicht die Definition der Wirklichkeit. Sondern die Bedeutung dieser fundamentalen Kategorien läßt sich letzten Grundes nur als offene Einsicht, als reines Schauen erfassen.

Im Zusammenhang mit der Unklarheit des Möglichkeitsbegriffs steht der vielfach verbreitete Irrtum, daß man das Universum als die eine wirkliche Welt unter zahlreichen möglichen Welten betrachtet. Man geht dabei von der Unterscheidung in Differentialgleichungen und Anfangsbedingungen aus und bildet so den Begriff einer Klasse von Welten, in der die eine wirkliche Welt die Stellung eines Exemplares einnimmt. Der Fehler dieser Auffassung liegt darin, daß man auf unendliche Systeme überträgt, was nur für endliche Systeme Gültigkeit hat. Für endliche Systeme gilt es allerdings, daß man jeden wirklichen Vorgang als Exemplar einer Klasse betrachten kann, und daß dann die ganze Klasse mögliche Vorgänge darstellt. Diese Verallgemeinerung ist aber nur deshalb möglich, weil jedes endliche System durch eine endliche Zahl von Gleichungen wesentlich (d. h. zahlenmäßig überwiegend) bestimmt ist. Sie wird falsch, wenn wie bei dem Universum dies nicht mehr erfüllt ist. Darum hat es keinen Sinn, den Begriff einer Klasse zu bilden, in der das Weltall ein Exemplar ist; und die Annahme mehrerer möglichen Welten ist deshalb unstatthaft.

Aber selbst wenn man einmal mit dem Begriff einer Klasse von Welten arbeiten wollte, würde das Fehlerhafte der Betrachtungsweise noch an einer eigentümlichen Konsequenz hervortreten. Es ist nach dem Vorhergehenden einleuchtend, daß wenn eine Klasse von Vorgängen möglich ist, auch mehr als ein Exemplar wirklich sein kann. Denn der Gegensatz „Klasse und Exemplar", der identisch ist mit dem Gegensatz „Differentialgleichungen und Anfangsbedingungen", fällt keineswegs zusammen mit dem Gegensatz „möglich und wirklich". Es ist sogar leicht einzurichten, daß eine ganze Klasse von Vorgängen wirklich wird, etwa wenn man ein Gas sämtliche Kompressionszustände kontinuierlich durchlaufen läßt. Im Gegenteil, wenn nur ein einzelnes Exemplar wirklich wird, so bedarf dies noch einer besonderen Begründung aus den umgebenden Umständen. So müßte die oben genannte Auffassung es noch besonders begründen, warum unter der Klasse möglicher Welten gerade nur eine wirklich geworden ist; es hätte ja auch sein können, daß zwei oder mehr Welten wirklich geworden wären. Das Absurde einer solchen Forderung leuchtet sofort ein; denn die Gesamtheit aller Erfahrung ist eben notwendig eine Einheit. Der Fehler rührt daher, daß man diese schlechthin einzige

Einheit der Erfahrungswelt zum Einzelfall einer Klasse gemacht
hat. Die Möglichkeit einer Klasse von Fällen besteht nur darin,
daß jeder einzelne ein Glied in der allumfassenden Gesamtheit
der Erfahrung sein kann; auf diese Gesamtheit ist der Begriff der
Möglichkeit nicht anwendbar[1]).

Es ist im früheren ausgeführt worden, daß die physikalische
Erkenntnis in der Zuordnung mathematischer Gleichungen zu bestimmten Gegenständen der empirischen Anschauung besteht. Es
ist ferner gezeigt, daß für diese Zuordnung die Bestimmung einer
Zahl, der die Klasse charakterisierenden Konstanten, erforderlich
ist; und daß eine näherungsweise Bestimmbarkeit dieser Zahl vorausgesetzt werden muß. Auf diesen Begriff der Näherung muß
jetzt weiter eingegangen werden.

Die Darstellung durch Gleichungen, so war entwickelt worden, kann ein wirkliches Geschehen nicht erschöpfen; sie kann
immer nur eine zahlenmäßige Näherung erreichen. Es wird also
behauptet, daß gewisse Einflüsse ein Geschehen wesentlich bestimmen, und daß die anderen, die man gerade nicht gemessen
hat, dagegen verschwinden. So stellt man die Bewegung eines
fallenden Steines dar, indem man Gravitation, Luftwiderstand,
Fallhöhe in den Gleichungen berücksichtigt; die geringen Einwirkungen etwa in der Nähe vorhandener großer Massen oder elektro-
magnetische Einflüsse vernachlässigt man. Über die Größe von

---

[1]) Vgl. hierzu Kritik der reinen Vernunft. S. 196 (S. 283). „Sonst ist
die Armseligkeit unserer gewöhnlichen Schlüsse, wodurch wir ein großes
Reich der Möglichkeit herausbringen, davon alles Wirkliche (aller Gegenstand
der Erfahrung) nur ein kleiner Teil sei, sehr in die Augen fallend. Alles
Wirkliche ist möglich; hieraus folgt natürlicherweise, nach den logischen
Regeln der Umkehrung, der bloß partikulare Satz: einiges Mögliche ist wirklich, welches denn so viel zu bedeuten scheint, als: es ist vieles möglich, was
nicht wirklich ist. Zwar hat es den Anschein, als könne man auch geradezu
die Zahl des Möglichen über die des Wirklichen dadurch hinaussetzen, weil
zu jener noch etwas hinzukommen muß, um diese auszumachen. Allein
dieses Hinzukommen zum Möglichen kenne ich nicht. Denn was über dasselbe noch zugesetzt werden sollte, wäre unmöglich. Es kann nur zu meinem
Verstande etwas über die Zusammenstimmung mit den formalen Bedingungen
der Erfahrung, nämlich die Verknüpfung mit irgendeiner Wahrnehmung hinzukommen; was aber mit dieser nach empirischen Gesetzen verknüpft ist, ist
wirklich, ob es gleich unmittelbar nicht wahrgenommen wird. Daß aber im
durchgängigen Zusammenhange mit dem, was mir in der Wahrnehmung gegeben ist, eine andere Reihe von Erscheinungen, mithin mehr als eine einzige
alles befassende Erfahrung möglich sei, läßt sich aus dem, was gegeben ist,
nicht schließen.“

Einwirkungen, deren Zahlenwert und Gesetz man nicht kennt, wird also eine Aussage gemacht. Und das ist wesentlich für physikalische Urteile; ohne eine solche Aussage würden sie gar nicht zustande kommen. Nun dürfen zwar solche Behauptungen nicht beliebig aufgestellt werden. Sondern das ist gerade die Aufgabe der Erfahrung, festzustellen, welches die wesentlichen Einflüsse sind und welche anderen vernachlässigt werden dürfen. Diese Erfahrung kann natürlich nur durch Messungen gemacht werden; in ihnen wird festgestellt, ob die theoretisch berechneten Zahlen den in der Wirklichkeit auftretenden nahekommen. Man wende hier nicht ein, daß Messungen dem Einzelfall gelten und aus dem Rahmen der physikalischen Wissenschaft herausfallen; denn es war bereits nachgewiesen, daß die Messung einzelner, die Klasse charakterisierender Konstanten zur Wissenschaft notwendig gehört. Wenn aber im physikalischen Satz eine Konstante für eine Klasse von Fällen als gültig behauptet wird, so muß diese Konstante auch für den Einzelfall gelten; und es muß daher auch für den bestimmten, einzelnen Vorgang behauptet werden, daß eine Messung der Konstanten für ihn zu einem zahlenmäßigen Näherungswert führt. Die physikalische Erfahrung besteht deshalb in der Konstatierung einer zahlenmäßigen Näherung durch das Experiment, und umgekehrt behauptet der physikalische Satz kraft der Empirie die annnähernde Geltung bestimmter Zahlen für eine Klasse von Naturgeschehnissen.

Das ist das Eigentümliche der Erfahrung, daß sie eine Regel aufstellt für Wirkungen, die in ihrer Vielseitigkeit und Größe ganz unkontrollierbar sind. Alles andere am physikalischen Satz ist mathematische Relation; dies eine hinzukommende Moment ist gerade das Empirische, das nicht durch Denken und reine Anschauung eingesehen werden kann, das eben nur aus der Beobachtung der Tatsachen gewonnen wird. Vergegenwärtigen wir uns einmal den Inhalt dieser Behauptung. Eine bestimmte Größe der störenden Einflüsse läßt sich gewiß nicht voraussagen; nur daß der Einfluß klein ist, wird behauptet. Aber für den Einzelfall des Experiments ist auch dies nicht mit Gewißheit zu behaupten. Wenn ich angebe, daß für ein bestimmtes fallendes Eisengewicht die Fallzeit nahezu den Wert 2,3 Sekunden haben wird, so ist darin z. B. die Voraussetzung eingeschlossen, daß inzwischen keine größeren unterirdischen Ausbrüche große Mengen von Magneteisen unterhalb meines Laboratoriums angesammelt haben. Vorher war der Einfluß ungleicher Verteilung in der Erdmasse gleichfalls vorhanden, nur gehörte er zu den unmeßbar kleinen Einwirkungen; ob aber aus ihm nicht plötzlich ein deutlich meßbarer Faktor wird, darüber kann ich gar nichts aussagen. Mit Gewißheit kann ich jedenfalls nicht verneinen, daß durch eine derartige Veränderung des Kraftfeldes plötzlich starke Abweichungen der Fallzeit entstehen. Es ist auch nicht möglich, diesen Fall in der Voraussetzung auszuschließen; denn wie vorher gezeigt worden ist, besteht eben das Eigentümliche des empirischen Gegenstandes gerade in der Nichterschöpfbarkeit seiner Bestimmungsstücke, und die restlose Ausscheidung aller dieser nicht gemessenen Bedingungen würde den Gegenstand zu einem Gegenstand der reinen Anschauung, das physikalische Urteil zu einem mathematischen reduzieren. Der physikalische Gegenstand ist stets der Gegenstand, wie er mit den Sinnen wahrgenommen wird, ob diese Wahrnehmung nun gerade in diesem Augenblick geschieht oder bloß gedächtnismäßig reproduziert wird; über ihn als Stück der Wirklichkeit wird im physikalischen Sinn etwas ausgesagt, und nicht über die bloße mathematisch-anschauliche Struktur, die für dieses Stück Wirklichkeit Geltung besitzt. Wenn aber wirklich hier eine Aussage über die Größe der ganz beliebigen, nicht gemessenen störenden Einflüsse gemacht wird, so läßt sich für keinen Einzelfall — und damit für keine Klasse von Einzelfällen — mit Gewißheit etwas behaupten; jeder beliebige Zahlenwert der Störung ist möglich; und die Behauptung des Beispiels, daß die Fallzeit 2,3 Sekunden betragen wird, muß angesichts der vollkommenen Unwissenheit, vor der wir hier stehen, absurd erscheinen.

Die bloße Annahme der kausalen Verknüpfung alles Naturgeschehens ist deshalb nicht ausreichend, um zu Aussagen über bestimmte wirkliche Dinge — und nur solche sind Gegenstand der Physik — zu gelangen. Es muß, wenn es physikalische Erkenntnis geben soll, noch ein anderes Prinzip zu dem der Kausalität hinzukommen. Wir müssen nach einem zweiten synthetischen Urteil apriori suchen.

Gäbe es eine restlos genaue Messung der wirklichen Dinge, so müßte sich behaupten lassen, daß der einmal bestimmte Größenwert sich zu jeder Zeit und an jedem Ort wiederfinden lassen müßte. Da die stetige Gleichheit des Größenwertes nicht behauptet werden kann, so bleibt uns nichts anderes anzunehmen übrig, als daß, wenn auch nicht dieses, so doch überhaupt ein Gesetz für seine Verteilung im Raum und in der Zeit existiert. Dies ist das synthetische Urteil apriori, welches wir fällen müssen. Es ist noch hinzuzufügen, daß das gleiche auch für die Kombination mehrerer Vorgänge gelten muß. Auch für diese läßt sich die Konstanz des berechneten Wertes nicht behaupten, und an ihre Stelle muß die gesetzmäßige Verteilung im Raum und in der Zeit treten.

Wir finden demnach, daß das Prinzip der gesetzmäßigen Verknüpfung alles Geschehens, wie sie die Kausalität leistet, nicht zur mathematischen Darstellung der Wirklichkeit ausreicht. Es muß noch ein anderes Prinzip hinzukommen, welches die Ereignisse gleichsam in der Querrichtung miteinander verbindet; dies ist das Prinzip der gesetzmäßigen Verteilung.

Die physikalische Erkenntnis besteht in der Zuordnung von Gleichungen und damit von Zahlen zu Klassen von Gegenständen der empirischen Anschauung. Die Gleichheit dieser Zahlen für eine Anzahl wirklicher Gegenstände der Klasse läßt sich nicht behaupten, sondern nur die näherungsweise Gleichheit; der Sinn dieser Näherung ist der, daß ein Gesetz für die Verteilung der Zahlenwerte besteht. Während mathematische Urteile Größen derart bestimmen, daß diese für alle ihre Einzelgegenstände an jedem Ort und zu jeder Zeit gleich sind, sind die im physikalischen Urteil bestimmten Größen nicht in allen Einzelgegenständen der Klasse gleich, sondern einem Gesetz der Verteilung in Raum und Zeit unterworfen. An Stelle der Allgemeingültigkeit der mathematischen Sätze tritt bei physikalischen Urteilen die Einordnung in das Gesetz der Verteilung.

Über die Gestalt dieses Gesetzes läßt sich noch einiges bestimmen. Es stellt ein Gesetz dar für die Häufigkeit eines Größenwertes bei seiner Wiederholung in der Zeit oder auch bei seiner Vervielfältigung im Raume; daraus folgt, daß diese Häufigkeit nur relativ zu den anderen Häufigkeiten bestimmt sein kann; denn sie muß von der Zahl der Wiederholungen des Vorgangs respektive seiner Vervielfältigungen im Raume überhaupt abhängen und kann keine ein für allemal gültige Konstante sein. Infolge dieser Relativität muß ferner für jede Größe der Störungen eine Häufigkeitszahl angebbar sein, denn wäre eine unbestimmt, so wären es damit alle anderen auch. Das Gesetz muß also die Form einer

Funktion annehmen, die jedem Wert der Störung eine Häufigkeitszahl zuordnet. (Die Zahl o kann auch angenommen werden.) Das Gleiche gilt für die Häufigkeit von Kombinationen, so daß auch Funktionen von mehreren Veränderlichen auftreten müssen.

Es muß jedoch über diese Funktion noch etwas behauptet werden. Die Gesamtheit der Zahlenwerte, die der störende Einfluß annehmen kann, ist offenbar eine nicht abzählbar unendliche Mannigfaltigkeit; es kann jeder beliebige reelle Zahlenwert angenommen werden. Auch wenn man den Wert zwischen Grenzen einschließen kann, behält die Menge ihre Mächtigkeit. Würde nun jedem Einzelwert eine Häufigkeitszahl zugeordnet, so wäre das |Gesetz überhaupt gar nicht realisierbar. Denn nach einer Reihe von Wiederholungen, die stets endlich ist, würden eventuell eine Anzahl von Zahlenwerten, ihren Häufigkeitszahlen entsprechend, oft daran gekommen sein, aber im Verhältnis zu den unendlich vielen anderen Werten wären sie bevorzugt; diese wären nicht ihren Häufigkeitszahlen entsprechend daran gewesen. Es ließe sich niemals eine Verteilung erreichen, die der Forderung des Gesetzes Rechnung trüge, denn über eine endliche Anzahl von Wiederholungen kommen wir nicht hinaus. Das Gesetz aber hat für uns keinen Sinn, so lange wir nicht wenigstens von einer Annäherung an seine Forderung durch endliche Erfahrung reden können; denn nur um der Möglichkeit solcher Erfahrung willen hatten wir seine Existenz gefordert. Deshalb müssen wir die Funktion anders auffassen. Nicht für einmalige Zahlwerte darf sie Häufigkeitszahlen angeben, sondern für Intervalle; dann können wir sagen, daß wenn wir die Gesamtgröße der möglichen Störung als endlich voraussetzen und in n gleich große, sehr kleine, aber doch endliche Intervalle Δx teilen, in jedes Intervall eine Anzahl von Werten fallen wird, die durch die Häufigkeitszahl mit Näherung bestimmt ist. Und wir können dann hinzufügen, daß dies schon bei kleineren Δx und um so genauer erfüllt sein wird, wenn die Zahl der Wiederholungen wächst, usw., d. h. wir können die Häufigkeitszahlen durch eine integrierbare Funktion $y = \varphi(x)$ darstellen, derart daß

$$N \cdot \int_a^b \varphi(x)\, dy$$

unter den N Wiederholungen die Zahl derjenigen vorstellt, die in das Intervall a bis b fallen, respektive

$$N \cdot \int_a^b \ldots \int_p^q \varphi\,(x, \ldots x_r)\, dx \ldots dx_r$$

den entsprechenden Ausdruck für die Funktion von mehreren Veränderlichen. Ist der Spielraum der Störung nicht zwischen endliche Grenzen eingeschlossen, so muß eine asymptotische Annäherung der Funktion an die X-Achse behauptet werden, da sonst wieder nicht durch eine endliche Zahl von Fällen eine Annäherung an die geforderte Verteilung erreicht werden kann; d. h. die Funktion muß mit der X-Achse ein endliches Flächenstück abgrenzen.

Diese Funktion ist aber genau die früher entwickelte Wahrscheinlichkeitsfunktion.

Viertes Kapitel.

Die Stellung der Wahrscheinlichkeitsurteile zur Wirklichkeit.

I.

Es ist damit die Existenz einer Wahrscheinlichkeitsfunktion deduziert worden in dem Sinne, wie Kant das Wort Deduktion für die Transzendentalphilosophie gebraucht. Die Notwendigkeit einer solchen Gesetzmäßigkeit läßt sich letzten Endes nur einsehen, und sie ist deshalb ein synthetisches Urteil a priori genannt worden; sie läßt sich nicht logisch aus anderen Grundsätzen der Erkenntnis ableiten. In dieser Deduktion aber ist gezeigt worden, wie jenes Gesetz im Zusammenhang steht mit der gesamten Naturerkenntnis überhaupt; und indem därgetan worden ist, daß jenes Prinzip eine notwendige Bedingung aller physikalischen Erkenntnis bedeutet, ist seine Gültigkeit von der Erfahrung bewiesen worden.

Die Behauptungen, die die Wahrscheinlichkeitsrechnung aufstellt, gelten deshalb mit Gewißheit von den Gegenständen der Wirklichkeit. Mit Gewißheit, nicht wieder bloß mit Wahrscheinlichkeit; denn irgendeine Gesetzmäßigkeit muß mit Gewißheit gelten, wenn andere mit Wahrscheinlichkeit gelten sollen. Wahrscheinlich ist es, daß der einzelne Fall dem Maximalwert der Kurve $\varphi\,(x)$ entspricht; gewiß ist es, daß mit wachsender Zahl der Fälle eine Annäherung an eine solche Kurve zustande kommt. Und wenn sich in einer Reihe von Versuchen diese Annäherung nicht zeigt, so werden wir annehmen müssen, daß die Bedingungen einer Wahrscheinlichkeitsverteilung nicht gegeben waren, nicht aber, daß das Gesetz falsch ist. Es handelt sich hier um ein metaphysisches Prinzip der Naturerkenntnis. Aufgabe der Erfahrung ist es nur, seinen jeweiligen Inhalt im speziellen Falle zu bestimmen; d. h. die besondere Gestalt der Funktion $\varphi(x)$ jeweils zu ermitteln, z. B. ob sie das Gaußsche Gesetz darstellt oder anderen Inhalt hat. Analog zum Prinzip der Kausalität stellt das Prinzip der Verteilung nur die allgemeine Form vor, in die spezielle Erfahrung einen speziellen Inhalt hineinfügt. Deshalb muß auch jeder Versuch, das Prinzip durch die Erfahrung zu bestätigen, dem Philosophen ebenso lächerlich erscheinen, wie ein etwaiger Versuch der experimentellen Prüfung des Kausalprinzips. Es ist bezeichnend, daß Forscher, die ganz ernsthaft den Versuch gemacht haben, das Wahrscheinlichkeitsgesetz experimentell zu beweisen, doch gar nicht fähig waren, sich seinem apriorien Zwange zu entziehen. So hat R. WOLF in dieser Absicht mit Würfeln 120000 Würfe ausgeführt; als aber bei einem Würfel die Verteilung gar nicht stimmen wollte, hat er lieber auf eine exzentrische Lage des Schwerpunktes geschlossen als auf die Nichtgültigkeit des Wahrscheinlichkeitsgesetzes[1]). Das einzige Resultat, was er durch seine 120000 Würfe demnach erreicht hat, ist die Entdeckung, daß sein einer Würfel nicht gleichmäßig gebaut war; weiter hat dieser Versuch für die Wissenschaft nichts bewiesen. Es erscheint aber zweifelhaft, ob dieses Resultat eine dem Aufwand seiner Gewinnung entsprechende Bereicherung der Wissenschaft bedeutet.

II.

Wir können den Inhalt des Wahrscheinlichkeitsprinzips so aussprechen: Es existiert für eine Reihe von Wiederholungen oder Vervielfältigungen derselben Größe eine Wahrscheinlichkeitsfunktion. Damit ist nicht verlangt, daß diese Größe immer durch denselben Vorgang dargestellt sein muß. So werden die Zahlenwerte der Gaskonstanten R die Verteilung zeigen, auch wenn die Messung an verschiedenen Gasen in ganz verschiedenen Zuständen vorgenommen würde. Es stellt einen besonderen Fall vor, wenn stets nur „derselbe" Vorgang wiederholt wird; hiermit ist meist eine Klasse von solchen Fällen ausgewählt, die sich nur unterhalb der Grenzen

---

[1]) Vgl. CZUBER, Wahrscheinlichkeitsrechnung. S. 149.

der Meßbarkeit unterscheiden. Aber die durch unsere jeweiligen Meßinstrumente gesetzte Grenze ist recht willkürlich, und es wäre deshalb ungereimt, die behauptete Gesetzmäßigkeit der Verteilung auf Einflüsse zu beschränken, die unterhalb der zufälligen Messungsgrenze liegen; so kommt es, daß wir auch noch von Wiederholung „desselben" Vorgangs sprechen müssen, wenn die Schwankungen bereits deutlich meßbar sind, etwa in der Stärke der Stöße bei der würfelnden Hand. Auch für die in solchen Vorgängen wiederholten Größen gilt das Gesetz der Verteilung.

In dem besonderen Falle, wo durch äußere Vorrichtungen diese Größenwerte in Scharen gleicher Intervalle klassifiziert werden, wird die Anzahl der Wiederholungen für jede Schar nahezu gleich werden; wie dies aus der Existenz der Wahrscheinlichkeitsfunktion mit mathematischer Strenge folgt, ist im ersten Abschnitt des zweiten Kapitels dargetan worden. Die Gültigkeit der Wahrscheinlichkeitsverteilung für Fälle, in denen scheinbar von einer Wahrscheinlichkeitsfunktion nicht die Rede ist, sondern wo es sich um Zählung von Häufigkeiten bestimmter Klassen handelt, ist deshalb durch die gegebene Deduktion gleichfalls bewiesen worden.

Es muß hier jedoch noch von einem Paradoxon gesprochen werden, das man angeführt hat, um dem Wahrscheinlichkeitsgesetz den Anspruch der Gewißheit strittig zu machen. Für einen Würfel haben alle Seiten die gleiche Wahrscheinlichkeit, getroffen zu werden; soll nun mit Gewißheit eine Aussage über die Häufigkeit ihres Vorkommens gemacht werden, so wird man sagen müssen, daß etwa unter 600 Fällen jede Seite nahezu 100 mal darankommt; man wird noch Genauigkeitsgrenzen hierfür angeben können. Diese Aussage ist dann aber gewiß, und es ist daher **unmöglich**, mit 600 Würfen eine Verteilung zu erreichen, in der die Seite 1 nur 10 mal vorkommt. Eine andere Betrachtung jedoch führt zum Gegenteil; betrachte ich die 600 Würfe als **einen** Fall, als Element einer neuen Reihe von 100000 mal 600 Würfen, so ist unter den 600 Würfen jede Kombination gleich wahrscheinlich, also der Fall, daß unter den 600 Würfen die 1 nur 10 mal darankommt, keineswegs unmöglich. Man setzt dann jede verschiedene Anordnung der 600 Würfe als gleich wahrscheinlich und zählt die Zahl der Kombinationen, die die 1 10 mal enthalten; entsprechend dieser Häufigkeitszahl ist dann die Wahrscheinlichkeit des Falles, daß die 1 10 mal darankommt. Ja, es muß sogar behauptet werden, daß, wenn ich die neue, höhere Mannigfaltigkeit nur groß genug wähle, sich sogar mit Gewißheit der Fall der 10 Einsen einstellen wird, denn es soll ja bei genügender Wiederholung mit Gewißheit eine Verteilung sich herstellen, in der jeder Fall seiner Wahrscheinlichkeit entsprechend darankommt. Hier muß also behauptet werden, daß der Fall, mit einem Würfel unter 600 Würfen nur 10 mal die 1 zu treffen, mit Gewißheit eintreten wird, während er in der ersten Betrachtung als unmöglich erschienen war.

Der Widerspruch löst sich auf folgende Weise. In der ersten Reihe war die 1 nahezu 100 mal daran gekommen. In der neuen, höheren Mannigfaltigkeit kommt zwar der Fall vor, daß die 1 unter 600 Würfen nur 10 mal getroffen wird, aber viel häufiger auch der Fall, daß die 1 100 mal und mehr getroffen wird. Zählt man nun in der höheren Mannigfaltigkeit durch, so wird man finden, daß unter den $100000 \cdot 600$ Würfen die 1 wieder nahezu in $\frac{1}{6}$ der Fälle getroffen wurde, mit viel größerer Genauigkeit sogar als bei den 100 Fällen. Die Bestimmung dieser Verteilung ist ein mathematisches Problem; es lautet so: wenn ich sämtliche Kombinationen, die unter 600 Würfen möglich sind, nebeneinander schreibe, wie oft schreibe ich dann die Zahl 1 nieder? BERNOUILLI hat in seinem bekannten Theorem die Antwort darauf gegeben; er hat exakt bewiesen, daß in der Gesamtheit der so niedergeschriebenen Zahlen jede der 6 Ziffern genau gleich oft daran kommt. Die Zahl wird übrigens sehr groß; es werden dann im ganzen $600 \cdot 6^{600}$ Ziffern niedergeschieben sein.

Die Behauptung, daß im ganzen jede Seite gleich oft daran kommt, steht also nicht im Widerspruch zu der anderen Behauptung, daß auch außergewöhnliche Reihenfolgen gelegentlich vorkommen. Die ganze Paradoxie war nur durch einen Fehler hereingekommen, der in die Formulierung eingegangen war. Man hatte nämlich behauptet, daß in der bestimmten Zahl von 600 Würfen die Gleichverteilung mit einer bestimmten, vorgegebenen Genauigkeit erreicht würde. Dies aber gerade kann das Wahrscheinlichkeitsprinzip nicht aussagen. Es kann nur besagen, daß überhaupt einmal eine Gleichverteilung erreicht wird und daß eine Annäherung dahin stattfindet; aber mit welcher bestimmten Zahl von Würfen dies geschieht, darüber vermag es nichts anzugeben. Denn diese Zahl hängt eben gerade nicht von den gemessenen

Bedingungen des Vorgangs, sondern von den ungemessenen ab; man wird sagen können, daß bei größerer Präzision einer Vorrichtung die Gleichverteilung eher erreicht wird, so daß umgekehrt die Zahl der Reihe ein Maß der störenden Einflüsse wird. Es läßt sich nicht einmal behaupten, daß bei Wiederholung des Versuchs mit demselben Würfel die Gleichverteilung mit annähernd der gleichen Anzahl erreicht wird, denn es lassen sich eben nur die meßbaren Bedingungen wieder ebenso wie früher herstellen, gerade die ungemessenen können ganz andere geworden sein. Darum ist es falsch, jemals behaupten zu wollen, unter 600 Würfen wird mit Gewißheit diese oder jene Genauigkeit der Gleichverteilung erreicht. Wir können nur sagen, daß überhaupt eine solche Annäherung zur Gleichverteilung stattfinden wird; es ist ein wichtiges Verdienst des Bernouillischen Theorems, nachgewiesen zu haben, daß dies keinen Widerspruch zu dem Vorkommen der ungewöhnlichsten Reihenfolgen bedeutet.

Über die Reihenfolge der einzelnen Fälle ist deshalb nichts ausgesagt. Es ist nicht ausgeschlossen, daß eine Reihe von Würfen mit zwanzigfacher Wiederholung der 1 beginnt, dann wird erst in späteren Wiederholungen dieses Überwiegen wieder ausgeglichen werden. Wieder aber wäre es verkehrt, daraus schließen zu wollen, daß, nachdem die 1 erst zwanzigmal aufgetreten ist, ihr ferneres Auftreten nun unwahrscheinlicher wäre als das der anderen Zahlen. Dies würde allerdings ein Gesetz der Reihenfolge besagen. Aber es ist falsch, zu glauben, daß die behauptete Annäherung nur durch weniger häufiges Auftreten der 1 erreicht werden kann. Auch wenn von nun ab jede Zahl gleich oft daran käme, wird mit der Anzahl der Versuche der anfängliche Überschuß der 1 von immer kleinerem Einfluß werden und eine Annäherung an die Gleichverteilung stattfinden. Dies gilt aber nicht nur für 20, sondern für jede beliebige endliche Zahl. Ausgeschlossen wird durch die Wahrscheinlichkeitsbehauptung nur der Fall, daß ein dauerndes Überwiegen der 1 stattfindet, daß also die Anzahl der Wiederholungen nach einem anderen Verhältnis als dem der Gleichverteilung hinstrebt.

Es wäre jedoch irrtümlich, zu glauben, daß, weil ein bestimmtes N, mit dem die verlangte Approximation eintritt, nicht angegeben werden kann, das Prinzip der Verteilung damit inhaltslos geworden wäre. Die Behauptung, es gibt ein endliches N

derart, daß es die Abweichung von der geforderten Verteilung kleiner als die beliebig vorgegebene Zahl ε macht, hat einen klaren und bestimmten Sinn auch ohne daß dies N angegeben werden kann, und schreibt der Wirklichkeit ein besonderes Verhalten vor. Zwar kann ich ihr Gegenteil in keiner Erfahrung konstatieren, denn wenn die Abweichung bei irgendeinem N noch größer ist als ε, so bleibt stets der Ausweg offen, daß dieses N eben noch zu klein war. Das ist aber mit keinem aprioren Prinzip anders. Auch eine Abweichung vom Kausalgesetz könnte niemals konstatiert werden, sondern jedesmal müßte die Erklärung der betreffenden Beobachtung so gefaßt sein, daß sie das Verhalten doch wieder als ein kausales, nur anderer spezieller Beschaffenheit, darstellt. Das ist gerade das Kriterium apriorischer Gesetze, daß sie nicht durch irgendeine spezielle Erfahrung bestätigt oder widerlegt werden können, sondern die vorher gesetzten Formen der Einordnung bilden, die erst die spezielle Erfahrung möglich machen. Erfahrung in wissenschaftlichem Sinne ist eine solche Darstellung der Wirklichkeit, die die gegebenen Wahrnehmungsinhalte im Sinne fester apriorischer Ordnungsformen zusammenfügt. Würde das Gesetz der Verteilung für die gewünschte Approximation ein bestimmtes N angeben können, so würde es eben dadurch seinen apriorischen Charakter verlieren und zu einem speziellen Naturgesetz, welches das Experiment bestätigen oder widerlegen kann, herabsinken.

Eine ernstere Schwierigkeit ähnlicher Art entsteht jedoch durch folgende Überlegung. Wir hatten die Approximation dadurch definiert, daß wir sagten, es gibt ein endliches N derart, daß die Abweichung in den beliebig vielen r Wahrscheinlichkeitsfunktionen gleichzeitig kleiner als ε wird. Was mit weiter wachsendem N geschieht, ob die Abweichung wieder größer wird oder nicht, darüber können wir nichts aussagen; wir wissen nur, daß es ein noch größeres N gibt, derart, daß die Abweichung noch beliebig kleiner als ε wird. Man mag nun einwenden, dadurch aber werde das Prinzip leer; denn wenn die Abweichung jederzeit wieder beliebig groß werden kann, so kann man ebenso gut sagen: es gibt ein N derart, daß irgendeine beliebige Dispersion erreicht wird. Dann aber würde man auf Grund des Prinzips alle möglichen Verteilungen behaupten können, und das Prinzip würde dann nichts Bestimmtes mehr besagen. Der Fehler liegt jedoch in der Annahme, daß die Abweichung wieder beliebig groß werden muß. Mit Gewißheit kann man nur aussagen, daß sie beliebig klein werden muß, aber nicht, daß sie irgendeine bestimmte geforderte Abweichung je erreicht, geschweige denn größer als sie wird. Dies läßt sich so formulieren: Mit Gewißheit läßt sich aussagen, daß man aus der Folge der Abweichungen eine nach o konvergente Teilfolge herausgreifen kann. Über divergente Teilfolgen läßt sich nichts aussagen.

Es muß, um dies zu klären, zwischen zwei Formen der Behauptung unterschieden werden. Wenn wir irgendeine bestimmte Reihenfolge mit der unnatürlichsten Dispersion innerhalb von r Wiederholungen angeben, so müssen wir allerdings, indem wir den Satz von r Wiederholungen zum Element innerhalb einer großen Serie von S Wiederholungen machen, sagen; es gibt ein S derart, daß mindestens einer von den Sätzen die angegebene Dispersion besitzt. Indem wir die Aussage auf einen Teil der Gesamtheit beziehen, können wir ihr den Charakter der Gewißheit verleihen, und dies für jede beliebige Form der Verteilung. Die andere Form ist die, daß wir die Aussage auf die Gesamtheit beziehen. Hier können wir nur eine einzige Aussage mit Gewißheit machen: es gibt ein N derart, daß in der Folge von den beliebig vielen r Wahrscheinlichkeitsfunktionen die Abweichung überall unter das beliebig kleine ε sinkt. Damit erscheint die eine Verteilung, die der normalen Dispersion, vor den anderen ausgezeichnet: daß sie angenommen wird, können wir von der Gesamtheit der Reihe mit Gewißheit behaupten, daß irgendeine andere angenommen wird, läßt sich dagegen nur von Teilen der Reihe behaupten. Diese Sonderstellung der normalen Verteilung ist aber nicht irgendwie unnatürlich. Denn sie besagt im Grunde dasselbe wie die andere Behauptung, daß jede beliebige Verteilung, als Element einer höheren Serie aufgefaßt, mit Gewißheit daran kommen wird; sie spricht für die Gesamtheit der Reihe dasselbe aus, was die andere Behauptung nur für Teile aussagen kann.

Das Prinzip der Verteilung stellt deshalb ein objektives Gesetz des Naturgeschehens dar, das mit Gewißheit gilt. Es kann nicht für den einzelnen Fall und nicht für eine bestimmte vorgegebene Zahl von Wiederholungen — diese beiden Fälle unterscheiden sich nur graduell — eine bestimmte Verteilung mit Gewißheit voraussagen; sondern mit Gewißheit gilt nur, daß es überhaupt eine endliche Zahl N gibt, derart, daß in den vorgegebenen r Funktionen der Folge die Abweichungen kleiner als ein vorgegebenes ε werden. Deshalb, weil es ein solches endliches N gibt, haben wir das Recht, den Eintritt einer gewünschten Annäherung zu erwarten; dies ist eine vernünftige Erwartung, weil sie in einem objektiven Gesetz des Geschehens ihren Grund hat. Ihr Inhalt wird durch das Wahrscheinlichkeitsurteil ausgesprochen.

III.

Die Stellung der Wahrscheinlichkeitsurteile zur Wirklichkeit, die FICK in der Seite 13 zitierten Äußerung als Problem aufgezeigt hatte, ist mit den hier gegebenen Untersuchungen geklärt worden. Wir können unser Resultat im Anschluß an FICK zusammenfassen:

1. FICK hat gezeigt, daß die Sätze der Wahrscheinlichkeitsrechnung inbezug aufeinander synthetische Sätze apriori sind und ein System vorstellen, das den Sätzen der Geometrie analog ist.

2. In dieser Untersuchung wurde gezeigt, daß diese Sätze mit Notwendigkeit von der Wirklichkeit gelten müssen; d. h. daß sie Sätze über die Wiederholung von Ereignissen darstellen, denen sich die wirklichen Dinge notwendig unterordnen. Diese Unterordnung geschieht auf Grund des Prinzips der Wahrscheinlichkeitsfunktion. welches ein objektives Gesetz des Naturgeschehens darstellt.

Erst dadurch, daß dieses zweite Resultat bewiesen wurde, ist die Parallele mit den geometrischen Sätzen vollkommen geworden. Denn deren eigentümlicher Charakter besteht nicht nur darin, daß sie unter sich ein geschlossenes System widerspruchsfreier Urteile darstellen, sondern er liegt erst darin enthalten, daß diese Urteile auch auf die Welt des wirklichen Geschehens anwendbar sind. Nur darum enthalten diese Sätze Erkenntnisse, uud stellen mehr dar als ein willkürliches Spiel des Verstandes, das zwar den Gesetzen der Logik Rechnung tragen, aber in seiner Gesamtheit nur den komplizierten Ausbau beliebig gesetzter Annahmen bedeuten würde. In eben diesem Sinne würden die Wahrscheinlichkeitsurteile „ein Spiel des vergleichenden Witzes" sein, wenn es nicht wirkliche Dinge gäbe, die ihnen notwendig untergeordnet sind.

Wie diese Dinge beschaffen sein müssen, damit auf sie die Wahrscheinlichkeitsgesetze Anwendung finden können, ist gleichfalls dargestellt worden. Es ist ausgeführt worden, daß überall, wo eine konstante Größe in einem Vorgang häufig wiederholt verwirklicht wird, die Messungswerte dieser Größe gemäß dem Gesetz einer integrierbaren Funktion, die mit der Abszissenachse ein endliches Flächenstück einschließt, sich verteilen müssen. Durch eine besondere Anordnung, die die Werte entsprechend gleichen Intervallen des Arguments dieser Funktion in Scharen klassifiziert, nimmt dieses Gesetz eine besondere Form an; es ist die Form, die den Sätzen der mathematischen Wahrscheinlichkeitsrechnung gewöhnlich zugrunde gelegt wird und in dem Schema des Würfels zum Ausdruck kommt. Da schließlich in jeder Reihe von Naturvorgängen eine Größe nahezu konstant erhalten bleibt, läßt sich für diese und also für alle Naturvorgänge das Wahrscheinlichkeitsprinzip anwenden. Erst indem dieses Prinzip zum Kausalprinzip hinzukommt, gewissermaßen in der Querrichtung die Ereignisse verbindend, wie es das Verhältnis der Ursache zur Wirkung in der Längsrichtung getan hatte, wird Naturerkenntnis möglich.

Es muß jedoch gegenüber den geometrischen Sätzen ein Unterschied in den Wahrscheinlichkeitssätzen betont werden. Die ersteren stellen Beziehungen zwischen idealen Gegenständen vor, die zwar in der Natur selten realisiert, doch auf die Natur mit Näherung anwendbar sind. Der ideale Gegenstand aber ist vorstellbar, und es ist keineswegs ausgeschlossen, daß ein wirklicher Körper einmal genau die Gestalt eines einfachen dieser Idealgegenstände besitzt. Ja, es muß sogar behauptet werden, daß jeder Körper, wenn wir seine Gestalt auch niemals vollständig kennen, doch in jedem Zeitmoment eine ganz bestimmte räumliche Form besitzt, und daß wir, wenn wir nur diese Form kennten, bestimmte Gesetze über sie mit Gewißheit aussagen könnten. Die idealen Gegenstände der Geometrie sind in jedem Augenblick verwirklicht, wenn wir sie auch im einzelnen nicht kennen. Bei den Wahrscheinlichkeitssätzen ist es grundsätzlich anders. Es gibt kein Geschehen, das den Idealfall der Wahrscheinlichkeitsrechnung vorstellt. Denn so oft ich einen Vorgang auch wiederhole, die Häufigkeiten der Größenwerte werden stets eine diskrete Folge vorstellen und nicht eine stetige Funktion; die stets endliche Anzahl verhindert die völlige Anschmiegung an die Wahrscheinlichkeitskurve und kann immer nur eine Annäherung bedeuten. Und wenn wir die Verteilung in der anderen Form, entsprechend dem Schema der Wahrscheinlichkeitsmaschine betrachten: wir hatten gesehen, daß die Verwirklichung eines solchen Schemas die Unabhängigkeit zweier Vorgänge voraussetzt, und daß diese stets nur mit Näherung erreicht werden kann. Die völlige Unabhängigkeit aber würde dem Kausalprinzip wiedersprechen und würde zwar logisch widerspruchsfrei, aber dennoch nicht vorstellbar sein. Es hat keinen Sinn, den Begriff eines zufälligen, als eines nichtkausalen, Geschehens zu bilden; denn vorstellbar sind nur Begriffe, deren Gegenstand — bei Allgemeinbegriffen nach Hinzukommen spezieller Bestimmungen — in der Erfahrung angetroffen werden kann[1]). Nur als von einem Grenzfall können wir von einem zufälligen Geschehen sprechen; wir können aussagen, daß es Geschehnisse gibt, deren kausaler Einfluß aufeinander so klein ist, daß wir diesen vernachlässigen können, und die Grenze, der eine solche geringe Abhängigkeit zustrebt, können wir Zufall nennen. Dennoch ist der Grenzfall selbst nicht als wirklicher Vorgang denkbar. Man kann den Begriff des Zufalls dem Unendlichkeitsbegriff vergleichen, der auch nur die bloße Negation eines vorstellbaren Begriffs bedeutet. Das Seltsame ist nun, daß die Wahrscheinlichkeitsurteile gerade von solchen Grenzfällen Aussagen machen, und deshalb es prinzipiell ausgeschlossen ist, daß ihr Gegenstand jemals in der Erfahrung angetroffen wird. Stets ist ihr Gegenstand nur mit Näherung verwirklicht, aber diese Näherung ist anders als bei den geometrischen Sätzen, die nur wegen der Unvollkommenheit unseres Erkenntnisvermögens Näherungen bleiben müssen.

---

[1]) Vgl. Natorps Äußerung, die sich zwar nur auf logischen Widerspruch im Begriff bezieht, aber auch für den Widerspruch zu den synthetischen Grundsätzen des Verstandes Geltung besitzt. „Schließlich ist die logische wie jede Terminologie bis zu gewissem Grade der Willkür anheimgegeben; aber zweckmäßig ist es wohl nicht, Begriff zu nennen, wodurch nicht etwas begriffen wird. Ich verstehe unter Begriff eine vollziehbare Denkeinheit; der Widerspruch aber ist im Denken unvollziehbar. Die Aussage, daß etwas ein Widerspruch sei, setzt nicht den Begriff dieses Widersprechenden voraus, sondern nur die Frage, ob aus gegebenen begrifflichen Elementen eine Denkeinheit vollziehbar sei oder nicht." (S. 102.)

Trotzdem bleiben die Wahrscheinlichkeitsgesetze notwendige Bestandteile unseres Wissens, und es ist ein Irrtum, zu glauben, daß mit wachsender physikalischer Erkenntnis der Wahrscheinlichkeit eine immer geringere Rolle in der mathematischen Darstellung der Wirklichkeit zufallen werde. Zwar werden die Lücken unserer Kenntnis in der fortschreitenden Entwicklung ausgefüllt werden, aber die festen Regeln über das Geschehen in der Natur, wie sie in speziellen Wahrscheinlichkeitssätzen der Physik niedergelegt sind, werden darum nicht geändert werden. Wenn wir einmal in der Lage sein sollten, genau zu berechnen, welche Seite eines bestimmten Würfels nach dem 30. Wurf oben liegen wird, so wird damit nichts an der Tatsache geändert sein, daß das Häufigkeitsverhältnis für alle Seiten nahezu gleich sein wird. Vom Standpunkt der Nützlichkeit erscheint sogar die Aussage des Wahrscheinlichkeitsgesetzes oft vorteilhafter als die der speziellen Berechnung. Denn der einzelne Vorgang wird häufig gleichgültig sein gegenüber dem Gesamtresultat der ganzen Reihe; dies kann wichtige physikalische Gesetzmäßigkeiten enthalten, während der Einfluß des einzelnen Vorgangs auf das wirkliche Geschehen belanglos ist. In sehr klarer und bestimmter Weise hat Cournot den Laplaceschen Gedanken, daß eine vollkommene menschliche Intelligenz keine Wahrscheinlichkeitsgesetze mehr benutzen würde, abgetan: „Une intelligence supérieure à l'homme ne différerait pas de l'homme qu'en ce qu'elle se tromperait moins souvent que lui, ou même ne se tromperait jamais dans l'application de cette donnée de la raison. Elle ne serait pas exposée à regarder comme indépendantes, des séries qui s'influencent réellement, dans l'ordre de la causalité, ou inversement, à se figurer une dépendance entre des causes réellement indépendantes. Elle ferait avec plus grande sûreté, ou même avec une exactitude rigoureuse, la part qui revient au hasard dans le développement des phénomènes successifs. Elle assignerait a priori les résultats du concours de causes indépendantes, ce que nous sommes le plus souvent dans l'impuissance de faire. Par exemple, étant donné un dé de structure irrégulière, qui doit être projeté un grand nombre de fois, par des forces impulsives dont l'intensité, la direction, et le point d'application sont déterminés à chaque coup par des causes indépendantes de celles qui agissent aux coups suivants, elle saurait, ce que nous ne savons pas, quel doit être à très peu près le rapport du nombre des coups amenant une face déterminée, au nombre total des coups; et cette science aurait un objet certain, soit qu'elle connût les forces qui agissent et qu'elle en pût calculer les effets, pour chaque coup particulier, soit que cette connaissance et ce calcul surpassent encore ses forces. En un mot, elle pousserait plus loins que nous et appliquerait mieux la science de ces rapports mathématiques, tous liés à la notion du hasard, et qui deviennent des lois de la nature, dans l'ordre des phénomènes"[1]).

Cournots Worte, die er vor 70 Jahren niederschrieb, sind durch ein neuerdings bekannt gewordenes Beispiel aufs beste illustriert worden. Es gibt in der Tat einen Fall, wo wir jedes einzelne spezielle Resultat genau berechnen können, und wo wir doch in der Lage sind, Wahrscheinlichkeitsgesetze anzuwenden; dies ist das Poincarésche Logarithmenproblem. Wenn wir die dritten Dezimalen einer Logarithmentafel auszählen, so ist nach den Gesetzen der Wahrscheinlichkeit anzunehmen, daß ebenso viele gerade wie ungerade Ziffern angetroffen werden; trotzdem wir jeden einzelnen Logarithmus genau berechnen können, ja diese Berechnung bereits ausgeführt vorliegt, muß die Wahrscheinlichkeitsbetrachtung sich auf die Verteilung noch anwenden lassen. Poincaré hat mathematisch bewiesen, daß in der Tat die Gleichverteilung auf gerade und ungerade Ziffern mit beliebiger Genauigkeit stattfindet, wenn man die Intervalle des Numerus und die Dezimale entsprechend wählt[2]). Es ist dies ein besonders instruktives Beispiel dafür, daß die Wahrscheinlichkeit nicht, wie es die Theorie der subjektiven Wahrscheinlichkeit vertritt, einen Ausweg der menschlichen Unwissenheit darstellt; denn hier, wo jede Unwissenheit ausgeschaltet und jeder einzelne Fall genau berechnet ist, gelten dennoch dieselben, objektiven Wahrscheinlichkeitsgesetze.

Die theoretische Physik ist heute dazu geschritten, Wahrscheinlichkeitsbetrachtungen in umfangreichem Maße zur Darstellung des wirklichen Geschehens heranzuziehen; und eines ihrer wichtigsten Gesetze, das Entropieprinzip, beruht auf solchen Voraussetzungen. Alle derartigen statistischen Betrachtungen beziehen sich nicht auf die Wiederholung des Vorgangs in der Zeit, son-

---

[1]) Cournot, S. 104.
[2]) Poincaré, probabilité. p. 313.

dern auf seine Vervielfältigung im Raume; daß auch für diese das Prinzip der Wahrscheinlichkeitsfunktion Gültigkeit besitzt, ist im früheren gleichfalls gezeigt worden. Es ist jedoch noch keine exakte Analyse der Maxwell-Boltzmannschen Statistik gegeben worden, die die zugrunde liegenden philosophischen Prinzipien klar genug aufdeckt; und wenn auch die flüchtige Betrachtung lehrt, daß ein anderes als das hier deduzierte Prinzip der Wahrscheinlichkeitsfunktion nicht darin auftritt, so muß doch die Antwort der Philosophie auf die Probleme der physikalischen Statistik bis zur Durchführung einer solchen Untersuchung aufgeschoben werden.

Literatur.

Im Text und in den Anmerkungen ist bei Hinweisen meist nur der Name des Verfassers angegeben; der genaue Titel und die Auflage des Werkes sind aus diesem Verzeichnisse zu entnehmen.

E. F. Apelt, Theorie der Induktion. Leipzig 1854. W. Engelmann.

Felix Bernstein, Über das Gaußsche Fehlergesetz. Math. Annalen 64 (1907). S. 417.

Ernst Cassirer, Substanzbegriff und Funktionsbegriff. Berlin 1910. B. Cassirer.

M. A. A. Cournot, Théorie des Chances et des Probabilités. Paris 1843. Hachette.

E. Czuber, Theorie der Beobachtungsfehler. Leipzig 1891. B. G. Teubner.

— Wahrscheinlichkeitsrechnung. Leipzig 1908. B. G. Teubner.

A. Elsas, Kritische Betrachtungen über die Wahrscheinlichkeitsrechnung. Philosophische Monatshefte 1889. S. 557.

A. Fick, Philosophischer Versuch über die Wahrscheinlichkeiten. Würzburg 1883.

Kurt Grelling, Die philosophischen Grundlagen der Wahrscheinlichkeitsrechnung. Abhandlungen der Friesschen Schule III. Band. 3. Heft. 1910.

Felix Hausdorff, Beiträge zur Wahrscheinlichkeitsrechnung. Bericht der math.-phys. Klasse der Königlich Sächsischen Gesellschaft der Wissenschaften zu Leipzig. 1901.

Kant, Kritik der reinen Vernunft. 2. Aufl. Akademieausgabe. Die Paginierung der Originalausgabe ist in Klammern hinzugefügt.

Joh. v. Kries, Die Prinzipien der Wahrscheinlichkeitsrechnung. Freiburg 1886. J. C. B. Mohr.

F. A. Lange, Logische Studien. Leipzig 1894. Baedeker.

Laplace, Essai Philosophique sur les Probabilités. Paris 1840. Bachelier.

P. Natorp, Die logischen Grundlagen der exakten Wissenschaften. Leipzig 1910. B. G. Teubner.

Henri Poincaré, Calcul des Probabilités. Paris 1912. Gauthier-Villars.

— Wissenschaft und Methode. Leipzig 1914. B. G. Teubner.

Carl Stumpf, Über den Begriff der mathematischen Wahrscheinlichkeit. Sitzungsbericht der philosophisch-historischen Klasse der königlich bayerischen Akademie der Wissenschaften zu München. 1892.

— Über die Anwendung des mathematischen Wahrscheinlichkeitsbegriffes auf Teile eines Continuums. Ebenda.

Die physikalischen Voraussetzungen der Wahrscheinlichkeitsrechnung[1]

I. Von der Anwendung der Wahrscheinlichkeitsgesetze auf die Dinge der Wirklichkeit

Man kann beobachten, daß die Wahrscheinlichkeitsgesetze zwei verschiedene Gruppen von Forschern beschäftigen. Einmal die Mathematiker. Sie entwickeln aus den einfachen Grundgesetzen der Theorie komplizierte Rechenformeln, stellen Beziehungen auf, die verschlungene Probleme zu lösen gestatten, führen auch neue Begriffe ein, wie Dispersion, mittleres Fehlerquadrat, zusammengesetzte Wahrscheinlichkeit usw. Ihnen treten die Statistiker aller Wissenschaften, der Physik, der Psychologie, der Soziologie usw. gegenüber; sie übernehmen gern den verzweigten Apparat der Mathematiker, nicht aber, um ihn zu vervollständigen, sondern um ihn auf praktische Gegenstände anzuwenden, um Methoden aus ihm zu gewinnen, mit denen sich bestimmte empirische Sachverhalte darstellen lassen. Diese Zweiteilung der Arbeitsweisen entspricht einem tiefgehenden sachlichen Unterschied; es ist derselbe, der die reine mathematische Forschung von allen ihren Anwendungen trennt. Kein Zweifel, die Wahrscheinlichkeitsgesetze stellen ein geschlossenes mathematisches System dar, wie die Sätze der Infinitesimalrechnung oder wie die Sätze der Geometrie, und die strenge Sicherheit dieser Gebiete muß den Wahrscheinlichkeitssätzen ebenso zuerkannt werden, soweit sie geschlossene Relationen, Begriffsketten aus Verflechtungen der Elementarbegriffe, darstellen. Es sei an das Bernoullische Theorem erinnert, das die Häufigkeiten und die Dispersion einfacher Wiederholungsreihen berechnet, und das, mathematisch genommen, nichts anderes ist als eine Auszählung von Kombinationen. Niemand hat je an der Richtigkeit dieser Kombinationslehre gezweifelt. Um so mehr aber haben sich Zweifel erhoben, wenn es sich um die Anwendung der Wahrscheinlichkeitsgesetze auf Dinge der Wirklichkeit handelte; und die Statistiker der einzelnen Wissenschaften konnten sich niemals auf die mathematische Strenge der theoretischen Wahrscheinlichkeit berufen, weil es problematisch blieb, ob die wirklichen Dinge sich den berechneten Relationen unterordneten. Die Lage ist hier ähnlich wie bei der Geometrie: daß die geometrischen Sätze in sich richtig sind, wird von niemandem bezweifelt; aber ob sie die *wirklichen Dinge* beschreiben, ob der Raum, in dem wir die physikalischen Dinge messen, dreidimensional und

---

[1] [H. Reichenbach 1920b].

euklidisch ist, darüber läßt sich mathematisch nichts aussagen, und erst die Methoden der Physik und der Philosophie können darüber die Entscheidung treffen.

Die Geometrie hat den Vorzug, daß sie ein entwickeltes Axiomensystem besitzt, und wir können heute die Frage nach der Geltung ihrer Sätze ersetzen durch die Frage nach der Geltung ihrer Axiome. Wenn die Axiome von dem wirklichen Raum befolgt werden, so muß dasselbe für alle geometrischen Sätze gelten; für die Untersuchung ist es aber viel einfacher, allein die Geltung der Axiome zu problematisieren. Nun gibt es allerdings für die Wahrscheinlichkeitsrechnung auch Axiomensysteme. Aber diese sind vollständig nur als Grundlage der rein arithmetischen Beziehungen der Wahrscheinlichkeitsrechnung. In ihrer Anwendung jedoch wollen die Wahrscheinlichkeitsgesetze wirkliche *Vorgänge* beschreiben, über *zeitliche Abläufe Bestimmtes aussagen*, und es muß deshalb noch e i n e   d u r c h   d a s   A u f t r e t e n   d e s   Z e i t b e g r i f f s   g e - k e n n z e i c h n e t e   A x i o m g r u p p e   geben, die die Anwendung der Wahrscheinlichkeitsgesetze auf wirkliche Vorgänge behandelt, und die wir deshalb als *Axiome der Anwendbarkeit* bezeichnen wollen. Im Gegensatz zu den mathematischen Axiomen lassen sie sich auch als *physikalische Axiome* bezeichnen, wenn man Physik im allgemeinsten Sinne als Wissenschaft von raum-zeitlichen Vorgängen auffaßt.

Die Aufstellung dieser Axiomgruppe ist von mir in einer Arbeit[2] durchgeführt worden, auf die ich für eine ausführliche Begründung der hier dargestellten Gedanken verweisen muß. An dieser Stelle sollen die Resultate der Untersuchung mitgeteilt und der Weg ihrer Ableitung in seinen wesentlichen Zügen gezeigt werden. Da es sich bei den Wahrscheinlichkeitsgesetzen stets um Näherungsgesetze handelt, derart, daß mit wachsender Zahl der Wiederholungen eine engere Annäherung an die geforderte Verteilung stattfindet, so müssen auch die Axiome der Anwendbarkeit als Gesetze über ein Näherungsverhalten formuliert werden. Wir werden finden, daß sich d i e s e   A x i o m e   a u f   e i n   e i n z i g e s   r e d u z i e r e n .   Es kann allerdings vorläufig nicht behauptet werden, daß nicht in gewissen Hypothesen der Physik, z. B. *Boltzmann*s Ergodenhypothese als Grundlage der Molekularstatistik, noch andere Voraussetzungen enthalten sind, und in diesem Sinne darf die Untersuchung noch nicht als abgeschlossen gelten. Auch beschränkt sich die Untersuchung auf physikalische Probleme und kann deshalb ein Urteil über die Anwendung der Wahrscheinlichkeitsrechnung in der Psychologie und in der Soziologie nicht geben. Aber es wird sich zeigen lassen, daß das aufgedeckte Axiom eine über den Rahmen der engeren Wahrscheinlichkeitsrechnung hinausgehende, philosophische Bedeutung besitzt, und daß seine Geltung im engsten Zusammenhang mit dem physikalischen Erkenntnisbegriff steht. Diese Frage wird in einem der nächsten Hefte dieser Zeitschrift behandelt werden, während sich die gegenwärtige Darstellung auf die Aufstellung des Axioms beschränken wird.

---

[2] *Reichenbach*, Der Begriff der Wahrscheinlichkeit für die mathematische Darstellung der Wirklichkeit [in diesem Bd., S. 225–307].

II. Das Axiom der Anwendbarkeit der Wahrscheinlichkeitssätze: die Hypothese der Wahrscheinlichkeitsfunktion

Ein einfaches Beispiel der physikalischen Realisierung von Wahrscheinlichkeitsgesetzen bildet das Würfelspiel. Dort werden die sechs möglichen Lagen des Würfels als „mögliche Fälle" bezeichnet, und jede Lage gilt als „gleich wahrscheinlich". Diese Klassifikation der möglichen Fälle in eine Anzahl gleich wahrscheinlicher Fälle ist charakteristisch für jede Wahrscheinlichkeitsberechnung. Unter gleicher Wahrscheinlichkeit versteht man, daß bei einer Wiederholung des Vorgangs die gleich wahrscheinlichen Fälle gleich oft realisiert werden, also z. B. jede Würfelseite gleich oft darankommt. Das Problem ist dabei: woher nimmt man das Recht, von bestimmten Fällen, z. B. dem Auftreten der Würfelseiten, zu sagen, daß sie gleich wahrscheinlich sind?

Man hat versucht, die Gleich-Wahrscheinlichkeit so zu definieren, daß sie eine Aussage über die Wiederholung des Vorgangs nicht enthält, und glaubte so, das „Problem der großen Zahlen" von dem Wahrscheinlichkeitsproblem trennen zu können. Man definiert dann Gleich-Wahrscheinlichkeit als eine bestimmte physikalische Struktur, z. B. die räumliche Symmetrie des Würfels, und verzichtet auf die Behauptung, daß bei der Wiederholung jede Seite annähernd gleich oft darankommt. Durch derartige Definitionen kommt man natürlich um das Problem nicht herum. Die so definierte Gleich-Wahrscheinlichkeit bildet dann allerdings kein Problem mehr, man kann ihr Vorhandensein physikalisch konstatieren, die gleiche Größe der Würfelseiten und die Mittellage des Schwerpunkts kann man ausmessen. Aber das Merkwürdige bleibt, daß diesen geometrisch-physikalischen Verhältnissen gerade die gleiche Häufigkeit in der Wiederholung des Vorgangs entspricht; dies ist das Problem, um das es sich grundsätzlich handelt, und dessen Geltung in jeder Anwendung der Statistik vorausgesetzt wird. Durch das Stattfinden einer solchen Häufigkeitsbeziehung läßt sich auch erst jenes Erwartungsgefühl rechtfertigen, mit dem wir den Wahrscheinlichkeitsbegriff gewöhnlich verknüpfen, und das uns z. B. das Eintreffen zweier gleicher Würfe hintereinander als unwahrscheinlich empfinden läßt. Wenn es ausgemacht ist, daß eine derartige Kombination seltener vorkommt als andere Kombinationen, so ist das Spannungsgefühl, mit dem wir das Wahrscheinliche erwarten, das Unwahrscheinliche dagegen zurücksetzen, psychologisch gerechtfertigt; auf geometrisch-physikalische Verhältnisse aber läßt es sich nicht basieren. Noch weniger aber läßt sich dieses Spannungsgefühl zur Definition der Wahrscheinlichkeit verwenden, etwa indem man als gleichwahrscheinlich solche Verhältnisse definiert, die die gleiche „freie Erwartungsbildung" in uns hervorrufen. Derartige Definitionen, die die Wirkung auf den Zuschauer zum Ausgangspunkt nehmen, verführen dazu, in der Wahrscheinlichkeitssetzung eine lediglich subjektive Vermutung zu sehen, deren Inhalt von dem jeweiligen Stand unserer *subjektiven Kenntnisse* abhängt. Die Auffassung übersieht, daß es tatsächlich *objektive Sachverhalte* gibt, die durch Wahrscheinlichkeitsgesetze erschöpfend beschrieben werden, z. B. die Gesetzlichkeit des Würfelns. Es muß Aufgabe der Psychologie bleiben, zu erklären, wie aus der Kenntnis solcher objektiven Sachverhalte bestimmte Erwartungsgefühle entstehen; mit der Gesetzmäßigkeit der Wahrscheinlichkeit hat dies nichts zu tun.

Wir definieren deshalb als gleichwahrscheinlich solche Fälle, die bei der Wiederholung angenähert gleich oft realisiert werden, und wir müssen untersuchen, welche physikalischen Voraussetzungen für das Stattfinden eines solchen Phänomens gemacht werden müssen.

Wir wählen als Beispiel eines Wahrscheinlichkeitsmechanismus das Roulette. *Poincaré*[3] hat dieses Spiel behandelt und auf eine sehr einfache Voraussetzung zurückgeführt. Der rotierende Zeiger wird seinen Kreis vielmal durchlaufen, bis er stehen bleibt; wir können seinen Weg durch einen Winkel messen, wenn wir nach der ersten Umdrehung über 360° hinauszählen und so fortlaufend bis zu jener Gradzahl Ω zählen, bei der der Zeiger stehen bleibt. Wäre Ω um ein Stückchen $\Delta\Omega$ größer, das gerade der Größe eines farbigen Sektors entspricht, so würde der Zeiger auf der anderen Farbe stehen geblieben sein; denken wir uns diesen Weg nochmals um $\Delta\Omega$ vergrößert, so hält der Zeiger wieder über der ersten Farbe, usw. Lassen wir den Zeiger mehrere Male spielen, so wird der Weg Ω jedesmal anders sein, weil die Kraft, mit der der Zeiger fortgeschnellt wird, niemals genau die gleiche ist; aber ob rot oder schwarz getroffen wird, hängt nur davon ab, in welchem Intervall $\Delta\Omega$ der Zeiger zur Ruhe kommt. Wir denken uns nun während einer größeren Reihe von Versuchen für jedes einzelne Intervall $\Delta\Omega$ gezählt, wie oft der Zeiger gerade in diesem Intervall anhält, und diese Zahl h durch die Gesamtzahl N der Versuche dividiert, so daß wir die relative Häufigkeit h/N des Intervalls erhalten. Dies werde graphisch aufgetragen, wie es Fig. 1 darstellt. Darin ist als Abszisse Ω aufgetragen, und die Intervalle $\Delta\Omega$ sind abgeteilt; die relative Anzahl der Treffer h/N ist für jedes Intervall durch den schmalen rechteckähnlichen Flächenstreifen dargestellt, der sich darüber erhebt. Man sieht aus der unregelmäßigen Form der Kurve, daß der Zeiger keinesfalls jeden Wert Ω gleich oft erreicht, im Gegenteil bevorzugt

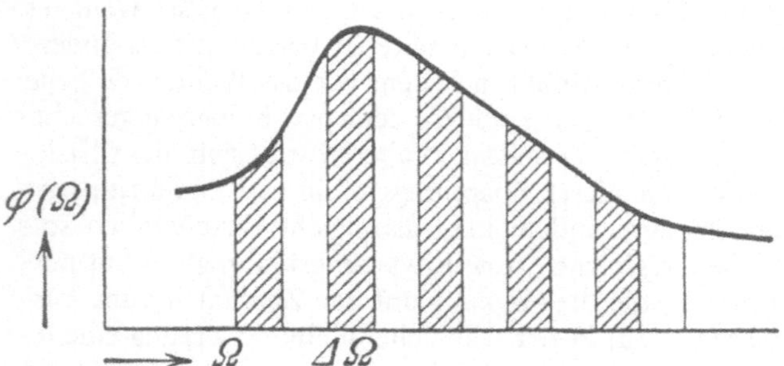

Fig. 1. Zur Zurückführung der Gleich-Wahrscheinlichkeit auf die Stetigkeit einer Kurve.

---

[3] *Poincaré*, Calcul des probabilités, Paris 1912, Gauthier-Villars, p. 149.

312

er ein gewisses Gebiet in der Mitte und nimmt selten kleine oder sehr große Werte Ω an. Nun ist die Anzahl der Fälle, daß der Zeiger auf einem schwarzen Sektor anhält, durch die Summe der schraffierten Flächenstreifen gegeben, und die Anzahl der Treffer „rot" durch die Summe der nichtschraffierten Streifen. Jeder Sektor des Roulettespiels entspricht dabei bereits einer Summe von Flächenstreifen der Figur, und die Farbe „rot" oder „schwarz" entspricht einer noch größeren Summe. Es sind aber zwei nebeneinanderliegende Streifen nahezu gleich groß, und bei der Summenbildung wird jedem kleinen schraffierten Flächenstreifen ein kleiner nicht-schraffierter, jedem großen schraffierten Streifen ein großer nicht-schraffierter entsprechen, so daß die insgesamt schraffierte Fläche nahezu gleich wird der nicht-schraffierten. Das wird um so genauer erfüllt sein, je kleiner die Teilung $\Delta\Omega$ ist, je größer also die Anzahl der Intervalle ist, und es läßt sich leicht zeigen, daß in der Grenze für unendlich kleine $\Delta\Omega$ die beiden Flächen genau gleich werden. Voraussetzung ist dabei nur, daß die Kurve der Fig. 1 *stetig* verläuft, also keine anomalen Sprünge macht; ihre Form kann ganz beliebig sein, sie kann auf- und absteigen und beliebig gekrümmt sein. Allerdings muß die Summe der Rechtecke immer endlich bleiben, und die Kurve muß deshalb an beiden Enden asymptotisch zur Abszissenachse verlaufen, d. h. *sehr große* und *sehr kleine* Werte von Ω müssen äußerst selten vorkommen[4]. Sind diese Voraussetzungen erfüllt, so folgt, daß ebenso oft die rote wie die schwarze Farbe getroffen wird; damit ist die Gleich-Wahrscheinlichkeit der beiden Farben zurückgeführt auf die Existenz einer solchen Kurve.

Was bedeutet nun diese Kurve? Wir müssen uns klarmachen, daß ihre Existenz keineswegs bewiesen war. Wir hatten nur gesagt, daß wir die Trefferzahlen zählen und nach dem genannten Verfahren eintragen wollten. Genau genommen, erhalten wir dabei überhaupt keine Kurve. Wir können zunächst nur über jedem $\Delta\Omega$ ein Rechteck zeichnen, dessen Flächeninhalt gleich der relativen Trefferzahl h/N dieses Intervalls ist, und die Oberkanten der Rechtecke werden dann einen Treppenweg bilden. Vergrößern wir die Anzahl N der Versuche, so wird der Treppenweg ausgeglichener werden; wir können dann die Intervalle $\Delta\Omega$ kleiner denken, und dadurch wird der Treppenweg einer Kurve ähnlicher werden. Allzu klein dürfen wir die $\Delta\Omega$ bei diesem graphischen Verfahren zunächst nicht wählen. Ist z. B. die Anzahl der $\Delta\Omega$ größer als die Anzahl N der Versuche, so kann unmöglich in jedem $\Delta\Omega$ ein Treffer liegen, an vielen Stellen also würde das Rechteck = 0 zu zeichnen sein, und der Treppenweg würde höchst unregelmäßig werden. Erst wenn die Anzahl der Versuche größer genommen wird, wird wieder ein regelmäßiger Treppenweg entstehen, der nun einer stetigen Kurve noch ähnlicher ist als der frühere. Zu einer stetigen Kurve selbst aber können wir mit einer endlichen Anzahl N von Versuchen — und nur

---

[4]) Der Beweis läßt sich bereits führen, wenn die Kurve integrierbar ist und das Integral von $-\infty$ bis $+\infty$ einen endlichen Wert hat. Die Forderung der Stetigkeit geht also etwas zu weit; aber sie drückt am deutlichsten die verlangte Eigenschaft aus und soll deshalb im folgenden immer benutzt werden. Genauer müßte man von der Stetigkeit des Integrals sprechen.

solche endlichen Anzahlen stehen uns zur Verfügung — niemals kommen. Wenn wir trotzdem für die Umdrehungen des Zeigers die Existenz einer stetigen Häufigkeitskurve annehmen, so bedeutet dies die *Hypothese, daß bei dem geschilderten graphischen Verfahren mit wachsendem N eine Annäherung an eine solche stetige Kurve mit asymptotischen Enden zustandekommt.* Derartige Kurven $\varphi(\Omega)$ nennt man Wahrscheinlichkeitsfunktionen, weil die Wahrscheinlichkeit W, daß Ω in dem Intervall von Ω_1 bis Ω_2 liegt, also die relative Häufigkeit h/N für beliebige Intervalle, durch den Ausdruck

$$\left(\frac{h}{N}\right)_{\lim N = \infty} = W = \int_{\Omega_1}^{\Omega_2} \varphi(\Omega)\, d\Omega$$

gegeben ist. (Aus der Summation der Rechtecke entsteht für $\lim N = \infty$ das Integral.) Und wir können sagen, daß sich die Gleichwahrscheinlichkeit der beiden Farben im Roulettespiel zurückführen läßt auf die *Hypothese*, daß für den Umdrehungswinkel des Zeigers *eine Wahrscheinlichkeitsfunktion existiert.*

Diese Erkenntnis bedeutet einen wesentlichen Fortschritt für das Wahrscheinlichkeitsproblem. Vorher standen wir vor der Frage, die Gleichwahrscheinlichkeit der roten und schwarzen Sektoren zu erklären; dabei erschien diese Gleichwahrscheinlichkeit als eine mysteriöse Eigenschaft der Farbenstreifen, und es schien gar kein Grund vorhanden, warum man über die Streifen eine derartig weitgehende Aussage machen sollte. Ja, man hat sogar versucht, aus dem Vorhandensein *keines* Grundes ein philosophisches Prinzip zu machen, indem man sagte, es sei kein Grund vorhanden, einen Streifen zu bevorzugen, und darum müßten die Streifen gleiche Wahrscheinlichkeit besitzen. Dieses „Prinzip des mangelnden Grundes" übersieht, daß man ebenso keinen Grund hat, die Streifen gleich wahrscheinlich zu nennen, und daß man also auch das Gegenteil folgern könnte; Schlüsse auf *keinen* Grund zu basieren, ist eben immer sehr mißlich. Die Hypothese der Wahrscheinlichkeitsfunktion enthebt uns mit einem Schlage dieser Schwierigkeit. Denn sie nimmt die verlangte Eigenschaft von den Streifen weg und überträgt sie auf den rotierenden Zeiger; über die Natur des Rotationsvorgangs sagt sie etwas aus, und die Streifen übernehmen dabei nur die Aufgabe, diese eigentümliche Natur des Rotationsvorgangs *sichtbar* zu machen, in besonderer Zuspitzung zu veranschaulichen. Jetzt haben wir allerdings Grund genug, die Streifen gleich *wahrscheinlich* zu nennen, deshalb nämlich, weil sie gleich *groß* sind; wären sie verschieden, so wären auch die Intervalle $\Delta\Omega$ nicht gleich und die Häufigkeit der Farben nicht durch $1 : 1$, sondern durch ein anderes Verhältnis gegeben. Die Streifen bewirken nur eine eigentümliche Zerlegung und Zuordnung der verschiedenen Drehungswinkel des Zeigers; der Zahlwert der dabei auftretenden Mengenverhältnisse ist durch die Größe der Streifen bestimmt — und das Prinzip des mangelnden Grundes ist mit dieser Verschiebung des Problems verschwunden.

Damit ist allerdings das Problem noch nicht gelöst. Wir werden die neue Hypothese erst zu rechtfertigen haben. Sie unterscheidet sich durchaus von an-

deren physikalischen Hypothesen; sie ist auch nicht mit den üblichen physikalischen Methoden zu kontrollieren, weil sie nicht durch *Messungen* bestätigt
werden kann. Sie besagt eine Gesetzmäßigkeit der Natur, die im *Zählen* von
Größen zum Ausdruck kommt, und auch hier geht sie viel weiter als alle Erfahrung, weil sie einen Grenzwert für unendlich viele Beobachtungen aufstellt.
Aber wir können schon jetzt als ihren Vorzug erwähnen, daß sie die Form einer
Stetigkeitsvoraussetzung hat und keine quantitativen Verhältnisse vorschreibt.
Wir brauchen nicht mehr anzunehmen, daß endlichen Flächenstücken gleiche
Wahrscheinlichkeit zukommt; unsere Hypothese lautet *nicht*, daß alle Werte
für den Drehungswinkel Ω gleich wahrscheinlich sind, sondern nur, daß unendlich benachbarte Werte gleichwahrscheinlich sind. Darin, daß eine Annahme
über den bestimmten Wert der Wahrscheinlichkeitsfunktion $\varphi(\Omega)$ nicht gemacht
zu werden braucht, sondern nur ihre *Stetigkeit* vorausgesetzt werden muß, um
die *gleich*wahrscheinlichen Fälle zu erklären, die die Grundlage der Wahrscheinlichkeitsberechnung bilden, liegt d i e Ü b e r l e g e n h e i t d i e s e r H y
p o t h e s e ; das wird für die philosophische Seite des Problems wichtig werden.
Zunächst soll jedoch gezeigt werden, daß dieselbe Voraussetzung auch für andere Probleme hinreichend ist.

III. Die Stetigkeit der Wahrscheinlichkeitsfunktion und die physikalischen Grundlagen einiger Glücksspiele

Von jeher haben die Glücksspiele als Idealfall der Wahrscheinlichkeitsrechnung gegolten; es ist üblich geworden, an ihnen als Beispielen die Gesetze
der Wahrscheinlichkeit zu erläutern, und nirgends scheinen die Voraussetzungen jener eigentümlichen Kombinationslehre, wie sie die Wahrscheinlichkeitsrechnung darstellt, die einzelnen gleich wahrscheinlichen und die Möglichkeiten erschöpfenden Fälle, ihre beliebige Kombinationsfähigkeit und die Regelmäßigkeit ihres Eintreffens, so klar und deutlich gegeben wie in diesen anerkannten Tummelplätzen des Zufalls. Sie erscheinen geradezu als eine Symbolisierung jener Rechenregeln, die das Gebäude der Wahrscheinlichkeitsrechnung
ausmachen, während ihre physikalische Natur höchst uninteressant und unwichtig bleibt. Das ändert sich erst, wenn man, wie wir es für das Roulettespiel
getan haben, nach den physikalischen Voraussetzungen sucht, die diese doch
immer nur empirischen Vorgänge zu Musterbildern mathematischer Operationen machen; dabei gelingt es dann, jenes Axiom der Anwendbarkeit der Wahrscheinlichkeitssätze aufzudecken, das wir von vornherein als unser Ziel aufstellten und das wir jetzt als Hypothese der Wahrscheinlichkeitsfunktion formulieren konnten.

Es ist bei der großen Ähnlichkeit aller Glücksspiele leicht zu zeigen, daß
diese Hypothese auch bei den anderen Spielen zur Anwendung kommt. Nehmen wir z. B. das Spiel mit der geworfenen Münze. Dabei gibt es zwei mögliche
und gleichwahrscheinliche Fälle, je nachdem, ob *Kopf oder Wappen* oben
liegt. Aber wieder liegt die wesentliche Hypothese nicht in der Münze, sondern

in der Natur des *Bewegungsvorgangs*. Die Zeit, die von dem Abwerfen der Münze bis zu ihrem Niederfall verstreicht, und die für jeden Wurf verschieden ist, ergibt diesmal die Größe Ω, die wir als Abszisse der Figur auftragen. Die Einteilung in Intervalle erfolgt durch die Rotation der Münze; je nachdem, ob die Fallzeit etwas länger oder kürzer ist, kommt die Münze in dem durch Kopf oder Wappen charakterisierten Intervall zu Boden. Nun erfolgt allerdings die Rotation der Münze nicht mit gleichförmiger Geschwindigkeit, und dadurch werden die Intervalle ungleich groß. Aber wir dürfen annehmen, daß die Geschwindigkeit sich *stetig* ändert, und so werden benachbarte Intervalle nahezu gleich groß; die Figur sieht dann etwas anders aus als Figur 1, weil die Teilung $\Delta\Omega$ nach rechts immer größer wird, aber wegen der angenäherten Gleichheit benachbarter $\Delta\Omega$ läßt sich der Schluß auf Gleichheit der schraffierten und der nicht-schraffierten Fläche ebenso durchführen. Die beiden Seiten der Münze übernehmen also, den Sektoren des Roulettespiels entsprechend, nur *die Klassifizierung der Fallzeiten*, ihre Einteilung in zwei Scharen, und als charakteristische Hypothese bleibt die Existenz einer Wahrscheinlichkeitsfunktion für die Fallzeit. (Daß wir auch die Stetigkeit der Rotationsgeschwindigkeit voraussetzen müssen, ist keine für die Wahrscheinlichkeitsrechnung charakteristische Hypothese. Derartige Annahmen macht die Physik stets über ihre Größen, sie bedeuten, daß sich physikalische Größen nicht sprungweise ändern können, sondern alle Zwischenwerte durchlaufen. Wir dürfen also von dieser Voraussetzung Gebrauch machen, ohne damit ein neues Element in das Problem hineinzutragen. Es ist vielmehr zu erwarten, daß die allgemeinen Voraussetzungen, die die Physik jederzeit macht, auch für das Gebiet der Wahrscheinlichkeitsgesetze angewandt werden; nicht dies zu bestätigen ist unsere Aufgabe, sondern die *speziellen* Voraussetzungen zu finden, die für die Geltung der Wahrscheinlichkeitsgesetze notwendig sind.)

Für das *Würfelspiel* gilt die gleiche Betrachtung. Die Größe, für deren Wiederholung eine Wahrscheinlichkeitsfunktion angesetzt wird, ist wieder die Fallzeit, und die Rotation des Würfels teilt stetig wachsende Intervalle ab, unter denen benachbarte nahezu gleich sind. Der Unterschied ist allein der, daß entsprechend den 6 Seiten eine Klassifizierung in 6 Scharen von Intervallen eintritt; wir müssen also in der Figur 6 aufeinanderfolgende Intervalle verschieden schraffieren und dann mit der Schraffierung von neuem beginnen; aber man kann für die 6 Flächen, die von den gleichschraffierten Intervallen eingenommen werden, ganz entsprechend beweisen, daß sie in der Grenze für unendlich kleine Intervalle einander gleich werden. Daß die Genauigkeit mit kleineren Intervallen wächst, ist eine praktisch anerkannte Erscheinung; denn man nimmt allgemein an, daß die Verteilung um so regelmäßiger ausfällt, je rascher der Würfel rotiert. Auch für dieses Glücksspiel läßt sich also die Hypothese der Wahrscheinlichkeitsfunktion als hinreichende Voraussetzung betrachten.

Wesentlich bleibt dabei immer, daß die Hypothese nur Stetigkeit der Wahrscheinlichkeitsfunktion verlangt, über ihre spezielle Form jedoch nichts voraussetzt.

Nun gibt es Fälle, für die man „aus dem Gefühl heraus" eine Wahrscheinlichkeitsfunktion der Form

$$f(x) = \text{const.}$$

ansetzt; es ist wichtig, daß man diese Form auch aus der bloßen Stetigkeit einer Wahrscheinlichkeitsfunktion, aber für eine andere Größe, ableiten kann. Um dies an einem Beispiel zu verdeutlichen, greifen wir wieder auf das Roulettespiel zurück. Wir hatten dort den Umdrehungswinkel Ω über 360° hinaus gemessen und die Existenz einer stetigen Wahrscheinlichkeitsfunktion $\varphi(\Omega)$ angenommen (Fig. 1). Nun entspricht jeder rote oder schwarze Sektor bereits einer Summe von Intervallen $\Delta\Omega$, und wenn man nicht mehr 2 Scharen abteilt, sondern, ähnlich wie beim Würfelspiel, so viel Scharen nimmt, wie Sektoren da sind, so ergibt sich für *jeden einzelnen* Sektor bereits die gleiche Summe schraffierter Flächenstreifen und damit die gleiche Wahrscheinlichkeit. Wir brauchen nicht mehr bis zu der größeren *Summe* der roten und der schwarzen Sektoren zu gehen. Würde man die Sektoren ungleich groß machen, so würde dem größeren Sektor eine in diesem Verhältnis größere schraffierte Fläche und damit eine entsprechend größere Wahrscheinlichkeit zukommen. D. h. die Wahrscheinlichkeit ist proportional dem Winkel des Sektors, und wenn man den Winkel jetzt *nicht* über 360° hinaus zählt und mit ϑ bezeichnet, so bedeutet dies, daß

$$\int \varphi(\vartheta)\,\mathrm{d}\vartheta = k \cdot \vartheta$$

ist, wo k eine Konstante darstellt. Daraus folgt

$$\varphi(\vartheta) = k = \text{const.}$$

Wir erhalten also für die Größe ϑ eine Wahrscheinlichkeitsfunktion von der speziellen Form $\varphi(\vartheta) = \text{const.}$, wenn wir für die Größe Ω eine Wahrscheinlichkeitsfunktion $\varphi(\Omega)$ von beliebiger Form annehmen. So ist unter Umständen die Stetigkeitshypothese hinreichende Voraussetzung für das Auftreten einer ganz speziellen Wahrscheinlichkeitsform.

IV. Die Ausdehnung der Hypothese der Wahrscheinlichkeitsfunktion auf die Kombination mehrerer — voneinander unabhängiger — Ereignisse

Die Wahrscheinlichkeitsrechnung begnügt sich nicht damit, die Gleichwahrscheinlichkeit der einzelnen Fälle zu statuieren. Ihr ganzer Aufbau entsteht vielmehr erst dadurch, daß sie die Kombination solcher Fälle vornimmt und die Wahrscheinlichkeit beliebiger Kombinationen berechnet, wenn die Wahrscheinlichkeit der Einzelfälle gegeben ist. Dabei benutzt sie das „Gesetz der zusammengesetzten Wahrscheinlichkeit", welches besagt, daß die Wahrscheinlichkeit einer Kombination gleich dem Produkt der Einzelwahrscheinlichkeiten ist, wenn die betrachteten Fälle voneinander unabhängig sind (Multiplikationstheorem). Es entsteht die Frage, welche physikalische Hypothese wir für das Zutreffen dieses Rechenverfahrens machen müssen. Ehe wir dazu schreiten, müssen wir jedoch genauer erklären, was unabhängige Vorgänge sind; denn dieser Begriff ist wesentlich für die Geltung des Gesetzes.

Wir beschreiben einen physikalischen Vorgang dadurch, daß wir die ihn charakterisierenden Bestimmungsstücke zueinander in Beziehung setzen; wir beobachten etwa an einem fallenden Stein eine bestimmte Geschwindigkeit und vergleichen sie mit der Zeit, während der der Stein bereits gefallen ist, und die dabei gefundene Relation $v = g \cdot t$ stellt eine Beschreibung des Fallvorganges dar. Wir sagen, daß die Geschwindigkeit eine Funktion der Fallzeit ist, oder einfacher, daß sie von der Fallzeit abhängig ist; und wir können das Erkenntnisverfahren der Physik geradezu als ein Suchen nach abhängigen Größen und der Art ihrer Abhängigkeit bezeichnen. Nun ist die Zahl der Abhängigkeitsrelationen sehr groß, so groß, daß es sogar ganz unmöglich ist, sie jemals zu erschöpfen; aber unter ihnen zeichnen sich einzelne dadurch aus, daß sie das Geschehen *vorherrschend charakterisieren*, und man gelangt zu Erkenntnissen bereits dadurch, daß man sich auf diese Relationen beschränkt. So besteht in unserem Beispiel des fallenden Körpers auch eine Relation zwischen der Geschwindigkeit und der Luftdichte, weil diese die Reibung beeinflußt; aber man kann feststellen, daß großen Änderungen der Luftdichte nur kleine Änderungen der Fallgeschwindigkeit entsprechen, und darum darf man diese Relation neben der ersten vernachlässigen. Bei einer genaueren Theorie des Falles wird man diese Einflüsse allerdings hinzuziehen; aber sie bedeuten doch nur eine Abhängigkeit von geringerem Grade und bleiben dadurch von der ersten Abhängigkeit unterschieden. Der Abhängigkeitsgrad kann jedoch noch weiter sinken. So ist z. B. die Fallgeschwindigkeit auch abhängig von der Stellung des Mondes zur Erde, weil diese das Gravitationsfeld beeinflußt; aber hier entsprechen großen Änderungen des Mondortes bereits so überaus kleine Änderungen der Fallgeschwindigkeit, daß man praktisch von einer Abhängigkeit nicht mehr spricht. Prinzipiell muß allerdings festgehalten werden, daß es unabhängige physikalische Größen nicht gibt. Denn es gibt keine abgeschlossenen Systeme, jedes System steht durch seine Oberfläche mit anderen Systemen in Beziehung, diese wieder mit anderen usf., so daß alle Systeme schließlich in Beziehung zueinander stehen. Aber es lassen sich sehr niedrige, sogar beliebig niedrige Abhängigkeitsgrade aufzeigen, und es hat sich in der Physik eingebürgert, derartige gering verbundene Größen als unabhängige zu bezeichnen. Wir halten als Definition der Unabhängigkeit, richtiger des geringen Abhängigkeitsgrades, fest, daß großen Änderungen der einen Größe verschwindend kleine Änderungen der anderen Größe entsprechen.

Entsprechend können wir auch die Unabhängigkeit von *Vorgängen* definieren. Denken wir uns etwa zwei Körper nebeneinander zu Boden fallen. Jeden der beiden Fallvorgänge können wir dadurch charakterisieren, daß wir die Koordinaten des Schwerpunkts des Körpers als Funktion der Zeit darstellen, etwa indem wir angeben, zu dieser bestimmten Zeit besitzt der Körper diese bestimmte Höhe usw. In diesen Beziehungsgleichungen werden außer der Zeit noch andere Größen auftreten, die bestimmte Werte haben und die Funktion beeinflussen, z. B. die Anfangshöhe, der Luftwiderstand usw. Die Koordinaten selbst sind ebenfalls physikalische Größen, sie werden durch die Gleichung als unabhängig von den anderen Größen dargestellt. Was aber in diesen Gleichungen *nicht* vorkommt, ist eine Abhängigkeit zwischen den Koordinaten des einen Körpers und denen des anderen; der eine Körper mag eine beliebige Lage haben, die Koordinaten des anderen werden dadurch nicht beeinflußt. Das ist nun, streng genommen, wieder nicht richtig. So wird der eine Körper einen Luftstrom hervorrufen, der gleichzeitig seitlich saugt und den anderen Körper von seiner Bahn ablenken wird, so daß die Koordinaten dieses Körpers eine andere zeitliche Änderung zeigen, je nachdem, ob der erste Körper in der Nähe vorbeieilt oder nicht. Aber die Abhängigkeit dieser Größen wird von so geringem Grade sein, daß sie als Unabhängigkeit betrachtet werden kann. Wir werden danach zwei Vorgänge als unabhängig bezeichnen, wenn die den einen Vorgang charakterisierenden Bestimmungsstücke, z. B. die Koordinaten, unabhängig sind von den Bestimmungsstücken des anderen, d. h. nur verschwindende Änderungen erfahren, wenn die Bestimmungsstücke des anderen ganz verschiedene Werte annehmen.

Nach diesen grundsätzlichen Definitionen schreiten wir zu dem Problem der zusammengesetzten Wahrscheinlichkeit. Denken wir uns etwa zwei Geldstücke nebeneinander zu Boden geworfen; wir fragen nach der Wahrscheinlichkeit, daß bei beiden das Wappen nach oben kommt. Nach unserer Definition von Wahrscheinlichkeit bedeutet dies die Frage, wie oft in einer Reihe von Wiederholungen diese Kombination im Verhältnis zu den anderen möglichen Kombinationen vorkommt. Wir wissen, sofern unsere Hypothese der Wahrscheinlichkeitsfunktion gilt, daß für jede Münze Kopf und Wappen gleich häufig auftreten; können wir nun daraus ableiten, daß die Kombination Wappen-Wappen nach der bekannten Formel gerade in 1/4 der Fälle eintrifft? Daß wir dies *nicht* können, erhellt aus folgender Überlegung. Wir denken uns die erste Münze wiederholt geworfen und die Resultate so ausfallend, daß sie dem Gesetz einer Wahrscheinlichkeitsfunktion für diese Münze entsprechen. Würde nun die zweite Münze, gleichfalls geworfen, stets denselben Wurf ergeben wie die erste, so würden ihre Resultate ebensogut einer Wahrscheinlichkeitsfunktion entsprechen; aber für die Kombinationen ergäbe sich das befremdliche Gesetz, daß nur entweder Kopf-Kopf oder Wappen-Wappen auftritt. Wir hätten also eine Verteilung, bei der jeder einzelne Vorgang durch eine Wahrscheinlichkeitsfunktion geregelt ist, die aber nicht dem Multiplikationstheorem der Wahrscheinlichkeiten entspricht. Damit ist bewiesen, daß die Hypothese der Wahrscheinlichkeitsfunktion für das Multiplikationstheorem nicht die hinreichende Voraussetzung ist.

Seien x und y die Werte der Fallzeit für die erste und zweite Münze. Wir machen nun folgende Hypothese: Es existiert eine Wahrscheinlichkeitsfunktion $\varphi(x, y)$, welche jeder Kombination von Werten x, y eine Wahrscheinlichkeit genau so zuordnet, wie wir es für die einfache Wahrscheinlichkeitsfunktion definiert haben, d. h. die Wahrscheinlichkeit, daß x zwischen den Grenzen a

und b und gleichzeitig y zwischen den Grenzen c und d liegt, sei gegeben durch das Doppelintegral

$$W = \int\limits_{ac}^{bd} \varphi(x, y)\, \mathrm{d}x\, \mathrm{d}y$$

Mit dieser Voraussetzung können wir das Multiplikationstheorem der Wahrscheinlichkeiten ableiten. Wir denken uns die Werte x auf der X-Achse, die y auf der Y-Achse eines Koordinatenkreuzes aufgetragen (Fig. 2), jede Achse in Intervalle[5]) geteilt und diesen entsprechend ein Netz von Recht-ecken gezogen. Über jedem Rechteck denken wir uns die zugehörige Wahr-scheinlichkeit, daß also x gerade in diesem Intervall Δx und gleichzeitig y gerade in dem zugehörigen Δy liegt, durch eine prismatische Säule dargestellt. Die Kuppen dieser Säulen werden in einer gekrümmten Fläche liegen; wir neh-men noch die Voraussetzung hinzu, daß diese Fläche zwar von beliebiger Krüm-mung, aber stetig ist, und daß sie sich für entfernte Gebiete der x-y-Ebene asymp-totisch nähert. Die Streifen der Intervalle in der x-y-Ebene sind wieder ab-wechselnd schraffiert. Wir betrachten nun die stark umrahmte Schnittfigur von vier Streifen; darin entspricht das weiße Rechteck der Kombination Wappen-

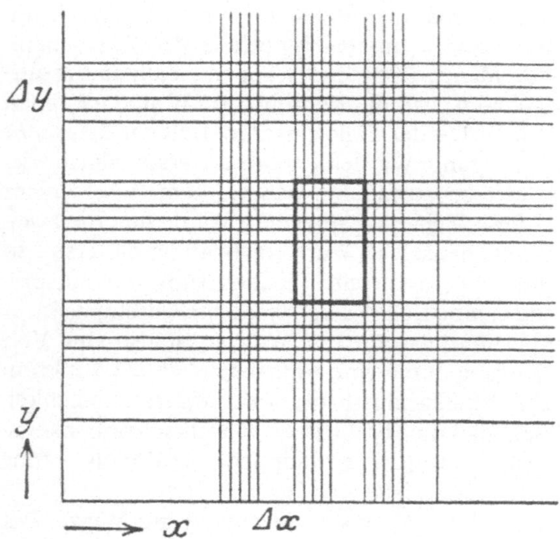

Fig. 2
Zur Wahrscheinlichkeit des gleich-zeitigen Eintretens zweier vonein-ander unabhängiger Ereignisse.

---

[5]) Der Einfachheit halber zeichnen wir die Intervalle gleich groß, d. h. wir denken uns die Rotationsgeschwindigkeit der Münze konstant. Dasselbe Resultat läßt sich natürlich auch für die allgemeinere Voraussetzung der Stetigkeit dieser Geschwindigkeit ableiten.

320

Wappen, das doppelt schraffierte Rechteck der Kombination Kopf-Kopf, und die beiden einfach schraffierten Rechtecke den beiden gemischten Kombinationen. Da $\varphi(x, y)$ durch eine stetige Fläche dargestellt ist, so werden die prismatischen Säulen über diesen vier Rechtecken bei genügender Kleinheit der Intervalle nahezu gleich, und wenn auch die Säulen an verschiedenen Stellen der Ebene ganz verschieden hoch sind, so werden doch die 4 Summen, die bei der Addition der Säulen über gleich schraffierten Rechtecken entstehen, nahezu gleich; in der Grenze für unendlich kleine Intervalle werden sie genau gleich groß. Endlich sind diese Summen, weil wegen des asymptotischen Verlaufs der Fläche der Raum zwischen ihr und der x-y-Ebene endlich ist. Die Wahrscheinlichkeiten der Kombinationen entsprechen diesen Summen; für die Kombination Wappen-Wappen ergibt sich 1/4, für die gemischten Kombinationen 1/4 + 1/4 = 1/2, und für Kopf-Kopf entsteht ebenfalls 1/4.

Wir können jedoch aus unseren Voraussetzungen noch ein weiteres Resultat ableiten. Wir müssen verlangen, daß neben der Existenz von $\varphi(x, y)$ unsere alte Hypothese gilt, daß also *außerdem* für jede Größe, x sowohl wie y, eine Wahrscheinlichkeitsfunktion $f(x)$ bzw. $f(y)$ existiert, welche die Verteilung dieser Größen *gleichzeitig* bestimmt. Wir können dann für $\varphi(x, y)$ die spezielle Form $\varphi(x, y) = f(x) \cdot f(y)$ ableiten, die das Multiplikationstheorem der Wahrscheinlichkeitsfunktionen vorschreibt, wenn wir noch annehmen, daß die beiden Größen voneinander *unabhängig* sind[6].

Zum Beweise denken wir uns zunächst $x = x_0$ = konst. festgehalten, so daß die Funktion die Form $\varphi(x_0, y)$ annimmt. Dabei entsteht eine Verteilung von Kombinationen x_0, y, bei der x überall dasselbe ist und allein y variiert, so daß dies allein für die y eine Verteilung bedeutet. Die Anzahl der Werte y für jedes beliebige Intervall ist aber gleich der Anzahl der Werte (x_0, y). Sind nun die Vorgänge unabhängig, so werden (nach Definition) die Werte y nicht beeinflußt durch die Werte x; es muß also dieselbe Verteilung y entstehen, gleichgültig, ob x variiert oder $x = x_0$ konstant bleibt, oder der Vorgang x überhaupt nicht stattfindet. Darum muß die durch $\varphi(x_0, y)$ dargestellte Verteilung der y in jedem Punkt der durch $f(y)$ gegebenen Verteilung entsprechen, ihr also proportional sein; der dabei auftretende Proportionalitätsfaktor k kann noch von x_0, nicht aber von y abhängen. Also gilt, als charakteristisch für unabhängige Vorgänge,

$$\varphi(x_0, y) = k(x_0) f(y).$$

Da dies für jedes beliebige $x = x_0$ gilt (das ist wieder die Forderung der Unabhängigkeit), muß dies eine Identität sein, und wir schreiben

$$\varphi(x, y) \equiv k(x) f(y).$$

---

[6] Da diese Ableitung in der genannten Arbeit von mir nicht scharf genug formuliert worden ist, sei sie hier ausführlich gegeben.

Dieselbe Überlegung gilt, wenn $y = y_0$ konstant bleibt und x variiert, so daß ebenfalls gilt:

$$\varphi(x, y) \equiv f(x)\, k(y).$$

Daraus folgt:

$$k(x) = f(x); \qquad k(y) = f(y);$$

also:

$$\varphi(x, y) = f(x)\, f(y).$$

Wesentlich für diesen Beweis ist die Forderung der Unabhängigkeit der beiden Vorgänge. Denken wir uns z. B. einen Körper auf rauhem Boden beliebig hin-und hergestoßen, so daß seine Lage durch eine Wahrscheinlichkeitsfunktion bestimmt ist, und mit ihm durch eine federnde Kupplung verbunden einen zweiten Körper, der auf dem rauhen Boden sprungweise gleitet. Dann wird auch für den zweiten Körper eine Wahrscheinlichkeitsfunktion existieren, und es wird sogar für die Kombination ihrer Lagen eine Wahrscheinlichkeitsfunktion $\varphi(x, y)$ existieren. Aber diese wird nicht die spezielle Form $f(x) \cdot f(x)$ haben, sondern bestimmte Kombinationen, für die der räumliche Abstand von x bis y der mittleren Länge der Kupplung entspricht, werden bevorzugt sein. In diesem Fall ist eben die Bedingung der Unabhängigkeit nicht erfüllt. Es ist nur natürlich, daß diese als Forderung in unsere Ableitung eingeht, denn sie wird auch von der geltenden Wahrscheinlichkeitsrechnung für das Multiplikationstheorem vorausgesetzt.

Das Multiplikationstheorem zwingt uns also, die Hypothese der Wahrscheinlichkeitsfunktion zu erweitern und auf die Kombination mehrerer Argumente auszudehnen. Es leuchtet ein, daß wir nicht bei der Anzahl zwei stehen bleiben dürfen, da auch die Kombination mehrerer Ereignisse geregelt werden muß. Wieder aber braucht nur die Stetigkeit der Funktion nicht irgendein spezieller Wert, gefordert zu werden. Die spezielle Produktform läßt sich für den besonderen Fall der Unabhängigkeit aus der allgemeinen Form ableiten. Indem wir die Erweiterung in den ursprünglichen Begriff aufnehmen, dürfen wir jetzt sagen: *die Existenz der Wahrscheinlichkeitsfunktion für eine oder mehrere Veränderliche stellt die hinreichende Voraussetzung dar für die Anwendbarkeit der Wahrscheinlichkeitsgesetze.*

Es ist zu beachten, daß wir aus der Stetigkeit von $\varphi(x, y)$ bereits das Multiplikationstheorem für Wahrscheinlichkeiten ableiten konnten, die sich nach dem Schema der geworfenen Münze darstellen lassen, daß wir dazu also die spezielle Produktform von $\varphi(x, y)$, d. i. das Multiplikationstheorem der Wahrscheinlichkeits*funktionen*, nicht brauchten. Es scheint deshalb, als ob für das erste Multiplikationstheorem die Unabhängigkeit der Vorgänge nicht vorausgesetzt zu werden brauchte, die für das zweite verlangt wird. Das ist jedoch ein Irrtum. Mit der Stetigkeit von $\varphi(x, y)$ wird bereits vorausgesetzt, daß eine Abhängigkeit zwischen den Intervallen der einen Größe und denen der anderen nicht existiert, d. h. daß nicht ein Intervall „Wappen“ der einen Reihe wieder ein Intervall „Wappen" der anderen Reihe zur Folge hat. Wäre dies der Fall, so würde bei Verkleinerung der Intervalle eine Annäherung der prismatischen Säulen niemals stattfinden. Durch die Stetigkeit der Funktion ist dies ausgeschlossen. Dies ist die Unabhängigkeit, die allein für die Multiplikation einfacher Wahrscheinlichkeiten zu gelten hat. Im übrigen dürften die Größen allerdings abhängig sein, und aus dem geschilderten Mechanismus der federnd gekuppelten Körper ließe sich bei geeigneter Teilung in Intervalle ebenfalls das Schema für die einfache Multiplikation ableiten. Erst das Multiplikationstheorem der Funktionen verlangt Unabhängigkeit der ganzen Vorgänge.

V. Die Wahrscheinlichkeitsfunktion in der Theorie der Messungsfehler (Gaußsche Fehlerfunktion)

In der Theorie der Beobachtungsfehler spielen die Wahrscheinlichkeitsfunktionen eine bevorzugte Rolle. Diese Theorie hat die Aufgabe, aus zahlreichen voneinander verschiedenen Meßresultaten denjenigen Wert zu berechnen, der der gesuchten Größe am besten entspricht; dazu muß sie eine Annahme über die Verteilung der Messungsfehler machen, und obgleich sie über diese Fehler nur sehr allgemeine Vermutungen aufstellen kann, muß sie auf ganz spezielle Formen des Verteilungsgesetzes schließen, wenn sie überhaupt zu Resultaten kommen will. Dabei muß beachtet werden, daß der Fehler der einzelnen Messung auf dem Zusammenwirken sehr vieler Fehlerquellen (Elementarfehler) beruht. Die bedeutendste Lösung des Problems stellt die Gaußsche Fehlerfunktion dar, in welcher die Wahrscheinlichkeit eines Fehlers in exponentieller Form von seiner Größe abhängig gemacht wird[7].

Es gibt verschiedene Voraussetzungen, unter denen man diese spezielle Form ableiten kann. Für unsere Betrachtungen wichtig ist die Tatsache, daß man das Gaußsche Gesetz auf folgende drei Bedingungen bauen kann:

1. Die Häufigkeit jedes Elementarfehlers ist durch eine Wahrscheinlichkeitsfunktion von beliebiger Form bestimmt.
2. Diese Funktionen setzen sich nach dem Multiplikationstheorem zusammen.
3. Es müssen sehr viele, voneinander unabhängige Fehler gleicher Größenordnung zusammenwirken.

Man erkennt, daß die erste Bedingung mit unserer ersten Hypothese identisch ist, und die zweite nach der gegebenen Ableitung auf die erweiterte Hypothese für die Wahrscheinlichkeitsfunktion von Kombinationen zurückgeführt

---

[7] Sie lautet, wenn x die Fehlergröße bezeichnet:

$$\hat{\varphi}(x) = \frac{h}{\sqrt{\pi}} \cdot e^{-h^2 (x-a)^2}$$

a ist der „systematische Fehler", h das „Präzisionsmaß".

werden kann. Die dritte Bedingung stellt im Gegensatz dazu keine prinzipielle Voraussetzung, sondern eine Annahme dar, die nur unter gewissen Umständen erfüllt ist; ob diese Umstände gegeben sind, läßt sich empirisch konstatieren, und nur für diese Fälle gilt dann das Gaußsche Gesetz. Dieses Gesetz ist eben eine Spezialform, die keineswegs ein allgemeines Prinzip darstellt und nicht in den Vordergrund der Betrachtung geschoben werden darf. Seine praktische Bedeutung hat das Gesetz daher, daß die modernen Meßinstrumente in ihrem komplizierten Bau zahlreiche Fehlerquellen zusammenführen und so die dritte Bedingung erfüllen; daher die Vielheit seiner Verwendung.

Ähnlich liegt es mit der sogenannten „Hypothese des arithmetischen Mittels", nach welcher der Mittelwert der Messungen mit größter Wahrscheinlichkeit der gesuchten Größe entspricht. Dieses Gesetz ist immer dann erfüllt, wenn das Gaußsche Fehlergesetz gilt; aus diesem folgt es durch eine sehr einfache mathematische Operation. Aber damit ist auch gesagt, daß es an dieselben Bedingungen geknüpft ist wie das Gaußsche Exponentialgesetz; ist die dritte Bedingung nicht erfüllt, so ist auch das Verfahren des arithmetischen Mittels nicht anwendbar. Danach ist es nicht zweckmäßig, von einer Hypothese des arithmetischen Mittels zu sprechen. Hypothetisch nennt man besser nur die weiter zurückliegenden Voraussetzungen.

Daraus ergibt sich, daß auch die Fehlertheorie keine neuen Hypothesen für die Anwendbarkeit von Wahrscheinlichkeitsgesetzen enthält. Sie führt uns vielmehr auf diejenigen Voraussetzungen, die wir aus einfachen Beispielen von Wahrscheinlichkeitsverteilungen bereits entwickelten. Wir wollen damit unsere Durchmusterung physikalischer Wahrscheinlichkeitsprobleme abschließen. Wir sind zu dem Resultat gelangt, daß alle diese Probleme eine eigentümliche Hypothese einschließen, die wir als Prinzip der Wahrscheinlichkeitsfunktion formulieren konnten und die das Gesetz der Wahrscheinlichkeit darstellt. Es wird unsere nächste Aufgabe sein, die Berechtigung dieser Hypothese zu prüfen; die Kritik der Hypothese wird die Antwort auf das philosophische Problem der Wahrscheinlichkeit darstellen.

[Nachtrag[8]]

Eine Unterredung mit Herrn *v. Laue* veranlaßt mich, meiner in Heft 3, S. 46 dieses Jahrgangs der *Naturwissenschaften* veröffentlichten Arbeit über die physikalischen Voraussetzungen der Wahrscheinlichkeitsrechnung folgende Anmerkungen hinzuzufügen.

---

[8] [H. Reichenbach 1920b, auf S. 349 im gleichen Jahrgang der Zeitschrift unter „Zuschriften an die Herausgeber", unterzeichnet mit: „Berlin-Lichterfelde, den 15. April 1920. *Hans Reichenbach*"].

Ich habe dort das Multiplikationstheorem der Wahrscheinlichkeitsfaktoren aus der Existenz eii.er Wahrscheinlichkeitsfunktion $\varphi(x, y)$ abgeleitet, ohne die spezielle Produktform

$$\varphi(x, y) = f(x)\, f(y)$$

vorauszusetzen. Ich konnte zeigen, daß diese spezielle Form für den Fall der *Un*abhängigkeit beider Vorgänge eintritt, und nannte sie das Multiplikationstheorem der Wahrscheinlichkeits*funktionen*; ich wies aber darauf hin, daß auch *ab*hängige Vorgänge bei einer gewissen Art der Klassifizierung ihrer Intervalle sich zur Herstellung eines Mechanismus eignen, der das Multiplikationstheorem unabhängiger Wahrscheinlichkeits*faktoren* befolgt.

Für den Beweis (vgl. Fig. 2 der genannten Arbeit) benutzte ich einen Grenzübergang, aber ich habe nicht deutlich genug betont, wie sich dieser Übergang *physikalisch realisieren läßt*. Seien z. B. die variierten Größen x und y die Fallzeiten zweier Münzen, dann läßt sich die Verkleinerung der Intervalle Δx und Δy nicht durch geometrische Operationen vollziehen, wie beim Roulettespiel, wo man dazu kleinere Sektoren abteilen kann, sondern nur durch Vergrößerung der Rotationsgeschwindigkeit der Münzen. Da es unendlich große Geschwindigkeiten nicht gibt, so wird also jeder physikalische Mechanismus die Gleichverteilung immer nur näherungsweise erreichen.

Es mag ferner Bedenken erregen, daß das Multiplikationstheorem der Wahrscheinlichkeiten schon für Vorgänge gelten soll, die nicht unabhängig sind. Denken wir z. B. die beiden fallenden Münzen durch eine starre, geführte Kupplung verbunden, etwa derart, daß die Fallzeit der einen immer um genau das gleiche Stück kleiner ist als die Fallzeit der anderen, dann wird für die Kombinationen von Kopf und Wappen das Multiplikationstheorem nicht mehr gelten. Aber in diesem Fall existiert auch keine stetige Funktion $\varphi(x, y)$, sondern diese Fläche wäre zu einer Kurve degeneriert, deren Projektion in die x-, y-Ebene eine Gerade ist. Erst wenn die Kupplung der beiden Vorgänge selbst derart variabel ist, daß sie durch eine Wahrscheinlichkeitsfunktion bestimmte Werte annimmt, wird sich zu jeder Kombination x, y, wenigstens in einem endlichen Gebiet der Ebene auch eine Häufigkeitszahl angeben lassen, also eine stetige Funktion $\varphi(x, y)$ existieren. Aber es ist wiederum einleuchtend, daß sich bei einer derartig variablen Abhängigkeit bereits das Multiplikationstheorem für Kopf und Wappen ableiten läßt, wenn man nur durch Vergrößerung der Rotationsgeschwindigkeiten (die übrigens ungleich sein dürfen) beider Münzen die Intervalle Δx und Δy genügend verkleinert. Derjenige Grad von Abhängigkeit, der das Multiplikationstheorem der Wahrscheinlichkeits*faktoren* noch zuläßt, ist eben durch die Existenz von $\varphi(x, y)$ hinreichend charakterisiert, und die vollständige Unabhängigkeit beider Vorgänge und damit das Multiplikationstheorem der Wahrscheinlichkeits*funktionen* braucht deswegen noch nicht verwirklicht zu sein. Übrigens würde man auch in diesem Falle für die Ableitung des Multiplikationstheorems von Kopf und Wappen nicht auf den Grenzübergang durch Vergrößerung der Rotationsgeschwindigkeit verzichten können.

Derselbe Grenzübergang durch Vergrößerung der Rotationsgeschwindigkeit ist auch für die Ableitung der speziellen Form

$$\varphi(\vartheta) = \text{konst.}$$

notwendig; ich muß für die exakte Darstellung dieses Problems auf meine in der genannten Arbeit zitierte frühere Veröffentlichung S. 29[9] verweisen.

Ich bin Herrn *v. Laue* für seine Anregung zu dieser Ergänzung um so dankbarer, als die philosophische Analyse der Physik durch das Verfahren mancher Philosophen allzu diskreditiert ist, und die dazu nötigen Ableitungen gar nicht vorsichtig genug formuliert werden können.

---

[9] [In diesem Band S. 257].

Philosophische Kritik der Wahrscheinlichkeitsrechnung[1]

I. Gesetzlichkeit und Kausalität

Die Unsicherheit, mit der über die Geltung der Wahrscheinlichkeitsgesetze geurteilt wird, liegt darin begründet, daß diese Gesetze einen Widerspruch zu dem anerkannten Erkenntnisverfahren der Physik zu enthalten scheinen. Es ist die grundsätzliche Methode der *Physik*, das beobachtbare Geschehen auf Abhängigkeiten zurückzuführen, das gegenwärtige Geschehen als Wirkung eines früheren und als Ursache eines folgenden darzustellen; die Kausalketten, die dabei entstehen, gelten als eindeutig-bestimmte Funktionalzusammenhänge, und auch dort, wo es nicht gelingt, derartige Kausalketten aufzufinden, wird an ihrer prinzipiellen Existenz und schließlichen Auffindbarkeit festgehalten. Im Gegensatz dazu macht die *Wahrscheinlichkeitsrechnung* Aussagen über nichtkausale Zusammenhänge, ja sie fordert sogar als Bedingung ihrer Gültigkeit die kausale Unabhängigkeit ihrer Objekte. Für das Würfelspiel z. B. wird vorausgesetzt, daß die einzelnen Würfe voneinander unabhängig erfolgen, die Kausalkette, die für jeden einzelnen Wurf zu seinem Resultat führt, wird gänzlich unbeachtet gelassen, und die entstehende Verteilung der Würfe wird ausdrücklich als eine Verteilung des Zufalls, ein „Spiel" im Gegensatz zu dem kausal gebundenen Ablauf anderer Naturereignisse bezeichnet. So scheint es, als ob Wahrscheinlichkeit und Kausalität einander ausschließen, als ob sie die Fragestellung „Zufall oder Gesetz?" in die Physik hineintragen und den Physiker zwingen, für das eine oder das andere sich zu entscheiden.

Es muß deshalb zu Beginn unserer Untersuchung darauf hingewiesen werden, daß eine derartige Alternative zu Unrecht konstruiert wird, daß ein unvereinbarer Gegensatz zwischen diesen Begriffen tatsächlich nicht besteht. Wenn auch die *kausale Abhängigkeit* methodische Voraussetzung der Physik ist, so ist sie doch keineswegs die einzig mögliche Form eines funktionellen Abhängigkeitsverhältnisses. Die Relation: „wenn A ist, so ist B" besagt noch nicht, daß A die Ursache von B ist; der Ursachebegriff setzt vielmehr (außer dem zeitlichen Folgeverhältnis) noch quantitative Beziehungen voraus, derart, daß einem quantitativ bestimmten A stets ein quantitativ bestimmtes B entspricht. Wird z. B. die Anziehungskraft der Sonne als die Ursache der Planetenbewegung bezeichnet, so bedeutet dies, daß die Größe dieser Kraft die Größen der Bewegung quantitativ bestimmt. Es sind aber noch andere funktionelle Relationen denkbar, z. B. „wenn A in einem Intervall α variiert, variiert B in dem Intervall

---

[1] [H. Reichenbach 1920c].

β"; dafür braucht keineswegs vorausgesetzt zu werden, daß jedem Wert A innerhalb des Intervalls α ein bestimmter Wert B innerhalb des Intervalls β korrespondiert. Auch eine Aussage dieser Art würde ein Naturgesetz darstellen können, das allerdings kein Kausalgesetz wäre. Würde man neben den Kausalgesetzen noch Naturgesetze dieser zweiten Art formulieren, so wäre das kein Widerspruch. Denn die zweite Art der Gesetzlichkeit schließt ja die erste nicht aus; es ist z. B. durchaus möglich, daß innerhalb der Intervalle jedem bestimmten A ein bestimmtes B entspricht. Es gibt auch andere Möglichkeiten, z. B. daß zwischen A und B ein Kausalverhältnis nicht besteht, daß A eine ganz andere Größe C kausal korrespondiert und B eine andere Größe D, die beide von diesem Gesetz nicht berührt werden. Solange das Gesetz der zweiten Art die erste (kausale) Abhängigkeit nicht ausdrücklich ausschließt, solange auf jede widersprechende Voraussetzung über die Abhängigkeit innerhalb des Intervalls verzichtet wird, sind die beiden Arten der Gesetzlichkeit vereinbar.

Wenn also die Gesetze der Wahrscheinlichkeit von *anderer Art* sind als die Kausalgesetze, so folgt aus dieser Tatsache allein noch nicht, daß sie in einen *Widerspruch* zur Kausalität treten. Gesetzlichkeit ist ein allgemeinerer Begriff als Kausalität. Daß beim Würfeln ein Gesetz existiert, welches die Verteilung der Würfe bestimmt, ohne jedoch dem einzelnen Wurf eine Ursache zuzuordnen, ergibt keinen Widerspruch zum Kausalprinzip. Denn das Gesetz läßt es ganz offen, ähnlich wie wir es für die innerhalb des Intervalls variierende Größe formuliert haben, welche Größe dem einzelnen Wurf als Ursache zugeordnet werden muß. Im Gegenteil zweifelt niemand daran, daß für den Einzelwurf eine Kausalkette aufzeigbar ist, die gerade zu diesem bestimmten Resultat führen mußte; aber das wiederum ändert nichts an der Tatsache, daß die Gesamtheit der Würfe einem Verteilungsgesetz unterliegt. Man kann die Wahrscheinlichkeitsgesetze in dieser Form ausdrücken: „Wenn gewisse Bedingungen in bestimmten Grenzen variieren (z. B. die Fallzeit, die Rotationsgeschwindigkeit des Würfels usw.), so variieren andere Größen (die geworfenen Würfelseiten) innerhalb bestimmter Grenzen nach einem besonderen Gesetz." Der Verzicht auf die Aussage der Kausalität, der hierin liegt, bedeutet nicht ihre Negierung.

Es genügt allerdings nicht, zu zeigen, daß neben der Kausalgesetzlichkeit noch andere Gesetzlichkeiten der Natur möglich sind, die ihr nicht widersprechen. Es muß noch gezeigt werden, daß in der *speziellen Form* der Wahrscheinlichkeitsbeziehung, in dem „besonderen Gesetz" der obigen Definition, kein Widerspruch zum Kausalprinzip enthalten ist. Wir sind, um dies durchzuführen, in einer glücklichen Lage; denn wir haben bereits in einer früheren Untersuchung[2] die physikalischen Voraussetzungen der Wahrscheinlichkeitsrechnung aufgedeckt und kennen jenes besondere Gesetz. Wir konnten unter den Voraussetzungen diejenigen abtrennen, die gewöhnliche physikalische Erfahrungsresultate sind und im einzelnen mit den Methoden der wissenschaftlichen Beob-

---

[2] *Reichenbach*, Die physikalischen Voraussetzungen der Wahrscheinlichkeitsrechnung, [dieser Bd., S. 309—326]. Diese Arbeit entwickelt die axiometrischen Grundlagen der folgenden Untersuchung; ihre Resultate werden deshalb vorausgesetzt werden.

achtung kontrolliert werden können; hierher gehören die räumliche Gleichheit gewisser Stücke (z. B. der Sektoren im Roulettspiel), die Unabhängigkeit der Einzelvorgänge (z. B. läßt es sich sehr einfach feststellen, ob zwei fallende Steine einander beeinflussen oder nicht), das Auftreten einer größeren Zahl störender Ursachen (in der Fehlertheorie). Wir konnten zeigen, daß neben diesen eine Voraussetzung übrig blieb, die nicht mit anderen physikalischen Methoden geprüft werden kann, die eine Gesetzmäßigkeit der Natur bedeutet und als Gesetz der Wahrscheinlichkeit angesehen werden kann. Wir formulierten sie als Hypothese der Wahrscheinlichkeitsfunktion, und da sie das eigentlich Problematische der Theorie enthält, brauchen wir nur diese Hypothese zu kritisieren, um zu einem Urteil über die ganze Theorie zu kommen. Wir werden die Untersuchung über die Widerspruchslosigkeit dieser Hypothese gegenüber dem Kausalprinzip sogleich durchführen, um damit die *Möglichkeit* der Wahrscheinlichkeitsgesetze darzutun. Erst danach werden wir dazu übergehen, auch ihre *Notwendigkeit* für die physikalische Erkenntnis aufzuzeigen.

II. Das Gesetz der Wahrscheinlichkeit in der Form der Hypothese von der Wahrscheinlichkeitsfunktion enthält keinen Widerspruch zum Kausalgesetz

Was bedeutet das Prinzip der Wahrscheinlichkeitsfunktion? Es besagt (wir sprechen hier der Einfachheit halber nur von *einer* Veränderlichen und werden die Betrachtungen erst nachher auf mehrere Veränderliche ausdehnen, wodurch nichts Grundsätzliches geändert wird): wird eine physikalische Größe x unter einer gewissen Variation der Anfangsbedingungen wiederholt realisiert, so läßt sich die Häufigkeit ihrer Einzelwerte einer stetigen Kurve $\varphi(x)$ zuordnen durch den Ausdruck

$$\left(\frac{h}{N}\right)_{\lim N = \infty} = \int_a^b \varphi(x)\, \mathrm{d}x.$$

Hierin begrenzen a bis b ein Intervall der Größe x, und h bedeutet die Anzahl der in das Intervall fallenden Werte und N die Gesamtzahl der Wiederholungen.

Problematisch ist zunächst, *was unter Wiederholung „derselben Größe"* *zu verstehen* ist. Physikalisch realisierbar ist immer nur ein *Vorgang*; und so läßt sich auch nur ein Vorgang, ein *zeitlicher Ablauf* physikalischer Veränderungen, wiederholt verwirklichen. Die Beschreibung eines Vorganges vollziehen wir jedoch dadurch, daß wir die ihn bestimmenden Größen, Parameter, herausgreifen und deren Veränderung als Funktion der Zeit oder ihrer gegenseitigen Werte darstellen. So sind z. B. die den rotierenden Roulettezeiger bestimmenden Parameter außer dem (in Vielfachen von 360° gezählten) Umdrehungswinkel Ω noch die Länge des Zeigers, seine Masse, seine Reibung usw. Jeden dieser Parameter können wir als durch den wiederholten Vorgang wiederholt realisierte Größe betrachten, von jedem ließe sich eine der genannten Formel entsprechende Aussage machen. Wenn wir im Roulettespiel gerade den Umdrehungswinkel Ω herausgreifen, so geschieht dies lediglich aus Zweckmäßigkeitsgründen; diese Größe ist anschaulich sichtbar zu verfolgen, ihre Einteilung in Intervalle ist durch eine einfache geometrische Zeichnung, die farbigen Sektoren, unmittelbar gegeben und vermittelt eine anschauliche Darstellung des Wahrscheinlichkeitsgesetzes[3]. Die Wahl der betrachteten Größe bietet also keine grundsätzlichen Schwierigkeiten; aber es kommt eine weitere Unbestimmtheit hinzu. Mit welchem Recht können wir eigentlich den Umdrehungswinkel Ω des Roulettezeigers als „dieselbe" Größe bezeichnen, die wiederholt dargestellt wird? Wir wissen, daß die einzelnen Zahlenwerte dieses Winkels jedesmal verschieden sind. Allerdings können wir sagen, daß es stets dieselben Größen sind, die diesen Winkel bestimmen: die drehende Anfangskraft, die Masse des Zeigers, die Reibung der Achse. Aber das verschiebt nur das Problem: mit welchem Recht sind dies „dieselben" Größen, wo doch auch ihr Zahlenwert schwanken muß, wenn verschiedene Werte Ω entstehen sollen? Denken wir uns, um von den Schwankungen der menschlichen Kraft, die den Zeiger dreht, unabhängig zu werden, einen Apparat konstruiert, der den Antrieb besorgt; er sei mit der größten Präzision ausgeführt, so daß wir die bestimmenden Größen so konstant wie nur möglich halten können. Denken wir uns sogar diesen Apparat durch einen Ingenieur von metaphysischer Geschicklichkeit bedient, so daß die genannten Größen wirklich jedesmal genau denselben Wert haben – niemand wird zweifeln, daß dennoch eine Variation des Winkels Ω eintreten wird. Das liegt daran, daß diese drei Größen den Drehungsvorgang ja gar nicht allein bestimmen. Es gibt immer noch andere mitbestimmende Faktoren; der Luftwiderstand wird z. B. von Einfluß sein; wollte man ihn konstant halten, so müßten Druck, Temperatur und Feuchtigkeit konstant gehalten werden. Und gelänge selbst dies noch, gäbe es weitere Faktoren von noch kleinerem Einfluß, die Erschütterungen der Apparatur, die Anziehung benachbarter Massen – kurz, es ist ganz unmöglich, *sämtliche* Bedingungen quantitativ gleich zu reproduzieren. Wir wollen die Summe dieser unendlich vielen Faktoren den *irrationalen Rest der Bestimmungsstücke* nennen, ihre einzelnen Komponenten mögen als *Restfaktoren* bezeichnet werden. Danach wird es unmöglich sein, Ω jedesmal denselben Wert zu geben. Wenn es deshalb einen Sinn haben soll, von „demselben" Winkel Ω zu reden, so darf diese Identität nicht durch quantitative *Gleichheit* bestimmt sein. Wir werden vielmehr angeben, daß, solange die Schwankungen der Apparatur innerhalb gewisser kleiner Grenzen liegen, der entstehende Drehungswinkel „derselbe" sein soll, und in diesem Sinne können wir auch von Variationen „derselben" Größe reden. Es ist dabei nicht gesagt, daß diese Schwankungen stets unter der Messungsgrenze liegen müssen; z. B. sind die Änderungen des Drehungswinkels Ω durchaus meßbar. Diese Definition hat allerdings nur vorläufigen Charakter und wird später durch eine genauere ersetzt werden.

---

[3] Vgl. S. 48 des genannten früheren Aufsatzes (in diesem Band S. 312).

330

Wir werden gleichzeitig dazu geführt, *was wir unter der Variation der Anfangsbedingungen zu verstehen haben*, die in obiger Definition erwähnt wurde. Es sind Schwankungen, die aus der Gesamtheit gemessener und ungemessener Bestimmungsstücke hervorgehen, die also stets deren irrationalen Rest enthalten. Wenn wir nach der Hypothese fordern, daß Ω durch eine stetige Funktion bestimmte Werte annimmt, so bedeutet dies, da Ω ein Produkt aller gemessenen und ungemessenen Faktoren darstellt, eine entsprechende Annahme über das *Zusammenwirken* sämtlicher unendlich vielen Bestimmungsstücke, daß nämlich dieses Zusammenwirken in eigentümlicher Weise eine *stetige* Verteilung der Größenwerte Ω erzeugt. Wir finden daher, daß die Hypothese der Wahrscheinlichkeitsfunktion eine Annahme darstellt über den irrationalen Rest der bestimmenden Faktoren einer Größe.

Diese Auffassung zeigt deutlich, daß ein Widerspruch zum Kausalprinzip nicht besteht. Dies bezieht sich ja gerade auf die *gemessenen* einzelnen Bestimmungsstücke, deren eindeutige Abhängigkeit es fordert; es kann über den *irrationalen* Rest nur die Aussage machen, daß er sich bei fortschreitender Analyse mehr und mehr in einzelne kausalabhängige Bestimmungsstücke auflösen muß, ohne doch je erschöpft zu sein. Die Wahrscheinlichkeitshypothese ist aber eine Aussage über die *Summe* sämtlicher Restfaktoren — und dies ist eine Frage, für die das Kausalprinzip nicht mehr zuständig ist. Es sind tatsächlich Aussagen über ganz verschiedene Dinge, die diese beiden Prinzipien enthalten; beide können gleichzeitig Gesetze der Natur darstellen, ohne einander zu widersprechen.

Auch in der Unabhängigkeit der Einzelvorgänge, die von der Wahrscheinlichkeitsrechnung gefordert wird, liegt ein Widerspruch zum Kausalprinzip nicht enthalten. Wir sahen bereits in der genannten früheren Untersuchung, daß man richtiger nicht von Unabhängigkeit, sondern von verschwindendem Abhängigkeitsgrad zu reden hat, und dieser Begriff ist mit kausaler Abhängigkeit durchaus vereinbar. Unabhängigkeit zweier Vorgänge in diesem Sinne liegt vor, wenn die einen Vorgang bestimmenden Größen (Parameter) sich *nicht wesentlich* ändern, falls die den *andern* Vorgang bestimmenden Größen andere Werte annehmen. So nennt man die Lage des Brennpunkts einer Linse unabhängig von der Lichtstärke, obgleich hier noch eine gewisse Abhängigkeit besteht; das von der Linse absorbierte Licht wird je nach seiner Stärke das Glas erwärmen, seine geometrischen Dimensionen verändern und dadurch den Brennpunkt verschieben; aber großen Änderungen der Lichtstärke entsprechen so geringe Änderungen der Brennpunktslage, daß man *praktisch* von Unabhängigkeit spricht. Auch für die Wahrscheinlichkeitsrechnung genügen derartig geringe Abhängigkeitsgrade. So sind z. B. zwei nebeneinander niederfallende Würfel als praktisch unabhängig zu betrachten, obgleich der von einem Würfel hervorgerufene Luftzug den anderen in seiner Bahn beeinflußt.

In diesem Zusammenhang sei noch über den Begriff des *Zufalls* eine Bemerkung gemacht. Man nennt eine Wahrscheinlichkeitsverteilung, wie sie z. B. das Würfeln ergibt, auch ein Werk des Zufalls, weil sie mit der kausalen Bestimmtheit der einzelnen Würfe nichts zu tun hat. Nach unserer Erklärung würde die Natur des Zufalls wesentlich in der Eigentümlichkeit der physikalischen

Restfaktoren zu suchen sein, eine stetige Verteilung zu erzeugen. Damit diese
Stetigkeit jene besondere Regelmäßigkeit der Verteilung einzelner Fälle erzeugt, muß, wie wir gesehen haben, noch eine Teilung in kleine Intervalle und
die Klassifikation in einige Scharen hinzukommen[4]; wir erinnern daran, daß einem kleinen Zuwachs $\Delta\Omega$ des Drehungswinkels im Roulettespiel bereits ein
neuer farbiger Sektor entspricht. Danach sind die Bedingungen des Zufalls gegeben, wenn *kleine* Änderungen der einen Größe *große* Änderungen anderer
Größen zur Folge haben. (Kleine Änderungen von Ω haben sprunghafte Änderungen der getroffenen Farbe zur Folge, oder ein fallender Würfel macht eine
große Zahl Umdrehungen mehr, wenn sich die Zeit des Niederfallens nur wenig vergrößert). Man bemerkt den Gegensatz dieser Formulierung zur Definition der Unabhängigkeit; dort hatten umgekehrt große Änderungen einer Größe nur kleine Änderungen einer anderen zur Folge (z. B. große Änderungen der
Lichtintensität erzeugen nur verschwindende Änderungen der Brennpunktslage). Dies ist auffällig, weil Zufall als Gegensatz zu kausaler Bestimmtheit auch
häufig als Unabhängigkeit definiert wird. Es gibt hier offenbar zwei Möglichkeiten
des Grenzübergangs; der durch die geringsten Abhängigkeitsgrade führt zum Begriff der Unabhängigkeit, der durch die höchsten Abhängigkeitsgrade zum Begriff des Zufalls. Beide, Zufall wie Unabhängigkeit, stellen Idealisierungen vor,
die von der Wirklichkeit nicht erfüllt werden können, weil sie in ihrer Idee dem
Kausalprinzip widersprechen. Als Grenzbegriffe haben sie einen Sinn, weil alle
beliebigen Annäherungen an sie möglich sind; aber solange man nicht den Weg
aufzeigt, der zu ihrer Grenze führt, bleibt die große Verschiedenheit dieser Begriffe unentdeckt.

III. Das Prinzip der gesetzmäßigen Verteilung als notwendige Voraussetzung physikalischer Erkenntnis

Nachdem wir gezeigt haben, daß das Gesetz der Wahrscheinlichkeit, in der
Form der Hypothese der Wahrscheinlichkeitsfunktion, keinen Widerspruch zum
Kausalgesetz enthält, neben diesem also *möglich* ist, soll jetzt seine *Notwendig-
keit* für den physikalischen Erkenntnisbegriff in einem ganz anderen Zusam-
menhange dargetan werden. Wir müssen dazu auf den *Sinn des physikalischen
Urteils* zurückgehen.

Es gibt zwei grundsätzlich verschiedene Arten von Erkenntnisurteilen. In
der ersten Art wird der Gegenstand als gedankliche Fiktion gesetzt, und Fiktionen werden miteinander durch das Urteil verbunden. Hierhin gehören die mathematischen Urteile. Ihre Gegenstände sind Fiktionen, künstliche Gebilde des
Denkens; sie sind nicht wirkliche Gegenstände wie die erfahrbaren Dinge, die
außerhalb des Denkens existieren, sondern gebildet erst durch gedankliche Konstruktionen, und alle Aussagen über sie bilden Relationen, die nur innerhalb
des Denkens ihren Sinn haben. Wesentlich für diese Urteile ist daher, daß ihr

---

[4] Vgl. die Figur 1 in der genannten vorausgeschickten Untersuchung [dieser Bd. S. 312].

Gegenstand genau bestimmt ist, durch die gedankliche Konstruktion erschöpfend definiert ist; die Relation, die in dem Urteil ausgesagt ist, kann daher alle Eigenschaften des Gegenstandes berücksichtigen und den Charakter unumstößlicher Gültigkeit erlangen. Der zwingende Charakter des mathematischen Urteils ist allgemein anerkannt; er liegt darin begründet, daß der Urteilsgegenstand gesetzt ist, und daß die Setzung durch das Denken eine erschöpfende Definition gestattet. Wir werden diese Klasse von Urteilen als *Setzungsurteile* bezeichnen.

Ihnen gegenüber stehen alle Urteile, deren Gegenstand in der natürlichen Wirklichkeit vorhanden ist. Zu ihnen gehören die physikalischen Urteile. Das Wirkliche ist etwas grundsätzlich anderes als das Gedachte, etwas, das nicht weiter definiert werden kann — denn das hieße wieder: gedacht —, das in seiner eigentümlichen Art nur erlebt werden kann. Wir erhalten von der Wirklichkeit außerhalb unseres Ich Kunde durch die Wahrnehmung der Sinne, und es ist daher charakteristisch für die natürlichen Gegenstände, daß sie auf Grund irgendeiner Wahrnehmung in unsern Begriffskreis gelangen. Dieser Zusammenhang kann auch indirekt sein; so hat noch niemand die uns abgewandte Seite des Mondes gesehen, aber ihre Existenz gilt als gesichert, weil sie mit anderen Wahrnehmungen — nämlich der der sichtbaren Seite — in einen gedanklichen Zusammenhang gebracht wird. Wir bemerken daran allerdings, daß in Aussagen über die Wirklichkeit gedankliche Relationen eingehen, und es muß näher untersucht werden, welcher Art dieser Zusammenhang ist; aber es bleibt bestehen, daß der Gegenstand selbst nicht eine Fiktion des Denkens, sondern etwas Denkfremdes, eine Gegebenheit darstellt. Wir werden diese zweite Klasse von Urteilen als *Wirklichkeitsurteile* bezeichnen.

Dem scheint zu widersprechen, daß man auch physikalische Urteile in die Form eines Bedingungssatzes kleiden kann: wenn die Sonne am Himmel steht, ist es warm. Aber es wäre ein Irrtum, zu glauben, daß mit der Aufstellung der Voraussetzung auch der Gegenstand gesetzt sei. Gesetzt ist nur die Annahme seiner Existenz; der Gegenstand Sonne bleibt dabei jener anschaulich aufzeigbare leuchtende Körper, den wir wahrnehmen können; er ist nicht durch die Setzung definiert, wie der mathematische Gegenstand. Sagen wir: „Wenn ein Peripheriewinkel auf dem Durchmesser steht, ist er ein rechter Winkel," so ist durch den Vordersatz der Winkel definiert; in ihm ist zu dem Begriff Peripheriewinkel, der selbst wieder durch eine Reihe solcher Sätze definiert ist[5], noch ein Merkmal hinzugefügt, das mit den anderen zusammen den Gegenstand erschöpfend definiert. In dem genannten Urteil über die Sonne dagegen liegt in dem Vordersatz keine Bestimmung des Gegenstandes ausgesprochen, sondern die hypothetische Formulierung drückt lediglich den Gedanken aus, daß das Wirklichwerden des Nachsatzes an das Wirklichwerden des Vordersatzes gebunden ist. In beiden Urteilen bedeutet also die hypothetische Form etwas ganz anderes, und man darf sich nicht durch die *grammatische* Gleichheit irreführen lassen.

---

[5] Vgl. hierzu die sehr klaren Ausführungen über implizite Definitionen in *Schlick*, Allgemeine Erkenntnislehre, S. 30 (Verlag Springer) [M. Schlick 1925, S. 31 ff.].

Man könnte versuchen, den physikalischen Gegenstand ebenfalls zu definieren, wie den mathematischen, indem man seine Bestimmungsstücke aufführt. Den Erdball etwa könnte man definieren als eine Kugel von bestimmter Abplattung; aber man kann den wirklichen Erdball damit nicht erschöpfen, denn dessen Form ist viel komplizierter, auch einer zeitlichen Änderung unterworfen, und man müßte sämtliche unendlich vielen Naturgesetze dazu aufführen, die dabei eine Rolle spielen. Das ist aber unmöglich. Würde man sich für die Definition auf die wesentlichen Merkmale beschränken und diese Definition in das Urteil einsetzen, würde man etwa das Urteil „die Erde erteilt den Körpern an ihrer Oberfläche die Beschleunigung 981" umformen in das Urteil „eine Kugel von der bestimmten Masse m und dem bestimmten Radius r erteilt den Körpern an ihrer Oberfläche die Beschleunigung 981", so ginge das Eigentümliche des physikalischen Urteils verloren, und der Satz wäre auf ein mathematisches Urteil reduziert. Wir haben immer nur die Wahl: entweder wir definieren die Gegenstände erschöpfend durch Bestimmungsstücke — dann wissen wir nichts über ihr Vorkommen in der Wirklichkeit —, oder wir verstehen darunter jene nur anschaulich aufzeigbaren physikalischen Dinge — dann verliert das Urteil den zwingenden Charakter des Mathematischen.

Dennoch benutzt die Physik ein ähnliches Verfahren. Wir wissen ja, daß sie zur Erklärung der Anziehungskraft der Erde den Satz über das Potential einer Kugel benutzt. Aber das Neue an ihrer Darstellung besteht nicht in der mathematischen Relation über das Kugelpotential, sondern darin, daß sie diese bestimmte mathematische Relation auf die *wirkliche*, natürliche Erde *anwendet*; dies ist das eigentlich Physikalische in ihren Sätzen. Sie vollzieht eine Zuordnung von mathematischen Relationen zu sinnlich gegebenen Gegenständen; darin besteht ihr Erkenntnisverfahren. Allerdings darf man sich diese Zuordnung nicht zu einfach vorstellen, als ob etwa die mathematische Kugel der Erdkugel zugeordnet würde. In dem Ausdruck Erdkugel ist die Zuordnung bereits vollzogen; die Erde ist letzten Endes auch nur eine Summe von sinnlichen Eindrücken, ein anschauliches Etwas, und diesem nur aufzeigbaren „dies da" wird die mathematische Kugel zugeordnet. Darin besteht die physikalische Erkenntnis, daß in das Durcheinander der Wahrnehmungen eine bestimmte mathematische Struktur hineingedacht wird. Das, was man gewöhnlich physikalischen Gegenstand nennt, ist bereits eine solche zugeordnete mathematische Struktur; man muß sich klar sein, daß, wenn auch alle Sätze über physikalische Vorgänge mathematische Relationen zwischen verschiedenen mathematischen Strukturen sind, das eigentlich Physikalische daran immer nur bleibt, daß der dadurch gebildete mathematische Komplex bestimmten Wahrnehmungen zugeordnet ist. Die Gleichungssysteme der Physik stellen derartige Zuordnungen vor. So ist das System der Maxwellschen Gleichungen den wirklichen Vorgängen zugeordnet, die wir mit dem Namen „elektrisch" belegen, oder das System der Einsteinschen Gravitationsgleichungen den wirklichen Vorgängen, die wir „mechanisch" nennen.

Warum müssen wir nun gerade diese bestimmten Gleichungen diesen bestimmten anschaulichen Vorgängen zuordnen? Wir wissen, daß wir den Vorgang doch nicht durch die Gleichungen erschöpfen können. Warum wählen wir also nicht beliebige andere Gleichungen? Die Antwort lautet, daß es noch eine eigentümliche Tatsache gibt: daß sich nämlich die wirklichen Dinge *näherungsweise* verhalten wie die zugeordneten mathematischen Fiktionen. Obgleich die Erde keine Kugel ist, ist doch die für die Kugel berechnete Beschleunigung nahezu gleich der auf der Erde gemessenen. Dieses eigentümliche Faktum bildet die Basis aller physikalischen Urteile.

Näherung beruht auf einem Vergleich von Zahlen. Wesentlich für das physikalische Urteil ist darum, daß es Zahlen definiert, deren näherungsweise Geltung gemessen werden kann. Das scheint der gewöhnlichen Darstellung zu widersprechen, nach der die Physik Funktionalzusammenhänge aufsucht, nach der also nicht der Wert einer Größe, sondern das Gesetz ihrer Veränderung mit einer anderen Größe die physikalische Erkenntnis darstellt. So könnte man argumentieren, daß z. B. der Wert der Erdbeschleunigung $g = 981$ keine physikalische Erkenntnis bedeutet, sondern erst das Gesetz, das g als Funktion des Radius darstellt, in dem 981 nur ein Spezialwert ist. Es ist richtig, daß dieses Gesetz eine *kausale* Erkenntnis darstellt, denn wir haben schon früher konstatiert, daß der Sinn der *kausalen* Gesetzmäßigkeit in der quantitativen Abhängigkeit von Größen besteht. In jeder Funktion aber kommen gewisse *Konstanten* vor, und diese müssen zahlenmäßig bestimmt sein, wenn die Funktion definiert, wenn das Gesetz einen bestimmten Sinn haben soll. In der Funktion, die g in Abhängigkeit vom Erdradius darstellt, tritt die Gravitationskonstante k auf; diese muß zahlenmäßig genannt werden können, wenn das Kausalgesetz über g einen bestimmten definierten Sinn haben soll. Darum kann man die Bestimmung zahlenmäßiger Konstanten nicht außerhalb der eigentlichen Physik setzen; sie gehört ebenso zur Darstellung der Kausalgesetze, wie die Ermittelung der funktionellen Form. Auch die Größe g selbst spielt die Rolle solch einer

Gesetzeskonstanten: in dem Fallgesetz $s = \frac{g}{2}\, t^2$ hat sie genau dieselbe Stellung,

wie k in der Newtonschen Gravitationsformel. Ihr Zahlenwert muß bestimmt sein, wenn das Fallgesetz das wirkliche Verhalten der fallenden Körper darstellen soll.

Man kann diesen Gedanken so ausdrücken, daß das physikalische Urteil den Gegenständen der Wirklichkeit zweierlei zuordnet: erstens eine funktionelle Form, z. B. den fallenden Körpern die Form $s = \frac{g}{2}\, t^2$, und zweitens bestimmte

Zahlenwerte, z. B. $g = 981$. Daß eine funktionelle Form existiert, garantiert die Kausalität; kann sie aber auch garantieren, daß bestimmte Zahlenwerte für die Gruppe von Gegenständen existieren?

Es scheint, als ob sie auch dies vermag. Denn sie versucht, den bestimmten Zahlwert zu rechtfertigen, indem sie ihn wieder als kausal bestimmt darstellt, indem sie ihn selbst wieder zur Funktion anderer Größen macht. So stellt sie g als bestimmt durch den Wert des Erdradius dar; so löst sie auch die Gravitationskonstante k wieder in eine Funktion auf, indem sie in den allgemeineren Einsteinschen Gravitationsgleichungen diejenigen speziellen Umstände aufzeigt, die k gerade den Newtonschen Wert verleihen. In der Tat besteht darin das Erweiterungsverfahren der Erkenntnis, das die Kausalität benutzt. Aber wir müssen auf Grund der Überlegungen des vorigen Abschnittes erklären, daß das Kausalprinzip nicht hinreichend ist, um die bestimmte Größe spezieller Zahlwerte zu begründen. Wir zeigten dort, daß die Kausalität immer nur *einzelne* Bestimmungsfaktoren aufzeigen kann, daß aber in dem bestimmten Größenwert stets die Summe *unendlich vieler* Einflüsse enthalten ist, und gerade über diese Summe macht die Kausalität keine Angabe. Es wäre mit dem Kausalgesetz durchaus vereinbar, daß diese Summe beliebig große Werte annimmt, und daß bei jeder Messung für die Konstanten ganz verschiedene Werte entstehen, denn die vernachlässigten Restfaktoren könnten jederzeit von Einfluß werden und, selbst wieder nach streng kausalen Gesetzen, die Größe verändern. Wenn z. B. die Sonne plötzlich große Massen in Richtung auf die Erde ausschleuderte, würde der Wert von g geändert; auch vorher ist in $g = 981$ der Wert der Sonnenmasse enthalten, aber dort erscheint diese Masse unter der Summe der sehr kleinen „störenden" Einflüsse, die einen wesentlichen Einfluß auf g nicht haben. Wir konnten dann allerdings für die Änderung von g wieder eine kausale Erklärung anführen. Aber dies erklärt nicht, warum die plötzliche Vergrößerung der störenden Einflüsse im allgemeinen unterbleibt, warum wir also von diesen absehen können und den wirklichen Körpern an der Erdoberfläche die Zahl 981 zuordnen dürfen. Es hat aber, um dies noch einmal zu wiederholen, auch keinen Sinn, das Gesetz hypothetisch zu formulieren, indem man sagt: Wenn der Einfluß der störenden Faktoren klein bleibt, gilt das Fallgesetz und die Zahl $g = 981$. Denn damit reduziert man das physikalische Urteil auf ein mathematisches; die wirkliche Erde ist nicht eine Kugel vom Radius r und der Masse m, sondern das nur aufzeigbare „dies da", das wir mit unseren Sinnen wahrnehmen, und das in die Gesamtheit der Naturvorgänge eingeordnet ist.

Woher stammt also das Recht, mit dem wir bestimmten wirklichen Dingen bestimmte Zahlwerte zuordnen? Aus dem Kausalprinzip stammt es nicht. Es muß noch ein zweites Prinzip hinzukommen, das eine Hypothese über das Auftreten bestimmter Zahlwerte und damit über die Einwirkung der Restfaktoren enthält. Dieses Prinzip ist die Hypothese der Wahrscheinlichkeitsfunktion.

Wir haben im vorigen Abschnitt gesehen, daß diese Hypothese in der Tat eine Annahme über die Summe der Restfaktoren darstellt. Sie besagt nämlich, daß allerdings jeder Wert für diese Summe möglich ist — darin liegt die Widerspruchslosigkeit zum Kausalprinzip —, daß aber ein Gesetz für die Häufigkeit der Größenwerte existiert, daß einzelne Werte, die normalen Werte, sehr häufig vorkommen, und andere, die Extremwerte, verschwindend selten. In dem asymptotischen Verlauf der Kurve an ihren beiden Enden ist diese Aussage enthalten. Und die Hypothese besagt ferner, daß unendlich benachbarte Werte gleich häufig sind, daß man also jedem unendlich kleinen Intervall eine bestimmte relative Häufigkeit zuordnen kann; das war die Stetigkeitsforderung. Diese muß notwendig dazukommen, denn sonst wäre das Gesetz nicht konstatierbar, wir können die Häufigkeit einzelner Zahlenpunkte nicht zählen, weil wir Größen als Zahlenpunkte nicht aufweisen, sondern nur in Grenzen einschließen können.

Diese Hypothese ergibt eine geeignete Annahme über die Zahlenwerte der physikalischen Konstanten. Gäbe es eine restlos genaue Analyse der wirklichen Dinge, so müßte sich behaupten lassen (nach dem Kausalprinzip), daß der einmal bestimmte Größenwert sich zu jeder Zeit und an jedem Ort wiederfinden lassen müßte. Da die stetige Gleichheit des Größenwertes nicht behauptet werden kann, so ist die natürliche Verallgemeinerung, daß, wenn auch nicht *dieses*, so doch überhaupt ein *Gesetz* für seine Verteilung in Raum und Zeit existiert. Diese Annahme bedeutet das Prinzip der Wahrscheinlichkeitsfunktion; wir beachten dabei, daß es keine bestimmte Form für das Verteilungsgesetz vorschreibt, daß vielmehr Spezialformen, z. B. $f(x) = $ konst., aus der allgemeinen Voraussetzung und speziellen hinzukommenden Umständen erschlossen werden können. Das Prinzip folgt nicht aus dem Kausalprinzip, aber es widerspricht ihm auch nicht; es muß vielmehr zu dem Kausalprinzip hinzukommen, damit physikalische Erkenntnis als Zuordnung bestimmter Funktionalgesetze und Konstanten zu wirklichen Dingen *überhaupt möglich ist.*

Ein entsprechendes Gesetz gilt für die Häufigkeit von *Kombinationen* zweier Größenwerte; denn sind in einem Naturgesetz zwei oder mehr Konstanten enthalten, so muß, damit diese der betreffenden Gruppe wirklicher Dinge zugeordnet werden können, eine entsprechende Annahme über die Häufigkeit des Vorkommens dieser Kombination gemacht werden. So entsteht die Wahrscheinlichkeitsfunktion von mehreren Veränderlichen.

IV. Die Parallelität von Kausalgesetzen und Wahrscheinlichkeitsgesetzen und die Unmöglichkeit ihrer empirischen Nachprüfung

Wir haben damit die philosophische Stellung der Wahrscheinlichkeitsgesetze aufgezeigt; sie beruhen auf einem Erkenntnisprinzip, das dem der Kausalität durchaus parallel ist. Das *Prinzip der gesetzmäßigen Verknüpfung* alles Geschehens, welches die Kausalität darstellt, reicht zur Begründung der physikalischen Erkenntnis nicht aus. Es muß noch ein Prinzip hinzukommen, welches die Ereignisse gleichsam in der Querrichtung miteinander verbindet; dies ist das *Prinzip der gesetzmäßigen Verteilung.* Es läßt sich auch als Prinzip der Wahrscheinlichkeitsfunktion formulieren und ist identisch mit der Hypothese, die für die bekannten Wahrscheinlichkeitsmechanismen gemacht werden muß.

Von diesem Standpunkt aus löst sich auch eine Schwierigkeit, die uns zu Beginn unserer Untersuchungen unterlief. Wir warfen zu Anfang des Abschnitts II die Frage auf, mit welchem Recht wir eine physikalische Größe als *dieselbe* Größe in verschiedentlich wiederholten Vorgängen bezeichnen dürfen, wenn ihr Zahlwert doch jedesmal ein anderer ist. Wir begnügten uns dort mit der vorläufigen Antwort, daß die Abweichungen im Zahlwert innerhalb gewisser Grenzen liegen müssen; aber wir mußten weiterhin zugeben, daß auch sehr große Abweichungen gelegentlich möglich sind. Erst jetzt, nachdem wir die Stellung des Verteilungsprinzips zum physikalischen Erkenntnisbegriff dargestellt haben, sind wir in der Lage, eine genaue Antwort auf die Frage zu geben. Indem wir jetzt den geschilderten Zusammenhang umkehren, dürfen wir sagen, *daß ein mathematischer Parameter dann ein und dieselbe physikalische Größe darstellt, wenn sich seine beobachteten Zahlwerte einer stetigen Verteilungsfunktion einfügen.* Dies besagt, daß im allgemeinen die Abweichungen allerdings klein sind; es läßt aber auch gelegentliche große Abweichungen zu, wenn sie nur das Verteilungsschema nicht grundsätzlich stören. So löst sich das Identitätsproblem physikalischer Größen erst durch Einführung des Verteilungsgesetzes als Grundlage der wissenschaftlichen Einordnung.

Man kann die Frage aufwerfen, ob dieses Prinzip ein *Erfahrungsresultat* zu nennen ist, in dem Sinne, in welchem wir die gewöhnlichen physikalischen Sätze als Produkte der Erfahrung betrachten. So ist z. B. das Energieprinzip ein Erfahrungsresultat; Beobachtungen haben gelehrt, daß die physikalische Größe, die man Energie nennt, bei allen Vorgängen ihre Größe bewahrt. Das Gegenteil wäre auch denkbar: die Energie könnte z. B. auch dauernd wachsen; für eine andere physikalische Größe, die Entropie, gilt bekanntlich ein derartiges Gesetz. Ähnlich hat man auch das Kausalprinzip als Resultat der Erfahrung hinzustellen versucht. Man hat gesagt, alle unsere Beobachtungen lehren, daß jedes Geschehen seine Ursache und seine Wirkung hat, und weil dies in so vielen Fällen festgestellt ist, sei das allgemeine Gesetz der Kausalität aufgestellt worden. Jedenfalls sei Kausalität nicht *logisch notwendig*, es sei ebenso gut *denkbar*, daß dasselbe Geschehen verschiedene Wirkungen habe. Dies muß zweifellos zugegeben werden: *logisch notwendig* ist das Kausalprinzip nicht, und ebenso wenig ist das Verteilungsprinzip logisch notwendig, denn denkbar wäre es allerdings, daß das Naturgeschehen ganz regellos verliefe. Aber es ist ein Irrtum, zu glauben, daß mit den beiden Kategorien „logisch notwendig" und „empirisch" die philosophischen Möglichkeiten erschöpft wären. Es ist das große Verdienst der *Kantschen Philosophie*, eine andere *Fragestellung* in das Erkenntnisproblem hineingetragen zu haben. *Kant* fragt: Welche Prinzipien sind dadurch ausgezeichnet, daß sie einen notwendigen Bestandteil der Naturerkenntnis ausmachen? Er nennt sie Bedingungen der Erkenntnis, weil sie Naturerkenntnis erst möglich machen, und die Frage nach der Stellung des Kausalgesetzes beantwortet er so: Allerdings ist es *denkbar*, daß das Naturgeschehen ohne funktionelle Abhängigkeiten verliefe; aber wenn es eine *Erkenntnis der Natur* gibt, dann gilt das Kausalprinzip, denn ohne dieses ist Erkenntnis ihrem Sinne nach nicht möglich. Solche Prinzipien, die nicht logisch notwendig (analytisch) sind und dennoch für die Erfahrungserkenntnis notwendig gelten, nennt er synthetische Urteile apriori. Ihre Gültigkeit läßt sich nicht durch einzelne Beobachtungen, durch Empirie, bestätigen, sondern steht und fällt mit der Möglichkeit einer Erkenntnis überhaupt und muß wie diese ein transzendentales Faktum genannt werden. Wir könnten durchaus zu einer physikalischen Erkenntnis kommen, wenn das Energiegesetz nicht gilt; die Gleichungen würden dann eben anders lauten; aber ohne Geltung des Kausalgesetzes wäre Erkenntnis unmöglich, weil wir überhaupt keine quantitativen Funktionalbeziehungen aufstellen könnten. Dieser Unterschied ergibt eine neue Klassifikation der Naturgesetze; er zeichnet unter ihnen einige als apriori gültig aus. In gleichem Sinne müssen wir jetzt, die Kantschen Gedanken fortführend, *das Verteilungsgesetz ein apriorisches Prinzip der Erkenntnis* nennen. Denn es ist ebenfalls eine notwendige Voraussetzung der Erkenntnis, und wir dürfen sagen: Wenn es eine physikalische Erkenntnis gibt, dann gilt das Prinzip der Verteilung.

Die Auflösung, welche der Wahrscheinlichkeitsbegriff durch die Formulierung als Prinzip der Verteilung oder Prinzip der Wahrscheinlichkeitsfunktion erfährt, stellt die beobachteten Regelmäßigkeiten in neuem Lichte dar. Wir verstehen jetzt, warum man physikalische Gesetze als nur *wahrscheinlich* gültig bezeichnet: weil man eine Aussage über ihre spezielle Form im Einzelfall nicht machen kann, weil nur für ihre wiederholte Realisierung sich eine Häufigkeitsaussage machen läßt, die aber den Zahlwert des Einzelfalls unbestimmt läßt. Die sogenannte philosophische Wahrscheinlichkeit der Geltung von Naturgesetzen wird durch das Prinzip der Wahrscheinlichkeitsfunktion mit der physikalischen Wahrscheinlichkeit zusammengeführt. Wir verstehen andererseits, warum die Regelmäßigkeiten der Verteilung, die man als Gesetze der physikalischen Wahrscheinlichkeit in den Zufallsspielen, in der Fehlertheorie usw. beobachtet hat, immer wieder auftreten müssen, und warum sie sich von den gewöhnlichen physikalischen Gesetzen bei allen Untersuchungen immer wieder unterscheiden mußten. Zwar hat man mancherlei Theorien über diese Regelmäßigkeiten aufgestellt, aber ohne sie recht begründen zu können; man merkte nicht, daß man auf ein Erkenntnisprinzip gestoßen war, das nur erkenntniskritisch beurteilt werden kann, das einzelne Erfahrungen nicht bestätigen oder widerlegen können, weil es viel tiefer, im Wesen der Erkenntnis, seinen Sinn hat. Von hier aus müssen alle Versuche, die Gesetze der Wahrscheinlichkeitsrechnung experimentell zu untersuchen, lächerlich erscheinen. Derartige Versuche sind allerdings gemacht worden; so hat ein Forscher einmal mit Würfeln 120 000 Würfe ausgeführt, um zu erfahren, ob wirklich Gleichverteilung entstünde. Das überraschende Resultat war, daß eine Würfelseite häufiger vorgekommen war als die anderen — der experimentelle Kritiker aber hat daraus geschlossen, daß der Würfel einen exzentrischen Schwerpunkt hatte, und nicht, daß die Wahrscheinlichkeitsgesetze falsch wären. Es ist bezeichnend, daß dieser Forscher gar nicht fähig war, sich dem aprioren Zwange des Prinzips zu widersetzen. Es geht hier wie mit dem Kausalprinzip: stoßen wir auf einen widersprechenden Tatbestand, so ändern wir nicht das Prinzip, sondern die spezielle Form, die wir ihm zur Erklärung des Tatbestandes gegeben hatten. Für beide, Kausalprinzip und Verteilungsprinzip, ist dies immer möglich. In diesem Zusammenhange müssen auch die Versuche *Marbes*[6], die statistischen Regelmäßigkeiten durch Beobachtungen zu widerlegen und durch rhythmische Gesetze zu ersetzen, aussichtslos erscheinen. *Marbe* könnte, falls er solche Rhythmen nachweist, immer nur schließen, daß in den speziellen Verhältnissen des betrachteten Gegenstandes besondere Bedingungen für das Auftreten der Rhythmen vorhanden sind. Es gibt derartige Gegenstände, z. B. in der Psychologie, wo die

---

[6] *K. Marbe*, Die Gleichförmigkeit in der Welt, München 1916.

Aufmerksamkeit eine Funktion des Erfolges ist[7]; hier ist die Bedingung der Unabhängigkeit der Einzelvorgänge, die wir als spezielle Bedingung der *Gleich*wahrscheinlichkeit aufstellten, nicht erfüllt, und daher ändert sich die spezielle Art der Gesetzmäßigkeit. Aber die Marbeschen Untersuchungen sind nicht einmal wahrscheinlichkeitsmathematisch zulänglich; das hat *R. v. Mises*[8] in äußerst gründlicher Weise nachgewiesen, so daß die philosophische Kritik diese Untersuchungen übergehen darf, weil sie nicht einmal methodisch hinreichend ausgeführt sind.

Die philosophische Betrachtung hat uns dazu geführt, die Wahrscheinlichkeitsgesetze als objektive Gesetze des Naturgeschehens anzusehen, die der Stellung von Kausalgesetzen durchaus analog ist. Wir dürfen deshalb in ihnen nicht mehr Verlegenheitsgesetze sehen, Auswege, die sich der Physiker sucht, wenn ihm eine genauere Kenntnis der Zusammenhänge fehlt. *Laplace* hat den Gedanken geäußert, daß ein Menschenwesen von vollkommener Intelligenz keine Wahrscheinlichkeitsgesetze mehr benutzen würde, sondern das gesamte Geschehen durch Kausalgesetze beherrschte. Wir müssen bemerken, daß ein solches überintelligentes Wesen sehr unpraktisch vorginge, wenn es jeden einzelnen Wurf eines Würfelspiels genau berechnete und auf die Gesetzmäßigkeit, die in der Gleichverteilung der Seiten liegt, verzichtete. Denn an diesem Tatbestand könnte auch das klügste Verstandeswesen nichts ändern, auch seine genau berechneten Würfe würden sich dem Verteilungsschema einordnen. Es heißt auf einen Teil der Naturbeschreibung verzichten, wenn man sich auf Kausalgesetze beschränkt. *Planck* hat in seinem bekannten Vortrage über dynamische und statistische Gesetzmäßigkeit diese Doppelheit der Methode ausführlich gezeigt[9]; wir können sie jetzt philosophisch verstehen, weil wir die parallele Bedeutung der beiden Prinzipien der Verknüpfung und der Verteilung für den Erkenntnisbegriff nachgewiesen haben. Unsere Kritik ordnet die Wahrscheinlichkeitsgesetze als gleichberechtigten Zweig in die Physik ein.

Wir verdanken dieses Resultat der Verbindung zweier Forschungsmethoden; der axiomatischen Methode, welche uns zur präzisen Formulierung des Axioms der Anwendbarkeit von Wahrscheinlichkeitsgesetzen führte, und der kritischen Methode, welche die Stellung dieses Axioms zum Erkenntnisbegriff untersuchte. Allerdings konnten wir diese Methoden nur für die Physik durchführen, und über die Geltung der Wahrscheinlichkeitsgesetze in anderen Gebieten, z. B. der Psychologie, der Soziologie, lassen sich deshalb definitive Urteile noch nicht fällen. Aber wir dürfen mit aller Voraussicht annehmen, daß für die andern nicht empirisches Gesetz ist, was für die eine sich als philosophisches Prinzip enthüllt; und es scheint, als ob der Vorsprung der Physik hier wie in anderen Problemen allein in der höheren Stufe ihrer mathematischen Form begründet liegt.

---

[7] Vgl. meine Besprechung über *Sterzinger*, Zur Psychologie und Naturphilosophie der Geschicklichkeitsspiele, Die Naturwissenschaften 7, 644, 1919.

[8] *R. v. Mises, Marbes* Gleichförmigkeit in der Welt, Die Naturwissenschaften 7, 168, 1919.

[9] [M. Planck 1965, S. 81–94.]

Die logifchen Grundlagen
des Wahrfcheinlichkeitsbegriffs

Von

Hans Reichenbach (Berlin)

In einem der früheren Hefte diefer Zeitfchrift[1]) habe ich meine
Gedanken zur Auflöfung des Wahrfcheinlichkeitsproblems dargelegt.
Sie gipfelten in dem Entwurf einer Wahrfcheinlichkeitslogik, in welcher die Alternative „wahr — falfch" der klaffifchen Logik durch eine
ftetige Skala von Wahrheitswerten erfetzt wird; eine folche Erweiterung erwies fich als notwendig, um der eigentümlichen Schwierigkeiten im Konvergenzproblem Herr zu werden, die bei der Deutung der
Wahrfcheinlichkeit durch den limes einer Häufigkeit auftreten. Nachdem ich den damals nur programmatifch mitgeteilten Gedankengang
inzwifchen zu einem Syftem der Wahrfcheinlichkeitslogik ausgebaut
habe und auf Grund diefer Theorie zu einer Auflöfung des Wahrfcheinlichkeitsproblems gekommen bin, die mir endgültig zu fein
fcheint, möchte ich an diefer Stelle über meine Ergebniffe zufammen-
faffend berichten. Die neue Theorie fcheint mir vor allem auch dadurch von Wert zu fein, daß fie zugleich eine Auflöfung des Induktionsproblems ermöglicht, für welches die bisherige Philofophie feit
David H u m e s großartiger Formulierung des Problems keine befriedigende Auflöfung befaß.

Die neue Theorie erforderte allerdings zunächft eine Reihe von
mathematifchen Vorarbeiten, die ich z. T. inzwifchen an anderer
Stelle veröffentlicht habe[2]). Eine zufammenfaffende Darftellung,
welche die mathematifchen und philofophifchen Fragen des Problem-
kreifes zugleich umfaßt, wird demnächft in Buchform veröffentlicht
werden. Im Vorliegenden möchte ich zunächft über die Ergebniffe der

---

[1]) Kaufalität und Wahrfcheinlichkeit, Erk. I, 1930, S. 158.
[2]) Axiomatik der Wahrfcheinlichkeitsrechnung, Math. Zf. 34, 1932, S. 568. —
Wahrfcheinlichkeitslogik, Ber. d. Preuß. Akad. d. Wiff., phyf.-math. Kl., 1932.

mathematifchen Arbeiten kurz referieren und fodann die daran an-
fchließenden philofophifchen Überlegungen in Form einer Überficht
darftellen.

*   *   *

Im Vordergrund der mathematifchen Unterfuchungen zu diefem
Problemkreis ftand die Durchführung eines axiomatifchen Aufbaus
der Wahrfcheinlichkeitsrechnung, der in gleicher Weife den Anforderungen an mathematifche wie an logifche Strenge genügt. Eine folche
Unterfuchung wurde notwendig, weil man zunächft einmal alle Vorausfetzungen aufdecken mußte, welche die mathematifche Wahrfcheinlichkeitsrechnung enthält; denn erft nach Kenntnis diefer Vorausfetzungen läßt fich überfehen, welche Annahmen bei der Anwendung der Wahrfcheinlichkeitsrechnung auf die Wirklichkeit gemacht
werden, welches damit alfo die Vorausfetzungen find, deren Kritik
die philofophifche Unterfuchung zu geben hat. Es ftellt fich dabei be-
merkenswerterweife heraus, daß fich alle diefe Vorausfetzungen auf
eine einzige reduzieren. Wir wollen, um dies darzulegen, den Aufbau der Wahrfcheinlichkeitsaxiomatik kurz fkizzieren.

Der Aufbau der Wahrfcheinlichkeitsrechnung beginnt mit der Charakterifierung der logifchen Struktur der Wahrfcheinlichkeitsausfage.
Die Wahrfcheinlichkeit wird dabei als eine Beziehung behandelt, die
wir Wahrfcheinlichkeitsimplikaton nennen; diefe Beziehung befteht
zwifchen den Elementen zweier Klaffen, wobei noch die Elemente in
geordneter Form, alfo in Form einer Folge, vorliegen müffen. Wir
fchreiben die Wahrfcheinlichkeitsimplikation in der Form[3])

$$(i)\ (x_i\,\varepsilon\,O \underset{p}{\rightarrow} y_i\,\varepsilon\,P) \tag{1}$$

Als Beifpiel nehme man etwa: wenn das Ereignis x_i ein Würfel-
wurf (Klaffe O) ift, fo befteht eine Wahrfcheinlichkeit $p = \frac{1}{6}$ dafür,
daß das zugeordnete Auftreffereignis y_i zur Klaffe P der Sechfer-
würfe gehört; dies gilt für alle Glieder x_i und y_i. Oder: wenn x_i ein
Tuberkulofekranker ift (Klaffe O), fo befteht eine gewiffe Wahrfcheinlichkeit p dafür, daß der Sohn y_i von x_i an Tuberkulofe ftirbt
(Klaffe P); dies gilt wieder für alle x_i und y_i. Dabei muß alfo eine

---

[3]) Wir bezeichnen mit ε nach Ruffell die Zugehörigkeit des Elements x_i zur
Klaffe O. Die vorangefetzte Einklammerung *(i)* bedeutet das Allzeichen, und ift
zu lefen „für alle i gilt“. Ausführlicher wäre hier *(x_i) (y_i)* zu fchreiben, d. h. alfo
„für alle x_i und y_i gilt“. Das Zeichen $\underset{p}{\rightarrow}$ bedeutet die Wahrfcheinlichkeitsimplikation und ift zu lefen: „impliziert mit der Wahrfcheinlichkeit p“.

Zuordnung der x_i und y_i gegeben fein; d. h. es müffen zwei Folgen x_i und y_i vorliegen, deren Elemente paarweife einander zugeordnet find.

An Stelle der ausführlichen Schreibweife (1) benutzen wir durchweg die abgekürzte Schreibweife

$$(O \underset{p}{\rightarrow} P) \tag{2}$$

Diefer Ausdruck foll das gleiche bedeuten wie (1). Für viele Fälle ift es zweckmäßig, auch noch die andere Schreibweife

$$W(O, P) = p \tag{3}$$

zu benutzen, deren Bedeutung mit (2) identifch ift.

Neben dem Zeichen für die Wahrfcheinlichkeit treten nun noch die logiftifchen Zeichen in den Wahrfcheinlichkeitsformeln auf. Z. B. kann die Frage nach der Wahrfcheinlichkeit einer Disjunktion $P \lor Q$ *(P* oder *Q)* geftellt werden, oder auch nach der Wahrfcheinlichkeit einer Konjunktion *P.Q (P* und *Q)*. Die damit in die Wahrfcheinlichkeitsformeln eingehenden logiftifchen Zeichen werden nach den Regeln der Logiftik behandelt; z. B. kann für

$$W(O, P.[Q \lor R]) \tag{4}$$

gefetzt werden

$$W(O, P.Q \lor P.R) \tag{5}$$

Auf diefe Weife wird die Anwendung des logiftifchen Rechenverfahrens im Innern der W-Symbole möglich.

Der ganze Ausdruck $W(\ \ )$, alfo z. B. ein Ausdruck wie (5), hat nun feinerfeits den Charakter einer mathematifchen Variablen, denn er bezeichnet einen Wahrfcheinlichkeitsgrad. Infolgedeffen können die W-Symbole miteinander die Verknüpfung mathematifcher Größen eingehen, und es können Wahrfcheinlichkeitsgleichungen aufgeftellt werden, welche Beziehungen zwifchen den Wahrfcheinlichkeiten feftlegen. Z. B. gilt für einander ausfchließende Ereigniffe P und Q die Beziehung

$$W(O, P \lor Q) = W(O, P) + W(O, Q) \tag{6}$$

Auf diefe Weife entfteht ein Kalkül, welcher die logiftifchen Methoden mit den mathematifchen kombiniert; im Innern der W-Symbole gilt die Logiftik, während die W-Symbole als Ganzes den Regeln des mathematifchen Gleichungsrechnens unterliegen. Diefer kombinierte Kalkül erweift fich als fehr zweckmäßig, gerade auch für praktifche Anwendungen; er ermöglicht die ftrenge Erfaffung aller Theoreme der Wahrfcheinlichkeitsrechnung.

Die Axiome der Wahrfcheinlichkeitsrechnung erfcheinen nun als eine Reihe von Formeln, in welchen neben logiftifchen Zeichen nur noch das Zeichen $\underset{p}{\rightarrow}$ auftritt, oder in der andern Schreibweife das Zeichen W ( ). Diefe Formeln enthalten Vorfchriften für den Gebrauch des neuen Zeichens $\underset{p}{\rightarrow}$ bzw. W ( ); fie find alfo aufzufaffen als eine Reihe von impliziten Definitionen für den Begriff der Wahrfcheinlichkeit. Infolgedeffen laffen fich die für das Verfahren der impliziten Definitionen bekannten Überlegungen anwenden, nach welchem ein derartiges Axiomenfyftem fich in zweierlei Weife handhaben läßt. Erftens nämlich läßt fich das Syftem formal handhaben, d. h. es läßt fich mit den Formeln operieren, ohne daß dem neuen Zeichen für die Wahrfcheinlichkeit irgendeine inhaltliche Bedeutung zugewiefen wird. Zweitens aber kann man das neue Zeichen auch mit einer inhaltlichen Deutung verbinden, und hier wird nun jede Deutung zuläffig fein, die mit den in den Axiomen formulierten Eigenfchaften des Zeichens vereinbar ift. Es ift die analoge Situation wie gegenüber der axiomatifch formulierten Geometrie: man kann diefe Geometrie rein formal auffaffen, man kann den auftretenden Grundbegriffen „Punkt“, „Gerade“ ufw. aber auch eine Deutung durch „Staubkörnchen“, „Lichtftrahlen“ ufw. geben und damit eine angewandte Geometrie herftellen. Die Zuordnung einer Bedeutung zu einem Zeichen nennen wir auch Zuordnungsdefinition.

Diefe doppelte Handhabung des Axiomenfyftems erweift fich für die Wahrfcheinlichkeitsrechnung als wertvoll. Wir können nämlich alle bekannten Theoreme der Wahrfcheinlichkeitsrechnung ableiten, ohne daß wir dabei auf eine inhaltliche Deutung des Wahrfcheinlichkeitsbegriffs Bezug nehmen müßten. Andrerfeits können wir aber die fo gewonnene formale Wahrfcheinlichkeitsrechnung in eine inhaltliche verwandeln, indem wir z. B. die Wahrfcheinlichkeit durch eine Häufigkeit deuten; dann umfaßt unfere Theorie alle Sätze einer auf die Häufigkeitsdeutung bafierten Wahrfcheinlichkeitsrechnung.

Die Einführung der Häufigkeitsdeutung vollziehen wir nun dadurch, daß wir unter Wahrfcheinlichkeit den limes der Häufigkeit verftehen, wie dies zuerft von R. v. M i f e s [4]) durchgeführt worden ift. Doch unterfcheidet fich unfere Theorie von der von v. M i f e s gegebenen dadurch, daß wir weitere Eigenfchaften für den Begriff der Wahrfcheinlichkeit nicht verlangen. Wir verzichten damit auf

---

[4]) Grundlagen der Wahrfcheinlichkeitsrechnung. Math. Zf. 5, 1919, S. 52. — Vgl. auch das Literaturverzeichnis über Wahrfcheinlichkeit in Erk. 2, 1931, S. 189.

irgendwelche Vorſchriften für die Ordnung der Wahrſcheinlichkeitsfolgen, wie ſie v. M i ſ e s durch das Regelloſigkeitsprinzip aufſtellt;
jede Folge, in welcher die Häufigkeit der Ereigniſſe einem limes zuſtrebt, iſt bei uns eine Wahrſcheinlichkeitsfolge. Es zeigt ſich nun,
daß ſich für dieſe Deutung der Wahrſcheinlichkeit durch eine Häufigkeit ſämtliche Axiome der Wahrſcheinlichkeitsrechnung als tautologiſch erfüllt nachweiſen laſſen. Damit wird bewieſen, daß die Häufigkeitsdeutung ein geeignetes Modell unſeres Axiomenſyſtems abgibt.

Natürlich muß eine derartige Wahrſcheinlichkeitsrechnung auch
Vorſtellungen über die Ordnung der Wahrſcheinlichkeitsfolgen entwickeln; es ſtellt ſich heraus, daß dies in der Tat möglich iſt und daß
ſich eine Reihe verſchiedener Ordnungstypen für Wahrſcheinlichkeitsfolgen definieren läßt. Unter dieſen Ordnungstypen ſtellt der
Typus der extremen Regelloſigkeit nur einen Spezialfall vor, den wir
normale Folge nennen; daneben gibt es Typen von ſtärkerem Ordnungsgrad, die ſich in ſtufenweiſem Übergang bis zu der extrem geordneten Folge hinziehen, wie ſie z. B. in der alternierenden Folge
$P \bar{P} P \bar{P} P \bar{P} \ldots$ vorliegt. Die Kennzeichnung der dabei auftretenden
Ordnungstypen läßt ſich nun dadurch erreichen, daß gewiſſe für die
Folge charakteriſtiſche Wahrſcheinlichkeiten, die ſich auf Auswahlfolgen beziehen, einander gleich werden. Z. B. beſitzt die normale
Folge die Eigenſchaft, daß in der durch P als Vorgänger ausgewählten Teilfolge die Häufigkeit für P ebenſo groß iſt wie in der Hauptfolge; die ſoeben genannte alternierende Folge beſitzt dagegen dieſe
Eigenſchaft nicht. Ein derartiges Verfahren erweiſt ſich als das allgemeine Prinzip, mit deſſen Hilfe die Charakteriſierung von Spezialfällen in der Wahrſcheinlichkeitsrechnung durchführbar wird; jede
derartige Charakteriſierung erfolgt durch das Gleichwerden gewiſſer
Wahrſcheinlichkeiten.

Wir wollen hier nicht auf die weitverzweigte mathematiſche Anwendbarkeit dieſer Theorie eingehen, ſondern nur dasjenige Ergebnis
aus ihr entnehmen, das für die folgenden philoſophiſchen Überlegungen weſentlich iſt. Dieſes Ergebnis haben wir darin zu ſehen, daß wir
für die Anwendung der Wahrſcheinlichkeitsrechnung auf die Wirklichkeit nur eine einzige Vorausſetzung brauchen. Wenn wir nämlich
ein Verfahren beſitzen, nach dem wir für eine vorliegende Folge von
Ereigniſſen den limes der Häufigkeit, falls er vorhanden iſt, beſtimmen können, ſo iſt damit die Anwendung der Wahrſcheinlichkeitsrechnung ſichergeſtellt. Denn alles Hinzukommende iſt nur noch tau-

345

tologifche Umformung, da ja die fämtlichen Axiome der Wahrfcheinlichkeitsrechnung für Folgen von limes-Charakter tautologifch erfüllt
find. Auch die Entfcheidung, ob ein vorliegendes Wahrfcheinlichkeitsproblem die Eigenfchaften gewiffer Spezialfälle befitzt, wäre durch
das genannte Verfahren zu geben; denn wenn wir den limes der Häufigkeit einer Folge beftimmen können, fo können wir auch beftimmen,
ob für zwei verfchiedene Folgen die betreffenden limites *gleich* werden, ob alfo die Bedingungen des Spezialfalls erfüllt find.

Diefes Ergebnis ift für die philofophifche Beurteilung der Wahrfcheinlichkeitsrechnung von großer Tragweite. Es ift apriori nicht zu
überfehen, ob die Wahrfcheinlichkeitsrechnung nicht noch ganz andere
Vorausfetzungen enthält; man denke zum Vergleich etwa an die
Schwierigkeiten, die fich für die Logik ergaben, als man die Einführung des Reduzibilitätsaxioms für erforderlich hielt. Wir find von
derartigen Schwierigkeiten in der Wahrfcheinlichkeitsrechnung frei
und haben hier nur die eine Frage zu unterfuchen, wie man den Häufigkeitslimes einer Folge beftimmen kann. Freilich treten wir mit der
Unterfuchung diefer Frage fogleich in eine Reihe von eigenartigen
Problemen ein, die die eigentliche philofophifche Schwierigkeit des
Wahrfcheinlichkeitsproblems ausmachen.

*   *
*

Die Art diefer Schwierigkeiten ift in der neueren Wahrfcheinlichkeitsliteratur wiederholt behandelt worden. Sie liegen darin begründet, daß die in der Natur auftretenden Wahrfcheinlichkeitsfolgen niemals durch eine Vorfchrift, alfo nicht *intenfional* gegeben find, fondern nur durch fallweife Aufzählung ihrer Glieder, alfo *extenfional*
gegeben werden. Infolgedeffen ift uns ftets nur ein erfter endlicher
Abfchnitt der Folge bekannt, und wir können daher über den unendlichen Reft der Folge eine beftimmte Ausfage nicht machen. Insbefondere bleibt es unbeftimmt, welchem limes der Häufigkeit die
Folge zuftreben wird; denn ein gegebener endlicher Anfang läßt fich
durch Wahl der folgenden Glieder ftets noch in ganz andersartiger
Weife verlängern, fo daß der gegebene Anfang ftets noch mit jedem
beliebigen Wert des limes zu vereinbaren ift. Die damit gegebene
Unentfcheidbarkeit des limes ftellt nun zugleich die Sinnhaftigkeit der
limes-Ausfage für derartige Folgen in Zweifel. Denn wenn wir, fei
es aus welchen Quellen, für eine vorliegende Folge einen beftimmten
limes der Häufigkeit behaupten, fo fehlt die Möglichkeit, diefe Behauptung als wahr oder falfch zu entfcheiden; und damit wird es

zweifelhaft, ob der Ausſage überhaupt ein Sinn zukommt. Denn von einer ſinnvollen Ausſage verlangt man ſonſt, daß es eine prinzipielle Methode geben muß, die Ausſage als wahr oder falſch zu entſcheiden[5]).

Wir haben ſchon eingangs darauf hingewieſen, daß uns ein Ausweg aus dieſer Schwierigkeit nur dadurch möglich erſcheint, daß man für derartige Ausſagen die Alternative wahr-falſch der klaſſiſchen Logik fallen läßt und an Stelle deſſen eine ſtetige Skala von Wahrheitswerten einführt. Eine derartige Wahrſcheinlichkeitslogik entſpricht, wie ich ſchon in der eingangs genannten Arbeit ausgeführt habe, dem tatſächlichen Verhalten, welches der Menſch des täglichen Lebens ebenſo wie der Wiſſenſchaftler angeſichts dieſer Situation in bezug auf Wahrſcheinlichkeitsausſagen einnimmt. Man wird nämlich, falls ein vorliegender größerer Abſchnitt der Folge mit einer Häufigkeit nahe bei einem vermuteten Wert p realiſiert iſt, darin durchaus eine Beſtätigung der Vermutung ſehen, während man für den Fall eines von p ſtark abweichenden Wertes der Häufigkeit eine Widerlegung der Vermutung annehmen wird. Das Eigenartige dieſes Entſcheids aber beſteht darin, daß es hier auch Zwiſchenſtufen gibt, je nachdem, wie weit die beobachtete Häufigkeit von p entfernt iſt; und darum liegt hier überhaupt kein Alternativentſcheid mehr vor, ſondern es kann nur ein Entſcheid von größerer oder kleinerer Wahrſcheinlichkeit ausgeſprochen werden. Nun bleibt es zwar zunächſt rätſelhaft, woher wir das Recht zu einem ſolchen Wahrſcheinlichkeitsentſcheid nehmen; denn es iſt nicht einzuſehen, mit welchem Recht wir an eine gleichartige Verlängerung des beobachteten Folgenabſchnitts glauben. Aber wir wollen dieſes Problem, das ja kein andres iſt als das des induktiven Schluſſes, zunächſt zurückſtellen, und erſt die ſtrukturelle Form einer derartigen Wahrſcheinlichkeitslogik entwickeln. Damit eröffnet ſich ein beſonderer logiſtiſcher Problemkreis, der zunächſt im Anſchluß an die mathematiſch-logiſtiſche Form der Wahrſcheinlichkeitsrechnung aufzulöſen war; und wir wollen deshalb zunächſt wieder den Gedankengang dieſer Löſung kurz darſtellen.

*   *
*

Wenn man die Frage nach einer Verallgemeinerung der zweiwertigen Logik in eine mehrwertige unterſuchen will, ſo muß man ſich

---

[5]) Vgl. hierzu etwa: Rudolf Carnap, „Die Überwindung der Metaphyſik durch logiſche Analyſe der Sprache". Erkenntnis 2, 1931, S. 219.

zunächft darüber klar werden, worauf die Zweiwertigkeit unferer Logik beruht. Betrachtet man unter diefem Gefichtspunkt die Ausfagen des täglichen Lebens oder der Wiffenfchaft genauer, fo bemerkt man, daß die Zweiteilung keineswegs notwendig genannt werden kann. Nehmen wir als Beifpiel die Ausfage „das Wetter ift fommerlich", fo fieht man leicht, daß man diefe Ausfage fehr wohl „mehr oder weniger wahr" nennen könnte. Ift z. B. das Wetter warm, der Himmel ohne Wolken, fo wird man die Ausfage mit größerem Recht machen als wenn Bewölkung auftritt oder ein leichter Regenfchauer fällt, und bei zu großer Bewölkung oder zu ftarken Regenfällen wird man die Ausfage kaum noch als zutreffend anerkennen. Es wäre deshalb hier das natürlichfte, der Ausfage einen ftetig veränderlichen Wahrheitsgrad w zuzufchreiben, fo daß alfo die jeweils vorliegende Wetterlage die Ausfage „wahr im Grad w" macht. Doch ift diefe Behandlung der Ausfagen wenig üblich, und man hilft fich auf eine andre Weife, indem man durch die künftliche Feftfetzung einer Grenze alle möglichen Wetterlagen in fommerliche und nichtfommerliche einteilt. Man wird etwa — fo haben es die Meteorologen gemacht — für die Charakterifierung als „fommerlich" eine beftimmte Mindeftdauer der Sonnenbeftrahlung, einen beftimmten Mindeftwert der Tagestemperatur, eine beftimmte maximale Regenmenge verlangen, und hat auf diefe Weife durch einen künftlichen Zweifchnitt die ftetige Aufteilung in eine Zweiteilung verwandelt.

Diefes Verfahren beruht offenfichtlich auf einer willkürlichen Feftfetzung, und in der Tat muß man die Zweiwertigkeit unferer Logik als eine Konvention betrachten, die ebenfo gut durch eine andere Feftfetzung erfetzt werden könnte. Und zwar handelt es fich hier um gleichwertige Befchreibungen in dem Sinne, daß mit jeder derartigen Befchreibung eine Erfaffung der Natur möglich ift, und daß die eine Art der Befchreibung fich in die andere transformieren läßt. So läßt fich der Übergang von der ftetigen Wahrheitsfkala zur zweiwertigen immer durch eine willkürliche Zweiteilung erreichen. Man kann deshalb die in der Zweiwertigkeit unferer Logik vorliegende Konvention mit dem dezimalen Charakter unferes Zahlenfyftems vergleichen, in dem die 10 eine ähnliche konventionelle Rolle fpielt; die Überfetzbarkeit jeder mehrwertigen Befchreibung in eine zweiwertige entfpricht dann der Überfetzbarkeit jedes andern Zahlenfyftems, z. B. des Duodezimalfyftems, in das dezimale Syftem.

Erfcheint unter diefem Gefichtspunkt die Zweiwertigkeit unferer Logik als eine verhältnismäßig leicht eliminierbare Eigenfchaft, fo wird doch durch die gegebene Überlegung andererſeits klar, daß mit der Einführung einer Mehrwertigkeit auf dieſem Wege nichts gewonnen wird, eben weil es ſich hier um gleichwertige Beſchreibungen handelt. Und in der Tat iſt ja auch das Problem der Wahrſcheinlichkeitsausſage nicht identiſch mit einer Mehrwertigkeit, wie wir ſie ſoeben für das Beiſpiel des ſommerlichen Wetters geſchildert haben. Das erkennt man ſchon daraus, daß die Charakteriſierung des Wetters als „ſommerlich in einem gewiſſen Grade" keinen Grad von Unbeſtimmtheit bei ſich trägt, wie ſie für die Wahrſcheinlichkeitsausſage charakteriſtiſch iſt. Die mehrwertige Charakteriſierung von Einzelausſagen je nach dem verſchiedenen Grad ihres Zutreffens kann deshalb nicht diejenige Verallgemeinerung der Logik darſtellen, die wir für die Wahrſcheinlichkeitslogik brauchen.

Das eigenartige Problem der Wahrſcheinlichkeitslogik beſteht vielmehr darin, daß eine mehrwertige Logik zu ſchaffen iſt, welche gilt, obgleich für Einzelausſagen an der Zweiwertigkeit feſtgehalten wird. Denn wir nennen ja ein zukünftiges Ereignis wahrſcheinlich, obgleich wir wiſſen, daß eine Ausſage über dieſes Ereignis nach ſeinem Eintreffen als wahr oder falſch beurteilt werden wird. Für die Wahrſcheinlichkeitslogik entſteht deshalb das Problem, eine mehrwertige Logik im Rahmen einer zweiwertigen Logik zu konſtruieren. Dies gelingt, wenn man von derjenigen Deutung des Wahrſcheinlichkeitsbegriffs Gebrauch macht, die ſchon immer für die Auflöſung des Wahrſcheinlichkeitsbegriffs herangezogen worden iſt, von der Häufigkeitsdeutung. Denn die Häufigkeitsdeutung führt den Wahrſcheinlichkeitsgrad auf Zählung der Wahrheitswerte von Einzelausſagen zurück, und vermag dadurch den Begriff der Wahrſcheinlichkeit auf den Begriff der Wahrheit zu reduzieren. Aus dieſem Grunde kann aber die Wahrſcheinlichkeit nicht als Prädikat von Einzelausſagen aufgefaßt werden, ſondern ſie muß ſich auf allgemeinere logiſche Gebilde beziehen, welche aus Einzelausſagen in ähnlicher Weiſe aufgebaut ſind wie eine Folge aus einzelnen Elementen aufgebaut iſt.

Bei der Durchführung dieſes Gedankens ſtellt ſich nun jedoch eine Schwierigkeit ein. Die Wahrheit iſt eine *Eigenſchaft* von Ausſagen, d. h. ſie bezieht ſich auf *eine* Ausſage allein. Die Wahrſcheinlichkeit dagegen haben wir, wie wir oben ausführten, als eine *Beziehung* aufzufaſſen, ſo wie wir dies in (1) bzw. (2) formuliert haben; eine Ereignisfolge beſitzt danach eine Wahrſcheinlichkeit nur in bezug auf eine andre Folge. Er erſcheint deshalb ſchwierig, den Wahrſcheinlichkeitsbegriff als ein Analogon zum Wahrheitsbegriff aufzufaſſen.

Aus diefer Schwierigkeit befreit uns der folgende Gedanke. Wir können in der Folge der Ereigniffe x_i alle diejenigen x_i ftreichen, welche nicht zur Klaffe O gehören; die übrig bleibenden Elemente zählen wir neu durch, d. h. verfehen wir mit einem neuen fortlaufenden Index i, fo daß eine reduzierte Folge x_i entfteht, für welche alle x_i zu O gehören, die, wie wir fagen wollen, „dicht" ift. Entfprechend ftreichen wir alle diejenigen Glieder y_i, deren zugehöriges x_i geftrichen ift, und zählen die übrig bleibenden Glieder y_i ebenfalls neu durch. Dann befitzt die reduzierte Folge x für die zugeordnete Folge y_i keine Bedeutung mehr; wir können vielmehr ihre Funktion für die Folge y_i dem Index i zuweifen, da jetzt einfach der Index i die Zählfunktion übernimmt. D. h. die Häufigkeit von P in der Folge y_i wird jetzt in bezug auf alle Glieder y_i gezählt, da keine Auswahl aus diefer Folge mehr ftattfindet. Dann können wir die Wahrfcheinlichkeit als eine Eigenfchaft der Folge y_i allein auffaffen; wir zählen jetzt die Häufigkeit von P in der Folge y_i und nennen dies die Wahrfcheinlichkeit von P.

Die fo konftruierte Folge y_i können wir nun noch etwas anders auffaffen. Wir haben früher angegeben, daß wir für die Häufigkeitszählung darauf achten, ob $y_i \varepsilon P$ gilt oder nicht. Wegen der Äquivalenz von Klaffen und Satzfunktionen können wir nun auch die zugeordnete Satzfunktion $\varphi\, y_i$ betrachten, welche identifch ift mit $y_i \varepsilon P$; dann kommt die Häufigkeitszählung darauf hinaus, daß wir zählen, ob die Satzfunktion φ wahr ift oder nicht. Das Gebilde $(\varphi\, y_i)$, welches aus einer Folge von Einzelausfagen der Form $\varphi\, y_i$ befteht, wollen wir eine *Satzfolge* nennen.

Die Satzfolge läßt fich nun auffaffen als eine Erweiterung des Begriffs der Ausfage. Die Ausfage entfteht aus einer Satzfunktion, indem man der Satzfunktion φ einen Spezialwert y_0 des Arguments zuordnet. In ähnlicher Weife können wir die Satzfolge auffaffen als entftanden durch Zuordnen der Argumentfolge y zu der Satzfunktion φ. Und analog wie das durch Zuordnung von Einzelargument und Satzfunktion entftehende Gebilde einen Wahrheitswert befitzt, befitzt nun das durch Zuordnung von Argumentfolge und Satzfunktion entftehende Gebilde einen Wahrfcheinlichkeitswert. Die Wahrfcheinlichkeit ftellt alfo in dem gleichen Sinne eine Eigenfchaft von Satzfolgen dar, wie die Wahrheit eine Eigenfchaft von Ausfagen ift. Übrigens brauchen Satzfolgen nicht immer unendlich zu fein; unfere Überlegungen laffen fich ebenfo für endliche Satzfolgen durchführen, und damit ift zugleich der Übergang von der Satzfolge zur Einzelausfage gegeben: die Ausfage erfcheint als derjenige Spezialfall einer Satzfolge, in welchem die der Satzfunktion zugeordnete Argumentfolge nur aus *einem* Element befteht.

Damit find die Grundbegriffe der Wahrfcheinlichkeitslogik aufgebaut. Die Wahrfcheinlichkeitslogik ift eine Logik der Satzfolgen und erfcheint als eine Verallgemeinerung der Ausfagenlogik, welche man etwa dem Übergang von der euklidifchen Geometrie zur Riemannfchen Geometrie vergleichen kann. Wie es der Grundgedanke der Riemannfchen Geometrie ift, daß die Geometrie im Großen andre Eigenfchaften haben kann als die Geometrie im Kleinen, fo wird in der Wahrfcheinlichkeitslogik für den umfaffenderen Begriff „Satzfolge" ein allgemeinerer logifcher Rahmen konftruiert als für den Begriff „Ausfage", obgleich die Ausfage als Element der Satzfolge feftgehalten wird; die Logik der Satzfolgen ift fozufagen eine „Logik im Großen" und kann daher allgemeinere Eigenfchaften haben als die „Logik im Kleinen".

Für die weitere Durchführung der Wahrfcheinlichkeitslogik kommt es nun darauf an, die Analogie zur klaffifchen Logik dadurch herzuftellen, daß man Werttafeln konftruiert. Dies ift nun verhältnismäßig einfach möglich, wenn man die logiftifche Faffung der Wahrfcheinlichkeitsrechnung dabei zugrunde legt. Es gelingt in der Tat, für die logifchen Operationen „und", „oder", „Implikation" ufw. Werttafeln aufzuftellen, welche fo befchaffen find, daß fie einerfeits den Gefetzen der Wahrfcheinlichkeitsrechnung genügen, andrerfeits aber als Verallgemeinerungen der bekannten logiftifchen Werttafeln aufzufaffen find. Diefer letztere Nachweis wird dadurch erbracht, daß die Werttafeln in dem Spezialfall, wo fich die Satzfolge auf nur *ein* Element reduziert, in die logiftifchen Werttafeln übergehen. Wir müffen für die genaue Faffung diefer Werttafeln und die Form des Übergangs in die logiftifchen Werttafeln auf die oben genannte Veröffentlichung „Wahrfcheinlichkeitslogik" verweifen.

*   *
*

Es ift die Eigenart der fo konftruierten Wahrfcheinlichkeitslogik, daß fie von der Häufigkeitsdeutung in dem gleichen Sinne Gebrauch macht, wie dies auch fonft in der Wahrfcheinlichkeitsrechnung gefchieht. Der Charakter der Wahrfcheinlichkeit kommt ja in ihr nicht der Einzelausfage, fondern der Satzfolge zu. Die Zurückführung des Wahrfcheinlichkeitswertes auf eine Zählung von Wahrheitswerten, die damit vollzogen ift, können wir als die *extenfionale Reduktion* der Wahrſcheinlichkeitslogik bezeichnen; wir brauchen danach die Wahrſcheinlichkeit nicht als eine neben dem Wahrheitswert beſtehende und zum Sinn der Ausſage gehörige Eigenſchaft zu betrachten, ſondern können die Wahrſcheinlichkeit der Satzfolge als durch die Wahrheitswerte ihrer einzelnen Elemente vollſtändig beſtimmt anſehen.

Aber mit dieſer extenſionalen Reduktion überträgt ſich nun auch eine der Häufigkeitsdeutung anhaftende prinzipielle Schwierigkeit in die Wahrſcheinlichkeitslogik. Wenn die Wahrſcheinlichkeit nur eine Eigenſchaft von Satzfolgen iſt, welche Bedeutung beſitzt dann der Wahrſcheinlichkeitsgrad für Einzelausſagen? Es gibt im täglichen Leben wie in der Wiſſenſchaft zahlreiche Fälle, wo wir es anſcheinend mit der Wahrſcheinlichkeit einer Einzelausſage zu tun haben; wir fragen etwa nach der Wahrſcheinlichkeit, daß morgen gutes Wetter iſt, oder daß eine beſtimmte Handlung, die wir uns vornehmen, einen guten Ausgang nimmt, oder daß ein angeſtelltes wiſſenſchaftliches Experiment das erwartete Reſultat liefert. Was hilft uns für ſolche Fälle die Wahrſcheinlichkeitslogik, nachdem ſie von Wahrſcheinlichkeit erſt für eine Satzfolge, alſo eine Reihe gleichartiger Sätze zu ſprechen vermag? Man hat in dieſer Frageſtellung eine prinzipielle Schwierigkeit für jede Häufigkeitsdeutung gefunden, und doch ſcheint es uns, daß dieſe Meinung zu Unrecht aufrecht erhalten wird. Denn es gibt hier einen Ausweg, der trotz Feſthaltung der Häufigkeitsdeutung zu einer befriedigenden Löſung für das Problem der Einzelausſagen führt. Wir können dieſe Löſung dadurch verdeutlichen, daß wir an das Verhalten eines Spielers erinnern: der Spieler muß ſich vor jedem Spiel für einen beſtimmten Ausgang entſcheiden, obgleich er weiß, daß die berechnete Wahrſcheinlichkeit erſt für größere Anzahlen Bedeutung beſitzt; er fällt dieſen Entſcheid, indem er auf den wahrſcheinlicheren Ausgang *ſetzt*. Dieſes „Setzen" bedeutet nicht, daß er den betreffenden Ausgang für gewiß hält; es bedeutet überhaupt kein Urteil über den Einzelfall, um den es ſich gerade handelt, ſondern es bedeutet nur, daß das Eintreten für den wahrſcheinlicheren Fall eine günſtigere Handlung darſtellt als das Umgekehrte. Den hier auftretenden Begriff „günſtiger" können wir wieder durch eine Häufigkeitsausſage auflöſen: wenn der Spieler es ſich zum Prinzip macht, ſtets auf den wahrſcheinlicheren Fall zu ſetzen, ſo darf er im Ganzen mit einer größeren Trefferzahl rechnen als bei entgegengeſetztem Verhalten. Die Häufigkeitsdeutung vermag es danach ſehr wohl zu rechtfertigen, daß wir auf den wahrſcheinlicheren Fall *ſetzen; zwar* vermag sie uns nicht zu garantieren, daß wir damit in dem betreffenden Einzelfall Erfolg haben werden, aber sie liefert uns anstelle dessen ein Prinzip, welches bei stets wiederholter Anwendung zu einer größeren Trefferzahl führt, als wir ohne dieses Prinzip erhalten würden.

Das entscheidende logische Moment in dieser Überlegung ist der Begriff der *Setzung*. Einen Fall *setzen* heißt nicht, ihn als notwendig eintretend, die Aussage über ihn also als wahr zu bezeichnen, ebensowenig natürlich wie das Gegenteil; mit diesem Setzen machen wir überhaupt keine Aussage über den betreffenden Fall, sondern wir vollziehen eine Handlung, von der wir nur etwas allgemeineres wissen: daß sie sich einem Prinzip einfügt, dessen Befolgung zu der größten möglichen Trefferzahl führt. Sieht man unter diesem Gesichtspunkt die zahlreichen Handlungen des täglichen Lebens durch, in dem wir es mit „Wahrscheinlichkeit von Einzelfällen" zu tun haben, so bemerkt man, daß in der Tat der Begriff der Setzung hier eine vollständige Auflösung liefert: wir setzen auf den wahrscheinlichsten Charakter des Wetters für den morgigen Tag, auf den wahrscheinlichsten Ausgang einer zu begehenden Handlung, und obgleich wir damit nichts für den betreffenden Einzelfall wissen, wissen wir doch, daß wir auf diese Weise wenigstens das günstigste tun, was wir überhaupt tun können — wir verhalten uns so, daß wir auf die größte Zahl von Erfolgen rechnen können. Der Begriff der Setzung liefert also die Brücke zwischen der Wahrscheinlichkeit der Satzfolge und dem Zwang zu einem Entscheid im Einzelfall. Es ist dabei wichtig, sich klarzumachen, daß das Prinzip der größten Trefferzahl auch dann Anwendung findet, wenn es sich nicht gerade um Wiederholung von gleichartigen Einzelfällen handelt. Wenn wir einmal auf gutes Wetter, ein anderes Mal auf guten Ausgang eines Geldgeschäfts, ein drittes Mal auf den Sieg eines bestimmten Pferdes im Pferderennen setzen, so schließen sich derartige Fälle ebensogut zu einer Folge zusammen, in welcher die Häufigkeitsdeutung anwendbar wird; die Wahrscheinlichkeitsrechnung kennt eben auch Folgen, in denen von Glied zu Glied mit variabler Wahrscheinlichkeit gespielt wird[6]).

Wir wollen eine Setzung, die dem Prinzip der größten Trefferzahl entspricht, *optimale Setzung* nennen. Die zu dieser Setzung gehörige Wahrscheinlichkeit nennen wir ihre *Beurteilung*; die Beurteilung ist

---

[6]) Die genaue Durchführung dieses Gedankens erfordert den Begriff des „Folgengitters"; vgl. die oben genannte Axiomatik der Wahrscheinlichkeitsrechnung.
28*

alſo die Wahrſcheinlichkeit der zugehörigen Satzfolge, deren Element die betreffende Setzung iſt. Der Begriff der Beurteilung tritt alſo anſtelle des unhaltbaren Begriffs der Wahrſcheinlichkeit einer Einzelausſage; der Einzelausſage kann zwar nicht eine Wahrſcheinlichkeit, aber doch eine Beurteilung zugeordnet werden, durch welche die Wahrſcheinlichkeit der zugehörigen Satzfolge mittelbar für den Einzelfall eine Bedeutung erhält.

Die optimale Setzung bedeutet allerdings nur eine eingeſchränkt anwendbare Form einer Setzung; denn ſie ſetzt voraus, daß wir die zugehörige Beurteilung, alſo die Wahrſcheinlichkeit der zugehörigen Satzfolge, bereits kennen. Es gibt aber andre Fälle, in denen die Wahrſcheinlichkeiten unbekannt ſind; und wir müſſen jetzt noch unterſuchen, was in derartigen Fällen das günſtigſte Verhalten darſtellt.

*   *
*

Wir kommen mit dieſer Frageſtellung in das eigentliche Zentralproblem des Wahrſcheinlichkeitsbegriffs hinein. Wir haben oben ausgeführt, daß die Anwendung der Wahrſcheinlichkeitsrechnung auf die Wirklichkeit nur ein einziges ungeklärtes Verfahren enthält: wir müſſen, um die Wahrſcheinlichkeitsrechnung anzuwenden, den limes einer extenſional gegebenen unendlichen Folge beſtimmen, von der uns jedoch nur ein erſter endlicher Abſchnitt bekannt iſt. Alle andern Operationen der Wahrſcheinlichkeitsrechnung, ſo fanden wir, ſind dann tautologiſcher Natur; nur dieſes eine Verfahren bedarf noch der Kritik.

Es iſt nun offenſichtlich wieder der Begriff der *Setzung*, den wir zur Klärung dieſes Verfahrens heranziehen müſſen. Wenn wir in dem vorliegenden endlichen Abſchnitt der Folge eine gewiſſe Häufigkeit[*]) h^n beobachtet haben, ſo *ſetzen* wir darauf, daß die Folge bei weiterer Verlängerung einem limes bei h^n (richtiger: innerhalb $h^n \pm \delta$) zuſtrebt. Wir *ſetzen* dies; wir wollen nicht ſagen, daß dies wahr iſt, wir ſetzen es nur in demſelben Sinne, wie der Spieler auf das Pferd ſetzt, welches er für das ſchnellſte hält. Wir vollziehen damit diejenige Handlung, die uns die günſtigſte zu ſein ſcheint, ohne daß wir über den Erfolg dieſer einzelnen Handlung irgend etwas wüßten.

Aber hier liegt nun eine etwas andere Art von Setzung vor als in dem Fall der optimalen Setzung. Die optimale Setzung können wir

---

[*]) Daß wir hier bei h^n den Index n nach oben ſetzen, hat kalkültechniſche Gründe.

wählen, wenn wir ihre zugehörige Beurteilung, also die Wahrscheinlichkeit der zugehörigen Satzfolge kennen. Nun kann man zwar auch für den Fall einer limes-Setzung von einer zugehörigen Beurteilung sprechen; es handelt sich hier um die Wahrscheinlichkeit für das Vorliegen einer gewissen Wahrscheinlichkeit, also um eine Wahrscheinlichkeit zweiter Stufe, und es ist durchaus möglich, die Wahrscheinlichkeitstheorie auch auf derartige Wahrscheinlichkeiten höherer Stufe auszudehnen. Auch die Häufigkeitsdeutung ist hier anwendbar; man hat dann die einzelne Folge als Glied in einer Serie von Folgen aufzufassen, innerhalb deren die Häufigkeit einer Folge von bestimmtem Wert des limes gezählt wird. Aber diese Bestimmung ist eben erst durchführbar, wenn eine Reihe von Folgen vorliegt; im allgemeinen werden wir es dagegen nur mit einer einzelnen Folge zu tun haben, und wir können daher die Wahrscheinlichkeit zweiter Stufe nicht bestimmen. Obgleich also die Bestimmung einer zugehörigen Beurteilung möglich ist, befinden wir uns hier in der eigentümlichen Lage, daß wir eine Setzung machen müssen, ohne die zugehörige Beurteilung zu kennen. Wir wissen deshalb nicht, ob die Setzung auf den limes bei h^n optimal ist; wir machen sie aber trotzdem.

Dies ist das eigenartige Problem des induktiven Schlusses, denn das betrachtete Verfahren stellt ja nichts anderes als den induktiven Schluß dar. Zwar wird dieser Schluß gewöhnlich nur in der engeren Form betrachtet, daß ein Ereignis in einer großen Zahl von Fällen eingetreten ist und wir dann schließen, daß es immer eintreten wird; aber diesen Fall haben wir nur als den Spezialfall anzusehen, wo der limes den Wert 1 hat — das gleiche Problem liegt vor, wenn der limes irgend einen andern Wert h^n besitzt. Es ist schon ein wichtiger Schritt, zu erkennen, daß es sich im induktiven Schluß nicht um die Gewinnung einer wahren Ausfage handelt, sondern daß hier eine *Setzung* vorliegt: wir *setzen* auf die gleichartige Fortsetzung der Folgen. Aber die Schwierigkeit liegt darin, daß wir diese Setzung machen müssen, ohne daß wir die zugehörige Beurteilung kennen.

Und doch läßt sich auch für diese Art der Setzung eine Rechtfertigung finden. Dazu verhilft uns die folgende Überlegung. Angenommen, die Folge strebt überhaupt irgend einem limes zu, so muß es ein n geben, von welchem ab die geschilderte Setzung zu dem richtigen Ergebnis führt; dies folgt aus der Definition des limes, denn diese verlangt, daß es ein n geben muß, von welchem ab die Häufigkeit innerhalb eines vorgegebenen Intervalls δ bleibt. Würden wir uns dagegen zum Beispiel zum Prinzip machen, daß man bei einer beobachteten

Häufigkeit h^n ftets auf einen limes *außerhalb* $h^n \pm \delta$ zu fetzen hat, fo würde diefes Prinzip mit Sicherheit von einem n ab auf ein falfches Refultat führen. Nun ift zwar nicht gefagt, daß es nicht noch andre Prinzipien geben kann, die wie das erftgenannte zu dem richtigen limes führen. Aber wir können von diefen Prinzipien folgendes aus-fagen: wenn fie auch für kleinere n vielleicht eine Setzung außerhalb $h^n \pm \delta$ beftimmen, fo müffen fie doch von einem n ab ebenfalls die Set-zung innerhalb $h^n \pm \delta$ vorfchreiben. Alle anderen Prinzipien der Setzung müffen alfo afymptotifch in das erftgenannte Prinzip ein-münden. Hierin liegt die Vorzugsftellung des erftgenannten Prinzips: von ihm wiffen wir, daß es fchließlich einmal das richtige fein muß, während wir von allen andern Prinzipien nichts wiffen außer der Eigenfchaft, daß fie fchließlich einmal in das erftgenannte Prinzip ein-münden müffen.

Wir wollen eine Setzung diefer Art *approximative Setzung* nen-nen; fie ift ein approximatives Verfahren, indem fie das Ziel vorweg-nimmt und fo tut, als ob das Ziel fchon erreicht wäre. Diefes Setzen auf das Bleiben der Häufigkeit bei dem zuletzt beobachteten Wert findet, wie wir fahen, feine Rechtfertigung dadurch, daß es fchließlich einmal das Richtige treffen muß, *wenn überhaupt ein limes der Folge exiftiert*. Vorläufig wollen wir an diefer Vorausfetzung noch fefthal-ten, indem wir die Frage, wie wir uns auch von diefer Vorausfetzung noch befreien können, auf eine fpätere Überlegung verfchieben.

*   *
*

Das Verfahren der approximativen Setzung bedarf nun noch einer Ergänzung, die wir jetzt darftellen müffen. Diefe Überlegungen wer-den uns zugleich zeigen, welche Rolle in diefem Zufammenhang die Wahrfcheinlichkeitslogik fpielt.

Wir haben bereits ausgeführt, daß auch die approximative Setzung einer Beurteilung fähig ift, und daß diefe Beurteilung gefunden wer-den kann, wenn man die Setzung im Rahmen einer Mannigfaltigkeit gleichartiger Setzungen betrachtet. Eine derartige Einordnung der einzelnen Setzungen in eine umfaffendere Mannigfaltigkeit liegt nun in der Tat immer vor, wenn wir wiffenfchaftliche Ausfagen machen. Denn unfer Urteil im Falle einer einzelnen Beobachtungsreihe ftützt fich niemals auf diefe Beobachtungsreihe allein, fondern wird zu-gleich mitbeftimmt von einer Reihe früherer Erfahrungen auf anderen

Gebieten. Wenn wir z. B. mit einem Würfel werfen, ſo werden wir die Annahme, daß die Wahrſcheinlichkeit $\frac{1}{6}$ beträgt, nicht nur auf die vorliegende Beobachtungsreihe ſtützen, ſondern unſere Erfahrungen in früheren Würfen werden unſer Urteil ebenfalls beſtimmen. Wenn wir ſicherer gehen wollen, werden wir auch noch die Schwerpunktslage des Würfels durch phyſikaliſche Verſuche prüfen und damit auch noch Erfahrungen mechaniſcher Art in unſern Betrachtungskreis einbeziehen. Auf dieſe Weiſe entſteht eine Verkettung aller Erfahrungen; ſie bewirkt, daß wir Wahrſcheinlichkeiten höherer Ordnung konſtruieren können, welche eine Beurteilung der in der vorliegenden Verſuchsreihe erfolgenden Setzung ermöglichen. Man darf hier aber auch an Beiſpiele ganz anderer Art denken. Wenn etwa der Phyſiker eine Reihe von Spektrallinien ausmißt und findet, daß die gefundene Beobachtungsreihe ſich nach einer beſtimmten Regel extrapolieren läßt, ſo wird ſein Vertrauen auf dieſe Regel weſentlich geſtützt, wenn ſich dieſelbe Regel auch für andere Serien von Spektrallinien bewährt; es iſt dies ja das Verfahren, durch welches etwa eine Regel wie die Bohrſche Quantenregel ihre wiſſenſchaftliche Stütze erhält. Die Wahrſcheinlichkeit für die Geltung der Bohrſchen Quantenregel iſt dann eine Wahrſcheinlichkeit höherer Ordnung. Dieſes Verfahren kann dazu führen, daß die urſprünglichen Setzungen einer Korrektion unterworfen werden. Findet man etwa, daß für einen beſtimmten Würfel nach 100 Würfen die Häufigkeit noch recht weit von dem geforderten Wert $\frac{1}{6}$ für eine beſtimmte Seite entfernt iſt, und hat man mechaniſch geprüft, daß der Würfel keine abweichende Schwerpunktslage beſitzt, ſo wird man für dieſen Würfel doch an der Setzung $\frac{1}{6}$ für den limes der Häufigkeit feſthalten. Die urſprüngliche Setzung erfährt hier alſo eine Korrektur durch ihre zugehörige Beurteilung, welche in dieſem Falle beſagt, daß eine große Wahrſcheinlichkeit zweiter Ordnung dafür beſteht, daß die Häufigkeit der Folge dem limes $\frac{1}{6}$ zuſtrebt.

Dieſes Verfahren der Korrektion findet in der Wiſſenſchaft eine ausgedehnte Anwendung, ja man kann ſagen, daß das ganze wiſſenſchaftliche Erkenntnisverfahren nichts anderes bedeutet, als eine ſtetige Korrektion von Setzungen durch Einbettung in umfaſſendere Zuſammenhänge. Wenn der Wiſſenſchaftler etwa die Bahn eines neuen Planeten vorausberechnet, ſo iſt dieſe Vorausſage weſentlich geſtützt auf Erfahrungen an anderen Planeten; und die Geſetze, die er in der Planetenbewegung anwendet, ſind ihrerſeits wieder, durch die Verkettung mit andern mechaniſchen Vorgängen, an Erfahrungen

mit ganz andren Objekten angeſchloſſen. Das wiſſenſchaftliche Er-
kenntnisſyſtem läßt ſich alſo auffaſſen als ein Korrektionsverfahren,
bei dem jede einzelne Vorausſage angeſchloſſen wird an das Geſamt-
ſyſtem der Erfahrung; eben darin beſteht die Bedeutung des wiſſenſchaftlichen Verfahrens, daß wir in der Vorausſage einer neuen Er-
ſcheinung niemals auf die ſpeziellen, in das betreffende Gebiet fallenden Beobachtungen allein angewieſen ſind, ſondern daß wir den
außerordentlich großen Kreis von Erfahrungen auf ganz andern Gebieten für die Vorausſage des betreffenden Einzelphänomens mit ver-
werten können.

Andererſeits aber iſt dieſe Verkettung der Erfahrungen doch nicht
ſo ſtarr, daß mit ihr der Einzeltatſache alle Selbſtändigkeit genommen
wäre. Finden wir, daß eine beſtimmte Einzelfolge bei wiederholter
Verlängerung ihre Häufigkeit *erhält*, obgleich das Syſtem der Erfahrungen hier einen anderen limes der Häufigkeit wahrſcheinlicher
macht, ſo werden wir ſchließlich doch an den abweichenden Wert für
dieſen Einzelfall glauben. Das Syſtem liefert eben nur eine *Wahrſcheinlichkeit* für den Einzelfall, keine völlige *Beſtimmtheit*. Die
eigentümliche Spannung von Einzeltatſache und Syſtem, die für alle
wiſſenſchaftliche Forſchung charakteriſtiſch iſt und ihren Ausdruck
in dem bekannten Kampf von Experiment und Theorie findet, erfährt deshalb im Rahmen der Wahrſcheinlichkeitslogik ihre ſtrenge
Formulierung; ſie erſcheint hier als Wechſelbeziehung zwiſchen der
einzelnen Setzung und ihrer zugehörigen Beurteilung, und findet damit, wie ſich zeigen läßt, zugleich ihre mathematiſche Faſſung.

Aber wir müſſen nun die Beſtimmung der Wahrſcheinlichkeit zweiter Ordnung noch genauer betrachten. Sie beruht ihrerſeits natürlich
ebenfalls wieder auf einer Setzung, die wir ſekundäre Setzung nennen können, im Gegenſatz zu den primären Setzungen. Daß es ſich
auch hier nur um eine Setzung handelt, folgt daraus, daß wir es auch
hier nur mit einer endlichen Zahl von beobachteten Fällen zu tun
haben und darum auf das Verfahren der approximativen Setzung
angewieſen ſind. Danach ſtellt ſich das Korrektionsverfahren folgendermaßen dar: wir machen zunächſt eine Reihe von primären Setzungen; indem wir dieſe als gültig annehmen, gelangen wir zu ſekundären Setzungen. Die ſekundären Setzungen können wir nun
ihrerſeits wieder benutzen, um die primären Setzungen im Einzelfall zu korrigieren. Das iſt kein Widerſpruch, obgleich wir die primären Setzungen für die Beſtimmung der ſekundären Setzungen als

gültig vorausgeſetzt haben. Dies rührt daher, daß einzelne Änderungen in den primären Setzungen nur ſehr geringfügige Änderungen für die ſekundären Setzungen mit ſich bringen. Um ein Beiſpiel zu geben: wenn ein elektriſcher Strom durch einen Draht fließt, ſo findet dabei im allgemeinen Erwärmung des Drahtes ſtatt; die Setzung, daß in einem beſtimmten Einzelfall der Draht durch den Strom erwärmt werden wird, wird alſo geſtützt durch die ſekundäre Setzung, daß allgemein Stromdurchgang Erwärmung bewirkt. Befindet ſich nun aber der Draht in flüſſigem Helium, ſo erweiſt ſich (wegen der Supraleitfähigkeit) die primäre Setzung in dieſem Einzelfalle als falſch; aber darum wird die ſekundäre Setzung im allgemeinen noch nicht falſch, ja u. U. kann gerade unter Feſthaltung der ſekundären Setzung erkannt werden, daß in dem betreffenden Einzelfall die primäre Setzung falſch iſt. Man könnte ſich etwa denken, daß der den Supraleiter durchfließende Strom in einem andern Teilſtück ſeines Kreislaufs durch ein Hitzdrahtampèremeter gemeſſen wird, ſo daß die Ausſage „im Supraleiter fließt ein Strom, der dort keine Erwärmung bewirkt" geſtützt wird auf eine Beobachtung, welche Erwärmung als Kriterium des Stromdurchgangs vorausſetzt. Auf dieſer relativen Unabhängikeit der ſekundären Setzungen beruht die Tragweite des Korrektionsverfahrens und damit die Anpaſſungsfähigkeit des wiſſenſchaftlichen Erkenntnisverfahrens.

Das vorliegende logiſche Schema können wir nun in den Rahmen der Wahrſcheinlichkeitslogik einordnen. Wiſſenſchaftliche Erkenntnis beginnt mit primären Setzungen; aber wir bleiben bei dieſen nicht ſtehen, ſondern gehen zu ſekundären Setzungen über, welche eine Beurteilung der primären Setzungen liefern und ihnen damit einen Wahrſcheinlichkeitsgrad zuordnen. Die primären Setzungen nehmen damit den Charakter von Ausſagen an, die nicht als wahr oder als falſch, ſondern als mehr oder weniger wahrſcheinlich beurteilt werden. Auf Grund dieſer ermittelten Wahrſcheinlichkeiten werden die primären Setzungen korrigiert. Die primären Setzungen können damit zu optimalen Setzungen gemacht werden, d. h. zu Setzungen, die auf Grund einer bekannten Beurteilung optimal gemacht werden. Dabei bleiben jedoch die ſekundären Setzungen zunächſt ohne Beurteilung, d. h. wir wiſſen nicht, ob ſie optimal ſind; ſie ſind approximative Setzungen im Sinne unſerer Definition. Aber das gleiche Verfahren können wir wiederholen und zu tertiären Setzungen übergehen, welche eine Beurteilung der ſekundären Setzungen erlauben. Damit iſt der approximative Charakter auf die tertiären Setzungen abgeſchoben

u. f. f. Wir erhalten alfo ein verkettetes Syftem von Setzungen, in welchem zu den Setzungen niederer Stufe Beurteilungen bekannt find; nur die Setzungen letzter Stufe machen wir ohne Kenntnis einer zugehörigen Burteilung.

Die wiffenfchaftliche Erkenntnis ftellt alfo ein Syftem verketteter Setzungen dar, welches zwar in fich unter dem Gefichtspunkt der optimalen Setzung geordnet ift, aber doch als Ganzes gleichfam in der Luft fchwebt; denn für die Setzungen der letzten erreichten Stufe ift uns eine Beurteilung nicht bekannt. Trotz diefer fcheinbaren Unbeftimmtheit können wir den Vorzug eines derartigen Verkettungsfyftems aufzeigen. Wir hatten oben in der Begründung der approximativen Setzung den Gedanken benutzt, daß falls überhaupt ein limes der Häufigkeit exiftiert, die approximative Setzung fchließlich einmal das Richtige treffen muß. Die Schwierigkeit liegt hier nun darin, daß wir nicht wiffen, bei welcher Stelle n der Folge die Konvergenz erreicht ift, daß wir alfo u. U. noch fehr lange falfch fetzen, folange wir nämlich noch weit von der Konvergenzftelle entfernt find. Es ift nun der Sinn des Korrektionsverfahrens, daß es eine rafchere Konvergenz bewirkt. Es läßt fich nämlich zeigen, daß das Syftem als Ganzes beffer konvergiert als die einzelne primäre Setzung. Dies hängt damit zufammen, daß die Setzungen höherer Stufe von den Setzungen niederer Stufe relativ unabhängig find. Infolgedeffen dürfen wir für eine primäre Setzung, die durch das Gefamtfyftem korrigiert wurde, mit rafcherer Konvergenz rechnen als für eine nicht korrigierte Setzung.

Ein Beifpiel mag dies wieder verdeutlichen: Wenn ein Beobachter feftftellt, daß niederer Barometerftand häufig mit Regenfall verknüpft ift, fo wird er bei beobachtetem tiefen Barometerftand auf Regen fetzen. Diefe primäre Setzung ift nicht fehr gut, der Beobachter wird verhältnismäßig oft enttäufcht werden. Das Syftem der wiffenfchaftlichen Erfahrungen lehrt nun, daß man zu befferen Vorausfagen kommt, wenn man neben dem Barometerftand auch noch den Feuchtigkeitsgehalt der Luft berückfichtigt, d. h. daß unter denjenigen Fällen, wo bei tiefem Barometerftand auf Regen gefetzt wurde, Beftätigung vorwiegend eintrat innerhalb der engeren Klaffe, wo außerdem auch noch das Hygrometer einen hohen Stand hatte. Auf diefe Weife wird die primäre Setzung durch ein Syftem umfaffenderer Erfahrungen korrigiert. Wenn der Wiffenfchaftler auf den Vertreter einer primitiven Empirie herabfieht, deffen ganzes Wiffen fich in „empirifchen Regeln" erfchöpft, fo hat dies feine Berechtigung darin, daß dem Wiffenfchaftler das Gefamtfyftem der Erfahrung zur Korrektion der primären empirifchen Regeln zur Verfügung fteht; doch wäre es ein Irrtum zu glauben, daß der Wiffenfchaftler *im Prinzip* anders verfährt als der reine Empirift. Auch der wiffenfchaftlich gewonnene Satz beruht auf Setzungen; aber der Vorzug diefer Setzungen beruht darin, daß fie Setzungen höherer Stufe find und darum zu rafcherer Konvergenz führen.

Wir haben danach das Syftem wiffenfchaftlicher Ausfagen aufzufaffen nicht als ein Syftem von wahren Ausfagen im Sinne der zweiwertigen Logik, fondern als ein Syftem von Setzungen im Rahmen der Wahrfcheinlichkeitslogik. Als einzige Vorausfetzung nicht-logifchen Charakters enthält diefes Syftem den induktiven Schluß; und wir fanden, daß diefer Schluß fich auflöft durch den Begriff der approximativen Setzung. Er bedeutet ein Annäherungsverfahren, zu dem wir berechtigt find, falls die auftretenden Folgen limes-Charakter befitzen; und zwar das einzige Annäherungsverfahren, von dem wir unter diefer Vorausfetzung etwas pofitives wiffen: wir wiffen, daß diefes Verfahren unter der genannten Vorausfetzung fchließlich einmal zum Ziele führen muß. Zu diefem Wiffen tritt jetzt mit dem Verfahren der Verkettung ein weiteres hinzu: wir wiffen, daß das verkettete Syftem beffer konvergiert als die Einzelfetzung.

Dies ift bereits eine weitgehende Rechtfertigung des induktiven Schluffes, aber wir müffen uns nun noch von der letzten Vorausfetzung frei machen, die wir bisher noch benutzt haben.

*   *
*

Diefe Vorausfetzung befteht darin, daß wir die Exiftenz eines limes der Häufigkeit für die betrachteten Folgen als fichergeftellt annehmen. Denn nur unter diefer Vorausfetzung führt das Verfahren der approximativen Setzung fchließlich einmal zu dem richtigen Wert. Exiftiert aber kein limes, fo wird die Setzung auf Bleiben niemals Erfolg haben, und auch das Korrektionsverfahren ift dann unnütz, weil es ebenfalls niemals zum Ziele führen kann.

Es wäre nun freilich eine fehr kühne Behauptung, wenn wir aus irgend welchen Gründen deduzieren wollten, daß alle in der Natur auftretenden Folgen einen limes der Häufigkeit mit fich führen müffen. Die Philofophie des apriori würde gewiß gern zu folchen Scheinbeweiſen bereit ſein. Aber wir müſſen uns darüber klar ſein, daß eine derartige Behauptung, alſo eine inhaltliche Behauptung über mögliche Erfahrung, unbeweisbar iſt, und daß wir darum keinen Grund haben, an ſie zu glauben. Trotz dieſer Schwierigkeit aber läßt ſich zeigen, daß wir an unſern Überlegungen dennoch feſthalten können.

Was wäre der Fall, wenn die in der Natur auftretenden Folgen keinen limes der Häufigkeit beſitzen? Dann wäre alles ſyſtematiſche Vorausſagen unmöglich. Eine Vorausſage könnte ſich im Sinne eines Zufallstreffers wohl einmal beſtätigen, aber es entfiele die Möglichkeit einer dauernden Beſtätigung der Vorausſage, und es entfiele weiter die Möglichkeit eines in bezug auf Konvergenz verbeſſerten Syſtems. Der Verſuch der Wiſſenſchaft, zu einem Syſtem ſich bewährender Vorausſagen zu kommen, wäre umſonſt.

Was folgt hieraus? Es folgt, daß die approximative Setzung, alſo der induktive Schluß, *keine* Berechtigung hat, wenn wir wiſſen, daß die in der Natur auftretenden Folgen keinen limes der Häufigkeit beſitzen. Aber dies iſt ja nun keineswegs unſere Situation. Zwar wäre es falſch, zu ſagen: „*wir wiſſen*, daß ein limes der Häufigkeit *beſteht*", aber ebenſo falſch wäre es, zu ſagen: „*wir wiſſen*, daß ein limes der Häufigkeit *nicht beſteht*." Es iſt vielmehr ſo, daß wir hier vor einer Unbeſtimmtheit ſtehen: *wir wiſſen nicht*, ob ein limes der Häufigkeit beſteht.

Aus dieſer Situation aber gewinnt die approximative Setzung einen entſcheidenden Vorzug vor andern Setzungen. Wir wiſſen: falls überhaupt ein limes der Häufigkeit für die in der Natur auftretenden Folgen beſteht, ſo werden wir durch das Verfahren der approximativen Setzung ſchließlich einmal zu zutreffenden Vorausſagen gelangen; beſteht aber kein limes, ſo werden wir niemals dahin gelangen. Wenn alſo überhaupt etwas zu erreichen iſt, ſo werden wir das Ziel durch das Verfahren der approximativen Setzung erreichen; im andern Fall werden wir nichts erreichen.

Damit erfährt das Verfahren der approximativen Setzung, alſo der induktive Schluß ſeine Rechtfertigung. Der induktive Schluß bedeutet das einzige Verfahren, von dem wir wiſſen, daß es zum Ziele führt, wenn überhaupt das Ziel erreichbar iſt; alſo müſſen wir ihn benutzen, wenn wir das Ziel wollen. Das Problem des induktiven Schluſſes findet danach ſeine Aufklärung durch die Erkenntnis, daß es für die Anwendung dieſes Schluſſes nicht nötig iſt, eine *poſitive* Vorausſetzung zu kennen, ſondern daß die Anwendung ſchon gerechtfertigt iſt, wenn das Vorliegen einer *negativen* Vorausſetzung *nicht* bekannt iſt.

Wir ſind im Leben oft vor ähnlichen Situationen. Wir wollen ein beſtimmtes Ziel und wiſſen einen notwendigen Schritt, den wir tun müſſen, wenn wir das Ziel erreichen wollen; aber wir wiſſen nicht, ob er hinreichend iſt. Wer das Ziel will, wird dieſen Schritt dennoch tun müſſen, ob es auch unbeſtimmt bleibt, ob er damit das Ziel erreicht. Der Kaufmann, der ſein Lager gefüllt hält, damit er etwas verkaufen kann, wenn ein Kunde kommt, der Stellungſuchende, der ein Bewerbungsſchreiben auf eine Zeitungsannonce abſendet, obgleich er nicht weiß, ob er Antwort erhalten wird, der Schiffbrüchige, der ſich auf eine Klippe rettet, obgleich er nicht weiß, ob ein rettendes Schiff ihn ſehen wird — ſie alle befinden ſich in der analogen Situation, ſie erfüllen die *notwendigen* Bedingungen für die Erreichung eines Ziels, ohne zu wiſſen, ob die *hinreichenden* Bedingungen erfüllt ſind. Daß wir dieſe Analogie hier anwenden können, wird durch die Erkenntnis ermöglicht, daß wir es im induktiven Schluß nicht mit der Gewinnung einer wahren Ausſage, ſondern einer Setzung zu tun haben; daß wir hier eine Entſcheidung fällen nicht unter dem Geſichtspunkt der Wahrheit, ſondern unter dem Geſichtspunkte des günſtigſten Schrittes, den wir tun können. Der günſtigſte Schritt zu dem Ziel einer Vorausſage aber iſt derjenige Schritt, von dem wir wiſſen, daß er bei ſtändiger Wiederholung ſchließlich einmal zum Ziel der Vorausſage führen muß, wenn dieſes Ziel überhaupt erreichbar iſt — eben dieſen Schritt vollzieht der induktive Schluß.

Mit dieſer Erkenntnis wird zugleich ein Einwand überwunden, den man darin geſehen hat, daß das n der Konvergenzſtelle ſtets unbekannt bleibt. Man hat argumentiert, daß dann der limes-Charakter der Folgen für uns wertlos wäre, weil die Konvergenz erſt nach einer ſo großen Zahl von Gliedern beginnen könnte, daß ſie bei der beſchränkten Lebensdauer des Menſchen unerreichbar bleibt. Es iſt wahr, daß uns im Falle derart ſchlecht konvergierender Folgen Vorausſagen unmöglich wären; dieſer Fall hätte eben praktiſch für uns die gleiche Bedeutung wie der Fall, in dem die Folgen überhaupt nicht konvergieren. Aber nachdem wir zeigen konnten, daß wir auch dieſen noch allgemeineren Fall in unſere Überlegung einbeziehen können und trotzdem zu einer Rechtfertigung der approximativen Setzung gelangen, iſt damit auch der Fall der ſchlecht konvergierenden Folgen erledigt. Auch hier gilt eben nicht, daß wir die ſchlechte Konvergenz

wiſſen, ſondern nur, daß wir *nicht wiſſen*, ob gute Konvergenz ſtatt-
findet.

Wenn wir jetzt die Überlegungen zur Begründung des induktiven
Schluſſes kritiſch betrachten dürfen, ſo möchten wir die Bedeutung
unſerer Begründung im folgenden ſehen. Es iſt ſchon ſeit langem anerkannt, daß eine logiſche Rechtfertigung im Sinne einer Garantie
für ſicheren Erfolg für den induktiven Schluß nicht gegeben werden
kann; aber es wäre falſch, daraus zu ſchließen, daß der induktive
Schluß eine vollſtändig willkürliche Handlung darſtelle, daß es ge-
wiſſermaßen Privatſache jedes einzelnen ſei, ob er im Sinne des induktiven Schluſſes handeln will oder nicht. Wenn es ſo wäre, wenn
wir keinen Anlaß hätten, die durch den induktiven Schluß beſtimmte
Setzung vor anderen Setzungen zu bevorzugen, ſo ſtünden wir völlig
ratlos vor allen Situationen des täglichen Lebens. Aber unſer ganzes
Verhalten, unſere ſtändige Befolgung des induktiven Schluſſes be-
weiſt, daß wir ſelbſt keineswegs an eine Gleichwertigkeit aller möglichen Setzungen glauben, ſondern daß wir die eine Art der Setzung,
eben die nach dem Prinzip des induktiven Schluſſes, bevorzugen. Es iſt
nun die Bedeutung unſerer Theorie, daß uns eine Auszeichnung dieſer Setzung gelingt. Das Verfahren der Korrektion, welches wir be-
ſchrieben haben, läßt ſich danach auffaſſen als die Aufſtellung einer
Rangordnung für alle Setzungen, und wenn wir auch keineswegs für
das geſchilderte Verfahren Sicherheit des Erfolges behaupten dürfen,
ſo dürfen wir doch behaupten, daß wir, falls überhaupt Erfolg möglich iſt, mit dem wiſſenſchaftlichen Verfahren die möglichen Setzungen in die beſte Rangordnung gebracht haben, die uns zu erreichen
möglich iſt. Eben deshalb dürfen wir unſere Theorie des induktiven
Schluſſes als eine Auflöſung des Problems anſehen, weil wir trotz
aller Unbeſtimmtheit des zukünftigen Geſchehens eine Vorzugsſtel-
lung derjenigen Handlungen begründen können, die nach dem induktiven Schluß durchgeführt ſind.

Wir ſind damit am Ende unſerer Betrachtungen angelangt. Wir
konnten zeigen, daß die nichtlogiſchen Vorausſetzungen für die Anwendung der Wahrſcheinlichkeitsrechnung auf die Wirklichkeit, und
damit für alle empiriſche Naturerkenntnis überhaupt, ſich auf eine
einzige reduzieren, auf den induktiven Schluß. Für dieſen aber, der
von den Empiriſten ſeit H u m e mit Recht als das zentrale Problem
aller Erkenntnistheorie erkannt worden iſt, vermögen wir jetzt eine
Aufklärung zu geben. Dieſe Aufklärung vollzieht ſich damit, daß wir
den induktiven Schluß in den Rahmen der Wahrſcheinlichkeitslogik

einordnen und zeigen, daß er ein Approximationsverfahren darſtellt, welches den Charakter einer notwendigen Bedingung für die Gewinnung von Vorausſagen hat. Wer größere Sicherheit haben möchte, wer nicht eher Vorausſagen machen will, als bis er an ihr Zutreffen mit Sicherheit glauben darf, dem wiſſen wir keinen Rat; uns andern aber genügt es, wenn wir ein Verfahren kennen, nach dem wir auf die Zukunft wenigſtens *ſetzen* können — wenn wir wiſſen, daß wir wenigſtens unſer Beſtes für den Erfolg getan haben, nachdem uns eine Gewähr für das Gelingen nicht beſchieden iſt.

Eine Unterhaltung zwischen Bertrand Russell und David Hume[1]

Hume: Gerade las ich in Ihrem letzten Buch über *das menschliche Wissen*[2] [*Human Knowledge*], Herr Russell. Ich möchte mit Ihnen allerdings keine Fragen der Relativitätstheorie oder Kosmologie diskutieren; auf diesem Gebiete betrachte ich mich nicht als kompetent. Bei Fragen der Induktion und Wahrscheinlichkeit, über die Sie so viel geschrieben haben, hingegen fühle ich mich mehr zu Hause.

Russell: Es wird mir ein Vergnügen sein, Herr Hume. Ich habe immer gehofft, einmal mit Ihnen diskutieren zu können.

H.: Ihrer Darstellung der Glaubwürdigkeit [credibility] konnte ich nur mit großer Schwierigkeit folgen. Sie sprechen von rationaler Glaubwürdigkeit, von Graden der Glaubwürdigkeit. Ich sehe aber nicht recht, wie Glaubwürdigkeit rational sein kann.

R.: Sie werden doch zugeben, Herr Hume, daß wir vernünftige Unterschiede im Grade des Glaubens an verschiedene Aussagen machen. Wir glauben, daß Zoroaster gelebt hat, daß die Mykener eine Art Griechisch gesprochen haben, daß es keine Sirenen gegeben hat. Ein rationaler Mensch wird wissen, in welchem dieser Fälle er die besseren Gründe für seinen Glauben hat.

H.: Ich verstehe Sie nicht ganz. Wenn es um unbekannte Tatsachen geht, so wüßte ich keinen Glauben, der da vernünftig heißen könnte.

R.: Ein vernünftiger Glaube ist der Glaube einer rationalen Person.

H.: Und eine rationale Person ist eine mit vernünftigen Glaubensbewertungen [who has reasonable beliefs]. Wollten Sie das sagen?

R.: Nicht ganz. Ich sehe hier durchaus die Gefahr eines Zirkelschlusses. Es muß jedoch so etwas wie rationales Glauben [some rational belief] geben, sonst gäbe es in der menschlichen Erkenntnis weder Ordnung noch Zusammenhang.

H.: Soll das ein logisches Argument sein?

R.: Herr Hume, Sie sagten doch selbst, daß es gewisse Glaubensinhalte [beliefs] gibt, die wir einfach nicht aufgeben können. Wozu all dies Reden über die Zweifelhaftigkeit von allem und jedem, wenn wir eben doch nicht an allem zweifeln können? Die Proklamation des universellen Zweifels wie bei Descartes wäre doch wohl nicht ernst zu nehmen.

---

[1] [H. Reichenbach 1949d. Der Artikel erschien in der Rubrik „Comments and Criticism" des *Journal of Philosophy* und hat an seinem Schluß die Eintragung „Hans Reichenbach, University of California, Los Angeles"].

[2] [B. Russell 1952].

H.: In der Tat habe ich gesagt, einige unserer Glaubensinhalte seien unausrottbar. Aber ich habe doch wohl auch hinreichend deutlich gemacht, daß es unstatthaft ist, auf derartigen Überzeugungen ein logisches Argument aufzubauen.

R.: Meinen Sie, wir sollten der Induktion keinen Glauben schenken?

H.: Nein. Ich habe zwar gesagt, daß ich an die Induktion glaube, sehe jedoch keinen Grund dafür. Daß jemand etwas glaubt oder eine Ansicht hat, ist noch kein Argument für ihre Zuverlässigkeit.

R.: Glauben Sie nicht, daß Zoroaster gelebt hat?

H.: Sie haben das in Ihrem Buch so hübsch erläutert. Sie übersetzen den Grad dieses Glaubens in die Häufigkeit historischer Berichte darüber. Diesem Glauben entspricht eine Wahrscheinlichkeit, die in eine Häufigkeit übersetzbar ist.

R.: Vertreten Sie die Häufigkeitsinterpretation der Wahrscheinlichkeit, Herr Hume?

H.: Ich neige dieser Deutung zu. Ich habe stets betont, daß physikalische Notwendigkeit in das Wort „immer“ übersetzbar ist, und ich meinte, Sie und andere hätten mir diese Elimination eines metaphysischen Begriffs hoch angerechnet. Wenn Notwendigkeit eine Bedeutung hat, dann muß sie in beobachtbare Beziehungen übersetzbar sein. Aber wenn ich nachdrücklich eine Häufigkeitsinterpretation der Notwendigkeit vertrete, werde ich doch ebenso bereit sein, eine Häufigkeitsdeutung der Wahrscheinlichkeit zu vertreten. Notwendigkeit bedeutet: Wenn A, dann auch immer B. Eine Wahrscheinlichkeit von 80 % bedeutet: Wenn A, dann in 80 % aller Fälle auch B.

R.: Aber Herr Hume, Sie reden ja ganz wie Herr Reichenbach!

H.: Vielleicht sollten Sie lieber sagen, er redet wie ich. Natürlich würde ich nicht alles unterstützen, was er sagt. Er behauptet, er könne eine Rechtfertigung für die Induktion liefern. Ich bin darüber anderer Ansicht, und Sie wissen, wie schwer es ist, seine Ansichten zu ändern. Aber er nimmt meine Kritik der Induktion wenigstens ernst und läßt in keiner Form so etwas wie einen rationalen Glauben gelten.

R.: Aber ich habe doch mit mathematischen Hilfsmitteln untersucht, welchen Grund wir haben, an die Induktion zu glauben. Haben Sie sich meine mathematische Behandlung der Induktion angesehen?

H.: Herr Russell, die Mathematik hat es nur mit Beziehungen zwischen Vorstellungen zu tun und gibt uns niemals Informationen über Tatsachen. Gerade Sie — meine ich doch — haben dieses Prinzip mit allen Finessen der mathematischen Logik durchgeführt. Sie haben gezeigt, daß die Arithmetik sich auf die Logik zurückführen läßt und daher leer ist. Sie sind mir auf diesem Gebiet weit überlegen, Herr Russell, denn Sie sind ein Mathematiker, und ich bin keiner. Wie können Sie dann sagen, daß die Mathematik die Induktion beweisen kann?

R.: Das habe ich nicht gesagt. Im Gegenteil schrieb ich wie Sie, daß die Mathematik der Induktion keine Berechtigung verschaffen kann und daß die Induktion auf einem außerlogischen Prinzip beruhen muß, das nicht auf der Erfahrung basiert.

H.: Haben Sie das wirklich behauptet? Ich meine, so etwas schon früher einmal gelesen zu haben. Davon war viel die Rede in solchen rationalistischen Systemen, die Bacon mit Spinnweben verglichen hat. Sie wissen, die Spinne stellt alles aus ihrer eigenen Substanz her. Und nach meinem irdischen Tod lebte, so viel ich weiß, ein Mann, der sagte, ich hätte ihn aus seinem dogmatischen Schlummer erweckt, und behauptete, es gäbe ein synthetisches Apriori. Was hat es ihm geholfen, ihn aus dem Schlaf auf dem Kissen seiner Glaubenssätze [beliefs] zu wecken, wenn er doch nur wieder in andere dogmatische Überzeugungen zurückfiel?

R.: Aber bei mir ist von einem synthetischen Apriori nicht die Rede.

H.: Keineswegs. Sie nennen es nur ein außerlogisches Prinzip, das nicht auf Erfahrung beruht. Worin liegt hier der Unterschied?

R.: Herr Hume, es muß doch heute jeder zugeben, daß sich der Empirismus als eine unangemessene Erkenntnistheorie erwiesen hat.

H.: Wieso? Doch nur, weil Sie es nicht lassen können, das Glauben an eine Aussage „rational" zu nennen. Weil Sie annehmen, es gäbe so etwas wie Glaubwürdigkeit, die nicht in relative Häufigkeiten übersetzbar ist. Jeder Versuch der Verdopplung des Wahrscheinlichkeitsbegriffs durch einen weiteren nicht auf Häufigkeiten beruhenden führt notwendigerweise in eine rationalistische Metaphysik. Nicht der Empirismus hat sich als unangemessen erwiesen. Er scheint nur zu versagen, wenn man versucht, Glauben an die Stelle zu setzen, die dem Auszählen von Erfolgsquoten vorbehalten bleiben sollte.

R.: Wären Sie bereit, aus einer solchen Theorie alle Konsequenzen zu ziehen?

H.: Mir wäre es lieber, wenn Sie das täten. Sie sind dazu besser ausgerüstet als ich. Warum gleich aufgeben? Und warum werfen Sie nicht noch einmal einen Blick in Reichenbachs Bücher? Er schrieb dort immer — denke ich —, seine Theorie könne auch auf endliche Ereignisfolgen angewandt werden, wie Sie das wünschen. Und glauben Sie wirklich, daß er auf Ihr Argument mit dem regressus ad infinitum keine Antwort hat?

R.: Er sagt, daß er den regressus mit Hilfe einer „blinden Setzung" auf einem bestimmten Niveau abschneidet. Aber wie kann er das? Dazu müßte er doch beweisen, daß diese Setzung eher wahr sein kann als eine andere — und der Beweis würde ihn wieder auf den regressus ad infinitum zurückführen.

H.: Mir scheint doch zweifelhaft, ob Ihr Argument stichhaltig ist. Es ist hier nicht meine Aufgabe, Reichenbach zu verteidigen — er zitiert mich so oft, und ich weiß noch nicht einmal, ob ich das so schätze — aber, soweit ich sehe, macht er seine blinden Setzungen nicht, weil er sie für wahrscheinlich hält, sondern aus anderen Gründen.

R.: Welche anderen Gründe könnte es denn aber für eine Setzung geben?

H.: Er macht seine Setzungen, weil sie Mittel zu einem von ihm verfolgten Zweck sind, nicht weil er einen Grund hat, an sie zu glauben.

R.: Wenn er aber nach Wahrheit strebt, wie kann er eine Setzung machen, ohne einen Grund, an ihre Wahrheit zu glauben?

H.: Genau das ist der springende Punkt. Er zeigt, daß er einen Grund hat, eine Setzung zu machen und danach zu handeln, ohne einen Grund dafür zu haben, auch daran zu glauben. Er behauptet, auf diesem Wege meinen Skeptizismus umgehen zu können. Ich zögere noch, sein Argument zu akzeptieren — und dennoch gefällt mir einiges daran.

R.: Was könnte das wohl sein?

H.: Der Radikalismus, mit dem er den Glauben an die Induktion aus der Logik eliminiert.

R.: Ich mag keine Logik ohne Glauben an die Wahrheit.

H.: Gerade deshalb kann Ihre Logik auch keine Rechtfertigung für die Induktion abwerfen.

R.: Hingegen kann ich sein Induktionsprinzip als falsch erweisen. Ich kann Klassen von Fällen konstruieren, für die es versagt.

H.: Glauben Sie die Induktion dadurch widerlegen zu können, daß Sie Beispiele konstruieren, in denen sie zu falschen Schlüssen führt? Ich habe gehört, daß man sogar schwarze Schwäne entdeckt hat und dennoch die Induktion deshalb nicht aufgegeben hat.

R.: Herr Hume, warum verteidigen Sie Reichenbach?

H.: Mir scheint, er hat auf seinem Gebiet geleistet, was Sie auf Ihrem vollbracht haben: Sie entfernten das synthetische Apriori aus der mathematischen Induktion und er aus der physikalischen.

In diesem Augenblick hörte man von oben eine Stimme:

„David Hume, suche nicht nach Gründen gegen mich, noch ist Platz für dich im gestirnten Himmel über dir!"

„Niemals" sagte Hume und fuhr wieder hinab in die Hölle.

Erläuterungen, Bemerkungen und Verweise zu den Schriften dieses Bandes

von Andreas Kamlah

Vorbemerkung

Die einzelnen Bände dieser Ausgabe werden durch Erläuterungen ergänzt. Diese Erläuterungen sollen dem Leser ermöglichen, Reichenbachs Werk im Zusammenhang seiner philosophischen Vorgänger, Zeitgenossen und Nachfahren zu sehen, die seine Gedanken weiterentwickelt haben. Sie sollen auf Querverbindungen in Reichenbachs Werk hinweisen und den Text dort, wo er nicht mehr unmittelbar verständlich ist, erläutern. Dazu kommen noch einige Bemerkungen, die auf etwaige Fehler und Inkonsistenzen hinweisen, soweit sie das Verständnis des Werkes erschweren. Reichenbachs wichtigste Thesen sollen in den Erläuterungen ausgearbeitet, gedeutet und von ihrer ideengeschichtlichen Position her verständlich gemacht werden. Außerdem würde man wohl einem der philosophischen Tradition so abgewandten Denker wie Reichenbach kaum gerecht, wenn man nicht auch die systematische Tragweite seiner Gedanken ernsthaft untersuchen würde, sagt er doch selbst: „Die Philosophie der Naturerkenntnis will keines von den Systemen sein, die aus dem Kopf eines einsamen Denkers entspringen und wie steinerne Monumente vor dem betrachtenden Blick der Generationen stehen - sondern sie will Wissenschaft sein wie andere Wissenschaft auch . . .“ (*Ges. Werke*, Bd. 2, S. 15)

Der Band 5 der *Ges. Werke* enthält mehrere Schriften, die ganz im Zentrum der Philosophie Hans Reichenbachs stehen. Diese bewegt sich hauptsächlich im Dreieck der drei Begriffe der *äquivalenten Beschreibung,* der *Kausalität* und der *Wahrscheinlichkeit.* Bei der logischen Analyse der Quantenmechanik werden alle drei gedanklichen Elemente benötigt. Daher steht diese Analyse zu fast allen anderen wichtigen Arbeiten Reichenbachs in enger Beziehung, und eine einigermaßen gründliche Kommentierung müßte die gesamte Philosophie Reichenbachs darstellen.

Es besteht daher die Gefahr eines uferlosen Anschwellens der Erläuterungen. Die vorliegenden sind bereits fast zu umfangreich, jedoch noch nicht umfangreich genug, um die gesamte oben im ersten Absatz angekündigte Information zu liefern. Glücklicherweise hat der Leser, der sich über das Woher, das Warum, das Wie und das Wann und über die logische Tragfähigkeit der Schriften dieses Bandes informieren will, heutzutage auch andere leicht verfügbare Quellen zur Hand. Im Jahre 1979 gab W.C. Salmon einen Band mit dem Titel *Hans Reichenbach − Logical Empiricist* in der *Vienna Circle Collection* heraus, der fünf wichtige Beiträge zu

371

Reichenbachs Philosophie der Quantenmechanik enthält. Zwei dieser Aufsätze verfolgen im wesentlichen systematische Gesichtspunkte, für die Reichenbachs Buch nur als willkommener Anlaß dient, nämlich:

G.M. Hardegree, „Reichenbach and the Interpretation of Quantum Mechanics" (1979), und

N. Grossman, „Metaphysical Implications of the Quantum Theory" (1977).

Aber die übrigen drei befassen sich direkt mit Reichenbachs Analyse der Quantenmechanik:

D.R. Nilson, „Hans Reichenbach on the Logic of Quantum Mechanics" (1977),

G.M. Hardegree, „Reichenbach and the Logic of Quantum Mechanics" (1977), und

R. Jones, „Causal Anomalies and the Completeness of Quantum Theory" (1977).

Es lohnt sich, diese Aufsätze zu lesen. Sie bieten eine willkommene Ergänzung zu den Erläuterungen in diesem Band. Ebenfalls sehr informativ und nützlich ist das Buch von M. Jammer, *The Philosophy of Quantum Mechanics* (1974). Es enthält einen langen Abschnitt über Reichenbachs Quantenlogik und ihren erkenntnistheoretischen Hintergrund (Abschn. 8.3, S. 361–379). Wir erfahren dort auch etwas über die mehrwertige Quantenlogik von P. Destouches-Fevrier, die bereits älter ist als die Reichenbachs, auf die ich hier aber überhaupt nicht eingehe.

Über die Schriften zur Wahrscheinlichkeitslehre wird in diesen Erläuterungen wenig gesagt. Dieses Versäumnis kann in Band 7, *Wahrscheinlichkeitslehre*, wiedergutgemacht werden. Man bespricht zweckmäßigerweise insbesondere den Aufsatz „Die logischen Grundlagen des Wahrscheinlichkeitsbegriffs" im Zusammenhang mit der Wahrscheinlichkeitslehre, die - bis auf Feinheiten - alle Gedanken des Aufsatzes wieder enthält. Nur zu Reichenbachs Dissertation

Der Begriff der Wahrscheinlichkeit für die mathematische Darstellung der Wirklichkeit (1916)

und den damit verbundenen Aufsätzen

„Über die physikalischen Voraussetzungen der Wahrscheinlichkeitsrechnung" (1920b)

und

„Philosophische Kritik der Wahrscheinlichkeitsrechnung" (1920c)

enthalten die Erläuterungen schon ein wenig mehr Information. Ich hoffe, daß der Leser bei der Aussicht, die fehlenden Informationen an anderer, leicht zugänglicher Stelle zu erhalten, sich mit der Unvollständigkeit der vorliegenden Erläuterungen wird abfinden können.

Zur Zitierweise in den Erläuterungen: Generell werden alle Titel mit dem Namen des Autors und der Jahreszahl des Erscheinungsdatums zitiert. Unter diesem Kürzel sind die Titel dann im Literaturverzeichnis zu finden. Bei Werken Reichenbachs tritt meist noch ein Buchstabe zur Jahreszahl, z.B. „1933d(9)" Dahinter steht in Klammern dann die Nummer des Bandes, in dem die betreffende Schrift in dieser Ausgabe erscheinen wird, wenn sie dafür vorgesehen ist, oder in dem sie erschienen ist. Die Seitenzahl ist die in der durch die Jahreszahl charakterisierten Ausgabe. Diese Zahl steht auch in den *Ges. Werken* in der Regel mit auf den Seiten. Tritt eine Seitenzahl ohne nähere Angaben auf, so handelt es sich stets um den Text, der gerade erläutert wird. Zur Auffindung der Seitenzahlen der englischen Ausgaben oder der deutschen bei vorhandenem englischen Zitat dienen die Seitenzahlvergleichstabellen am Schluß des Bandes.

Erläuterungen zum gesamten Band: Hans Reichenbachs lebenslange Reflexion über Beschreibungssysteme

Der vorliegende Band enthält neben den *Philosophischen Grundlagen der Quantenmechanik* Hans Reichenbachs erste und eine seiner letzten Publikationen, seine Dissertation und seinen Aufsatz zu Ehren Regeners: *Über die erkenntnistheoretische Problemlage und den Gebrauch einer dreiwertigen Logik in der Quantenmechanik*. Alle drei Schriften sind Stationen auf dem Wege einer lebenslangen Reflexion über die Trennung des subjektiven vom objektiven Anteil der Erkenntnis. Der subjektive Anteil ist in den Beschreibungssystemen enthalten, deren wir uns in der Naturwissenschaft bedienen. In Reichenbachs späterer Philosophie sind diese Systeme Sprachen gleichzusetzen, die wichtige physikalische Bedeutungspostulate enthalten. Mit der Entwicklung seiner Theorie der Beschreibungssysteme einher geht seine graduelle Umwandlung eines anfänglichen Realismus in einen mehr oder weniger konsequenten logischen Empirismus.

In den *Ges. Werken* ist gerade in diesem Band, der mit den *Philosophischen Grundlagen der Quantenmechanik*, den Aufsätzen „Die logischen Grundlagen des Wahrscheinlichkeitsbegriffs" und „Über die erkenntnistheoretische Problemlage ..." einige für Reichenbachs Entwicklung entscheidende Schriften enthält, ein Überblick über diese Entwicklung angebracht. Damit muß dann auch in den Erläuterungen zu den einzelnen Schriften nicht mehr auf die Theorie der Beschreibungssysteme eingegangen werden. Diese Theorie tritt in verschiedenen Schriften unter den verschiedensten Namen auf. In der Dissertation gibt es nur ein System, das der Kantschen transzendentalen Prinzipien der Gegenstandskonstitution. In *Relativitätstheorie und Erkenntnis a priori* (in *Ges. Werke*, Bd. 3) werden daraus verschiedene Sätze von *Zuordnungsprinzipien*, in der *Axiomatik der relativistischen Raumzeitlehre* (in Bd. 3) und der *Philosophie der Raum-Zeit-Lehre* (Bd. 2) solche von *Zuordnungsdefinitionen*. Im Handbuchartikel (1929a) spricht er dann vermutlich zum ersten Male von *äquivalenten Beschreibungen* (S. 43; 1978, Bd. 2, S. 173). Diese Bezeichnung behält er dann auch weitgehend bei. Daneben treten dann aber in *Erfahrung und Prognose* (*Ges. Werke*, Bd. 4) auch *Willensverzweigungen* zwischen nichtäquivalenten Konventionen.

Die Theorie der äquivalenten Beschreibungen in der Fassung der *Phil. Grundl. d. Quantenmech.* und des Regeneraufsatzes stellt dann die letzte und reifste Version von Hans Reichenbachs verschiedenen Versuchen dar, den subjektiven Anteil der Erkenntnis von dem objektiven abzutrennen. Dies betrachtete er als eine der wichtigsten Aufgaben der Erkenntnistheorie. Hans Reichenbachs logischer Empirismus ist vielleicht noch mehr als der des Wiener Kreises eine Art Kompromiß zwischen seinem frühesten neukantianischen Realismus und dem Positivismus Ernst Machs. Bereits von seinen Studententagen an war er davon überzeugt – und daran hat sich nie etwas geändert –, daß Erkenntnis sich nicht in der Beschreibung der sinnlichen Empfindungen erschöpfen kann und daß daher Machs Positivismus unhaltbar ist. Kants Philosophie vermeidet diesen Fehler:

> Die Apriorititätsphilosophie war von dem Gedanken ausgegangen, daß Erkenntnis durch ein Zusammenwirken von Denken und Wahrnehmung zustande kommt; und sie glaubte, in den allgemeinen Prinzipien der Erkenntnis einen Ausdruck des vernünftigen Denkens, gleichsam die *Vernunftkomponente* der Erkenntnis aufgedeckt zu haben. (1929a, S. 43; 1978, Bd. 2, S. 172)

Reichenbach konnte jedoch den Lösungsvorschlag Kants zur Trennung beider Komponenten nicht akzeptieren. Immer wieder erwies es sich als notwendig – in ganz drastischer Weise bei Einsteins Revision der Raum-Zeit-Theorie –, die „Vernunftkomponente der Erkenntnis" im Lichte der Erfahrung zu revidieren. Er fährt daher fort:

> Dies müssen wir jetzt als einen Irrtum betrachten, denn auch diese Prinzipien enthalten mehr als eine Eigenschaft der Vernunft und besitzen deshalb eine *Wirklichkeitskomponente*. Andererseits ist es ein tiefer Gedanke der Philosophie, daß in der Erkenntnis die Gesetze des Denkens eine Rolle spielen und darum das System unseres Wissens nicht allein durch die Wirklichkeit, sondern auch durch die Natur unseres Denkens bestimmt ist. Wenn wir die Charakterisierung der Vernunftkomponente der Erfahrung durch die allgemeinsten Prinzipien der Erkenntnis ablehnen, so müssen wir deshalb einen anderen Weg suchen, den Anteil der Vernunft aufzuweisen. (1929a, S. 43; 1978, Bd. 2, S. 173)

Diesen anderen Weg zu suchen, das wurde Reichenbachs Lebensaufgabe. Von seiner Begegnung mit Einsteins Relativitätstheorie bis in seine letzten Jahre hat er immer wieder neue Versuche unternommen, den „Anteil der Vernunft" an der Erkenntnis aufzuweisen. Im Unterschied zu Kant war er aber seit 1920 davon überzeugt, daß dieser Anteil weitgehend konventioneller Natur ist. Bei seinen Bemühungen arbeitete Reichenbach mit seinen empiristischen Freunden zusammen. In den frühen zwanziger Jahren war Moritz Schlick ein wichtiger Gesprächspartner, später war es vor allem Carnap. Ich werde sogleich zu zeigen versuchen, wie sich Carnaps Neuorientierungen jeweils in denen Reichenbachs spiegeln, ohne daß beide Freunde stets in allen Punkten einig waren. Carnap entwickelte nach Reichenbachs Tod im Anschluß an Ramsey und Braithwaite seine Theorie der theoretischen Begriffe. Wir können viele Argumente Reichenbachs bei seinen Bemühungen um die Abtrennung des Vernunftanteils der Erfahrung als Vorbereitung zu Carnaps Ansatz von 1956 ansehen (R. Carnap 1956 und 1960). Leider war es Hans Reichenbach nicht mehr vergönnt, in seiner Diskussion mit Carnap bis zu den theoretischen Begriffen vorzudringen. Dies blieb Carnap allein vorbehalten.

Ich möchte Reichenbachs Entwicklung in sechs Stadien einteilen und jeweils kurz die eingetretenen Änderungen charakterisieren.

1. Reichenbachs neukantianisches Stadium: In seiner (in diesem Band abgedruckten) Dissertation ist Reichenbach Neukantianer. Seine damalige Position ist nicht ganz leicht zu rekonstruieren, ohne Reichenbachs damaligen intellektuellen Hintergrund einigermaßen zu kennen. Denn das dritte Kapitel der Dissertation enthält die Skizze einer eigenartig konventionalistisch eingefärbten kantianischen Erkenntnistheorie, deren Wurzeln man gern aufdecken möchte, um über die Entstehung des logischen Empirismus besser Bescheid zu wissen. Eine flüchtige Lektüre der im Literaturverzeichnis angegebenen Werke von E. Cassirer (1910) und P. Natorp (1910) zeigt zumindest, daß Reichenbachs damalige Erkenntnistheorie mit dem Neukantianismus der Marburger Schule gut verträglich ist. Auch A. Riehl kommt als Quelle von Reichenbachs Ideen in Frage. Er wird in Reichenbachs Staatsexamensarbeit zitiert, und im Nachlaß existiert das Manuskript eines im Seminar von Riehl gehaltenen Referats über Kant. Ich möchte jedoch an dieser Stelle das Verhältnis Reichenbachs zu seinen akademischen Lehrern und geistigen Vorgängern nicht näher untersuchen, da ich in vielen einzelnen Punkten darüber noch keine Klarheit gewonnen habe.

Nur soviel sei gesagt: Mit der Marburger Schule teilt Reichenbach die Ablehnung des Psychologismus und damit der Berufung auf eine geometrische Intuition. Alle Urteile a priori müssen durch transzendentale Deduktion gewonnen werden. Er wirft in der Dissertation J. v.Kries vor, daß er das bei seinen Prinzipien unterlassen habe (siehe oben S. 238f.). Ferner können mathematische Objekte eindeutig in der Anschauung gedacht werden, weil sie noch nicht mit empirischem Inhalt gefüllt sind. Ob irgendein Gegenstand der Mathematik zur Beschreibung eines empirischen Dinges verwandt werden kann, hängt davon ab, ob die Erfahrung ein solches liefert. Insofern sind mathematische Sätze immer hypothetisch und sagen nichts über die empirische Welt. Sie haben die Form: Wenn es ein A gibt, dann ist es auch ein B. Reichenbach scheint auch damals wie die Marburger Schule einen idealistischen Kantianismus vertreten zu haben im Unterschied zum nächsten Stadium seiner geistigen Entwicklung, wo er Realist wurde. (Damit ist gemeint, daß er zuerst die üblichen Argumente für den Idealismus und später für den Realismus verwandte – welchen Sinn auch immer man mit diesen beiden Termini verbindet.) Untersucht man Reichenbachs damalige Position genauer, so sieht man, daß sie in vielen Punkten mit seinen späteren Auffassungen übereinstimmt. Die Ablehnung des Psychologismus und des Positivismus, die Unterscheidung zwischen Entdeckungs- und Rechtfertigungszusammenhang, die Auffassung, daß zu den Wahrnehmungen noch etwas hinzukommen muß, um so etwas wie Erfahrung zu erzeugen; die Beobachtung, daß in der Raumanschauung Axiome stecken, die man gedanklich in diese hineinprojiziert; die Erkenntnis, daß in eine gegebene Raumform durch Wahl geeigneter physikalischer Kräfte jede nur denkbare Wirklichkeit hineinbeschrieben werden kann; seine Konzeption von Philosophie als Wissenschaftstheorie, die es mit dem Faktum Wissenschaft zu tun hat, das alles hat Reichenbach von den Neukantianern.

2. Das Stadium von „Relativitätstheorie und Erkenntnis a priori“: Die Begegnung mit Einsteins Relativitätstheorie war für Reichenbach von entscheidender

Bedeutung für seine gesamte spätere Philosophie. Er erkannte, daß bisher für a priori gültig gehaltene Prinzipien durchaus ins Wanken geraten können, und versuchte dafür eine Erklärung zu finden. Zwar können wir von den Empfindungen nicht zu einer Erkenntnis über objektive Dinge gelangen, wenn wir nicht zusätzliche Prinzipien voraussetzen, die Reichenbach *Zuordungsprinzipien* nennt, wie die Wahl einer Geometrie (z.B. der euklidischen), eines Kausalgesetzes (z.B. das der deterministischen Kausalität) usw. Aber obwohl diese Prinzipien erst objektive Erkenntnis ermöglichen, sind sie nicht sakrosankt. Denn ein Satz von alternativen Prinzipien leistet unter Umständen das gleiche. Außerdem kann es vorkommen, daß bei Voraussetzung eines Satzes von Prinzipien die Empfindungen nicht zu einer eindeutigen objektiven Beschreibung der Welt führen, wohl aber bei Voraussetzung eines anderen Prinzipienkanons. Die *Zuordnungsprinzipien* sind zwar frei wählbar, führen jedoch nicht immer zu physikalischer Erkenntnis. Welche Prinzipienkanons erfolgreich sind und welche nicht, ist eine Frage der Empirie. Die Natur entscheidet somit letztlich selbst über die Systeme ihrer Beschreibung, von denen einige sich als ungeeignet erweisen. Damit widerspricht Reichenbach der Hypothese der „Zuordnungswillkür" (*Ges. Werke*, Bd. 3, S.250). Wir können nicht *über alle* Zuordnungsprinzipien *gleichzeitig* frei verfügen, wie das die radikalen Konventionalisten glaubten, so etwa der frühe H. Dingler (1919). Reichenbach, der so gern die Bedeutung von „Willensentscheidungen" in der Erkenntnis betont, hat auch später immer wieder auf die durch die Erfahrung gesetzten Grenzen dieser Willkür hingewiesen. Nur äußert sich diese Grenze in den Stadien 3 und 4 in etwas anderer Weise, wie ich noch zeigen werde.

Ich halte Reichenbachs zweite Theorie vom Vernunftanteil der Erfahrung für eine wichtige Entdeckung und glaube, daß sie in ihrer Grundkonzeption weitgehend richtig ist (Erläut. zu Bd. 3, S. 478, siehe auch A. Kamlah 1977a, S. 3). Reichenbachs Prinzipienkanons haben viel Ähnlichkeit mit T.S. Kuhns Paradigmen oder disziplinären Systemen (T.S. Kuhn 1976, S. 194) oder mit Lakatos' Forschungsprogrammen. Um so schwerer ist für mich verständlich, daß er in den darauf folgenden Phasen diese Theorie durch etwas anderes ersetzt, einerseits durch die *Theorie der äquivalenten Beschreibungen* und andererseits durch seinen *probabilistischen Realismus.*

3. Phase, Reichenbachs Philosophie der zwanziger Jahre: Vielleicht hat Reichenbach die Konzeption der Zuordnungsprinzipien deshalb aufgegeben, weil er glaubte, mehr leisten zu können, als mit ihr möglich war, nämlich die völlige Zerlegung der Wissenschaft in Definitionen und Tatsachenaussagen, die *völlige Abtrennung* der Vernunftkomponente von der Erkenntnis. Er setzte sich einfach ein ehrgeizigeres Ziel, als er das bisher getan hatte, und er glaubte sich darin durch den Erfolg der Relativitätstheorie bestärkt. Schließlich war es Einstein gelungen, eine Definition der Gleichzeitigkeit anzugeben und auf diese Weise einen rein konventionellen Anteil der Raum-Zeit-Theorie zu isolieren. Damit entsteht für Reichenbach das Programm der *Zuordnungsdefinitionen* (siehe Erläut. zu Bd. 2, S. 392–396, zu Bd. 3, S. 17):

Es gibt sehr viele Stellen in der physikalischen Erkenntnis, wo Zuordnungs-definitionen angewandt werden. Nicht immer ist es leicht, sie als solche zu erkennen und von Tatsachenbehauptungen zu unterscheiden, und mancher berühmte wissenschaftliche Streit hatte darin seinen Grund, daß man Er-kenntnisse suchte, wo Definitionen hingehören . . . Eine allgemeine syste-matische Durchforstung der Physik unter dem Gesichtspunkt der Trennung von Definition und Tatsache steht noch aus; daher rührt es, daß in den Grundlagen der Physik noch manche Unklarheiten bestehen. (1929a, S. 34, vollständiges Zitat in Erläut. zu Bd. 2, S. 393; 1978, Bd. 2, S. 161–162)

Das Programm zielt also auf Beseitigung von Unklarheiten in der Physik. Die Physiker sollen erkennen, wo es etwas experimentell zu überprüfen gibt und wo Konventionen in die Theorie eingehen, über die sich nicht streiten läßt. Rei-chenbach hat in seiner *Axiomatik der relativistischen Raum-Zeit-Lehre* versucht, dieses Verfahren durchzuführen und die Experimente anzugeben, auf denen diese Theorie beruht (*Ges. Werke*, Bd. 3, S. 73, S.97ff.). In der Tat läßt sich gegen ein Programm mit nützlichen Zielen nicht viel einwenden, wenn man nicht zeigen kann, daß es undurchführbar ist, wie T.S. Kuhn und P. Feyerabend behauptet haben. In den zwanziger Jahren konnte man jedoch noch in dieser Hinsicht opti-mistisch sein.

Wenn auch Reichenbach die Zuordnungsprinzipien in seiner dritten Phase teilweise durch Zuordnungsdefinitionen ersetzt und die Konfrontation mit der Erfahrung nicht mehr als einen Konflikt miteinander gleichwertiger Prinzipien darstellt, so bedeutet das allerdings in der Sache keine Abkehr von der Ablehnung der „Zuordnungs-Willkür", wie weiter oben schon angedeutet wurde. Er stellt den Konflikt nur ein wenig anders dar:

> Halten wir an der euklidischen Geometrie G_o fest, so bedeutet es noch keine objektive Aussage, wenn wir sagen, daß der Raum euklidisch sei; sondern ei-ne Charakterisierung der Wirklichkeit liegt erst vor, wenn wir außer G_o auch das universelle Kraftfeld K angeben, welches bei dieser Geometrie existiert. Erst die Kombination $G + K$ ist eine Angabe von Erkenntniswert. [Einige Zeilen später:] Wir hatten in der Definition des starren Körpers $K = 0$ ge-setzt. (*Ges. Werke*, Bd. 2, S. 53; merkwürdigerweise fehlt diese Passage bis auf den letzten Satz in der englischen Übersetzung.)

Legt man den starren Körper durch Zuordnungsdefinition fest, so folgt die Geometrie G empirisch. Aber es gilt auch: Man kann eine Zuordnungsdefinition auch dadurch einführen, daß man das Resultat vorschreibt, das bei den Messun-gen herauskommen soll. „Der Längenvergleich ist so einzurichten, daß als Resul-tat die euklidische Geometrie herauskommt." Wir können also entweder G oder K durch Zuordnungsdefinition festlegen. Der Rest folgt dann empirisch. Wir haben es also nicht mit einem Konflikt gleichberechtigter Zuordnungsprinzipien für G und K zu tun, sondern Konvention und Empirie sind sauber getrennt. Ent-weder wird G durch Konvention festgelegt oder K, das andere folgt dann jeweils auf Grund der Erfahrung. (A. Grünbaum hat darauf hingewiesen, daß die Vor-gabe einer Geometrie zu wenig ist, um damit die Längenmessung festzulegen; siehe Erläut. zu Bd. 2, S. 409.)

Nicht alle Zuordnungsprinzipien jedoch werden durch Zuordnungsdefinitionen ersetzt. Eines bleibt davon ausgenommen, das „Wahrscheinlichkeitsaxiom". Dieses enthält ebenfalls keinen empirischen Anteil, sondern ist ein „metaphysisches Axiom" (1925e (9), S. 170). Das Wahrscheinlichkeitsaxiom besagt, daß die einfachste Theorie unter den Erklärungen der empirischen Daten auch mit der größten Wahrscheinlichkeit wahr ist. Speziell folgt daraus: „Es ist sinnvoll und zulässig, aus einer endlichen Anzahl von Fällen auf alle Fälle mit Wahrscheinlichkeit zu schließen." (1929a, S. 26; 1978, Bd. 2, S. 151) Reichenbach betont, daß hier eine notwendige Voraussetzung der Erfahrung vorliegt, die aber deshalb noch nicht wahr zu sein braucht, denn es ist ja auch denkbar, daß ab morgen keine Erfahrung mehr möglich ist. Er lehnt also eine transzendentale Begründung ab (1925e(9), S. 169; 1929a, S. 42; 1978, Bd. 2, S. 172) und erklärt damit seine eigene derartige Begründung in der Dissertation (1916) ausdrücklich für einen Fehler. So werden also aus den Zuordnungsprinzipien der zweiten Phase Zuordnungsdefinitionen, ein metaphysisches Axiom und empirische Sätze, wobei Definitionen ihre Rolle vertauschen können. Es sind Fälle denkbar, in denen *A* eine Definition sein kann und *B* eine Tatsachenbehauptung und auch umgekehrt *B* eine Definition, dafür aber *A* eine metaphysische Aussage. Dieses Bild des Aufbaus der Erkenntnis ist differenzierter als das der zweiten Phase und verspricht eine größere logische Durchsichtigkeit des Erkenntnisaufbaus. Mit dem erhöhten Anspruch sind natürlich auch größere Risiken verbunden, einen logischen Fehler zu machen, und Kritiker wie Quine und Feyerabend haben später bezweifelt, daß man zwischen Definitionen und Tatsachen eine so klare Trennungslinie ziehen kann, wie Reichenbach das glaubte.

Das Wahrscheinlichkeitsaxiom hielt Reichenbach für unentbehrlich, aber nicht aus Logik oder Erfahrung beweisbar. Er war daher in den zwanziger Jahren kein *logischer Empirist*, sondern ein *probabilistischer Empirist*, für den die Erkenntnis auf drei Säulen ruht: Logik, Wahrscheinlichkeitstheorie und Erfahrung. Der Gegensatz zwischen Reichenbachs damaligem probabilistischen Empirismus und Carnaps logischem Empirismus zeigte sich bei einer Tagung in Prag 1929, deren Protokolle im 1. Bd. von *Erkenntnis* abgedruckt sind. Reichenbach vertrat dort den Standpunkt, daß der logische Empirist keine Prognosen für die Zukunft formulieren kann. Er kann nur Berichte über die Vergangenheit logisch umformen. Da aber Voraussagen zum Geschäft der Wissenschaft gehören, muß die Erkenntnistheorie die Methoden der Wissenschaftler, die dazu führen, akzeptieren.

> Ich finde, daß wir verpflichtet sind, die Erkenntnis so zu nehmen, wie sie ist, und sehen müssen, was für Operationen in der Erkenntnis vorliegen. (1930g, S.270)

Carnap hatte vorher gerade gefragt:

> Können wir mit Hilfe irgendeines Schlußverfahrens aus dem, was wir wissen, auf etwas „Neues" schließen, das in dem Gesuchten nicht schon enthalten ist? Ein solches Schlußverfahren wäre offenbar Zauberei. (R. Carnap 1930, S. 269)

(In *Ges. Werke*, Bd. 4, S. 257 finden sich beide Zitate wesentlich ausführlicher.) Hier wird der Gegensatz zwischen probabilistischem und logischem Empirismus unmittelbar deutlich.

Damit unterscheidet sich Reichenbach in einem ganz wichtigen Punkt von Carnap. Dieser Unterschied führt aber auch zu einer entscheidenden Differenz in der Frage nach der Art der Existenz von Dingen der sogenannten Außenwelt. Reichenbach und Carnap haben zunächst viele Gemeinsamkeiten in ihren Auffassungen über den Aufbau der wissenschaftlichen Sprache. Beide haben an der Konstitution der Raum-Zeit-Metrik mit Hilfe der Kausalrelation „Ereignis E_1 ist vom Ereignis E_2 kausal beeinflußbar", gearbeitet und glaubten, die Raum-Zeit-Begriffe durch diese Relation definieren zu können. Doch Carnap bleibt dabei nicht stehen. In seinem Buch *Der logische Aufbau der Welt* (1928) konstituiert er die gesamte Welt in analoger Weise mit einer zweistelligen Relation zwischen Erlebnissen einer Person. Reichenbach ging nicht so weit und sah in der Konstitution der Dinge in der sogenannten Außenwelt ein völlig andersgeartetes und nicht lösbares Problem. Sein Standpunkt war der von vielen Philosophen, die sich selbst als „Realisten" bezeichnen. Die Existenz dieser Dinge, also etwa eines Hauses, wenn es niemand anschaut, wird mit Wahrscheinlichkeit erschlossen. Aussagen a' darüber sind nicht übersetzbar in Aussagen a über Beobachtbares. Reichenbach sagt:

Aber die Äquivalenz der Systeme a und a' ist noch nicht vollständig. Es genügt nicht, das System a' als einen Bericht über erlebte Empfindungen auszubauen; es muß noch die Behauptung hinzutreten, daß für die Empfindungen das Gesetz der Wahrscheinlichkeit gilt, daß zukünftige Empfindungen dieselbe Regelmäßigkeit zeigen wie die erlebten. Erst das Hinzutreten dieser transzendentalen Annahme W stellt die Äquivalenz her, so daß wir schreiben können $a \equiv a' + W$. (1925e(9), S. 171f.; 1978, Bd. 1, S. 293)

Die Wahrscheinlichkeit ist dabei ein „nicht zu definierender Fundamentalbegriff" der Erkenntnis, und das muß auch so sein, da eine Wahrscheinlichkeit, die sich in einer Beobachtungssprache definieren läßt, nur wieder Wahrscheinlichkeitsaussagen über Beobachtbares zu formulieren gestattet, nicht jedoch solche über hypothetisch erschlossene Dinge auf Grund von Beobachtungen.

Das vierte Stadium von Reichenbachs Theorie des Vernunftanteils der Erfahrung fällt ungefähr in die dreißiger Jahre. Es ist gekennzeichnet durch eine verstärkte Auseinandersetzung mit dem Neopositivismus des Wiener Kreises. Die philosophischen Thesen Carnaps und seiner Wiener Freunde bleiben eine ständige Herausforderung für Reichenbach. Dies führt erstens zur stärkeren Betonung des sprachorientierten Charakters der Philosophie, der zwar bei Reichenbach bereits spürbar, aber noch nicht beherrschend war. Auch später zieht er meist intuitive Erörterungen an Beispielen logischen Formeln vor. Zweitens verschärft sich wohl durch den Einfluß der Wiener die antimetaphysische Tendenz seiner Philosophie. Er kann es sich nicht mehr leisten, das induktive Schließen als etwas Metaphysisches anzusehen. Das Dilemma, in dem Reichenbach sich wohl befunden hat, wird auf der Prager Tagung 1929 in der Diskussion von Kurt Grelling formuliert (H. Reichenbach 1930g, S. 278):

Ich möchte nur ein paar Bemerkungen zum Problem der Induktion machen:
Es mag dahingestellt bleiben, welches die beste Formulierung des Induktionsprinzips ist. Jedenfalls steht folgendes fest:
1. Ohne Anwendung eines solchen Prinzips kommt man in der Naturwissenschaft keinen Schritt vorwärts; denn erst das Induktionsprinzip ermöglicht den Schluß von beobachteten auf nicht beobachtete Tatsachen. Ohne solchen Schluß verfehlt aber die Wissenschaft ihren wichtigsten Zweck, die Voraussicht.
2. Das Induktionsprinzip ist nicht tautologisch. Versucht man es durch eine tautologische Aussage zu ersetzen, so ist damit kein Schluß von einer Tatsache auf eine andere möglich.
3. Das Induktionsprinzip läßt sich nicht selbst durch Induktion begründen. Das wäre ein offenbarer Zirkel. Wäre ich noch Friesianer, so würde ich aus diesen Tatsachen den Schluß ziehen: also ist das fragliche Prinzip ein synthetisches Urteil *a priori*. Heute sage ich: soll diese Behauptung mehr besagen, als daß das Prinzip eine nicht tautologische und zugleich nicht-empirische Aussage ist, so bestreite ich sie; ich glaube nicht, daß wir irgend etwas, was keine Tautologie ist, a priori erkennen können. Jedenfalls aber können wir daraus, daß ein für die Wissenschaft unentbehrliches Prinzip weder logisch noch empirisch begründbar ist, nicht schließen, daß es eine Erkenntnis *a priori* darstellt.
Freilich ist mit diesen Feststellungen das Induktionsproblem nicht gelöst, sondern in aller Schärfe gestellt. Wir können zwar sagen, das Induktionsprinzip spricht eine *Überzeugung a priori* aus, die wir unseren empirischen Schlüssen zugrunde legen. Aber *mit welchem Recht* wir das tun, diese Frage können wir heute so wenig beantworten wie *Hume* vor 200 Jahren.

Der Problemdruck führte Reichenbach schließlich zu einer Lösung, von der er bis zu seinem Tode nicht mehr abgewichen ist und die er wohl zum ersten Male in dem Aufsatz „Die logischen Grundlagen des Wahrscheinlichkeitsbegriffs" (1933b, in diesem Bd.) der Öffentlichkeit präsentierte. Damit glaubte er nun, ehrlichen Herzens logischer Empirist sein zu können.
Ich komme zurück zur Sprachorientierung der Philosophie R. Carnaps und des Wiener Kreises. Insbesondere Carnaps epochemachendes Buch *Die logische Syntax der Sprache* (1934) hat in Reichenbachs späterer Philosophie ihre Spuren hinterlassen. Carnap läßt darin Wittgensteins *Tractatus* (in L. Wittgenstein 1962) und seinen eigenen *logischen Aufbau der Welt* (1928) meilenweit hinter sich, weil er hier nicht nur die Metaphysik kritisiert, sondern der zukünftigen Philosophie als Wissenschaftslogik den Weg weist. In diesem Buch definiert Carnap das Problem der Existenz von objektiven Dingen ganz neu. Der Positivist mag bisher gesagt haben: „Ein Ding ist ein Komplex von Sinnesempfindungen" und der Realist: „Ein Ding ist ein Komplex von Atomen." Dies geschah in der unter Philosophen bislang üblichen „inhaltlichen Redeweise", die nun besser durch eine „formale Redeweise" über sprachliche Ausdrücke ersetzt werden sollte. Der Positivist hat nun zu sagen: „Jeder Satz, in dem eine Dingbezeichnung vorkommt, ist gehaltgleich mit einer Klasse von Sätzen, in denen keine Dingbezeichnungen, sondern

Empfindungsbezeichnungen vorkommen." Und der Realist ist gehalten, nun zu behaupten: „Jeder Satz, in dem eine Dingbezeichnung vorkommt, ist gehaltgleich mit einem Satz, in dem Raum-Zeit-Koordinaten und gewisse deskriptive Funktoren (der Physik) vorkommen." Beide Thesen sind nun syntaktische Thesen geworden über Ausdrücke in bestimmten Sprachen und ihre logischen Beziehungen.

Diese Anregung hat Reichenbach aufgenommen. Er gestaltet in seinem Buch *Experience and Prediction* (*Ges. Werke*, Bd. 4, *Erfahrung und Prognose,*) seine ganze Theorie der „äquivalenten Beschreibungen" (zuerst wohl in 1929a, S. 35; 1978, Bd. 2, S. 163) neu und ergänzt die Alternativen zwischen gleichberechtigten, äquivalenten Sprachen durch solche zwischen nicht gleichwertigen Sprachen, durch die *volitional bifurcations* (Willensverzweigungen, *Ges. Werke*, Bd. 4, S. 5).

Wenn wir *in* einer Sprache eine Aussage formulieren, so mag diese wahr oder falsch sein. Die Wahl einer geeigneten Sprache für diesen Zweck jedoch beruht auf einer „Willensentscheidung", wie Reichenbach sagt, und es ist nicht eine Sprache wahrer als die andere. Eine solche Wahl kann nun entweder eine zwischen äquivalenten Sprachen oder Beschreibungen sein oder aber zwischen Sprachen mit verschiedener Leistungsfähigkeit. Für den ersten Fall wird immer wieder die Wahl zwischen verschiedenen Maßsystemen genannt (etwa dem metrischen oder dem anglo-amerikanischen Maßsystem). Beispiel für den zweiten Fall ist die Wahl zwischen verschiedenen Definitionen der Bedeutung. Für uns ist hier vor allem der zweite Fall wichtig. Reichenbachs wichtigstes Beispiel dafür ist die Entscheidung zwischen einer positivistischen und einer realistischen Sprache. Der Positivist und der Realist unterscheiden sich nämlich nicht dadurch, daß der eine in einer gemeinsamen Sprache etwas behauptet, das der andere bestreitet, sondern beide sprechen verschiedene Sprachen. Reichenbach hat hier von Carnap die in seinem Buch *Die logische Syntax der Sprache* (1934) geäußerte Idee übernommen, daß verschiedene Metaphysiken letztlich verschiedene Sprachen sind. Sprachen sind aber nicht als solche wahr oder falsch. Man kann sich nur dazu entscheiden, eine Sprache zu sprechen oder nicht. Natürlich ist damit die Wahl der Sprache nicht jeder Diskussion entzogen. Sprachen können verschieden ausdrucksreich sein; es kann auch sein, daß man in einer Sprache logische Schlüsse ziehen kann, die mit der anderen unmöglich sind. Sind die Sätze zweier Sprachen ineinander in beiden Richtungen übersetzbar, so sind diese äquivalent, und die Wahl zwischen ihnen ist rein konventionell. Andernfalls ist die Entscheidung zwischen zwei Sprachen eine „Willensverzweigung", die man jeweils frei treffen kann, wenn man die Konsequenzen dieser Entscheidung einkalkuliert. Ich kann mich ja auch frei entscheiden, ob ich meinen Computer in Basic oder Pascal programmiere. Nur muß ich mir darüber im klaren sein, welche Programmieraufgaben ich in jeder dieser Sprachen lösen kann.

Reichenbach entscheidet sich dann selbst für die „realistische" Alternative, für eine Sprache, die, wie wir oben gesehen haben, Wahrscheinlichkeitsschlüsse zuläßt. Er will auf diese Schlüsse nicht verzichten, die hypothetische Annahmen erlauben, welche nicht übersetzbar sind in Aussagen über Empfindungen.

Zunächst klingt das sehr plausibel. Denn aus Hypothesen leiten wir mit gewissen Wahrscheinlichkeiten Voraussagen für die Zukunft ab. So ist es unwahrscheinlich, im Gestein der Kreidezeit Reste menschlicher Kulturen zu finden, wenn die Hypothese wahr ist, daß es damals noch keine Menschen gab. Ist diese Hypothese sinnlos, dann können derartige Prognosen, die nur mit Wahrscheinlichkeit gelten, nicht gemacht werden. Es gäbe also ein sehr starkes Motiv für ein probabilistisches Sinnkriterium, welches nach Reichenbach für die realistische Sprache charakteristisch ist. Wer sich für die positivistische Sprache entscheidet, verzichtet auf einen guten Teil von manchmal lebenswichtigen Voraussagen für die Zukunft. In einem jüngst erschienenen Aufsatz habe ich Reichenbach auch derartige Überlegungen unterstellt, die ja so sehr auf der Hand liegen und so gut in das Reichenbachsche Gesamtkonzept passen – zu Unrecht, denn Reichenbach benutzt dieses Argument in *Erfahrung und Prognose* nicht (A. Kamlah 1985a, S. 232). Er entscheidet sich schon für die realistische Sprache, aber mit viel weniger gewichtigen Gründen. Der typische Positivist ist für ihn auch zugleich Solipsist und wird daher nicht daran glauben, daß es nach seinem Tod noch Menschen geben wird. Es ist für ihn absolut sinnlos, für seine Erben ein Testament abzufassen oder für die Nachwelt wissenschaftliche Leistungen zu erbringen. Will ich nun nicht ein sehr abartiges Verhalten im menschlichen Zusammenleben zeigen, dann muß ich mich für den Realismus und dessen Sprache entscheiden, für den die Welt mit meinem Tode nicht aufhört zu existieren. Ganz allgemein gesprochen unterscheiden sich für Reichenbach das positivistische und das realistische Weltbild nicht durch ihre unterschiedlichen prognostischen Leistungen, sondern durch ihre darüber hinausgehende unterschiedliche Bedeutung für das menschliche Handeln. A. Coffa hat darauf hingewiesen, daß bereits ein sehr moderater Realismus (er nennt ihn in seinen Erläut. zu Bd. 4, auf S. 271 den „homogenen Realismus") für ein derartiges normales menschliches Verhalten ausreichend ist. Dieser käme mit einem Sinnkriterium aus, wonach der Sinn einer Aussage aus der Menge der Folgesätze über makroskopische Körper besteht. So führt das praktische Interesse an unserer Zukunft Reichenbach zum Realismus.

Man mag von der Wahlfreiheit bei den „volitional bifurcations" halten, was man will. Es klingt fast scheinheilig, wenn man zu jemandem sagt: „Du hast die freie Wahl zwischen der Sprache *A* und der Sprache *B*. Nur mußt du dir darüber im klaren sein, daß Aussagen über die Gefährlichkeit des Autofahrens in der Sprache *A* sinnlos, in der Sprache *B* hingegen sinnvoll sind." Wer nicht völlig in den Tag hinein lebt, wird dann natürlich die Sprache *B* wählen müssen. Aber diese starke Betonung der freien Entscheidung, die durch den Zusatz „Willens-" bzw. das englische Adjektiv „volitional" bei „Willensentscheidung", „volitional decision", noch unterstrichen wird, begegnet uns bei Reichenbach auf Schritt und Tritt, sowohl in der Wissenschafts- und Erkenntnistheorie, wie in der Ethik. Ähnliche Töne finden sich übrigens auch bei Popper. Vielleicht war dieser Dezisionismus eine Erscheinung der Zeit vor und nach dem Zweiten Weltkrieg. Schließlich redeten ja auch die Existentialisten, die sonst mit den logischen Empiristen nur wenig gemein haben, gern von „Entscheidung" und von „Entschiedenheit".

(Zur freien Entscheidung für und gegen ethische Normen siehe *Ges. Werke* Bd. 1, S. 389–418. Zur freien Entscheidung für und gegen das Induktionsprinzip siehe Bd. 1, S. 357 ff. Zur freien Entscheidung für und gegen eine bestimmte Metrik des Raumes siehe Bd. 2, S. 53.)

Es geht mir hier vielmehr darum, daß für Reichenbach *zu einer Sprache* offenbar auch *stets eine Bedeutungsäquivalenz* bzw. *ein Bedeutungsbegriff gehört.* Gerade dadurch lassen sich die Unterschiede zwischen Positivismus und Realismus als Unterschiede zwischen Sprachen charakterisieren.

Das fünfte Entwicklungsstadium von Reichenbachs Philosophie fällt in die vierziger Jahre. Wieder hat er sich ein weiteres Stück an Carnap und seine Wiener Freunde angenähert, so daß eigentlich der alte Gegensatz zwischen den Wienern und Berlinern nicht mehr besteht, ebensowenig wie es noch einen räumlichen Zusammenhalt dieser Gruppen gibt; denn mit wenigen Ausnahmen leben nun alle ihre Mitglieder verstreut in Amerika und England. Natürlich bestehen nach wie vor Gegensätze zwischen Reichenbach und Carnap in verschiedenen Punkten, am stärksten differierten ihre Deutungen des Wahrscheinlichkeitsbegriffs. Jedoch kann man nun nicht mehr den „Positivisten" Carnap dem „Realisten" Reichenbach gegenüberstellen.

Bislang unterscheidet sich für Reichenbach der Realist vom Positivisten durch die Verwendung des Wahrscheinlichkeitsbegriffs im Sinnkriterium. Denken wir uns zwei Theorien T_1 und T_2, die beide die experimentellen Daten E erklären und in allen denkbaren Prognosen miteinander übereinstimmen. T_1 sei sehr einfach und T_2 sehr kompliziert, ferner gebe es keine Möglichkeit, durch Übersetzung der theoretischen Begriffe von T_1 in die von T_2 die Theorie T_1 in T_2 und umgekehrt zu übersetzen. Für den Positivisten haben dann T_1 und T_2 den gleichen empirischen Sinn, während sie für den Realisten verschiedenen Sinn haben, die Theorie T_1 hat eine größere induktive Wahrscheinlichkeit als T_2. (Reichenbach sagt, T_1 hat ein größeres Gewicht als T_2.) Dies war Reichenbachs Auffassung von dem Unterschied zwischen dem Realisten und dem Positivisten in *Erfahrung und Prognose.* Diese Überlegung klingt auch ganz plausibel. Nur läßt sie sich nicht mehr durchführen, wenn man Reichenbachs häufigkeitstheoretischen Wahrscheinlichkeitsbegriff benutzt. Wie auch immer man einen Begriff der Theorienwahrscheinlichkeit auf häufigkeitstheoretischer Grundlage formulieren mag, man wird zwei Theorien, die exakt dieselben Daten mit gleicher Wahrscheinlichkeit voraussagen, nicht unterscheiden können.

Fazit: Der Unterschied zwischen zwei solchen Theorien kann stets nur ein deskriptiver sein. Damit hilft dem Realisten sein Kriterium für empirische Sinngleichheit nicht, Theorien als sinnverschieden auszumachen, die für den Positivisten sinngleich sind. Insbesondere kann er die Theorie T_1, daß Dinge, die wir häufig in gleicher Position und Beschaffenheit beobachten, in der Zeit zwischen den Beobachtungen „anständig" bleiben und ihre Beschaffenheit nicht ändern, nicht induktiv vor solchen Theorien T_k auszeichnen, nach denen sie hinter unserem Rükken stets den tollsten Unfug treiben wie eine Schulklasse, wenn der Lehrer sich zur Tafel wendet, aber sich stets wie die anständigen Dinge verhalten, wenn wir sie empirisch untersuchen. Daß T_l gilt und nicht die Theorien T_k, ist daher eine Konvention. Der Realist unterscheidet sich nunmehr von dem Positivisten nur noch dadurch, daß er eine bestimmte Konvention akzeptiert.

Daß Reichenbach deutlich diese Änderung in seiner Erkenntnistheorie registriert hat, ergibt sich aus einer Bemerkung in seinem späteren Aufsatz „The Verifiability Theory of Meaning". Dort schreibt er:

> Der Übergang von Sätzen der Basis O [von den Basissätzen, welche die empirischen Daten formulieren] zu indirekten Sätzen [Sätzen, in denen theoretische Bezeichnungen vorkommen] ist dasselbe wie der Übergang von Observablen [beobachtbaren Größen der Quantenmechanik] zu Nichtobservablen [unbeobachtbaren Größen]. Wir waren uns alle einig, daß diese Schlußfolgerung nichts mit der Annahme einer transzendentalen Realität zu tun hat; in der Tat wäre das die Annahme von etwas Sinnlosem, wenn man die Verifizierbarkeitstheorie der Bedeutung akzeptiert. Somit muß sie eine Art von induktiver Schlußfolgerung sein; und damit entsteht das Problem, wie man Nichtobservablen mit Observablen durch Induktion miteinander verknüpft. Induktionen an einem bestimmten Ding müssen von einigen Eigenschaften desselben ihren Ausgang nehmen und können danach zu weiteren Eigenschaften desselben gelangen. Aber da wir keinerlei Kenntnis der Nichtobservablen haben, haben wir nichts, womit wir anfangen können. Wir können nicht sagen: Da ja die Dinge existierten, als wir nicht nach ihnen geschaut haben, werden sie auch in Zukunft das gleiche tun. Die Prämisse dieser Schlußfolgerung wird durch keinerlei Beobachtung verifiziert und kann auf Grund der Definition der Bezeichnung „nicht beobachtetes Ding" auch nicht verifiziert werden. (1951b(9), S. 55)

Reichenbach verweist in einer Fußnote auf W.T.Stace, der auch schon so argumentiert hatte (W.T. Stace 1934). Es fehlt auch nicht der Hinweis auf das Buch *Philosophische Grundlagen der Quantenmechanik*, wo er nach eigener Aussage zum ersten Mal diese Erkenntnis zum Ausgangspunkt seiner Überlegungen gemacht hatte. In einer weiteren Fußnote bemerkt er, mit diesem Buch habe er bereits die Einwände H. Feigls in dem Aufsatz „Existential Hypotheses" (1950a) beantwortet, die sich gegen seine ältere Darstellung von 1938 richteten. (Der Einwand ist zitiert in den Erläut. zu Bd. 4 auf S. 271.)

Damit ist seit spätestens 1944 für Reichenbach eines klar: Es gibt nur einen Weg zur Erweiterung einer Beobachtungssprache durch theoretische Bezeichnungen, nämlich durch Konventionen. Reichenbach nennt diese *extension rules* (1951b(9)) oder auf deutsch *Erweiterungsregeln* (1951d, in diesem Bd., S. 199; in Bd. 1 als „Ausdehnungsregeln" übersetzt, dort z.B. auf S.379). Diese umfassen die bisherigen Zuordnungsregeln wohl als Spezialfälle − Reichenbach sagt das meines Wissens nirgends explizit −, sie sind aber keine nicht-kreativen Definitionen. D.h. nur unter bestimmten empirisch gegebenen Umständen lassen sie sich aufstellen: „Es läßt sich nicht a priori voraussagen, ob wir mit unserer Erweiterungsregel durchkommen." (S. 200) Damit entfällt nun auch der Unterschied zwischen dem Aufbau der Raum-Zeit-Lehre durch Zuordnungsdefinitionen und dem der sogenannten Außenwelt durch eine induktiv bestätigte Hypothese, wie er für

Reichenbach in den 20er und 30er Jahren, d.h. im dritten und vierten Stadium seiner Entwicklung, bestand. In beiden Fällen wird die Sprache durch extension rules erweitert. Da diese konventionell sind, gibt es zu ihnen immer auch Alternativen, die zu äquivalenten Beschreibungen der Welt führen, zu Beschreibungen in anderen Sprachen. Die Theorie der äquivalenten *Beschreibungen*, die Reichenbach in seinem Handbuchartikel (1929a, S. 35; 1978, Bd. 2, S. 163) für die Raum-Zeit-Lehre eingeführt hatte, hat jetzt universelle Gültigkeit.

Im Grunde genommen nähert sich Reichenbach damit bereits Carnaps späterer Auffassung vom Zusammenhang von theoretischer und Beobachtungssprache (R. Carnap 1956), die bei den logischen Empiristen so sehr allgemein akzeptiert wurde, daß sie den Namen „standard view" oder „standard construal" erhielt (siehe C.G. Hempel 1974). Gegeben sei eine Theorie

$$T(a_1, \ldots, a_n, b_1, \ldots, b_m)$$

in der die Bezeichnungen $a_1, \ldots, a_n, b_1, \ldots, b_m$ vorkommen. Das sind Prädikate, Relationen und Funktionen verschiedenster Art. Die Bezeichnungen $a_1, \ldots, a_n$ seien bereits vor der Formulierung der Theorie bekannt, $b_1, \ldots, b_m$ kommen erst mit der Theorie neu in die physikalische Sprache hinein, das sind die theoretischen Bezeichnungen der Theorie. Wie legen wir nun die Bedeutungen dieser Bezeichnungen fest? Das können wir mit Hilfe eines sogenannten Ramseysatzes bewerkstelligen. Dieser lautet

$$(R) \quad \vee x_1 \ldots \vee x_m T(a_1, \ldots, a_n, x_1, \ldots, x_m)$$

und ist nur in der Beobachtungssprache, in der vor der Formulierung der Theorie bereits verfügbaren Sprache formuliert. Wenn der Ramseysatz empirisch bestätigt werden kann, dann können wir bedenkenlos

$$T(a_1, \ldots, a_n, b_1, \ldots, b_m)$$

behaupten. Wir können die ganze Theorie als Erweiterungsregel auffassen, die sich aber nur anwenden läßt, wenn der Ramseysatz wahr ist.

$$(H) \quad \vee x_1 \ldots \vee x_m T(a_1, \ldots, a_n, x_1, \ldots, x_m) \rightarrow T(a_1, \ldots, a_n, b_1, \ldots, b_m)$$

ist dann allerdings analytisch, eine sozusagen kostenlose Konvention. Carnap hat mit dieser Analyse auch Reichenbachs alte Aufgabe der Abtrennung des konventionellen Anteils von der Erkenntnis gelöst. Der Ramseysatz (R) ist der empirische Anteil und die Konvention (K) der konventionelle Anteil der Theorie

$$T(a_1, \ldots, a_n, b_1, \ldots, b_m).$$

Die Lösung ist bemerkenswert einfach.

Man erhält auch leicht äquivalente Beschreibungen. Sind die Ramseysätze der Theorien

$$T_1(a_1, \ldots, a_n, b_1, \ldots, b_m) \text{ und } T_2(a_1, \ldots, a_n, c_1, \ldots, c_k)$$

logisch äquivalent, d.h.

$$Vx_1 \ldots Vx_m T_1(a_1, \ldots, a_n, x_1, \ldots, x_m) \leftrightarrow Vy_1 \ldots Vy_k T_2(a_1, \ldots, a_n, y_1, \ldots, y_k)$$

dann sind T_1 und T_2 mit ihren theoretischen Bezeichnungen äquivalente Beschreibungssysteme für einen Teil der Natur oder

$$L_1 = (a_1, \ldots, a_n, b_1, \ldots, b_m)$$

und

$$L_2 = (a_1, \ldots, a_n, c_1, \ldots, c_k)$$

äquivalente Sprachen für einen Ausschnitt der Welt.

Wir dürfen allerdings Reichenbach auch nicht zu sehr in die Nähe des späteren sogenannten „standard view" stellen. Reichenbachs extension rules oder Erweiterungsregeln sind nicht die ganze Theorie $T(a_1, \ldots, a_n, b_1, \ldots, b_m)$, sondern haben den Charakter von relativ allgemeinen Prinzipien wie z.B. das „Prinzip der normalen Kausalität" oder das Nahwirkungsprinzip (dieser Bd., S. 43). Man kann sogar sagen, daß es sich hier zum Teil um Metagesetze handelt. Damit gerät Reichenbachs letztes Stadium der Theorie vom Vernunftanteil der Erkenntnis wieder sehr in die Nähe des zweiten Stadiums, in dem er noch mit halbem Herzen Kantianer war. Die Erweiterungsregeln sind die wiederbelebten Zuordnungsprinzipien aus dieser Zeit.

(Das Nahwirkungsprinzip tritt allerdings bereits in den letzten Paragraphen der *Philosophie der Raum-Zeit-Lehre* und in dem Aufsatz „Das Raumproblem in der neuen Quantenmechanik" (in diesem Bd.) als „Prinzip der Raumordnung" auf. Es hat dort die Funktion einer Erweiterungsregel, ohne so genannt zu werden; siehe oben, S. 217 ff.)

Erläuterungen zu §5—6: Gleichwertige Beschreibungen, Normalsysteme, Phänomene und Interphänomene

Unter den zahlreichen Büchern über die philosophischen Probleme der Quantenmechanik ist Hans Reichenbachs, obgleich es zu den älteren dieser Art zählt, auch heute noch eines der klarsten und informationsreichsten. Das liegt wohl mindestens zum Teil daran, daß Reichenbach nicht zu der großen Zahl (zum Teil bedeutender) Physiker mit einer gewissen philosophischen Allgemeinbildung gehörte, die über das Thema geschrieben haben, sondern daß er in der Philosophie Fachmann war, einer der wenigen damaligen Philosophen, die die zeitgenössische Physik wirklich verstehen konnten. Als Philosoph brachte Reichenbach natürlich wichtige Bestandteile seiner Erkenntnis- und Wissenschaftstheorie in die Deutung ein, eigentlich sogar deren Kernstück, seine Theorie der äquivalenten Beschreibungen, und wir sollten daher auch versuchen, anhand der Anwendung auf die Quantenmechanik diese Philosophie grundsätzlich zu verstehen. Außerdem werden wir an den Fachmann der Wissenschaftstheorie auch höhere Anforderungen stellen als an die Physiker und Sonntagsphilosophen und erwarten, daß er uns die Quantenmechanik besser interpretiert. Wir sollten daher — weil sich das lohnt — auch versuchen, ihn genauestens zu verstehen.

386

Dazu muß ich den Leser, der wahrscheinlich Reichenbachs Deutung der Mikrophysik recht klar und einleuchtend findet, erst einmal etwas verunsichern. Reichenbach entwickelt zunächst seine Theorie der äquivalenten Beschreibungen. Wir können einen physikalischen Gegenstand verschieden beschreiben, da wir in der Wahl unserer Sprache für nicht direkt beobachtbare Prädikate frei sind. Es kann aber eine dieser äquivalenten Beschreibungen gewissen Kriterien genügen, die sie als besonders einfach ausweisen (von besonders hoher deskriptiver Einfachheit). Diese bevorzugte Beschreibung nennen wir ein Normalsystem. Das Normalsystem ist nicht wahrer, nur einfacher als seine Konkurrenten.

Den Begriff des Normalsystems führt Reichenbach in §5 ein. Das ist zunächst einmal ein Beschreibungssystem, das vor anderen gleichwertigen gewisse Vorzugseigenschaften besitzt. Bereits in der *Philosophie der Raum-Zeit-Lehre* (*Ges. Werke* Bd. 2) tritt ein solches bevorzugtes Beschreibungssystem in der Geometrie auf, nämlich diejenige Längenfunktion, deren Annahme nicht mit der Hypothese von universellen Kräften verbunden ist. Später wird dieses Beschreibungssystem von ihm auch „Normalsystem" genannt (siehe Bd. 1, S. 234). Das Normalsystem ist nicht wahrer als die alternativen Beschreibungssysteme, es hat nur gewisse Vorzugseigenschaften, die es einfacher machen; es besitzt dadurch eine größere deskriptive Einfachheit als seine Konkurrenten, wenn nicht diese Einfachheit durch besondere Komplikationen in den physikalischen Theorien erkauft werden muß, so daß unter dem Strich kein Gewinn an Einfachheit mehr erzielt werden kann. (Den Ausdruck „deskriptive Einfachheit" definiert Reichenbach z.B. in *Ges. Werke*, Bd. 2, S. 55, siehe Erläut. zu Bd. 2, S.408f.) Welche Eigenschaften als Vorzugseigenschaften des Normalsystems zu gelten haben, hängt von der Problemstellung ab. Bei der Interpretation von Raum und Zeit sind das andere als bei der Deutung der Quantenmechanik. Es ist ganz wichtig, sich das klarzumachen, wenn man nicht beim Lesen des Textes in Schwierigkeiten geraten will.

Denn Reichenbach erläutert das Normalsystem zunächst am Beispiel der Beschreibung unbeobachteter Objekte. Für ein Normalsystem sollen zwei Prinzipien gelten:

1. Die Naturgesetze sind die gleichen, ob die Objekte beobachtet werden oder nicht.

2. Der Zustand der Objekte ist der gleiche, ob die Objekte beobachtet werden oder nicht. (S. 30)

Damit hat Reichenbach zwei wichtige Merkmale von objektiven Beschreibungen angegeben. Wenn wir Aussagen machen über die Vorzeit oder über ferne Weltengegenden, so bedienen wir uns selbstverständlich des ersten Prinzips. Ferner werden alle Aussagen über objektive Eigenschaften von Gegenständen stets als beobachtungsunabhängige Aussagen verstanden. Das Objektive ist das gegen die Art der Beobachtung Invariante und muß daher auch unabhängig davon sein, ob überhaupt eine Beobachtung stattfindet.

Es lassen sich leicht physikalische Theorien formulieren, die das zweite Prinzip verletzen und den üblicherweise akzeptierten Theorien empirisch äquivalent sind. So könnte man in der Wärmelehre ein Gesetz einführen, wonach die Temperatur in großer Entfernung von Thermometern doppelt so hoch ist wie am Ort der Thermometer. Alle übrigen Gesetze der Wärmelehre wären dann so zu modifizieren, daß die Experimente nicht anders auszufallen haben, als sie es bekanntermaßen tun. Gegen eine derartige Theorie könnte dann das zweite Prinzip für Normalsysteme geltend gemacht werden. Wir werden keine Theorie entwerfen, deren physikalische Größen nicht die Werte haben, die sie haben *würden*, wenn man sie messen *würde*. Es sind daher alle theoretischen Beschreibungen der Physik einschließlich ihrer Zuordnungsdefinitionen daraufhin zu überprüfen, ob sie dem zweiten Prinzip für Normalsysteme genügen. Andernfalls wären sie physikalisch zwar nicht falsch, würden jedoch eine anomale Semantik besitzen, die zu keiner objektiven Beschreibung der Welt führt. In diesem Sinne also sind Reichenbachs zwei Prinzipien der normalen Beschreibung bereits außerhalb der Philosophie der Quantenmechanik von großer Bedeutung für die physikalische Semantik.

Eine solche abartige Theorie würde jedoch die Verwendung irrealer Konditionalsätze unmöglich machen. Wir könnten dann nicht mehr sagen:

Am Ort P herrscht die Temperatur T, die man messen *würde*, wenn man ein Thermometer dorthin bringen *würde*.

Das wäre dann nämlich falsch. Es würde ja eine doppelt so hohe Temperatur herrschen. Stegmüller gibt zu bedenken, daß mit der Ungültigkeit der irrealen Konditionalsätze eine Säule unserer Erkenntnis zusammengebrochen wäre und daß auch Reichenbach daran doch stets festhalten würde. Die „Willensentscheidung" für ein anomales Beschreibungssystem würde uns eines wesentlichen Instruments der Erkenntnis berauben. Das ist letztlich ein transzendentales Argument (W. Stegmüller 1970, S. 261).

Stegmüller verwendet für sein Argument Reichenbachs drastisches Beispiel vom Baum, der sich verdoppelt, wenn man ihn nicht ansieht. Der Baum „ist objektiv" – so würde man das Wort „objektiv" *verstehen* – so wie er erscheinen *würde*, wenn man ihn ansehen *würde*. Ein doppelter Baum *kann* sich dann nicht ergeben, wenn er beim Hinschauen immer einfach ist. Sobald man also irreale Konditionalsätze verwendet, erzwingt man das zweite Prinzip, das der Permanenz der Dinge.

Doch so wichtig das zweite Prinzip für Normalsysteme auch sein mag, in der Reichenbachschen Fassung ist es nicht akzeptabel. Das wurde bereits von W. Pauli bemerkt. Pauli geht auf das Beispiel des Baumes aus §5 ein, der einmal angeschaut wird und ein andermal nicht und der ja nicht durch das Öffnen oder Schließen der Augen als gestört gelten darf:

Wäre z.B. das beobachtete Objekt ein Staubteilchen, das dem Beobachter vor der Nase herumtanzt, so wird er sich nicht wundern, wenn das Auf- und Zumachen der Augen eine Luftströmung erzeugt, die es wegweht, und es nachher fort ist. Andererseits kann man einen Baum auch dadurch „beobachten", daß man ihn verbrennt, um seine chemische Zusammensetzung festzustellen. (Brief vom 6.1.1943, Reichenbach-Nachlaß HR 018-24-03.)

Viele Arten von Beobachtung führen zur Zerstörung des beobachteten Objekts, gerade in der Mikrophysik, wo z.B. Elementarteilchen auf einen Zähler auftreffen. Selbst wenn ich nachsehen will, ob eine Nuß einen Kern hat, muß ich sie aufschlagen. Es muß daher noch nach einer Formulierung des 2. Prinzips gesucht werden, die nicht mehr in dieser Weise angegriffen werden kann.

Pauli hatte Reichenbach von seinem Argument überzeugt. Er hielt nun das zweite Prinzip der normalen Beschreibungen für entbehrlich: „Nur das erste Prinzip drückt die conditio sine qua non des Normalsystems aus." (S. 35, Fußnote 1)

Damit, daß Reichenbach das zweite Prinzip nun einfach fallen läßt, tut er also – wenn Stegmüller wenigstens ein bißchen Recht hat – einen folgenschweren Schritt, dessen Konsequenzen ich hier leider nicht ausdiskutieren kann. Das kann nur in einem eigenen Aufsatz zu diesem Thema geschehen.

Diese Theorie wird nun auf die Interpretation der Quantenmechanik angewandt, auf das Verhältnis der Erscheinungen zu ihren mikroskopischen Erklärungen. In diesem Zusammenhang scheinen indessen beide Prinzipien recht problematisch zu werden, wenn man sie so wörtlich liest, wie sie dastehen. Denn hier geht es nicht um das Verhältnis von gleichartigen Dingen wie das von beobachteten zu unbeobachteten Bäumen, sondern um das von grundsätzlich verschiedenartigen Objekten, nämlich makrophysikalische Erscheinungen und ihre mikrophysikalischen Erklärungen. Die ersteren nennt Reichenbach „Phänomene", die zweiten „Interphänomene". Was diese Unterscheidung im Detail bedeutet, wird noch zu untersuchen sein. Seit Galilei erwartet man meist keine Ähnlichkeit mehr zwischen Erscheinungen und den ihnen zugrunde liegenden physikalischen Vorgängen. Bereits Galilei erklärte den Schall durch ein Zittern der Atome in der Luft, und heute erklären wir die verschiedenartigsten Eigenschaften der Materie durch das Zusammenspiel von Atomkernen und Elektronen nach den Gesetzen der Elektrostatik.

Es besteht also nicht der geringste Grund dafür, sich die Mikrowelt als eine Extrapolation der Makrowelt zu denken. Verschiedenen Kritikern Reichenbachs ist bereits aufgefallen, daß das Beispiel des nicht gesehenen Baumes eigentlich ein schlechtes Analogon für das nichtgesehene Atom ist. Den Baum können wir uns an*schauen*, wenn wir es wollen, und dann hat er ein Aus*sehen*. Beim Atom hingegen ist das nicht möglich. Alberto Coffa erläutert diese Diskrepanz (in den Erläut. zu Bd. 4, S. 271 f.) durch die Unterscheidung zwischen *homogenem* und *heterogenem* Realismus. Der *homogene* Realist postuliert die *beobachtungsunabhängige* Realität der Dinge, die wir gerade sehen. Der *heterogene* Realist behauptet die Wirklichkeit von Dingen, mit denen wir die Phänomene erklären können. Galilei, Descartes und Locke und alle kritischen Realisten waren heterogene Realisten. Sie glaubten an Dinge, z.B. Atome, die anders sind als diejenigen, die wir wahrnehmen. Bezogen auf unsere Fragestellung heißt das, daß nur für makroskopische Objekte der homogene Realismus einigermaßen plausibel sein kann. Für Mikroobjekte besteht dazu nicht mehr der geringste Grund.

In letzter Konsequenz ist auch Reichenbach kein homogener Realist der Mikroobjekte. Er spricht zwar noch (auf S.45) von dem Ziel, die Experimente so zu

„erklären, daß die Gesetze für die Phänomene und die Interphänomene dieselben sind“; bei näherem Zusehen geht es ihm aber nur um das *Fortbestehen einiger fundamentaler Prinzipien*, vor allem des *Nahwirkungsprinzips*, das bei ihm in der Raum-Zeit-Lehre schon eine besonders wichtige Rolle spielt und dort von ihm als epistemologische Grundlage des topologischen Zusammenhangs in Raum und Zeit erkannt worden ist (siehe oben, S. 217 ff.; *Ges. Werke*, Bd. 2, S. 323 ff.). So schreibt Reichenbach (auf S. 38):

> Die Welle wird sozusagen durch den Lichtblitz *C* verschluckt. Dieser Prozess des Verschwindens der Welle bedeutet eine *kausale Anomalie* insofern, als er den Gesetzen widerspricht, die für beobachtbare Ereignisse aufgestellt worden sind. Wir sehen, daß die Gesetze der Interphänomene in dieser Beschreibung von den Gesetzen der Phänomene verschieden sind. Die angeführte Beschreibung stellt daher kein Normalsystem dar.

Offensichtlich ist hier das schlagartige Zusammenschnurren der Wellenfunktion auf einen Punkt bei der Messung des Orts eines Teilchens, das, wenn man es als realen physikalischen Vorgang auffaßt, mit Überlichtgeschwindigkeit erfolgt, mit der Fortgeltung des Nahwirkungsprinzips im Widerspruch. Es geht hier ausschließlich um dieses wichtige Prinzip. Die Beibehaltung des Nahwirkungsprinzips wird besonders dadurch nahegelegt, daß auch in der Atomphysik eine technisch verwertbare Signalausbreitung mit Überlichtgeschwindigkeit nicht stattfinden kann. Wenn die Welle des Elektrons beim Auftreten auf den Zinksulfidschirm sich schlagartig auf einen Punkt zusammenzieht, wie eine Hydra ihre Fangarme einzieht, wenn man sie berührt, so läßt sich dieser Vorgang doch nicht zu telegraphischen Zwecken benutzen. (Siehe auch auf S. 53: „So können wir die Fernwirkung, die zwischen den beiden Schlitzen B_1 und B_2 in der Korpuskelbeschreibung besteht, nicht benutzen, um Signale von einem Schlitz zum anderen zu senden.“) Es könnte sich hier nur um irreale Signale handeln, wie sie Reichenbach in seiner *Philosophie der Raum-Zeit-Lehre* so schön beschreibt (*Ges. Werke*, Bd. 2, S. 181 f.). Das legt nahe, diesen Vorgang als nicht objektiv anzusehen, wobei man natürlich für objektive Prozesse das Nahwirkungsprinzip unterstellt und nicht annimmt, daß sich dabei irgendwelche Hexereien ereignen können.

Der obige Hinweis auf den Gebrauch des Terminus „Normalsystem“ in anderen Kontexten bei Reichenbach kann uns hier vielleicht zustatten kommen. In §5 behandelt Reichenbach wohl eher ein Beispiel für Normalsysteme, als daß er mit beiden Prinzipien (auf S. 30) eigentlich diesen Terminus einführt. *Für die Quantenmechanik ist ein Normalsystem eine Beschreibung, in der das Nahwirkungsgesetz und vielleicht auch einige andere fundamentale Prinzipien der Makrophysik in der Mikrophysik erhalten bleiben und nichts darüberhinaus.*

Am Rande sei hier vermerkt, daß bereits in *Erfahrung und Prognose* (*Ges. Werke*, Bd. 4)) das Kausalgesetz als Argument für den Realismus eine Rolle spielt (S. 77). Das dortige Argument hat große Ähnlichkeit mit dem für ein Normalsystem der Mikrophysik.

Bisher war von Erscheinungen oder Phänomenen und von den Interphänomenen die Rede, als böten diese Termini keine besonderen Verständnisschwierigkeiten. Reichenbach versucht nun in §6 zu erklären, was er unter Phänomenen verstehen will. Er versteht darunter „eine Klasse von Geschehnissen, die so leicht aus makroskopischen Daten erschlossen werden können, daß man sie als beobachtbar im weiteren Sinne ansehen kann" (S. 32), und weiter unten sagt er: „Genauer gesagt heißt das, daß wir in den Schlüssen, die von makroskopischen Daten zu Phänomenen führen, nur die Gesetze der klassischen Physik benutzen" (S. 32–33). Damit scheint auch klar zu sein, daß zu den Phänomenen offenbar alles gehört, was in der Sprache der klassischen Physik beschrieben wird, etwa Nebelspuren in einer Wilsonkammer, das Ansprechen von Geigerzählern und natürlich die klassisch beschriebene Versuchsanordnung. Reichenbach selbst fügt jedoch hinzu: „Wir meinen alle diejenigen Geschehnisse, die aus Koinzidenzen bestehen, wie z.B. aus Zusammenstößen zwischen Elektronen oder Elektronen und Protonen usw. Die Phänomene sind mit makroskopischen Geschehnissen durch ziemlich kurze Kausalketten verknüpft; darum sagen wir, daß sie direkt mit Hilfe von Instrumenten, wie z.B. einem Geigerzähler, einem photographischen Film, einer Wilsonkammer usw. verifiziert werden können." (S. 32) Damit hatte Reichenbach für Verwirrung und Rätselraten gesorgt.

Zusammenstöße zwischen Elektronen können ja doch ebensowenig in die makroskopische Physik gehören wie Elektronen selbst. „Denn sicherlich ist das Wort ‚Elektron'" − so meint E. Nagel verwundert (1945, S. 443) − „ein leeres Wort, solange es nicht in eine Aussagenmenge eingegliedert wird, die Elektronen bestimmte Eigenschaften zuschreibt, und aus der sich verifizierbare Folgerungen ableiten lassen." Mit anderen Worten: „Elektron" ist ein theoretischer Term der Mikrophysik. Koinzidenzen von Elektronen sind daher nur mikrophysikalisch, d.h. mit Hilfe der Theorie der Elektronen, beschreibbar. (Siehe auch W. Stegmüllers Wiedergabe von Nagels Kritik, 1970, S. 263–266.)

Reichenbach trägt in seiner Antwort auf V.F. Lenzen zur Klärung dieser Frage bei. Lenzen (V.F. Lenzen 1946, auf S. 481) sah nämlich in den Zusammenstößen von Elektronen bereits eine Bevorzugung der Teilcheninterpretation, wo doch die Phänomene gegenüber derartigen Interpretationen neutral zu sein hätten. Reichenbach antwortet:

Sicherlich verwenden wir die Korpuskelinterpretation, wenn wir einen Lichtblitz auf einem Schirm einen Zusammenstoß zweier Teilchen nennen; und wenn wir ihn als Kollision zweier Wellenpakete betrachten, verwenden wir die Welleninterpretation. Aber es gibt noch eine andere Weise der Beschreibung eines Lichtblitzes: Wir können ihn als physikalisches Ereignis in einem genau lokalisierten Gebiet beschreiben. Die von mir gebrauchte Definition ist diese letzte, die nicht von Teilchen oder Wellen spricht; und es ist klar, daß sie genau das formuliert, was ohne Annahme einer speziellen Interpretation ausgesagt werden kann. (1946a, S. 487–488)

Damit ist eigentlich alles geklärt. Reichenbach *verwendet* zwar theoretische Terme der mikrophysikalischen Sprache, *meint* damit aber die von den theoretischen Entitäten erzeugten beobachtbaren Phänomene. Damit bedient er sich Ausdrucksweisen, die durchaus bei Physikern üblich sind, wenn sie Alphateilchen auf einem Zinksulfidschirm auftreffen „sehen". Die sehr anschauliche und sehr didaktische Darstellung Reichenbachs erweist sich als etwas zu unscharf, das erkenntnislogische Problem hinreichend genau zu formulieren.

Erläuterungen zu §6–8: Bilder und Beschreibungen der Mikrowelt, Wellenbild und Teilchenbild, einschränkende und ausschöpfende Interpretationen der Quantenmechanik

In §6 behandelt Reichenbach zunächst zwei gängige Interpretationen der Quantenmechanik, die *Wellen-* und die *Teilcheninterpretation.* Daneben tritt dann die *Führungsfeldinterpretation,* die beide miteinander verbindet. Reichenbach versucht nun diese Deutungen in den Rahmen seiner Wissenschaftstheorie zu stellen und führt dazu einige wichtige Unterscheidungen ein. Er unterscheidet zwischen *einschränkenden (restriktiven)* und *erschöpfenden (exhaustiven)* Interpretationen. Die exhaustiven Interpretationen lassen jederzeit Aussagen über die Interphänomene zu, die wahr oder falsch sind. Die restriktiven Interpretationen lassen nur eingeschränktes Reden über die Interphänomene zu. Entweder sind Aussagen über Interphänomene manchmal unbestimmt, d.h. weder wahr noch falsch, oder es sind überhaupt keine solchen Aussagen wahr oder falsch. Dann wäre eine Wellenfunktion nur ein Hilfsmittel zur Voraussage von Meßresultaten, aber kein Symbol, mit dem wahre oder falsche Aussagen formuliert werden können. Exhaustive Interpretationen sind die Teilchen- und die Welleninterpretation und ferner die Führungsfeldinterpretation von L. de Broglie und D. Bohm.

Aber dann werden aus diesen Interpretationen mit einem Male Beschreibungen (S. 35), und Reichenbach versucht uns zu erklären, daß weder das Teilchennoch das Wellenbild ein Normalsystem zur Beschreibung der Materie abgibt. Hier stutzt der Leser vielleicht und fragt sich: Was haben Interpretationen mit Beschreibungen gemein? Liefert nicht der Formalismus der Quantenmechanik *selbst* die *Beschreibung* der Materie und wird durch die Teilchen- bzw. Welleninterpretation *gedeutet?* Man sollte doch nicht die Deutung einer physikalischen Beschreibung der Materie mit dieser Beschreibung selbst verwechseln. Die physikalische Sprache beschreibt die Materie mit der Wellenfunktion ψ, ohne daß wir uns schon darüber Klarheit verschaffen müssen, ob das die Darstellung einer Welle oder die für den Wahrscheinlichkeitsstrom eines Teilchens ist. Wo gibt es hier äquivalente Beschreibungen? Teilchen- und Wellendeutung sind doch nur der nachträgliche Versuch, die Beschreibung in der Sprache der physikalischen Theorie mehr oder weniger anschaulich zu verstehen!

Auch Stegmüller kritisiert Reichenbach, weil er Bilder von der Wirklichkeit, das Teilchen- und das Wellenbild, nicht von physikalischen Theorien unterscheidet:

> Was ist eigentlich der Sinn der beiden geschilderten Interpretationen? . . . Die Antwort darauf wird davon abhängen, *was für einen Interpretationsbegriff man zugrundelegt.* Entweder dieser Begriff wird in einem *psychologischen* Sinn verstanden. Dann . . . ist [es] unwesentlich, *welches Spiel der Vorstellungen* [man] mit der Anwendung seiner Theorie verbindet. Oder der Begriff wird in einem präziseren logischen Sinn verstanden. Dann wäre die

Quantenmechanik als eine axiomatisch aufgebaute Theorie zu denken . . .
Woher stammen dann die beiden Begriffe „Welle" und „Korpuskel"? Vermutlich von der *klassischen Theorie*. . . . [Wenn man so die sich gegenseitig widersprechenden Theorien, die klassische und die quantenmechanische, miteinander vermischt], so sollte es einen nicht wundern, wenn dabei so etwas wie „kausale Anomalien" auftreten. (W. Stegmüller, 1970, S. 272)

Etwas später schreibt er: „Man muß *Bilder* von sich wehren, die sich einem aufzudrängen pflegen, wenn man an den ‚Elementarteilchenzoo' denkt." Stegmüller geht überhaupt mit Reichenbach hart ins Gericht, er wirft ihm „Abgleiten ins Bildhafte" (S. 280) vor und „eine ganz merkwürdige Verquickung zwischen den *radikalen Ansichten*, die *in der Frühphase des modernen Empirismus* (z.B. im Wiener Kreis) von dessen Verfechtern vertreten worden sind, und einer *naiv realistischen Betrachtungsweise*" (S. 259).

Ich glaube nicht, daß Stegmüllers harte Kritik an Reichenbachs Quantenmechanikdeutung gerechtfertigt ist. Daß Reichenbachs sehr anschauliche, ja oft direkt volkstümliche Darstellung den auf Präzision erpichten Philosophen gelegentlich frustiert, läßt sich wohl kaum bezweifeln. Jedoch steckt hinter seiner Diskussion äquivalenter Beschreibungen der Mikrophysik mehr als nur ein Jonglieren mit Bildern.

Hier zeigt sich mit einem Male, daß wir doch zusätzliche Informationen über Reichenbachs Wissenschaftstheorie benötigen, wenn wir nicht seine auf den ersten Blick so glänzende Darstellung einfach beiseite legen wollen. Ohne nähere Erläuterung sind wir nun einfach geneigt, anzunehmen, er rede am Kern der Sache vorbei.

Zunächst sind Wellenbild und Teilchenbild für Reichenbach wirklich zwei verschiedene Formulierungen einer Theorie und nicht zwei verschiedene anschauliche Deutungen derselben Formulierung. Das wird im dritten Teil des Buches in §25 und §27 deutlich. Die Welleninterpretation bedient sich dabei des üblichen Formalismus von Schrödinger, ist also nichts anderes als Schrödingers bekannte Wellenmechanik (siehe §27). Die Teilcheninterpretation hingegen mußte, sofern sie mehr sein sollte als die Veranschaulichung einer bereits existierenden Theorie, von Reichenbach erst erfunden werden. In den Erläuterungen zu §25 werde ich zeigen, daß Reichenbachs Versuch − selbst wenn man ihn verbessert − nicht zu einer akzeptablen Beschreibung der Mikrowelt führt. Die Teilcheninterpretation als äquivalente Beschreibung zu anderen existiert also gar nicht. Reichenbach hat sich hier etwas ausgedacht, was nicht funktioniert.

Anders steht es mit der Führungsfeldinterpretation, zu der D. Bohm einen Formalismus vorgeschlagen hat, der dem üblichen von Schrödinger äquivalent ist (D. Bohm 1952). In einer späteren Veröffentlichung (1952d) geht Reichenbach auch darauf ein (siehe Reichenbach 1953a, S. 128f.; 1978, Bd. 2, S. 253f.). Natürlich liefert auch Bohm eine äquivalente Beschreibung der Mikrowelt, jedoch eine mit recht seltsamen kausalen Anomalien. Reichenbach lehnt Bohms Theorie nicht rundweg ab. Das kann er nach seiner Theorie der äquivalenten Beschreibungen auch nicht. Jedermann steht es frei, auch Bohms deterministische Interpretation der Quantenmechanik zu akzeptieren, wenn er deren kausale Anomalien zu akzeptieren bereit ist. Reichenbach verhehlt allerdings nicht, daß er Bohms Interpretation als wenig hilfreich für die Arbeit der Physiker ansieht.

Reichenbach befaßt sich nun aber nicht nur mit dem Teilchen- und dem Wellenbild, sondern auch mit zwei „einschränkenden" Interpretationen. Davon kommen zwei Spielarten zur Erörterung, eine mit einer *einschränkenden Sinndefinition* und eine zweite, die eine dreiwertige Logik verwendet. Die zweite einschränkende Interpretation, eine mit Hilfe einer dreiwertigen Logik, ist diejenige, die ihm letztlich am meisten am Herzen liegt. Damit gelingt ihm auch, gewisse Sprechweisen der Physiker zu legitimieren. Ich will im Detail darauf erst in den Erläuterungen zu §30 zu sprechen kommen.

Reichenbach diskutiert also insgesamt vier Interpretationen der Quantenmechanik, in denen er *gleichwertige Beschreibungen* des Mikrokosmos sieht:

1. die Wellendeutung
2. die Teilchendeutung
3. die „Bohr-Heisenberg"-Deutung
4. die Deutung mit dreiwertigen Aussagen.

Für Interpretation 3, die er nach Bohr und Heisenberg benennt, ohne damit behaupten zu wollen, daß diese Physiker tatsächlich genau diese Deutung bevorzugt haben, gilt eine *Einschränkungsregel*. Diese „besagt, daß nur Aussagen über gemessene Größen, d.h. über Phänomene zulässig sind; Aussagen über ungemessene Größen, Interphänomene, werden sinnlos genannt" (S. 53−54).

Es wäre zunächst erläuternd hinzuzufügen, daß Reichenbach hier nicht nur über Ereignisse redet, die tatsächlich von Physikern beobachtet werden, sondern auch über solche, die beobachtet werden könnten, weil sie vielleicht makroskopische Spuren hinterlassen. In seiner Antwort auf Lenzen (1946a, S. 488−489) spricht er von der „Reduktion der Wellenpakete" bei der Beobachtung von Teilchenzusammenstößen:

> Man versucht darzutun, daß die Beobachtung zu dieser unstetigen Veränderung [discontinuity] führt. Aber warum muß das Ereignis eine Beobachtung genannt werden? Es ist nicht entscheidend, ob das Geschehnis von einem Beobachter als Grundlage für Aussagen über die physikalische Welt verwandt wird. . . . Diese Art Anthropomorphismus sollte in der heutigen Physik als veraltet angesehen werden.

Unter ungemessenen Größen versteht Reichenbach also offenbar solche Größen, auf die − gleichgültig, ob ein Beobachter anwesend ist oder nicht − aus den makroskopischen Ereignissen keinerlei Rückschlüsse möglich sind.

Aber macht nicht jeder Physiker, der die Wellenfunktion für seine Berechnungen verwendet, Aussagen über Interphänomene? Und selbstverständlich haben Bohr und Heisenberg auf dieses Hilfsmittel nicht verzichtet. Die physikalische Sprache ist bei ihnen dieselbe wie bei einem Anhänger der erschöpfenden oder exhaustiven Interpretation. So gesehen ist die „Bohr-Heisenberg"-Deutung mit einschränkender Sinndefinition eine erkenntnistheoretische Abstraktion Reichenbachs. Der Anhänger dieser einschränkenden Interpretation, welche nicht über

Interphänomene redet, muß also sagen, daß er die Wellenfunktion nur als Rechengröße verwendet, ohne damit den Anspruch von Aussagen über die Welt zu verbinden. Wieder werden wir uns mit Stegmüller fragen, ob Reichenbach hier nicht „Beschreibung" mit „Bild" verwechselt. Wenn zwei Physiker die gleichen Experimente voraussagen und die gleichen Formeln hinschreiben, wobei nur der eine behauptet, er rede dabei von etwas Realem, und der andere, er rede von etwas Fiktivem, dann unterscheiden sie sich nach Carnap nur auf dem Felde einer sinnlosen Metaphysik. Alle diese Beschreibungen benutzen die gleiche formale Darstellung physikalischer Zustände wie Schrödingers Wellenmechanik und unterscheiden sich davon nur in den Regeln dafür, was als sinnvoll und was als wahr zu gelten hat. Wie können wir das verstehen?

An dieser Stelle ist ein Blick in andere Schriften Reichenbachs hilfreich. Die äquivalenten Beschreibungen begleiten in der einen oder anderen Form sein Denken mindestens seit 1920, wie wir im ersten Abschnitt der Erläuterungen bereits gesehen haben (oben S. 375f.). Wir erinnern uns daran, was oben über seine Diskussion alternativer erkenntnistheoretischer Positionen in *Erfahrung und Prognose* (*Ges. Werke*, Bd. 4) gesagt worden ist. Sieht man sich Reichenbachs Theorie der alternativen Beschreibungen in dieser seiner Erkenntnistheorie genau an, wo Realismus und Positivismus als zwei verschiedene Beschreibungen der Welt oder zwei verschiedene Sprachen aufgefaßt werden − wovon oben in den Erläuterungen zum Gesamtband bereits die Rede war −, dann wird klar, daß *zu einer Sprache* für Reichenbach immer auch *ein Kriterium für die Bedeutungsgleichheit von Sätzen und ein Sinnkriterium* gehören. Eine Sprache bestimmt stets selbst, was in ihr sinnvoll ist und was bedeutungsgleich ist.

Diese Erkenntnis können wir hier unmittelbar auf die Deutungen der Quantenmechanik anwenden. Warum, so hatten wir gefragt, sind verschiedene Deutungen der Quantenmechanik verschiedene Sprachen oder Beschreibungen der Natur, wenn alle vom gleichen quantenmechanischen Formalismus der Schrödingergleichung und Wellenfunktionen ausgehen? Die Antwort lautet, daß zu einer Sprache mehr gehört als eine Menge von Zeichen und Regeln für wohlgeformte Ausdrücke. Es gehören in jedem Falle auch Bedeutungsgleichungen und ein Sinnkriterium dazu. Damit werden aber die einschränkenden und erschöpfenden Interpretationen der Quantenmechanik wegen ihrer verschiedenen Sinnkriterien zusammen mit dem zu deutenden Formalismus selbst verschiedene Sprachen. Für den Vertreter der Bohr-Heisenbergschen Interpretation, so wie Reichenbach diese versteht, sind Aussagen über Interphänomene, etwa über die Vorgänge in einem Atom, sinnlos. Für den Vertreter der Wellendeutung hingegen ist es wahr oder falsch, ob die Wellenfunktion eines Teilchens an bestimmten Orten bestimmte Werte hat. Auch die vierte Interpretation der Quantenmechanik mit Hilfe einer dreiwertigen Logik unterscheidet sich von den drei vorangehenden durch ihr eigenes Sinnkriterium. Reichenbach führt dann ja, wie bereits gesagt, auch noch diese einschränkende Deutung ein, in der Aussagen über Interphänomene neben den Wahrheitswerten „wahr" und „falsch" noch den Wahrheitswert „unbestimmt" erhalten können. Damit tritt neben die Klasse der sinnvollen und der sinnlosen Aussagen eine der unter bestimmten Umständen sinnvollen Aussagen. Eine unbestimmte Aussage kann als eine bedingt sinnlose Aussage aufgefaßt werden, die unter anderen Umständen auch einen Sinn hätte haben können, so wie: „Der gegenwärtige König von Frankreich ist kahlköpfig." Es zeigt sich also auch hier, daß die Deutung der Quantenmechanik in einer dreiwertigen Logik als die Anwendung eines besonderen Bedeutungsbegriffs in der quantenmechanischen Sprache aufgefaßt werden kann, ohne dessen Angabe eine Sprache eben nicht hinreichend charakterisiert ist.

Daß für Reichenbach das Sinnkriterium stets konventionell ist und insofern Teil der Regeln einer Sprache, betont er, sobald er nur darauf zu sprechen kommt. „On meaning" (1940b) beginnt er mit den Worten:

> Eine erfolgreiche Diskussion von „Bedeutung" kann nur auf der Grundlage der Vorstellung erfolgen, daß die Frage nach der Bedeutung eine Angelegenheit der Definition und nicht der Erkenntnis ist. Wir sollten nicht fragen: was ist die Bedeutung eines Satzes? Sondern wir sollten vielmehr fragen: Was *wollen wir* unter der Bedeutung eines Satzes *verstehen*?

Und in seinem Aufsatz über die Verifizierbarkeitstheorie der Bedeutung (1951b (9)) sagt er ebenfalls, sobald er auf das Thema zu sprechen kommt:

> Die Verifizierbarkeitstheorie der Bedeutung stellt Regeln auf für die Bildung sinnvoller Sätze. Diese Regeln sind Konventionen, welche die Struktur der Sprache festlegen. Als Regeln sind sie weder wahr noch falsch, sondern Willensentscheidungen [volitional decisions]. (1951b(9), S. 48; H. Feigl, M. Brodbeck (Hrsg.) 1953, S. 93)

Damit wird auch die Kritik Nagels gegenstandslos, der Reichenbach einen Verstoß gegen das empiristische Sinnkriterium vorwarf (1946, S. 444). Für Reichenbach gibt es kein absolutes Sinnkriterium. Jede Sprache hat ihr eigenes. Natürlich gibt es zweckmäßige und unzweckmäßige Sprachen. Aber es gibt keine verbotenen oder falschen Sprachen. Reichenbach kann daher für die Interpretation der Quantenmechanik mittels einer dreiwertigen Logik ein neues Sinnkriterium einführen: „Aussagen haben Sinn, wenn sie als wahr, falsch oder unbestimmt verifiziert werden können." (1946b, S. 245) Nagel reagiert auf diese Lösung mit Unverständnis. Wenn man unverifizierbare (und damit im Grunde sinnlose) Aussagen „unbestimmt" nennt und sie damit zu sinnvollen Aussagen macht, gibt man eigentlich die Verifizierbarkeitstheorie der Bedeutung auf.

Aus den verschiedenen Sinnkriterien der verschiedenen Interpretationen der Quantenmechanik ergeben sich nun auch verschiedene Auffassungen darüber, was real ist. Real sind nämlich ganz allgemein diejenigen Gegenstände, über die sinnvolle Aussagen möglich sind. Aussagen über Mikroobjekte sind genau dann mindestens manchmal sinnvoll und nicht nur eine façon de parler des Redens über die Kausalzusammenhänge zwischen makroskopischen Erscheinungen, wenn Mikroobjekte existieren. Genau dann, wenn es keine Mikroobjekte gibt, sind diese Aussagen sämtlich sinnlos. Die verschiedenen Interpretationen unterscheiden sich daher nicht nur durch die von den Physikern zur Bewältigung physikalischer Probleme hingeschriebenen Formeln und durch ihre Sinnkriterien, sondern auch durch die Einschätzung von deren Realitätsgehalt.

Und wenn der Realitätsgehalt keine metaphysische Scheineigenschaft sein soll, so muß er an etwas erkennbar sein, nämlich am normalen kausalen Verhalten der physikalischen Vorgänge. Denn „die kausalen Anomalien" – sagt Reichenbach (auf S. 53) – „haben die Existenz von Geistern [ghostlike existence]". So geht es also letztlich darum, was man als den Gegenstand der Kausalgesetze ansehen will, vor allem des Nahwirkungsgesetzes. Denn das Determinismusgesetz ist ja ohnehin in der Quantenphysik verletzt. Entweder betrachtet man in einer erschöpfenden Interpretation die Interphänomene, von denen natürlich jeder Physiker redet, als real und damit als Kandidaten für Anwendungen des Nahwirkungsgesetzes, dann müssen wir uns mit dem Vorgang der Reduktion des Wellenpakets als physikalisch realem Prozeß abfinden und sehen damit das Nahwirkungsgesetz verletzt, oder wir betrachten diesen Vorgang in einer einschränkenden Interpretation als Geisterprozeß – obwohl er in unseren Formeln auftaucht –, dann ist er nicht mehr ein Objekt, das zur Prüfung des Nahwirkungsgesetzes dienen könnte.

Damit sind Reichenbachs vier verschiedene Beschreibungen der Mikrowelt letztlich vier verschiedene Interpretationen des Kausalzusammenhangs zwischen Ereignissen. Das erinnert sehr an die Relativität der Geometrie in der *Philosophie der Raum-Zeit-Lehre*. Wann zwei Strecken gleich lang sind, hängt davon ab, wie man die Streckengleicheit definiert. Davon hängt aber wieder ab, welche Geometrie gilt. Für den Kausalzusammenhang gilt: Welche Prinzipien für die Kausalverknüpfungen gelten, hängt davon ab, zwischen welchen Ereignissen Kausalzusammenhänge bestehen. Ob zwischen zwei Ereignissen ein kausaler Zusammenhang besteht, hängt davon ab, ob sie real sind. Welche Ereignisse real sind, hängt davon ab, welche Interpretation der Quantenmechanik gelten soll.

So haben wir es hier wie bereits in Reichenbachs erstem Buch *Relativitätstheorie und Erkenntnis a priori* (1920, in *Ges. Werke*, Bd. 3) mit einer Prinzipienkonkurrenz zu tun. Man kann zwischen verschiedenen äquivalenten Beschreibungen der Welt wählen. In jeder dieser Beschreibungen werden bei ihrer Anwendung auf die empirische Welt bestimmte Prinzipien der klassischen Physik wahr und andere falsch. Wir können wählen, ob wir lieber an dem einen oder an dem anderen Prinzip festhalten wollen. An einigen Prinzipien hält Reichenbach lieber fest als an anderen. Das Nahwirkungsprinzip, wonach jedes Ereignis mit einer bestimmten Wahrscheinlichkeit aus raumzeitlich unmittelbar benachbarten Ereignissen folgt, ist Reichenbach besonders lieb. Er ist bereit, dafür z.B. die zweiwertige Logik zu opfern. Ein anderer würde vielleicht gewisse Verstöße gegen dieses Prinzip, die Reichenbach kausale Anomalien nennt, in Kauf nehmen, wenn er nur die zweiwertige Logik retten kann. Das Ganze ist eine Sache der „Willensentscheidung". Wir sehen also, daß Reichenbach auch bei den Grundlagen der Quantenmechanik letztlich die uns aus anderem Kontext bereits bekannte Art von Fragen stellt, nicht dieselben, aber doch Fragen vom gleichen Typ, wie in der Philosophie der Raum-Zeit-Lehre. Das Problem, das die Diskussion seit Jahrzehnten und auch heute noch beherrscht, das der Beschreibung des quantenmechanischen Meßprozesses, kommt bei ihm praktisch nicht vor. Reichenbach bleibt auch bei der Quantenmechanik ganz in dem für ihn typischen Problemkreis.

Erläuterungen zu den §§24−26

Nach dem Intermezzo des zweiten Teils nimmt Reichenbach zu Beginn des dritten Teils „Interpretationen" das Thema der §§5−8 wieder auf. Es geht um vier Deutungen der Quantenmechanik, um die Teilcheninterpretation, die Welleninterpretation, die einschränkende (restriktive) Deutung und um die Interpretation mit Hilfe einer dreiwertigen Logik. Hauptinteresse Reichenbachs bleibt dabei die Anwendung seiner Theorie der alternativen Beschreibungen.

Zunächst wendet er sich der Teilchen- und der Wellendeutung zu, die beide nach seiner Meinung zu kausalen Anomalien führen. In den Erläuterungen zu §6 und §7 hatte ich bereits darauf hingewiesen, daß diese Deutungen für Reichenbach keine Bilder sind, wie sie von Physikern gern zu didaktischen Zwecken gebraucht werden, sondern daß er glaubt, man könne − um den Preis von kausalen Anomalien − die Mikrosysteme entweder als Mengen von Teilchen oder als Wellen in mehrdimensionalen Räumen beschreiben. Im Falle der Wellendeutung ist klar, was Reichenbach meint. Man faßt die Schrödingersche Wellenfunktion als reale Welle auf und muß sich dann damit abfinden, daß es beim Meßvorgang zu sprunghaften Änderungen derselben kommt, die sich mit unendlicher Geschwindigkeit durch den Raum ausbreiten.

Anders jedoch bei der Teilcheninterpretation. Hier gibt es keinen Formalismus, den man einfach in den Lehrbüchern nachlesen kann. Wir müssen uns an Reichenbach selbst wenden, wenn wir fragen, was das sein soll. Allerdings bleibt seine Antwort unbefriedigend. Sein Grundgedanke ist verständlich. Eine Teilcheninterpretation müßte eine statistische Theorie der Bewegung von Teilchen sein. Der Zustand des Systems oder besser eines Ensembles von Systemen müßte durch eine statistische Verteilungsfunktion $d(p,q)$ beschrieben werden, wie sie uns aus der statistischen Mechanik bekannt ist. Da aber die Messung des Impulses die des Ortes nach der Quantenmechanik ausschließt, ist diese Wahrscheinlichkeitsverteilung stets teilweise eine rein theoretische Größe, die sich nicht messen läßt. Sie enthält also, was man heute meist „verborgene Parameter" nennt. Reichenbach schlägt auch einen Ansatz einer solchen Beschreibung vor (S. 134, Gl. 4). Aber wenn wir wissen wollen, wie die Bewegungsgleichungen für diese Funktion aussehen, erhalten wir keine Antwort. Es kann auch keine solchen Bewegungsgleichungen geben. Denn die Teilchenbeschreibung ist der Wellenbeschreibung nicht äquivalent. Während eine Welle durch unendlich viele Parameter beschrieben wird, etwa durch ihre Fourierkonstanten a_k als

$$U = \sum_{k=0}^{\infty} a_k \sin(kt)$$

(entsprechend den Amplituden der Obertöne eines Tons), genügen zur Beschreibung eines Teilchens drei Orts- und drei Geschwindigkeitskomponenten, also sechs Zahlen. Daher kann im allgemeinen die Information, die in der Beschreibung einer Welle steckt, nicht in die Beschreibung der Bewegung eines Teilchens übersetzt werden. Wenn diese Information also nicht überflüssig ist, kann daher eine Teilchenbeschreibung nicht äquivalent zu einer gegebenen Wellenbeschrei-

398

bung sein, wie auch immer man sich die Übersetzung von der einen Interpretation in die andere vorstellen mag.

Warum glaubt aber Reichenbach so hartnäckig an die Möglichkeit der Teilchendeutung? Hierüber gibt uns ein unveröffentlichter Aufsatz aus der Berliner Zeit Aufschluß, der bereits eine der Grundideen des Quantenmechanikbuches enthält (Nachlaß HR 039-11-10). Reichenbach stört sich darin an der Behauptung der Physiker, die Störung des Mikrosystems bei der Messung sei der Grund für den Indeterminismus der Quantenmechanik. Er weist darauf hin, daß Indeterminismus und Unmöglichkeit der störungsfreien Beobachtung an sich rein logisch voneinander unabhängig sind.

Daß wir die Welt nicht störungsfrei beobachten können, heißt ja nicht, daß eine objektive Beschreibung der Welt unmöglich ist. Also müßte doch eine objektive − wenn auch indeterministische - Beschreibung der Mikrosysteme möglich sein, in der allerdings unbeobachtbare Größen vorkommen. Er schlägt in dem Aufsatz auch eine solche vor, indem er bestimmte aus der Wellenfunktion abgeleitete Größen rein konventionell als nicht empirisch bestimmbare Wahrscheinlichkeiten deutet (neben den sowieso vorhandenen empirischen). Dem Aufsatz legte er später ein Blatt bei, auf dem er sich selbst in seiner eigenen Argumentation einen Fehler nachweist. Darum ist die Abhandlung wohl auch nicht erschienen. Doch irgendwie ließ er nicht von der Idee ab, daß man Mikrosysteme mit Wahrscheinlichkeitsverteilungen über Zustände von Teilchenmengen müsse beschreiben können.

Weil Reichenbachs Idee einer Teilcheninterpretation nicht ganz ausgereift war, ist auch ihre Anwendung schwer verständlich. In §26 will er zeigen, daß eine Teilcheninterpretation zu schwerwiegenden kausalen Anomalien führt. In dieser Interpretation gibt es keine *Kettenstruktur*. Was ist damit gemeint? Reichenbachs Erläuterungen auf S. 137 sind ein wenig undeutlich. Ich interpretiere ihn folgendermaßen:

Sei $z(t_0)$ der Zustand eines physikalischen Systems S zur Zeit t_0, sei $u(t)$ der Wert irgendeiner physikalischen Größe dieses Systems zur Zeit t, dann hat S eine Kettenstruktur *genau dann wenn*
Für alle z und für alle u gilt: Es gibt eine für das System charakteristische Funktion $F(u;z,t)$ mit

$$W(u,t) = \int f(u;z,t-t_0)W(z,t_0)dz \tag{1}$$

Daraus folgt insbesondere, daß das System ein kontinuierliches Markovsystem ist, d.h. daß

$$W(z,t) = \int f(z;\zeta,t-t_0)W(\zeta,t_0)d\zeta \tag{2}$$

mit einer für das System charakteristischen Funktion f. $W(z,t)$ ergibt sich hier als ein Integral über alle möglichen Zustände ζ zur Zeit t_0.

Bei Markovsystemen wird der physikalische Ablauf *völlig* vom Zustand $z(t_0)$ des Systems zur Zeit t_0 bestimmt. Welche Formeln kann man formulieren, die ein System *ohne* Kettenstruktur beschreiben? Denkbar wäre etwa

$$W(z,t) = \int_{-\infty}^{t}\!\int \phi(z;\zeta(\tau),t-\tau)W(\zeta,\tau)d\zeta d\tau \tag{3}$$

Hier hängt der Zustand z nicht nur von $z(t_0)$ ab, sondern auch von Zuständen zu anderer Zeit. Formel (3) charakterisiert also ein Nicht-Markovsystem.

Für Nicht-Markovsysteme läßt sich das Nahwirkungsprinzip nicht mehr sinnvoll formulieren, denn dieses besagt, daß der Zustand $z(x,y,z,t)$ des Systems am Ort (x,y,z) vom Zustand in unmittelbarer räumlicher und zeitlicher Nachbarschaft abhängt. Für (3) ist also das Nahwirkungsprinzip *bereits in der Zeit* verletzt.

Daher haben nach Reichenbach Nicht-Markovsysteme kausale Anomalien. Denn die normale Kausalität setzt für Reichenbach Markovsysteme voraus.

Können nun quantenmechanische Systeme in der Teilchendeutung als Systeme mit Kettenstruktur beschrieben werden? Diese würde beinhalten, daß der Zustand durch die Örter und Geschwindigkeiten oder Impulse der Teilchen bestimmt wird:

$$z = (q_1,\ldots,q_n,p_1,\ldots,p_n) \tag{4}$$

Da das, wie schon bemerkt, zu wenig Bestimmungsstücke für ein quantenmechanisches System sind, kann es eine Gleichung vom Typ (2) (ich schreibe sie für *ein* Teilchen hin):

$$W(q,p,t) = \int f(q,p;\xi,\eta,t-t_0)W(\xi,\eta,t_0)d\xi d\eta \tag{5}$$

hier nicht geben. Der Zustand q,p hängt außer von $p = \eta$ und $q = \xi$ zu früherer Zeit noch von anderen Variablen ab. Reichenbach spricht hier von dem Ort der anderen „Teilchen". Dabei denkt er wohl daran, daß der gleiche physikalische Vorgang mit vielen Teilchen wiederholt wird oder gleichzeitig mehrfach stattfindet.

Es gibt eine Deutung der Quantenmechanik, die durch zusätzliche Parameter die Lücke ausfüllt, welche die Teilcheninterpretation hinterläßt. Das ist die Führungsfeldinterpretation, die Reichenbach erwähnt (§8, S. 44) und die später von D. Bohm (1952) ausgebaut worden ist (siehe 1978, Bd. 2, S. 253). Hier wird der Zustand des Systems außer durch die Teilchenkoordinaten noch durch das Wellenfeld der Führungswelle beschrieben. Ich möchte aber darauf hier nicht näher eingehen.

Mit dem bisher Gesagten stimmt Reichenbachs Feststellung gut überein, daß die Gleichung

$$W(u,t) = \int F(u;q,p,t\text{-}t_0)w(q,p,t_0)dpdq \tag{6}$$

bzw.

$$W(q,u,t) = \int F(q,u;p,t-t_0)w(q;p,t_0)dp$$

nicht erfüllt ist. Es handelt sich hier um Reichenbachs Gleichung 23 (§26), ein wenig verallgemeinert und in unserer Notation ausgedrückt. Soweit ist Reichenbach voll im Recht mit der Feststellung, daß die Teilchenbeschreibung keine Kettenstruktur zuläßt.

Nur ist der Grund für die fehlende Kettenstruktur der Partikeldeutung weit gravierender, als er glaubt. Es liegt nicht lediglich an vorhandenen kausalen Anomalien, daß keine Kettenstruktur vorliegt, sondern daran, daß die Partikeldeutung überhaupt keine zureichende physikalische Beschreibung für quantenmechanische Systeme ist. Die Komplementarität zwischen Wellenbild und Teilchenbild ist eben nur ein Seiltanz zwischen alternativen *Bildern* und nicht zwischen *Beschreibungen. Die Bohrsche Theorie der komplementären Bilder läßt sich nicht in Reichenbachs Theorie der alternativen Beschreibungen integrieren.*

Erläuterungen zu §29: Interpretation mit Hilfe einer einschränkenden Sinnesdefinition

In diesem Paragraphen bereitet Reichenbach seine eigene Interpretation der Quantenmechanik vor, indem er die Alternative dazu schildert und präzisiert, die *Bohr-Heisenberg-Interpretation*, von der er aber ausdrücklich sagt, daß er diese Deutung nur so „nennt", ohne damit beanspruchen zu wollen, Heisenbergs und Bohrs Ideen exakt wiederzugeben. Reichenbachs Darstellung der Bohr-Heisenberg-Interpretation ist nur zum Teil eine Wiedergabe der Auffassungen der historischen Persönlichkeiten Bohr und Heisenberg. Er wollte aber auch nicht behaupten, „daß jede Einzelheit der hier dargestellten Interpretation von Bohr und Heisenberg gutgeheißen würde" (S. 154). Vielmehr haben wir in dieser Interpretation eine von Reichenbach selbst erzeugte Alternative zu seiner nun folgenden eigenen Interpretation zu sehen, durch die diese um so deutlicher wird.

Beginnen wir den Paragraphen zu lesen, so stolpern wir sogleich über die Definitionen 4 und 5: „Das Ergebnis einer Messung stellt den Wert einer gemessenen Größe unmittelbar nach der Messung dar" (S. 154) und „In einem physikalischen Zustand, dem keine Messung einer Größe u vorausgeht, ist jede Aussage über den Wert der Größe u sinnlos" (S. 155). Man fragt sich, wieso es in der Quantenmechanik unmöglich sein sollte, exakt meßbare Größen vorherzusagen, auch dann, wenn man dieselben Größen nicht vorher gemessen hat. Man nehme das Beispiel eines Zyklotrons. Wir wissen vielleicht, daß dieses Zyklotron Protonen von einer Energie von 20 MeV liefert. Das haben die Physiker vielleicht einmal durch Messungen am Gerät festgestellt. Dann aber sagen sie die Energie für die weiteren Protonen voraus, ohne sie vorher für jedes einzelne gemessen zu haben. Nimmt man Reichenbach jedoch beim Wort (was vielleicht nicht ganz fair ist), dann sind grundsätzlich alle Voraussagen der Quantenmechanik statistischer Natur, und Voraussagen mit der Wahrscheinlichkeit 1 können nur vorkommen, wenn eine Messung, die bereits stattgefunden hat, unmittelbar anschließend am gleichen Mikroobjekt wiederholt wird. W. Pauli versucht daher auch in seiner Rezension (W. Pauli 1947, S. 177), Reichenbach zu korrigieren. Anstelle von Definition 5 schlägt er vor:

Aussagen über den Wert einer Größe u unmittelbar vor ihrer Messung sind sinnlos, wenn im vorangehenden Zustand zu u komplementäre Größen definierte Werte hatten. Andererseits werden im Zustand unmittelbar nach der Messung von u alle Aussagen über Werte von zu u komplementären Größen, die vor der Messung von u noch einen Wert hatten, ebenfalls sinnlos.

Reichenbach geht im Nachtrag (der in der englischen Ausgabe fehlt) auf Paulis Anregungen ein. In Definition 5*,1 und 5*,2 erscheint die eben zitierte Formulierung durch „dann und nur dann" statt „wenn . . ., dann" verschärft. Reichenbach scheint die Paulischen Formulierungen als alternative Möglichkeit zu akzeptieren, ohne zu sehen, daß seine bisherige Definition 5 der Quantenmechanik ganz unangemessen ist. Denn nach Reichenbachs Definition 5 könnte es vorkommen, daß die Wahrscheinlichkeit für eine Größe u, bei einer bevorstehenden Messung einen Wert $u_0 < u < u_1$ zu ergeben, den Wert 1 hat und es dennoch sinnlos ist, zu sagen, der Wert der Größe habe vor der Messung zwischen u_0 und u_1 gelegen. Eine derart restriktive Handhabung der Sinneinschränkung kann aber Bohr und Heisenberg auf keinen Fall unterstellt werden. In den Erläuterungen zu §30 werden wir übrigens sehen, daß Reichenbach mit seiner Definition 5 zu seinen eigenen intuitiven Vorstellungen in Widerspruch gerät, so daß wir ihn dann besser – dem Vorschlag Paulis folgend – zu seinen eigenen Gunsten interpretieren, wenn wir Definition 5 nicht so verwenden, wie sie dasteht.

Die Bohr-Heisenberg-Interpretation der Quantenmechanik hat für den Wissenschaftstheoretiker und Logiker Reichenbach zwei Nachteile (diese sollen mit Hempel hier formuliert werden, C. G. Hempel 1945, S. 98):

1. Hier wird ein grundlegendes Gesetz der Quantenmechanik in der Metasprache dieser Theorie ausgedrückt.

2. Die Einschränkungsregel hat zur Folge, daß Ausdrücke der Form „die Größe E hat den Wert u zur Zeit t" für gewisse Werte von t sinnvoll, d.h. Sätze, sind und für andere nicht, was unter anderem davon abhängt, ob eine Messung von E stattgefunden hat oder nicht. Daher müssen die syntaktischen Regeln der Satzbildung in der quantenmechanischen Sprache von gewissen empirischen Kriterien Gebrauch machen; man gerät so in eine äußerst wenig erstrebenswerte Lage (Hempel bezieht sich auf S. 157).

Die erste Feststellung Reichenbachs, Heisenberg formuliere wichtige Naturgesetze in der Metasprache, ist zweifellos richtig. Heisenberg schreibt zum Beispiel (W. Heisenberg 1958, S. 15):

Die Unbestimmtheitsrelationen beziehen sich auf den Genauigkeitsgrad unserer gegenwärtigen (gleichzeitigen) Kenntnis der verschiedenen quantentheoretischen Größen.

Auch wenn einer derartigen umgangssprachlichen Formulierung eine gewisse Vagheit anhaftet, ist doch nicht zu übersehen, daß nach Heisenberg die Unbestimmtheitsrelationen Aussagen *über* Aussagen sind, in denen eine Kenntnis von quantenmechanischen Größen formuliert wird.

Ist aber eine solche metasprachliche Ausdrucksweise „unbefriedigend", weil physikalische Gesetze gewöhnlich „in der Objektsprache und nicht in der Metasprache ausgedrückt" (S.157) werden? Überall, wo in der Physik Wahrscheinlichkeitsaussagen vorkommen, wird doch bereits eine metasprachliche Ausdrucksweise verwandt, wenn als Argumente der Wahrscheinlichkeitsfunktion Aussagen auftreten.

Nun ist die Grenzziehung zwischen Objektsprache und Metasprache willkürlich. Man kann jederzeit Ausdrücke aus der Metasprache in solche einer erweiterten Objektsprache übersetzen. Die physikalische Theorie als solche ist gegenüber solchen Umformungen indifferent. Im Grunde genommen führt Reichenbach eine derartige Transformation im nächsten Paragraphen durch.

Der zweite Nachteil der Bohr-Heisenberg-Interpretation wird vielleicht von den Logikern als schwerwiegender angesehen als von den Physikern. Tatsächlich haben Physiker Aussagen über Größen „sinnlos" oder „inhaltslos" genannt, die zu einer gerade gemessenen Größe komplementär sind. Heisenberg schreibt:

> Die [Unbestimmtheitsrelation gibt] die Grenzen an, bis zu denen die Begriffe der Partikeltheorie angewandt werden können. Ein [darüber hinausgehender], genauerer Gebrauch der Wörter „Ort, Geschwindigkeit" ist ebenso inhaltslos wie die Anwendung von Wörtern, deren Sinn nicht definiert ist. (W. Heisenberg 1958, S. 11)

In einer Fußnote gibt Heisenberg ein Beispiel für eine „völlig inhaltsleere" Aussage, „aus [der] keine Konsequenzen gezogen werden können", nämlich die, „daß es neben unserer Welt noch eine zweite gebe, mit der jedoch prinzipiell keine Verbindung möglich sei."

Für den Logiker sind sinnlose Ausdrücke nichts weiter als syntaktisch verbotene Zeichenkombinationen (das bringen Reichenbach und noch deutlicher Hempel zum Ausdruck). Der Physiker hingegen wird das Wort „sinnlos" in einem unbefangeneren Sinne gebrauchen, in dem es noch nicht notwendigerweise „syntaktisch verboten" heißt. Hierauf haben M. Gardner (1972, S. 93), S. Haack (1974, S. 150), D.R. Nilson (1977, S.320f., 1979, S. 434f.) und G.M. Hardegree (1977, S. 20, 1979, S. 492) hingewiesen. Es gibt eben zwei Arten von sinnlosen Ausdrükken, solche, die nach den syntaktischen Regeln der Sprache einfach unzulässig sind, wie „Fritz bringt." − hier fehlt das Objekt − und solche, die unter gewissen empirischen Bedingungen einen Sinn haben und unter anderen nicht, wie „die Gattin von Herrn P".

Alle nicht erfüllten Kennzeichnungen gehören zu dem zweiten Typ. (Russells berühmtes Beispiel des „gegenwärtigen Königs von Frankreich" wird uns noch begegnen.) Diese Unterscheidung zwischen syntaktischer und empirisch bedingter Sinnlosigkeit wird in den Erläuterungen zu §30 den Ansatzpunkt zum Verständnis des von Reichenbach vorgeschlagenen dritten Wahrheitswerts „unbestimmt" bilden.

Erläuterungen zu §30: Interpretation mit Hilfe einer dreiwertigen Logik

Die *Philosophischen Grundlagen der Quantenmechanik* fanden nicht zuletzt deshalb so große Beachtung bei Physikern und Philosophen, weil Reichenbach zur Lösung der Schwierigkeiten bei der Interpretation der Quantenmechanik die Einführung einer dreiwertigen Logik vorschlägt. Dieser für das Buch zentralen Idee wenden wir uns nun zu.

Reichenbachs Vorschlag stieß naturgemäß auf erhebliche Bedenken anderer logischer Empiristen und dieser Richtung nahestehender Philosophen. Denn für den logischen Empiristen sind zwar die Geometrie und das Kausalprinzip keine synthetischen Urteile a priori und somit auf Grund neuer empirischer Befunde revidierbar. Aber bei der Logik hört die Bilderstürmerei der modernen Naturwissenschaft endgültig auf, denn die Logik ist analytisch, und daher sind keinerlei Umstände denkbar, unter denen man auf die zweiwertige Aussagen- und Prädikatenlogik verzichten würde. Wenn man weiß, was „wahr" und „falsch" heißt, dann ergibt sich die Aussagenlogik sozusagen automatisch, woraus für Hempel (C.G. Hempel 1945) und Nagel (E. Nagel 1945) folgt, daß Reichenbach die Wörter „wahr" und „falsch" mit anderen Bedeutungen verwendet, wenn er nicht einfach Unsinn redet.

Im üblichen System L_2 [der zweiwertigen Logik] kann die Bedeutung einer jeden Verknüpfung durch die Wahrheitstafel erklärt werden, welche die Wahrheitsbedingungen für alle Sätze festlegt, die mit diesen Verknüpfungen gebildet werden. Aber die Wahrheitstafel liefert nur deshalb eine (semantische) Interpretation, weil die Begriffe Wahrheit und Falschheit, mit deren Hilfe sie formuliert ist, bereits verständlich sind: sie haben ihre übliche Bedeutung, welche durch die semantische Definition der Wahrheit vollkommen präzise angegeben werden kann. In L_3 [der dreiwertigen Logik] wäre die Situation analog, wenn die Bedeutung der Terme „W", „F", und „U" klar festgelegt wäre. Aber das ist nicht der Fall. Obwohl der Autor üblicherweise die Terme „wahr" und „falsch" für die ersten zwei dieser Wahrheitswerte verwendet, können sie doch sicherlich nicht mit den gewohnten logischen Begriffen der Wahrheit und Falschheit synonym sein, denn die letzteren lassen keine dritte Möglichkeit zu, während die ersteren dies sehr wohl tun. Aber die exakte Bedeutung der Werte W und F und die Art und Weise, in der sie sich somit von Wahrheit und Falschheit unterscheiden, wird in dem Buch nicht klar erkannt (C.G. Hempel 1945, S. 99).

So stehen wir wieder, wie so oft in der Philosophie, an der alten Pilatusfrage: „Was ist Wahrheit?" Wir können hier keine Wahrheitstheorie entwickeln. Doch eines scheint einigermaßen klar: Ein wahrer Satz ist einer, den ich behaupten kann. Wenn der Satz „Hans Reichenbach ist in Hamburg geboren." wahr ist, dann kann ich ihn als Behauptung aufstellen. Wäre er nicht wahr, so dürfte ich ihn nicht behaupten. In der dreiwertigen Logik gilt das für wahre Aussagen in der gleichen Weise. Genau dann, wenn ein Elektron einen bestimmten Ort hat und wenn dieser bei $x = 0$ sich befindet, darf ich den Satz A äußern: „Der Ort des Elektrons ist $x = 0$." Die Wörter „falsch" und „unbestimmt" heißen aber in der dreiwertigen Logik etwas anderes als in der üblichen zweiwertigen. Denn sowohl, wenn der Satz A den Wahrheitswert „unbestimmt" als auch, wenn er den Wahrheitswert „falsch" hat, darf ich ihn nicht behaupten. Also könnte man schließen, daß der Wahrheitswert „falsch" der klassischen Logik, der dann vorliegt, wenn man einen sinnvollen Satz nicht behaupten darf, in der dreiwertigen Logik Reichenbachs in zwei neue Wahrheitswerte u und f unterteilt wird, von denen wir aber zunächst noch gar nicht wissen, was sie eigentlich bedeuten. Es muß daher noch näher untersucht werden, was Reichenbach mit u und f eigentlich meint.

Eine andere Möglichkeit ist, daß „unbestimmt", wie Nagel sagt (E. Nagel 1945, S. 444), nur eine andere Art von „sinnlos" ist. „Der Leser bleibt im Ungewissen darüber, ob nicht schließlich die Verwendung von ‚unbestimmt' nur vielleicht eine andere Art ist, ‚sinnlos' zu sagen." Wir müssen also auch die Frage stellen, wie unbestimmte Sätze von sinnlosen unterschieden werden sollen.

404

Ist nun „unbestimmt" etwas neben „wahr" und „falsch" oder heißt „klassisch falsch" dasselbe wie „quantenmechanisch unbestimmt oder falsch"? Wir sollten erst einmal nachsehen, was Reichenbach schreibt, auch wenn seine Erläuterungen E. Nagel nicht zu einem Verständnis gereicht haben:

Wenn eine Größe, die unter gewissen Umständen gemessen werden kann, unter anderen Umständen nicht meßbar ist, erscheint es natürlich, ihren Wert unter den letzteren Bedingungen als unbestimmt anzusehen. (S. 159)

Es ist zweckmäßig, solche Aussagen nicht als sinnlos zu bezeichnen, da man mit ihnen arbeiten will, sie in zusammengesetzte Aussagen wie das Unbestimmtheitsprinzip einfügen will, und „sinnlos" heißt für Reichenbach soviel wie „nicht verwendbar". Hierzu sagt er in seiner Entgegnung auf V. Lenzen (1946a, S. 491):

Aussagen über unbeobachtete Gegenstände „sinnlos" zu nennen, ist wohl terminologisch irreführend; solche Aussagen werden ja tatsächlich nicht aus der Physik völlig ausgeschlossen, sondern beibehalten und erhalten dabei einen spezifischen Status, in dem sie deutlich von sinnlosen Aussagen wie ‚abrakadabra‘ unterschieden sind. Man betrachte zwei Meßaussagen, die sich auf die gleiche Zeit beziehen: „Der Wert der Ortsvariablen ist q_1." und „Der Wert der Impulsvariablen ist p_1." Angenommen, die Fehlergrenzen dieser Angaben seien so eng gezogen, daß die Aussagen die Heisenberg-Ungleichung erfüllen. Dann ist nach der Bohr-Heisenberg-Interpretation eine der beiden Aussagen sinnlos, da wegen der Komplementarität beider Aussagen nur eine verifiziert werden kann. Nichtsdestoweniger weist der Physiker gerade jeder dieser Aussagen einen definierten Wahrscheinlichkeitswert zu, der gültig wäre, wenn man eine Messung machen würde, der jedoch auch dann berechenbar ist, wenn die Messung nicht gemacht wird. Ist es angemessen, eine Zeichenverbindung sinnlos zu nennen, wenn man dafür einen Wahrscheinlichkeitswert für den Fall einer möglichen Messung ausrechnen kann?

Reichenbach hält es zwar für möglich, solche Aussagen für sinnlos zu erklären und dennoch mit ihnen in der Metasprache zu operieren, findet eine solche Verfahrensweise jedoch gekünstelt.

Damit hat Reichenbach ein Problem aufgeworfen, das nicht nur im Kontext der Quantenmechanik auftreten muß, nämlich die ganz allgemein zu stellende Frage: Was machen wir mit Aussagen, die unter *gewissen Umständen* wahr oder falsch sein können und unter *anderen Umständen* nicht? Wäre es nicht besser, nur solche Aussagen sinnlos zu nennen, die unter *allen Umständen* unverwendbar sind, wie „abrakadabra"?

P. Feyerabend hat bereits bemerkt, daß bereits in der klassischen Physik Aussagen auftreten, die, wenn man grundsätzlich so verfährt, wie Reichenbach das vorschlägt, als unbestimmt anzusehen sind:

Wasser besitzt keineswegs immer eine wohldefinierte Oberflächenspannung (es hat eine Oberflächenspannung nur, wenn es sich im flüssigen Zustand befindet); noch besitzt es stets einen wohldefinierten Wert auf der Mohs-Skala (einen solchen Wert hat es nur, wenn es sich im festen Zustand befindet). Dennoch läßt sich klarmachen, was für eine Art von Gegenstand Wasser ist (P. Feyerabend 1958, S. 51).

Bei Temperaturen, bei denen Wasser fest wird, ist es nicht mehr sinnvoll, über seine Zähigkeit zu reden. Hier handelt es sich für den Logiker wie für Reichenbach in seinen Beispielen um Kennzeichnungen, über die etwas ausgesagt wird. Damit gelangen wir aber auf die Analyse der Kennzeichnungen, die bereits B. Russell vor vielen Jahren begonnen hat. Russell verwandte das Beispiel „Der gegenwärtige König von Frankreich ist kahlköpfig.", und es wurde durchaus von einigen Autoren die Möglichkeit in Erwägung gezogen, einen solchen Satz nur für den Fall, daß es genau einen König von Frankreich gibt, als sinnvoll zu betrachten und für den Fall, daß es keinen oder mehrere Könige von Frankreich gibt, als sinnlos. Genau das ist aber der Fall, in dem Reichenbachs dritter Wahrheitswert „unbestimmt" Anwendung finden könnte.

Auf derartigen Überlegungen fußt auch die semantische Begründung der dreiwertigen Logik durch U. Blau (1978; Blaus Semantik wird kurz und verständlich referiert bei W. Stegmüller 1979, S. 186–191). Blau faßt zwei mögliche Anwendungen der dreiwertigen Logik ins Auge:

1. Bei vagen Prädikaten gibt es zwischen den Fällen, in denen es eindeutig zugesprochen werden kann, und denen, in welchen es eindeutig abgesprochen werden muß, eine Übergangszone des Vagheitsspielraums, in der die Zuschreibung des Prädikats unsicher ist. Die Aussage „Fritz ist kahlköpfig." würde in dieser Interpretation den Wahrheitswert „unbestimmt" erhalten, wenn Fritz schütteres Haar hat.
2. Ebenfalls einen Anwendungsfall bilden die bereits genannten Aussagen mit empirisch unerfüllten Voraussetzungen wie „Das Ungeheuer von Loch Ness ist 100 Jahre alt.", wo die Existenz eines solchen Wesens vorausgesetzt wird, wenn die Aussage wahr oder falsch sein soll.

Genaugenommen müssen wir wieder zwei Arten von unerfüllten Voraussetzungen oder Präsuppositionen unterscheiden, naturgesetzliche und kontingente. Ein Beispiel für eine naturgesetzlich unerfüllte Voraussetzung ist die Existenz einer absoluten Geschwindigkeit des Planetensystems. Die Aussage: „Die Sonne rast mit 300 km/s Geschwindigkeit durch den absoluten Raum" ist sinnlos, weil es nach den Naturgesetzen eine derartige Geschwindigkeit nicht geben kann. Solche Aussagen braucht man auch nicht als unbestimmt in die Wissenschaftssprache einzufügen. Man wird lieber die Sprache so konstruieren, daß derlei Aussagen darin gar nicht ausdrückbar sind, d.h. daß naturgesetzlich sinnlose Aussagen auch zu syntaktisch sinnlosen Aussagen werden. Ein weniger hochgestochenes Beispiel ist: „Fritz ist 179,754386 cm lang." Es ist ein menschlicher oder tierischer Körper in seiner Länge gar nicht so genau bestimmbar. Das liegt an den Naturgesetzen.

Einen anderen Fall stellen die aus kontingenten empirischen Gründen unerfüllbaren Voraussetzungen dar. Wir wissen nicht auf Grund der Naturgesetze, ob Frankreich einen König hat. Daher muß es möglich sein, auch über diesen König zu sprechen, falls sich doch herausstellt, daß es ihn gibt. Deshalb sollten auch Sätze über diesen König in der Sprache ausdrückbar sein; man macht die Sprache am besten so, daß sie es mit allen kontingenten Tatsachen aufnehmen kann, und somit gliedert man am besten die aus kontingenten empirischen Gründen sinnlosen Sätze als unbestimmte Sätze in die Sprache ein.

406

Weiter unten soll im Zusammenhang mit der Diskussion der Wahrheitstafeln der logischen Verknüpfungen auf die Blausche Semantik noch einmal eingegangen werden, um zu zeigen, daß diese Semantik auch etwas leistet. An dieser Stelle soll uns die Möglichkeit einer solchen Semantik nur zeigen, daß Reichenbach keineswegs für die dem Laien so schwer verständliche geheimnisvolle Quantenmechanik eine noch mystischere Quantenlogik erfunden hat, sondern nur etwas vorschlägt, was in jeder Lage vernünftig ist, die ähnlich ist wie die der quantenphysikalischen Messung.

W. Stegmüller betont, daß die von Blau semantisch begründete dreiwertige Logik eher viel natürlicher ist als die zweiwertige, weil sie unserer Umgangssprache, in der Sätze mit unerfüllten Voraussetzungen in großer Zahl auftreten, besser angepaßt ist. Er zieht daraus folgende Konsequenz:

> Somit gelangen wir zu den folgenden beiden Feststellungen, deren Konjunktion ein unvorbereiteter Leser wohl für unsinnig halten müßte:
> (6) *Die der Quantenlogik angemessene Logik ist eine dreiwertige Logik*;
> (7) *Trotzdem gibt es keine Quantenlogik, d.h. eine solche ist unnötig; denn die hier verwendete Logik ist genau die „natürliche" Logik unseres üblichen intuitiven Schließens.*
> Die Behauptung (7) stützt sich auf die [oben] getroffene Feststellung über die Logik von Blau: Es stimmt ja gar nicht, daß die herkömmliche zweiwertige Logik diejenige ist, welche unserem intuitiven Denken zugrunde liegt! *Diejenige Logik, welche man an der natürlichen Sprache zwanglos ablesen kann, ist vielmehr eine dreiwertige Logik.* Die zweiwertige Logik ist demgegenüber ein Kunstprodukt. (1979, S. 217.)

Man wird wohl überzeugt sein dürfen, daß eine solche Entmystifizierung ganz im Sinne von Reichenbach ist, denn auch er verfolgte schließlich das Ziel, „eine philosophische Interpretation der Quantenphysik zu entwickeln, die frei von Metaphysik ist" (S. 7).

Damit ist für elementare Aussagen klar, was der Wahrheitswert u bedeutet. Er kommt vor bei Aussagen A des folgenden, am besten metasprachlich zu umschreibenden Typs: „Wenn A_u vorliegt, will ich nichts weiter sagen, wenn aber $\overline{A}_u$ der Fall ist, dann gilt A_w." Dabei heißt A_u das objektsprachliche Korrelat zu „Die Aussage A hat den Wert ‚unbestimmt'" und A_w das zu „Die Aussage A hat den Wert ‚wahr'", ferner A_f das zu „Die Aussage A hat den Wert ‚falsch'." Im Falle des Königs von Frankreich wäre:

A_u: Es gibt keinen oder mehrere Könige von Frankreich.

A_w: Es gibt genau einen König von Frankreich, und der ist kahlköpfig.

A_f: Es gibt genau einen König von Frankreich, und der ist *nicht* kahlköpfig.

Da wir in der Umgangssprache oft Behauptungen nur unter bestimmten Voraussetzungen aufstellen, erscheinen nunmehr dreiwertige Aussagen das Natürlichste der Welt zu sein, und damit ist der dreiwertigen Logik der Quantenmechanik alles Geheimnisvolle und Unverständliche genommen.

Sehen wir uns nun Reichenbachs konkrete Aussagen über die Wahrheitswerte W, F und U in der Quantenmechanik an, so werden wir wieder durch eine Tabelle in Verwirrung gebracht (Tabelle 2 auf S. 160). Der Fehler in der Tabelle des letzten Paragraphen tritt hier wieder zutage. Der Text hingegen besagt etwas anderes. Der Wahrheitswert einer Aussage A ist dann unbestimmt, wenn auch der Laplacesche Dämon nicht in der Lage wäre, herauszufinden, ob A wahr oder falsch ist und er damit nur eine Wahrscheinlichkeitsaussage über das Ergebnis einer Messung aufstellen kann.

Nachdem eine Messung von q im allgemeinen Zustand s gemacht worden ist, könnte sogar Laplace' Übermensch nicht herausfinden, was passiert wäre, wenn wir p gemessen hätten. Wir könnten diese Tatsache dadurch ausdrükken, daß wir einer Aussage über p den logischen Wahrheitswert unbestimmt geben. (S. 161.)

Was wird Laplace' Übermensch feststellen können? Er wird auch nicht mehr wissen können, als in welchem *reinen* Zustand φ sich das System befindet. Ist dieser reine Zustand Eigenvektor eines Operators U_{op} und gilt für diesen Eigenvektor $U_{op}\varphi = u\varphi$, dann ist die Aussage, daß m_u den Wert u ergibt, *wahr*, steht hingegen φ senkrecht auf allen Eigenvektoren ψ zum Eigenwert u, d.h. gilt

$$\int \varphi(x)\psi(x)dx = 0 \text{ für alle } \psi \text{ mit } U_{op}\psi = u\psi,$$

dann ist die Wahrscheinlichkeit für das Meßergebnis u gleich 0, und die Aussage, daß m_u den Wert U ergibt, ist *falsch*. In allen anderen Fällen, wenn φ weder ein Eigenvektor von U_{op} zum Eigenwert u ist, noch auf einem solchen senkrecht steht, ergibt die Messung m_u in einigen Fällen das Resultat u und in einigen Fällen nicht. Da in jedem dieser Fälle aber der Zustand des Systems vor der Messung *derselbe* war, können wir dem mikrophysikalischen System die Eigenschaft, daß die Größe U_{op} den Wert u hat, weder zu- noch absprechen. Die Aussage, daß das System diese Eigenschaft hat, ist dann *unbestimmt*.

Mit kurzen Worten zusammengefaßt, heißt dies: Die Aussage, „Die Größe u hat den Wert u" ist

wahr, wenn das Meßergebnis u für m_u bei vollständiger Kenntnis des Zustands mit Sicherheit vorausgesagt werden kann;

falsch, wenn das Nichteintreffen dieses Resultats bei vollständiger Kenntnis des Zustandes mit Sicherheit vorausgesagt werden kann;

unbestimmt, wenn bei vollständiger Kenntnis des Zustands keine derartige sichere Prognose möglich ist.

Für die vollständige Kenntnis des Systemzustands hatte Reichenbach den Laplaceschen Übermenschen eingeführt. Es ist wichtig, daß darauf Bezug genommen wird; denn eine Wahrscheinlichkeitsaussage auf Grund ungenügender Kenntnis des Systemzustands ist etwas anderes als die Zuschreibung des Wahrheitswerts „unbestimmt".

Reichenbachs Einführung eines dritten Wahrheitswerts ist von vielen Kritikern nicht verstanden oder akzeptiert worden. Die hier vorangeschickte Erörterung macht es uns aber leicht, die Mißverständnisse der Kritiker zu erkennen. Ich hatte anfangs Hempel und Nagel zitiert und im Anschluß daran gefragt: Ist „unbestimmt" etwas neben „wahr" und „falsch", oder wird das klassische „falsch" in

„unbestimmt" und „quantenmechanisch falsch" unterteilt? Vielleicht hat Reichenbach nicht hinreichend explizit die Bedeutung von „unbestimmt" erläutert. Aber daß „unbestimmt" neben den beiden traditionellen Wahrheitswerten auftaucht, scheint nunmehr klar zu sein und ändert deren Bedeutung keineswegs. Es wird lediglich eine Klasse von Aussagen noch mit in die Sprache hereingenommen, die herkömmlicherweise nicht als sprachliche Äußerungen betrachtet werden, nämlich die aus kontingenten Gründen sinnlosen Aussagen. Das ändert natürlich manche logischen Regeln und Tautologien.

Erläuterungen zu §32: Die Regeln der dreiwertigen Logik

A. Die Bedeutung von „unbestimmt" für komplexe Aussagen

In den Erläuterungen zu §30 sind die drei Wahrheitswerte w, u und f für Elementarsätze erläutert worden; damit ist jedoch noch keineswegs klar, daß es auch für aussagenlogisch zusammengesetzte Sätze sinnvoll ist, mit diesen drei Wahrheitswerten zu operieren. Reichenbach führt nun in §32 dreiwertige logische Verknüpfungen ein, und wir müssen daher die logische Struktur der komplexen dreiwertigen Aussagen untersuchen.

Nimmt man die in den Erläuterungen zu §30 (oben S. 403) zitierte Kritik von Hempel ernst, so muß man, bevor man aussagenlogische Operationen durch Wahrheitstafeln einführt, zunächst erläutern, was damit gemeint ist. Bei zweiwertigen Wahrheitstafeln ist das nicht schwierig. Wenn man in der zweiwertigen Logik einen beliebigen Junktor j durch eine Wahrheitstafel definiert, heißt das, daß die zusammengesetzte Aussage $A \, j \, B$ das Zutreffen einer Wahrheitswertverteilung über A und B aussagt, für die w der Wert in der Tabelle von $A \, j \, B$ ist.

A	B	$A \vee B$
W	W	W
W	F	W
F	W	W
F	F	F

Erläutere ich $A \vee B$ durch die nebenstehende Wahrheitstafel, so zähle ich die Fälle auf, in denen $A \vee B$ wahr sein soll, nämlich dann, wenn A und B, A und $\overline{B}$, und wenn $\overline{A}$ und B wahr sind. In allen anderen Fällen ist die Verknüpfung natürlich nicht wahr, sondern falsch. Ich kann also $A \vee B$ auch durch die Wahrheitstafel als

$$A \vee B \text{ gdw. } (A \text{ und } B) \text{ oder } (A \text{ und } \overline{B}) \text{ oder } (\overline{A} \text{ und } B)$$

beschrieben verstehen, und analog geht das mit allen anderen Verknüpfungen.

Ein analoges Verständnis der durch Junktoren zusammengesetzten Aussagen der dreiwertigen Logik ist aber so ohne weiteres nicht möglich, und es ist eines der Handicaps von Reichenbachs Darstellung, daß er den Wahrheitswert „unbestimmt" nur für Elementaraussagen definiert. Nagel äußert auch dahingehende Zweifel:

Herr Reichenbach verweist seine Leser auf seine Tabelle 2 [S.160], von der er sagt, sie erläutere den Gebrauch der Ausdrücke des dreiwertigen Systems mit Hilfe von „wahr" und „falsch" des zweiwertigen. Nun erklärt diese Tabelle in

der Tat, unter welchen Bedingungen Elemente einer *speziellen* Klasse von
singulären Aussagen in der Quantenmechanik als wahr, falsch oder unbestimmt (im dreiwertigen Sinne) zu beurteilen sind. Aber diese Tabelle erklärt
ebenso gewiß nicht, wie diese Prädikate *im allgemeinen* angewandt werden
sollen in Verknüpfungen mit anderen singulären oder universellen Aussagen.
Offensichtlich bedarf es noch weiterer Gebrauchsregeln; aber solange solche
Regeln noch nicht formuliert worden sind, sind die Bedeutungen dieser Prädikate auch noch nicht in adäquater Weise erläutert worden. (E. Nagel 1946,
S. 249)

In der dreiwertigen Logik reicht offenbar die Aufzählung der Wahrheitsfälle
einer Verknüpfung nicht dazu aus, um die Bedeutung eines Zeichens festzulegen.
Man muß außerdem noch die Fälle festlegen, in denen die Verknüpfung den Wert
„unbestimmt" erhält. Ist $A \vee B$ *diejenige* Aussage, die wahr ist, wenn A wahr ist
oder auch B wahr ist, und die falsch ist, wenn A und B falsch sind, und die unbestimmt ist, wenn weder A noch B wahr sind, aber eine von diesen beiden Aussagen
unbestimmt ist? Was soll das heißen? Hier würde der Ausdruck $A \vee B$ der dreiwertigen Logik durch eine Kennzeichnung „$A \vee B$ ist *diejenige* Aussage, für welche
gilt . . ." definiert, und für eine solche Definition muß bekanntlich die Existenz
und Eindeutigkeit erst bewiesen werden. Was ist das für eine Aussage, die unbestimmt ist, wenn A oder B unbestimmt, aber beide nicht wahr sind? Wer kann sich
darunter etwas vorstellen? Reichenbach definiert den Wahrheitswert „unbestimmt" der komplexen Aussagen über die dreiwertigen Wahrheitstafeln und die
logischen Junktoren mit denselben Wahrheitstafeln unter Verwendung des Wahrheitswerts „unbestimmt". Ist das nicht zirkulär?

Ein Zeichen, für das alles genau festgelegt ist – und dazu dienen ja die Wahrheitstafeln –, kann bei einer Anwendung nicht den Wert „unbestimmt" erhalten,
sonst ist es eben nicht richtig definiert. So hat es auch an Stimmen nicht gefehlt, die
den Wahrheitswerten für komplexe Aussagen jeden unmittelbar verständlichen
Sinn absprechen und ihnen den Status theoretischer Begriffe geben. D.N. Nilson
schlägt vor, von einer „strukturellen Bedeutung" der Wahrheitswerte komplexer
Aussagen zu reden, „d.h. daß die Bedingungen ihrer Anwendbarkeit durch die gesamte Struktur von L_3 [der dreiwertigen Logik] festgelegt werden" (1977, S. 330
und S. 335; 1979, S. 444 und S. 449). Eine solche strukturelle Bedeutung haben
auch theoretische Terme in einer physikalischen Theorie, wenn mit ihnen nicht unmittelbar experimentell deutbare Aussagen formuliert werden. Ein solcher Deutungsversuch ist in der Tat plausibel, jedoch, wie ich meine, überflüssig. Wir brauchen solche Auswege nicht zu beschreiten. Das ganze Dilemma entsteht nämlich
nur durch das Festhalten an der üblichen Art der Definitionen, die ja für die zweiwertige Logik geschaffen sind.

Ich wiederhole: Ein Zeichen, das vollkommen festgelegt ist und dabei auch
den Wert „unbestimmt" erhalten kann, ist nicht richtig definiert. Wir müssen aus
der Not eine Tugend machen, *wir dürfen unsere Zeichen eben nicht vollständig definieren,* gerade für solche nur partiell definierte Zeichen ist ja die dreiwertige
Logik so geeignet! Wir müssen einen allgemeineren Definitionsbegriff verwenden,

410

den der *bedingten Definition*. Nehmen wir ein Beispiel: Die Division zweier Zahlen a und b definiert man üblicherweise so:

Wenn $b \neq 0$, dann ist $\dfrac{a}{b}$ diejenige Zahl x, für welche gilt: $b \cdot x = a$.

Das ist eine bedingte Definition. Für den Fall $b = 0$ ergibt eben $\dfrac{a}{b} = c$ (für ein bestimmtes c) keinen Sinn. Nun können aber bei der Anwendung einer Theorie auf die Wirklichkeit verschiedene Werte von a und b vorkommen, die sich unter Umständen gar nicht vorhersehen lassen. So kann $\dfrac{a}{b} = c$ aus kontingenten Gründen sinnlos werden und ist daher in unserer Interpretation der Reichenbachschen dreiwertigen Logik als unbestimmt anzusehen. Damit erhalten wir ganz automatisch *unbestimmte* Aussagen, wenn wir *bedingte Definitionen* verwenden. Wir machen uns das zunutze und können grundsätzlich alle Verknüpfungen (bis auf wenige Ausnahmen) durch *bedingte Definitionen* in ihrer Bedeutung festlegen. Nehmen wir den Fall der Konjunktion!

A	B	$A \cdot B$
W	W	W
W	U	$-$
W	F	F
U	W	$-$
U	U	$-$
U	F	F
F	W	F
F	U	F
F	F	F

Die nebenstehende Wahrheitstafel lautet wie bei Reichenbach, nur daß überall, wo bei ihm U steht, hier auf eine Festlegung des Wahrheitswerts verzichtet wird. Die Definition erfolgt eben nur in den Fällen, wo A oder B falsch oder beide wahr sind. Wir können sie dann so formulieren:

Sind A oder B falsch oder beide wahr, dann gilt:
$A \cdot B$ (ist) genau dann (wahr), wenn A und B (wahr sind).

(Die eingeklammerten Wörter können gelesen werden oder auch wegelassen werden. Man erhält in beiden Fällen gleichwertige Formulierungen.) Auf diese Weise können wir auch die übrigen Wahrheitstafeln verstehen, indem wir darin alle Zeilen, in denen für das Resultat der Operation U erscheint, als Fälle ansehen, für die die Definitionen keine Festlegungen treffen. Damit ist eine hinreichende semantische Erläuterung für alle dreiwertigen Verknüpfungen möglich, und zu Ausflüchten wie, Wahrheitswerte komplexer Aussagen ergäben keinen unmittelbaren Sinn, sondern seien als theoretische Begriffe anzusehen, besteht keinerlei Anlaß.

B. Die Vektordarstellung der dreiwertigen Logik

Die Möglichkeit der dreiwertigen Logik hängt jedoch nicht entscheidend davon ab, ob wir für den dritten Wahrheitswert „unbestimmt" auch für zusammengesetzte Aussagen eine Deutung finden. Wir können uns auch damit behelfen, daß wir die Aussagen der dreiwertigen Logik als Paare von zweiwertigen Aussagen auf-

411

fassen, als Aussagenvektoren. Die dreiwertigen aussagenlogischen Verknüpfungen ordnen dann zwei solchen Aussagenvektoren einen dritten zu, und komplexe dreiwertige Aussagen lassen sich in Paare von komplexen zweiwertigen Aussagen übersetzen. Nagel fragt in seiner Rezension:

> Andererseits, wenn der Gebrauch dieser drei Wahrheitswerte durch Verwendung der üblichen, „wahr" und „falsch", erläutert werden kann, mag man zu Recht darüber spekulieren, ob das ganze System der dreiwertigen Logik nicht vielleicht in das herkömmliche der zweiwertigen übersetzbar ist.

Reichenbach antwortet darauf (1946b, S. 246):

> Die Antwort darauf ist natürlich ‚ja'. Zu jeder Zeit seit der ersten Veröffentlichung einer mehrwertigen Logik war die Möglichkeit einer solchen Übersetzung bekannt. So hat E.L. Post gezeigt [(E.L. Post 1921)], daß n Wahrheitswerte mit Hilfe einer Folge zweiwertiger Aussagen interpretiert werden können. In gleicher Weise können meine Wahrheitstafeln 2, *Phil. Grundl. d. QM.*, S. 160, für den gleichen Zweck verwendet werden; mit ihrer Hilfe kann jede dreiwertige Aussage einem Paar von zweiwertigen Aussagen zugeordnet werden. Ein bislang unveröffentlichter allgemeiner Beweis dieses Theorems wurde von W. Gustin nach Diskussionen in meinem Seminar an der University of California at Los Angeles entwickelt.

Eine solche Übersetzbarkeit hat für Reichenbach auch nichts Beunruhigendes. Nach seiner Theorie der äquivalenten Beschreibungen ist sowieso niemals eine sprachliche Darstellung als absolut anzusehen.

> Ebenso wie die Geometrie beschert uns auch die Logik eine Klasse von äquivalenten Beschreibungen, zwischen denen wir aus anderen Gründen als wegen der Wahrheit oder Falschheit von Aussagen wählen. Nur die Ergebnisse der Anwendung eines Sprachsystems auf die Wirklichkeit bringen Eigenschaften der physikalischen Welt zum Ausdruck. (S. 246f.)

Martin Strauß hat ebenfalls eine derartige Übersetzung durchgeführt und versucht, mit ihr die Überflüssigkeit der dreiwertigen Logik zu zeigen (M. Strauß 1972, S. 286ff.). Doch offenbar lassen solche Beweise Reichenbach ganz unerschüttert. Er hat ja nie behauptet, daß die dreiwertige Logik unentbehrlich sei. Er behauptet nur, daß sie in der Mikrophysik sinnvoll angewandt werden kann und mit ihrer Hilfe die kausalen Anomalien zum Verschwinden gebracht werden können (in § 33). Er ist allerdings der Meinung, daß spezifische Merkmale der Quantenmechanik besser zum Ausdruck gebracht werden, wenn man eine dreiwertige Logik verwendet, als in einer anderen Darstellung. Strauß weist ebenfalls darauf hin, daß Reichenbach selbst in seiner Tabelle 2 (auf S. 160) die Quantenaussage U auf m_u und u zurückführt. Dabei heißt dann

m_u: „Es ist eine Messung von u gemacht worden." und

u: „Das Meßinstrument zeigt den Wert u an."

(siehe S. 156).

Die dreiwertige Aussage U ist also einem geordneten Paar von Aussagen oder einem Vektor (m_u, u) gleichzusetzen, wobei m_u und u die Wahrheitswerte „wahr" und „falsch" annehmen können. Der Wahrheitswert der Aussage U ist dann als Kombination „wahr"-„wahr", „wahr"-„falsch", „falsch"-„wahr" oder „falsch"-

412

„falsch" aufzufassen, je nachdem, welche Wahrheitswerte m_u und u jeweils haben. Dabei wird dann auf den Unterschied von „falsch"-„falsch" und „falsch"-„wahr" kein Wert gelegt. Wir können dann die Junktoren dieser Logik als Operatoren auffassen, die zwei Paaren von Aussagen ein drittes Paar zuordnen. Damit ist dann die Reichenbachsche Logik leicht interpretierbar.

Nun haben wir in den Erläuterungen zu §30 bereits gesehen, daß die Tabelle 2 aus §30 zu einer unhaltbaren Interpretation der Quantenaussagen führt. Man kann aber trotzdem ganz ähnlich vorgehen. Jede dreiwertige Aussage ist unter bestimmten Bedingungen *sinnvoll*, z.B. die Aussage

A: Der gegenwärtige König von Frankreich ist kahlköpfig.

dann, wenn

A_s: Es gibt einen König von Frankreich.

wahr ist. Sie ist ferner *wahr*, wenn

A_w: Es gibt genau einen kahlköpfigen König von Frankreich.

wahr ist. Damit entspricht A dem Paar von zweiwertigen Aussagen (A_s, A_w), deren eine angibt, wann A sinnvoll ist und deren andere angibt, wann A wahr ist. Somit ist die Auffassung der dreiwertigen Aussagen als Aussagenpaare oder Vektoren durchaus keine formalistische Schrulle.

Eine Vektordarstellung soll nun dazu verwandt werden, auch einige formale Eigenschaften der dreiwertigen Logik etwas deutlicher werden zu lassen. Es gibt verschiedene mögliche Darstellungen dieser Art, und wir müssen uns für eine davon entscheiden. Man kann für die Komponenten der Vektoren zweiwertige Aussagen A_w, A_u und A_f verwenden, wobei

A_w genau dann zweiwertig wahr ist, wenn A dreiwertig wahr ist.

$A_u = \overline{A_s}$ genau dann zweiwertig wahr ist, wenn A dreiwertig unbestimmt ist.

A_f genau dann zweiwertig wahr ist, wenn A dreiwertig falsch ist.

Strauß stellt A durch $A_s = \overline{A_u}$ und A_w dar. Da A_w, A_u und A_f logisch über

$$A_w \vee A_u \vee A_f; \quad \overline{A_w \cdot A_u}; \quad \overline{A_u \cdot A_f}; \quad \overline{A_w \cdot A_f}$$

zusammenhängen, ist es gleichgültig, welche beiden Aussagen man aus dem Tripel für den Vektor auswählt.

Im Unterschied zu Strauß wähle ich das Paar (A_w, A_f) zur Darstellung der Aussage A. Diese Wahl führt, wie noch deutlich werden wird, zu einer besonders symmetrischen und durchsichtigen Schreibweise. Hier wird also der Vektor nicht aus den Aussagen „A ist wahr" und „A ist nicht unbestimmt" gebildet, sondern aus „A ist wahr" und „A ist falsch". Der Übersichtlichkeit halber schreibe ich die Aussage A als Spaltenvektor $A = \begin{bmatrix} A_w \\ A_f \end{bmatrix}$. Diese Darstellung ist vorzüglich geeignet, die syntaktischen Zusammenhänge der Quantenlogik transparent werden zu lassen.

Die Möglichkeit der Vektordarstellung der dreiwertigen Logik zeigt vielleicht am deutlichsten, daß diese nicht im Widerspruch zur zweiwertigen steht oder etwa beweist, daß wir in der Quantenmechanik die zweiwertige Logik an den Nagel hängen müssen. Man kann diese Darstellung nämlich gut mit der Darstellung der komplexen durch zwei reelle Zahlen (durch Realteil und Imaginärteil) vergleichen. Niemand hat behauptet,

1. daß die Vektordarstellung der komplexen Zahlen die Theorie derselben trivial gemacht hätte,
2. daß die Anwendung komplexer Zahlen z.B. in der Elektrodynamik (für Strom und Spannung als Real- und Imaginärteil) die Algebra der reellen Zahlen widerlegt hätte.

Ebenso bleibt die Gültigkeit der zweiwertigen Logik durch die Quantenmechanik völlig unangetastet. Und wir werden sehen, daß diese Deutung die dreiwertige Quantenlogik nicht nur für die zusammengesetzten Aussagen rettet, sondern daß sich in ihr auch gut sehen läßt, wie für Reichenbach die kausalen Anomalien in der quantenlogischen Darstellung verschwinden.

Wenn die Semantik der dreiwertigen Quantenlogik geklärt ist, sollte versucht werden, die Formeln dieser Logik auch durchsichtig werden zu lassen. Jede Quantenaussage A wird also dargestellt von zwei zweiwertigen Aussagen A_w und A_f, für die die Nebenbedingung $A_w \to \overline{A_f}$ gültig ist. Die Nebenbedingung ist notwendig, damit der Vektor nur drei Werte wiedergibt und nicht, wie sonst der Fall, vier Werte. Damit können wir dann ohne Schwierigkeiten die von Reichenbach definierten Operationen ausdrücken.

$$ \sim A = \left[\frac{A_f}{A_f \vee A_w} \right] ; \quad -A = \left[\begin{array}{c} A_f \\ A_w \end{array} \right] ; \quad \overline{A} = \left[\begin{array}{c} \overline{A_w} \\ \wedge \end{array} \right] . $$

Hier ist $\wedge$ die immer falsche Aussage, $\vee$ die immer wahre.

$$ A \vee B = \left[\begin{array}{c} A_w \vee B_w \\ A_f \cdot B_f \end{array} \right] ; \quad A \cdot B = \left[\begin{array}{c} A_w \cdot B_w \\ A_f \vee B_f \end{array} \right] ; $$

$$ A \supset B = \left[\begin{array}{c} (A_w \to B_w) \cdot (B_f \to A_f) \\ A_w \cdot B_f \end{array} \right] ; \quad A \to B = \left[\frac{A_w \to B_w}{A_w \to B_w} \right] ; $$

$$ A \ni B = \left[\begin{array}{c} A_w \cdot B_w \\ A_w \cdot B_f \end{array} \right] ; \quad A \equiv B = \left[\begin{array}{c} (A_w \leftrightarrow B_w) \cdot (A_f \leftrightarrow B_f) \\ A_w \cdot B_f \vee A_f \cdot B_w \end{array} \right] ; $$

$$ A \equiv B = \left[\frac{(A_w \leftrightarrow B_w) \cdot (A_f \leftrightarrow B_f)}{(A_w \leftrightarrow B_w) \cdot (A_f \leftrightarrow B_f)} \right] ; $$

414

Wir fügen noch hinzu:

$$A \leftrightarrow B = \left[\frac{A_w \leftrightarrow B_w}{\overline{A_w \leftrightarrow B_w}} \right].$$

Hier dient das Gleichheitszeichen $=$ zur metasprachlichen Kennzeichnung der extensionalen Gleichheit zweier Ausdrücke, von denen jeder durch den anderen in allen Formeln ersetzt werden kann. Die Einführung dieser Vektoren hat mehrere Vorteile. Sie ermöglicht die Zurückführung des formalen Operierens mit dreiwertigen Aussagen auf das Operieren mit zweiwertigen, genau so, wie die Komponentenschreibweise von aus Zahlen gebildeten Vektoren Ähnliches leistet. Betrachten wir zum Beispiel die Formel $(A \rightarrow B) \rightarrow (\overline{B} \rightarrow \overline{A})$: In der zweiwertigen Logik ist das eine Tautologie. Was können wir darüber in der dreiwertigen Logik aussagen? Der Leser rechne zuerst $\overline{A}$ und B nach obigen Formeln aus, dann $A \rightarrow B$ und $\overline{B} \rightarrow \overline{A}$. Er erhält dann schließlich

$$\left[\frac{A_w \rightarrow B_w}{\overline{A_w \rightarrow B_w}} \right] \rightarrow \left[\frac{\overline{B_w} \rightarrow \overline{A_w}}{\overline{\overline{B_w} \rightarrow \overline{A_w}}} \right]$$

was wiederum nach der Formel für $\rightarrow$ ausgerechnet

$$\left[\frac{(A_w \rightarrow B_w) \rightarrow (\overline{B_w} \rightarrow \overline{A_w})}{\overline{(A_w \rightarrow B_w) \rightarrow (\overline{B_w} \rightarrow \overline{A_w})}} \right]$$

ergibt. Das ist die Gestalt, in der $(A \rightarrow B) \rightarrow (\overline{B} \rightarrow \overline{A})$ in Komponentenschreibweise erscheint. Dieser Ausdruck ist eine Tautologie der dreiwertigen Logik, wenn die obere Komponente des Vektors immer wahr, d.h. eine Tautologie der zweiwertigen Logik ist. Was in der unteren Komponente steht, ist dann vollkommen gleichgültig. Interessanterweise steht aber in der oberen Komponente die zweiwertige Formel, die der dreiwertigen Formel $(A \rightarrow B) \rightarrow (\overline{B} \rightarrow \overline{A})$ entspricht und die bekanntlich tautologisch gültig ist. Also ist auch die dreiwertige Formel eine Tautologie.

Das führt auf die allgemeine Frage, in welchen Fällen denn überhaupt dreiwertige Tautologien den zweiwertigen entsprechen. Die Antwort darauf läßt sich leicht geben. Denken wir uns verschiedene dreiwertige Zeichen j, bei denen die obere Komponente nur aus den w-Komponenten der Teilaussagen der Verknüpfungen besteht und zwar gerade die mit dem gleichen Zeichen j gebildete zweiwertige Aussage ist und bei denen die untere Komponente eine Funktion $F(A_w, B_w, A_f, B_f)$ ist, welche aber $A_w \, j \, B_w$ widerspricht. Wir erhalten so mit der Junktorenvariable j Junktoren des Typs

$$A \, j \, B = \left[\begin{array}{c} A_w \, j \, B_w \\ F(A_w, B_w, A_f, B_f) \end{array} \right]$$

mit $F(A_w, B_w, A_f, B_f) \rightarrow \overline{A_w \, j \, B_w}$.

Diese Junktoren wollen wir mit U. Blau „regulär" nennen.

Beispiele dafür sind die Verknüpfungen $\overline{A}$, A . B, $A \vee B$, $A \to B$ und $A \leftrightarrow B$. Bei der regulären Junktoren ist stets die obere Vektorkomponente nur von den oberen, d.h. den w-Komponenten der Teilaussagen abhängig und zwar in derselben Weise wie bei den entsprechenden zweiwertigen Junktoren. Diese Eigenschaft überträgt sich automatisch auf beliebig komplizierte, mit regulären Junktoren zusammengesetzte Ausdrücke der dreiwertigen Aussagenlogik. Daher gelten alle Tautologien, in denen nur $\overline{A}$, A . B, $A \vee B$, $A \to B$ und $A \leftrightarrow B$ vorkommen, in der dreiwertigen Logik genau dann, wenn sie auch in der zweiwertigen Logik gültig sind. (Dies ist bei U. Blau 1978 der Satz 4 auf S. 155.) Damit sind uns mit einem Schlage schon sehr viele Tautologien der dreiwertigen Logik bekannt. Ferner ist dadurch klar, daß erst die *nicht regulären* Junktoren zu neuartigen Formeln in der dreiwertigen Logik führen können.

Dazu gehören schon einmal viele mit der alternativen Äquivalenz $\equiv$ oder der Standardäquivalenz $=$ gebildeten Äquivalenzen. Denn beide sind genau dann wahr, wenn die oberen sowie die unteren Komponenten der Teilaussagen den gleichen Wahrheitswert haben. Doch auch für diese Operatoren gibt es eine ganze Reihe von Formeln, die in der zweiwertigen Logik ebenfalls Äquivalenzen sind. Das ist immer dann der Fall, wenn die beiden Teilformeln komplexe, ausschließlich mit der Konjunktion . und der Disjunktion $\vee$ gebildete Ausdrücke sind. Denn diese Junktoren vermischen w- und f-Komponenten überhaupt nicht miteinander, und jeder ausschließlich mit ihnen gebildete Ausdruck enthält in der unteren Vektorkomponente genau ·den zur oberen Vektorkomponente dualen Ausdruck in den f-Komponenten der Elementaraussagen statt in deren w-Komponenten. So wird

$$A \vee (B . C) = \begin{bmatrix} A_w \vee (B_w . C_w) \\ A_f . (B_f \vee C_f) \end{bmatrix} \text{ und}$$

$$A . (B \vee C) = \begin{bmatrix} A_w . (B_w \vee C_w) \\ A_f \vee (B_f . C_f) \end{bmatrix} .$$

Da zwei junktorenlogische Ausdrücke genau dann bei allen Wahrheitswertverteilungen äquivalent sind, wenn die dazu dualen Ausdrücke es ebenfalls sind, gelten damit natürlich die distributiven Gesetze (Formeln (16) und (17) auf S. 170).

Die Beispiele, anhand derer sich quasi auf Anhieb die Gültigkeit einer Formel einsehen läßt, wenn man sie in Vektorendarstellung hinschreibt, lassen sich leicht vermehren. Fast alle Formeln der Quantenlogik, die Reichenbach in § 32 anführt, werden in der Vektordarstellung für den „zweiwertigen Logiker" durchsichtig.

Der Leser macht sich jedoch am besten selbst die Mühe, sie in dieser Darstellung auszurechnen, nur so gewinnt er eine gewisse Vertrautheit mit der dreiwertigen Logik. Wir wollen uns hier hingegen nur noch dem Ausdruck (33) (auf S. 173) für die Komplementarität von U und V zuwenden und behandeln als Vorbereitung dazu noch kurz das „quartum non datur", Formel (9) (auf S. 169). Da die Wahrheitswerte w, f und u sich gegenseitig ausschließen, gilt

$$\overline{A_w \vee A_f} \leftrightarrow A_u$$

$$\overline{A_f \vee A_u} \leftrightarrow A_w$$

$$\overline{A_u \vee A_w} \leftrightarrow A_f$$

Wir verwenden diese Formeln bei der Berechnung von $\sim A$ und von $\sim\sim A$ bei nochmaligem Einsetzen in die Vektordarstellung von $\sim A$:

$$\sim A = \left[\frac{A_f}{A_w \vee A_f}\right] = \left[\begin{array}{c} A_f \\ A_u \end{array}\right] ; \quad \sim\sim A = \left[\frac{A_u}{A_f \vee A_u}\right] = \left[\begin{array}{c} A_u \\ A_w \end{array}\right] ;$$

Damit wird das quartum non datur

$$\left[\begin{array}{c} A_w \\ A_f \end{array}\right] \vee \left[\begin{array}{c} A_f \\ A_u \end{array}\right] \vee \left[\begin{array}{c} A_u \\ A_w \end{array}\right] = \left[\begin{array}{c} A_w \vee A_f \vee A_u \\ A_f \cdot A_u \cdot A_w \end{array}\right] = \wedge$$

oder nach Einsetzen in die Vektordarstellung für die Disjunktion $\vee$:

$$\left[\begin{array}{c} A_w \vee A_f \vee A_u \\ A_f \cdot A_u \cdot A_w \end{array}\right]$$

Bei den Tautologien interessiert uns nur die oberste Zeile, hier $A_w \vee A_f \vee A_u$, welche besagt, daß A einen seiner drei Wahrheitswerte annimmt.

Jetzt können wir auch leicht Formel (33) berechnen, wenn wir ähnlich wie eben vorgehen:

$$U \vee \sim U \rightarrow \sim\sim V = \left[\begin{array}{c} U_w \vee U_f \\ U_f \cdot U_u \end{array}\right] \rightarrow \left[\begin{array}{c} V_u \\ V_w \end{array}\right]$$

$$= \left[\frac{U_w \vee U_f \rightarrow V_u}{U_w \vee U_f \rightarrow V_u}\right] = \left[\frac{U_u \vee V_u}{U_u \wedge V_u}\right]$$

Zuletzt wurde wieder $A_w \vee A_f \leftrightarrow A_u$ benutzt.

Das Endresultat ist sehr schön symmetrisch in U und V, womit die Äquivalenz der Formeln (33) und (34) sofort deutlich wird. Sind wir an der Wahrheit von

$U \vee \sim U \to \; \sim \sim V$ interessiert, so kann die zweite Vektorkomponente unberücksichtigt bleiben, und wir erhalten

$$U_u \vee V_u$$

als Ausdruck für die Komplementarität von U und V.

Einen ähnlichen Ausdruck erhält auch Hardegree (G. M. Hardegree 1977, S. 29; 1979, S. 501) und knüpft daran einige wichtige Bemerkungen im Anschluß an van Fraassen (B.C. van Fraassen 1974), die hier wiedergegeben werden sollen. Van Fraassen und Hardegree haben darauf hingewiesen, daß $U_u \vee V_u$ nur dann eine Beziehung zwischen U und V ausdrücken kann, wenn dieser Ausdruck für alle denkbaren Zustände φ wahr ist und nicht nur für den zufällig gerade jetzt bestehenden Zustand φ_0. „Für alle Zustände φ" schreiben wir mit dem metasprachlichen Quantor $\forall \varphi$. Eigentlich hängen U und V ja noch vom Argument φ ab. Ist $U(r,\varphi)_w$ die Aussage $U_{op}\varphi = r\varphi$ und $V(s,\varphi)_w$ die Aussage $V_{op}\varphi = s\varphi$, dann muß gelten

$$\forall \varphi (U(s,\varphi)_u \vee V(s,\varphi)_u) \quad \text{bzw.}$$
$$\forall \varphi (U(r,\varphi)_w \vee U(r,\varphi)_f \to V(s,\varphi)_u)$$

und nicht nur $U(r,\varphi_0)_u \vee V(s,\varphi_0)_u$. Das wird besonders deutlich, wenn φ_0 gerade so beschaffen ist, daß $U(r,\varphi_0)_u$ gilt, dann ist $U(r,\varphi_0)_u \vee U(r,\varphi_0)_u$ wahr und damit U zu sich selbst komplementär, was dem intendierten Sinn von „komplementär" widerspricht (G.M. Hardegree 1977, S. 30). Man kann das in Reichenbachscher Terminologie auch so ausdrücken: Die Verknüpfung $\vee$ in $U(\varphi)_u \vee V(\varphi)_u$ darf nicht als *adjunktive* Verknüpfung gelesen werden, d.h. als gültig auf Grund der gerade zufällig vorhandenen Situation, sondern ist hier als *konnektive* Verknüpfung aufzufassen, die zwischen ihren Teilgliedern U und V mit physikalischer Notwendigkeit gilt (siehe H. Reichenbach 1947(6), S. 355ff.).

Hardegree weist aber darauf hin, daß dann wieder die Reichenbachsche Komplementaritätsbeziehung zu stark wird. Es muß möglich sein, mit Hilfe von $U(\varphi)_u \vee V(\varphi)_u$ auch die Komplementarität zweier Größen zum Ausdruck zu bringen. Das versucht Reichenbach in Formel (37) (auf S. 173). In dieser Formel ersetzen wir mit Hardegree den Parameter t durch die Variable φ; denn wenn hier Reichenbach sagt „zu allen Zeiten", so meint er „in allen Situationen". Damit schreiben wir für (37):

$$\forall \varphi (r)(s)(U(r,\varphi)_u \vee V(s,\varphi)_u),$$

wobei wieder $U(r,\varphi)_w := (U_{op}\varphi = r\cdot\varphi)$ und $V(s,\varphi)_w := (V_{op}\varphi = s\cdot\varphi)$ heißen soll. ($U(r,\varphi)_u$ und $V(s,\varphi)_u$ sind dreiwertige Aussagen.) Angenommen, die Operatoren U_{op} und V_{op} hätten nicht entartete Eigenwerte r und s mit den Eigenfunktionen φ_r und φ_s. Dann könnte in einer physikalischen Situation ein Zustand φ_0 vorliegen, der auf φ_r und φ_s als Vektor im Hilbertraum senkrecht steht, für den also gilt $(\varphi_o,\varphi_r) = 0$ und $(\varphi_o,\varphi_s) = 0$. Einen solchen Zustandsvektor gibt es immer, wenn die Dimension des Vektorraumes mindestens dreidimensional ist (in diesem

418

Falle hat das Vektorprodukt diese Eigenschaft), um so mehr im unendlichdimensionalen Hilbertraum. Damit wäre dann $U(r, \varphi)_f$ und $V(s, \varphi)_f$ gültig. Die Formel (37) verlangt aber in unserer Transkription, daß für alle φ immer $U(r, \varphi)$ oder $V(s, \varphi)$ den Wert u annimmt. Da wir das Vorhandensein des Zustandes φ_o jedoch nicht ausschließen können, ist die Konsequenz, daß nach Reichenbachs Kriterium *Größen mit nichtentartetem Eigenwertspektrum niemals zueinander komplementär sein können.*

Man mag die Frage stellen, ob sich in der dreiwertigen Logik die Komplementarität zweier Größen überhaupt definieren läßt. Was „komplementär" heißen soll, liegt glücklicherweise nicht vollkommen fest, und wir haben einen gewissen Spielraum für die rationale Rekonstruktion, innerhalb dessen wir auch mit der dreiwertigen Logik operieren können. Die soeben besprochenen unerwünschten Konsequenzen lassen sich leicht durch eine logische Abschwächung beheben. Wir nennen U_{op} und V_{op} genau dann komplementär, wenn

$$\forall \varphi(r)(s)((U(r, \varphi)_w \to V(s, \varphi)_u) \cdot (V(s, \varphi)_w \to U(r, \varphi)_u))$$

Das entspricht auch ganz der oben in den Erläut. zu § 29 zitierten Auffassung Paulis. Wir formulieren das Zitat ein wenig um: „Zwei Größen u und v sind genau dann komplementär, wenn, nachdem u im vorangehenden Zustand definierte Werte hatte, sich für die Größe v in allen Fällen kein bestimmter Wert voraussagen läßt und umgekehrt für u das gleiche gilt, nachdem v vorher definierte Werte hatte." Mit dieser schwächeren Definition der Komplementarität läßt sich so zeigen, daß die dreiwertige Logik hier nicht versagt.

C. Der Zusammenhang von Hans Reichenbachs dreiwertiger Quantenlogik mit der der Birkhoff-v. Neumannschen Tradition

Über Quantenlogik gibt es heute eine umfangreiche Literatur. Nur ist die überwiegende Mehrzahl der Autoren nicht Reichenbach gefolgt, sondern befaßt sich mit einer völlig anderen Theorie dieses Namens, die zuerst von G. Birkhoff und J. v. Neumann axiomatisiert worden ist (1936). Die Schöpfer dieser anderen Quantenlogik entdeckten, daß die linearen Unterräume des Hilbertraumes, des Zustandsraumes der quantenmechanischen Systeme, fast alle Axiome der Aussagenlogik erfüllen, wenn man bestimmte Verknüpfungen zwischen ihnen anstelle von ‾ , . und $\vee$ setzt. Man nennt die von ihnen gebildete Struktur einen orthokomplementären schwach modularen Verband. Die Unterräume des Hilbertraums lassen sich leicht als Aussagen über ein mikrophysikalisches System deuten. Liegt ein System s im Unterraum R, so deutet man das als die Aussage „s hat die Eigenschaft r." Da nun der Verband der Unterräume des Hilbertraums, der die Struktur eines Booleschen Verbandes hat, der Aussagenlogik so außerordentlich ähnlich ist, und wegen der fundamentalen Bedeutung des Hilbertraums für die Quantenmechanik ist vielfach die These vertreten worden, dieser Verband sei die der Mikrophysik zugrundeliegende nichtklassische Logik, die sich von der klassischen genauso unterscheide wie die allgemein relativistische Geometrie von der euklidischen. Diese recht interessant klingende wissenschaftstheoretische These hat die verbandstheoretische Quantenlogik letztlich zur „mainstream quantum logic" gemacht, wie G.M. Hardegree sie nennt (1979, S. 490). Doch ist diese Art von Quantenlogik etwas völlig anderes als die von Reichenbach, nämlich eine weitgehend empirische Teiltheorie der Quantenmechanik. Es ist hier nicht der Ort, diese Theorie darzustellen. Ich verweise auf die Lehrbücher von J.M. Jauch (1968), P. Mittelstaedt (1978) und G.T. Rüttimann (1977).

Einer der mehrfach vorgetragenen Einwände gegen Hans Reichenbachs dreiwertige Quantenlogik ist daher, sie trage der Struktur des orthokomplementären schwach modularen Verbandes der quantenmechanischen Meßaussagen nicht Rechnung, mit denen sich in den letzten beiden Jahrzehnten die überwiegende Mehrzahl der quantenlogischen Arbeiten befaßt hat. So meint P. Suppes, Reichenbachs Quantenlogik „habe wenig, wenn überhaupt etwas, mit der Logik zu tun, die den quantenmechanischen Wahrscheinlichkeitsräumen zugrunde liegt". (1966, S. 20, zitiert bei D.R. Nilson 1977, S. 345). Diese Kritiker haben offenbar eine andere Vorstellung davon, was Logik ist und was sie leisten soll. Sie erblicken in der Logik nicht so sehr diejenige Disziplin, die für jegliches Sprechen und Argumentieren allein auf Grund der Bedeutungen ihrer Zeichen Gültigkeit hat, sondern eine vielen physikalischen Theorien zugrundeliegende Struktur der Wirklichkeit. Man wird niemandem verbieten können, etwas anderes „Logik" zu nennen als die Philosophen in der Tradition von Frege und Russell. So soll auch niemand daran gehindert werden, seine Enttäuschung darüber zu äußern, daß eine auf Grund rein semantischer Beziehungen a priori gültige Logik nicht die fundamentalen Struktureigenschaften der empirischen Wirklichkeit widerspiegelt.

Aber wir können hier versuchen, zu verstehen, wie die Reichenbachsche Quantenlogik mit der empirischen verbandstheoretischen Quantenlogik zusammenhängt. Und dies wird vielleicht auch für die Kritiker die Reichenbachsche Quantenlogik aufwerten, indem ihnen deutlich wird, daß die verbandstheoretische Quantenlogik sich mühelos als empirische Theorie im Rahmen der Reichenbachschen dreiwertigen Logik darstellen läßt.

Auf die rein syntaktischen Untersuchungen von Birkhoff und v. Neumann und der anderen frühen Quantenlogiker folgten in den 60er Jahren eine Reihe von semantischen Arbeiten, die die quantenlogischen Aussagen mit Meßoperationen in Verbindung bringen, und zwar mit den sogenannten Ja-Nein-Meßoperationen, die nur ein positives oder negatives Resultat ergeben können, etwa „Das Elektron ist in der Kammer des Geigerzählers." oder „Das Elektron ist nicht in der Kammer." Die Meßoperationen A hängen eng mit den Reichenbachschen dreiwertigen Aussagen zusammen. Dabei heißt $A(\varphi)_w$: die Messung am physikalischen Vorgang oder System φ ergibt ein positives Resultat, und $A(\varphi)_f$: die Messung ergibt ein negatives Resultat. Sie bilden zusammen die Menge der Meßaussagen MA. Das klingt zunächst genau so wie bei Reichenbach. Es gibt auch eine wichtige Implikationsrelation, die „Meßimplikation" $A \leq B$ zwischen den Meßoperationen A und B, die wir folgendermaßen interpretieren können (neben den dreiwertigen Zeichen Reichenbachs werden die zweiwertigen Zeichen $\Rightarrow$, $\wedge$, $\in$, $\overline{}$, $\forall$ und $\exists$ in der üblichen Weise verwendet, die beiden letzten Quantoren auf der Menge der Aussagen):

$A \leq B$ genau dann, wenn B immer dann das Resultat „ja" ergibt, wenn auch A es tut.

Die Meßimplikation ist in Reichenbachscher Terminologie so zu lesen:

$A \leq B$ gdw $\forall \varphi (A(\varphi)_w \rightarrow B(\varphi)_w)$

Die Meßaussagen A und B sind jetzt selbst *keine Aussagen* im eigentlichen Sinne mehr, sondern *Aussagenfunktionen* der Zustände φ, die jedem Systemzustand φ eine Aussage $A(\varphi)$ zuordnen. Etwas Ähnliches gibt es auch in der Modallogik. Dort haben wir es mit Aussagenfunktionen $A(v)$ zu tun, die den möglichen Welten v Aussagen $A(v)$ zuordnen.

Eine wichtige empirische Eigenschaft der Meßaussagen ist die Kontraposition:

QL1 $A \leq B \Rightarrow - B \leq - A$.

Ein empirisches Beispiel dafür wäre etwa: Sind A und B zwei Zähler, von denen A in B räumlich enthalten ist, so gilt: wenn A positiv anspricht, tut B es ebenfalls, und wenn B negativ anspricht, tut A es ebenfalls.

Nur kann man mit den Reichenbachschen wahrheitsfunktionalen Verknüpfungen komplexe Aussagen aus Meßaussagen bilden, die selber keine solchen mehr sind. Die Reichenbachschen Verknüpfungen führen also aus MA heraus. Im Unterschied dazu formuliert die verbandstheoretische Quantenlogik Verknüpfungen $A \sqcap B$ und $A \sqcup B$, die zwei Meßaussagen $A \in MA$ und $B \in MA$ eine weitere Meßaussage $C \in MA$ zuordnen. Die „Meßkonjunktion" $A \sqcap B$ ist die weiteste Meßaussage, aus der A und B folgen. In unserer Terminologie gilt mit dem metasprachlichen Zeichen $\Rightarrow$ für die zweiwertige logische Folgerungsrelation:

QL2 $(A \sqcap B) \leq A$
QL3 $(A \sqcap B) \leq B$ und
QL4 $(C \leq A) \wedge (C \leq B) \Rightarrow C \leq (A \sqcap B)$

Umgekehrt ist die „Meßdisjunktion" $(A \sqcup B)$ die engste Meßaussage, die aus A und aus B folgt, d.h.

QL5 $A \leq A \sqcup B$
QL6 $B \leq A \sqcup B$
QL7 $(A \sqcup B) \leq C \Rightarrow (A \leq C) \wedge (B \leq C)$

Neben der Meßimplikation $\leq$ führt man zweckmäßigerweise noch eine weitere Relation $\geq \leq$ ein, die Meßäquivalenz:

QL8 $(A \geq \leq B) \Leftrightarrow (A \leq B) \wedge (B \leq A)$

Die beiden Verknüpfungen $\sqcap$ und $\sqcup$ stehen übrigens in folgender Beziehung zueinander, die einer der de Morganschen Regeln für die Konjunktion . und die

Disjunktion $\vee$ *entspricht:*

QL9 $-A \sqcap -B \geqq \leqq -(A \sqcup B)$

Das ist nun auch schon das Wichtigste, was sich über die verbandstheoretische Quantenlogik sagen läßt. Es gibt noch ein paar weitere Axiome, über deren Bedeutung die einschlägige Literatur Auskunft gibt. Ich entnehme das folgende Axiomensystem (dessen Axiome QL1–QL9 wir schon kennen) dem Buch von Mittelstaedt (1978, S. 28ff.):

QL $\quad A \in MA \,\wedge\, B \in MA \,\wedge\, C \in MA \rightarrow$
1) $\quad (A \leq B) \Rightarrow (-B \leq -A)$
2) $\quad A \sqcap B \leq A$
3) $\quad A \sqcap B \leq B$
4) $\quad (C \leq A) \wedge (C \leq B) \Rightarrow (C \leq A \sqcap B)$
5) $\quad A \leq A \sqcup B$
6) $\quad B \leq A \sqcup B$
7) $\quad (A \leq C) \wedge (B \leq C) \Rightarrow (A \sqcup B \leq C)$
8) $\quad (A \geqq \leqq B) \Leftrightarrow (A \leq B) \wedge (B \leq A)$
9) $\quad (-A \sqcap -B) \geqq \leqq -(A \sqcup B)$
10) $\quad A \leq A$
11) $\quad (A \leq B) \wedge (B \leq C) \Rightarrow (A \leq C)$
12) $\quad (\wedge \leq A) \wedge (\wedge \in MA)$
13) $\quad (A \leq \wedge) \wedge (\vee \in \dot{M}A)$
14) $\quad A \geqq \leqq -(-A)$
15) $\quad A \sqcap (-A) \geqq \leqq \ \wedge$
16) $\quad (A \leq B) \Rightarrow (B \leq A \sqcup (-A \sqcap B))$

In welcher Beziehung steht nun diese Quantenlogik zu der Reichenbachs? Dazu müßten wir die Verknüpfungen $\sqcap$ und $\sqcup$ in Reichenbachs Formalismus ausdrücken. Das geht nicht mit seinen Wahrheitswerttabellen. Man zeigt das, indem man alle wahrheitsfunktionalen Verknüpfungen mit $\sqcap$ und $\sqcup$ vergleicht. Offenbar tut sich zwischen Reichenbachs und der verbandstheoretischen Quantenlogik eine tiefe Kluft auf. Doch heißt das nicht, daß man diese Verknüpfungen nicht durch komplexe Formeln ausdrücken könnte. Es müssen ja nicht immer Wahrheitswerttabellen sein. Die Axiome der verbandstheoretischen Quantenlogik lassen sich jedenfalls in Reichenbachs Formalismus darstellen. Das geht sogar sehr gut, und ich möchte zeigen, daß diese Axiome bei Reichenbach empirische Aussagen werden, die die Menge MA charakterisieren.

Wir denken uns unter den Aussagen der dreiwertigen Logik eine Menge MA von besonders ausgezeichneten Meßaussagen. Das sollen Aussagen sein, die über Meßverfahren an mikrophysikalischen Systemen definiert sind. Von dem System dieser Meßaussagen MA, die in der Reichenbachschen Logik auch als Elementaraussagen auftreten, seien folgende Eigenschaften empirisch gefunden worden:

RQL Eine Menge MA von einstelligen Aussagenfunktionen der Systemzuständen φ der dreiwertigen Logik ist ein orthokomplementärer schwach

modularer Meßaussagenverband
gdw

$(A \in MA \wedge B \in MA \wedge C \in MA) \Rightarrow$
1. $(\wedge \in MA)$
2. $(-A \in MA)$
3. $((A \le B) \Rightarrow (-B \le -A))$
4. $\exists D(D \in MA \wedge D \ge \le A \cdot B)$
5. $((A \le B) \wedge (A \vee (-A \cdot B) \le C) \Rightarrow (B \le C))$.

Die Menge MA der Meßaussagen ist also durch fünf Axiome RQL1−RQL5 charakterisiert, die außer dem Zeichen für MA keine weiteren nichtlogischen Zeichen enthalten. Das zweite Axiom besagt die Abgeschlossenheit von MA unter der Operation der diametralen Negation. Das dritte Axiom ist das Gesetz der Kontraposition, welches für die diametrale Negation und die Meßimplikation kein Gesetz der dreiwertigen Logik ist und somit eine besondere Eigenschaft der Menge MA darstellt. (Die Kontraposition gilt rein logisch in zwei anderen Fassungen, Formel (18) und (19) auf S. 170.) Das vierte Axiom besagt zwar nicht, daß die Konjunktion nicht aus der Menge MA herausführt. Es sichert aber die Existenz eines Elements der Menge MA, einer Meßaussage, die zu $A \cdot B$ in der Relation der Meßäquivalenz $\ge \le$ steht und wird uns weiter unten ermöglichen, die Konjunktion durch die Meßkonjunktion $A \sqcap B$ zu ersetzen, die nicht mehr aus MA herausführt. Das fünfte Axiom schließlich ist eine Formulierung der schwachen Modularität, über das ich hier nichts Näheres sagen möchte. Wir werden sehen, daß sich alle Axiome eines orthokomplementären schwach modularen Verbandes aus diesen vier Axiomen ableiten lassen.

Als nächstes müssen wir die verbandstheoretischen Verknüpfungen $\sqcup$ und $\sqcap$ definieren. Dazu müssen wir allerdings noch einige Vorbereitungen treffen. Wir untersuchen daher zunächst, wann man zwei Meßaussagen aus MA als identisch ansehen darf. Sicher sind zwei Aussagen der dreiwertigen Logik stets extensional gleich, wenn zwischen ihnen die Standardäquivalenz oder die alternative Äquivalenz für alle denkbaren Wahrheitswertbelegungen gültig ist. Wir werden aber zeigen, daß bei Meßaussagen bereits die Meßimplikation $\ge \le$ für die extensionale Gleichheit ausreicht. Dazu beweisen wir zunächst

T1: $A \in MA \wedge B \in MA \Rightarrow$
$A \ge \le B \wedge -A \ge \le -B \Rightarrow A = B$

Wie wir im vorangehenden Abschnitt gesehen haben, lassen sich A und B als

Vektoren auffassen $A = \begin{bmatrix} A_w \\ A_f \end{bmatrix}$ und $B = \begin{bmatrix} B_w \\ B_f \end{bmatrix}$.

A und B sind also extensional gleich, wenn ihre Komponenten gleich sind, wenn also $A_w = B_w$ und $A_f = B_f$ gilt. $A \ge \le B$ bedeutet aber

$\forall \varphi (A_w(\varphi) \leftrightarrow B_w(\varphi))$ und damit $A_w = B_w$. Auf die gleiche Weise ist $-A \geq \leq -B$ äquivalent mit $A_f = B_f$. Damit ist T1 bewiesen.

T2: $A \in MA \land B \in MA \Rightarrow$
$\quad A \geq \leq B \Rightarrow -A \geq \leq -B$

T2 folgt unmittelbar aus RQL3, wenn für $A \geq \leq B$ die Definition eingesetzt wird.

Die Theoreme T1 und T2 machen es uns nun leicht, die Meßkonjunktion $\sqcap$ zu definieren, die nicht mehr aus MA herausführt.

Def. von $\sqcap$: $A \in MA \land B \in MA \Rightarrow$
$\quad A \sqcap B \in MA \land (A \sqcap B \geq \leq A . B)$

Die Existenz von $A \sqcap B$ wird durch RQL4, die Eindeutigkeit durch T1 und T2 gesichert.

Man wird fragen, warum wir nicht gleich $A . B$ statt $A \sqcap B$ als Verbandsverknüpfung gewählt haben. Das wäre jedoch meistens nicht zulässig, da $A \sqcap B = A . B$ nicht allgemein für Meßaussagen gilt. Zwar ist $A \sqcap B \geq \leq A . B$ und ebenfalls $-(A . B) \leq -(A \sqcap B)$, aber in der anderen Richtung gilt der Pfeil zunächst nicht. Zum besseren Verständnis dieses Sachverhalts beweisen wir vier weitere Theoreme:

T3: $A \in MA \land B \in MA \Rightarrow$
$\quad -(A . B) \leq -(A \sqcap B)$

und

T4: $A \in MA \land B \in MA \land C \in MA \Rightarrow$
$\quad ((-(A . B) \leq C) \Rightarrow (-(A \sqcap B) \leq C))$

Man beweist zunächst QL2–QL4, indem man in drei Sätzen, die allgemein in der zweiwertigen und dreiwertigen Logik gelten, die Konjunktion . durch die Meßkonjunktion $\sqcap$ ersetzt, was nach den Definitionen von $\sqcap$ und von $\leq$ zulässig ist. ($A \leq B$ verknüpft ja nur die w-Komponenten von A und B miteinander.) Wendet man sodann auf QL2 und QL3 die Kontraposition an (RQL3), so erhält man:

$$-A \leq -(A \sqcap B) \quad \text{und} \quad -B \leq -(A \sqcap B);$$

daraus folgt zunächst unmittelbar T3 nach der Tautologie

$$-A \leq C \land -B \leq C \Leftrightarrow -(A . B) \leq C.$$

Aus QL4 folgt durch dreimalige Anwendung der Kontraposition (RQL3):

$$-A \leq C \land -B \leq C \Rightarrow -(A \sqcap B) \leq C$$

Daraus erhält man T4 mit der gleichen Tautologie wie T3.

424

Als nächste Verknüpfung definieren wir die verbandstheoretische Vereinigung ⊔:

Def. von ⊔: $A \in MA \wedge B \in MA \Rightarrow$
$(A \sqcup B = -(-A \sqcap -B))$

Das neue Zeichen ⊔ ist nur eine Abkürzung für $-(-A \sqcap -B)$ und bringt eigentlich nichts Neues in die Theorie. Die Theoreme T3 und T4 lassen sich dann mit den de Morganschen Regeln der dreiwertigen Logik und der Definition der Meßdisjunktion ⊔ zu folgenden Theoremen T5 und T6 umformulieren:

T5: $A \in MA \wedge B \in MA \Rightarrow$
$A \vee B \leq A \sqcup B$,
T6: $A \in MA \wedge B \in MA \wedge C \in MA \Rightarrow$
$((A \vee B) \leq C) \Rightarrow ((A \sqcup B) \leq C)$

Jetzt können wir den Beweis dafür führen, daß die Menge MA mit den verbandstheoretischen Verknüpfungen $\sqcap$ und $\sqcup$ und der diametralen Negation $-$ und der Implikation $\leq$ die üblichen Axiome für einen schwach modularen orthokomplementären Verband erfüllt.

T7: MA erfüllt mit den Verknüpfungen $\sqcap$ und $\sqcup$ alle Axiome QL1 bis QL16.

Ein großer Teil dieses Theorems gilt trivialerweise. QL1 ist RQL3. QL2−QL4 gelten unmittelbar auf Grund der Definition von $\sqcap$. QL5−QL7 gelten auf Grund der Theoreme T3 und T4 unter Benützung der Definition von ⊔ und der zu QL5−QL7 analogen Sätze der dreiwertigen Logik für die Disjunktion. QL8 ist die Definition von $\geq \leq$. QL9 gilt auf Grund der Definition von ⊔ und der Tautologie $(-A \geq \leq B) \Leftrightarrow (A \geq \leq -B)$. QL10, QL11 und QL14 sind Theoreme der dreiwertigen Logik. QL12 ist RQL1 zusammen mit einem Satz der dreiwertigen Logik. QL13 folgt aus QL12 auf Grund der logisch gültigen Beziehung $\vee = - \wedge$ und von RQL3. QL15 gilt auf Grund der Definition von $\sqcap$ und der Tautologie $A.(-A) \geq \leq \wedge$.

Nur QL16 bedarf noch eines etwas ausführlicheren Beweises. Aus T5 $(A \vee B \leq A \sqcup B)$, erhalten wir bei spezieller Einsetzung $A \vee (-A \sqcup B) \leq A \sqcup (-A \sqcup B)$. Nach Definition von $A \sqcap B$ gilt ferner $(-A . B) \geq \leq (-A \sqcap B)$. Daraus erhalten wir mit der Tautologie $(A \leq B) \Rightarrow ((C \vee A) \leq (A \vee B))$ und der Kettenschlußregel:

$*$ $\quad A \vee (-A . B) \leq A \sqcup (-A \sqcap B)$

Setzt man in RQL5 für C den Ausdruck $A \sqcup (-A \sqcap B)$ ein, so erhält man

$**$ $\quad (A \leq B) \wedge (A \vee (-A . B) \leq A \sqcup (-A \sqcap B)) \Rightarrow$
$(B \leq A \sqcup (-A \sqcap B))$

Aus Zeile $*$ und Zeile $**$ ergibt sich dann QL16. Damit ist der Beweis für T7 abgeschlossen.

Wir haben also gezeigt, daß sich aus den fünf Axiomen RQL für die Menge *MA* alle üblichen Axiome für einen schwach modularen orthokomplementären Verband ableiten lassen. Der Beweis, daß wir *MA* auch nicht zu stark charakterisiert haben, ist zunächst einmal schon deshalb unmöglich, weil man eine Semantik nicht mit einer Syntax beweisen kann. Man kann aber zeigen, daß QL16 und RQL5 in der Reichenbachschen dreiwertigen Logik unter Verwendung der Axiome RQL1 – RQL4 äquivalent sind. Das soll hier aber nicht vorgeführt werden. Für die Reichenbachsche dreiwertige Quantenlogik zeigt dieses Resultat,

1. daß die verbandstheoretische Quantenlogik der Birkhoff-v. Neumann-schen Tradition als empirische Theorie in der Reichenbachschen formuliert werden kann, und
2. daß dazu keine neuen undefinierten Relationen oder Verknüpfungen gebraucht werden.

Damit wird die Reichenbachsche dreiwertige Quantenlogik eigentlich allen Anforderungen gerecht, die man billigerweise an sie stellen kann. An Ausdrucks-fähigkeit für die Aufgabe der Charakterisierung der den „quantenmechanischen Wahrscheinlichkeitsräumen zugrundeliegenden" Strukturen fehlt es ihr jedenfalls nicht, und man kann nun nicht mehr mit Suppes behaupten, Reichenbachs Logik habe damit „wenig, wenn überhaupt etwas" mit der Logik der quantenmechani-schen Wahrscheinlichkeitsräume zu tun.

Erläuterungen zu §33: „Unterdrückung kausaler Anomalien mit Hilfe einer dreiwertigen Logik"

In diesem Paragraphen hat Reichenbachs dreiwertige Logik zu zeigen, was sie leistet. Mit ihrer Hilfe sollen sich die mikrophysikalischen Vorgänge so darstel-len lassen, daß kausale Anomalien, d.h. Verletzungen des Nahwirkungsprinzips, nicht mehr auftreten. Das gelingt Reichenbach auch ohne Zweifel, und darin liegt das eigentliche Verdienst seines Buches über die Grundlagen der Quantenmecha-nik, das durch keine Kritik wieder beseitigt werden kann.

An Kritik an dem Buch hat es nicht gefehlt, und auch wohlwollende Autoren wie D.R. Nilson (1977) haben sich der Suggestion der kritischen Argumente von P. Feyerabend (1958, 1967), B. van Fraassen (1974), M. Gardner (1972) und M. Strauß (1972) nicht entziehen können, wenn auch Nilson Reichenbach gegen viele Einwände seiner Kritiker verteidigt. Mit wenigstens einigen dieser Einwände wol-len wir uns hier befassen.

Reichenbach diskutiert im ersten Teil des §33 die Behebung der kausalen Anomalien des im §7 beschriebenen Interferenzexperiments. Er zeigt dort, daß ein von A ausgesandtes Elementarteilchen auf dem Schirm C (von Fig. 5 auf S. 39) nachgewiesen werden kann, ohne daß wir sagen müssen, es sei durch den Schlitz B_1 oder es sei durch den Schlitz B_2 hindurchgegangen. Damit müssen wir auch nicht behaupten, es sei etwa am Schlitz B_1 durch eine Fernwirkung des Schlitzes B_2 beeinflußt worden. Wir können nämlich der Aussage „Das Elementarteilchen

426

ist durch den Schlitz B_1 hindurchgegangen." den Wahrheitswert „unbestimmt" geben und ebenso der analogen Aussage über den Schlitz B_2. Aber dann hat auch die Aussage „Das Elementarteilchen ist durch den Schlitz B_1 oder den Schlitz B_2 hindurchgegangen." den Wahrheitswert „unbestimmt", obwohl es ja nicht von A nach C gelangen konnte, ohne das Schlitzsystem zu passieren. „Daher", sagt M. Strauß (1972, S. 296), „ist es nicht möglich, aus dem beobachteten Lichtblitz auf dem Schirm zu schließen, daß das Teilchen, welches den Lichtblitz hervorgerufen hat, durch die Schlitze des Beugungsgitters hindurchgegangen ist. Dies ist nach meiner Meinung eine noch schlimmere kausale Anomalie als die unterdrückte."

Wir müssen uns allerdings fragen, ob die beiden Aussagen:

„Das Teilchen ist durch Schlitz B_1 *oder* B_2 hindurchgegangen."
und
„Das Teilchen ist durch die Schlitze des Beugungsgitters hindurchgegangen."

miteinander identifiziert werden dürfen. Wenn Fritz in beiden Hosentaschen zusammen hundert Mark hat, wird man doch nicht sagen müssen: Fritz hat in der rechten oder in der linken Hosentasche hundert Mark. Dieses Beispiel ist vielleicht nicht ganz fair, weil es aus zweiwertigen Aussagen gebildet ist. Wir können es aber modifizieren: Wenn Fritz eine Zweizimmerwohnung bestehend aus Wohn- und Schlafzimmer bewohnt, müssen wir dann sagen: „Fritz wohnt in seinem Wohnzimmer *oder* in seinem Schlafzimmer?" Die beiden Teilaussagen dieser Disjunktion sind unbestimmt, wenn „wohnen" nicht „bewohnen" bedeutet, sondern die Mitbedeutung hat, daß jedermann an *einer* Stelle wohnt. Auf obige Aussage würden wir wohl antworten: „Man kann nicht so recht behaupten, daß Fritz in seinem Wohnzimmer oder in seinem Schlafzimmer wohnt, man kann das aber auch nicht bestreiten. Die Ausdrucksweise ist hier etwas *schief*. Fritz wohnt in einer Wohnung, die aus beiden Zimmern besteht."

Genau so steht es mit dem Durchgang eines Elementarteilchens durch ein Beugungsgitter. Die Aussage „Das Teilchen ist durch B_1 *oder* B_2 hindurchgegangen." wäre *schief*, d.h. unbestimmt, wenn nicht eine der beiden Teilaussagen wahr wäre. In diesem Sinne ist Reichenbachs dreiwertige Disjunktion $\vee$ eine gute Explikation des umgangssprachlichen „oder". Dennoch ist das Teilchen durch das Schlitzsystem hindurchgegangen. Wir können diese Aussage mit gutem Recht mit dem Junktor $\sqcup$ bilden, den wir oben in den Erläuterungen zu §32 beschrieben haben. Die Aussage $B_1 \sqcup B_2$ ist logisch schwächer als $B_1 \vee B_2$. Denn wenn $B_1 \vee B_2$ wahr ist, d.h. wenn das Teilchen durch einen von beiden Schlitzen hindurchgegangen ist, so ist es auch durch das Gitter hindurchgegangen, so ist also auch $B_1 \sqcup B_2$ wahr. Das Umgekehrte gilt jedoch nicht. Wir sehen hieraus deutlich, daß

1. nicht $\sqcup$ sondern $\vee$ die rationale Rekonstruktion des umgangssprachlichen „oder" liefert und daß
2. der nicht wahrheitsfunktionale Junktor $\sqcup$ als Darstellung der Ganzheit der beiden Teilaussagen B_1 und B_2 daneben durchaus noch eine eigene Berechtigung hat.

Anschließend an den Durchgang von Elementarteilchen durch ein Beugungsgitter diskutiert Reichenbach die Paradoxie des Tunneleffekts. Wenn ein Elektron über eine Potentialschwelle läuft, zu deren Überwindung es nach den Gesetzen der klassischen Physik nicht genügend kinetische Energie besitzt, so scheint hier der Energiesatz verletzt. Des Rätsels Lösung ist folgende: Wenn sich das Elektron tatsächlich in der Potentialschwelle aufhält, was wir durch eine Ortsmessung herausbekommen können, dann ist die Energie als zum Ort komplementäre Größe unbestimmt. Dann aber können wir nicht mehr sagen, die Energie reiche zur Überwindung der Potentialschwelle nicht aus. Reichenbach fügt, nachdem er diesen Zusammenhang korrekt dargestellt hat (auf S. 181), hinzu: „Daraus folgt, daß das Prinzip der Erhaltung der Energie durch die einschränkende Interpretation aus dem Gebiet der wahren Aussagen ausgeschaltet wird, ohne daß es zu einer falschen Aussage wird; es ist eine unbestimmte Aussage."

Diesen Satz möchte man am liebsten einfach aus dem Text herausstreichen. Was immer Reichenbach damit auch gemeint haben mag, der Satz ist falsch und der Text ohne diesen Satz verständlich und vernünftig. Darüberhinaus hat sich Reichenbach damit die Kritik P. Feyerabends zugezogen, der nun ebenfalls mit ganz falschen Argumenten Reichenbachs dreiwertige Logik als unsinnig erweisen möchte (1967, S. 328; 1958, S. 54).

Zunächst ist der Energieerhaltungssatz wahr, was immer die Wahrheitswerte der Aussage „Das Teilchen hat die Energie E." sein mögen. Man kann ihn folgendermaßen formulieren:

Wenn zwischen den Zeitpunkten t und t' das System s nicht gestört wird, ist
$$((H_{op} \cdot \varphi(s, t) = E \cdot \varphi(s, t)) \equiv (H_{op} \cdot \varphi(s, t') = E \cdot \varphi(s, t')))_w$$

Wir haben hier den Energiesatz als Standardäquivalenz formuliert, welche besagt, daß der Wahrheitswert von $H_{op}\varphi(s, t) = E\varphi(s, t)$ zu allen Zeiten, während deren ein System ungestört bleibt, für eine vorgegebene Zahl E entweder stets w, f oder u ist. Versuche ich nun festzustellen, ob das Elektron der Teilchen sich im Bereich der Energieschwelle befindet, so störe ich damit das System und verletze den Energiesatz. Nicht weil er dann den Wahrheitswert „unbestimmt" erhielte, sondern weil ich durch die Messung dem Elektron eine unbestimmte Menge von Energie zufüge, kann das Elektron dann auch im Bereich der Energieschwelle gefunden werden.

P. Feyerabend hingegen verfällt dem Irrtum, nach der dreiwertigen Logik sei die arithmetische Summe $f(p^2) + V(q)$ zweier unbestimmter Größen $f(p^2)$ und $V(q)$ stets ebenfalls unbestimmt. Das ist aber offensichtlich ein logischer Kurzschluß. Denn was folgt aus den Gesetzen der dreiwertigen Logik der Konjunktion und Disjunktion für die arithmetische Addition und Subtraktion? Einfach nichts.

Selbstverständlich kann die Aussage $\left(\dfrac{m}{2} p^2 + V(q) - E\right)\varphi(s, t) = 0$ wahr sein, wenn die Aussagen $p - p_o\varphi(s, t) = 0$ und $(V(q) - v_o)\varphi(s, t) = 0$ für vorgegebene Werte von p_o und v_o unbestimmt sind. Denn $\varphi(s, t)$ kann Eigenvektor von

$\dfrac{m}{2}\, p^2 + V(q)$ sein, ohne auch Eigenvektor von p_{op} oder $V(q)_{op}$ sein zu müssen oder auf einem Eigenvektor dieser Operatoren senkrecht stehen zu müssen.

Somit erweisen sich alle wesentlichen Argumente, die sich direkt gegen Reichenbachs Unterdrückung der kausalen Anomalien mit Hilfe der dreiwertigen Logik richten, als hinfällig. Reichenbach können zwar einige Fehler nachgewiesen werden. Diese betreffen jedoch nicht den zentralen Punkt.

Zusammenfassende Würdigung von Reichenbachs logischer Analyse der Quantenmechanik

Wir konnten Reichenbach gegen einige Einwände von M. Strauß, P. Feyerabend und einiger anderer Philosophen und Physiker in Schutz nehmen. Seine Interpretation des Tunneleffekts hingegen blieb problematisch, wenn auch nicht wesentlich für seine Gesamtkonzeption. Wir müssen uns nun fragen: Was sind Leistungen und Grenzen der Reichenbachschen Analyse?

Was sind zunächst ihre Leistungen? Bedeutsam ist zweifellos die Beseitigung der kausalen Anomalien des Meßprozesses. Wenn man die Beschreibung des Meßprozesses durch „Reduktion des Wellenpakets", wie sie in vielen Lehrbüchern auftritt, mit Reichenbach akzeptiert, hat man Änderungen der Wellenfunktion in Kauf zu nehmen, die mit Überlichtgeschwindigkeit erfolgen. Diese Änderungen sind keine kausalen Prozesse. Man kann mit ihrer Hilfe keine Nachrichten übertragen. Dem trägt Reichenbachs Deutung mit Hilfe einer dreiwertigen Logik Rechnung. Es ist zweifellos ein Verdienst dieser Deutung, daß sie die echten kausalen Prozesse abtrennt von den Änderungen der Wellenfunktion durch den Meßprozeß.

Kausale Anomalien können in der orthodoxen Darstellung des Meßprozesses nur bei der Reduktion des Wellenpakets auftreten (des Vorgangs, in dem in §21 die Wellenfunktion $\varphi_i(q)$ in $\chi_k(q)$ aus Gl. 7 übergeht; der Ausdruck „Reduktion des Wellenpakets" wird erst auf S. 187 verwandt). Es werde bei der Messung herausgefunden, daß die Größe u_{op} den Wert u_k hat. Die Wellenfunktion sei vor der Messung φ und nach der Messung χ_k. Dann ist stets das Skalarprodukt $(\varphi, \chi_k) \neq 0$, denn sonst hätte die Wahrscheinlichkeit des Übergangs von f nach χ_k den Wert $|(\varphi, \chi_k)|^2 = 0$ gehabt. War nun die Aussage $v_{op}\varphi = v\varphi$ vor der Messung wahr, so kann sie nach der Messung nur dann falsch sein, wenn χ_k auf allen Eigenvektoren von v_{op} zum Eigenwert v senkrecht steht, wenn mithin gilt $(\chi_k, \varphi') = 0$ für alle φ' mit $v_{op}\varphi = v\varphi'$. (Das ergibt sich aus unserer Erklärung der drei Wahrheitswerte in den Erläuterungen zu §30, insbesondere auch aus Bem. u. Verw. zu §30.) Da jedoch χ_x nicht zu φ orthogonal ist, $(\varphi, \chi_k) \neq 0$, kann das nicht der Fall sein, und die Aussage, daß die Größe v_{op} den Wert v hat, kann durch die Messung der Größe u_{op} nicht falsch, sondern allenfalls unbestimmt werden. Mit anderen Worten, die Reduktion des Wellenpakets ändert eine Aussage über das System niemals von wahr auf falsch, sondern stets nur von wahr auf unbestimmt, wenn sie nicht wahr bleibt.

Damit ist klar, daß bei der Reduktion des Wellenpakets keine plötzlichen *Zustandsänderungen* stattfinden, bei denen Eigenschaften des Systems *durch andere mit ihnen unvereinbare ersetzt werden*. Es treten nur vorhandene Eigenschaften in das Zwielicht der Unbestimmtheit zurück, und andere tauchen aus diesem Zwielicht auf. Eine Verletzung des Nahwirkungsprinzips läge aber nur dann vor, wenn die Reduktion des Wellenpakets mit echten *Eigenschaftsänderungen* verbunden wäre, die mit Überlichtgeschwindigkeit ablaufen. So erweist sich die Interpretation mit Hilfe der dreiwertigen Logik als geeignetes Mittel, die Prozesse, die sich bei der Reduktion der Wellenpakete abspielen, nicht als reale kausale Ausbreitungsvorgänge ansehen zu müssen. Darin liegt zweifellos die fundamentale Einsicht, die uns Reichenbach mit seiner Deutung der Quantenmechanik vermittelt und die ihm durch keine noch so geistreiche Kritik wieder streitig gemacht werden kann.

Reichenbachs Analyse ist aber streng verbunden mit einer bestimmten Beschreibung des Meßprozesses, die man in vielen Lehrbüchern der Quantenmechanik findet. Damit treffen Reichenbach auch alle Einwände, die sich gegen diese Theorie der quantenmechanischen Messung richten, die Reichenbach mit einer großen Zahl von Physikern seiner Zeit teilt. Diese Theorie nimmt in der einen oder anderen Form „Quantensprünge" an. Trifft ein Elektron ein Silberbromidkorn in der Photoplatte, schnurrt die Wellenfunktion mit einem Schlag auf einen Punkt zusammen, da ja durch Schwärzung des Korns der Ort des Elektrons gemessen worden ist. Dieser Vorgang unterscheidet sich grundsätzlich von der stetigen zeitlichen Veränderung der Wellenfunktion nach der Schrödingergleichung. Zwar kann Reichenbach diesen Prozeß mit seiner dreiwertigen Logik als einen nichtkausalen charakterisieren, und das ist zweifellos ein Erfolg. Aber Reichenbach hat dafür auch keine andere mathematische Beschreibung des Meßprozesses gefunden als die Physiker seiner Zeit.

Und diese Beschreibung des Meßprozesses ist − auch bei Reichenbach − nicht relativistisch invariant. Die Reduktion des Wellenpakets vollzieht sich in verschiedener Weise. Denn sie geschieht mit unendlicher Geschwindigkeit, und was das heißt, hängt von der Gleichzeitigkeitsdefinition ab, die nach Einstein in allen Inertialsystemen verschieden ist. Es hängt dann bei Reichenbach vom Inertialsystem ab, ob eine Aussage A wahr oder unbestimmt bzw. ob sie unbestimmt oder falsch ist. Ein wirklicher Einwand kann diese Nichtinvarianz indessen nicht sein. Daß der Wahrheitswert von Aussagen vom Inertialsystem abhängt, heißt doch nur, daß diese Aussagen *relativ* sind, genau wie z.B. Aussagen über die Geschwindigkeit eines physikalischen Körpers. Widersprüche oder Paradoxien lassen sich daraus nicht herleiten. Die herkömmliche Theorie des Meßprozesses führt aber nun noch zu anderen und wesentlich ernsteren Problemen.

Man möchte nun gerne eine Theorie formulieren, die ohne Willkür in einem einheitlichen Formalismus beide Arten von Prozessen beschreibt, die *stetige zeitliche Veränderung* nach der Schrödingergleichung und die *unstetige* bei den Quantensprüngen, bei der Wechselwirkung von Elementarteilchen oder Atomen mit hochkomplexen Vielteilchensystemen wie Nebelkammern, Blasenkammern, Zählern, Photoplatten usw., die alle zur Messung von solchen Teilchen dienen.

430

Solange man die Messung als eine Wechselwirkung des Subjekts mit der Materie deutete, waren beide Prozesse noch voneinander zu trennen. Das eine war eine Veränderung der Materie in sich, das andere die durch ihre Wechselwirkung mit dem Subjekt. Eine solche Interpretation des Meßprozesses führt zu einer Reihe von bekannten Paradoxa. Wigners „Freund" und Schrödingers „Katze" sind davon die bekanntesten (siehe J. Jauch 1968, S. 185 ff.).

Eine derart subjektivistische Auffassung des Meßprozesses kam für Reichenbach nicht in Frage. Die makroskopischen Phänomene sind für alle Beobachter die gleichen und hängen auch nicht von der Anwesenheit von Beobachtern ab.

Die Störung durch die Beobachtung − sicherlich eine der grundlegenden Tatsachen, die in der Quantenmechanik behauptet werden − ist eine rein physikalische Angelegenheit, die keine Beziehungen auf Wirkungen, die von menschlichen Wesen als Beobachtern ausgehen, einschließt.
Dies wird durch folgende Überlegung deutlich gemacht. Wir können die beobachtende Person durch physikalische Instrumente, wie z.B. photoelektrische Zellen usw., ersetzen, welche die Beobachtungen registrieren und als auf Papierstreifen geschriebene Daten wiedergeben. Da die Wechselwirkung zwischen dem lesenden Auge und dem Papier ein makrokosmisches Geschehen ist, kann die Störung durch die Beobachtung für diesen Vorgang außer acht gelassen werden. Folglich muß alles, was über die Störung durch die Beobachtung gesagt werden kann, aus den sprachlichen Angaben auf dem Papierstreifen zu erschließen und daher in Form von Beziehungen zwischen physikalischen Instrumenten auszudrücken sein. (S.26)

Ein Geigerzähler spricht auch dann an, wenn ihn niemand kontrolliert. Aber dann muß der Meßprozeß irgendwie als ein physikalischer Prozeß unter anderen objektiv beschrieben werden. Reichenbach hat sich niemals ernsthaft mit einer solchen Beschreibung des Meßprozesses befaßt. Es gibt heutzutage viele Ansätze zum Verständnis der Messung, angefangen von J. v. Neumann (1932, 1955) bis zu Arbeiten wie z.B. denen von A. Daneri, A. Loinger und G.M. Prosperi (1962). Reichenbach ist nicht vorzuwerfen, daß er sich in diese Diskussion nicht eingeschaltet hat, denn vor 1944 war davon noch wenig zu verspüren. Abgesehen von J. v. Neumanns berühmtem Buch (1932) sind viele wichtige Arbeiten erst in den 50er Jahren erschienen. Aber auf diese Weise fehlt in Reichenbachs Buch ein für die heutige Diskussion eminent wichtiges Thema. Wir werden diesen Mangel verschmerzen können. Was Reichenbachs Quantenmechanikbuch uns heute noch zu bieten hat, bleibt interessant genug.

Erläuterungen zu den Schriften dieses Bandes über Wahrscheinlichkeit

A. Die Entstehung der Dissertation

Hans Reichenbachs erste wissenschaftliche Veröffentlichungen sind seine Dissertation aus dem Jahr 1915 (erschienen 1916) und kurz danach zwei Aufsätze, die, kurz nach dem Ersten Weltkrieg verfaßt, den Inhalt derselben noch einmal in gestraffter und präziser Form wiederholen (1920b und 1920c). Wie kam der junge

Student, der doch so vielseitige Interessen hatte, ausgerechnet dazu, sich mit den Grundlagen der Wahrscheinlichkeitstheorie zu befassen?

Reichenbach hatte 1910 mit dem Ingenieurstudium in Stuttgart begonnen und sich 1911 der Physik, Mathematik und Philosophie zugewandt. In einer autobiographischen Skizze aus dem Jahr 1933 berichtet er davon (1978, Bd. 1, S. 1f.):

> Während dieser Zeit merkte ich, daß meine Interessen vor allem theoretisch waren. Ich studierte daraufhin Mathematik, Physik und Philosophie an den Universitäten Berlin, München und Göttingen. Unter meinen Lehrern waren Planck, Sommerfeld, Hilbert und Born. Im Unterschied zu meinem Mathematik- und Physikstudium befriedigte mich die Philosophie überhaupt nicht, da die Art von Philosophie, die einem angeboten wurde, offensichtlich unexakt war und zu wenig mit der Naturwissenschaft zu tun hatte. Doch die Philosophen v. Aster in München und Cassirer in Berlin waren Ausnahmen. Sie zeigten Verständnis für die Probleme der Naturphilosophie und waren ermutigend und anregend.
>
> Unter den Philosophen interessierte mich Kant am meisten. Ich las sein Werk sehr sorgfältig. Aber sonst war ich nicht allzusehr an historischen Philosophen interessiert. Einige von ihnen las ich mit großer Hochachtung wie Descartes und Spinoza. Dennoch hatte meine eigene philosophische Arbeit stets direkt mit physikalischen Problemen zu tun, ohne Rücksicht auf historische Zusammenhänge.
>
> Als Gymnasiast hatte ich mich schon für die kinetische Gastheorie interessiert, und ausgehend von diesen speziellen Problemen, kam ich zur Untersuchung der Frage, warum die Wahrscheinlichkeitsgesetze für die Wirklichkeit gelten. Das wurde dann das Thema meiner Dissertation. Ich mußte diese Doktorarbeit ohne die Hilfe von akademischen Lehrern schreiben, weil sich niemand für diese Fragen interessierte. Obwohl ich die Kantische Philosophie zur Darstellung meiner Lösung für diese Probleme verwandte, bin ich immer noch davon überzeugt, daß die Grundidee dieser Arbeit wesentlich ist. Sie ist eine der Grundlagen meiner gegenwärtigen Auffassung von den Problemen der Wahrscheinlichkeit.

An anderer Stelle schildert er seine Schwierigkeiten, einen Doktorvater zu finden. Sogar Natorp, der ein Buch über *die logischen Grundlagen der exakten Wissenschaften* (1910) geschrieben hatte, nahm ihn nicht als Doktoranden an, wegen seiner Unkenntnis der alten Sprachen:

> Ich ging im SS. 1914 nach Göttingen. Hier entstand die Arbeit, Mai–Juli 1914. Dann kam der Krieg. Nach meinen ersten Soldatenwochen im Aug. 1914 hatte ich im September Zeit zur Vollendung der Arbeit. Damals habe ich hauptsächlich das letzte Kapitel geschrieben. Der Hauptgedanke war schon im Sommer niedergeschrieben (Pr.d.W.Fkt.) [Prinzip der Wahrscheinlichkeitsfunktion]. Von Okt. bis Dez. lag die fertig abgetippte Arbeit bei Georg Elias Müller. Er lehnte aber die Promotion ab. „Glauben Sie, dass es eine Bereicherung für die Wissenschaft ist, wenn ein junger Mann kommt und macht eine neue wissenschaftliche Theorie?" So sprach er vor der Tür des Kaiser-Cafés, wohin ich ihn vom Kolleg begleitet hatte. Im Dez. schickte ich die Arbeit an Hensel. Er antwortete im Januar 1915; das Ms. war seit Sept. 1914 fertig, u. wurde später nur noch an wenigen Stellen geändert.

Reichenbach fand in P. Hensel in Erlangen erst nach längerer Suche einen Gutachter für seine Arbeit. Dieser bittet dann allerdings noch um das Korreferat eines Mathematikers. Die Arbeit geht dann an M. Noether, den bedeutenden Algebraiker, der noch sein Plazet zu geben hat.

Die Dissertation Reichenbachs ist aus mehrfachem Grund bemerkenswert. Einerseits befaßt sich Reichenbach hier mit einem Thema, das ihn sein ganzes Leben hindurch unausgesetzt beschäftigt hat. Der Wahrscheinlichkeitsbegriff wurde von ihm stets als der Angelpunkt der Philosophie der Physik angesehen. Auf die Bedeutung der Arbeit für seine eigene Philosophie wird unten noch zurückzukommen sein. Sie allein hätte die Aufnahme der Dissertation in die gesammelten Werke bereits erforderlich gemacht. Andererseits ist Reichenbachs Doktorarbeit ein wichtiges Zeugnis für das Aufkommen der Häufigkeitstheorie der Wahrscheinlichkeit in Deutschland, die wenig später besonders in R. v. Mises ihren brillanten Vertreter gefunden hat.

Wie war nun der Stand der Diskussion über das Wesen der Wahrscheinlichkeit kurz vor dem Ersten Weltkrieg? Reichenbach gibt selbst im ersten Kapitel seiner Arbeit einen Überblick über die deutschen Beiträge dazu. Reichenbach hat sich mit den meisten in Deutschland und Frankreich damals wichtigen Autoren − bis auf einige, von denen gleich noch die Rede sein soll − auseinandergesetzt. Auf die englische Literatur geht er jedoch nicht ein. Hier wäre vor allem J. Venn zu berücksichtigen gewesen, der auch bereits die Wahrscheinlichkeit des Auftretens eines Merkmals als dessen relative Häufigkeit auf lange Sicht in einer unendlichen Versuchsreihe aufgefaßt hat.

Reichenbach muß aber von der Existenz dieser Häufigkeitstheorie gewußt haben, denn sowohl J. v. Kries (1886, S. 18−23) als auch E. Czuber behandeln diese Deutung der Wahrscheinlichkeitstheorie kritisch und verwerfen sie (1908, S. 188 ff.). Daß man also die Wahrscheinlichkeiten als Häufigkeitsgrenzwerte deuten kann, war allgemein bekannt, wurde aber meistens mit Argumenten abgelehnt, die auch in den letzten Jahrzehnten in der Auseinandersetzung um die Grundlagen der Wahrscheinlichkeit immer wieder eine Rolle gespielt haben. Bereits G.T. Fechner hatte ein Buch mit dem Titel *Kollektivmaßlehre* verfaßt, das posthum im Jahre 1897 herauskam. Im Jahre 1906 veröffentlichte H. Bruns das erste Lehrbuch, das den neuen Standpunkt vertrat, mit dem Titel *Wahrscheinlichkeitsrechnung und Kollektivmaßlehre*. Im Sommersemester 1914, während Reichenbach seine Doktorarbeit schrieb, hörte er (nach Ausweis seines Studienbuchs) bei Hilbert statistische Mechanik (nahm auch an dem dazu gehörigen Seminar teil), und bei F. Bernstein Wahrscheinlichkeitslehre. Es ist gut möglich, daß er dabei die Häufigkeitsdeutung der Wahrscheinlichkeit kennenlernte, die in einem vervielfältigten Göttinger Vorlesungsmanuskript von Brendel aus dem Jahre 1907 schon enthalten war. Brendel formuliert darin ein Axiom, das sehr große Ähnlichkeit mit Reichenbachs „Wahrscheinlichkeitsprinzip" (*Diss.*, S. 24, 47) bzw. „Prinzip der gleichmäßigen Verteilung" hat (*Diss.*, S. 62; phil. Krit. d. W., S. 152). Auch Bruns, dessen Buch Brendel als Literatur angibt, verknüpfte bereits den Wahrscheinlichkeitsbegriff durch ein ähnliches Axiom mit den relativen Häufigkeiten.

D. Hilbert hatte bereits im Jahr 1900 in seinem berühmten Vortrag über die 23 ungelösten Probleme und unerledigten Aufgaben der Mathematik (D. Hilbert 1900) die Axiomatisierung mehrerer physikalischer Theorien gefordert, unter anderem die der Wahrscheinlichkeitslehre! Diese war also für ihn eine *physikalische Theorie*. Daraus läßt sich schließen, daß auch für Hilbert Wahrscheinlichkeit etwas Objektives war. In Deutschland konnte die Häufigkeitsdeutung im Gegensatz zu den angloamerikanischen Ländern erst recht spät Fuß fassen. (Zu den Gründen dafür siehe A. Kamlah 1987a, S. 100 f., 111 f.) Doch im letzten Jahrzehnt vor dem Ersten Weltkrieg war sie auch dort allgemein bekannt und wurde von einigen Autoren vertreten (siehe M. Heidelberger 1987, S. 144 ff.).

Wie können wir uns erklären, daß sich in den ersten beiden Jahrzehnten unseres Jahrhunderts die Häufigkeitsdeutung der Wahrscheinlichkeit schließlich durchgesetzt hat? Haben sich die besseren Argumente der Häufigkeitstheoretiker durchgesetzt? Oder waren es äußere Ursachen, die den Wandel bewirkt haben? Sehr viel spricht für das letztere. Bei den Statistikern vollzog sich ein „gestalt switch". Man betrachtete die Wahrscheinlichkeit eines Tages unter anderen Gesichtspunkten als vorher, man verstand etwas anderes unter „Wahrscheinlichkeit". Sicherlich spielte die ständig zunehmende Anwendung der Wahrscheinlichkeit in der Physik hierbei eine große Rolle. Der Physiker mißt z.B. die Zerfallswahrscheinlichkeit pro Sekunde eines Radiumatoms wie irgendeine andere physikalische Größe, etwa die elektrische Leitfähigkeit von Kupfer. Es liegt daher für ihn nahe, in den Wahrscheinlichkeiten objektive Eigenschaften von physikalischen Gegenständen oder technischen Apparaten zu sehen, die man durch lange Meßreihen ermittelt wie andere physikalische Größen auch. In diesem Zusammenhang ist für Reichenbach sein oben erwähntes autobiographisches Zeugnis von Bedeutung, wonach die Probleme der kinetischen Gastheorie für ihn der Ausgangspunkt seines Interesses für die Wahrscheinlichkeitstheorie und ihre philosophischen Fragen gewesen ist. Von Bedeutung für die Dissertation mag auch ein Vortrag von Max Planck im August 1914 gewesen sein mit dem Titel: „Dynamische und statistische Gesetzmäßigkeit" (M. Planck 1965, S. 81–94). Reichenbach erwähnt ihn in seiner Staatsexamensarbeit:

> ... die Erforschung des Kausalprinzips [hat] eine weitere Entwicklung vor sich. Denn mit der Entwicklung der exakten Physik hat sich der primitive Ursachbegriff, den noch die Kantische Kategorientafel voraussetzt, wesentlich geändert. Was früher als einzige Form des wissenschaftlichen Gesetzes erschien, bedeutet heute lediglich ein einzelnes Moment für den physikalischen Satz .... Es scheint, als ob es noch einen allgemeineren Fall des Gesetzes gäbe, von dem die Kausalität nur eine spezielle Form ist. Zu dieser Vermutung gibt auch die Existenz von sog. Wahrscheinlichkeitsgesetzen Anlaß, in denen Aussagen über die Bedingtheit von Massenwirkungen niedergelegt sind, ohne daß der Begriff der kausalen Notwendigkeit einbezogen wird.

Nach dieser Passage verweist eine Fußnote auf den bereits erwähnten Vortrag von Planck (HR-018-09-01). Wir sehen hier bereits recht früh eines der Hauptthemen der Reichenbachschen Philosophie auftauchen, das er mehrfach später behandelt hat (vor allem in 1932a(8)).

B. Das Wahrscheinlichkeitsprinzip

In den Erläuterungen zum ersten Teil der *Phil. Grundl. d. Quantenmechanik*
war bereits davon die Rede, welche Rolle fundamentale Prinzipien, Zuordnungsregeln, später Erweiterungsregeln, in Reichenbachs Erkenntnistheorie gespielt haben. Diese Regeln oder Prinzipien sind mindestens teilweise konventionell und
können durch andere ersetzt werden, auch wenn man nicht jede Zusammenstellung solcher Prinzipien mit der Erfahrung in Einklang bringen kann. Es gab aber
zu jeder Zeit ein Prinzip, das für Reichenbach eine Ausnahme bildete und von ihm
für *jede* Art von systematischer Erfahrung als notwendig angesehen wurde. Dieses
Prinzip tritt im Laufe der Jahrzehnte unter verschiedenem Name mit leicht verschiedenem Inhalt und Allgemeinheitsgrad auf und wird auch nicht immer auf die
gleiche Weise begründet. Es heißt zeitweilig „Wahrscheinlichkeitsaxiom"
(1925e(9), S. 173; 1978, Bd.1, S. 294). Später spricht er von damit verbundenen
Verfahren oder Regeln: „Verfahren der approximativen Setzung" (in „Die logischen Grundlagen des Wahrscheinlichkeitsbegriffs", dieser Bd., S. 356), „Induktionsprinzip" (Bd. 4, S. 213) und „rule of induction" (1949(7), S. 446). Die erste
Version des Prinzips tritt bereits in der Doktorarbeit auf, und das macht diese
Schrift für uns besonders interessant.

Die beste Formulierung des Wahrscheinlichkeitsprinzips finden wir im Aufsatz „Philosophische Kritik der Wahrscheinlichkeitsrechnung", (dieser Band S. 329;
„Prinzip der Wahrscheinlichkeitsfunktion" oder „Prinzip der gesetzmäßigen Verteilung"):

Wird eine physikalische Größe *x* unter einer gewissen Variation der Anfangsbedingungen wiederholt realisiert, so läßt sich die Häufigkeit ihrer Einzelwerte einer stetigen Kurve $\varphi(x)$ zuordnen durch den Ausdruck:

$$\lim \left(\frac{h}{N} \right) = \int_a^b \varphi(x)dx \qquad \text{(WP)}$$

Hierin begrenzen *a* und *b* ein Intervall der Größe *x*, *h* bedeutet die Anzahl
der in das Intervall fallenden Werte und *N* die Gesamtzahl der Wiederholungen.

Reichenbach rechtfertigt das Prinzip in der Dissertation durch seine Unentbehrlichkeit für die Erfahrung. Jeder Naturwissenschaftler weiß, daß alle Erfah-
rungsdaten kleinen statistischen Störungen unterworfen sind, die wir nicht ganz
beseitigen können. Wir können sie aber bei quantitativen Daten mit einer Fehlerrechnung klein halten, wenn wir über genügend viele Meßdaten verfügen. Wie eine solche Fehlerrechnung aussieht, brauche ich hier nicht darzustellen. So etwas
lernen Naturwissenschaftler in ihren ersten Studiensemestern. Auch für qualitati-
ve Daten gelten ähnliche Überlegungen. Auch hier läßt sich mit einer genügend
umfangreichen Datenmenge die Irrtumswahrscheinlichkeit verringern. Für derartige Auswertungen, ohne die Erfahrung nicht möglich ist, brauchen wir eine
Grundlage, die Wahrscheinlichkeitsrechnung, die auf dem Wahrscheinlichkeitsprinzip, dem „Prinzip der gesetzmäßigen Verteilung", aufgebaut ist. Dieses ist da-

her eine notwendige Bedingung jeder Erfahrung (*Diss.*, S. 62). Reichenbach ist in seiner Doktorarbeit stolz darauf, daß er das Prinzip „deduziert" (im Sinne einer transzendentalen Deduktion) und daß er sich nicht einfach nur auf eine „Evidenz" oder „Denknotwendigkeit" beruft. Damit folgt er einer Forderung vieler Neukantianer, z.B. H. Cohens, daß man alle apriorischen Prinzipien als notwendige Bedingungen jeder Erfahrung deduzieren müsse, weil es nicht ausreiche, sich (wie Kant selbst in einigen Fällen) lediglich auf eine „reine Anschauung" zu berufen. In dieser sehen diese Neukantianer einen Rückfall in eine dogmatische Metaphysik oder in den Psychologismus.

Natürlich gibt es bei Kant kein Wahrscheinlichkeitsprinzip. Die ganze Wahrscheinlichkeitsrechnung spielt in der Philosophie Kants keinerlei Rolle. So gesehen ist Reichenbachs Wahrscheinlichkeitsprinzip eine echte Neuerung in der Philosophie der Naturwissenschaften. Dennoch ist es nicht ohne Vorbild. v. Kries' Philosophie der Wahrscheinlichkeit enthält eine Art Vorläufer, sein „Prinzip der Spielräume", das bei ihm die Rolle der Verknüpfung zwischen mathematischer Wahrscheinlichkeitstheorie und Wirklichkeit spielt.

Dies soll uns zum Anlaß dienen, ein wenig auf v. Kries' Theorie einzugehen, die ich für einen der interessantesten Ansätze der Begründung der Wahrscheinlichkeitslehre halte, im gewissen Sinne ist sie eine der heute so beliebten „Propensity-Theorien" (Siehe W. Stegmüller 1973, S. 245–258).

C. Der Grundgedanke der Spielraumtheorie von J.v. Kries

Es wäre ein Irrtum, zu glauben, im 19. Jahrhundert sei der klassische Wahrscheinlichkeitsbegriff von Laplace allgemein akzeptiert worden und eine philosophische Diskussion des Wahrscheinlichkeitsbegriffs hätte damals nicht stattgefunden. Viele Autoren, die sich an dieser Diskussion beteiligten, sind heute wenig bekannt. Es treten bei ihnen bereits viele Argumente auf, die in unserem Jahrhundert wieder neu aufgetaucht sind. Das Resultat dieser Debatten war gegen Ende des Jahrhunderts eine allgemeine Resignation. Man hatte viele Probleme erkannt, sah aber nicht, wie man sie lösen konnte. Einer der Hauptgründe für die weit verbreitete Resignation über die Grundlagen der Wahrscheinlichkeitstheorie war das Bertrandsche Paradoxon, das in den verschiedensten Varianten immer wieder behandelt wird. Das Argument besagt im wesentlichen, daß ein Spielraum verschiedener Möglichkeiten ganz verschieden in gleichmögliche Fälle aufgeteilt werden kann. Will ich etwa die Wahrscheinlichkeit berechnen, daß ein Gebiet auf der Erde während eines Jahres von einem Meteor getroffen wird, so kann ich entweder gleichgroße Flächen als gleichwahrscheinlich ansehen, oder ich kann, da die Meteore eher aus der Ebene der Sonnenbahn kommen, die Fläche dieser Gebiete mit einer vom geographischen Breitengrad abhängigen Gewichtsfunktion multiplizieren, was wohl etwas realistischer ist. Für eine solche Gewichtsfunktion sind a priori mehrere Ansätze denkbar, und das Prinzip des fehlenden zureichenden Grundes liefert mir kein Argument für oder gegen eine dieser Gewichtsfunktionen. So könnte ich zum Beispiel glauben, es sei ebensogut möglich, daß der Meteor zwischen dem 8. und dem 9. Breitengrad landet, wie daß er zwischen dem 62. und dem 63. Breitengrad landet (das entspräche der Wahl der Gewichtsfunktion $\varrho(\vartheta, \varphi) = d\vartheta d\varphi/2\pi$). Oder ich könnte die Wahrscheinlichkeit als proportional zur Fläche ansetzen: $\varrho(\vartheta, \varphi) = \cos\vartheta \cdot d\vartheta d\varphi/2$. Aber auch zahllose andere Annahmen sind möglich.

Das Bertrandsche Paradoxon gilt heute als eines der stärksten Argumente gegen die klassische Definition der Wahrscheinlichkeit und damit indirekt für die Häufigkeitstheorie, wie sie von H. Reichenbach und R. v. Mises (1919, 1936) vertreten worden ist. Diese Deutung der Wahrscheinlichkeit war im 19. Jahrhundert allerdings schon bekannt. B. Ellis (1849) hatte diese Interpretation bereits in England um die Mitte des vorigen Jahrhunderts vertreten; später wurde sie bekannt durch J. Venns Buch *The Logic of Chance* (1866). Die Häufigkeitsdeutung war hingegen von Anfang an Einwänden ausgesetzt, die ihrer allgemeinen Verbreitung im Wege standen. Eine Wahrscheinlichkeit, die als Limes für eine unendlich lange Versuchsreihe definiert ist, läßt sich nicht ermitteln, da man immer nur endlich viele Versuche machen kann. Sie läßt sich nur schätzen. Bei einer solchen Schätzung verwendet man aber auch wieder Wahrscheinlichkeiten. Es wurde auch gesagt, man komme beim Rechnen mit Wahrscheinlichkeiten nie aus dem Gebiet der Wahrscheinlichkeitsaussagen heraus, zwischen Wahrscheinlichkeitsaussagen und Gewißheitsaussagen bestehe eine unüberbrückbare Kluft.

In dieser Situation gelang es J. v. Kries durchaus, einen Ausweg zu finden. Seine Lösung des Wahrscheinlichkeitsproblems enthält viele richtige Gedanken und ist auch heute noch von großem Interesse. Daß seine Ideen heutzutage weitgehend vergessen sind, hat verschiedene Gründe. Einerseits schreibt er einen etwas undeutlichen Stil, und andererseits argumentiert er nicht immer in gleicher Weise. Es ergeben sich in seinem Buch *Die Prinzipien der Wahrscheinlichkeitsrechnung* (1886) gewisse Inkonsistenzen, und einige seiner Argumente lassen sich leicht als falsch erweisen. Dies alles mag erklären, warum er vielfach nicht richtig verstanden worden ist. Wir müssen uns daher mit einer bereinigten Darstellung seiner Grundgedanken auseinandersetzen, wenn wir davon profitieren wollen.

v. Kries' Fragestellung läßt sich vielleicht so formulieren: Wie läßt sich ein objektives Maß für den Grad unserer Erwartung finden? Es wird dabei vorausgesetzt, daß man weiß, was Erwartung ist. Gefragt wird nur nach der Meßbarkeit. Die Frage ist also ähnlich wie bei jeder anderen Art von Messung. Was Helligkeit ist, wissen wir z.B. bereits intuitiv. Wie aber können wir das Leuchtstärkenverhältnis zweier Lampen messen? Dazu müssen wir zunächst diese mindestens vergleichen können, und das läßt sich mit einem Fettfleckphotometer bewerkstelligen, einem Blatt Papier mit einem Fettfleck, das von beiden Seiten aus gleicher Entfernung von beiden Lampen bestrahlt wird. Auf der Seite der dunkleren Lampe ist dann der Fettfleck heller als das Papier, auf der Seite der helleren Lampe dunkler. Die Gewichte von physikalischen Körpern ferner vergleicht man mit einer zweischaligen Waage, Längen vergleicht man durch Anlegen von Maßstäben. Wie steht es nun mit der Wahrscheinlichkeit? Wo finden wir die Wahrscheinlichkeitswaage?

Leider gibt es so etwas nicht, aber es existieren noch andere Möglichkeiten, Größen zu vergleichen. v. Kries bringt ein Beispiel für den Vergleich von Werten:

> [Wir können] uns denken, daß Hab und Gut irgend jemandes sich aus verschiedenen Elementen zusammensetzt, Geld, Grundstücken, Vieh etc., welche, unter den fingierten Verhältnissen, ihrem Werte nach untereinander ganz unvergleichbar wären; gleichwohl würde sich sagen lassen, daß der Besitz des A das Doppelte von dem des B sei, wenn A 20 Taler und B 10 Taler, A zwei und B ein Morgen Land, A hundert und B 50 Schafe besitzt etc. (1886, S. 66; Orthographie modernisiert.)

Wir können also eine Menge von verschiedenartigen Dingen in zwei bezüglich jedes denkbaren Maßes gleichartige Untermengen zerlegen, wenn wir nur von jeder Art die gleiche Anzahl in beide Untermengen tun. Will ich einen Haufen verschiedenartiger Bonbons an zwei Kinder gerecht verteilen, so gebe ich jedem von jeder Art gleich viele. Die Sache wird allerdings schwieriger, wenn nicht von jeder Art gleichviele Bonbons im Haufen sind. Denken wir uns zwei Fischer, die ihren Fang gerecht verteilen wollen. Angenommen, die Anzahl der Fische sei gerade, diese jedoch seien verschieden groß. Was werden die Fischer vielleicht tun? Sie könnten die Fische zunächst der Größe nach ordnen und die Fische dann abwechselnd dem einen und dem anderen zuteilen. Wenn die Fische sich in der Größe nicht stark unterscheiden, wird jeder der beiden Fischer damit rechnen können, etwa das gleiche Gewicht mit nach Hause zu tragen. Eine Waage wäre dazu nicht erforderlich.

Welche Voraussetzung wurde hier von den Fischern gemacht? Sie nehmen an, daß, wenn das Gewicht g_i eine langsam veränderliche Funktion der Nummer i des jeweiligen Fisches ist, jeder Fisch etwa soviel wiegt wie der vorhergehende oder folgende, also $g_{i-1} \approx g_i$, $g_i \approx g_{i+1}$. Aber Fische, die in dieser Reihe weit auseinander liegen, haben natürlich ein sehr verschiedenes Gewicht.

Beispiele dieser Art ließen sich beliebig vermehren. Um einen unregelmäßig geformten Schinken in gleiche Teile zu teilen, in denen auch gleich viel Fett und schieres Fleisch enthalten ist, schneide ich ihn in gleich dicke Scheiben und lege diese abwechselnd auf zwei Teller. Wieder wird die Vergleichbarkeit benachbarter Scheiben angenommen. Wir verfügen so über ein Verfahren zur Teilung eines Quantums einer beliebigen unbekannten Größe, von der wir nur wissen müssen, daß sie langsam variiert. Dieses Verfahren wendet v. Kries nun an, um gleichwahrscheinliche Ergebnisse einer Versuchsanordnung zu erzeugen, deren Gleichmöglichkeit nicht mehr dem Einwand des Bertrandschen Paradoxons ausgesetzt ist. Wir wollen dies zunächst an seinem Beispiel des Stoßspieles zeigen, dem Reichenbachs „Wahrscheinlichkeitsmaschine" im zweiten Kapitel der Dissertation stark ähnelt. Danach soll dann zu einer allgemeineren und stärker theoretischen Behandlung übergegangen werden. Nun zunächst das Stoßspiel:

> Wir denken uns eine lange geradlinige horizontale Rinne mit ebenem Boden und vertikalen Wänden; an den Anfang derselben wird eine Kugel gelegt und dieser mit der Hand ein Stoß von beliebiger, aber nicht gar zu kleiner Stärke erteilt, welcher sie längs der Rinne in Bewegung setzt. Es sei ferner der Bo-

den der Rinne, senkrecht zu ihrer Lagerichtung, in regelmäßiger Abwechslung in schwarze und weiße Streifen geteilt, so daß die Kugel beständig abwechselnd über Schwarz und Weiß läuft. Die in der Richtung der Bahn gemessene Ausdehnung jedes Streifens betrage einen Millimeter. Die Kugel bleibt schließlich nach Durchlaufung eines längeren oder kürzeren Weges, und zwar entweder auf einem schwarzen oder auf einem weißen Streifen liegen. Das Spiel ist, wie man sieht, dem Roulette prinzipiell ganz ähnlich und wird unbedenklich die Aufstellung gestatten, daß die Kugel ebenso wohl auf schwarzem wie auf weißem Felde liegen bleiben könne, daß die Wahrscheinlichkeit beider Fälle gleich groß sei. (J. v. Kries 1886, S. 49; Orthographie modernisiert.)

Hier scheint folgendes klar zu sein: Ich weiß nicht, wann ich erwarten kann, daß die Kugel in einem Sektor der Rinne nicht eher als in einem anderen liegenbleibt. Unmittelbar benachbarte Streifen sind allerdings für meine berechtigte Erwartung etwa gleichwertig. Daher, weil nun die gleich breiten schwarzen und weißen Streifen sich abwechseln, erwarte ich berechtigterweise ebensosehr, daß die Kugel auf einem schwarzen, wie daß sie auf einem weißen Feld liegenbleibt. Wir müssen nun versuchen, diesen Gedanken, den wir anschaulich verstehen, allgemein zu formulieren, damit eine sehr große Anzahl — wenn nicht sämtliche — der Wahrscheinlichkeitsversuche davon erfaßt werden.

D. J. v. Kries' Theorie der Zufallsmechanismen

Wir wollen zunächst noch ein wenig weiter ausholen und uns noch einmal ansehen, wie v. Kries eigentlich an das Wahrscheinlichkeitsproblem herangeht. Wir haben gesehen, daß v. Kries glaubte, durch vorgefundene Häufigkeiten ließe sich die Wahrscheinlichkeit nicht definieren. Denn jede Häufigkeit von Sechserwürfen eines Würfels (in einer endlichen Serie) ist mit jeder Annahme der Wahrscheinlichkeit für solche Würfe logisch verträglich. Daß uns allerdings eine solche Serie auch zu der starken Vermutung bringen kann, der Würfel sei gefälscht, werden wir später noch sehen. v. Kries kannte auch die Probleme, die durch das Bertrandsche Paradoxon aufgeworfen werden.

Er könnte aber nun gefragt haben: Wenn es schon keine Definition oder kein Verfahren zur eindeutigen Ermittlung von Wahrscheinlichkeiten gibt, so wird man doch bei jeder theoretischen Erklärung eines Zufallsmechanismus Wahrscheinlichkeiten ausrechnen müssen. Dieses Verfahren muß dann eindeutige Werte für die Wahrscheinlichkeiten des Mechanismus ergeben. Wir sehen uns also an, wie die Physiker Wahrscheinlichkeiten berechnen, und erhalten auf diese Weise einen Aufschluß darüber, was Wahrscheinlichkeiten sind.

Damit löst sich dann auch das Problem, wie man überhaupt Wahrscheinlichkeitsmechanismen erklären kann, wo doch die Naturgesetze deterministisch sind — das stand damals überhaupt nicht in Frage. Bei vollständiger Kenntnis der Anfangsbedingungen eines physikalischen Systems läßt sich also jeder spätere Zustand desselben mit Sicherheit berechnen. Man sieht also prima facie nicht, wo denn hier Wahrscheinlichkeiten herkommen sollen. Zu Wahrscheinlichkeitsaussagen gelangt man auch erst, wenn die Anfangsbedingungen nur teilweise festgelegt werden oder teilweise bekannt sind.

Es lag zur damaligen Zeit nahe, sich Zufallsmechanismen als mechanische Systeme vorzustellen, am besten als solche der Punktmechanik. Der Zustand eines solchen Systems aus n Massenpunkten ist durch die $6n$ Vektorkomponenten der Örter und Impulse seiner Teilchen gegeben; wir können also auch davon sprechen, er sei einem Punkt in einem $6n$-dimensionalen Raum, dem Phasenraum, äquivalent. Wir denken uns nun Versuche mit dem System unternommen. Die Ergebnisse dieser Versuche sind Eigenschaften des Systems in seinem Endzustand. Diese Eigenschaften werden durch Gebiete im Phasenraum dargestellt. Der Phasenraumpunkt des Systems befindet sich genau dann in einem solchen Gebiet, wenn das System die entsprechende Eigenschaft hat. Die Wahrscheinlichkeit dieser Eigenschaft ist dann das Volumen oder ein anderes Maß dieses Gebiets. Die Aufgabe ist nun, diese Gebiete auf ihr Maß hin zu vergleichen. Wie sehr (ausgedrückt durch eine Zahl) dürfen wir erwarten, daß sich das System gerade im Gebiet b befindet oder daß es die Eigenschaft b im Endzustand hat? Beim Stoßspiel war es möglich gewesen, dies zu entscheiden; dort zerfiel bereits der Phasenraum des Endzustands (der in diesem zu einer eindimensionalen Geraden entartet) in eng beieinander liegende Abschnitte, von denen jeweils benachbarte für die Erwartung als nahezu gleichwertig angesehen werden können. Hier konnten die Gebiete ebenso verglichen werden, wie die oben erwähnten Bonbons oder Schinkenscheiben auf zwei Leute aufgeteilt werden können. Ebenso können wir sagen, unter welchen Bedingungen „weiß" und „schwarz" beim Stoßspiel oder einem ähnlichen Zufallsspiel gleich wahrscheinlich werden. Für andersartige Systeme braucht aber ein solcher Sonderfall nicht vorzuliegen.

Nun ergeben sich die Phasenraumpunkte eines Systems nach den Differentialgleichungen der Mechanik aus denen zu früherer Zeit, und damit beschreiben die Phasenraumpunkte eines Gebietes $b(t_1)$ zu einer früheren Zeit t_0 ein Gebiet $b(t_0)$. D.h. genau dann, wenn der Phasenraumpunkt des Systems zur Zeit t_0 in $b(t_0)$ liegt, liegt er auch zur Zeit t_1 in $b(t_1)$.

Ist $z(t)$ der $6n$-dimensionale Vektor des Systems, bestehend aus den Komponenten der Örter und Impulse aller Teilchen desselben, dann wird die zeitliche Entwicklung des Systems dargestellt durch

$$z(t) = U(t-t', z(t'))$$

U ist dabei eine sogenannte Berührungstransformation des Phasenraumes, die sich aus den mechanischen Gleichungen des Systems ergibt. Wir haben dann zwischen $b(t)$ und $b(t')$ den Zusammenhang

$$z \in b(t') \Leftrightarrow U(t-t', z) \in b(t)$$

Das war nur in formaler Schreibweise, was soeben informell schon gesagt wurde.

Wenn nun die Gebiete $b_i(t_1)$ des Phasenraums zu einem Zeitpunkt t_1 sich nicht vergleichen lassen, so ist es doch immerhin möglich, daß die Gebiete $b_i(t_0)$

zu einem früheren Zeitpunkt t_0 in derart feinen Streifen durch den Phasenraum verteilt sind, daß in jedem Würfel dieses Raums von nicht zu geringer Ausdehnung Anteile dieser Gebiete $b_1(t_0) .. b_n(t_0)$ mit (nahezu) gleichen Phasenvolumina vorkommen. In diesem Fall könnte man sagen, daß die Gebiete $b_i(t_1)$ (nahezu) gleichwahrscheinliche Fälle repräsentieren, da die Gebiete $b_i(t_0)$ das tun. Nun wird man fragen: Gibt es mechanische Systeme, die diese Eigenschaft haben? Der Beweis wäre durch Beispiele zu erbringen, die hier nicht vorgerechnet werden sollen. Die mechanisch beschreibbaren Zufallsaggregate sind jedenfalls von dieser Art, daß Gebiete $b_i(t_1)$ Gebieten $b_i(t_0)$ entsprechen, die im Phasenraum durcheinandergerührt sind wie die gelben und braunen Zonen eines Marmorkuchens.

Damit hat v. Kries gezeigt, wie man bei Zufallsapparaten die Gleichwahrscheinlichkeit der verschiedenen Ergebnisse erklären kann, wenn man einmal im üblichen Sprachgebrauch der Physiker bleibt. In seinem Sprachgebrauch wäre unser Phasenraum der Spielraum. Auch die einzelnen Gebiete $b_i(t)$ nennt er Spielräume.

E. Der Einfluß von v. Kries' Spielraumtheorie auf Reichenbach

v. Kries' Methode zur Definition von Wahrscheinlichkeitsverhältnissen hat eine sehr große Ähnlichkeit zur Poincaréschen Theorie der Zufallsmechanismen, die Reichenbach in seiner Dissertation im Abschnitt 2.2 über Glücksspiele behandelt. Der entscheidende Unterschied ist folgender: Reichenbach nimmt a priori an, daß es ein Wahrscheinlichkeitsmaß für die Spielräume oder Phasenraumgebiete gibt, und fragt, nach welchem Verfahren man in gewissen Fällen Verhältnisse solcher Maße bestimmt. Für v. Kries wird durch diese Verfahren, die rein mathematisch genau die gleichen sind wie bei Poincaré und Reichenbach, die Wahrscheinlichkeit *überhaupt erst definiert*. Das Verfahren zur Berechnung der Wahrscheinlichkeit definiert diese als quantitative Größe. So gesehen besitzt v. Kries die vorsichtigere und weniger voraussetzungsreiche Metatheorie der Wahrscheinlichkeit.

Wenn wir die mathematischen Wahrscheinlichkeiten als Verhältnisse von Spielraumvolumina deuten, können wir natürlich das Bernoullische Gesetz der großen Zahlen in der üblichen Weise ableiten, da es ein rein mathematisches Resultat der Wahrscheinlichkeitslehre ist und von der Deutung gar nicht abhängt. Dieses Gesetz besagt folgendes: Die beobachtete relative Häufigkeit des Auftretens eines Merkmals A in einer sehr langen Serie von Versuchen der Art B kommt dem Wert der Wahrscheinlichkeit von A sehr wahrscheinlich sehr nahe (man denke etwa an die relative Häufigkeit von schwarzen Kugeln bei Ziehungsversuchen mit einer Urne von Kugeln verschiedener Farben). Das Gesetz der großen Zahlen verknüpft Wahrscheinlichkeiten mit relativen Häufigkeiten, wenn man die Wendung „sehr wahrscheinlich" durch „mit Sicherheit" ersetzt. Aber das ist nicht zulässig. Wie alle Resultate der mathematischen Wahrscheinlichkeitsrechnung kann auch das Bernoullische Gesetz nur Wahrscheinlichkeiten untereinander verbinden, aber nicht die Beziehung aufzeigen, die Wahrscheinlichkeitssätze zu nichtprobabilistischen Aussagen haben. An dieser Stelle hilft uns nach v. Kries das Prinzip der

Spielräume. Es verknüpft die Spielraumverhältnisse mit unseren berechtigten Erwartungen. Wenn wir für eine relative Häufigkeit innerhalb gewisser Fehlergrenzen ein Spielraumverhältnis von 0.999 ausrechnen können, dann dürfen wir mit großer Sicherheit erwarten, daß diese relative Häufigkeit innerhalb der angegebenen Grenzen liegt. Daher ermöglicht das Prinzip der Spielräume erst die Anwendung des Bernoullischen Satzes auf die Wissenschaft und den Alltag. Aus ihm läßt sich ableiten, daß Reichenbachs obige Formel (WP) mit subjektiver Wahrscheinlichkeit 1 als gültig angesehen werden kann. Daher können wir mit praktisch völliger Sicherheit erwarten, daß die obige Folge relativer Häufigkeiten (h_n/n) einem Grenzwert zustrebt. Damit spielt v. Kries' „Prinzip der Spielräume" in seiner Theorie die gleiche Rolle wie das Wahrscheinlichkeitsprinzip in der Reichenbachs. Eine genaue Analyse von Reichenbachs Dissertation zeigt denn auch, daß er mit seinem Prinzip das von v. Kries ersetzen wollte, um Reste eines Subjektivismus bei v. Kries auszuschalten. (Er kritisiert einerseits v. Kries' Anleihen beim Prinzip des mangelnden Grundes und andererseits die fehlende transzendentale Deduktion der beiden v. Kriesschen Prinzipien, siehe z.B. *Dissertation* S. 8 und S. 11)

Es gibt noch einige andere Indizien für die Patenschaft des Prinzips der Spielräume für Reichenbachs Wahrscheinlichkeitsprinzip. Beide Autoren stellen ihre Prinzipien dem Kausalprinzip gegenüber, das für sich allein − darin sind sie sich einig − für die empirische Erkenntnis nicht ausreicht. v. Kries nennt das Kausalprinzip „Prinzip der Gesetzmäßigkeit des Geschehens" und Reichenbach „Prinzip der gesetzmäßigen Verknüpfung" (*Diss.*, S. 62). (Das längere Zitat aus v. Kries' Buch auf S. 10f. der *Diss.* zeigt, daß Reichenbach die Gegenüberstellung beider Prinzipien bei v. Kries wohl bemerkt hat.) Beide haben erkannt, daß das Kausalprinzip für sich allein genommen bei statistischen Regelmäßigkeiten versagt.

v. Kries bringt dafür ein schönes Beispiel, das bereits bei Laplace vorkommt. Ein Mann erwartet die Niederkunft seiner Frau und wünscht sich sehnlichst einen Sohn. Er hat erfahren, daß das Verhältnis von Knabengeburten zu Mädchengeburten 17 zu 16 ist und daß jeden Monat in seinem Ort 33 Kinder geboren werden. Nun zählt man schon den 25. des Monats und die Quote von 17 Knaben ist bereits erfüllt. Der Mann verliert jede Hoffnung auf einen Sohn, denn nun erwartet er nur noch Mädchengeburten bis zum 1. des nächsten Monats. Dieser Mann macht den Fehler, daß er eine statistische Regelmäßigkeit als eine Art Kausalgesetz mißdeutet. Offensichtlich war ihm das „Prinzip der Spielräume" fremd.

v. Kries' Prinzip der Spielräume ist nicht empirisch, denn es verträgt sich mit jeder nur denkbaren Erfahrung. Aber er hält eine transzendentale Deduktion des Prinzips nicht für möglich. Obwohl wir offenbar ein solches Prinzip brauchen − der verzagte Vater in Laplace' Beispiel hätte es ja auch gebraucht − können wir nicht seine Notwendigkeit beweisen. Reichenbach hingegen rechnet es sich in der Dissertation als Verdienst an, im Gegensatz zu v. Kries sein Wahrscheinlichkeitsprinzip (transzendental) deduzieren zu können. Allein dadurch kann seine Objektivität gesichert werden, während nur „definitive, keiner weiteren Begründung oder Erklärung fähige Prinzipien" (auf S. 10 der *Diss.* zitiert) dieses nicht zu leisten vermögen. Das ist für Reichenbach „Subjektivismus", denn das Prinzip der

Spielräume bestimmt nur unsere „subjektive Gewißheit". v. Kries ist in der Tat nur ein halber Kantianer, ein Physiologe und Schüler von H. v. Helmholtz, der sich dem mächtigen Einfluß des Neukantianismus gegen Ende des vorigen Jahrhunderts nicht entziehen konnte oder wollte. Reichenbach hingegen versuchte damals 100%iger Kantianer zu sein.

F. Das spätere Schicksal des „Wahrscheinlichkeitsprinzips" (Zu „Die logischen Grundlagen des Wahrscheinlichkeitsbegriffs" und „Eine Unterhaltung zwischen Bertrand Russell und David Hume")

Wie schon oben im 1. Abschnitt der Erläuterungen erwähnt, gibt Reichenbach zu Beginn der zwanziger Jahre unter dem Einfluß vor allem Einsteins und Schlicks seinen ursprünglich vertretenen Kantianismus auf. Man sollte nun meinen, mit dieser Abwendung vom Kantianismus hätte auch das Wahrscheinlichkeitsprinzip dran glauben müssen. Fast das Gegenteil war der Fall. Es gibt bei den meisten Philosophen Ideen, die sie ihr Leben lang beschäftigen und die jede Konversion zu einem neuen Glauben überleben. Dazu zählt auch Reichenbachs Überzeugung, daß es ein nichtempirisches und nicht aus der Logik ableitbares Prinzip geben müsse, das die Anwendung von Induktion und Wahrscheinlichkeit auf der Welt ermöglicht. So wurde aus dem Wahrscheinlichkeitsprinzip schließlich nach mehreren Metamorphosen eine der tragenden Säulen des Empirismus.

In den Erläuterungen zu Bd 1 (S. 476) habe ich bereits darauf hingewiesen, daß Reichenbachs spätere „Induktionsregel" (1949(7), S. 446) ein direkter Sproß des „Wahrscheinlichkeitsprinzips" ist. Natürlich decken sich beide Prinzipien nicht. Daher reichen hier einige kurze Bemerkungen.

In den frühen zwanziger Jahren ließ Reichenbach das Kausalprinzip fallen. Daher emanzipierte sich das Wahrscheinlichkeitsprinzip und verlor damit seine ergänzende Funktion. In „Metaphysik und Naturwissenschaft" (1925e(9)) gibt es ein universelles „Wahrscheinlichkeitsprinzip" oder „Wahrscheinlichkeitsaxiom". Es „besagt, daß für den Inhalt der Wahrnehmungen eine gewisse statistische Regelmäßigkeit gilt" (1925e(9), S. 169f.). An oben genannter Stelle gehe ich ein wenig mehr darauf ein (Erläut. zu Bd. 1, S. 477). Dort findet sich auch ein längeres Zitat.

Nicht mehr Neukantianer, kennt Reichenbach auch keine transzendentale Deduktion mehr. Er gibt die transzendentale Begründung seines Wahrscheinlichkeitsprinzips zu Beginn der 20er Jahre auf. Etwa zehn Jahre lang glaubt er nicht mehr daran, daß man es (oder das, was inzwischen an seine Stelle getreten war) irgendwie rechtfertigen kann. Im Jahre 1925 ist es ein „metaphysischer Satz" (1925e(9), S. 172; 1978, Bd.1, S. 293).

Im Handbuch der Physik schreibt er 1929: „Es dürfte kaum möglich sein, auf diese Frage eine befriedigende Antwort zu geben; sie enthält vermutlich das dunkelste Problem der Erkenntnistheorie." (1929a, S.26; 1978, Bd.2, S.151f.)

Kurz darauf hält er das Induktionsproblem für ein Scheinproblem:

Unsere Antwort auf das Geltungsproblem besteht deshalb nicht in einer Beantwortung der Humeschen Frage, vielmehr ist der Versuch einer logischen Begründung der Wahrscheinlichkeitsaussage eine unmögliche Zielsetzung, vergleichbar der Quadratur des Kreises. Wie aber dieses Problem die Mathematik nicht zum Scheitern bringt, sondern in dem Nachweis der Unzulässigkeit seiner Fragestellung seine Erledigung findet, so löst sich für uns das Humesche Problem dahin auf, daß es die unzulässige Forderung einer Rechtfertigung der Wahrscheinlichkeitsaussagen mit den Mitteln der strengen Logik bedeutet. An Stelle dieses Scheinproblems setzen wir eine Analyse des Erkenntnisverfahrens, welche uns den Wahrscheinlichkeitsbegriff als Kernbestandteil aller Wirklichkeitsaussagen zeigt und seine Gesetze in einer besonderen Wahrscheinlichkeitslogik zusammenfaßt. (1930b(8), S. 188; 1978, Bd. 2, S. 343f.)

Im folgenden Jahr schreibt er:

Die Philosophie kann nicht darin bestehen, auf Grund vorgefaßter Meinungen über die Ableitbarkeit von Aussagen fundamentale Überzeugungen zu kritisieren; sondern derartige Überzeugungen haben wir einfach hinzunehmen, und der Philosophie fällt allein die Aufgabe zu, sie innerhalb eines Systems einzuordnen. (1931a(8), S. 721; 1978, Bd. 1, S. 341.)

Doch schließlich kehrt er 1933 zu einer Art transzendentalen Argumentation zurück. Im Aufsatz „Die logischen Grundlagen des Wahrscheinlichkeitsbegriffs" (1933b, in diesem Bd.) formuliert Reichenbach vielleicht zum ersten Male seine endgültige Position. (Diese findet sich später dann vor allem in der *Wahrscheinlichkeitslehre* 1935(7), S. 397; 1949(7), S. 446). Daher darf der Aufsatz in den *Ges. Werken* auch nicht fehlen. Von diesem Zeitpunkt an sieht er in der Induktionsregel eine notwendige Bedingung für jede Art von Erfahrung.

Aber Reichenbach legt Wert darauf, zu betonen, daß er nicht einfach zu seiner ursprünglichen Position zurückgekehrt war: „Es wäre freilich eine sehr kühne Behauptung, wenn wir aus irgendwelchen Gründen deduzieren wollten" – in der Dissertation macht er das ja noch selbst –, „daß alle in der Natur auftretenden Folgen einen limes der Häufigkeit mit sich führen müßten. Die Philosophie des apriori würde gewiß gern zu solchen Scheinbeweisen bereit sein." (dieser Bd., S. 361.) Beweisen läßt sich die Existenz eines Limes nicht. Dennoch kann es rational sein, so zu handeln, als ob es ihn gibt.

Beim induktiven Schließen macht man stets die Voraussetzung „... daß wir die Existenz eines limes der Häufigkeit für die betrachteten Folgen als sichergestellt annehmen" (S. 361). Wir machen diese Voraussetzung, obwohl wir nicht wissen, ob sie richtig ist: *„Wir wissen nicht, ob ein limes der Häufigkeit besteht"* (S. 362).

Etwas weiter unten spricht er dann vom „induktiven Schluß im Rahmen der Wahrscheinlichkeitslogik", der „ein Approximationsverfahren darstellt, welches den Charakter einer notwendigen Bedingung für die Gewinnung von Voraussagen hat" (S. 364f.).

Wir können aus beiden Äußerungen zwei *verschiedene* Prinzipien extrahieren. Das erste lautet:

A) Die relative Häufigkeit h_n/n des Auftretens eines Merkmals bei einer Folge von Ereignissen strebt stets einem Grenzwert zu.

Dieses Prinzip ist bereits im Wahrscheinlichkeitsprinzip der Dissertation enthalten. Das zweite ist wesentlich stärker:

B) Es ist rational, den Limes der relativen Häufigkeit innerhalb gewisser Fehlergrenzen $\pm \delta$ der bisher beobachteten relativen Häufigkeit gleichzusetzen.

Er sagt davon : „Der induktive Schluß bedeutet das einzige Verfahren, von dem wir wissen, daß es zum Ziele führt" (in diesem Bd., S. 362).

Reichenbach scheint den Schritt von A nach B nicht als problematisch anzusehen. Das war vielleicht auch noch berechtigt, solange noch keine detaillierten Analysen der induktiven Logik existierten. Leider gibt es eine große Zahl verschiedener induktiver Verfahren, die zwar alle *irgendwann* zum gleichen Resultat führen, jedoch auf dem Weg dorthin recht verschiedene Zwischenresultate ergeben. Es ist sicherlich nicht gleichgültig, welches Verfahren wir verwenden. Manche Verfahren werden uns sehr lange in die Irre führen und erst nach vielen Millionen von Ereignissen in einer Folge von Versuchen auf den richtigen Weg bringen. Wir sind, da unser Leben und auch das der Menschheit kurz ist, auf ein einigermaßen schnelles Verfahren angewiesen. Das Verfahren, die bisher beobachtete Häufigkeit für den besten Schätzwert zu halten, ist nur eines dieser Verfahren. Es ist hier nicht der Ort für eine ausführliche Kritik an Reichenbachs Theorie der Induktion. Es soll hier nur auf ein offenes Problem hingewiesen werden, dessen Bedeutung Reichenbach nicht sehr ernst zu nehmen schien. W.C. Salmon hat später versucht, diese argumentative Lücke zu füllen. (Näheres dazu in W.C. Salmons Einleitung zur Gesamtausgabe, Bd. 1, S. 42ff.)

Reichenbach indessen spricht in seinem Aufsatz von 1933 noch in aller Unschuld von „*dem* induktiven Schluß", so, als ob es nur einen einzigen gäbe. Er hat tatsächlich geglaubt, er habe Humes Problem gelöst, und seine pragmatische Rechtfertigung von A und damit − wie er glaubte − von B war ihm sehr wichtig. Er hat bis zu seinem Tod eisern daran festgehalten, allen Kritikern zum Trotz, zu denen auch manche seiner besten Freunde gehörten, z.B. R. Carnap.

Man ist natürlich hier geneigt, zu fragen: Worin besteht denn eigentlich der Unterschied zwischen der transzendentalen Deduktion eines apriorischen Prinzips und einer pragmatischen Rechtfertigung im Sinne Reichenbachs? In den Erläuterungen zu Bd. 1 gehe ich auf diese Frage etwas ausführlicher ein (S. 478f.).

Der Tenor dieser Rechtfertigung jedoch blieb nicht immer der gleiche. Im Jahre 1933 bedient er sich noch des Gleichnisses vom Schiffbrüchigen, „der sich auf eine Klippe rettet, obgleich er nicht weiß, ob ein rettendes Schiff ihn sehen wird" (dieser Bd., S. 363). Derartige Vergleiche erinnern ein wenig an Pascals Gottesbeweis. So sah es jedenfalls I. P. Creed (1940). Später, in seiner Antwort auf ihren Deutungsversuch, formulierte er die Alternative ganz anders, viel positiver: Wir haben nicht die Wahl zwischen unserem Verderben und einer unbekannten Überlebenschance, sondern zwischen Untätigkeit und produktivem Erfolg, so wie wir vielleicht ein Auto reparieren, das fahruntüchtig in der Garage steht. Tun wir nichts, gewinnen wir nichts. Versuchen wir es zu reparieren, gewinnen wir vielleicht auch nichts. Es besteht jedoch immerhin eine Möglichkeit des Erfolgs. Man muß nicht schon vorher wissen, ob man Erfolg hat, wenn man handelt (näheres hierzu in den Erläut. zu Bd. 1, S. 479).

Dieser Band enthält auch Reichenbachs humorvolle Replik auf B. Russells Kritik in seinem Buch *Das menschliche Wissen. Umfang und Grenzen* (engl. 1948; deutsche Üb. 1952). Dort kritisiert Russell Reichenbachs Theorie der blinden Setzung der Häufigkeitslimites und trifft sie an ihrer Achillesferse, der oben bereits erwähnten Schwierigkeit, eine induktive Methode vor anderen auszuzeichnen, die W.C. Salmon später zu lösen versucht hat. Russell weist darauf hin, daß es Prädikate gibt, für die es ganz unsinnig ist, Häufigkeiten aus einer Folge von Beobachtungen zu bestimmen. Die Prädikate, die als einzige für induktive Argumente in Frage kommen, hat W. v. O. Quine später Prädikate für *natürliche Arten* genannt (W. Stegmüller, 1979, S. 277ff.). Diese Argumentation führt schließlich auf folgende Sätze:

> Ich kann aber nicht einsehen, welchen Grund er dafür haben kann, eine Setzung einer anderen vorzuziehen, außer daß er sie eher für „wahr" hält; und da nach dem, was er selbst zugesteht, dies *nicht* bedeutet (wenn wir uns auf der Stufe der blinden Setzung befinden), daß es irgendeine bekannte Häufigkeit gibt, welche die Setzung wahrscheinlich macht, so muß er für die Wahl zwischen Hypothesen ein anderes Kriterium verwenden als die Häufigkeit. Er verrät uns nicht, worin dieses besteht, weil er nicht erkennt, daß das notwendig ist. (1948, S. 434; 1952, S. 407)

Wir können also unsere Erkenntnis nur beginnen, wenn uns von Anfang an, a priori, gewisse *Glaubwürdigkeiten* möglicher Sachverhalte oder induktiver Methoden gegeben sind. So kehrt Russell schließlich zu einem gemäßigten Apriorismus zurück. Er liebt indessen eine knappe, aber oft harsche Ausdrucksweise. Er meint wohl, Reichenbach käme um ein Auswahlkriterium für induktive Methoden nicht herum. Es klingt hier aber so, als habe er schlicht Reichenbachs pragmatische Rechtfertigung (siehe oben) übersehen. Damit braucht Reichenbach sich auch nicht darum zu bemühen, sich auf die tiefgründigen Argumente Russells wirklich einzulassen.

In einem Brief (abgedruckt in 1978, Bd. 2, S. 405−411) versuchte Reichenbach, Russells Argumente zu entkräften. Er sagt dort, eine oder zwei Stunden mündlicher Diskussion sollten genügen, Russell davon zu überzeugen, daß er ihn mißverstanden habe und es keinen Grund für Russell gebe, seinen früheren Empirismus fallenzulassen (1978, S. 405). Russells Argumente sind aber durchaus substantiell. Reichenbach mußte ihr Gewicht unterschätzen, weil Russell mit keinem Wort auf seine pragmatische Rechtfertigung eingeht.

Vor dem Hintergrund dieser Auseinandersetzung entstand dann die launige Unterhaltung im Himmel. Reichenbach konnte Russells Angriff auf seinen Empirismus nicht auf sich beruhen lassen. Der Dialog zeigt übrigens sehr schön, welche Bedeutung Reichenbach der Lösung des Induktionsproblems beimaß. Hier läßt er Hume im Dialog mit Russell für sich sprechen: „Mir scheint, er [Reichenbach] hat auf seinem Gebiet geleistet, was Sie [Russell] auf Ihrem vollbracht haben: Sie entfernten das synthetische Apriori aus der mathematischen Induktion und er aus der physikalischen." Was einst in der Doktorarbeit ein Beweis eines synthetischen Grundsatzes a priori gewesen war, war nun mit einer nicht unwichtigen Akzentverschiebung Teil der Beseitigung des synthetischen Apriori aus der physikalischen Erkenntnis. So können sich die Zeiten ändern.

Erläuterungen zu dem Aufsatz: Das Raumproblem in der neuen Quantenmechanik

Reichenbachs Aufsatz „Das Raumproblem in der neuen Quantenmechanik" wurde nie veröffentlicht. Der Autor mag dafür seine Gründe gehabt haben, und daher bedarf eine Publikation dieser Arbeit zum heutigen Zeitpunkt einer Rechtfertigung.

Als Reichenbach starb, hinterließ er über 200 Bücher und Aufsätze in Zeitschriften und Sammelbänden, aber sehr wenige unveröffentlichte Artikel. Er schrieb sehr schnell und verbarg nichts vor der wissenschaftlichen Öffentlichkeit, was er als wertvollen Beitrag zur philosophischen Auseinandersetzung seiner Zeit ansah. Seine unpublizierten wissenschaftlichen Aufsätze gehörten daher meist einer der drei folgenden Kategorien an:

1. zur Veröffentlichung bestimmte Aufsätze aus den letzten Jahren vor seinem Tode,
2. Vorlesungen auf deutsch an der Universität Istanbul während seines Aufenthalts in der Türkei 1934–1938,
3. Aufsätze aus der Studentenzeit, Referate und seine Staatsexamensarbeit,
4. Aufsätze über Quantenmechanik aus den 20er und 30er Jahren.

Die beiden ersten Kategorien können ohne Schwierigkeit veröffentlicht werde. Es wäre dabei nur zu bedenken, daß er selbst ihnen nicht mehr den letzten Schliff gegeben hat. Die der ersten Gruppe wären ohnedies erschienen, wenn der Autor noch die Zeit gehabt hätte, dies zu besorgen. Die Istanbuler Vorlesungen wären vielleicht gedruckt worden, wenn Reichenbach nicht gerade damals von der deutschen zur englischen Sprache übergewechselt wäre. Die Veröffentlichung von Arbeiten der beiden letztgenannten Gruppen ist schwerer zu rechtfertigen. Seine frühesten Schriften repräsentieren nicht mehr seine spätere Auffassung und sind daher höchstens historisch interessant. Die Arbeiten der vierten Gruppe sind von ihm selbst möglicherweise verworfen worden.

Zur vierten Kategorie gehören die beiden Aufsätze: „Zur Störung des Objekts durch die Beobachtung in der Quantenmechanik" und der vorliegende. Wahrscheinlich wollte Reichenbach diese beiden Artikel nicht veröffentlichen. Der erste ist sehr aufschlußreich für die Vorgeschichte der *philosophischen Grundlagen der Quantenmechanik*, enthält jedoch in seinem letzten Abschnitt einen entscheidenden Fehler im mathematischen Formalismus, den Reichenbach vielleicht bemerkt hat, ehe es zu spät war, und der Aufsatz über das „Raumproblem" beruht ganz wesentlich auf der Schrödingerschen Wellenpaketdeutung der Quantenmechanik von 1926, die bereits 1928 als durch M. Borns statistische Interpretation überholt angesehen werden mußte.

Dieser zweite Aufsatz wurde im Sommer 1926 verfaßt. In unveröffentlichten autobiographischen Skizzen schreibt Reichenbach: „Febr. 1926 Beschäftigung mit Heisenberg-Schrödinger . . .. Juli Beschäftigung mit Schrödinger, Aufsatz entworfen, später als §44 [der *Philosophie der Raum-Zeit-Lehre* (1928)] eingefügt." Im gleichen Jahr erschien M. Borns berühmter Aufsatz (1926b), der noch im Juli bei der Zeitschrift für Physik einging. (Die vorläufige Mitteilung (1926a) war sogar schon im Mai bei der Zeitschrift – aber das wußte Reichenbach noch nicht.) Kurz darauf mag Reichenbach erkannt haben, daß Borns Interpretation der Schrödingerschen Wellenpaketdeutung überlegen war. Statt nun den ganzen Aufsatz zu veröffentlichen, fügte er nur den Inhalt von Abschnitt III und vier Seiten daraus wörtlich in den §44 seiner *Raum-Zeit-Lehre* ein (*Ges. Werke*, Bd. 2, S. 324–327). Rein wissenschaftstheoretisch ist er daher wertlos. Warum erscheint er hier trotzdem? Der Artikel wirft ein Schlaglicht auf eine von Reichenbachs wichtigsten Ideen, daß nämlich die physikalische Raum-Zeit-Topologie durch den Kausalzusammenhang der Raum-Zeit-Punkte konstituiert wird. Ohne zu verstehen, warum dieser Gedanke für Reichenbach so wichtig war, wird uns auch nicht klar, warum er später für die Interpretation der Quantenmechanik eine dreiwertige Logik bemüht, um den Kausalzusammenhang und das Nahwirkungsprinzip in der quantenmechanischen Beschreibung der Mikrosysteme zu retten. Erst so verstehen wir also sein Hauptanliegen in diesem für ihn so wichtigen Buch.

Reichenbach unterstreicht in diesem Aufsatz die empirische Natur der Topologie, während viele Philosophen seiner Zeit immer noch glaubten, die Dimensionalität des Raums sei durch die Art bestimmt, in der *wir* die Welt wahrnehmen, durch die Struktur des Gesichtsfelds, das zunächst zweidimensional ist und darüberhinaus durch das zweiäugige Sehen noch eine Tiefendimension gewinnt. Auf solche Art konstruierte O. Becker die Grundeigenschaften des Raums aus der Weise, in der er uns a priori gegeben ist (O. Becker 1930). Wir können uns keine andere Art von Raum vorstellen. Reichenbach hielt derlei Argumente für trügerisch. Wie kann ich wissen, daß ein Sachverhalt unvorstellbar ist? Er zeigt an einer großen Zahl von Beispielen, daß wir uns viele Tatsachen vorstellen können, die wir zunächst als völlig unvorstellbar angesehen hatten. So läßt sich das Pasch-Axiom in der Phantasie leicht verletzen. Dieses sagt aus, daß eine Gerade, die eine Seite eines Dreiecks schneidet, noch eine weitere schneiden muß oder durch den gegenüberliegenden Eckpunkt gehen muß. Reichenbach zeigt, daß dieses Axiom für einen Torusraum falsch ist, und wie man sich eine Welt mit einem solchen Raum ausmalen kann. Wir sind somit niemals sicher, ob wir nicht vielleicht etwas übersehen haben, wenn wir einen Sachverhalt als unvorstellbar ansehen. „Reine Anschauung" ist daher meist nur Mangel an Phantasie.

Somit kann die Topologie nur eine empirische Eigenschaft des Raumes sein. Aber all unser Reden über den Raum ist ohne Sinn, wenn unsere geometrischen Terme keine Bedeutungen haben. Wir müssen sie erst damit ausstatten. Das können wir nach Reichenbach mit Hilfe von Zuordnungsdefinitionen bewerkstelligen, die die Dinge der realen Welt mit unseren wahren Gedanken über sie verknüpfen. Das Paradigma dieser Zuordnungsdefinitionen ist Einsteins Definition der Gleichzeitigkeit. Es scheint einleuchtend zu sein, daß alle Begriffe außerhalb der Umgangssprache definiert werden müssen. Die Gleichzeitigkeit zweier im Kosmos weit auseinanderliegender Ereignisse mag eine Anwendung des Ausdrucks „gleichzeitig" außerhalb der Reichweite der Umgangssprache sein, für die sie nicht mehr exakt genug ist. Doch kommt dieser Ausdruck auch in der Alltagssprache vor, und unsere Zuordnungsdefinitionen dürfen natürlich ihrem Sprachgebrauch, dort wo sie selbst hinreichend präzise ist, nicht widersprechen.

Das gilt natürlich auch für topologische Termini, wie „Konvergenz einer Punktfolge P_i gegen einen Limes P". Können wir ein experimentelles Testverfahren festlegen, das diese Konvergenz im physikalischen Raum definiert und dem vorwissenschaftlichen Gebrauch von „sich annähern" nicht widerspricht? Der vorwissenschaftliche Begriff der Annäherung ist mit der Vorstellung eng verknüpft, daß sich nahe Ereignisse leichter kausal in der einen oder anderen Richtung beeinflussen. Reichenbach hielt diesen kausalen Aspekt der Raumordnung für grundlegend. Er hatte einst von Kant gelernt, daß die Zeitordnung auf der Kausalordnung beruht, und von Einstein, daß Zeit- und Raumordnung innerlich miteinander verknüpft sind. Durch die Verbindung beider Einsichten kam er zu der Schlußfolgerung, daß Ausbreitungsvorgänge endlicher Geschwindigkeit eine Topologie konstituieren. So konstituiert ein Ölfleck, der sich auf einem See ausbreitet, eine Folge von Hausdorfschen Umgebungen. Der Umgebungsbegriff ist indessen *der* Grundbegriff der Hausdorfschen Topologie.

In der *Axiomatik der relativistischen Raum-Zeit-Lehre* (in *Ges. Werke*, Bd. 3) zeigt Reichenbach, wie man für die Relation der Kausalverknüpfung empirisch überprüfbare Axiome einführen kann, deren Geltung dann eine Definition des topologischen Umgebungsbegriffs mit Hilfe von Ausbreitungsvorgängen (d.h. populär ausgedrückt nach der Ölfleckmethode) ermöglicht. Dieses Verfahren ist nicht zirkulär, da die Axiome noch keine topologischen oder geometrischen Terme enthalten. (Sie reden allerdings bereits von Raum-Zeit-Punkten.) Allerdings ist die Definition der topologischen und metrischen Grundbegriffe auf diesem Wege doch recht mühsam.

Es empfiehlt sich daher zum Zwecke der einfacheren Darstellung noch ein anderer Weg, den topologischen Termen Bedeutungen zu verleihen. Man geht dabei vom *Nahwirkungsprinzip* aus. Um dieses formulieren zu können, brauchen wir erst den Begriff der Weltlinie.

W1 Eine Weltlinie ist eine Funktion $S: T \rightarrow E$ der Zeit T in den dreidimensionalen euklidischen Koordinatenraum E, die in diesen Koordinaten stetig ist.

Wir können das zu formulierende Nahwirkungsprinzip noch ein wenig verschärfen, indem wir *zusätzlich* fordern, daß die durch die Weltlinie dargestellte

Fortpflanzung einer Wirkung oder eines Signals eine gewisse Höchstgeschwindigkeit c nicht überschreiten darf, daß also

$$W2 \quad \left|\frac{dS_x}{dt}\right|^2 + \left|\frac{dS_y}{dt}\right|^2 + \left|\frac{dS_z}{dt}\right|^2 \le c^2$$

für alle Weltlinien gelten muß. Die Kernformel des Nahwirkungsprinzips lautet dann:

> NW Ist $E_2 = \langle t_2, x_2, y_2, z_2 \rangle$ ein Ereignis, das von einem anderen Ereignis $E_0 = \langle t_0, x_0, y_0, z_0 \rangle$ bewirkt wird, dann gibt es zwischen E_0 und E_2 eine Weltlinie S (mit $E_0 \in S$ und $E_2 \in S$), derart daß alle Ereignisse E_1, die auf S zwischen E_0 und E_2 liegen, Wirkungen von E_0 und Ursachen von E_2 sind.

In dieser Theorie, die bereits die volle vierdimensionale Koordinatenzeit zu ihrer Formulierung benötigt, sind die topologischen Terme mit der Kausalrelation verknüpft. Entweder die Theorie W1 mit NW oder in der schärferen Fassung W1 und W2 mit NW ist dann eigentlich erst das Nahwirkungsprinzip. Hier ist NW keine Zuordnungsdefinition mehr, sondern allenfalls eine Zuordnungsregel im Sinne Carnaps, d.h. ein Satz, der die Sprache der Theorie mit einer Beobachtungssprache irgendwie verknüpft, ohne dabei eine Definition sein zu müssen. Im Endeffekt wird mit dieser zweiten Methode die Topologie des Raums ebenso mit Bedeutungen ausgestattet wie bei Anwendung der Methode der *Axiomatik der relativistischen Raum-Zeit-Lehre*.

Das Nahwirkungsprinzip bezeichnet Reichenbach im vorliegenden Aufsatz (in Abschn. III) und in der *Philosophie der Raum-Zeit-Lehre* (*Ges. Werke* Bd.2, S. 323) als „Prinzip der Raumordnung". In *Relativitätstheorie und Erkenntnis apriori* hatte er so etwas noch ein *Zuordnungsprinzip* genannt (*Ges. Werke*, Bd. 3, S. 239) und später wird er es *Erweiterungsregel* nennen (siehe oben S. 199). Diese Rolle spielt es dann in der Philosophie der Quantenmechanik.

Es ist wichtig, hier zu bemerken, daß diese Art von operationaler Verankerung der Topologie mit den vorwissenschaftlichen Vorstellungen von „Nähe", „Nachbarschaft" und „berühren" im vollen Einklang ist. Was sich *nahe* ist, kann eben leichter aufeinander *wirken* als voneinander weit entfernte Gegenden des Raumes. Damit ist der Forderung der Übereinstimmung mit der Umgangssprache Genüge getan, und es sind nur in einer Beschreibung der Welt, in der das Nahwirkungsprinzip als gültig angenommen wird, die topologischen Beziehungen der verschiedenen Teile des Raums in einer Weise gegeben, die den Intuitionen der Umgangssprache entspricht.

Reichenbach hat wohl gelegentlich W1 $\wedge$ NW und manchmal auch W1 $\wedge$ W2 $\wedge$ NW im Sinn, wenn er vom *Nahwirkungsprinzip* redet. In der *Philosophie der Raum-Zeit-Lehre* formuliert er es so:

> Die kausale Wirkung kann fernere Raumpunkte nicht erreichen, ohne zuvor die näheren durchlaufen zu haben. (*Ges. Werke*, Bd. 2, S. 322 f.)

Diese Formulierung ist durchaus im Einklang mit der im vorliegenden Aufsatz (Abschnitt III). Präzise sind sie indessen beide nicht.

Soweit scheint das Nahwirkungsprinzip hervorragend dazu geeignet, die Sprache der Topologie mit den physikalischen Tatsachen zu verknüpfen. Doch darüber hinaus spielt dieses Prinzip wie andere Erweiterungsregeln auch noch eine andere wichtige Rolle für die Naturerkenntnis. Es fungiert weitgehend auch als Auswahlprinzip, das einfache Beschreibungen der Welt von äquivalenten, die aber komplizierter sind, zu unterscheiden gestattet. Man hält eine theoretische Beschreibung der Welt eben nicht für einfach, wenn tatsächlich bestehende Kausalzusammenhänge darin nur verdeckt auftreten. Ebenso wäre sie nicht einfach, wenn tatsächlich bestehende räumliche Symmetrien, wie die Drehinvarianz der Naturgesetze, ihnen nicht mehr anzusehen sind. Solche Beschreibungen sind dann zwar nicht weniger wahr als die zu ihnen äquivalenten einfachen Beschreibungen, aber doch sehr wenig zweckmäßig. Das gilt natürlich dann auch für die Anwendung des Nahwirkungsprinzips auf die Mikrozustände, deren Existenz man zur Erklärung der makroskopischen Phänomene annimmt.

Damit dient es nicht mehr nur dazu, die physikalische Sprache mit Bedeutungen auszustatten, sondern auch zur Konstitution der physikalischen Objekte im Sinne Kants. Das Nahwirkungsprinzip führt daher für Reichenbach zur Erkenntnis der Struktur der realen Welt. Das drückt Reichenbach in recht metaphysisch klingenden Formulierungen aus (die später in der autorisierten englischen Übersetzung *Philosophy of Space and Time* (1958ü) deutlich abgeschwächt sind): die topologischen Eigenschaften des Raumes sind „in viel höherem Maß als Tatsache anzusehen als die metrischen" (S. 322), sie sind „eine von aller Willkür unabhängige Tatsache der Natur" (S. 328), sie sind „letzte Naturtatsache" (S. 334). Mit Hilfe des Nahwirkungsprinzips wird „der letzte Sinn der Topologie des Raumes aufgedeckt", das „was wir in der Ordnung des räumlichen Nebeneinander *eigentlich meinen*" (S. 315). Schließlich war er in den zwanziger Jahren noch Realist und in den fünfziger Jahren logischer Empirist.

Einer der wichtigsten topologischen Begriffe ist der der Dimension. Wenn die Topologie der Welt auf dem Nahwirkungsprinzip beruht, so muß auch die Dimensionalität des Raumes darauf gründen (*Ges. Werke*, Bd. 2, S. 322). Das läuft nun auf folgendes hinaus: In einer n-dimensionalen Beschreibung der Welt ist n die *wahre* Dimension des physikalischen Raumes dann und nur dann, wenn es eine zweistellige Kausalrelation zwischen jedem Paar von Raumpunkten gibt, die einige wichtige Axiome erfüllt, aus denen man das Nahwirkungsprinzip ableiten kann. Nach diesem Prinzip können Wirkungen nicht gleichzeitig zu oder früher als ihre Ursachen sein. Bekanntlich verletzt die Newtonsche Mechanik dieses Prinzip. Wenn zwei Planeten zusammenstoßen, ändert sich darin das Gravitationsfeld augenblicklich in der gesamten Welt. Das ist natürlich empirisch falsch. Die Newtonsche Mechanik stellt ja nur für niedrige Geschwindigkeiten eine brauchbare Näherung dar. Ob falsch oder richtig, ist für den logischen Zusammenhang nicht von Belang. Auf jeden Fall gilt das Nahwirkungsprinzip in der Newtonschen Mechanik nicht.

Daher kann der dreidimensionale Raum nicht der Raum mit der für die klassische Physik „richtige" Dimension sein. Einen solchen gibt es überhaupt nicht, da Reichenbachs Zuordnungsdefinitionen in der Newtonschen Physik versagen. Das klingt paradox, ist aber eine logische Folgerung aus diesen Definitionen. Die klassische Mechanik arbeitet aber nicht nur mit dem dreidimensionalen Raum, sondern auch oft mit dem *Konfigurationsraum* (Reichenbach nennt ihn „Parameterraum"), ein $3 \cdot n$-dimensionaler Raum, in dem die Bewegung eines Punktes die Bewegung von n Teilchen in einem dreidimensionalen Raum darstellt. Wir können nun auch fragen, ob vielleicht $3 \cdot n$ die „physikalisch richtige" Dimension des Raumes in der klassischen Mechanik ist. Diese Frage ergibt jedoch nach den gewählten Voraussetzungen keinen rechten Sinn, da es in diesem Raum überhaupt nur ein einziges Teilchen gibt, das allein deshalb, weil es das einzige ist, mit keinem anderen irgendwelche kausalen Wechselwirkungen haben kann. Reichenbachs Diskussion dieses Sachverhalts in der *Philosophie der Raum-Zeit-Lehre* ist etwas verworren. Er redet dort von „Störungen" im Konfigurationsraum, die jedoch bereits auf Grund seiner Definition gar nicht auftreten können (*Ges. Werke*, Bd. 2, S. 324).

Besäßen wir nun nur dieses Buch von Reichenbach, müßten wir zu dem Schluß gelangen, daß er dort in §44 nur Unsinn redet, und das wäre das Ende aller unserer Verständnisbemühungen bei der Lektüre dieses Paragraphen. Glücklicherweise besitzen wir ein Manuskript, dem er den wichtigsten Abschnitt von §44 entnommen hat. Und da stellen wir auf einmal fest, daß Reichenbachs verworrener Argumentation ein sehr vernünftiger Gedanke zugrunde liegt. Dieser wird sogar fast zwingend im Licht von Schrödingers ursprünglicher Interpretation seiner Wellenmechanik, die von den meisten Physikern kurz nach ihrer Veröffentlichung schon wieder aufgegeben wurde, als Born seine berühmte statistische Interpretation vorschlug.

Schrödinger beginnt mit dem Konfigurationsraum der klassischen Mechanik. Allerdings ersetzt er den Massenpunkt, der in der Mechanik das System beschreibt, durch ein Wellenpaket, das durch den $3 \cdot n$-dimensionalen Raum läuft. Jetzt wird Reichenbachs Rede von Störungen mit einem Mal sinnvoll. Er spricht von der Fortpflanzung der Schrödingerwellen. In diesem Zusammenhang können wir wieder die Frage nach der Dimension des „realen physikalischen" Raumes der Schrödingerschen Wellenmechanik stellen und erhalten als Antwort, daß — legt man Reichenbachs Zuordnungsdefinitionen zugrunde — in Schrödingers Quantenwelt die wahre Dimension des wirklichen Raumes nur $3 \cdot n$ sein kann.

Diese recht seltsame Schlußfolgerung müssen wir in verschiedener Hinsicht unter die Lupe nehmen. Zunächst, was ist n? Handelt es sich hier um die Gesamtzahl aller Teilchen in der ganzen Welt? Zweitens wußten Schrödinger und alle Fachleute seiner Zeit, daß eine Quantenmechanik auf der Grundlage der nichtrelativistischen Mechanik nur der Ausgangspunkt für weitere Forschungsarbeit sein kann und nur als Näherung für kleine Geschwindigkeiten ernst genommen werden kann. Jede wirklich diskutable Quantenmechanik muß mit Einsteins Relativitätstheorie verträglich sein und daher auch mit dem Nahwirkungsprinzip des dreidimensionalen Raumes!

452

Doch die Erörterung solcher Fragen ist müßig. Denn Borns Veröffentlichung, die wenige Monate nach Schrödingers zweiter Mitteilung erschien, änderte die Situation schlagartig. Was vorher eine ernsthafte Frage war, wurde nunmehr lediglich eine interessante Übung in der kausalen Theorie der Raum-Zeit, lediglich interessant genug, um einiges Licht auf Reichenbachs wichtige Idee zu werfen, daß die Dimension des wirklichen physikalischen Raumes eine Eigenschaft des Netzes der Kausalrelationen ist, sofern man einige Zuordnungsdefinitionen voraussetzt, die zum Ausdruck bringen, was wir mit unseren topologischen Begriffen letztlich meinen.

Obwohl Kausalität in diesem Band nicht das zentrale Thema ist, sind hier doch einige Bemerkungen über Reichenbachs lebenslange Auseinandersetzung mit diesem Begriff durchaus angebracht. Von seiner Staatsexamensarbeit „Kants Behandlung des Kausalprinzips" bis zu seinem Tod, als er gerade das Kapitel „Particles traveling backwards in time" für das Buch *The Direction of Time* geschrieben hatte, galt stets der Kausalität sein Hauptinteresse neben der Wahrscheinlichkeit und der Konventionalität der Sprache. Die Kausalität ist eine Art Leitmotiv seiner Wissenschaftstheorie und gleichzeitig auch Gegenstand seiner tiefsten Einsichten.

In seiner Staatsexamensarbeit und in seiner Dissertation glaubte er noch an die universale Gültigkeit eines deterministischen Kausalprinzips. Aber er sah bereits deutlich, daß in der Naturwissenschaft neben die deterministischen Gesetze auch statistische treten. Zur Begründung der letzteren benötigen wir neben der Empirie das *Wahrscheinlichkeitsprinzip* (siehe oben, S. 435 ff.). Wenig später verschmolzen beide Prinzipien miteinander, und er sah, daß sie durch ein statistisches Kausalprinzip, das nicht mehr a priori, sondern empirisch gilt, ersetzt werden müssen. Und 1921, auf einer Reise in den Schwarzwald, hatte Reichenbach dann mit einem Mal die Einsicht, daß nicht nur die Zeitskala, sondern auch die vierdimensionale Raumzeit durch die Struktur der Kausalitätsrelation vollständig charakterisiert ist. Ein wenig früher hatte in England A.A. Robb diese Entdeckung gemacht. Irgendwelche Zusammenhänge zwischen Reichenbach und Robb sind mir indessen nicht bekannt. Reichenbachs Axiomatisierung dieser Struktur der Kausalrelation ist ohne Zweifel seine genialste Leistung (1924, in *Ges. Werke*, Bd. 3). Ein wenig später versuchte er auch die Zeitrichtung mit seiner statistischen Kausalrelation zu definieren („Die Kausalstruktur der Welt und der Unterschied zwischen Vergangenheit und Zukunft", 1925a(8); Reichenbach nennt diesen Aufsatz 1927 in seiner autobiographischen Skizze seine „beste Arbeit").

Daß er Ende der zwanziger Jahre die Struktur des kausalen Netzes als „fundamentale Tatsache" und „Tatsache im höheren Maße" als die metrische Struktur des Raumes ansah, haben wir oben schon gesehen. Derartige Formulierungen klingen schon fast ein wenig ontologisch. Beschreibungen mit kausalen Unstetigkeiten sind indessen durchaus nicht verboten. Das Nahwirkungsprinzip ist kein metaphysisches Axiom. Aber wenn es dazu äquivalente Beschreibungen gibt, in denen es gilt, wenn also der Kausalzusammenhang in den ersten Beschreibungen nur verdeckt war, sind die anomalienfreien Beschreibungen vorzuziehen. Das Problem der kausalen Anomalien kommt, wie wir ja in diesem Bande sehen können, auch in seiner Philosophie der Quantenmechanik vor (siehe S. 45). Hier tritt es bei der Beschreibung mikroskopischer Systeme auf. Wir können unsere Beschreibung entweder so wählen, daß kausale Anomalien auftreten, oder sie mit Hilfe einer dreiwertigen Logik eliminieren. Dieser zweite Weg war Reichenbach stets der sympathischere. Ohne Berücksichtigung der fundamentalen Rolle der Kausalbeziehung für Raum und Zeit ist schwer zu verstehen, warum Reichenbach einen so großen Wert auf das Nahwirkungsprinzip legte.

An dieser Stelle können wir nur die wichtigsten von Reichenbachs Schriften kurz erwähnen, in denen er sich mit der Kausalität befaßt. Der Ausgangspunkt war Kants Deduktion der „zweiten Analogie der Erfahrung", wie Kant das Kausalprinzip nannte. Davon zeugt die Staatsexamensarbeit. Später lernte Reichenbach Leibniz' Theorie der Zeit kennen und sah in ihm den Vorläufer seiner eigenen Gedanken (1924b, in Bd. 3). Kant, dem er so viel verdankte, konnte er damals nicht mehr gerecht werden (siehe *Ges. Werke*, Bd.3, S. 416). Auch wenn er sich 1924 bereits von Kants Apriorismus abgewandt hatte, hätte er ihn doch noch ein wenig besser davonkommen lassen sollen. Aber Kant war für ihn die große Vaterfigur, gegen die er rebellierte. Das wird in diesem Band in der launigen „Unterhaltung zwischen Bertrand Russell und David Hume" im Himmel deutlich, wo Kant als Gottvater auftritt (S. 367−370). Das Thema „Reichenbachs verdrängter Kantianismus" ist sicher eine gründliche Untersuchung wert.

Kurz vor seinem Tod allerdings wird Reichenbach dem Nahwirkungsprinzip untreu. Damals waren in der Physik die Feynman-Diagramme aufgekommen. Der Prozeß der Erzeugung eines Elektron-Positron-Paars und der anschließenden Vernichtung des Positrons durch ein anderes Elektron kann durch ein Diagramm dargestellt werden, das sich als eine Weltlinie eines Elektrons deuten läßt, die auf einem Teilstück „in der Zeit zurückläuft". Das Positron ist also ein Elektron, das mit einer Zeitmaschine in die Vergangenheit fährt. Reichenbach glaubte nun, daß die kausale Theorie der Zeitordnung in der Mikrowelt zusammengebrochen war, so wie viele andere geheiligte Prinzipien, wie die Euklidizität des Raumes und der Determinismus. Als leidenschaftlicher Empirist konnte er jedes Prinzip fallen lassen, ohne ihm eine einzige Träne nachweinen zu müssen, und dabei noch die Genugtuung eines Bilderstürmers empfinden. Damit wäre dann auch das Nahwirkungsprinzip verletzt gewesen, das die Topologie des Raumes konstituieren hilft, die schon erwähnte „fundamentale Tatsache der objektiven Welt", und Reichenbachs Axiomatik der Kausalrelation wäre zu Staub und Asche geworden. Doch Reichenbachs erkenntnistheoretische Auswertung der Feynman-Diagramme war verfrüht. Die Kausalordnung der Welt wird bei dem Prozeß der Erzeugung und Vernichtung von Positronen in keiner Weise verletzt. Die Feynman-Diagramme sind nur Bilder, weiter nichts. Elektron-Positron-Paare entstehen nicht aus dem Nichts, sondern aus Lichtquanten. Sie verschwinden auch nicht im Nichts, sondern erzeugen wieder Lichtquanten. Das widerspricht der kausalen Theorie der Raumzeit in keiner Weise.

Wir haben gesehen, daß Reichenbachs unveröffentlichter Artikel uns an einen Knotenpunkt des Netzes seiner Gedanken geführt hat, in dessen Nähe auch das Buch *Philosophische Grundlagen der Quantenmechanik* zu finden ist. So war der Aufsatz zu dem Buch eine wertvolle Ergänzung.

Literaturverzeichnis

A. Schriften Hans Reichenbachs

Bei Schriften, die in den Gesammelten Werken enthalten oder dafür geplant sind, findet sich die Bandnummer in Klammern hinter der Jahreszahl. Schriften aus dem Nachlaß sind in den Erläuterungen mit der Abkürzung „HR" und der Nummer zitiert, unter der sie dort geführt werden. Der Nachlaß befindet sich in der Hillman Library der University of Pittsburgh.

1916(5), *Der Begriff der Wahrscheinlichkeit für die mathematische Darstellung der Wirklichkeit* (Dissertation, Univ. Erlangen, 1915), Leipzig: Barth; auch veröffentlicht in der *Zeitschrift für Philosophie und philosophische Kritik* 161, 210−39 u. 162, 98−112, 222−239.

1919a, „Der Begriff der Wahrscheinlichkeit für die mathematische Darstellung der Wirklichkeit, Autoreferat", *Die Naturwissenschaften* 7, 482−483, Zusammenfassung der Dissertation, 1916.

1920(3), *Relativitätstheorie und Erkenntnis apriori*, Berlin: Springer.

1920a, „Über die physikalischen Voraussetzungen der Wahrscheinlichkeitsrechnung", *Zeitschrift für Physik* 2, 150−171 u. 4, 448−450.

1920b(5), „Die physikalischen Voraussetzungen der Wahrscheinlichkeitsrechnung", *Die Naturwissenschaften* 8, 46−55 u. 8, 349.

1920c(5), „Philosophische Kritik der Wahrscheinlichkeitsrechnung", *Die Naturwissenschaften* 8, 146−53.

1922f(3), „Der gegenwärtige Stand der Relativitätsdiskussion", *Logos, Internationale Zeitschrift für Philosophie der Kultur* 10, 316−378; engl. Übers. in 1958 u. 1978.

1924(3), *Axiomatik der relativistischen Raum-Zeit-Lehre*, Braunschweig: Vieweg.

1924b(3), „Die Bewegungslehre bei Newton, Leibniz und Huyghens", *Kantstudien* 29, 416−38. engl. Übers. in 1958 u. 1978.

1924e(3), „Die relativistische Zeitlehre", *Scientia*, Dez. 1924, 361−374.

1925a(8), „Die Kausalstruktur der Welt und der Unterschied von Vergangenheit und Zukunft", *Sitzungsbericht der Bayerischen Akademie der Wissenschaften, Mathematisch-Naturwissenschaftliche Abteilung*, Jhrg. 1925, 133−175.

1925e(9), „Metaphysik und Naturwissenschaft", *Symposium* 1, 158−176; engl. Übers. in 1978.

1927a(3), „Lichtgeschwindigkeit und Gleichzeitigkeit", *Annalen der Philosophie* 6, 128−44.

1928(2), *Philosophie der Raum-Zeit-Lehre*, Berlin/Leipzig: de Gruyter.

1929a, „Ziele und Wege der physikalischen Erkenntnis", *Handbuch der Physik*, Bd. 4: Allgemeine Grundlagen der Physik, Berlin: Springer; S. 1−80; engl. Übers. in 1978.

1929m, „Das Kausalproblem in der gegenwärtigen Physik", *Zeitschrift für angewandte Chemie* 42, 457−459.

1930, *Atom und Kosmos. Das physikalische Weltbild der Gegenwart*, Berlin: Deutsche Buch-Gemeinschaft; das Buch entstand aus Rundfunkvorträgen im Winter 1929−1930.

1930b(8), „Kausalität und Wahrscheinlichkeit", *Erkenntnis* 1, 158−188; engl. Übers. in 1958 u. 1978.

1930g, mit E. Zilsel, W. Dubislav, H. Härlen, R. Carnap, R. v. Mises, O. Neurath, Tornier, K. Grelling, Hostinsky: „Diskussion über Wahrscheinlichkeit", *Erkenntnis* 1, 260–285.

1931(9), *Ziele und Wege der heutigen Naturphilosophie*, Leipzig: Meiner; engl. Übers. in 1958 u. 1978.

1931a(7), „Das Kausalproblem in der Physik", *Die Naturwissenschaften* 19, 713–722.

1931d(9), „Der physikalische Wahrheitsbegriff", *Erkenntnis* 2, 156–171.

1932a(8), „Die Kausalbehauptung und die Möglichkeit ihrer empirischen Nachprüfung", *Erkenntnis* 3, 32–64. u. 3, 71–72; dieser Aufsatz entstand 1923 und konnte damals nicht publiziert werden; engl. Übers. in 1958 u. 1978.

1932c, „Axiomatik der Wahrscheinlichkeitsrechnung", *Mathematische Zeitschrift* 34, 568–619.

1932d, „Wahrscheinlichkeitslogik", *Sitzungsberichte, Preußische Akademie der Wissenschaften, Phys.-Math. Klasse* 29, 476–490.

1933a, „Kausalität und Wahrscheinlichkeit in der gegenwärtigen Physik", *Unterrichtsblätter für Mathematik und Naturwissenschaften* 39, 65–69.

1933b(5), „Die logischen Grundlagen des Wahrscheinlichkeitsbegriffs", *Erkenntnis* 3, 401–425.

1933d(9), „Kant und die Naturwissenschaft", *Die Naturwissenschaften* 21, 601–606 u. 21, 624–626.

1933e, „Rudolf Carnap, Der logische Aufbau der Welt", (Rezension) *Kantstudien* 38, 199–201.

1934a, „Wahrscheinlichkeitslogik", *Erkenntnis* 5, 37–43.

1935(7), *Wahrscheinlichkeitslehre. Eine Untersuchung über die logischen und mathematischen Grundlagen der Wahrscheinlichkeitsrechnung*, Leiden: Sijthoff; engl. Bearbeitung 1949.

1935e, „Über Induktion und Wahrscheinlichkeit. Bemerkungen zu Karl Poppers ‚Logik der Forschung'", *Erkenntnis* 5, 267–284.

1936f(9), „Logistic Empiricism in Germany and the Present State of its Problems", *The Journal of Philosophy* 33, 141–160.

1936g, „Warum ist die Anwendung der Induktionsregel für uns notwendige Bedingung von Voraussagen?", *Erkenntnis* 6, 32–40.

1938(4), *Experience and Prediction. An Analysis of the Foundations and the Structure of Knowledge*, Chicago: Univ. of Chicago Pr.

1939a(9), „Dewey's Theory of Science", in P. A. Schilpp (Hrsg.), *The Philosophy of John Dewey*, Evanston, Ill.: The Library of Living Philosophers Inc., S. 159–92.

1939b, „Über die semantische und die Objektauffassung von Wahrscheinlichkeitsausdrükken", *The Journal of Unified Science (Erkenntnis)* 8, 50–68.

1940a, „On the Justification of Induction", *The Journal of Philosophy* 37, 97–103, abgedruckt in H. Feigl, W. Sellars (Hrsg.), *Readings in Philosophical Analysis*, New York 1949: Appleton-Century-Crofts, S. 324–349.

1940b, „On Meaning", *The Journal of Unified Science (Erkenntnis)* 9, 134–135.

1944(5), *Philosophic Foundation of Quantum Mechanics*, Berkeley/Los Angeles: Univ. of California Pr.; deutsche Übers. 1949ü.

1944a(9), „Bertrand Russell's Logic", in P. A. Schilpp (Hrsg.), *The Philosophy of Bertrand Russell*, Evanston, Ill.: The Library of Living Philosophers Inc., S. 23–54.

1946a, „Reply to V. F. Lenzen's Critique", *Philosophy and Phenomenological Research* 6, 487–492.

1946b, „Reply to Ernest Nagel's Criticism of my View on Quantum Mechanics", *The Journal of Philosophy* 43, 239–247.

1947(6), *Elements of Symbolic Logic*, New York: Macmillan.

1948a(1), „Rationalism and Empiricism. An Inquiry into the Roots of Philosophical Error", *The Philosophical Review* 57, 330−346; abgedruckt in 1958 u. 1978.

1948c, „A Reply to a Review", *The Journal of Philosophy* 45, 464−467.

1948d, „The Principle of Anomaly in Quantum Mechanics", *Dialectica* 2, 337−350; abgedruckt in H. Feigl, M. Brodbeck (Hrsg.) 1953, S. 509−520.

1949(7), *The Theory of Probability − An Inquiry into the Logical and Mathematical Foundations of the Calculus of Probability* (engl. stark überarbeitete Fassung der *Wahrscheinlichkeitslehre* 1935, üb. von E.H. Hutten und M. Reichenbach) Berkeley/Los Angeles: Univ. of California Pr.

1949a(3), „The Philosophical Significance of the Theory of Relativity", in P.A. Schilpp (Hrsg.), *Albert Einstein: Philosopher-Scientist*, Evanston, Ill.: The Library of Living Philosophers Inc., S. 287−311; Übers.: *„Die philosophische Bedeutung der Relativitätstheorie"*, in P.A. Schilpp (Hrsg.), *Albert Einstein als Philosoph und Naturforscher*, Stuttgart 1955: Kohlhammer.

1949b, „The Philosophical Analyses of Quantum Mechanics", *Library of the 10th International Congress of Philosophy, 1948, Amsterdam*, Bd. 1, Amsterdam: North-Holland, S. 921−922

1949d(5), „A Conversation between Bertrand Russell and David Hume", *The Journal of Philosophy* 46, 545−549.

1949ü(5), *Philosophische Grundlagen der Quantenmechanik* (Übers. von 1944 durch M. Reichenbach), Basel: Birkhäuser.

1951(1), *The Rise of Scientific Philosophy*, Berkeley/Los Angeles: Univ. of California Pr.; deutsche Übers. 1953ü.

1951b(9), „The Verifiability Theory of Meaning", *Proceedings of American Academy of Arts and Sciences*, 80, 46−60; mit Ausnahme von Abschnitt I (S. 46−48) abgedruckt in H. Feigl, M. Brodbeck (Hrsg.) 1953, S. 93−102.

1951d(5), „Über die erkenntnistheoretische Problemlage und den Gebrauch einer dreiwertigen Logik in der Quantenmechanik", *Zeitschrift für Naturforschung* 6a, 569−575.

1952a(9), „Are Phenomenal Reports Absolutely Certain?", *The Philosophical Review* 61, 147−159.

1952b(9), „The Syllogism Revised", *Philosophy of Science*, 19, 1−16.

1953a, „Les fondements logiques de la méchanique de quanta. Utilisation d'une logique à trois valeurs", *Annales de l'Institut Henri Poincaré* 13, Heft 2, 109−158.

1953b, „La signification philosophique du dualisme ondes-corpuscules", in *Louis de Broglie, physicien et penseur*, Paris: Albin Michel, S. 117−134.

1953ü(1) *Der Aufstieg der wissenschaftlichen Philosophie*, (Übers. von 1951 durch M. Reichenbach), Berlin-Grunewald: Herbig; 2. Aufl. Braunschweig 1968: Vieweg.

1954(9) *Nomological Statements and Admissible Operations*, in der Reihe *Studies in Logic and the Foundations of Mathematics*, Amsterdam: North-Holland; 2. Aufl. unter dem Titel *Laws, Modalities, and Counterfactuals* mit einem ausführlichen Vorwort von W.C. Salmon, Berkeley/Los Angeles 1976: Univ. of California Pr.

1955ü(3), „Die philosophische Bedeutung der Relativitätstheorie" (Übers. von Reichenbach 1949a) in P.A. Schilpp (Hrsg.), *Albert Einstein als Philosoph und Naturforscher*, Stuttgart 1955: Kohlhammer, S. 188−207.

1956(8), *The Direction of Time* (hrsg. von M. Reichenbach), Berkeley/Los Angeles: Univ. of California Pr.

1958, *Modern Philosophy of Science: Selected Essays* (hrsg. und übers. von M. Reichenbach, London: Routledge & Kegan Paul, Inhalt: Übersetzungen von 1921g, 1924b,

1930b, 1931, 1932a, Abdruck von 1948a, ferner neu aus dem Nachlaß herausgegeben: „The Freedom of the Will" u. „On the Explication of Ethical Utterances", alle Beiträge zu diesem Band voraussichtlich auch in *Ges. Werke*, die letzten beiden in Bd. 9.

1958ü, *The Philosophy of Space and Time* (engl. Übers. von 1928 durch M. Reichenbach u. J. Freund), New York: Dover.

1977 *Gesammelte Werke* in 9 Bänden, Bd. 1: *Der Aufstieg der wissenschaftlichen Philosophie* (enthält 1953ü, 1948a übers. von M. Reichenbach, ein Vorwort zur Gesamtausgabe von W.C. Salmon und Erläuterungen von A. Kamlah), Bd. 2: *Philosophie der Raum-Zeit-Lehre* (enthält 1928 mit Erläuterungen von A. Kamlah), Braunschweig/Wiesbaden: Vieweg.

1978 *Selected Writings: 1909–1953* (Hrsg. von M. Reichenbach u. R.S. Cohen), 2 Bde. (enthält unter anderem in englischer Sprache alle Arbeiten aus 1958, ferner 1929a, 1930b, 1931, 1931d, 1933e und 1939b), Dordrecht/Boston/London: Reidel.

1979 *Gesammelte Werke* in 9 Bänden, Bd. 3: *Die philosophische Bedeutung der Relativitätstheorie* (enthält unter anderem 1921g, 1924, 1924b und Erläuterungen von A. Kamlah), Braunschweig/Wiesbaden: Vieweg.

1983 *Gesammelte Werke* in 9 Bänden, Bd. 4: *Erfahrung und Prognose* (enthält Übers. von 1938 durch M. Reichenbach mit Erläut. von A. Coffa), Braunschweig/Wiesbaden: Vieweg.

B. Literatur der übrigen Autoren

Das Literaturverzeichnis enthält neben einer möglichst vollständigen Auflistung von Hans Reichenbachs wissenschaftlichen Schriften zur Philosophie der Quantenmechanik und einigen weiteren seiner Bücher und Aufsätze eine große Zahl von Publikationen anderer Autoren. Diese Literatur besteht aus drei sich überlappenden Gruppen:

1. aus Schriften, die Reichenbach selbst zitiert und von denen Neuauflagen existieren oder bei denen Reichenbachs Literaturangaben ergänzungsbedürftig sind,

2. aus den in den Erläuterungen zitierten Titeln und

3. aus der mir zugänglichen Sekundärliteratur (mit einem Stern * gekennzeichnet) zu Reichenbachs Schriften zur Quantenmechanik. Darunter sind auch viele der zahlreichen Rezensionen der *Philosophischen Grundlagen der Quantenmechanik*.

Eine vollständige Bibliographie der Sekundärliteratur zu Reichenbachs Philosophie der Quantenmechanik wird der Leser hier nicht finden. Ich hoffe aber, die eigentlich wichtigen Schriften erfaßt zu haben. An dieser Stelle sei aber der Sammelband Salmon (Hrsg.) 1979: *Hans Reichenbach. Logical Empiricist* noch einmal als wichtigste Quelle der Sekundärliteratur erwähnt. Literatur zu Reichenbachs Philosophie der Wahrscheinlichkeit und Induktion soll am Ende von Band 7 der Gesamtausgabe aufgelistet werden. Literatur zur Philosophie der Quantenmechanik überhaupt findet der Leser in Scheibe 1967 und Suppes (Hrsg.) 1976, einen inhaltlichen Überblick über das gesamte Gebiet z.B. in Jammer 1974, und Sammlungen von wichtigen Originalarbeiten sowohl zur Quantenmechanik als auch zu ihrer Deutung in Ludwig (Hrsg.) 1969 und Baumann, Sexl (Hrsg.) 1984.

Achinstein, P., 1967*, „Hans Reichenbach", in P. Edwards (Hrsg.), *The Encyclopedia of Philosophy*, Bd. 7, New York: Macmillan., S. 115–118.

Bauer, F.L., 1950*, „Hans Reichenbach, Philosophische Grundlagen der Quantenmechanik", (Rezension), *Philosophischer Literaturanzeiger*, 7.9.1950.

Baumann, K., Sexl, R.U., (Hrsg.), 1984, *Die Deutungen der Quantentheorie*, Braunschweig/Wiesbaden: Vieweg.

Birkhoff, G. and v. Neumann, J., 1936, „The Logic of Quantum Mechanics", *Annals of Mathematics* 37, 823–843.

Black, M., (Hrsg.), 1950, *Problems of Analysis*, Ithaca, N.Y: Cornell Univ. Pr.

Blau, U., 1978, *Die dreiwertige Logik der Sprache*, Berlin/New York: de Gruyter.

Bohm, D., 1951, *Quantum Theory*, Englewood Cliffs, N.J.: Prentice-Hall.

Bohm, D., 1952, „A Suggested Interpretation of the Quantum Theory in terms of Hidden Variables", *Physical Review* 85, 166–193.

Bohr, N., 1926, „Atomtheorie und Mechanik", *Die Naturwissenschaften* 14, 1–10.

Bohr, N., 1935, „Can Quantum Mechanical Description of Physical Reality be Considered Complete?" *Physical Review* 48, 696–702.

Bohr, N., 1948, „On the Notions of Causality and Complementarity", *Dialectia* 2, 312–319.

Born, M., 1926a, „Zur Quantentheorie der Stoßvorgänge", (erste Mitteilung), *Zeitschrift für Physik* 37, 863–867; abgedruckt in K. Baumann, R.U. Sexl (Hrsg.) 1984, S. 48–52.

Born, M., 1926b, „Zur Quantentheorie der Stoßvorgänge", *Zeitschrift für Physik* 38, 803–827; abgedruckt in G. Ludwig (Hrsg.) 1969, S. 237–259.

Born, M., Jordan, P., 1925, „Zur Quantenmechanik", *Zeitschrift für Physik* 34, 858–888.

Born, M., Heisenberg, W., Jordan, P., 1926, „Zur Quantenmechanik II", *Zeitschrift für Physik* 35, 557–615.

Brendel, 1907, *Wahrscheinlichkeitsrechnung mit Einschluß der Anwendungen auf Fehlertheorie und Statistik*, (Vorlesungen im SS. 1906 an der Univ. Göttingen), Göttingen.

Bruns, H., 1906, *Wahrscheinlichkeitsrechnung und Kollektivmaßlehre*, Leipzig/Berlin: Teubner.

Carnap, R., 1928, *Der logische Aufbau der Welt*, Berlin-Schlachtensee: Weltkreis Verl.; 2. Aufl. 1961, *Der logische Aufbau der Welt – Scheinprobleme in der Philosophie*, Hamburg: Meiner.

Carnap, R., et al., 1930, mit E. Zilsel, W. Dubislav, H. Härlen, H. Reichenbach, R. v. Mises, O. Neurath, Tornier, K. Grelling, Hostinsky, „Diskussion über Wahrscheinlichkeit", *Erkenntnis* 1, 260–285.

Carnap, R., 1934, *Die logische Syntax der Sprache*, Wien: Springer.

Carnap, R., 1956, „The Methodological Character of Theoretical Concepts", in H. Feigl, M. Scriven (Hrsg.) 1956, S. 38–76.

Carnap, R., 1958a, „Introductory Remarks to the English Edition" in Reichenbach 1958, v-vii.

Carnap, R., 1960, „Theoretische Begriffe der Wissenschaft: Eine logische und methodologische Untersuchung", übers. u. erl. v. M. Scheibal, *Zeitschrift für Philosophische Forschung* 14, 209–233, 571–598.

Cassirer, E., 1910, *Substanzbegriff und Funktionsbegriff*, Berlin; Nachdruck Darmstadt 1980: Wiss. Buchges.

Coffa, J.A., 1983, „Erläuterungen, Bemerkungen und Verweise zu dem Buch ‚Erfahrung und Prognose'", in H. Reichenbach 1983 (*Ges. Werke*, Bd. 4), S. 255–297.

Cournot, A.A., 1849, *Die Grundlehren der Wahrscheinlichkeitsrechnung*, Braunschweig: Leibrock.

Creed, I.P., 1940, „The Justification of the Habit of Induction", *The Journal of Philosophy* 37, 85–97.

Czuber, E., 1908, *Wahrscheinlichkeitsrechnung und ihre Anwendung auf die Fehlerausgleichsrechnung, Statistik und Lebensversicherung*, 2. Aufl., Leipzig/Berlin: Teubner.

Daneri, A., Loinger, A., Prosperi, G.M., 1962, „Quantum Theory of Measurement and Ergodicity Conditions", *Nuclear Physics* 33, 297–319.

Destouches-Fevrier, P., 1958, *Structure des théories physiques*, Paris: Chatelet.

Destouches, J.L., 1952, „Hans Reichenbach. Les fondements logiques de la méchanique des quanta.", *Revue philosophique de la France et de l'étranger* 142, 482.

Dingler, H., 1919, *Die Grundlagen der Physik* (1. Aufl.), Berlin/Leipzig: de Gruyter.

Dirac, P., 1925, „The Fundamental Equations of Quantum Mechanics", *Proceedings of the Royal Society A* 109, 642–653.

Einstein, A., 1949a, „Remarks concerning the Essays Brought Together in this Cooperative Volume", Schilpp 1949, 665–668.

Einstein, A., Podolsky, B., and Rosen, N., 1935, „Can Quantum Mechanical Description of Physical Reality Be Considered Complete", *Physical Review* 47, 777–780; übers. in K. Baumann, R.U. Sexl (Hrsg.) 1984, S. 80–86.

Ellis, R.L., 1849, „On the Foundations of the Theory of Probabilities", *Transactions of the Cambridge Philosophical Society* 8, Teil 1, 1–6.

Fechner, T.G., 1897, *Kollektivmaßlehre*, Leipzig: Engelmann.

Feigl, H., 1950a, „Existential Hypotheses" ,*Philosophy of Science* 16, 35–62.

Feigl, H., 1950b, „De Principiis Non Disputandum . . .?", in M. Black (Hrsg.) 1950, S. 113–147.

Feigl, H., M. Brodbeck (Hrsg.), 1953, *Readings in the Philosophy of Science*, New York: Appleton-Century-Crofts.

Feigl, H., Scriven, M., (Hrsg.), 1956, *The Foundations of Science and the Concepts of Psychology and Psychoanalysis, Minnesota Studies*, Bd. 1, Minneapolis, Minn.: Univ. of Minnesota Pr., S. 38–76.

Feigl, H. u. Maxwell, G., (Hrsg.), 1961, *Current Issues in the Philosophy of Science*, Winston, N.Y.: Holt Rinehart.

Feyerabend, P., 1958*, „Reichenbach's Interpretation of Quantum Mechanics", *Philosophical Studies* 9, 49–59.

Feyerabend, P.K., 1967*, „Philosophic Foundations of Quantum Mechanics. By H. Reichenbach" (Rezension), *British Journal for the Philosophy of Science* 17, 326–328.

Fraassen, B. van, 1974*, „The Labyrinth of Quantum Logics", in R. Cohen et al. (Hrsg.), *Logical and Epistemological Studies in Contemporay Physics*, Dordrecht: Reidel, S. 224–254.

Gardner, M., 1972*, „Two Deviant Logics for Quantum Theory: Bohr and Reichenbach", *British Journal for the Philosophy of Science* 23, 89–109.

Grossman, N., 1979*, „Metaphysical Implications of the Quantum Theory" in W.C. Salmon (Hrsg.) 1979, S. 605–623.

Haack, S., 1974, *Deviant Logic*, Cambridge: Cambridge Univ. Pr.

Hardegree, G., 1974, „The Conditional in Quantum Logic", *Synthese* 29, 63–80; Nachdruck in Suppes 1976, S. 55–72.

Hardegree, G.M., 1979*, „Reichenbach and the Interpretation of Quantum Mechanics" in W.C. Salmon (Hrsg.) 1979, S. 513–566.

Hardegree, G.M., 1977*, „Reichenbach and the Logic of Quantum Mechanics", *Synthese* 35, 3–40, Nachdruck in W.C. Salmon (Hrsg.) 1979. S. 475–512.

460

Heidelberger, M., 1987, „Fechner's Indeterminism: From Freedom to Laws of Chance", in Krüger, L., Daston, L.J., Heidelberger, M., (Hrsg.) 1987, S.117–156.

Heisenberg, W., 1925, „Über die quantentheoretische Umdeutung kinematischer und mechanischer Beziehungen", *Zeitschrift für Physik* 33, 879–893;

Heisenberg, W., 1930, *The Physical Principles of the Quantum Theory*, Chicago: Univ. of Chicago Pr.

Heisenberg, W., 1958, *Physikalische Prinzipien der Quantentheorie*, Darmstadt: Bibliogr. Inst.

Hempel, C., 1945*, „Hans Reichenbach, Philosophic Foundations of Quantum Mechanics" (Rezension), *Journal of Symbolic Logic* 10, 97–100.

Hempel, C.G., 1974: „The Meaning of Theoretical Terms: a Critique of the Standard Empiricist Construal", in P. Suppes, L. Henkin, A. Joja, C.G. Moisil (Hrsg.), *Logic, Methodology, and Philosophy of Science*, Proceedings of the 1971 Congress in Bucarest, Amsterdam: North Holland Publ. Comp.

Hilbert, D., 1900, „Mathematische Probleme", *Göttinger Nachrichten* 1900, S. 253–297; abgedruckt in *Archiv für Mathematik und Physik* 1(3) (1901), 44–63, 213–237; auch in *Gesammelte Abhandlungen*, Bd. 3, Berlin 1935.

Hooker, C., (Hrsg.), 1973, *Contemporary Research in the Foundations and Philosophy of Quantum Theory*, Dordrecht: Reidel.

Jammer, M., 1974*, *The Philosophy of Quantum Mechanics*, New York: McGraw-Hill.

Jauch, J., 1968, *Foundations of Quantum Mechanics*, Reading, Mass.: Addison Wesley Publ. Co.

Jones, R., 1979*, „Causal Anomalies and the Completeness of Quantum Theory" in W.C. Salmon (Hrsg.) 1979, S. 567–604.

Kamlah, A., 1977a*, „Zuordnungsprinzipien und Forschungsprogramme", *Studia Leibnitiana*, Sonderheft 6: *Die Bedeutung der Wissenschaftsgeschichte für die Wissenschaftstheorie*, S.1–16.

Kamlah, A., 1977b, „Hans Reichenbachs Relativity of Geometry", *Synthese* 34 (1977), 249–263; Nachdruck in W.C. Salmon (Hrsg.) 1979, S. 251–265.

Kamlah, A., 1980*, „Ist die Mittelstaedt-Stachowsche Quantendialogik eine analytische Theorie?", in J. Pfarr (Hrsg.): *Grundlagen der Quantentheorie*, Mannheim/Wien/Zürich 1980: Bibliogr. Inst., S.73–91.

Kamlah, A., 1981*, „The Connexion between Reichenbach's Three-Valued and von Neumann's Lattice Theoretical Quantum Logic", *Erkenntnis* 16, 315–325.

Kamlah, A., 1983, „Probability as a Quasi-Theoretical Concept – J. von Kries' Sophisticated Account after a Century", *Erkenntnis* 19, S.239–251.

Kamlah, A., 1985a, „Hans Reichenbachs Beziehung zum Wiener Kreis", in H.-J. Dahms (Hrsg.): *Philosophie, Wissenschaft, Aufklärung. Beiträge zur Geschichte und Wirkung des Wiener Kreises*, Berlin/New York: de Gruyter, S.221–236.

Kamlah, A., 1985b, „The Neokantian Origin of Hans Reichenbach's Principle of Induction", in N. Rescher (ed.): *The Heritage of Logical Positivism*, Berkeley/Los Angeles: Univ. of California Pr.

Kamlah, A., 1987a, „The Decline of the Laplacian Theory of Probability", in Krüger, L., Daston, L.J., Heidelberger, M., (Hrsg.) 1987, S. 91–116.

Kamlah, A., 1987b, „What can Methodologists Learn from History of Probability", *Erkenntnis* 26, 305–325.

Kratzer, A., 1952*, „Hans Reichenbach, Philosophische Grundlagen der Quantenmechanik." (Rezension), *Archiv für Philosophie* 4, 175–177.

Kries, J. v., 1886, *Die Prinzipien der Wahrscheinlichkeitsrechnung*, Tübingen: Mohr.

Kries, J. v., 1927, 2. Aufl. von 1886.

Krüger, L., Daston, L.J., Heidelberger, M., (Hrsg.), 1987, *The Probabilistic Revolution*, Bd. 1, *Ideas in History*, Cambridge Mass./London: MIT Pr.

Kuhn, T.S., 1976, *Die Struktur wissenschaftlicher Revolutionen*, Frankfurt: Suhrkamp.

Lenk, H., 1969*, „Philosophische Kritik an Begründungen der Quantenlogik", *Philosophia Naturalis* 11, 413–425.

Lenzen, V.F., 1946*, „Hans Reichenbach, Philosophic Foundations of Quantum Mechanics." (Rezension), *Philosophy and Phenomenological Research* 6, 478–486.

Levi, I., 1959, „Putnam's Three Truth Values", *Philosophical Studies* 10, 65–69.

Lucasiewicz, J., 1920, „On Three-Valued Logic" (in Polish), *Ruch Filozoficzny* 5, 169–170.

Ludwig, G., (Hrsg.), 1969, *Wellenmechanik. Einführung und Originaltexte*, Braunschweig/Wiesbaden: Vieweg.

Mackey, G., 1963, *Mathematical Foundations of Quantum Mechanics*, New York: Benjamin.

Mises, R. v., 1919, „Grundlagen der Wahrscheinlichkeitsrechnung", *Mathematische Zeitschrift* 4, 1–97; in *Selected Papers of Richard von Mises*, Providence Rh.I.: Am. Math. Soc.

Mises, R. v., 1936, *Wahrscheinlichkeit, Statistik und Wahrheit*, Wien: Springer; 4. Aufl. Wien/New York 1972.

Mittelstaedt, P., 1978, *Quantum Logic*, Dordrecht/Boston/London: Reidel.

Nagel, E., 1945*, „Hans Reichenbach. Philosophic Foundations of Quantum Mechanics" (Rezension), *Journal of Philosophy* 42, 437–444.

Nagel, E., 1946*, „Professor Reichenbach on Quantum Mechanics: A Rejoinder", *Journal of Philosophy* 43, 247–250.

Natorp, P., 1910, *Die logischen Grundlagen der exakten Wissenschaften*, Berlin/Leipzig: Teubner.

Neumann, J. v., 1932, *Mathematische Grundlagen der Quantenmechanik*, Berlin: Springer.

Neumann, J. v., 1955, *Mathematical Foundations of Quantum Mechanics*, Princeton: Princeton Univ. Pr.

Nilson, D.R., 1979*, „Hans Reichenbach on the Logic of Quantum Mechanics" in W.C. Salmon (Hrsg.) 1979, S. 427–474.

Pauli, W., 1947*, „Hans Reichenbach: Philosophic Foundations of Quantum Mechanics", *Dialectica*, 1 (1947), 176–178; abgedruckt in W. Pauli: *Collected Scientific Papers*, New York/London/Sidney 1964: Interscience/Wiley, Bd. 2, S.1403–1405.

Planck, M., 1965, *Vorträge und Erinnnerungen*, Darmstadt: Wiss. Buchges.; Nachdruck der Ausg. Stuttgart 1949.

Post, E.L., 1921, „Introduction to a General Theory of Elementary Propositions", *American Journal of Mathematics* 43, 163 ff.

Putnam, H., 1957*, „Three-Valued Logic", *Philosophical Studies* 8, 73–80; abgedruckt in H. Putnam 1975, S. 166–173.

Putnam, H., 1976, „How to Think Quantum-Logically", in P.Suppes, (Hrsg.) 1976, S. 47–53.

Putnam, H., 1968, „Is Logic Empirical?", in R.S. Cohen and M. Wartofsky (Hrsg.): *Boston Studies in the Philosophy of Science*, Bd. 5, Dordrecht: Reidel, S. 216–241; Nachdruck in H. Putnam 1975, S. 174–197.

Putnam, H., 1975, *Mathematics Matter and Method, Philosophical Papers*, Bd. 1, Cambridge/London/New York/Melbourne: Cambridge Univ. Pr.

Rieser, M., 1976, „Struktur der Geschehnisse bei Kausalverknüpfung und Voraussage. Zur Kritik an H. Reichenbachs Kausalitätsauffassung", *Zeitschrift für philosophische Forschung* 30, 82–92.

Rüttimann, G.T., Mercier, A., 1969, „Le problème posé à logique par l'apparition des théries quantiques en physique moderne", *Les études philosophiques* 24, 461–473.

Rüttimann, G.T., 1977*, *Logikkalküle der Quantenphysik*, Berlin: Dunker & Humblot.

Russell, B., 1948, *Human Knowledge. Its Scope and its Limits*, London: Allen and Unwin.

Russell, B., 1952, *Das menschliche Wissen. Umfang und Grenzen*, Darmstadt: Holle.

Salmon, W.C., 1977*, „Einleitung zur Gesamtausgabe. Hans Reichenbachs Leben und die Tragweite seiner Philosophie", in Hans Reichenbach, *Gesammelte Werke*, Bd. 1, Braunschweig/Wiesbaden: Vieweg, S. 5–81.

Salmon, W.C., 1979*, „The Philosophy of Hans Reichenbach", in W.C. Salmon (Hrsg.) 1979, S. 1–84

Salmon, W.C., (Hrsg.), 1979*, *Hans Reichenbach: Logical Empiricist*, Dordrecht/Boston/London: Reidel.

Scheibe, E., 1967*, „Bibliographie zu Grundlagenfragen der Quantenmechanik", *Philosophia Naturalis* 10, 249–290.

Schilpp, P., (Hrsg.), 1949, *Albert Einstein: PhilosopherScientist*, Evanston: Tudor.

Schrödinger, E., 1926a, „Quantisierung als Eigenwertproblem", (erste und zweite Mitteilung), *Annalen der Physik* 79, 361–376 u. 489–527; abgedruckt in G. Ludwig (Hrsg.), 1969, S.108–145.

Schrödinger, E., 1926b, „Über das Verhältnis der Heisenberg-Born-Jordanschen Quantenmechanik zu der meinen", *Annalen der Physik* 79, 734–756; abgedruckt in G. Ludwig (Hrsg.), 1969, S.146–173.

Schrödinger, E., 1926c, „Quantisierung als Eigenwertproblem", (dritte Mitteilung), *Annalen der Physik* 80, 437–490.

Schrödinger, E., 1926d, „Quantisierung als Eigenwertproblem", (vierte Mitteilung), *Annalen der Physik* 81, 109–139; abgedruckt in G. Ludwig (Hrsg.) 1969, S. 174–193.

Schrödinger, E., 1926e, „Der stetige Übergang von der Mikro- zur Makromechanik", *Naturwissenschaften* 14, 664–666.

Sklar, L., 1979, „What Might Be Right about the Causal Theory of Time", W.C. Salmon (Hrsg.), 1979, S. 367–383.

Stegmüller, W., 1970*, *Probleme und Resultate der Wissenschaftstheorie und Analytischen Philosophie*, Bd. 2: *Theorie und Erfahrung*, 1. Halbband (Studienausg. Teil A–C) Berlin/Heidelberg/New York: Springer.

Stegmüller, W., 1973, *Probleme und Resultate der Wissenschaftstheorie und Analytischen Philosophie*, Bd. 4: *Personelle und Statistische Wahrscheinlichkeit*, 2. Halbband (Studienausg. Teile D–E), Berlin/Heidelberg/New York: Springer.

Stegmüller, W.: 1979*, *Hauptströmungen der Gegenwartsphilosophie*, Bd. 2, (2. Aufl.) Stuttgart: Kröner.

Stace, W.T., 1934, „The Refutation of Realism", *Mind* 43, 145–155.

Stein, H., 1967, „Newtonian Space-Time", *Texas Quartely* 10, 174–200.

Strauß, M., 1936, „Zur Begründung der statistischen Transformationstheorie der Quantenphysik", *Berichte der Berliner Akademie, physikalisch-mathematische Klasse* 27.

Strauß, M., 1938–39, „Formal Problems of Probability Theory in the Light of Quantum Mechanics", *Synthese. Unity of Science Forum* 3 (1938), 35–40, 4 (1939), 49–54 u. 65–71; engl. Übers. in M. Strauß 1972, S. 79–92.

Strauß, M., 1937–38, „Mathematics as Logical Syntax – a Method to Formalize the Language of Physical Theory", *Erkenntnis* 7, 147–153.

Strauß, M., 1972*, *Modern Physics and Its Philosophy*, Dordrecht: Reidel.

Susz, B., 1950*, „Hans Reichenbach, Philosophische Grundlagen der Quantenmechanik." (Rezension), *Archives des sciences* 3, 262–263.

Suppes, P., 1966*, „The Probabilistic Argument for a Non-Classical Logic in Quantum Mechanics", *Philosophy of Science* 23, 14—21.

Suppes, P., (Hrsg.), 1976*, *Logic and Probability in Quantum Mechanics*, Dordrecht: Reidel.

Turquette, A., 1945*, „Philosophic Foundations of Quantum Mechanics. By Hans Reichenbach", *Philosophical Review* 54, 513—516.

Venn, J., 1866, *The Logic of Chance*, London/Cambridge: Macmillan.

Whittacker, E.T., 1946*, „Philosophic Foundations of Quantum Mechanics. By H. Reichenbach" (Rezension), *Nature* 158, 14.9.1946.

Wisdom, J.O., 1947*, „Philosophic Foundations of Quantum Mechanics. By H. Reichenbach" (Rezension), *Mind* 56, 77—81.

Wittgenstein, L., 1960, *Schriften*, Bd. 1, Frankfurt: Suhrkamp.

Seitenzahlvergleich der Ausgaben der in diesem Band enthaltenen Schriften

Die folgenden Seitenzahltabellen mit ungefähren Seitenzahlzuordnungen enthalten so viele Seitenzahlen, wie notwendig sind, um auch die übrigen richtig zuordnen zu können. Dazu ist stets auch die Differenz zwischen den Seitenzahlen der englischen und der deutschen Ausgabe angegeben. Die Differenzen bei den übrigen Seiten erhält man recht einfach durch Interpolation in der Spalte für die Differenzen.

Tabelle zu „Philosophische Grundlagen der Quantenmechanik"

Titel der englischen Originalausgabe: *Philosophical Foundations of Quantum Mechanics*, Berkeley/Los Angeles 1944: Univ. of California Pr.

engl.	deutsch	Diff.	engl.	deutsch	Diff.
V	5,6	–	91	104,105	13,14
X	9,10	–	92	106	14
1	11,12	10,11	94	108	14
15	25,26	10,11	95	108–110	13–15
16	27	11	96	110,111	14,15
17	28,29	11,12	109	123,124	14,15
25	36,37	11,12	110	124	14
26	38	12	114	128	14
27	39	12	115	128,129	13,14
28	40,41	12,13	120	133,134	13,14
37	49,50	12,13	121	135	14
38	51	13	137	151	14
39	52,53	13,14	138	152,153	14,15
44	57,58	13,14	164	178,179	14,15
45	59,60	14,15	165	180	15
46	60	14	176	191,192	15,16
48	62	14	176	194	18
49	62,63	13,14	177	194	17

Die erste deutsche Ausgabe der *philosophischen Grundlagen der Quantenmechanik* (1949ü) ist seitenzahlidentisch mit dem Nachdruck in diesem Band.

Tabellen zu

Über die erkenntnistheoretische Problemlage und den Gebrauch einer dreiwertigen Logik in der Quantenmechanik (1951d)	A Conversation between Bertrand Russell and David Hume (1949d)

Original	Nachdruck		Original	Übersetzung
569	197		545	367
570	198−199		546	367−368
571	199−201		547	368−369
573	202−204		548	369−370
575	206−207			

Tabellen zu

Die physikalischen Voraussetzungen der Wahrscheinlichkeitsrechnung (1920c)	Philosophische Kritik der Wahrscheinlichkeitsrechnung (1920b)

Original	Nachdruck		Original	Nachdruck
46	309		146	327−328
47	309−311		147	328−330
48	311−312		148	330−332
49	313−314		149	332−334
50	314−316		150	334−335
51	316−318		151	335−337
52	318−320		152	337−339
53	320−322		153	339−340
54	322−324			
349	324−326			

Englische Übersetzungen in den „Selected Writings" (1978):

Über die erkenntnistheor. Problemlage und den Gebr. einer dreiwert. Logik . . ., dieser Bd. S. 197−207

Current Epistemological Problems and the Use of a Three-Valued Logic in Quantum Mechanics, Bd. 2, S. 226−236.

Die physikalischen Voraussetzungen der Wahrscheinlichkeitsrechnung, dieser Bd. S. 309−326

The Physical Presuppositions of the Calculus of Probability, Bd. 2, S. 293−309 (Appendix, S. 310−311).

Philosophische Kritik der Wahrscheinlichkeitsrechnung, dieser Bd. S. 327–340

A Philosophical Critique of the Probability Calculus, Bd. 2, S. 312–327.

Englische Übersetzung in H. Feigl, M. Brodbeck (Hrsg.) 1953:

Die logischen Grundlagen des Wahrscheinlichkeitsbegriffs, dieser Bd. S. 341–365

The Logical Foundations of the Concept of Probability, S. 456–474.

adjungierte Matrix 72
äquivalente (gleichwertige) Beschreibungen
    30ff., 200, 373, 386f, 392f, 412, 451
äquivalenten Beschreibungen, Theorie der
    381, 387
Äquivalenz, Auflösung der 164, 171
aktive Interpretation einer Transformation 70
Anomalie 206
Anomalieprinzip 45, 57, 131, 143
anschauliche Vorstellungen 211
Anschauungsformen 279
Apelt, E. F. 239
Approximation 264
apriore Prinzipien 298
Apriori, Philosophie des 361f.
Apriorismus 446
arithmetisches Mittel 268f.
Aster, E. v. 432
Aussagen, asynthetische, einfach-syntheti-
    sche, semisynthetische, völlig synthetische
    168, synthetisch-apriorische 36, syntheti-
    sche 164, 168, tautologische 163, verbind-
    bare 158, völlig synthetische 168
Aussagenvektoren 412ff.
Axiomatik der Wahrscheinlichkeitsrechnung
    342
Axiomatisierung 434
Axiome der Wahrscheinlichkeit 343
Axiome, physikalische 310

Bacon, F. 369
Bargmann, V. 105
Basisfunktionen einer Entwicklung 59
Basisfunktionen, vollständige Reihe von 59
Basissätze 384
Baum, unbeobachteter 29f., 51f.
Becker, O. 448
Bedeutungsbegriff 383
Bedingungen der Erkenntnis 338f.
Beobachtung 264f., 288, Störung durch die
    25ff., 113, 118
Beobachtung in der Quantenmechanik 431,
    447
Beobachtungsfehler 323f.
Beobachtungssprache 150ff., 182f., 206, 384f.
Beobachtungstatsachen 15
Bernoullisches Theorem 296f., 441
Bernstein, F. 269, 433
Bertrand, J. 271
Bertrandsches Paradoxon 436, 438f.
Berührungstransformation 440
Beschreibungen, äquivalente (gleichwertige)
    30ff., 200, 373, 386f., 392f., 412, 451
Bestimmungen, nomologische und ontologi-
    sche 284f.

Beurteilung 353f.
Beziehungen zwischen Vorstellungen (rela-
    tions of ideas) 368
Bezugsklasse 109, 121
Bild, Teilchen-, Wellen- 51
bildhafte Vorstellung 198f.
Bindungsstärke in der dreiwertigen Logik 167
Bindungsstärke, Regel für die, in der zweiwer-
    tigen Logik 164
Birkhoff, G. 419f.
Blau, U. 406f., 416
Bohm, D. 392f., 400
Bohr, N. 34, 53, 186, 188, 209, 401f.
Bohr-Heisenberg-Interpretation 34f., 154,
    394, 401ff.
Bohrsches Atommodell 209f.
Boltzmann, L. 11
Born, M. 19, 33, 49, 94, 209, 212, 448, 452f.
Borns statistische Interpretation der Wellen 49
Boylesches Gesetz 281
Brendel, 433
Bruns, H. 433

Carnap, R. 150, 155, 374, 378f., 380, 383, 385
Cassirer, E. 282, 375, 432
Coffa, A. 389
Cohen, H. 436
Cournot, A. A. 303f.
Creed, I. P. 445
Czuber, E. 267, 433

Daneri, A. 431
Davisson, C. J. 33
De Broglie, L. 17, 18, 33, 44, 79, 94
De Morgan, Regel von 170
definit 112
Definitionen 134, 151, bedingte 411
Definition 1, 132, Def. 3, 144, Def. 4, 154,
    Def. 5, 155, Def.5*, 192, Def.6, 158
Descartes, R. 432
deskriptive Einfachheit 31
Determinismus 11
Dichtefunktion 65
Dimension des physikalischen Raumes 211f.,
    216ff., 451f.
Dimensionalität des Raumes 448
Dirac, P. A. M. 94, 212
Dirac-Funktion 64, 93
Disjunktion, ausschließende 176, geschlosse-
    ne 176ff., quantenmechanische 421ff.,
    427, vollständige 176ff., Wahrscheinlichkeit
    einer 343
disjunktives Urteil 239
Dispersionsgesetz 82
distributive Gesetze der Logik 164, 170

Dreieck der Transformation 73
dreiwertige Aussagen 412ff.
dreiwertige Logik 203, 396
Dualismus von Wellen und Korpuskeln 81
Dualität der Interpretationen 34, 45, 85
Dualität von Wellen und Korpuskeln 198
dynamische Parameter 22

Eigenfunktion, praktische 111
Eigenfunktionen 62, 90
Eigenwerte 87, Regel der 95
Eindeutigkeit der Entwicklung 60
Einfachheit, deskriptive und induktive 31
einschränkende Interpretation 45f., 53, 153,
    392ff.
einschränkende Sinnesdefinition 56, 155
Einschränkungsregel 394, 402
Einstein, A. 18, 26, 32f. 43, 80, 185, 188f.,
    376, 443, 449
Einzelfallwahrscheinlichkeit 352
Elektron 454
Elementarfehler 267f.
Eliminationsregel der Wahrscheinlichkeit 115
Eliminierbarkeit der kausalen Anomalien 47
Empirie 288
empirische Anschauung 277
Empirismus 454
Energiepaket 213
Energiesatz 13, 103, 181, 428
Entartung 87
Entdeckungszusammenhang 80
erschöpfende Interpretation 46, 153, 392ff.
Erwartung, Grad der vernünftigen 437, Maß
    der vernünftigen 234
Erwartungswert 99
Erweiterungsregeln 199ff., 384ff., 435, 450
Erweiterungsverfahren der Erkenntnis 336
euklidische Geometrie 377
Evidenz 436, offene Einsicht 285
Existentialisten 382
Exner, F. 11
extensional, intensional 346

Février, P. 162
Fallanalyse 164
Fechner, G. T. 433
Feenberg, E. 106, 145
Fehler der Beobachtung 265, 323f.
Fehlerrechnung 435
Fehlertheorie 264ff.
Feigl, H. 384
Fettfleckphotometer 437
Feyerabend, P. 405, 428
Feynman, R.P. 202
Feynman-Diagramme 454
Fick, A. 239
Fiktionen, mathematische 335
formale Redeweise 380
Fourier-Entwicklung 18, 20f., 63
Führungsfeldinterpretation 44, 392ff., 400
Funktionalzusammenhänge 335
Funktionenraum 70

Galilei, G. 389
Gamow, G. 180
Gardner, M. 403, 426
Gauß-Funktion 16, 20ff.
Gaußsche Fehlerfunktion 323f.
Gaußsches Fehlergesetz 266ff.
Geltung mathematischer Urteile 280
Genidentität 202
geometrische Wahrscheinlichkeit 259
Germer, L. H. 33
Gesetze, kausale oder statistische 11ff.
gestalt switch 434
Glaube, rationaler (rational belief) 367ff.
gleichmögliche Fälle 232
Gleichzeitigkeit 41
Glücksspiele 254ff., 441
Grelling, K. 238f., 379f.
Grünbaum, A. 377
Grundton 18

Haak, S. 403
Häufigkeit, relative 444f.
Häufigkeitsdeutung der Wahrscheinlichkeit
    345, 349, 368f., 409, 434, 437
Häufigkeitsgrenzwert 346, 444, 446
Hardegree, G. M. 403, 418, 420
Hausdorf, F. 267f.
Hausdorfsche Umgebungen 449
Heisenberg, W. 14, 25, 55, 80, 94, 209, 212,
    401f.
Hempel, C. G. 402, 404
Hensel, P. 433
Hermitische Operatoren 88, 92
Hilbert, D. 433
Hilbertraum 69, 419
Hume, D. 341, 364, 367ff.
Humes Problem 443ff.
Huygens, C. 17, 33
Huygenssches Prinzip 38
Hypothese der Wahrscheinlichkeitsfunktion
    336ff.
hypothetisches Urteil 278

Identitätsregel 169
Implikation, Auflösung der 164, 171, materia-
    le 163, nomologische 182
implizite Definition 344
Impuls 16
Indeterminismus 399
Induktion 368ff., pragmatische Rechtferti-
    gung der 355, 445f.
Induktion durch Aufzählung 120
Induktionsprinzip 380
Induktionsproblem 341, 446
Induktionsregel 443, 444f.
induktive Einfachheit 31
induktiven Schlusses, Rechtfertigung des
    362ff.
induktiver Schluß 347
Inertialsystem 430
inhaltliche Redeweise 380
Integraltransformation 79

Interferenz an zwei Schlitzen 202, 205
Interferenzexperiment 36ff., 48ff., 177ff.,
    426f.
Interphänomene 201ff., 32ff., 36ff., 45ff.,
    389ff., 392ff., 394
Interpretation, Bohr-Heisenbergsche 34, 154,
    Dualität der 45, 85, einschränkende 45,
    53ff., 153, 392ff., erschöpfende 44, 153,
    392ff., Führungsfeld- 44, 392ff., mit einge-
    schränkter Aussagbarkeit 154, mit Sinnes-
    einschränkung 155, Teilchen- 33, 36, 39,
    131, Wellen- 37, 42, 146

Jauch, J. M. 420
Jordan, P. 94, 209, 212
Junktoren 409

kanonisch konjugierte Größe 91, 114, 205
Kant, I. 199, 239, 275ff., 293, 338f., 369f.,
    374, 432, 436, 449, 451, 454
Kantianismus 443
Kants Raumtheorie 211
Kants zweite Analogie der Erfahrung 454
kategorisches Urteil 278
kausale Anomalien 38ff., 47ff., 56, 156, 174,
    397, 414, 426ff., 429, 453
kausale Fernwirkung 201
kausale Unabhängigkeit 331
kausalen Anomalie, Eliminierbarkeit der 48,
    Wegtransformieren von 47
Kausalgesetz 273f., 298, 327f.
Kausalität 197, 289, 453
Kausalkette 131, 136
Kausalprinzip 13, 289, 301, 315, 434, 442f.,
    453f.
Kausalrelation 379, 453f.
Kausalstruktur der Welt 453
Kausalzusammenhang 217, 397, 448ff.
Kemble, E. C. 106
Kennzeichnung 406f., 410
Kettenstruktur 137, 399f.
Kinematik des Atoms 213
kinematische Parameter 22
kinetische Gastheorie 432, 434
klassisch-statischen Physik, Ableitungsbezie-
    hung der 125
klassischen Physik, Ableitungsbeziehung der
    125
Klein, F. 70
komplementär 172ff., 418f.
komplementäre Aussagen 172
komplementäre Parameter 91
komplementärer Größen, gleichzeitige Werte
    14, 133
komplementärer Parameter, umgekehrte
    Verknüpfung 21f.
Komplementarität, Prinzip der 34
Konditionalsätze, irreale 388
Konfigurationsraum 78, 452
Konjunktion, quantenmechanische 421ff.,
    Wahrscheinlichkeit einer 343
Kontraposition 170, 421, 423
Konventionalisten 376

konzentrierte Verteilung 110
Koordinatenraum 213ff., 218ff.
Korpuskelinterpretation 33, 36, 38, 40ff., 131,
    201, 390
Korpuskelsprache 161
Korrespondenzprinzip 210
Kramers, H. A. 91, 104
Kries, J. v. 234ff., 258f., 283f., 375, 433, 436,
    441ff.
Kuhn, T. S. 376

Lakatos, I. 376
Landé, A. 34f., 36
Lange, F. A. 239
Laplace, P. S. de 234, 340, 436, 442
Laplacescher Übermensch 161, 197, 408
Laue, M. von 33
Lenzen, V. F. 391, 394, 405
Lichtsignale, Geometrie der 217
lineare Operatoren 88
Liouille, Satz von 127
Logik, dreiwertige 56, 162, 164, 203, 403ff.,
    407, 409ff., 419ff., mehrwertige 161f., 348,
    zweiwertige 56, 162ff.
Loinger, A. 431
Lucasiewicz, J. 162

Mach, E. 374
Makrokosmische Analogie 52
mangelnden Grundes, Prinzip des 314
Marbe, K. 339
Marburger Schule 375
Markovsystem 399
mathematisches Urteil 333f.
Matrix 62, 92, adjungierte 72
Matrizenmechanik 93
Matrizenmultiplikation 72
Maxwell 280f.
Maxwell-Boltzmannsche Statistik 305
Maxwellsche Theorie 210
Meßaussagen, Axiome der 422ff.
Meßimplikation 420f.
Meßoperationen 420
Meßprozess 429ff.
Messung 154f., 401, 408, 437, allgemeine
    Definition der 109, maximale 115, quan-
    tenmechanische Definition der 111, Stö-
    rung durch die 25, 113, 118, 119
Messungsfehler 323f.
metaphysische Axiome 378
metaphysisches Prinzip 254, 294
Metasprache 155, 402
Methode der Physik 327
Mikroobjekte 396
Mikrosystem 399
Mikrowelt 389
Minimalsystem 45
Mises, R. v. 340, 433, 437
Mittelstaedt, P. 420, 422
Mittelwert der Messungen 324
mittlere Abweichung 23
Modelle, raumzeitliche 209f., 213f., 222
mögliche Welten 286

Möglichkeit, logische und naturgesetzliche
283ff.
monochromatische Welle 18
Morris, C. 155
Müller, E. 432
Münzwurf 254f., 315, 319ff., 325
Multiplikationstheorem der Wahrscheinlich-
keit 320ff., 325

Nadelstrahlung 33, 43
Näherung 287ff.
Nagel, E. 391, 396, 405
Nahwirkung 42
Nahwirkungsgesetz 397
Nahwirkungsprinzip 217ff., 386, 390, 430,
448ff., 453f.
Natorp, P. 375
natürliche Arten 446
Naturkonstanten 282f.
Negation, Regel der doppelten 164, 169,
Regel der einfachen 169
Neukantianer 374f., 436, 443
Neumann, J. v. 25, 419f., 431
Newton, I. 33
Newtonsche Mechanik 451f.
Nilson, D. R. 403, 420, 426
Noether, M. 433
Normalsystem 30f., 35, 37f., 45ff., 200, 203,
387f., 390, im weiteren Sinne 35
Notwendigkeit 368

Obertöne 18
Objektsprache 155
Operatoren 70, 86, kommutierende (vertauschbare) und nicht kommutierende
(unvertauschbare) 90
Operatormatrix 92
optimale Setzung 353
orthogonale Basisfunktionen 59
orthogonale Koordinaten 31, 47
orthogonale Transformation 66
orthokomplementärer Verband 420

Parameterraum 213ff., 218ff.
Pasch-Axiom 448
passive Interpretation einer Transformation 70
Pauli, W. 35, 114, 388f., 401
Phänomene 32ff., 37, 201, 389ff.
Phasenraum 440
physikalische Konstanten 335
physikalische Statistik 305
physikalischer Zusammenhang 94
physikalischer Zustand 94, 123
physikalisches Urteil 332
Planck, M. 18, 33, 80, 340, 434
Plancksche Beziehung 22
Podolski, B. 185
Poincaré, H. 267, 270, 312f., 441
Popper, K. R. 382
positive Wissenschaften 229f.
Positivismus 382ff.
Positron 202, 454
Post, E. L. 161

Potentialschwelle 180f.
Pragmatik 155
Prinzip der Anomalie 45, 202
Prinzip der approximativen Setzung 356,
360ff.
Prinzip der gesetzmäßigen Verknüpfung
290f., 337, 442
Prinzip der (gesetzmäßigen) Verteilung 290,
299, 337, 435
Prinzip der gleichmäßigen Dichte 238
Prinzip der Spielräume 436, 442
Prinzip der Wahrscheinlichkeitsfunktion 435
Prinzip des mangelnden Grundes 236, 314,
436
Prinzip vom ausgeschlossenen Dritten 156,
159, 164
probabilistischer Empirismus 378
Produktregel der Wahrscheinlichkeit 260ff.
Prosperi, G. M. 431
pseudo tertium non datur 170
Psi-Funktion, Bestimmung der 105, Regel
der quadrierten 17, 97
Psychologismus 375
Punkttransformation 78

quadratisch integrierbar 60, 95
Quanten, Plancks Theorie 33
Quantenlogik 407, 416ff., 419ff., Axiome der
422f.
Quantenmechanik 447, neue 212
quantenmechanische Sprache 150
quantenmechanischen Methode, Grundlagen
der 124
quantenmechanischen Physik, Ableitungsbeziehung der 128
Quantensprünge 430
quartum non datur 169, 417
Querschnittsgesetz 14, 24, 27f.

Ramseysatz 385f.
rationale Glaubwürdigkeit 367ff.
Raum als Anschauungsform 279
Raum und Zeit, Begriffe von 211
Raum-Zeit-Topologie 448
Raumordnung 449f., physikalische, durch
Signale 216
Raumproblem 447ff.
Realismus 380, 382ff., homogener und hetero-
gener 389
Rechtfertigung der Induktion 455
Rechtfertigungszusammenhang 80
reductio ad absurdum 171
Reduktion des Wellenpakets 187, 429f.
Regellosigkeitsprinzip 345
Regener, E. 207
reguläre Junktoren 416
Reihenentwicklung, heterogene und homoge-
ne 63
reine Anschauung 276f.
reiner Fall 121
reines Denken 276f.
relative Häufigkeiten 298f., 441f.
relativistisch invariant 430

relativistische Raum-Zeit-Lehre 377
Relativitätstheorie 26, 32, 211, Einsteins 205
Rickert, H. 281
Riehl, A. 375
Robb, A. A. 453
Rosen, N. 185
Roulette 255ff., 273, 312f.
Rüttimann, G. T. 420
Russell, B. 367ff., 406, 446

Satzfolge 350
Scheinproblem 444
Schlick, M. 374, 443
Schlußverfahren 166
Schrödinger, E. 11, 17, 33, 49, 79, 95, 109,
    186, 209, 220f., 452f.
Schrödinger-Gleichung, erste 87, zweite 43,
    84, 99
Schrödingers Katze 431
Schrödingersche Theorie 213, 220ff.
schwach modularer Verband 420, 423, 426
Semantik 155
Setzung 277f., 333, 352f., approximative
    360ff., höherer Stufe 361, beurteilte 353f.,
    358, blinde 369, 446, optimale 353, primä-
    re und sekundäre 358f.
Setzungsurteil 333f.,278
Singularität 47
Sinndefinition, einschränkende 56, 153ff.
Sinnkriterium 382f., 395f.
sinnlos 155ff., 403ff.
Skalarprodukt 66
Solipsismus 382
spektralen Zerlegung, Regel der 19, 96
Spektrum 18
Spielräume 436, 441, Prinzip der 237, ur-
    sprüngliche 236f., 258f.
Spielräume des Verhaltens 235
Spinoza, B. 432
Sprachform, realistische 200
Stace, W. T. 384
standard view 385f.
stationärer Fall 101
statistisch vollständig 152
statistische Gesetze 11ff.
statistischer Schluß 120
statistisches Schlußverfahren 120
Stegmüller, W. 388, 392f., 407
stetige Erweiterung 212
Stetigkeitsforderung 259
Störfaktoren 265
Stoßspiel von J. v. Kries 438
Strauß, M. 158, 412, 426
Stückelberg, E. C. C. 202
Stumpff, C. 231ff.
subjektive Wahrscheinlichkeit 231ff., 304
Suppes, P. 420
Syntax 155
Synthesis 278f.
synthetische Urteile a priori 240, 338f.
synthetisches Apriori 36, 369

Tarski, A. 178
Tautologie 163f., 168
Tautologien der dreiwertigen Logik 165ff.,
    415ff.
Teilchenbild, (-interpretation) 392ff.
Teilcheninterpretation 33, 36, 39, 131, 390,
    398ff.
tertium non datur 156, 159, 164, 171, 203
theoretische Terme 391
Topologie der Raum-Zeit 448
topologische Ordnung 217
topologische Termini 449ff.
Transformation, holistische 78, inverse (umge-
    kehrte) 71
transzendentale Deduktion 239, 293, 436,
    442, 445
transzendentales Argument 378, 388, 444
Tunneleffekt 180f., 428f.

Überlagerungsprinzip 101, 144
Uhr 253
unabhängiger Vorgang 318f.
unbeobachtete Dinge 199f.
unbeobachtete Objekte 29ff., 387
unbestimmt (Wahrheitswert) 56, 159ff., 204,
    395, 404f., 408ff., 427
Unbestimmtheitsprinzip 14f., 19ff., 24, 27f.,
    48, 57, 112, 185
Unbestimmtheitsrelation, Heisenbergsche
    197
unitäre Transformation 69

van Fraassen, B. C. 418, 426
Vektordarstellung der Junktoren 414ff.
Venn, J. 433, 437
verborgene Parameter 24
Verfahren der approximativen Setzung 356,
    360ff.
Verfahren der Korrektion 357
Verifikationsmethode 347
Verifizierbarkeitstheorie der Bedeutung 15,
    41, 384, 396
Vernunftanteil der Erfahrung 374, 376ff.,
    379, 386
verschränkte Systeme 185ff.
Versicherungsgesellschaften 241
Vertauschungsregel 91
Viereck der Transformationen 76
Voraussetzung Gamma 141
Vorgang, abgeschlossener 265

Wahrheitsbedeutung 135
Wahrheitstafel 409, dreiwertige 165, zweiwer-
    tige 163
Wahrheitswerte 56, 159, 162, 404ff., 409ff.
Wahrscheinlichkeit höherer Ordnung 357
Wahrscheinlichkeit von Theorien 357
Wahrscheinlichkeit zweiter Stufe 455

Wahrscheinlichkeit, aposteriorische Bestimmung der 120, Apriori-Bestimmung der 120, Gesetz der 379, Gesetz der zusammengesetzten 317ff., Interferenz von 119, objektive 434, statistisch erschlossene 120, subjektive 231ff., theoretisch eingeführte 120, zusammengesetzte 260ff.
Wahrscheinlichkeitsamplituden 98
Wahrscheinlichkeitsaxiom 378
Wahrscheinlichkeitsbedeutung 41, 135
Wahrscheinlichkeitsfunktion 252, 294f., Hypothese der 314, 329ff., relative 136
Wahrscheinlichkeitsfunktion mehrerer Veränderlicher 262ff.
Wahrscheinlichkeitsgesetze 241, 434, Geltung der 327f.
Wahrscheinlichkeitsimplikation 12, 342
Wahrscheinlichkeitsketten 137
Wahrscheinlichkeitslogik 341, 347, 349ff., extensionale Reduktion der 351f.
Wahrscheinlichkeitsmaschine 243ff., 272f.
Wahrscheinlichkeitsmechanismus 312
Wahrscheinlichkeitsprinzip 294f., 301, 435ff., 442, 443ff.
Wahrscheinlichkeitsrechnung a priori 300f.
Wahrscheinlichkeitsverteilung 16f., 105, 125
Wahrscheinlichkeitswellen 34
Wellenbild, (-interpretation) 392ff.
Wellenfunktionsdeutung der Quantenmechanik 452

Welleninterpretation 37, 42f., 146, 201, 398
Wellenmechanik 220ff.
Wellenpaket 20
Wellenpaketdeutung 448
Wellensprache 161
Wellenzahl 81
Werttafel 351
Widerspruch 164, 168, 170
Wiener Kreis 374, 379, 380
Wigners Freund 431
Willensentscheidungen 46, 376
Willensverzweigungen 381f.
Wirklichkeitsurteil 278, 333f.
Wissenschaftstheorie 375
Wolf, R. 294
Würfel 273, 439
Würfelspiel 255f., 314

Zeitordnung 449
Zeitrichtung 133
Zilsel, E. 28
Zufall 302, 331f.
Zufallsmechanismus 439ff., Poincarés Theorie des 441f.
Zuordnung 290, 334f.
Zuordnung als Inhalt der Erkenntnis 285
Zuordnungsdefinition 376ff., 449f., 452
Zuordnungsprinzip 373, 376ff., 450
Zuordnungsregel 435, 450